CFX를 이용한

전산유체역학 실습과 활용

장영철 | 김주형 지음

COMPUTATIONAL FLUID DYNAMICS

홍릉과학출판사

CONTENTS

CONTENTS

Chapter 01

Introduction to ANSYS Workbench

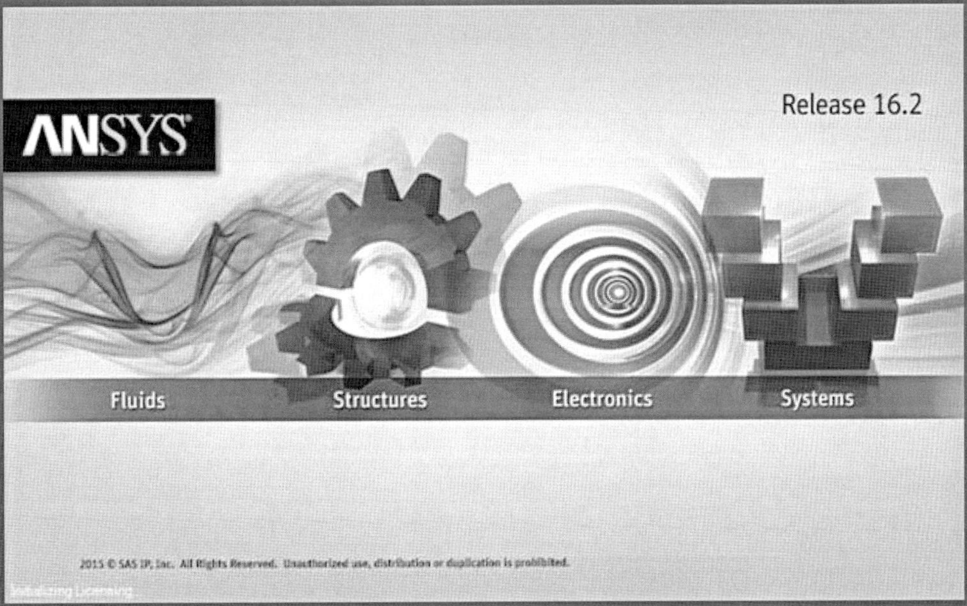

1 ANSYS Workbench

ANSYS Workbench는 다물리계의 해석들을 구성하여 System 단계의 솔루션을 얻을 수 있는 프로젝트 관리 툴이다. Workbench Platform은 데이터 통합 관리 및 변수제어를 기반으로 구조해석, 유동해석, 전자기장 해석을 독립적으로 진행하거나 각 물리계의 해석들을 연동하여 연성해석(Multiphysics Analysis)을 할 수 있다.

Workbench는 Geometry / Mesh / Solver / 포스트 프로세싱 툴들 사이의 데이터 흐름을 핸들링 한다. 이것은 프로젝트 관리를 할 수 있게 해주고, 디스크(Geometry, Mesh 등)상에 있는 개별 파일들에 대해서 한눈에 프로젝트가 어떻게 구축되었는지 생생하게 볼 수 있다.

Workbench는 개별 애플리케이션들을 관리할 수 있고, 그들 사이에 데이터를 패스시킬 수 있기 때문에 디자인 최적화를 위한 디자인 연구들(파라메틱 분석)을 수행하는 것이 쉽다.

ANSYS Workbench에서는 구조, 온도, 열, 유체, 낙하, 충돌 등의 상호작용을 고려하는 연성해석을 수행할 수 있으며 CAD인터페이스 및 유한 요소 모델 생성 등의 전처리 환경과 폭넓은 분석 기능을 갖춘 후처리 환경, 설계최적화 도구, 데이터 관리 및 작업 효율을 높이기 위한 기능들을 포함하고 있다.

다음은 구조→열→유동을 고려하는 연성해석 설정이다.

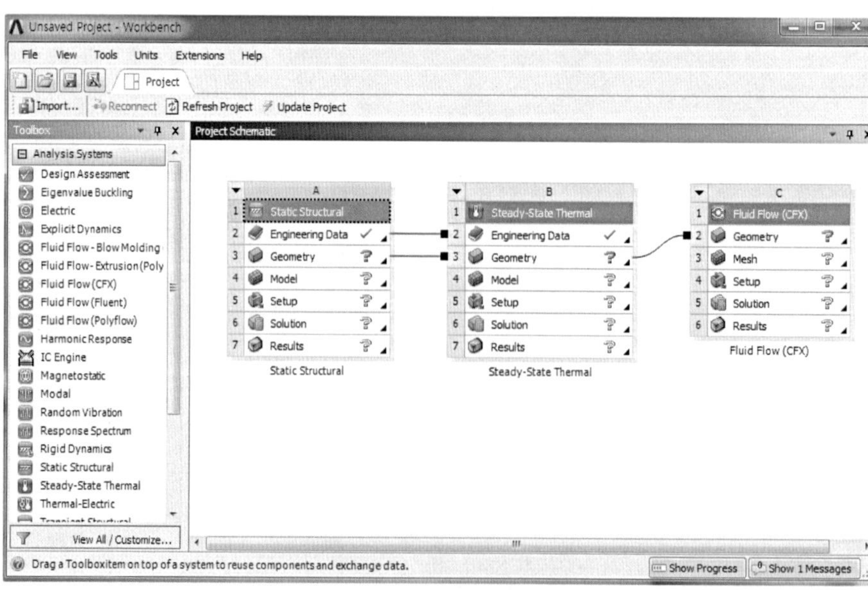

▶ **그림 1-1** 구조→열→유동을 고려하는 연성해석 설정

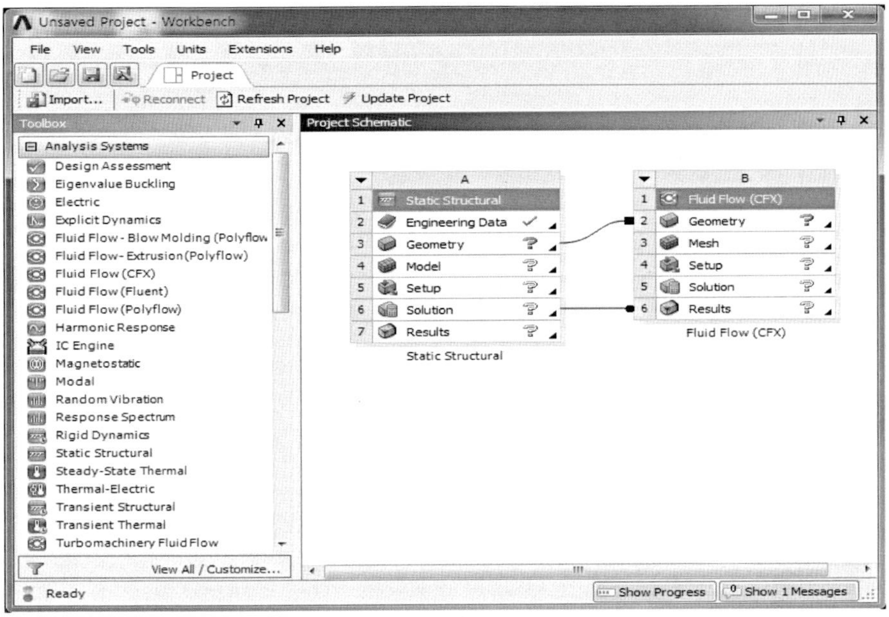

▶ 그림 1-2 구조와 열을 고려하는 연성해석

2 Workbench Overview

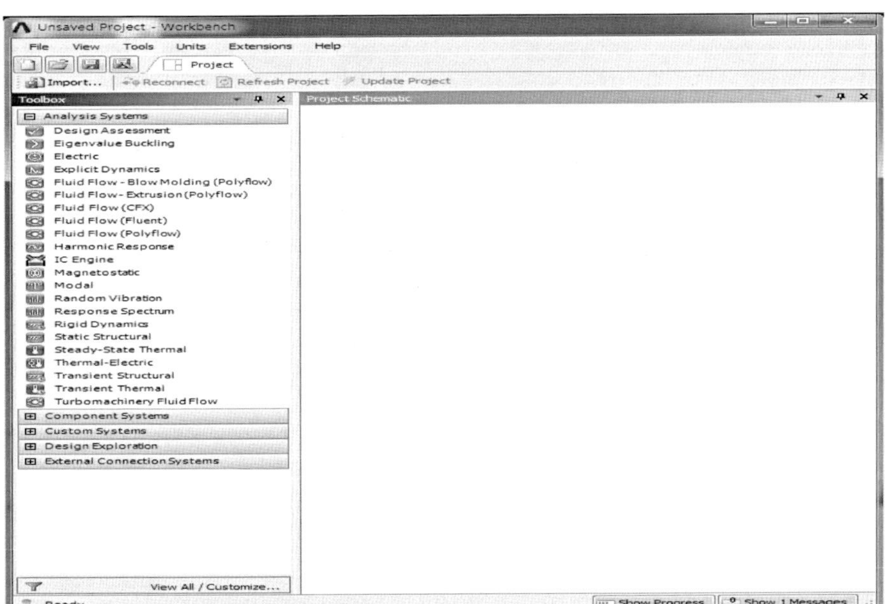

▶ 그림 1-3 워크벤치 실행 화면

툴박스에서 보이는 옵션은 라이센스를 가지고 있는 모든 제품을 보여준다.

Tip

이 리스트가 비어있다면, 라이센스에 문제가 있는 것이다.
"Analysis Systems" 은 일반 분석들(예를 들면 Geometry+Mesh+Solver+포스트 프로세서)을 위해 필요한 모든 개별 시스템들(애플리케이션들)을 포함하고 있다.
"Design Exploration" 은 디자인을 최적화하고 파라메틱 응답을 이해하기 위한 툴을 제공한다.
"Component Systems" 은 분석 각 단계를 위한 개별 빌딩 블록들이다.

3 Basic Workflow

Analysis Systems에서 필요한 것을 Project Schematic 위로 드래그하면, 일반적인 분석을 위해 필요한 모든 개별적인시스템을 포함해 구성된 워크플로우가 펼쳐진다.

워크플로우는 아래와 같이 각 단계가 완벽하기 때문에 오른쪽에서 아이콘이 펼쳐진다.

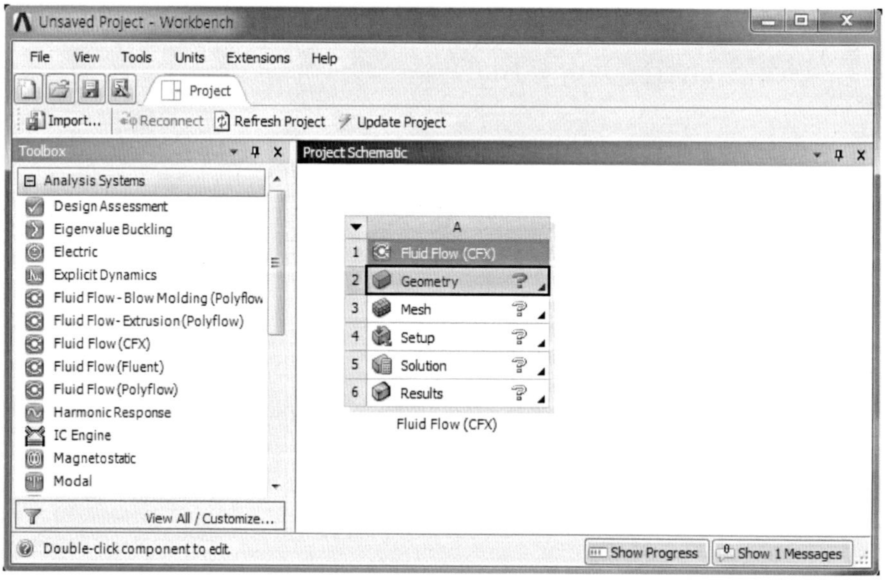

▶ 그림 1-4 CFX를 Project Schematic안으로 들여온 상태

4 Alternative Workflow

그러나 어떤 분석은 이 분석을 위해 필요한 개별 Component 시스템들을 선택하고, 그것들을 커넥터와 연결함으로서 동일하게 잘 준비될 수 있다.

Tip

시스템들 사이에 커넥터들을 형성하는 2가지 방법이 있다.

1) 마우스를 사용하여 라인을 그려라(예를 들어 A2 to B2, B3 to C2 등)
2) 또는 간단하게 새로운 시스템을 업스트림 시스템의 셀 위에 Drop하라, 그러면 링크가 자동적으로 형성될 것이다.

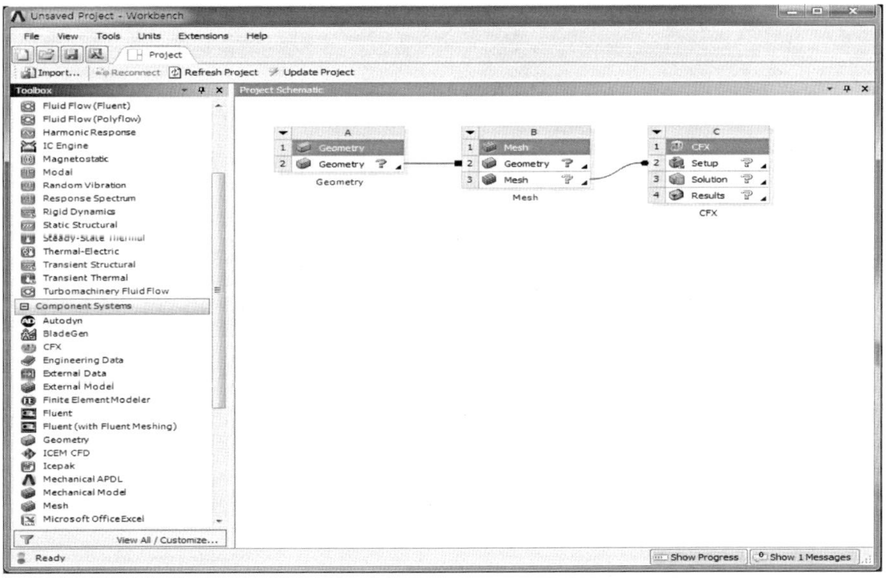

Cell States

각가의 수행 단계에서 각 단계가 완성되면, 그 셀의 아이콘 상태가 변한다.

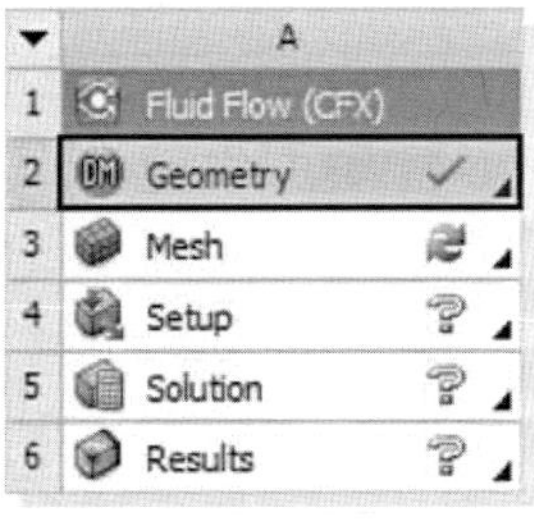

Icon Meaning
Up to Date
Refresh required. Upstream data has changed
Update required. Local data has changed
Unfulfilled. Upstream data does not exist
Attention Required
Solving
Update Failed
Update Interrupted
Changes pending (was up-to-date, but upstream data has changed)

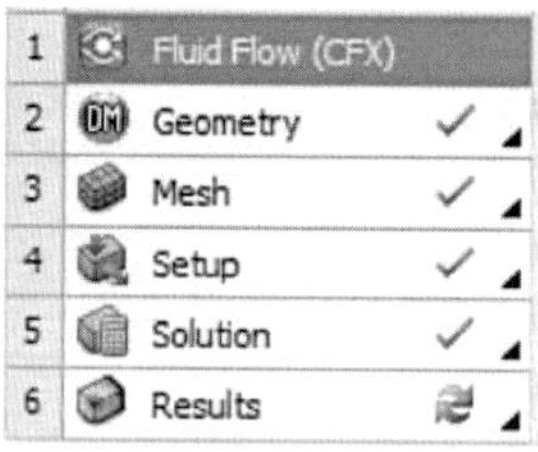

Sharing Data between Different Solvers

Workbench를 사용해서 Solver들 사이에 데이터를 전송할 수 있다.

1-way FSI(Fluid-structure-interaction) 예에서, 응력분석을 수행하기 위하여 CFX CFD 시뮬레이션에서 미케니컬 시스템 위로 하중을 전송할 수 있다.

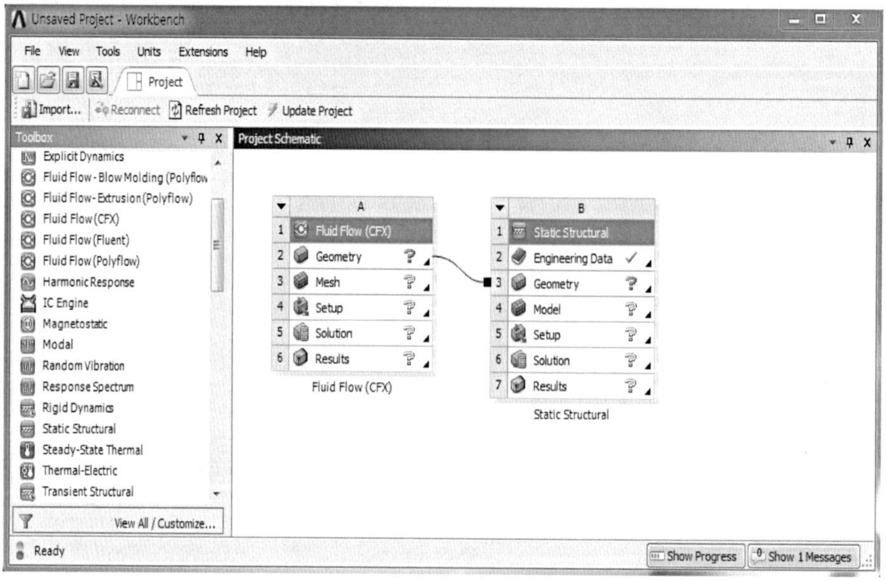

스퀘어 커넥터는 셀 A2 (CFD 모델)에서 만들어진 Geometry가 셀 B3 (FEA 모델과 공유되고 있는 것을 보여준다.

라운드 커넥터는 CFD 결과들이 FEA 응력 분석을 위해 사용될 셋업 (Input) 조건으로 전송되고 있다는 것을 보여준다.

5 File Locationon Disk

프로젝트의 각 단계를 위해 디스크 상에서 개별 파일들을 확인할 필요가 있다면, View > Files을 활성화하여 개별 파일들을 찾을 수 있다. 결과 테이블은 그 프로젝트 셀의 디렉터리와 파일네임을 상호 참조한다.

6 Use of Archive / Restore

Workbench 프로젝트는 많은 파일들과 디렉터리들을 포함하고 있다. 프로젝트를 Archive에 보관할 필요가 있거나, 기술지원을 위해 우리에게 보내기 위해 그것을 묶을 필요가 있는 경우에, Archive 툴을 사용하라. 이것은 전체 프로젝트에 대해 하나의 압축파일을 생성한다.

File/Archive 선택하면

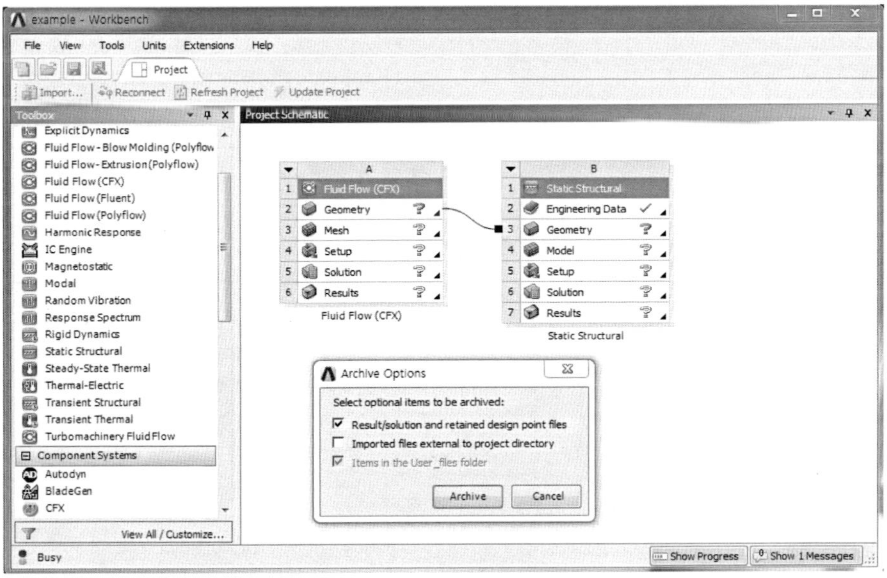

▶ 그림 1-5 전체 프로젝트에 대해 하나의 압축파일을 생성

아카이브에 보관할 때, 계산된 결과 파일을 포함할지 아니면 포함하지 않을지를 선택할 수 있다(이것들을 제외하는 것은 압축파일을 이메일로 보낼 정도로 충분히 작게 만들 수 있다).

7 Working with Parameters / Refresh and Update

변화를 주기 위해서는 수작업으로 Component 셀(예를 들어 Geometry)을 오픈할 수 있다. 또는 : 대부분의 Workbench 애플리케이션들에서는 중요한 양(quantities)을 파라미터로 지정할 수 있다. 새로운 객체 'Parameter Set'이 Project Schematic 상에 나타난다. 그때 모델을 업데이트할 수 있다. Workbench에서 전체 프로젝트 또는 단지 싱글 셀(Single cell)을 업데이트하는 것을 선택할 수 있다.

- Refresh: 업스트림 데이터를 읽는다, 그러나 솔빙(solving) 또는 메싱(meshing) 같은 어떠한 복잡한 작업을 수행하지는 않는다.
- Update: Refresh를 수행한다. 그리고 새로운 아웃풋(Output)을 생성한다.

1. 여기를 클릭하면 개별 애플리케이션을 열지 않고 집중적으로 파라미터를 수정할 수 있다.
2. "Update Project"는 새로운 디자인 포인트를 계산하기 위해 순서대로 각 Component를 (Geometry > Mesh > Solver) 통해서 작업을 한다.
3. 그러나 개별 Component를 업데이트할 수 있다 (예를 들어 개별 셀에서 우클릭을 진행하기 전에 새로운 Geometry를 미리 보기 위해서). 개별 셀에서 우클릭을 하라.

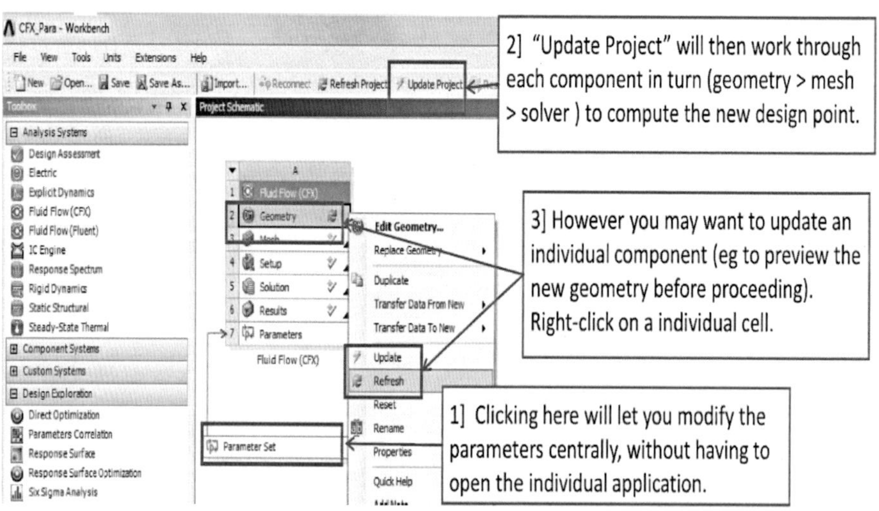

8 CAD Program에서의 Ansys Workbench 실행

SolidWorks, Catia, Pro/E U/g, Inventor 등 CAD Program 설치후 Ansys Workbensh를 설치시 Ansys Geometry Interface를 체크하고 Solidworks를 체크하면 Program 메뉴에 Ansys16.2 항목이 생성된다.

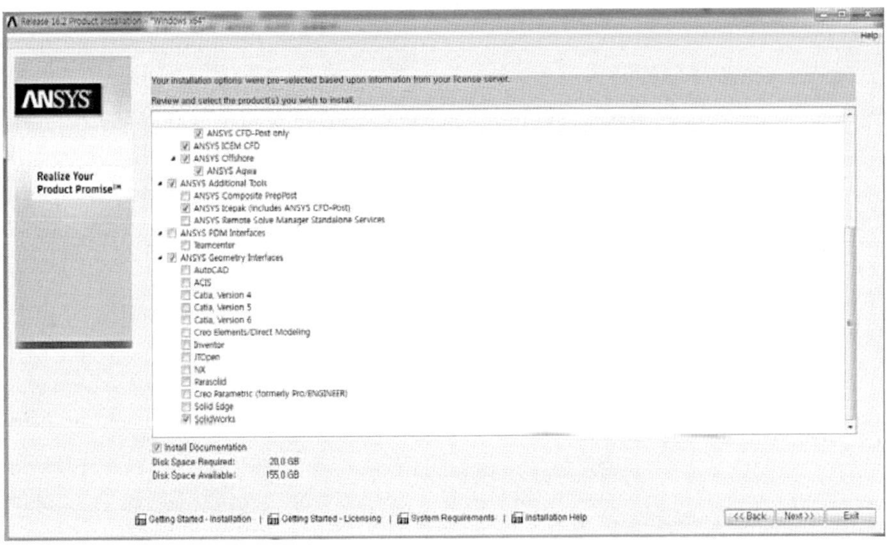

▶ 그림 1-6 Ansys Program 설치시 Ansys Geometry Interface를 체크하고 Solidworks를 체크

SolidWorks Program 메뉴에 Ansys16.2 항목이 생성되었다.

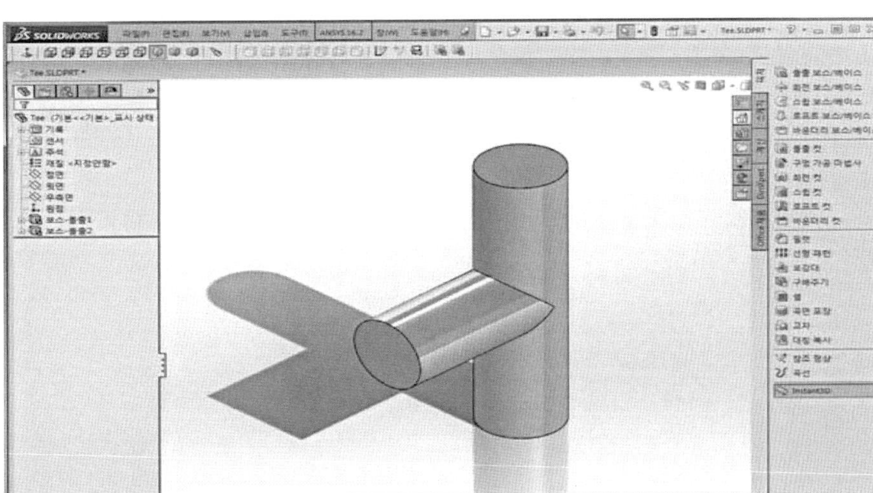

▶ 그림 1-7 SolidWorks Program Geometry 모델링

SolidWorks Program에서 모델링 후 메뉴에서 Ansys16.2를 클릭하여 Ansys Workbench를 선택하면 Ansys Workbench 프로그램을 실행한다.

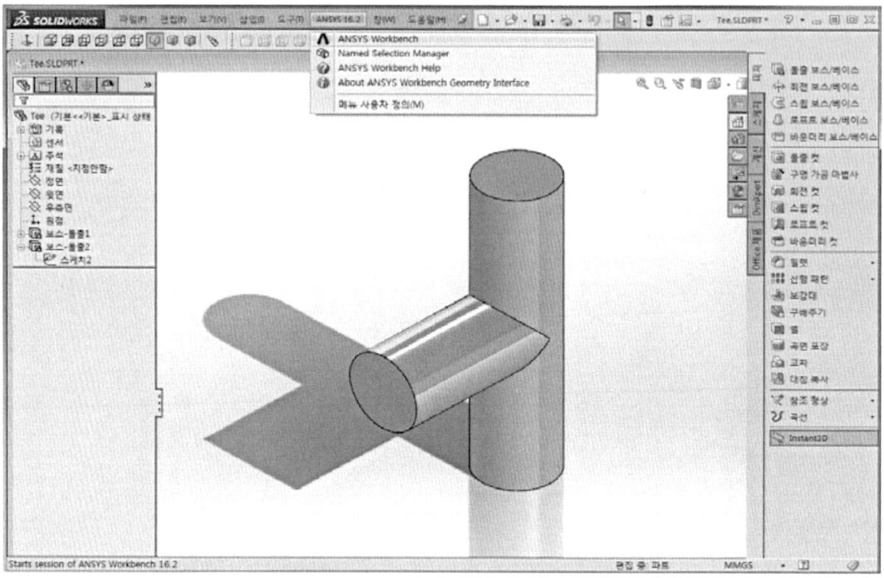

▶ 그림 1-8 SolidWorks Program 메뉴에 Ansys16.2를 클릭

Ansys Workbench가 실행이 되면 자동으로 Geometry System을 구성하고 아래와 같이 프로그램이 실행이 되면서 작업중이었던 CAD Model을 자동으로 적용한다.

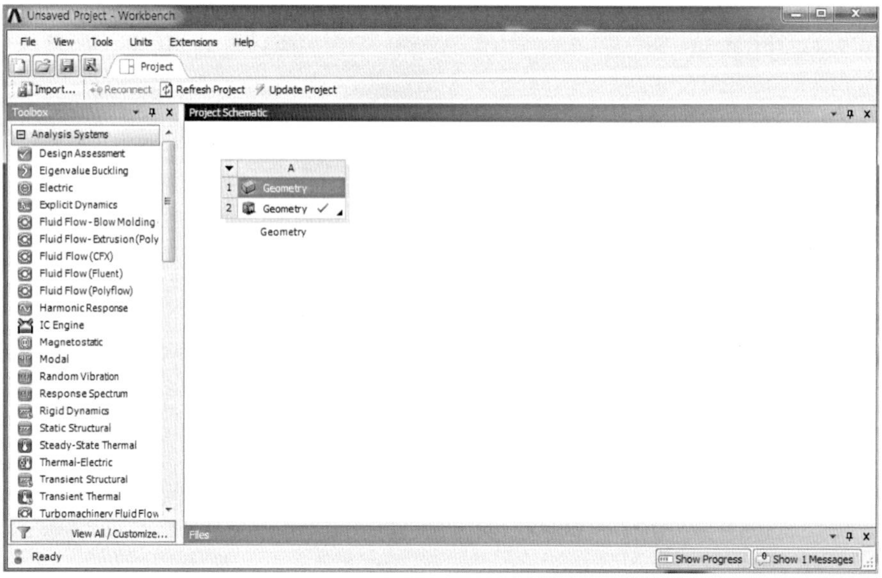

▶ 그림 1-9 Ansys Workbench가 실행이 되며 자동으로 Geometry 탭이 생성

Solidworks에서 모델링한 파일을 사용하기 위해서 Geometry 탭에 Toolbox에서 Fluid Flow(CFX)를 끌어다 놓은 상태이다.

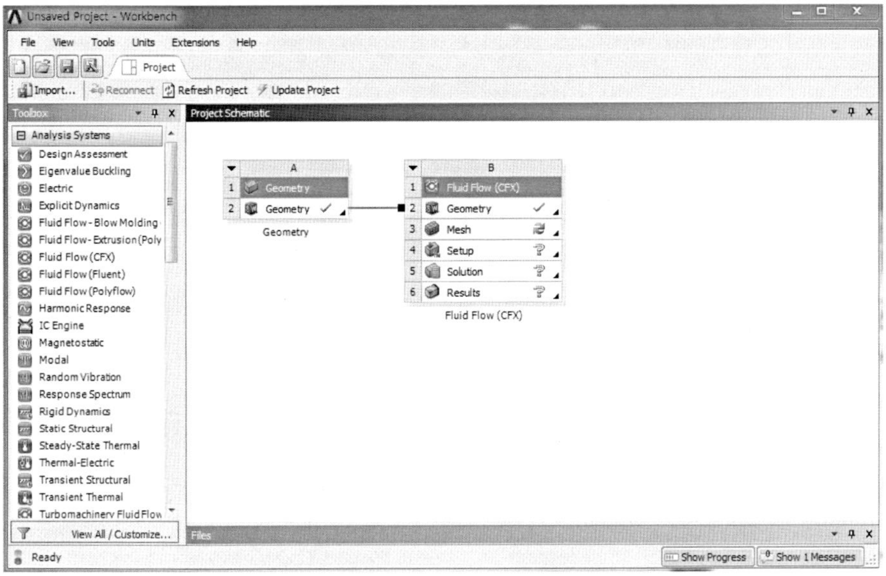

▶ 그림 1-10 Geometry 탭에 Toolbox에서 Fluid Flow(CFX)를 끌어다 놓은 상태

Chapter 02

Ansys DsignModeler 시작하기

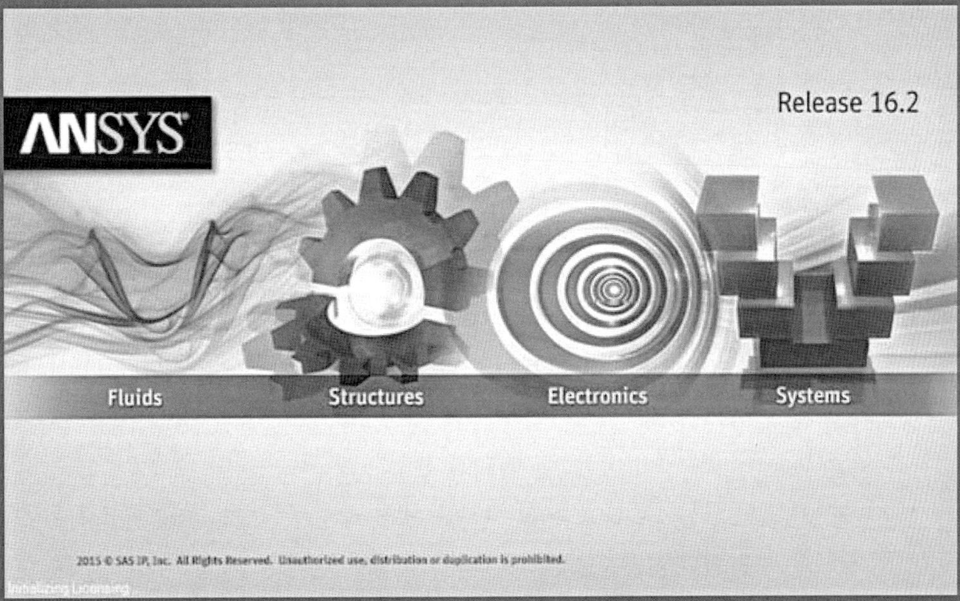

2-1 What is DesignModeler?

ANSYS DesignModeler 애플리케이션은 기존 CAD의 지오메트리 편집기로 사용되도록 설계되었다. ANSYS DesignModeler 애플리케이션은 설계된 파라 메트릭 피쳐 기반 솔리드 모델러이다. ANSYS DesignModeler 애플리케이션은 직관적이고 신속하게 엔지니어링 해석 전처리를 위한 2D 스케치 그리기, 3D 파트 모델링 또는 3D CAD 모델을 업로드할 수 있다.

파라 메트릭 솔리드 모델링을 사용한 적이 없는 경우는 ANSYS DesignModeler 응용 프로그램 쉽게 배우고 사용할 수 있다. 파라메트릭 모델링의 경험이 풍부한 사용자는 ANSYS DesignModeler 응용 프로그램은 선, 호 및 스플라인 곡선인 2D 스케치를 3D 모델로 변환하는 데 필요한 기능과 성능을 제공한다.

ANSYS DesignModeler 응용 프로그램의 자세한 내용은 다음의 주요 주제이다

- **개요** : 그래픽 사용자 인터페이스, 도구 모음, 트리 개요, 도구 박스, 그래픽 창 상세 보기 및 상태 표시 줄이 표시된다.
- **DesignModeler 응용 프로그램의 기초** : 스케치 및 모델링에 관한 정보 모드.
- **모델링 환경 소개** : 형상 기반의 기능에 대한 정보.
- **파라 메트릭 스케치 및 모델링 소개** : 새로운 스케치.
- **스케치와 모델 정보** : 스케치 및 모델링의 상세보기의 구별 모드.
- **DesignModeler 프로젝트의 회로도 조작** : 지오메트리 시스템, 셀 조작과 ANSYS Workbench 프로젝트의 회로도 매개 변수
- **DesignModeler의 일반적인 사용법** : 튜토리얼에 대한 정보 체계적인 사용 방법기능 용어집 및 단축키가 포함되어 있다.
- **DesignModeler 메뉴** : 정의와 각 메뉴에 연결.
- **DesignModeler 표시** : 모델의 외관 컨트롤 표시 옵션, 그래픽 옵션 모형의 회전 모드 및 인쇄가 포함된다.
- **DesignModeler 2D 스케치** : 스케치에서 솔리드을 만들기 위한 스케치 모드에 대한 정보
- **DesignModeler의 선택** : 접근할 수 있는 선택 도구와 옵션에 대한 자세한 정보.
- **DesignModeler의 플레인과 스케치** : 활성 플레인에 대한 자세한 정보와 스케치 함수 용어 및 속성이 포함된다.
- **DesignModeler 형상의 표현** : CAD 모델에서 ANSYS DesignModeler에 형상 가져 오기는Workbench or DesignModeler 2개 중의 하나이다.

설계자는 디자인 및 성능을 고려하여 설계를 하게 된다. 이 설계 데이터를 가지고 제품을 생산하기 전 검증하는 단계로 해석을 하게 된다. 이 때 해석을 위한 제품의 형상은 실제 형상과 동일해야 하지만 해석 결과에 크게 영향을 미치지 않는 작은 구멍 및 라운드, 모따기 등은 해석 모델에서 제거가 필요하며 해석의 효율성을 향상시키기 위하여 형상을 2D Model 또는 Shell Type으로 단순화 하는 전처리 과정이 필요하다.

DsignModeler는 이러한 해석을 위한 모델을 만들거나 이미 3D로 만들어진 데이터를 수정하는 것이다. 또한 3D CAD와 DsignModeler 사이에 매개 변수를 설정함으로서 양방향 호환이 가능해져 실시간으로 설계 / 해석 간 형상 변경의 적용 및 확인이 가능하다.

DsignModeler는 파라미터 피처에 기반한 솔리드 모델러이다. 직관적으로, 빠르게 2D 스케치를 하고, 3D 부품을 모델링하고, 또는 공학분석사전처리를 위해 CAD 모델을 들여올수 있도록 디자인되어 있다.

2-2 DsignModeler 시작하기

Ansys DensignMolder는 Workbench 안에서 시작된다. DsignModeler를 실행하려면 먼저 Geometry system 또는 Analsis system을 구성해야한다. Workbench가 실행이 되면 Toolbox에서 Fluid Flow(CFX) 나 Fluid Flow(Fluent)를 더블클릭하거나 마우스로 클릭하여 Project Schematic안으로 Drag하면 아래 그림과 같이 들어온다. A나 B에서 Geometry를 더블클릭하라 또는 우클릭하고 편집(Edit)을 선택한다. 생성된 시스템에서

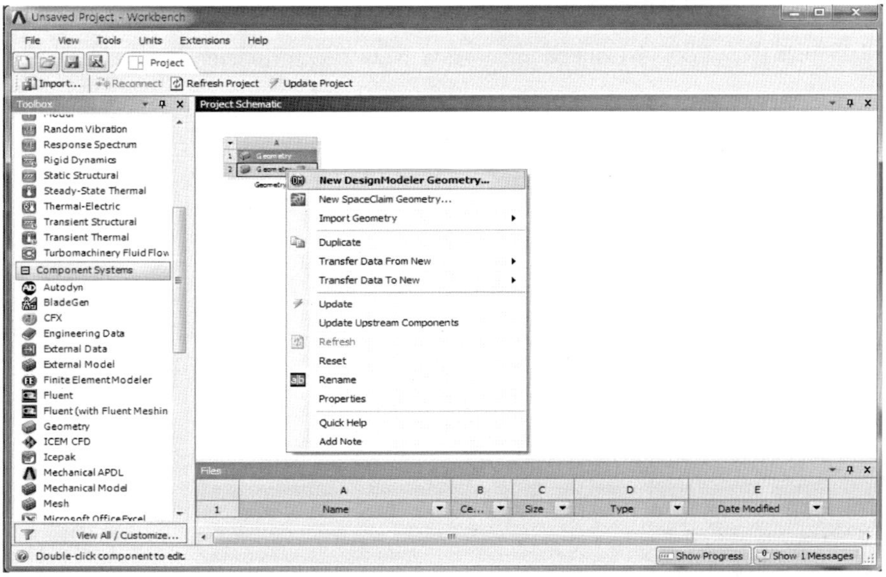

▶ 그림 2-1 DsignModeler를 실행하는 방법

Geometry Cell을 더블클릭하거나 마우스 오른쪽 버튼을 클릭하여 Context menu에서 New DsignModeler Geometry를 선택하면 DsignModeler가 실행된다.

DsignModeler가 실행되면 필요한 형상을 직접 생성하거나 외부에서 CAD Model을 불러올 수 있다. 한편 DsignModeler를 실행하기 전에 Context menu에서 Import Geometry를 선택하여 외부 CAD Model을 불러올 수도 있다.

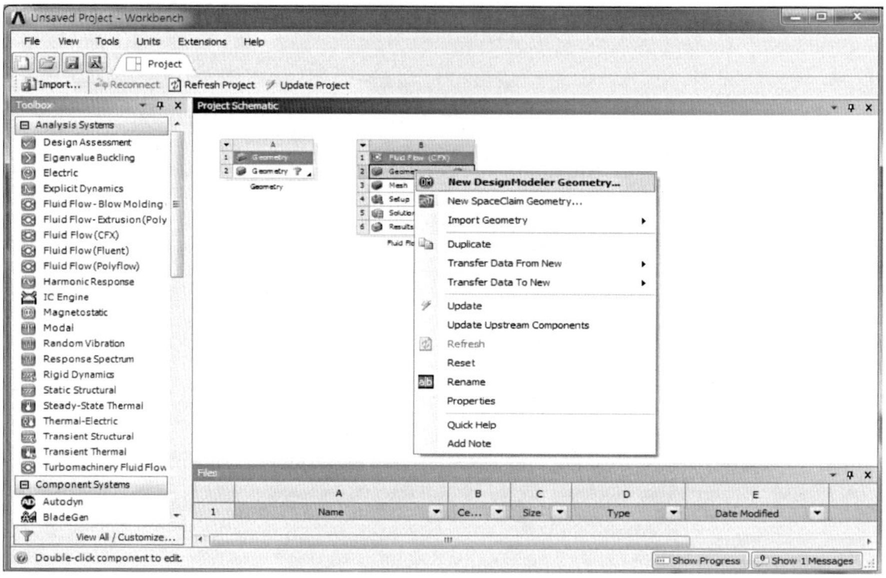

▶ 그림 2-2 DsignModeler를 실행하는 방법

DsignModeler를 실행은 CAD 데이타가 없으면 Geometry Cell을 더블클릭하거나 마우스 오른쪽 버튼을 클릭하여 Context menu에서 New DsignModeler Geometry를 선택하면 DsignModeler가 실행된다. CAD 데이터가 입력되어 있으면 Edit를 선택하여 실행할 수 있다.

DsignModeler를 시작하면 화면 구성은 다음과 같다.

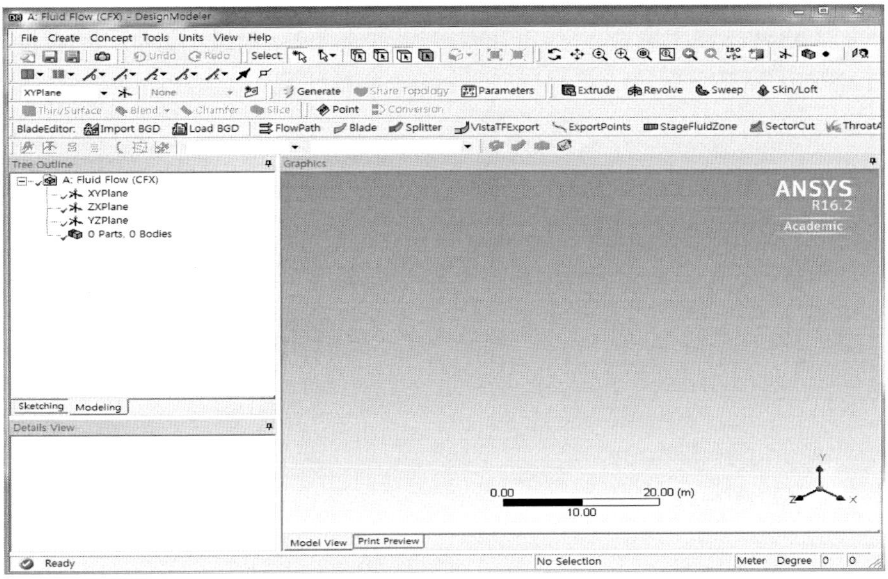

▶ 그림 2-3 디자인모델러 시작 화면 모델링 탭

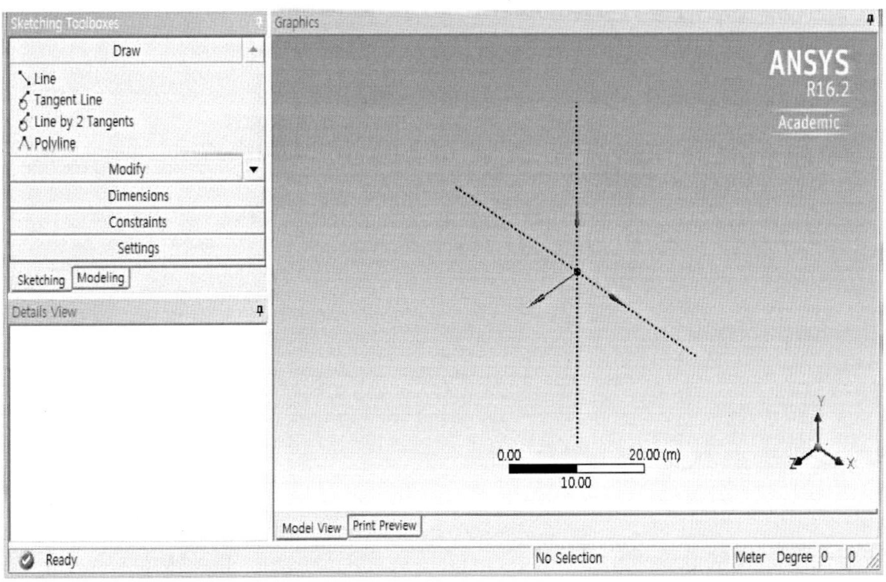

▶ 그림 2-4 디자인모델러 시작 화면 Sketching 탭

• Graphics View는 형상을 보여준다. 형상은 마우스버튼을 이용하여 조정할 수 있다. 예를 들어 마우스 중간버튼을 누른채 Model View에서 드래그를 하면 형상이 회전한다. 마우스 오른쪽 버튼을 클릭하면, 여러 가지 옵션이 나타난다. 모델을 특정 좌표축 방향에서 보고자 하는 경우에는 우측하단의 triad를 이용한다. Triad의 한 좌표축을 클

릭하거나 청록색의 공을 클릭한다. 모델전체를 보고자하는 경우에는 마우스 오른쪽 버튼을 클릭하고 Zoom to Fit을 선택하면 모델 전체를 볼 수 있다.

- Details View는 선택된 개체에 대한 상세 내역을 보여준다. DesignModeler가 시작되어 선택된 개체가 없는 경우에는 그림3에서와 같이 비어 있다. 선택된 개체의 이름 입력 등의 신규 정보 등록이 가능하다.
- Tree Outline은 형상에 대한 모든 특징과 그특징에 대한 상태가 나타난다. DesignModeler가 처음시작되면 세가지 디폴트플레인(XYPlane,ZXPlane,YZPlane)이 현재의Part수(0) 와 Body 수(0)와 함께 나타난다. 형상을 생성하면 트리구조에 나타나게 된다. Extrude와Revolve와 같은 형상 작업은 아래 그림과 같이 트리구조에 작업 순서대로 나타난다.(Revolve2는 Extrude2 작업후 생성된다.)

DesignModeler Menus

DesignModeler Menus는 아래와 같다.
툴바는 다음의 메뉴로 구성되어 있다.

Menus toolbar

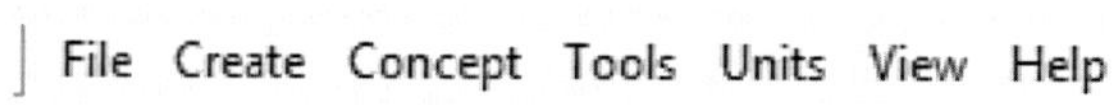

File toolbar

Undo/Redo toolbar

Selection toolbar

Rotation Modes toolbar

Graphics Options toolbar

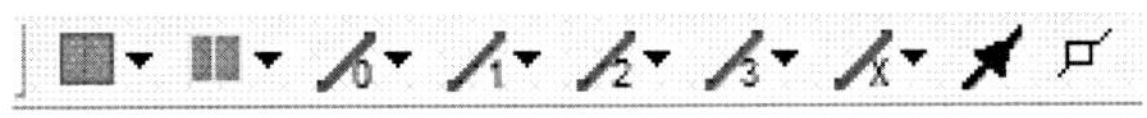

Active Plane/Sketch toolbar

Feature toolbar

Tree Outline and Toolboxes

기본적으로 ANSYS DesignModeler 응용 프로그램은 모델링 모드에서 시작한다. 트리가 표시된다. 모델링 탭은 트리 개요 아래에 표시된다.

스케치 탭을 선택하면 인터페이스의 동일한 영역에 스케치 도구 박스가 표시된다.

스케치 모드는 5 개의 도구 박스가 표시되며 스케치 모드에서는 기본적으로 그리기 도구 박스 가 표시된다. 또 다른 한 개를 열려면 도구 박스에서 도구 박스의 이름을 클릭한다. 도구 박스의 전체 내용은 커서를 스케치 및 모델링 탭 아래에 놓고 커서를 마우스 왼쪽 버튼을 클릭한다.

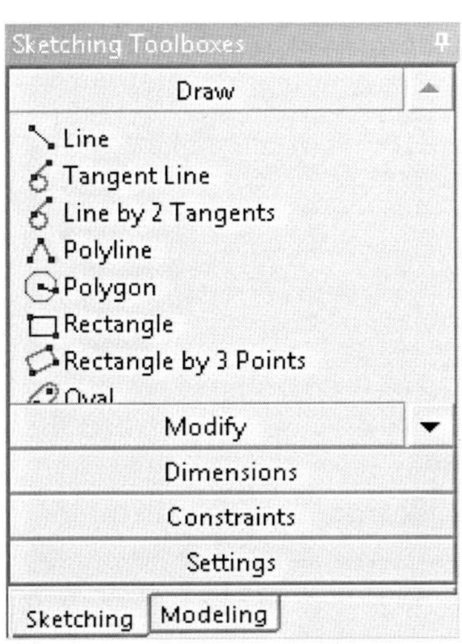

▶ 그림 2-5 Sketching tab

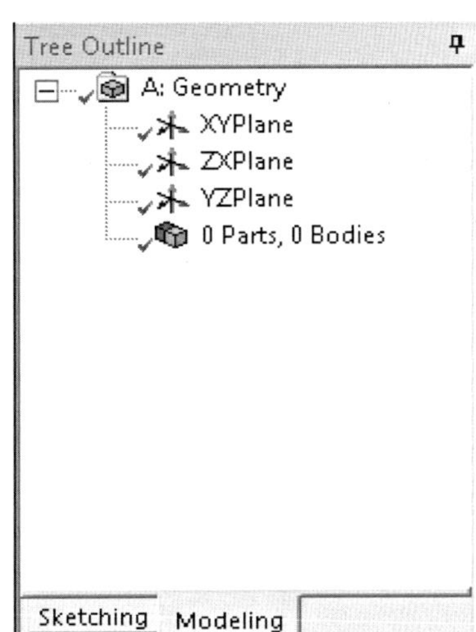

▶ 그림 2-6 Modeling tab

Details View

상세보기는 스케치 작업 중에 입력된다. 모델링 모드에서는 트리의 개요를 사용하여 상세보기에 데이터를 입력한다. 스케치 및 모델링 모드에서 상세보기에 대한 자세한 내용은 스케치와 모델 정보 섹션을 참조한다. 가져 오기 및 첨부 옵션에 따라 디테일 뷰에서의 정보는 다음과 같이 그룹화 된다.

- 대상의 세부 정보
- 기본 형상 옵션
- 고급 형상 옵션
- DesignModeler 형상 옵션

Details View

Details of Import1	
Import	Import1
Source	...\surface_extensio
Target Geometry Type	Workbench
Base Plane	XYPlane
Operation	Add Material
Refresh	No
Basic Geometry Options	
Solid Bodies	Yes
Surface Bodies	Yes
Line Bodies	No
Parameters	Yes
Parameter Key	DS
Publish All Parameters	No
Attributes	No
Named Selections	No
Material Properties	No
Advanced Geometry Options	
Analysis Type	3D
Use Associativity	Yes
Coordinate Systems	No
Work Points	No
Reader Mode Saves Updated File	No
Use Instancing	Yes
Smart CAD Update	No
Decompose Disjoint Geometry	Yes
Mixed Import Resolution	None
DesignModeler Geometry Options	
Simplify Geometry	No
Heal Bodies	Yes
Clean Bodies	Yes

DesignModeler Application Behavior in Project Schematic

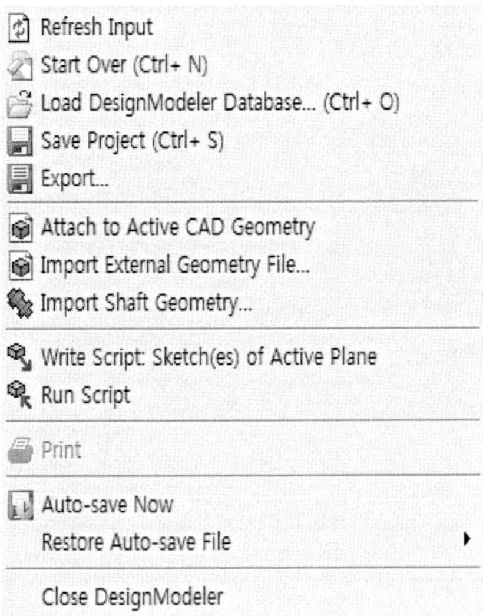

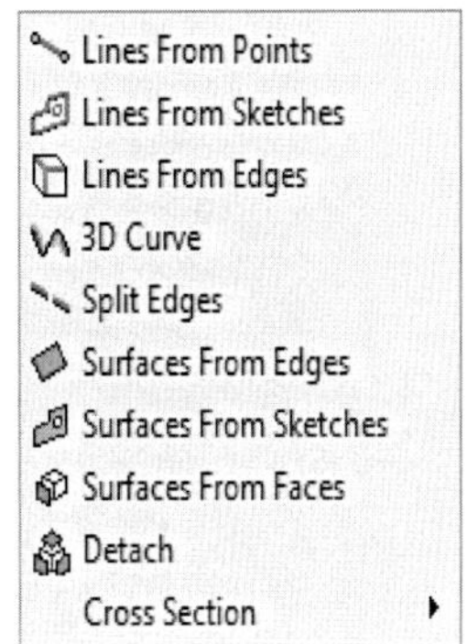

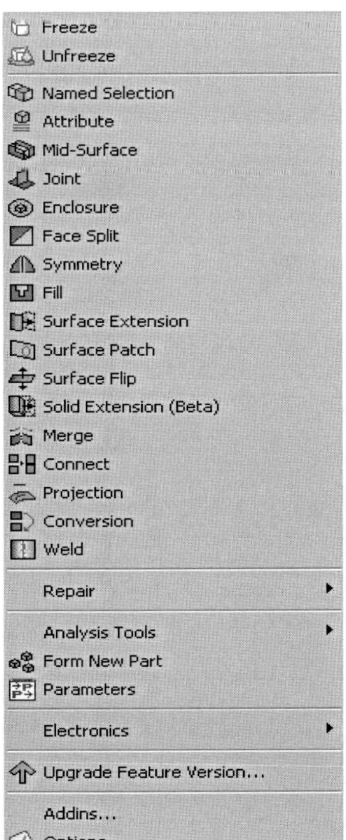

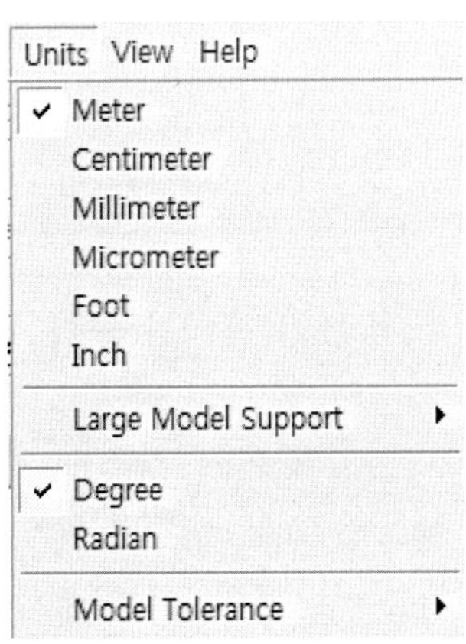

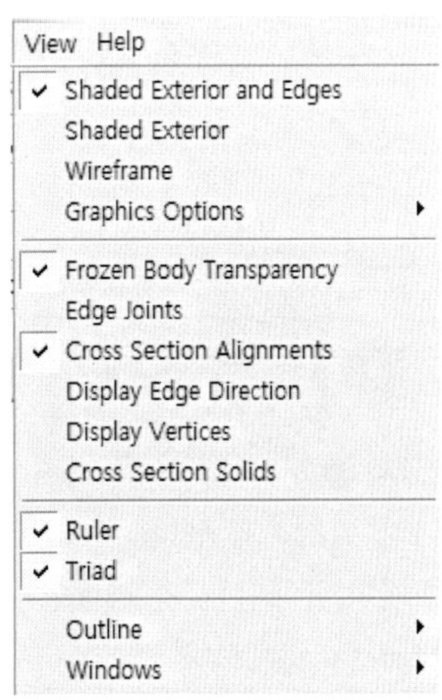

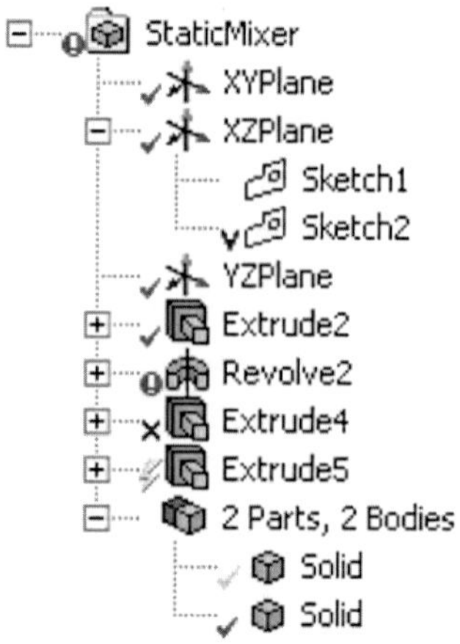

작업 옆의 심볼은 상태를 나타낸다.

심볼	의 미
	모든 것이 정상임을 표시한다.
	작동이 멈추어 있어 아무 영향이 없다.(작동되게 설정 할 수 있다.)
	잘못 설정된 부분이 있다는 것을 표시하는 것으로서 입력을 완전히 완료하기 전에 생성 작업을 했거나 개체와 관련된 다른 항목이 변경된 경우 등이 있으며, 마우스 오른쪽 버튼을 클릭후 Show Errors and Warnings을 선택하면, 내용을 확인할 수 있다.
	개체의 생성 또는(개체가 생성된 후 설정 사항이 변경된 경우와 같은 이유로)재생성이 요구되는 경우를 나타내는 기호이다.
	선택되지 않은 경우에도 스케치가 보인다.
	Body가 보이지 않도록 숨겨진 경우를 나타내는 기호이다.

- 윈도우의 윗부분은 다양한 메뉴와 툴바가 있다.

DesignModeler는 두 가지 주요 작업 모드가 있으며, 형상생성 과정 중 모드를 필요에 따라 변경하게 된다. Modeling Mode에서는 트리뷰가 있으나 Solid 모델을 만들기 위해 스케치(플레인 위의 선들의 집합)를 이용하며, 이 스케치들을 만들기 위해서는 Sketching Mode를 사용한다. 두 개 모드 사이의 이동을 위해서는 트리뷰 하단의 탭(Sketching과 Modeling)을 클릭하여 이동할 수 있다. Modeling Mode에서 트리뷰가 있던 영역은 Sketching Mode에서는 Draw, Modify, Constraints, Dimensions와 Settings등의 툴박스 영역으로 바뀌며 클릭하여 선택하면 된다.

실수복구

형상 생성 과정에서 실수가 발생할 수 있으므로 ,실수를 복구하는 방법은 중요하다. Sketching Mode에서는 Undo / Redo Toolbar의 Undo버튼 사용이 가능하고 Polyline으로 스케치하는 동안에는 모델뷰에서 마우스 오른쪽 버튼을 클릭하여 나타나는 Back버튼을 선택하여 마지막으로 선택한 점의 취소가 가능하다.

Modeling Mode에서는 Extrude등의 작업이 이루어지지 않은 경우 Detail창에서의 설정 변경작업이 가능하며 작업이 이루어진 후에는 트리뷰에서 마우스를 이용하여 해당항목 위에서 왼쪽 버튼을 클릭하여 나타나는 메뉴중 Edit Selection 메뉴를선택한 후 Details View에서 설정을 변경할 수 있다.

DensignMolder Units

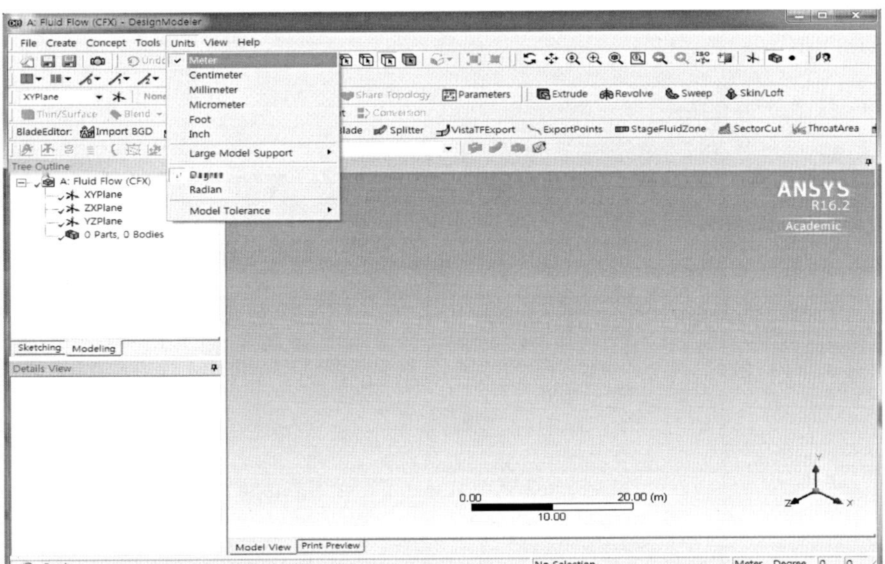

▶ 그림 2-7 DM에서의 단위 작업

DM이 시작되면 풀다운 메뉴에서 Units을 선택하면 그림처럼 되며 원하는 단위를 선택한다. 언제나 선택된 단위가 사용되고, 대형 모델 지원을 On하면 1000 ㎢의 경계 박스 (bounding box) 안에서 대형 모델을 생성할 수 있다.

- 단위는 중간에 변경 될 수 없다.

2-3 DesignModeler Interface

트리 아웃라인(Tree Outline)

트리 아웃라인 공부

- 3개의 기본 플레인으로 시작한다.
  - XY, ZX & YZ
  - 플레인상에 만들어진 스케치들
- 연속적으로 리스트된 모델링 작업들(피쳐 히스토리)
- 모델링 작업들 아래에 리스트된 보디/부품

트리 아웃라인을 사용해서 모델 히스토리의 어느 시점에 만들어진 모델링 작업 또는 스케치들에 접근하고, 수정하거나 삭제한다.

Tree Outline

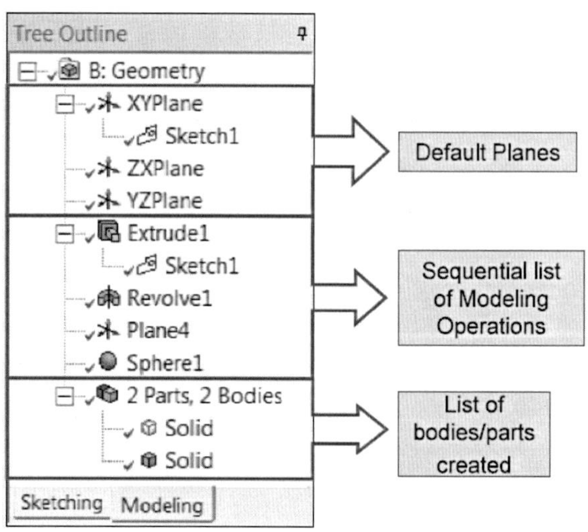

Tree Outline에서의 작업은 기본적인 플레인 xy,zx,yz 플레인과 함께 스케치가 플레인 위에 생성된다. 모델링 작업은 연속적으로 리스트 되어진다. Body/Parts는 모델링 작업 아래에 리스트 되어진다.

Tree Outline은 모델링 작업 또는 스케치의 변경과 삭제를 할 수 있다.

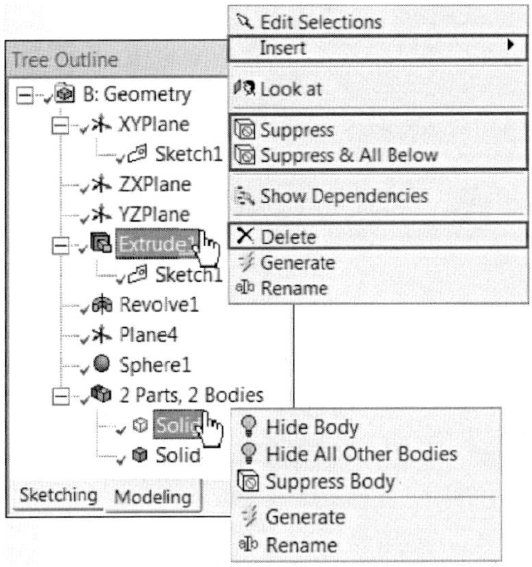

Context menu

우측 마우스 버튼을 클릭하여 접근할 수 있는 메뉴이다.

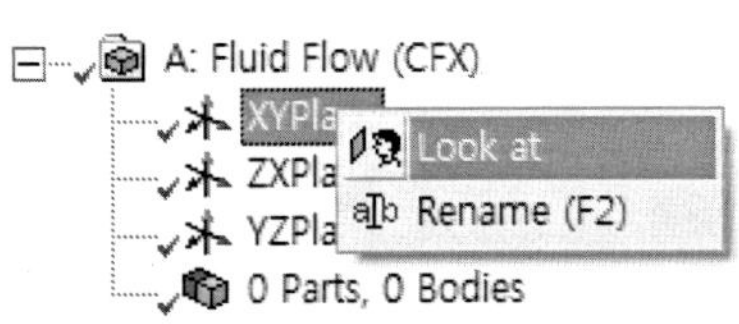

▶ 그림 2-8 xy프레인선택하고 우클릭

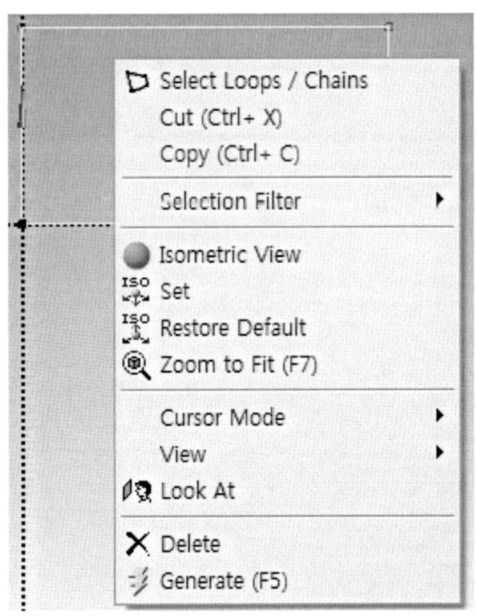

▶ 그림 2-9 직사각형을 선택하고 우클릭

Details View

Details View는 디테일 뷰창에 피쳐 인풋을 리스트하고 2번째 칼럼은 유저 인풋 값과 선택사항들을 포함한다. 클릭하여 각 박스를 활성화한다. 엔터티 선택(스케치, Geometry, 등)을 필요로하는 박스들은 활성화될 때 Apply/Cancel을 표시할 것이다.

엘로우 박스들은 인풋(수치 또는 선택 인풋)이 요구된다는 것을 표시한다.

Sketching Mode

스케치는 플레인위에 생성된다. 디자인 모델러에는 3개의 기본 플레인인 xy, zx, zy 플레인이 있다. 필요에 의해 원점과 기존의 플레인을 언급함으로 새로운 플레인을 생성할 수도 있다.

Process for Creating A Model

1. Toolbox에서 Model View로 Fluid Flow(CFX) 를 마우스로 더블클릭하거나 마우스로 클릭하여 Drag하면 아래 그림과 같은 창이 생성되고

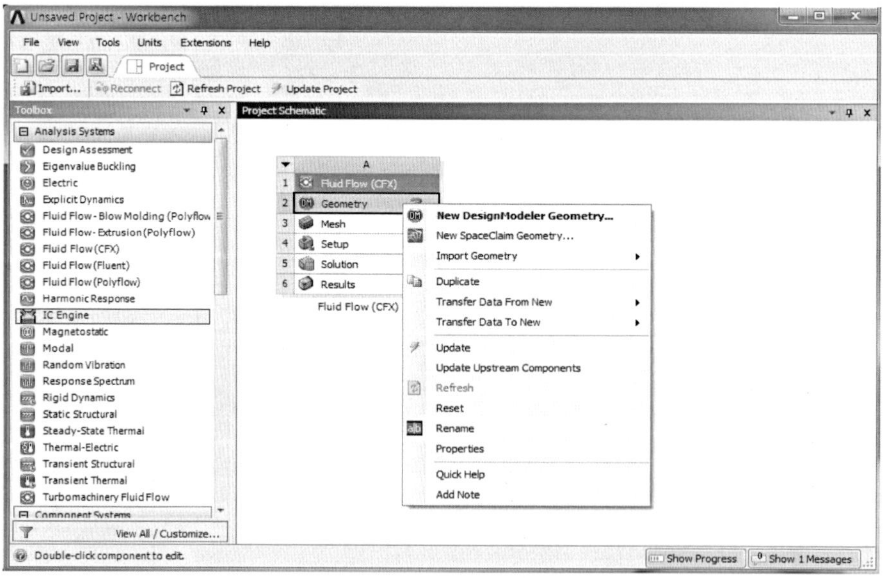

2. A라는 창에서 Geometry를 더블클릭하거나 Geometry를 우클릭하여 New DesignModeler Geometry... 를 선택하면 DesignMolder창이 오픈된다.

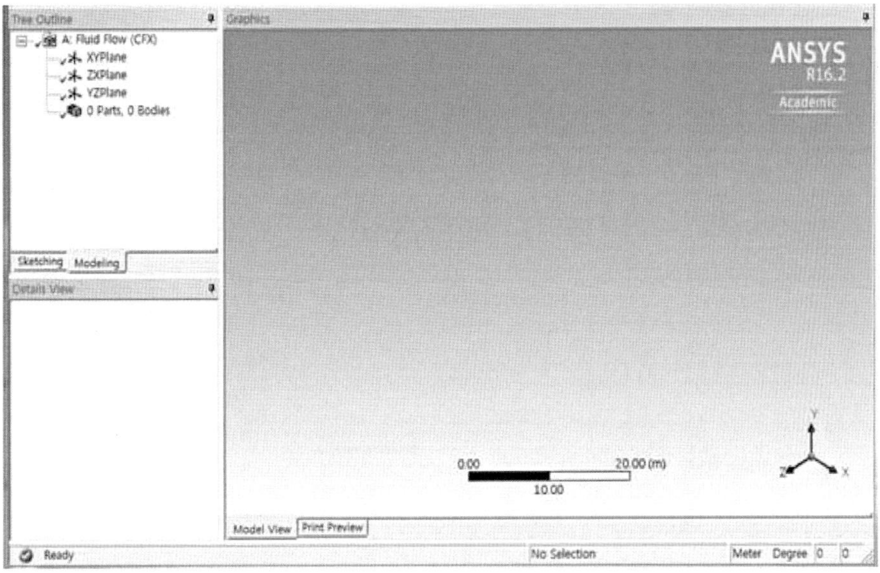

▶ **그림 2-10** DesignMolder 창

3. 모델트리에서 XY-Plane을 선택하여 스케치 화면을 XY 플레인으로 잡는다.

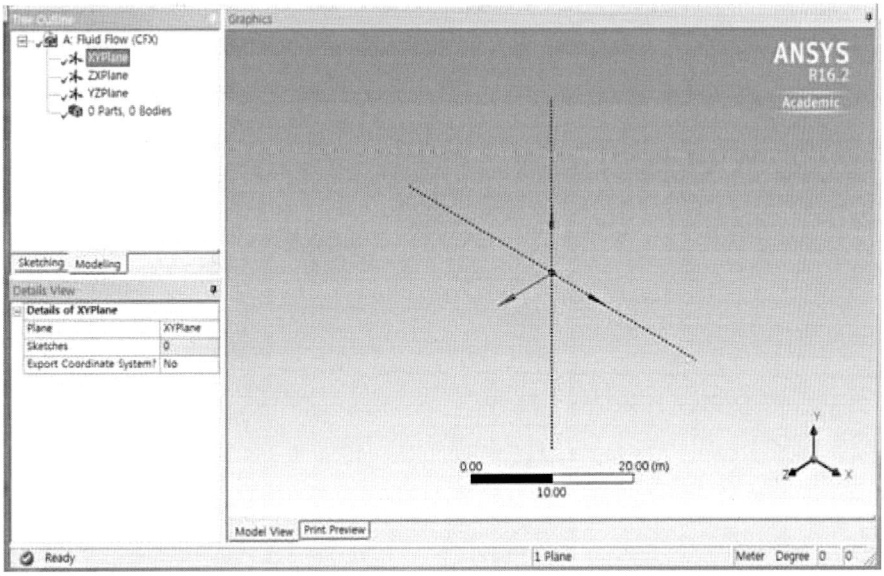

▶ **그림 2-11** XY-Plane을 선택

4. 스케치 상태로 들어가기 위해 왼쪽 중간에 있는 Sketching tab을 누른다. 다음과 같이 화면이 바뀐다.

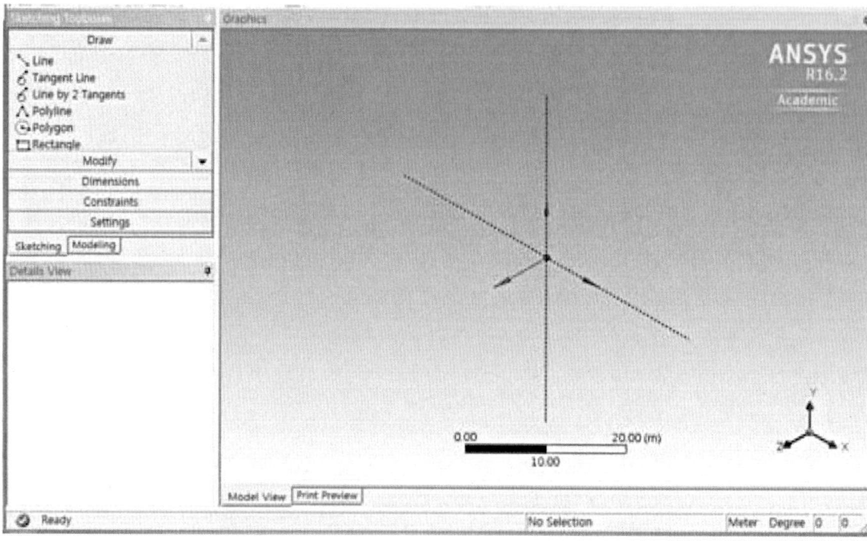

▶ 그림 2-12 Sketching tab을 누른 상태

아래의 그림들은 Sketching tab에 있는 내용들이다.

스케칭모드를 선택하면 5개의 Toolbox가 있는데 스케치 작업을 위한 여러 가지 옵션들로 되어 있다. Draw toolbar에서 적절하게 선택하여 스케치를 할 수 있고, Modify toolbar에서 수정할 수 있으며, Dimension toolbar에서 선택하여 적절한 치수 유형을 선택해 치수를 부여하고

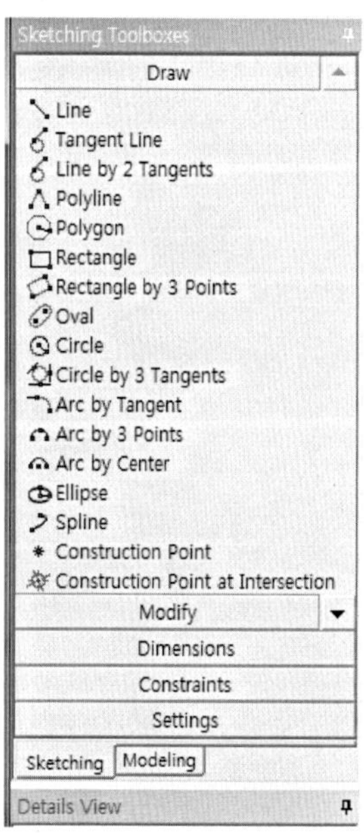

▶ 그림 2-13 Draw tab

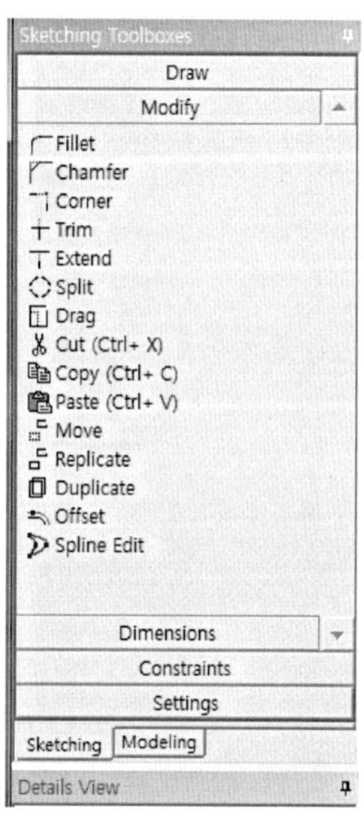

▶ 그림 2-14 Modify tab

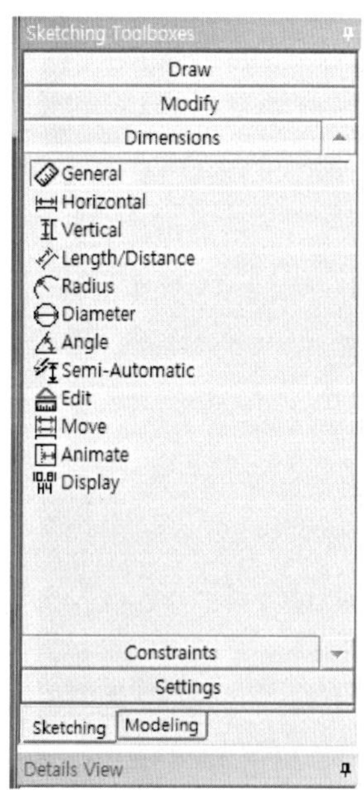

▶ 그림 2-15 Dimension

Constrain toolbar에서 적절한 구속 조건들을 선택하여 구속할 수 있다. Auto constrain을 선택하면 자동으로 V(수직), H(수평), C(일치), P(점에 일치), T(접선), //(평행) 등의 기호를 통해 자동으로 구속할 수 있고 추가적으로 구속을 생성해야하는 경우 적절한 구속 조건을 선택하여 구속할 수 있다.

선의 색깔이 Teal 색깔일 경우 구속부족, Blue 색일 경우 구속된 경우이고 ,Black일 경우 고정 Red일 경우 과구속이며 Gray일 경우 완료되지 않은 스케치이다.

Settings toolbar에서 선택하여 스케치 화면을 격자 형식 무늬로 설정허여 스케치 치수를 보다 쉽게 정의할 수 있도록 도와주며, 스냅 기능을 이용하여 격자점을 기준으로 기준점을 잡아 스케치할 수도 잇다. 필요에 따라 적절하게 선택하여 사용한다.

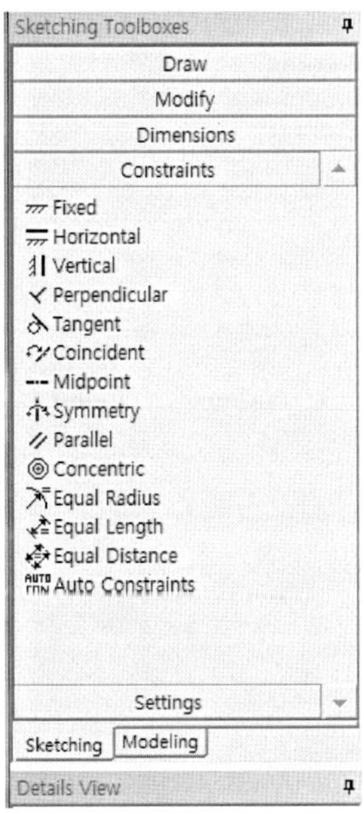

▶ 그림 2-16 Constrains tab

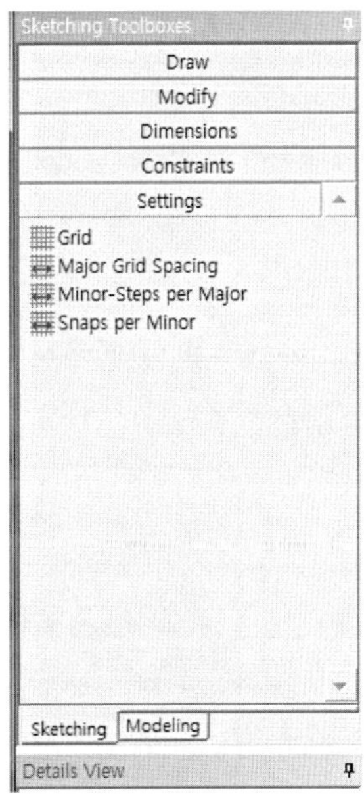

▶ 그림 2-17 Settings tab

5.  를 클릭하여 스케치 화면을 정면으로 오도록 한다.

스케치창이 정면에 오면 스케치를 할 수 있는 준비가 끝나는 것이다.

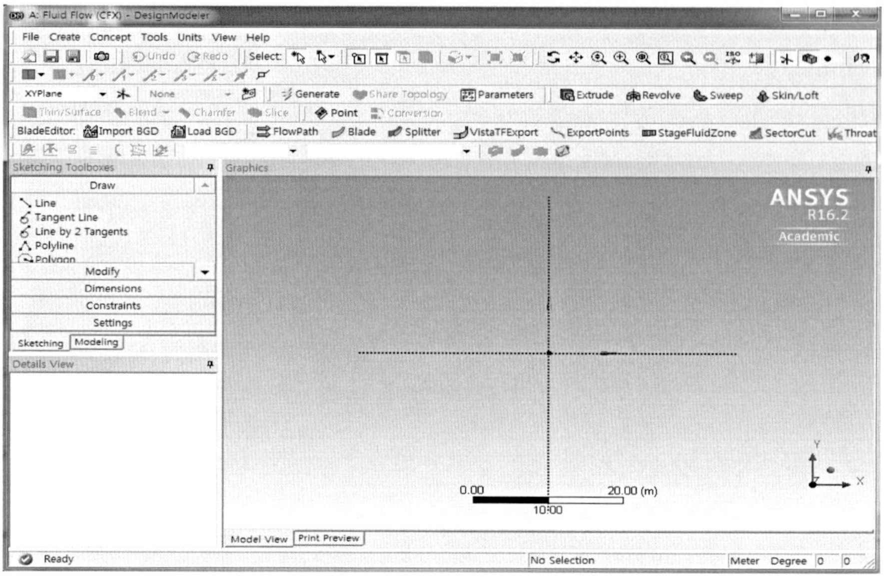

▶ 그림 2-18 XY 플레인이 정면에 온 위치

New Plane Button

New Plane은 ![icon] 아이콘을 선택하여 새로운 플레인을 생성시킨다.
플레인 구성에는 6개의 Type이 있다.

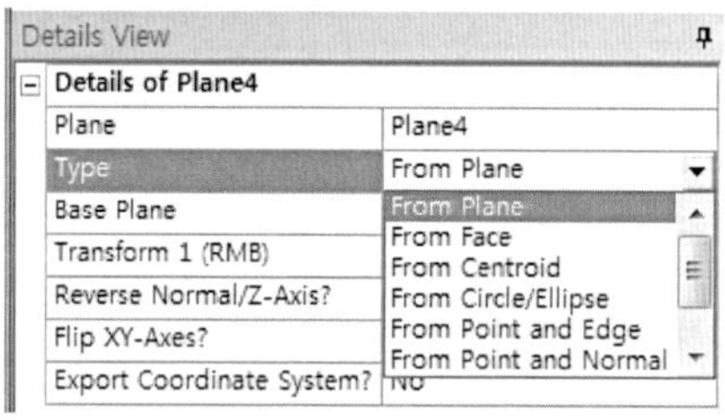

▶ 그림 2-19 플레인 생성하는 방법

디테일뷰에서 보면

- From Plane – 새로운 플레인은 다른 기존의 플레인을 기본으로 하고 있다.
- From Face – 새로운 플레인은 face를 기본으로 하고 있다.
- From Point and Edge – 새로운 플레인은 한점과 직선라인의 edge에 정의된다.
- From Point and Normal – 새로운 프레인은 한점이 한점과 normal하게 정의된 edge에 의해 정의된다.
- From Three Point – 새로운 플레인은 3점에 의해 정의된다.
- From Coordinate – 새로운 플레인은 원점과 Normal한 좌표계에서 타이핑함으로서 정의한다.

New Sketch Button

새로운 스케치는 [icon] 아이콘을 클릭함에 플레인위에 스케치를 생성한다.

새로운 스케치는 연관된 플레인 아래에 있다.

xy플레인을 선택하고 Sketching Tab을 누르거나 [icon] 아이콘을 클릭하면 Tree상에서 xy플레인 아래에 Sketch1 이 생성된다.

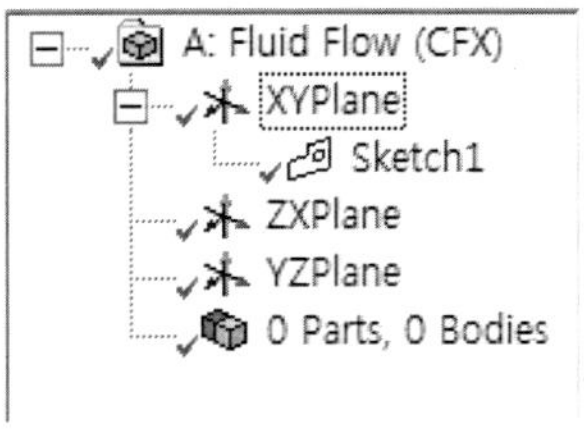

▶ 그림 2-20 Sketch1 생성

From Face

Solid나 Surface에서 기존의 원하는 Face를 선택하여 플레인 생성하는 방법이다.

아래의 그림처럼 스케치하여 Extrude 명령을 실행하여 피처를 생성시켰다.

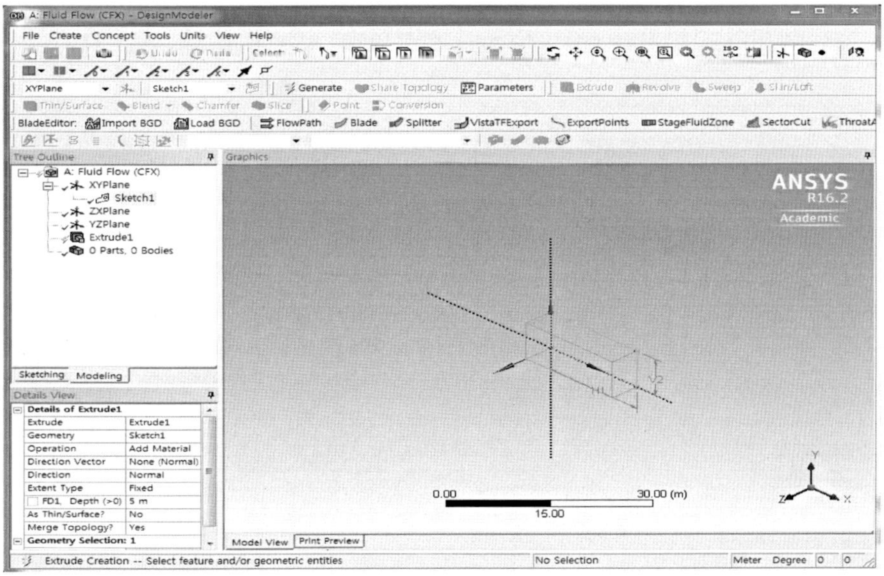

From Face로 플레인을 생성시키기 위하여 [icon] 새로운 플레인 아이콘을 선택하고 Plane4 디테일뷰에서 Type에서 From Face를 선택하면 Base Face에 Not selected가 표시되

며 모델링에서 원하는 면이 선택되어지기를 기다린다. Not selected를 선택하면 Not selected가 Apply Cancel 로 바뀌면서 원하는 면이 선택되어지기를 기다린다. 원하는 면을 선택하고 Apply 클릭하면 원하는 면이 녹색으로 바뀌며 Apply를 클릭하고 Generate 버튼을 클릭하면 Plane4가 생성된다.

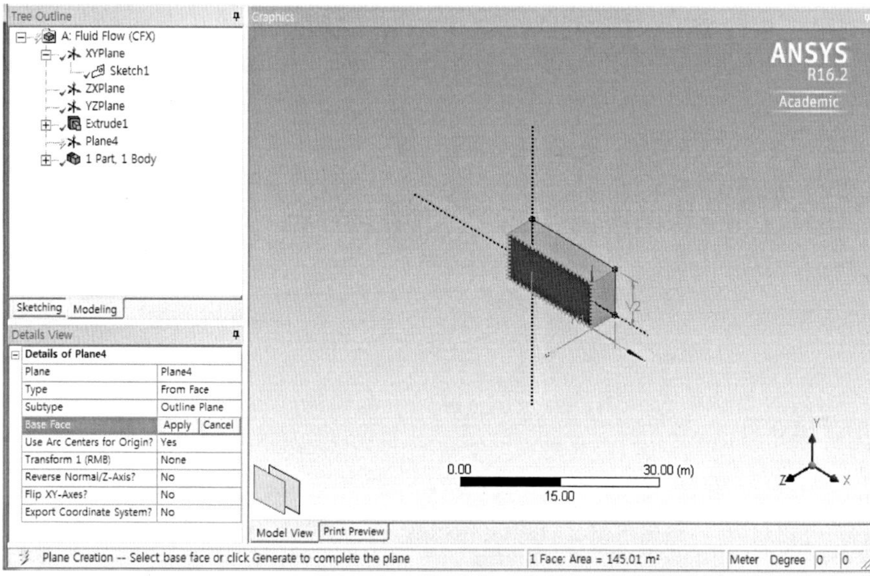

- 이제 아래의 그림처럼 From Face인 플레인4에 스케치를 할 수 있다.

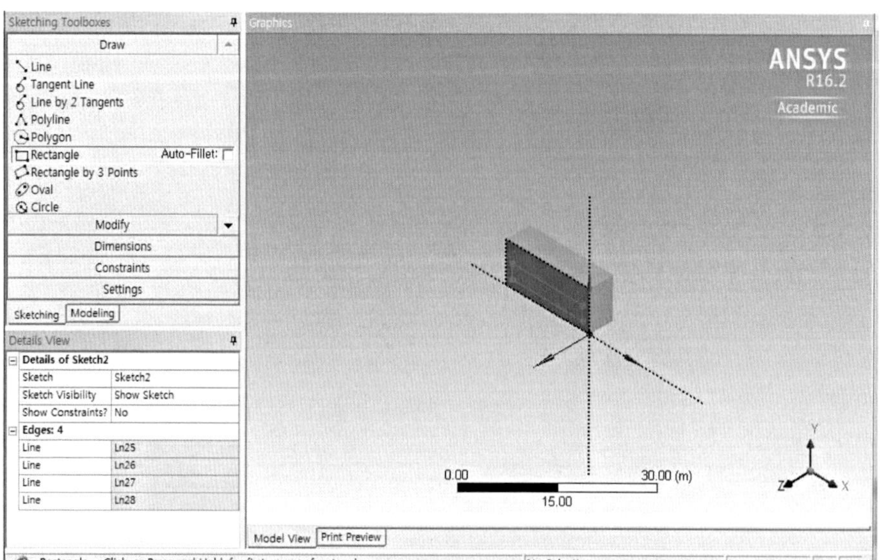

모델탭으로 돌아와서 보면 플레인4에 스케치2가 생성된 것을 볼 수가 있다.

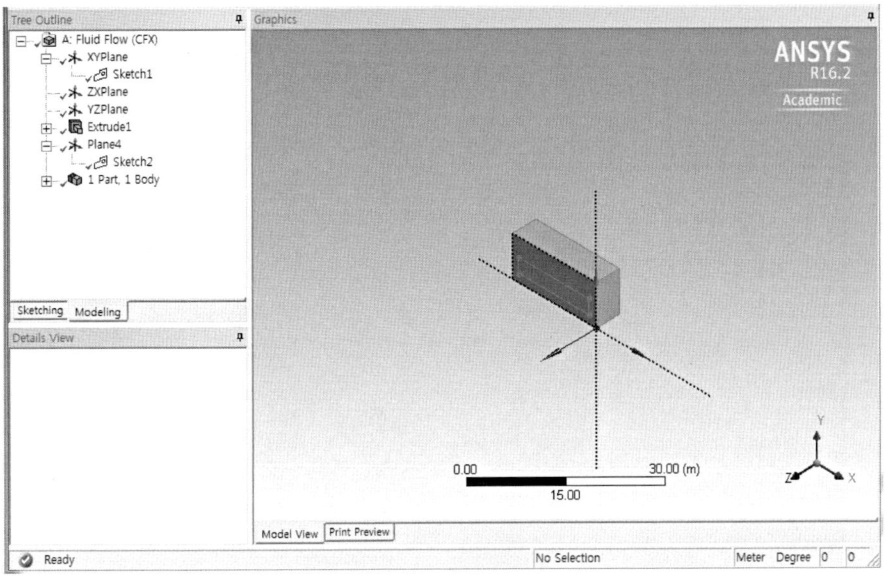

Plane Transforms

다양한 플레인의 변환을 이용할 수 있다. 디테일뷰 Transform field에서 우클릭을 통하여 원하는 변환을 선택하여 적용시킬 수 있다.

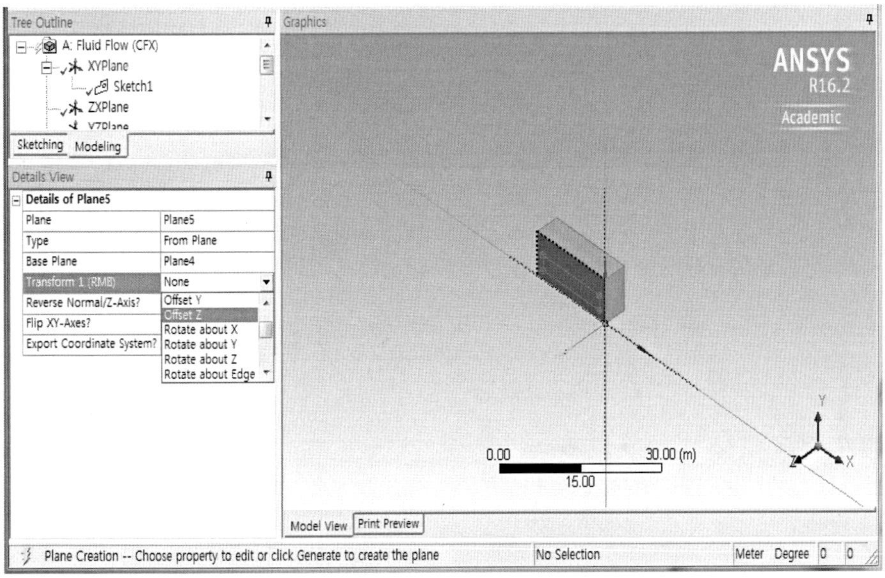

일단 Transform이 선택되어지면 옵셋 거리를 입력하라는 창이 나타나고, Transform2 field에서 Rotate about Y를 선택하면 각도를 입력하라는 창이 나타난다. 옵셋 거리를 5m, Y축에 대하여 회전 각도를 30도 입력한 후에 Generate 버튼을 눌러 플레인5를 생성시켰다. z축으로 5m을 이동하고 y축에 대하여 30도 회전한 플레인을 생성시킨 것이다.

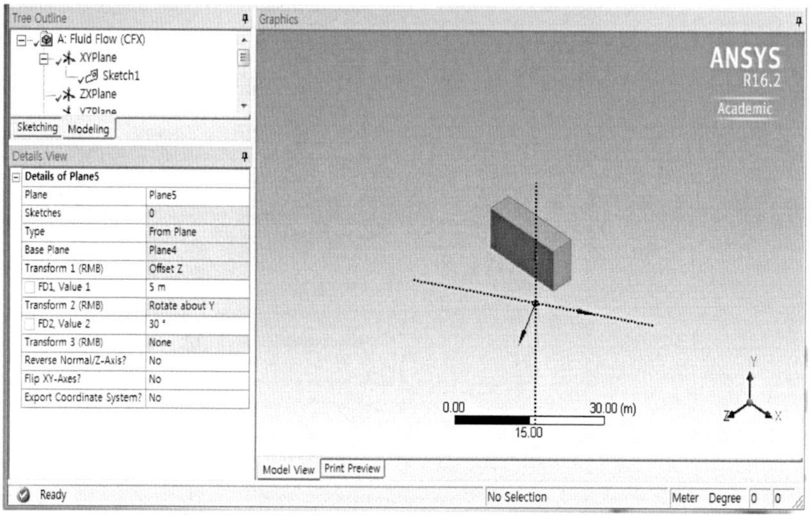

Plane and Sketch Detail

프레인을 셋팅한 후에는 플레인을 생성시키기 위하여 Generate button을 누른다. 우클릭하여 Generate를 선택할 수도 있다.

Ruler와 Triad 표시를 View에서 on/off할 수 있다. 각각의 플레인과 스케치는 디테일 뷰에서 조정할 수 있다.

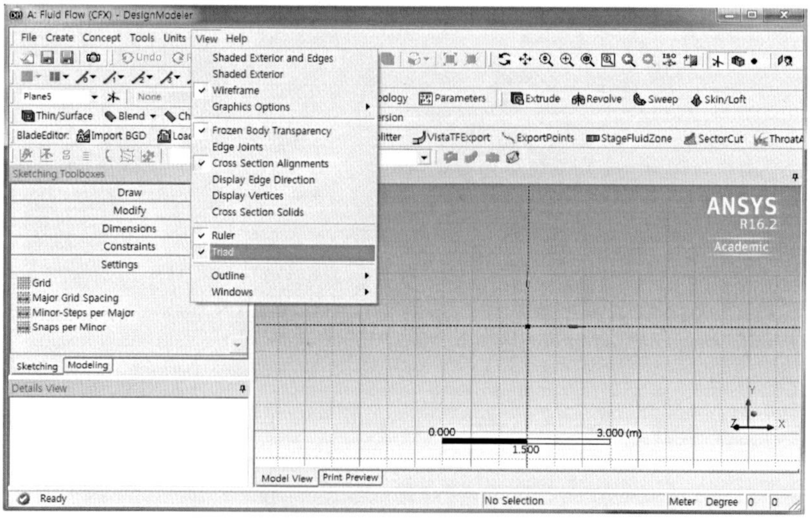

Sketch Tools에서의 Settings

플레인에 Grid를 정의하고 표시할 수 있다. 스냅 피처는 major와 minor spacing을 적용한다.

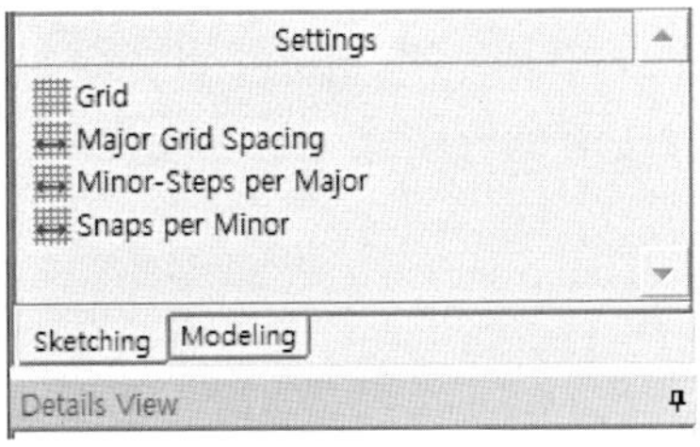

▶ 그림 2-21 Settings

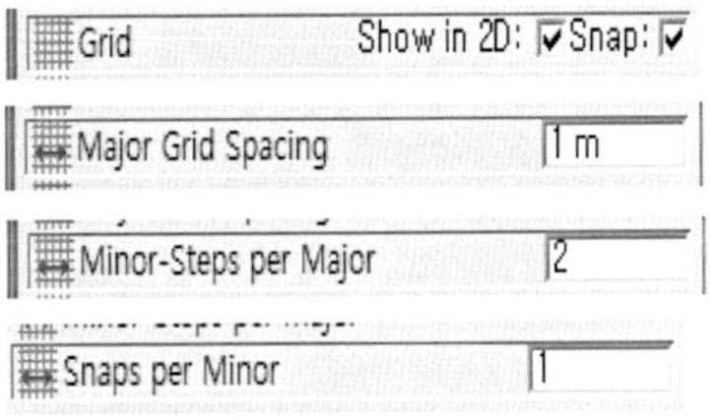

▶ 그림 2-22 Setting 값 입력

Sketch Tools에서의 Auto Constraints

Auto Constraints는 새로운 스케치의 위치나 방향에서 자동으로 구속되는 것을 가능하게 한다. 커서가 적용되는 구속의 종류를 가리킨다.

H는 수평, V는 수직, P는 라인시작에서 점 구속, C는 일치 구속을 가리킨다.

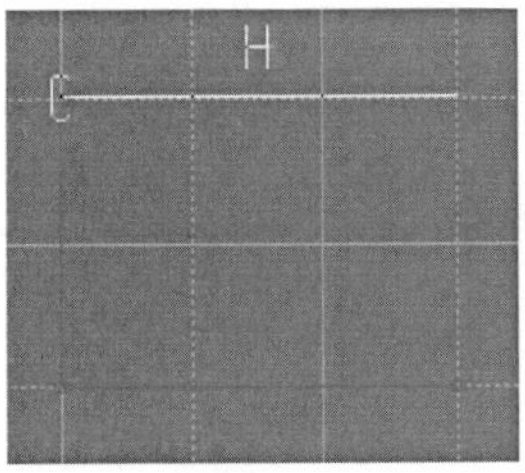

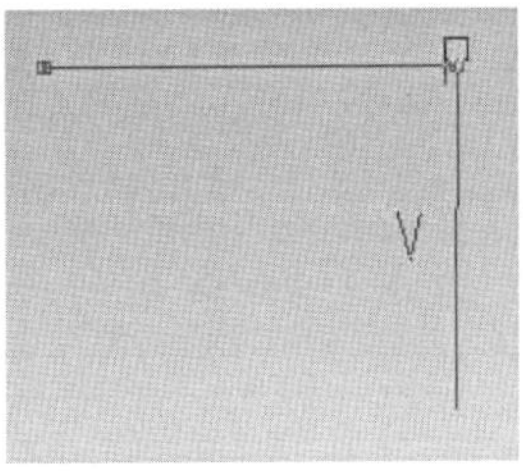

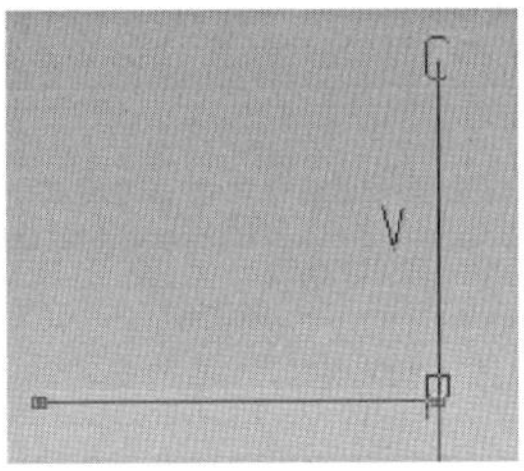

Sketch Tools에서의 Undo /Redo

Undo / Redo는 스케치에서만이 이용할 수 있다. 완성된 스케치의 마지막을 제거하고, 다수의 Undo가 가능하다. 스케치 도중 우클릭하여 Back를 선택하면 스케치 작업 동안 전 단계로 돌아간다.

Sketch에서의 Basic Shape

일단 플레인과 스케치가 구체화되면 Draw toolbox로부터 새로운 것이 생성된다. 어떤 작업은 마우스를 우클릭하여 Open End, Open End with Points, Closed End, Closed End with Points 같은 것을 선택함으로 작업을 마칠 수가 있다.

예를 들어 Spline으로 곡선을 그리다가 우클릭하면 다음과 같은 컨텍스트 메뉴가 나타난다. Polyline으로 라인을 그리다가 우클릭하면 열린 스케치를 할 것인지 닫힌 스케치를 할 것인지 선택할 수가 있다.

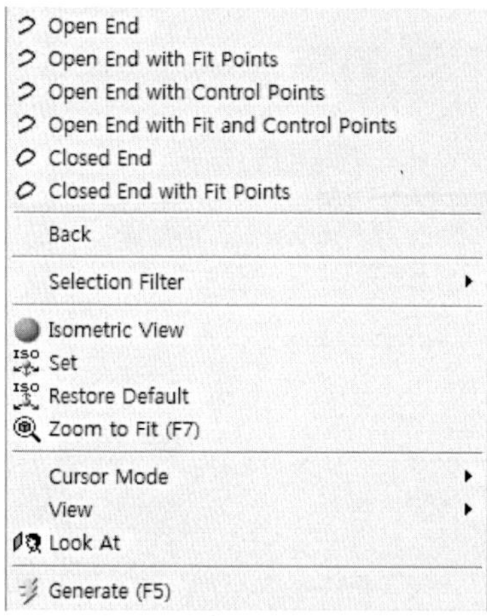

▶ 그림 2-22 Spline때 우클릭

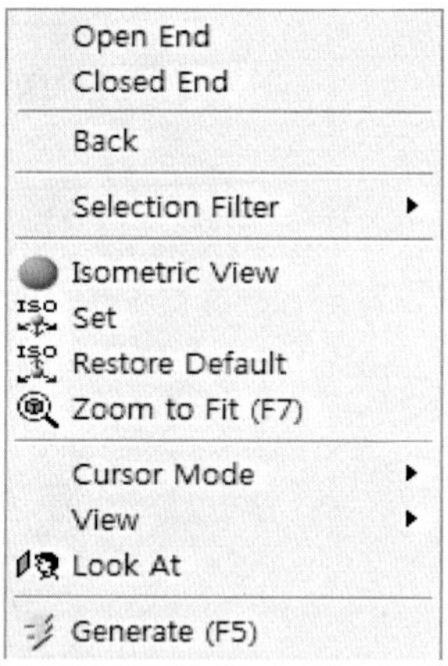

▶ 그림 2-23 Ployline때 우클릭

Sketch에서의 Constraints

스케치에서의 디테일은 스케치 구속 디테일을 표시할 수 있다. 구속은 자동구속이나 사용자가 구속을 할 수 있다. 구속을 지우기 위해서는 구속이 하이라이트 되었을 때 우클릭하여 지운다.

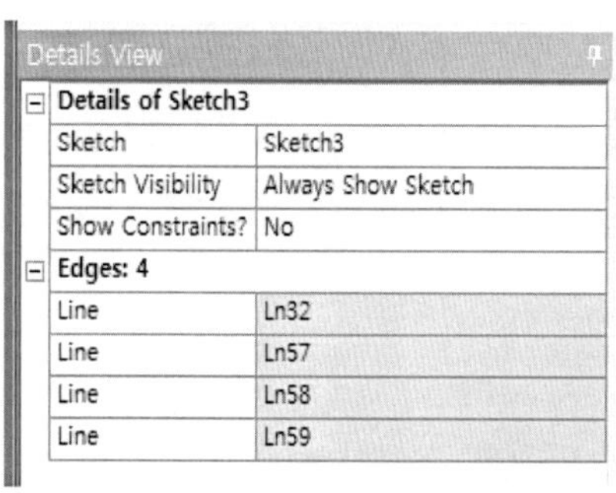

▶ 그림 2-24 Show Constraints가 No일 때

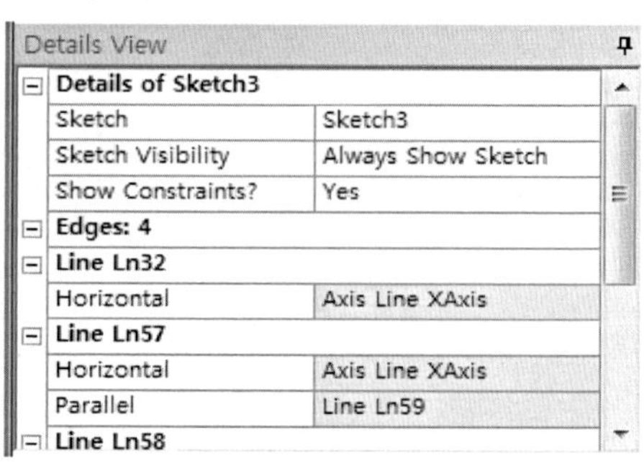

▶ 그림 2-25 Show Constraints가 yes일 때

스케치는 현재의 상태를 색깔로 정의한다.

- Teal : 미정의
- Blue : 완전정의
- Black : 고정
- Red : 과 구속
- Gray : 일치하지 않고 불명확함을 나타낸다.

처음 스케치를 하면 line은 teal색이고, 치수로 구속을 하게 되면 blue색으로 바뀐다.

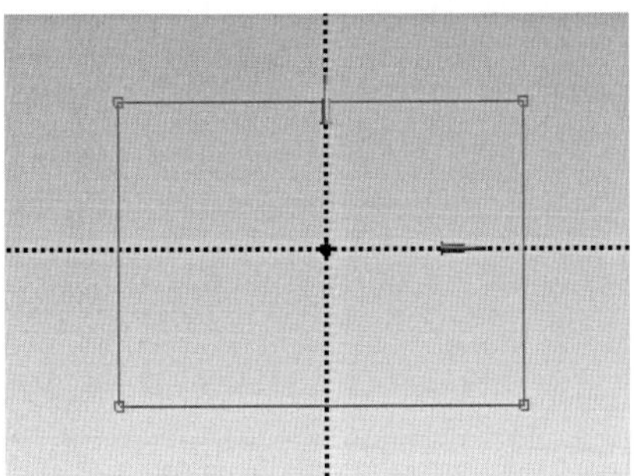

▶ 그림 2-26 미정의 상태

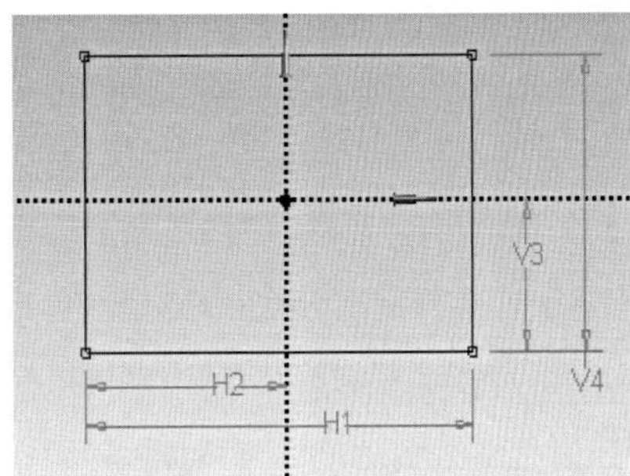

▶ 그림 2-27 치수구속으로 정의한 상태

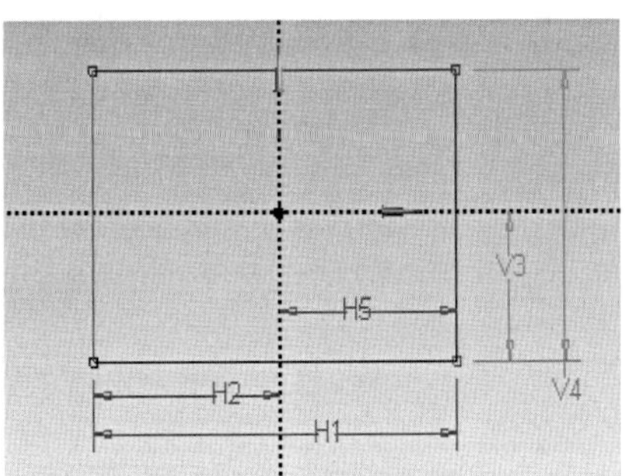

▶ 그림 2-28 과구속 상태

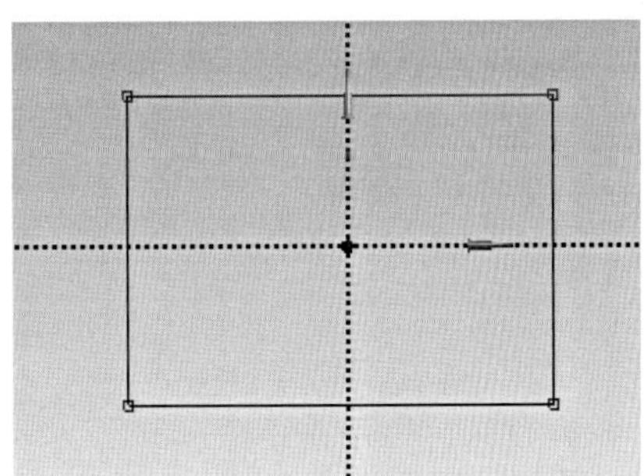

▶ 그림 2-29 Fixed한 상태

Sketch에서의 Dimension

DM은 치수를 기입함으로 구속된다.

부가적으로 개별적인 치수를 할당하기 위하여 Semi-automatic dimension을 이용한다.

Semi-automatic dimension cycles는 완전한 치수 구속이 될 때까지 또는 사용자가 자동 치수 구속을 그만 둘 때까지 치수를 선택한다. 우클릭하여 Skip, End, Exit를 사용하여 건너뛰거나 끝내거나 빠져나갈 수 있다.

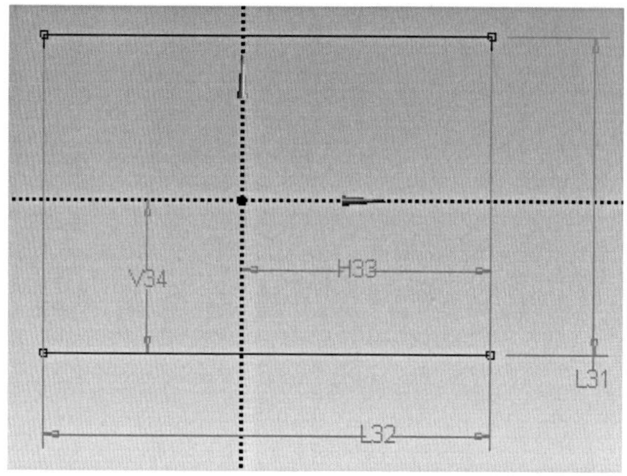

▶ 그림 2-30 Semi-automatic dimension으로 치수구속

치수의 위치를 변경하려고 하면 Move 기능을 사용하면 옮길 수 있다. Display에서 Display Name: ☑ Value: ☑ Value값에 체크를 하면 그래픽 상에 치수가 보인다. 치수를 변경하고 싶을 때는 디테일뷰 상에서 변경하고자 하는 치수를 선택하면 하이라이트 되는데 하이라이트 된 창에 원하는 치수를 입력한다.

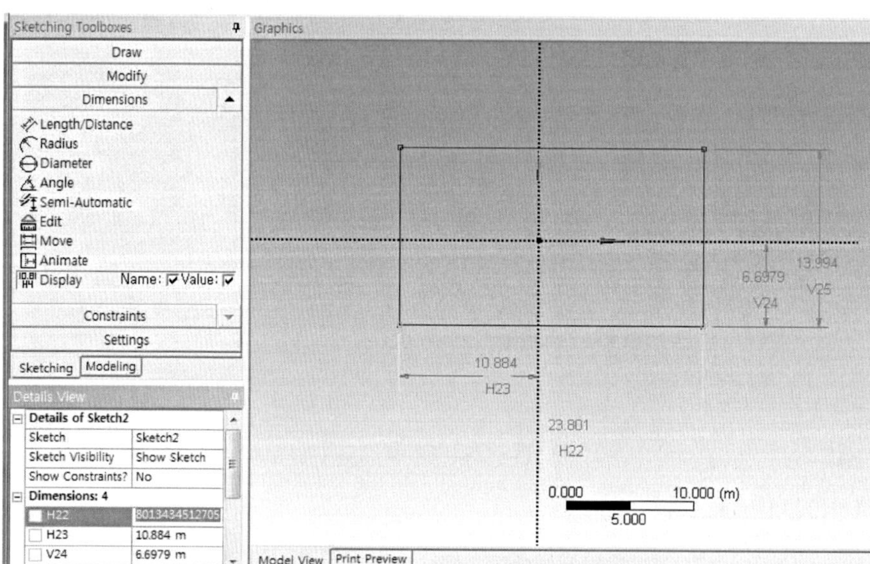

▶ 그림 2-31 디테일뷰에서 치수 선택했을 때

디테일뷰에서 치수를 선택하여 하이라이트 되면 그래픽상에서 치수를 선택하고 우클릭하면 메뉴중에서 아래의 그림과 같이 Edit Name / Value를 선택하여 빠르게 편집할 수 있다.

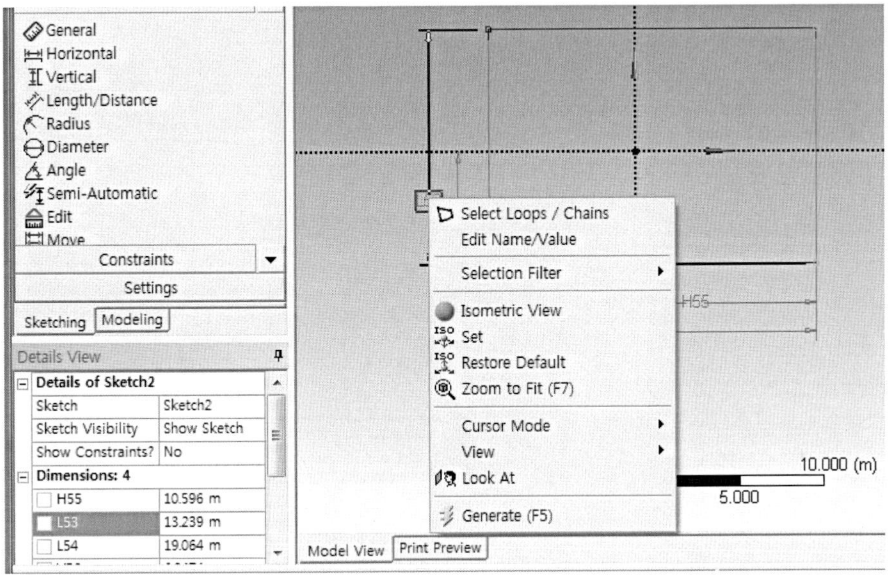

▶ 그림 2-32 치수 선택하여 우클릭한 상태

Edit Name / Value를 선택하면 치수이름과 값을 입력하라는 창이 뜬다. 이름도 바꾸고 치수도 변경할 수 있다.

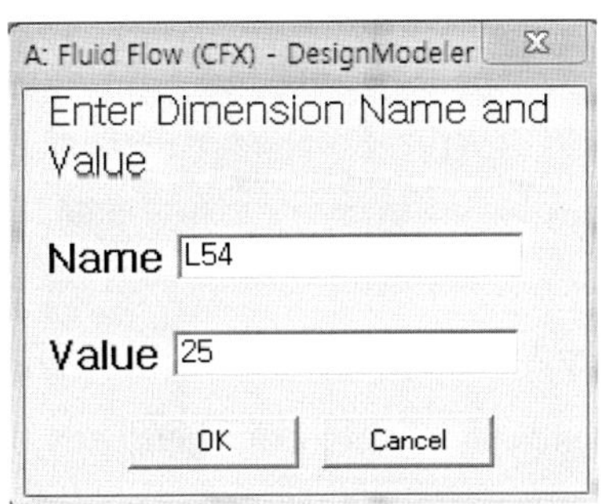

▶ 그림 2-33 치수이름과 치수 입력창

Sketch에서의 Display

모델트리에서 스케치를 선택하면 하일라이트되고 우클릭하면 아래와 같은 창이 뜨는데 Always Show Sketch, Hide Sketch를 선택하여 항상 보이게 하거나 숨길 수 있다.

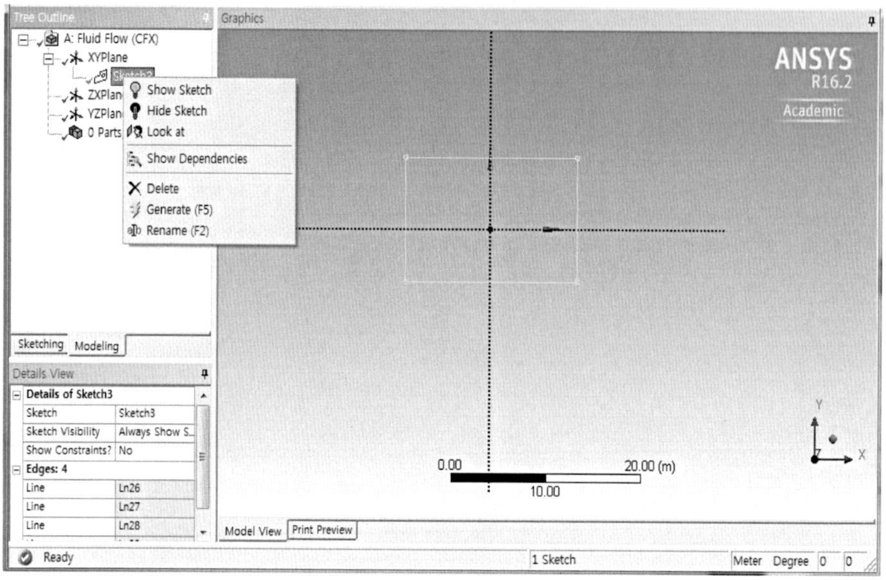

Sketch에서의 Draw

Draw Toolbox

스케치 모드를 선택하면 스케치 요소들이 표시된다. 2D Edge를 그리기 위하여 치수와 구속 조건을 적용한다. 스케치 도구들이 한번에 다 표시되어 있는 것이 아니기 때문에 오른쪽 아래에 있는 드랙앤드롭버튼인 위아래 버튼을 사용하여 사용가능한 도구를 선택한다.

Draw toolbox

Line, Tangent Line, Line by 2 Tangents, Polyline, Polygon, Rectangle, Rectangle by 3 Points, Circle, Circle by 3 Tangents, Arc by Tangent, Arc by 3 Points, Arc by Center, Ellipse, Spline, Construction Point, Construction Point at Intersection

새로운 스케치 를 생성한다.

- 스케치를 하고자 하는 플레인을 선택하고 를 선택하면 플레인에 새로운 스케치가 생성된다.
  - 새로운 스케치들은 그들과 연관되어 있는 플레인 아래의 트리에 생성된다.
- 스케치를 생성하는 것을 시작하기 위해서, 스케칭 탭을 클릭하여 스케치 모드로 전환한다.
  - 스케치가 없는 플레인을 선택하고, 스케치 모드로 들어가면 플레인 아래의 트리에 자동적으로 스케치가 생성된다.
  - 주어진 플레인 내에서 다수의 스케치들을 생성할 수 있다.

- 새로운 스케치들이 활성화된 플레인에 생성된다. 새로운 스케치를 생성하기 전에 어느 플레인이 활성화되어 있는지를 체크하라.

Sketch에서의 Modifying

Modify toolbox는 스케치를 편집하기 위한 기능을 가지고 있다.

대부분의 기능들은 다른 CAD에서 사용하는 기능들과 같으나 다소 다른 몇 개의 기능들에 대해서 설명하고자 한다.

Modify Toolbox

수정 도구를 사용하여 스케치를 편집한다.

Fillet, Chamfer, Corner, Trim, Extend, Split, Drag, Cut, Copy, Paste, Move, Replicate, Duplicate, Offset, Spline Edit

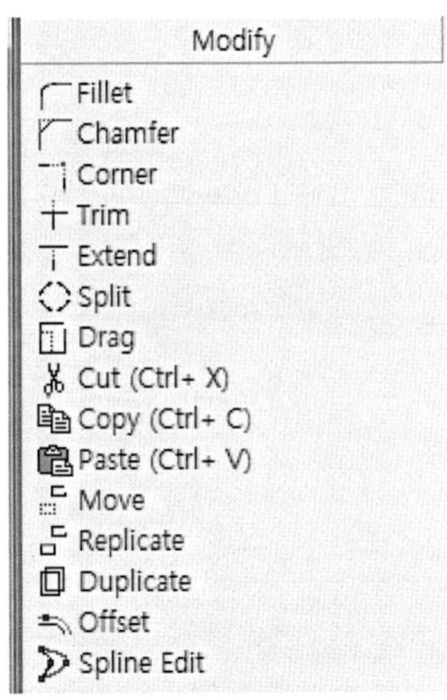

▶ 그림 2-34 Modify

Modify에서의 Filet(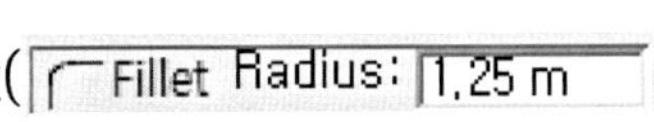)

Filet 아이콘을 누르면 입력창이 뜨는데 입력창에 원하는 반지름을 입력하고 두 개의 Edge를 선택하면 Filet은 생성된다.

▶ 그림 2-35 Filet 전

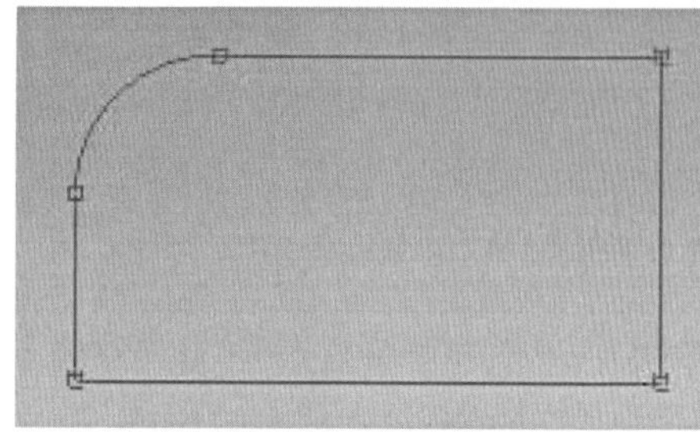

▶ 그림 2-36 Filet 후

Modify에서의 Chamfer (Charr Length: 5)

Chamfer 아이콘을 누르면 입력창이 뜨는데 입력창에 원하는 Chamfer 값을 입력하고 두 개의 Edge를 선택하면 Chamfer는 생성된다.

▶ 그림 2-37 Chamfer 전

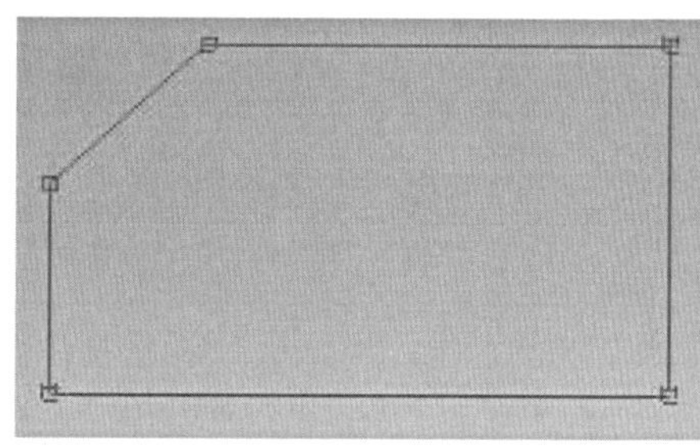

▶ 그림 2-38 Chamfer 후

Modify에서의 Corner (Corner)

Corner는 2개의 Edge가 교차할 때 선택하는 부분이 잘라지는 역할을 한다. Trim과 비슷하다.

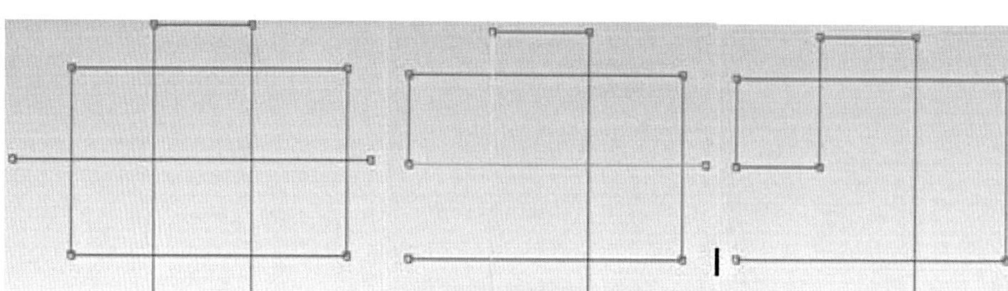

▶ 그림 2-39 Corner하기 전과, 선택, Corner 실행 후

Modify에서의 Trim과 Extend (Trim Ignore Axis ☑, Extend Ignore Axis ☑)

Trim은 스케치에서 필요없는 부분을 잘라내고 Extend는 스케치에서 끊어진 부분을 연장해서 이어준다.

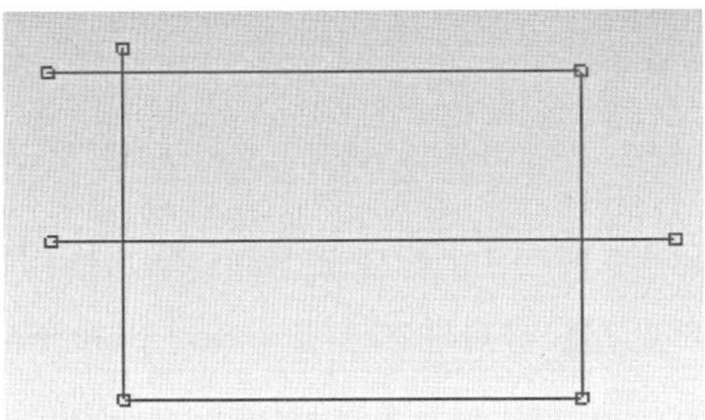

▶ 그림 2-40 Trim 전

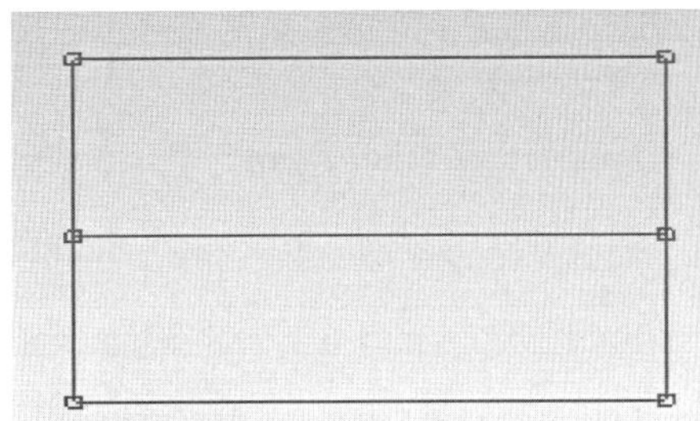

▶ 그림 2-41 Trim 후

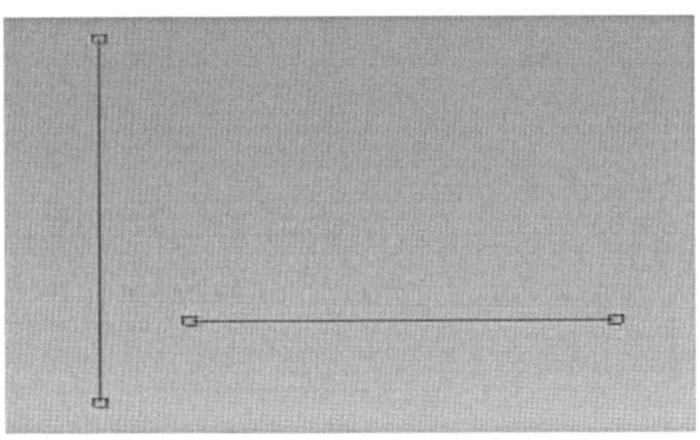

▶ 그림 2-42 Extend 전

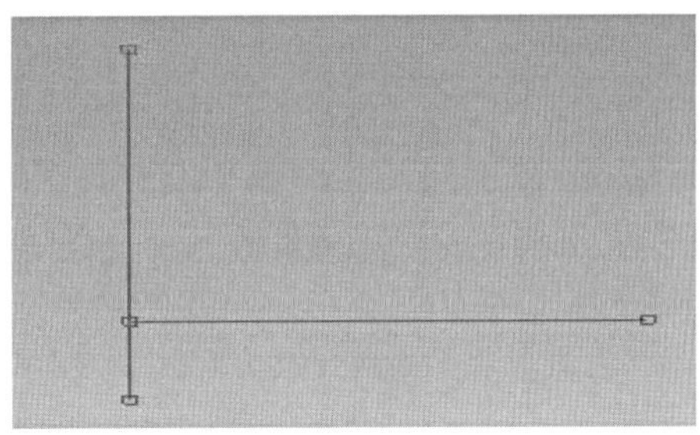

▶ 그림 2-43 Extend 후

Modify에서의 Split(Split)

Modify에서 Split를 선택하고 그래픽상에서 edge를 선택하지 않고 우클릭하여 나타나는 창이 아래의 창이다.

Split는 마우스로 선택하여 선분을 나누는 작업이다.

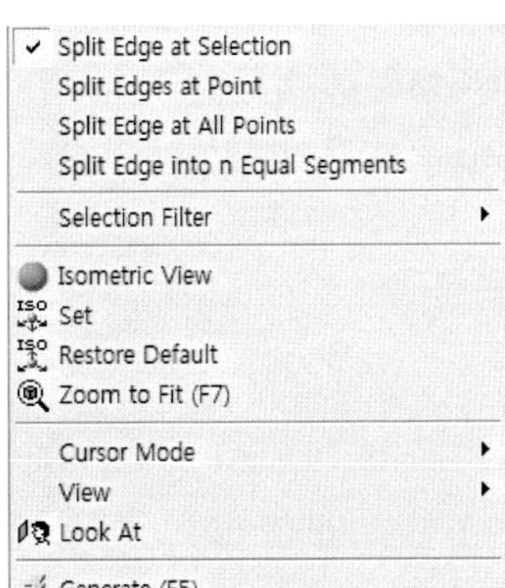

- Split Edges at Selection : Split 를 선택하고 우클릭하여 Split Edges at Selection을 선택하면 원이나 타원을 제외한 Edge를 선택하는 곳에 point 요소가 나타나며 두 개의 조각으로 나눈다.
- Split Edges at Point : Split 를 선택하고 우클릭하여 Split Edges at Point를 선택하고 Edge를 선택했을 때 Point가 있다면 Point가 있는 곳에서 나눠진다.
- Split Edges at all Point : Split 를 선택하고 우클릭하여 Split Edges at all Point를 선택하고 Edge를 선택하면 Point가 있을 때 모든 Point에서 Edge가 나눠진다.
- Split Edges into n Equal Segments : Split 를 선택하고 우클릭하여 Split Edges into n Equal Segments를 선택하면 Edge를 n개로 균등분할하기 위해 스케치 툴박스에 다음과 같이 나타나고 Split Equal Segmen n = 2 입력창에 원하는 개수를 입력하면 n개의 같은 크기의 Edge로 나눠진다.

"Spilt"는 Skin / Loft를 사용하여 스케치할 때 유용하다.
"Spilt"는 메싱 작업에서 크게 조절할 수 있고 경계조건 작업에서 필요로 한다.

Modify에서의 Drag (Drag)

커서를 사용하여 Edge나 Point를 클릭하여 Drag할 수 있다. Edge를 클릭 Drag하여 원하는 위치에 갖다 놓는다.

Modify에서의 Cut/Copy (Cut (Ctrl+ X) , Copy (Ctrl+ C))

Cut을 클릭하고 Cut할 entity를 선택하고 우클릭하면 Cut의 옵션들이 나타난다. 붙이기 위해 관련된 Paste handle(RMB)의 선택을 필요로 한다.

Copy를 클릭하고 Copy할 entity를 선택하고 우클릭하면 Copy의 옵션들이 나타난다. 붙이기 위해 관련된 Paste handle(RMB)의 선택을 필요로 한다.

Paste handle은 붙일 위치로 Image를 옮기는 동안 부착해야 될 위치가 커서의 위치이다.

Paste handle(RMB)의 옵션

- Clear Selection
- Use Plane Orign as Paste Handle, Paste Handle의 Handle로 사용될 Plane의 위치는 0,0이다. 이것은 복사를 하면 Clipboard와 스케치의 원점을 기준으로 복사해야할 Item을 선택할 수 있다.

- Paste Handle을 사용하지 않고 Cut이나 Copy한 것이 있다면 현재 값이 사용된다.

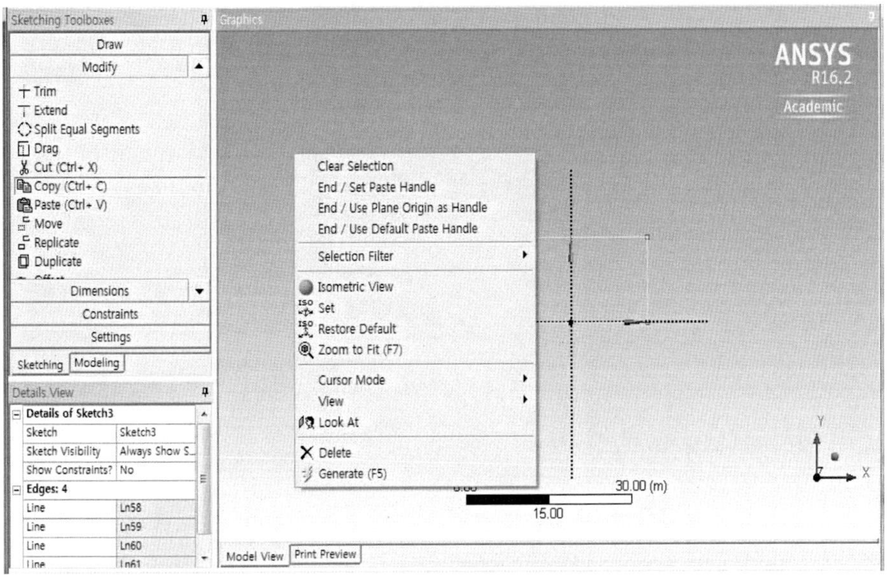

▶ 그림 2-44 Copy 명령을 실행하여 Copy 한후 RMB의 옵션

Modify에서의 Paste(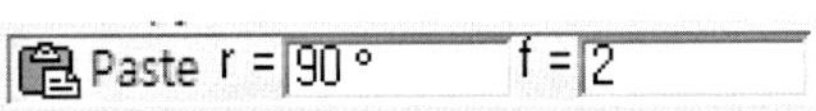)

- 입력창에 원하는 각도나 확대/축소 비율을 입력한 후 우클릭하여 원하는 것을 선택하면 회전 확대, 축소 등을 할 수 있다.

RMB Context Menu

- Rotate by r : r값에 의해 회전할 수 있다.
- Rotate by –r : r값에 의해 회전할 수 있다.

Flip Horizontal - 기존의 것에 평행하게

Flip Vertical - 기존의 것에 수직하게

Scale by factor f - 확대할 수 있다.

Scale by factor 1/f - 축소할 수 있다.

Paste at Plane Origin - 플레인 원점에 복사한다.

Change Paste Handle - Paste Handle을 변경할 수 있다.

End는 Paste를 종료한다.

- Paste는 Cut이나 Copy에 의해 생성된 Clipboard를 원하는 위치에 현재의 스케치로 또는 다른 플레인 위에 새로운 스케치로 놓을 수 있다. 끝낼 때는 우클릭하여 End를 신덱힌다.

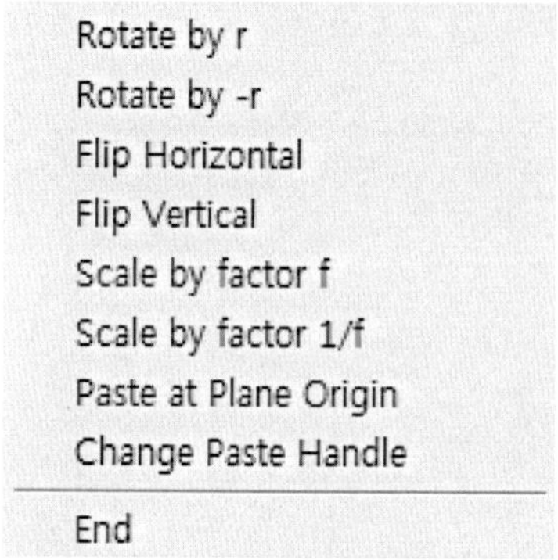

▶ 그림 2-45 Paste 옵션

Modify에서의 Move (Move r = 90° f = 2)

Move를 클릭하고(Move r = 90° f = 2) entity를 선택후 우클릭하여 원하는 것을 옵션을 선택하여 새로운 위치로 이동한다.

끝낼 때는 우클릭하여 End를 선택한다.

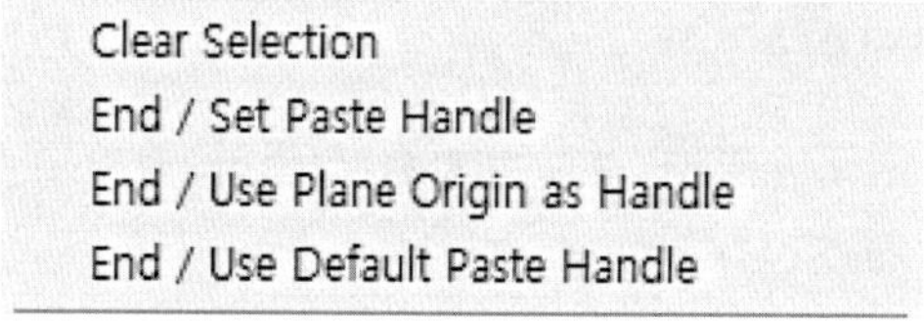

▶ 그림 2-46 Move 옵션

Modify에서의 Replicate (Replic r = 90° f = 2)

Replicate 명령은 Paste에 의해 따른 Copy 명령과 상당하다.

끝낼 때는 우클릭하여 End를 선택한다.

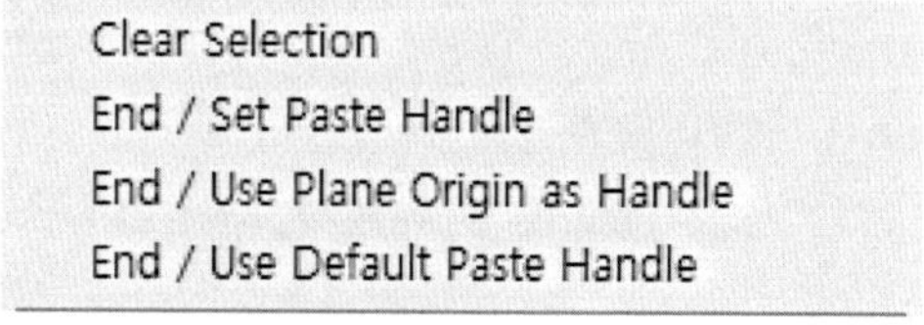

▶ 그림 2-47 Replicate 옵션

Modify에서의 Duplicate(Duplicate)

새로운 플레인으로 생성한 From face에서 기존의 3D Edge를 언급함으로 선택된 Edge를 새로운 스케치로 생성할 수 있다. 플레인의 선택된 경계는 새로운 스케치로 복제되어지는데 모든 스케치는 동일 플레인위에 위치한다.

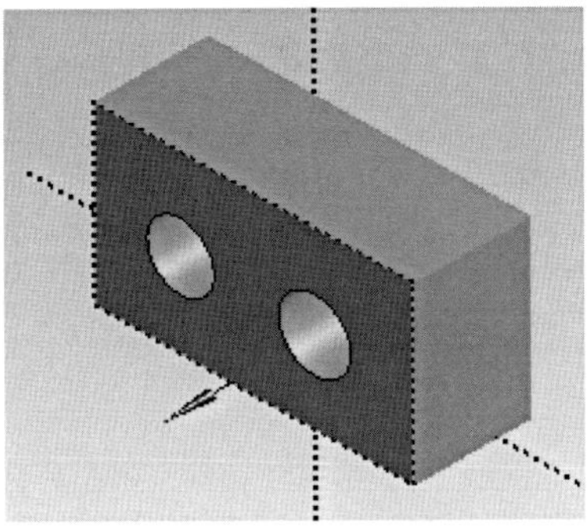

▶ 그림 2-48 Extrude 된 것

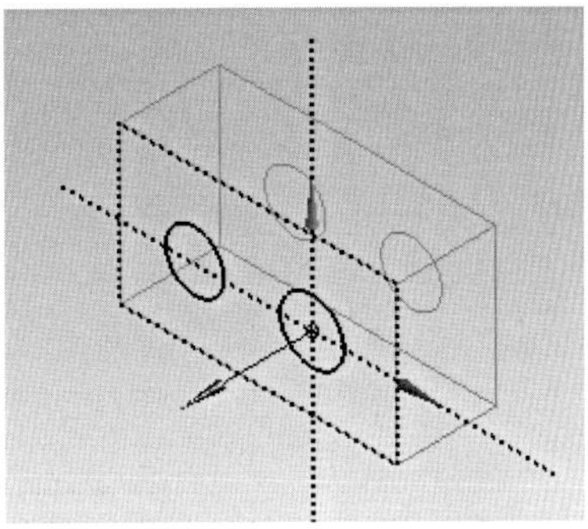

▶ 그림 2-49 플레인 Edge 복제

Modify에서의 Offset (Offset)

Offset을 선택하고 Edge를 선택한 후 우클릭하여 End selection / Place offset 를 선택하면 Offset할 수 있다. Offset을 끝낼 때는 우클릭하여 End를 선택한다.

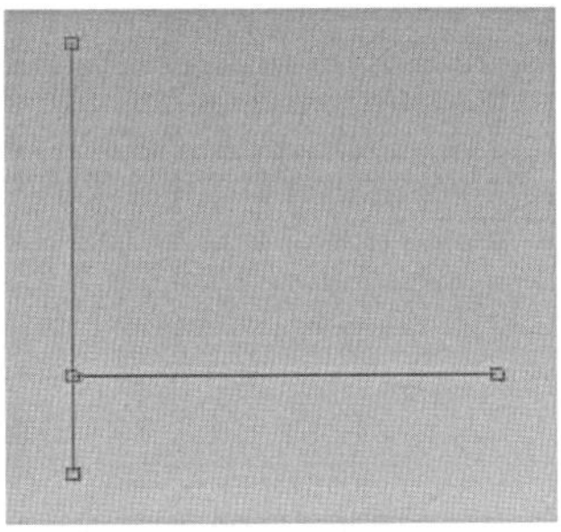

▶ 그림 2-50 Offset 전

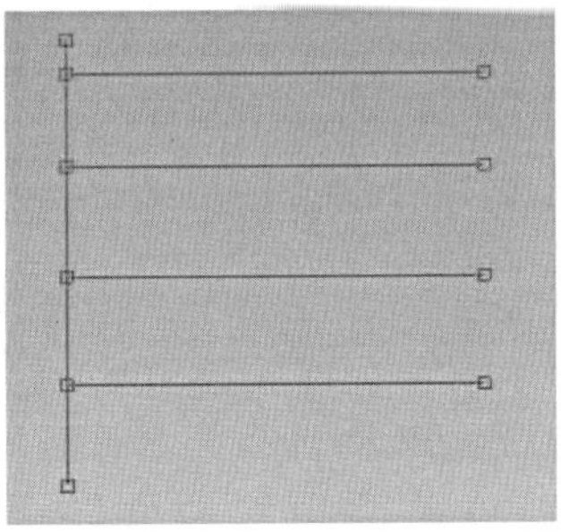

▶ 그림 2-51 Offset 후

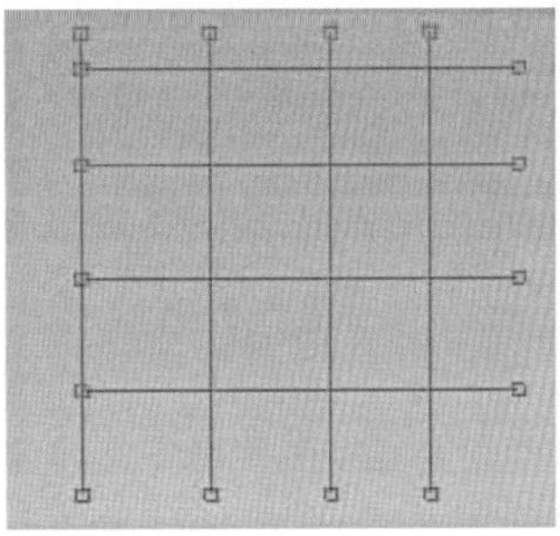

▶ 그림 2-52 Offset 후

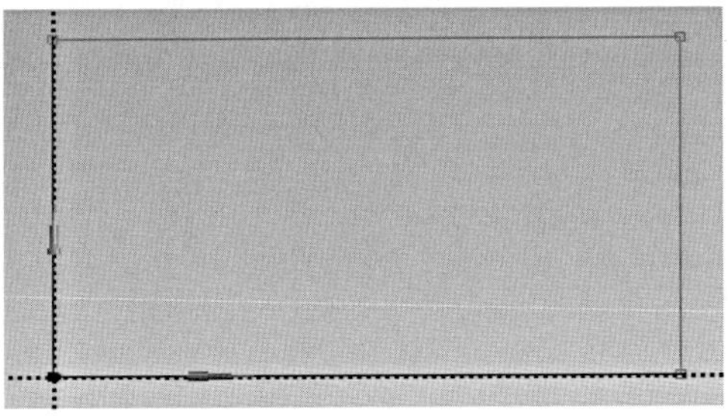

▶ 그림 2-53 Offset 전

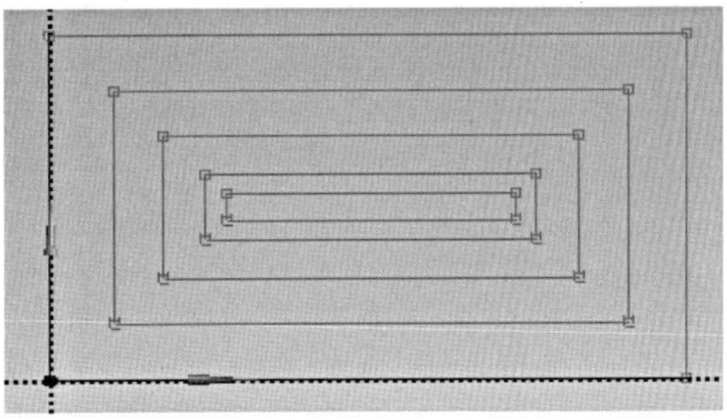

▶ 그림 2-54 Offset 후

Dimensions Toolbox

치수 사용하여 스케치를 정의한다.
치수 이름의 번호가 시작하기 플레인에 H1 및 V2가 존재하고 있다.
일반 선택에서 치수을 선택하고 우클릭으로 대화 박스에 액세스한다.

Dimensions toolbox

General, Horizontal, Vertical, Length/Distance, Radius, Diameter, Angle, Semi-Automatic Edit, Move, Animate, Display Name/Value

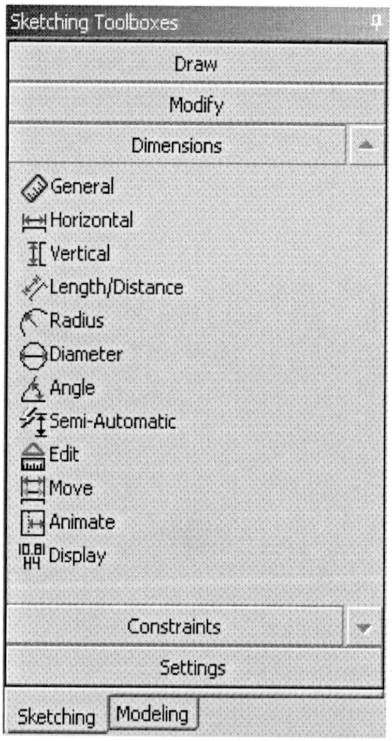

우클릭 Context Menu: Horizontal, Vertical, Length/Distance, Radius, Diameter, Angle

Edge의 종류와 마우스 오른쪽 버튼의 옵션에 따라 어떤 치수 유형을 만들 수 있다. 수평, 수직 또는 길이 / 거리의 치수에 단일 에지를 사용하는 경우 치수는 실제로 그 끝점에 있다.

Constraints toolbox

Constraints 도구 박스를 사용하여 스케치 요소와 참조 플레인 간의 관계를 정의한다.

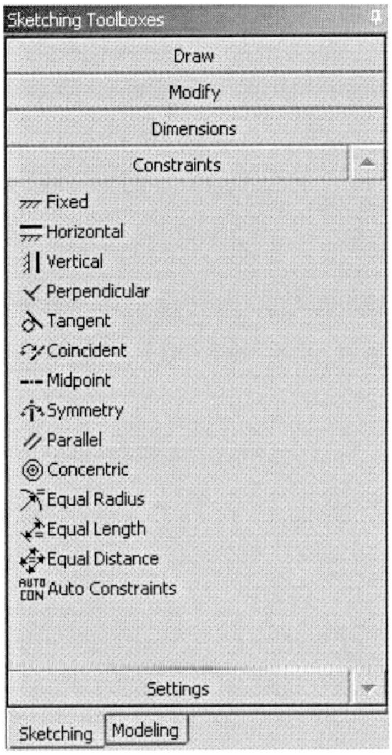

Constraints toolbox는 다음을 포함한다. Fixed, Horizontal, Vertical, Perpendicular, Tangent, Coincident, Midpoint, Symmetry, Parallel, Concentric, Equal Radius, Equal Length, Equal Distance, Auto Constraints

Settings Toolbox

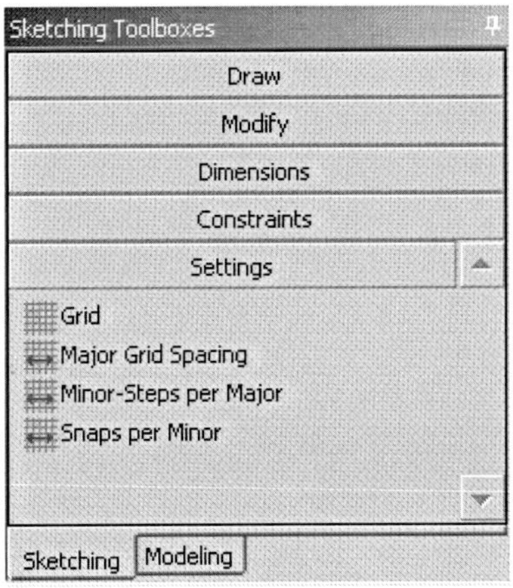

Grid

이것은 그리드 옵션에 액세스 할 수 있다 : 그리드 표시, 2D ON / OFF 표시 스냅 동작 스냅 온 오프. 그리드는 스케치를 만들 때 안내한다. 그리드는 옵션이며 그리드 없이 스케치할 수 있다. 그리드 스냅을 활성화 할 필요는 없다.

시작시 그리드가 표시된다 (옵션 대화 박스의 기본 값에 따라 다르다). 그리드가 현재 플레인의 사각형의 XY 패턴으로 고정 된 것으로 보인다. Draw Toolbox를 사용하여 2D 가장자리를 만들기 위한 입력이 그리드 스냅 옵션이 체크되어 있다면 이 사각형 격자에 스냅 한다. 그리드의 최소 범위는 기본 섹션에서 최소 범위 최소 축의 길이 설정에 의해 결정된다.

대화 박스. 아이템이 현재의 그리드 영역 외부에 그려있는 경우에는 필요에 따라 확대 된다. 그것은 또한 축소 할 수 있다

항목이 삭제 된 경우, 최소 범위로 돌아간다.

Major Grid Spacing

이 옵션은 그리드의 간격을 지정한다. 주요 눈금 선의 간격을 설정할 수 있다.

거리, 즉 두 개의 주요 그리드 선 사이의 거리이다.

Minor-Steps per Major

두 개의 주요 그리드 선 사이의 거리 간격으로 표시 및 / 스냅 간격을 설정할 수 있다. . 보조 그리드 선 표시 및 / 또는 스냅을 위한 간격은 Major Grid Spacing을 Major에 대한 Minor-Steps에 설정 한 값으로 나눈 값과 같다.

Snaps per Minor

DesignModeler에서 Selection Filter

Selection Filter는 스케치와 모델링 기능들을 선택하고 스케치 요소들인 커브, 포인트, 치수등을 선택, 모델의 정점, 에지, 면, 바디등을 선택한다. 다수의 요소를 선택하기 위해서는 Crtl 키를 누르고 부가적인 요소들을 선택한다.

Select Mode

-  Single Select : 선택하기 위하여 하나하나 아이템을 클릭한다.
-  Box Select : 선택 Box를 드레깅함에 의해 모든 필터된 아이템을 선택한다.

선택박스를 왼쪽에서 오른쪽으로 드레그 하면 박스안네 들어가는 것만 선택되고 박스를 오른쪽에서 왼쪽으로 드레그하면 박스에 거치는 모든 것이 선택된다.

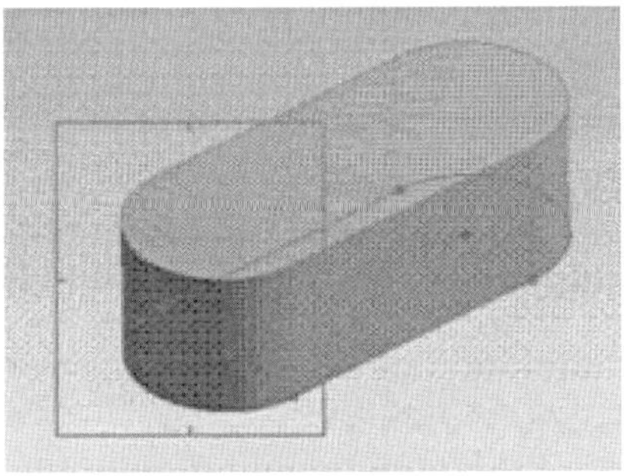

▶ 그림 2-55 박스를 윈도우로

▶ 그림 2-56 윈도우로 선택

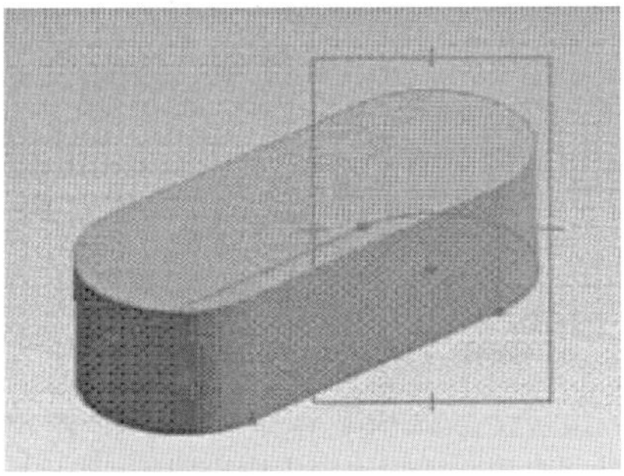

▶ 그림 2-57 박스를 크로싱으로

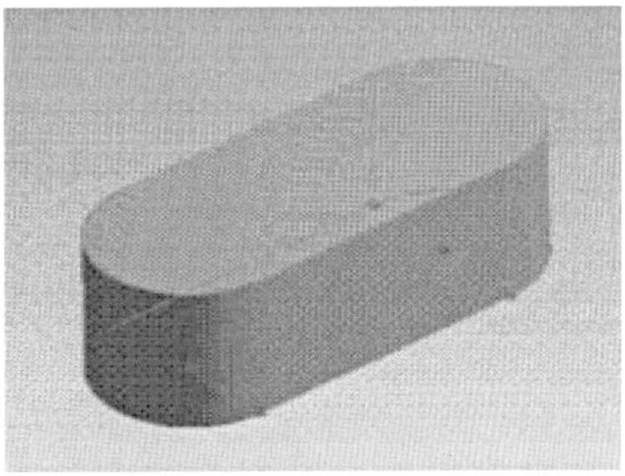

▶ 그림 2-58 크로싱으로 선택

DesignModeler Planes and Sketches

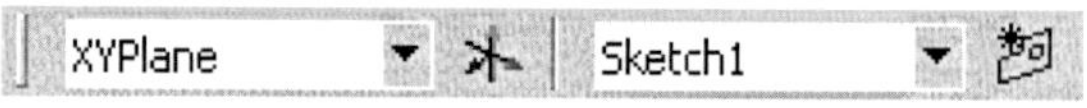

Active Plane/Sketch Toolbar를 사용하여 새로운 플레인 또는 새로운 스케치를 작성한다. 스위치를 사용하여 전환 할 수도 있다. 스케치 모드에 있는 동안 활성 플레인 또는 활성 스케치. (모델링 모드에서 이것은 일반적으로 feature Tree Outline에서 선택을 통해 수행된다.

New Plane 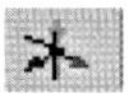

새로운 플레인을 작성하려면 새로운 플레인 도구를 사용하여라. 세부 정보 보기에서 유형을 클릭하고 드롭 다운 메뉴에 보면 다양한 유형의 플레인이 있다.

- From Plane : 새로운 플레인은 다른 기존 플레인을 기반으로 한다.
- From Face : 새로운 플레인은 면을 기반으로 한다.
- From Circle/Ellipse : 새로운 플레인은 새로운 플레인은 호를 포함하여 원형 또는 타원형의 2D 또는 3D 모서리를 기반으로 한다. 그만큼 원점은 원 또는 타원의 중심이다. 원형 모서리가 선택되면 x 축은 전역 x 축. 타원형 모서리가 선택되면 x 축은 타원의 주축에 정렬된다. z축은 원 또는 타원에 대해 수직이다.
- From Point and Edge : 새로운 플레인은 점과 2D 선 또는 3D 모서리로 정의된다.. 선택된 모서리의 끝과 양 끝. 이 세 위치는 동일 직선이 될 수 없다.
- From Point and Normal : 새로운 플레인은 점과 법선 방향으로 정의된다.
- From Three Points : 새로운 플레인은 세 점으로 정의된다.
- From Coordinates : 새로운 플레인은 원점과 법선의 좌표를 입력하여 정의된다.
- From Centroid : 새로운 플레인은 선택한 형상의 중심으로 정의된다.

New Sketch 

활성 플레인에서 새로운 빈 스케치를 작성하려면 새 스케치 아이콘을 클릭한다.
새 스케치를 플레인에 연결하려면 스케치를 연결할 평면을 선택하고 그때 새로운 스케치를 클릭한다.

Terminology

DesignModeler 응용 프로그램에서 플레인 용어는 "플레인"을 2D 객체 (X- 및 Y 축)을 방향 (평면 법선 벡터에 의해 결정됨)으로 정렬한다. 대조적으로, ANSYS 기계 응용 프로그램은 좌표 시스템 용어를 사용한다. 여기에서 "Normal"은 Z 축이라고 한다.

Reference Geometry

DesignModeler 응용 프로그램에서 몇 개의 피처는 Plane을 포함한 포인트 및 방향 참조를 허용한다. 포인트 참조, 방향 참조

Point Reference

일반적으로 DesignModeler 응용 프로그램은 "포인트" 입력의 세 가지 형식을 허용한다.

2D (Sketch) Points, 3D (Model) Vertices, Point Feature Points (Construction Points, Point Loads, Spot Welds)

Direction Reference

Normal 방향, X 축 선 및 회전 기준선은면을 선택하여 정의 할 수 있다 *, a2D 선, 3D 모서리, 2점 또는 3점이다.

Plane Properties

평면을 생성 할 때 일부 평면 유형을 사용하면 세부 정보보기 (6 페이지 참조)를 사용하여 오프셋을 추가 할 수 있다

비행기에. 또한 일부 유형에서는 자세히보기 (페이지.)

다른 평면이나 평면을 추가 할 때 회전 축과 각도를 지정할 수 있다.

이 경우 오프셋에 회전이 우선 적용된다.

Plane Properties

Plane Transforms

Tangent Plane

Plane Preview

2-4 DesignModeler Geometry Representations

DesignModeler 14.5부터 두 개의 기하학 유형 또는 표현 중 하나인 CAD 모델의 형상을 DesignModeler로 가져올 수 있다.

- Workbench Geometry : 다양한 응용 프로그램에서 사용되는 형상 표현 형식이다.

- ANSYS Workbench 내에서 Workbench Mechanical 및 Workbench Meshi을 포함한다.
- DesignModeler 형상 : 이 형상 표현은 DesignModeler 응용 프로그램에서만 사용된다.

거의 모든 지오메트리 편집 작업이 지오메트리 표현에서 수행된다. DesignModeler 14.5 이전의 DesignModeler 버전은 이 형식으로 되어 있다.

Geometry Transfer from CAD to DesignModeler

다음 그림은 CAD 파일 또는 세션에서 형상 정보가 전송되는 방법을 보여준다.

워크 벤치 애플리케이션으로 DesignModeler 14.0 및 이전 버전에서는 CAD 형상이 먼저 Workbench로 변환된다. 모델 편집에 사용하기 전에 표현을 수행 한 후에 항상 DesignModeler 지오메트리 표현으로 변환된다.

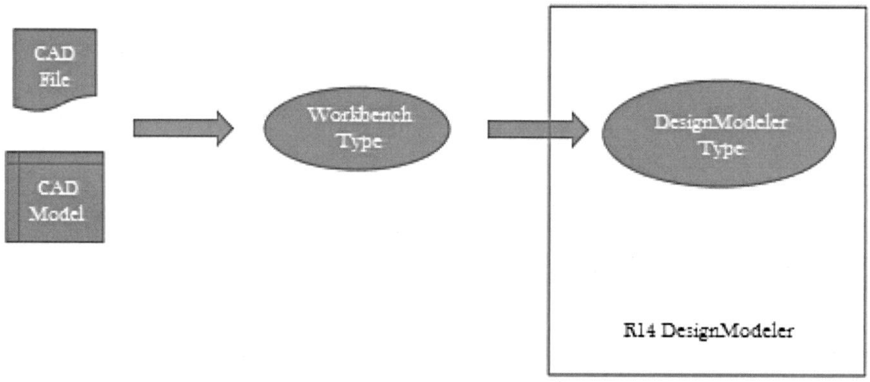

DesignModeler 14.5부터는 CAD 형상을 Workbench 형상 또는 DesignModeler 지오메트리로 가져올 수 있다. Workbench 형식을 선택하면 모델은 여전히 DesignModeler의 기능을 사용하여 편집 할 수 있다. Workbench 형상 유형에서 필요한 경우 DesignModeler 지오메트리가 자동으로 수행된다.

2-5 DesignModeler 3D Modeling

Bodies and Parts

Tree Outline의 마지막 지점에는 모델의 바디와 파트가 포함되어있다. 바디는 모델에서 하나의 성분이거나 솔리드, 서페이스 또는 선 바디로 모델의 단일 구성 요소이다. 부품은 함께 그룹화 된 바디의 모음이다. 각 바디 또는 파트에 대한 디테일뷰에는 통계가 있다.

Details of Part 4	
Part	Part 4
Volume	153.75 mm³
Surface Area	332.72 mm²
Bodies	2
Faces	50
Edges	102
Vertices	58
Fluid/Solid	Fluid
Shared Topology Method	Automatic

통계에는 바디의 볼륨이나 서페이스 면적은 물론 바디나 파트를 포함하고 있다. 파트의 경우 파트 내에 포함되어 있는 바디 내부의 체적과 서페이스의 합계 부분이 표시된다. 체적과 서페이스의 면적은 옵션 대화 박스의 측정 선택 한계 설정으로 지정된 한계까지 자동으로 측정된다.

Details of Body	
Body	Bracket
Volume	98.743 mm³
Surface Area	235.36 mm²
Faces	39
Edges	84
Vertices	48
Fluid/Solid	Solid
Shared Topology Method	Automatic
Geometry Type	DesignModeler

▶ **그림 2-59** 단일 바디파트의 티테일뷰

Details of Body	
Body	Solid
Volume	1 m³
Surface Area	6 m²
Faces	6
Edges	12
Vertices	8
Fluid/Solid	Solid
Shared Topology Method	Default
Part ID	4
Geometry Type	DesignModeler

▶ **그림 2-60** 멀티 바디 파트가 속한 바디가 보여주는 공유 토폴로지 방법의 티테일뷰

내부면을 포함하는 솔리드 (221 페이지 참조) 바디의 전체 표면적을 계산하려면 내부면의 면적페이스의 노출된 두면을 두 번 계산한다.

Fluid/Solid Property

파트, 솔리드 바디 서페이스 바디는 유체 / 솔리드 특성이 있을 수 있다. 이 속성은 Enclosure 또는 Fill 기능으로 생성 된 바디의 경우 Fluid로 자동 설정된다. 그렇지 않으면 기본 값은 솔리드이다. 라인 바디는 이 속성이 없다. 파트가 하나 이상의 솔리드 및 / 또는 서페이스 바디의 경우 이 속성을 갖는다면 유체 / 솔리드 특성을 갖는다. 솔리드면 또는 서페이스 부분의 속성을 수정하면 멀티 바디 부분이 있을 경우 해당 부분에 적절한 것으로 수정하면 유체 / 솔리드 특성을 갖는다. 반대로 해당 파트를 구성하는 모든 솔리드나 서페이스 바디의 Fluid / Solid 속성을 설정할 수 있고, 수정 할 수 있다

여러 멀티 솔리드 또는 서페이스 바디를 선택하고 선택한 바디의 유체 / 솔리드 특성을 변경할 수 있다.

Shared Topology Method Property

모든 본문에는 Shared Topology Method 속성이 있다. multi-body part에 속한 새로운 바디는 부분에서 기본 값으로 설정된다. 즉 공유 토폴로지 설정을 소유에서 상속 받음을 의미한다.

이 속성에 사용할 수 있는 선택 사항은 다음과 같다.

- Solid Bodies: Default, Automatic, Imprints, None.
- Surface Bodies: Default, Automatic, Edge Joints, Imprints, None.
- Line Bodies: Default, Edge Joints, None.

Body Types

ANSYS DesignModeler 애플리케이션이 지원하는 바디에는 5 가지 유형이 있다.
Solid, Surface, Line, Planar, Winding

Parts

- Shared Topology
- Form New Part
- Explode Part
- Part Status
- Part Persistence

Details View in Modeling Mode

모델링 모드에 있는 동안 세부 정보 보기에는 다양한 유형의 정보가 포함될 수 있다.

트리 개요에서 선택한 객체에서 모델 분기 개요가 선택되면 디테일뷰에 Units, Information, Optimizations, Graphics등 네 가지 유형의 정보가 포함된다.

Boolean Operations

- Material Types
- Model Size Box
- Manifold Geometry

Material Types

일반적으로 3D 피쳐 생성은 두 단계로 구성된다.

(a) 특징 몸체를 생성하고,

(b) 부울 연산을 통해 피쳐 본문을 모델과 병합한다.

Add Material, Cut Material, Slice Material, Imprint Faces, Add Frozen등 다섯 가지 부울 연산을 3D 피쳐에 적용 할 수 있다.

- Add Material – 모델에서 머티리얼을 생성하고 모델의 활성 바디와 병합한다.
- Cut Material – 모델의 활성 바디에서 재질을 제거한다. 활성화 될 때나나 사용할 수 있다.
- Slice Material – 바디를 여러 조각으로 나눈다. 슬라이스 작업에서 활성바디는 자동적으로 Frozen 된다. 이 옵션은 모델에서 적어도 하나의 바디가 표시될 때 이용할 수 있다.
- Imprint Faces – 슬라이스와 마찬가지로 Imprint Faces는 커브의 활성 바디면에 커브를 각인한다. 모델. 바디 자체는 여러 조각으로 나누어지지 않고 액티브 바디가 있을 때마다 사용할 수 있다.
- Add Frozen – 모델에서 재질을 생성하지만 다른 바디에 병합하지 않고 Frozen body가 더해진다. 이후에 수동으로 Freeze 피처를 적용 할 필요가 없이 모델에 Frozen body Set를 들여오는 것이 가능하다.

Model Size Box

ANSYS DesignModeler 애플리케이션의 지오메트리 엔진은 1 입방 킬로미터 크기의 박스 제한이 있으며, 좌표계 원점에 중심을 두었다. 즉, 모든 지오메트리는 좌표계 원점에서 500 미터 이내에 있어야 한다.

- Enabled - 대규모 모델 지원이 활성화되면 박스 제한이 1000 입방 킬로미터로 변경된다.
  이 크기 박스를 초과하여 확장 된 지오메트리가 생성되면 오류가 발생할 수 있다. 마이크로 미터의 경우 박스 크기 한도는 좌표계 원점으로부터 어느 방향으로나 $1m^3$ 미터 또는 500mm이다.
- Disabled - 대형 모델 지원이 비활성화 되면 ANSYS DesignModeler 애플리케이션의 정밀도 $10e^{-8}m$이다. 즉, 포인트가 $10e^{-8}m$ 미만인 경우를 제외하고는 포인트가 일치하지 않는 것으로 간주된다.
  대형 모델 지원이 가능해지면 ANSYS DesignModeler 애플리케이션의 정밀도는 10e-5m로 느슨해진다. 이로 인해 실수로 병합 지점이 생길 수 있다.

Manifold Geometry

ANSYS DesignModeler 애플리케이션에서 생성 된 모든 솔리드 및 서페이스 형상은 다양해야 한다. 이것은 솔리드 바디, 각 에지는 정확히 두 개의 면에 연결되어야함을 의미한다.

Types of Operations

ANSYS DesignModeler 애플리케이션에서 피처는 여러 가지 방법으로 모델을 변경할 수 있다. 일부 피처는 모델에 큰 효과를 줄 수 있지만 다른 피처는 전혀 영향을 주지 않을 수도 있다. 피처는 세 가지 기본 유형 중 하나로 분류 할 수 있다.

Global Operations, Local Operations, Reference Operations

바디를 생성하는 3D 피처는 다음 기본 객체를 지원한다.

- **스케치** : 가장 일반적인 것이 기본 대상으로서 스케치이다.
- From-Face Planes : 기본 대상으로서 From-Face 평면의 경우,이 피쳐는 (면) 준 평면 스케치와 같은 평면의 경계 에지를 생성하고 피쳐 생성을 위해 경계 루프를 사용한다.
- Named Selections : Named Selections으로 저장된 면, 곡면 바디 (면이 사용됨), 3D

에지, 라인 바디, 스킨 / 로프트, 개별 포인트는 기본 객체, 프로파일 또는 경로로 사용할 수 있다.

프로필은 열려 있거나 닫혀 있다. 닫힌 프로파일은 체인의 모서리가 루프를 형성하는 프로파일이다. 열린 프로파일은 양끝이 열린 스케치 체인이다. 프로파일이 교차하면 프로파일이 유효하지 않다. 아래에서 왼쪽에서 오른쪽으로 프로파일의 닫힌 프로파일, 열린 프로파일 및 유효하지 않은 프로파일 자기 교차 프로파일 세 가지 예가 있다.

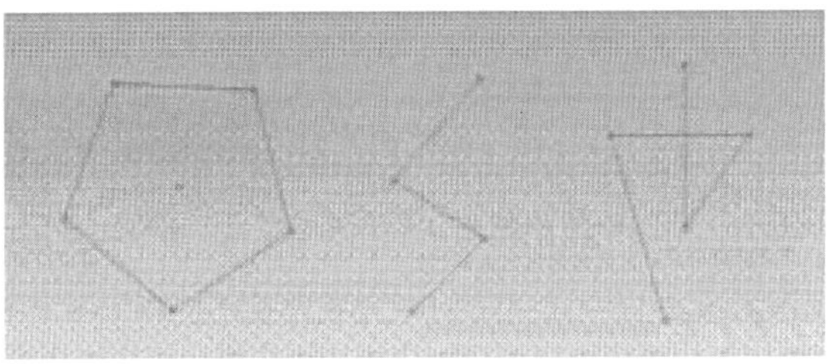

3D Feature

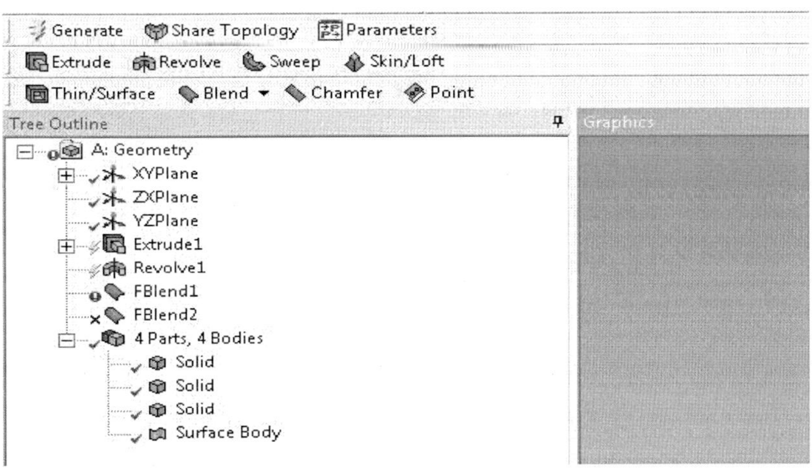

피처 도구 모음에 표시되는 옵션을 사용하여 모델을 만들고 수정한다. 3D의 특징은 또한 작성 메뉴에서 액세스 할 수 있다. 모델에 적용되면, 그 특징은 이름에서 표현된다.

Extrude, Revolve,Sweep Skin / loft, Thin Surface의 명령 및 Thin / Surface, Blend, Chamfer, Point등을 이용하여 2D 스케치를 3D 피처로 생성시킨다.

3D 피처의 생성은 두 개의 단계로 이루어진다.

- 원하는 피처를 선택하고 그리고 디테일을 구체화한다.
- 3D 피처의 바디를 생성하기 위하여 Generate를 클릭한다.

위의 그림과 같이 트리 개요 각 형상의 아이콘 옆에는 기능을 표시하는 5가지 상태가 있다.

- 녹색 체크 표시가 붙어있는 것은 기능이 성공적으로 완료되었다.
- 노란 번개로 표시는 마지막으로 생성 된 후 기능이 업데이트되어야 한다는 것을 표시하고
- 노란 체크 표시는 피처가 생성되었을 때 몇 가지 경고가 존재한다는 것을 표시한다.
- 빨간색 느낌표로 표시된 것은 기능의 생성에 실패했다는 것을 표시한다.
- 파란색 x로 표시된 것은 형상이 억제되어 모델에 영향을 주지 않는다는 것을 표시한다.

또한 기능이 회색으로 표시되는 경우 기능이 비활성화 되었다는 점을 의미한다. 이것은 언제든지 발생할 수 있다

2-6 Generate

Generate

스케치 / 플레인 치수 또는 설계 파라미터의 변경이 포함된 모델의 기능을 변경 한 후 Generate 생성 버튼을 클릭하여 모델을 업데이트한다.

3차원 명령어 중에서 Extrude를 실행시켜보겠다.

* Extrude Extrude 명령

Extrude는 Solid, Surface 그리고 Thin-walled feature를 포함한다. Surface를 생성시키기 위해서는 Thin / Surface를 선택하고 inner / outer으로 두께를 주면 Surface 피처는 생성된다. 활성화된 스케치를 변경하기 위해서는 트리뷰에서 원하는 스케치를 선택함으로 변경할 수 있다.

디테일뷰에서 Extrude depth, Direction, 그리고 Boolean operation(Add, Cut, Slice, Imprint, Add Frozen)을 셋팅 후 피처를 생성하기 위하여 Generate button을 누른다.

Direction Property for Extrude

네 가지 옵션을 가지고 combination box를 통해 두 방향으로 접근할 수 있다.

- Normal : Extrudes in positive Z direction of base object.
- Reversed : Extrudes in negative Z direction of base object.

- **Both – Symmetric** : Applies feature in both directions. One set of extents and depths will applyto both directions.
- **Both – Asymmetric** : Applies feature in both directions. Each direction has its own extent and depth properties.

Extent Types

돌출을 정의하는 데 사용하는 Fixed Type, Through All Type, To Next Type, To Faces Type, To Surface Type등 다섯 가지 범위 유형이 있다.

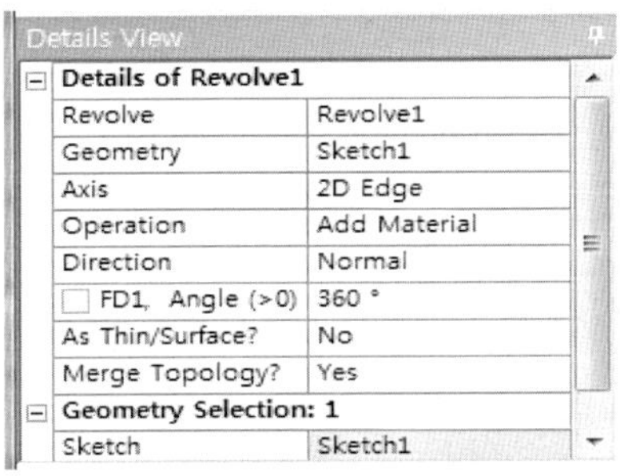

▶ 그림 2-61 Solid 관련 디테일뷰

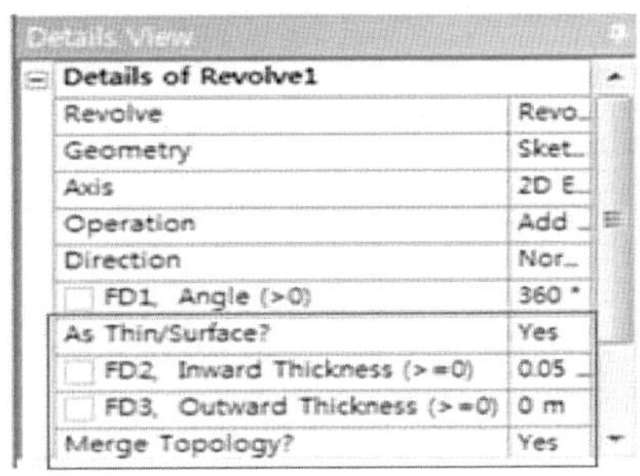

▶ 그림 2 62 Surface 관련 디테일뷰

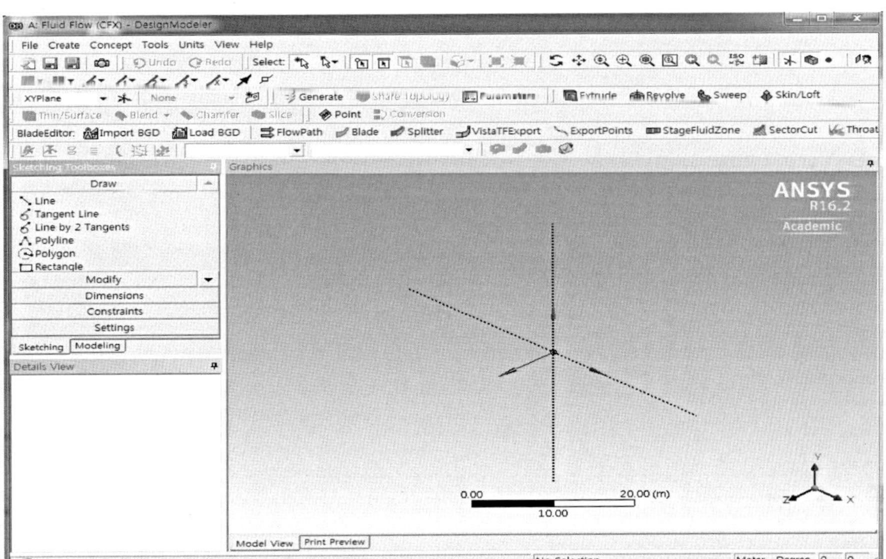

▶ 그림 2-63 Sketching tab을 누른 상태

스케치 도구로 러프하게 스케치를 한 후에 적당한 치수 도구로 치스를 정한다.

Draw Toolbar에서 Rectangle 아이콘을 클릭하여 선택하고 마우스를 클릭하고 Drag하여 사각형을 그린다.

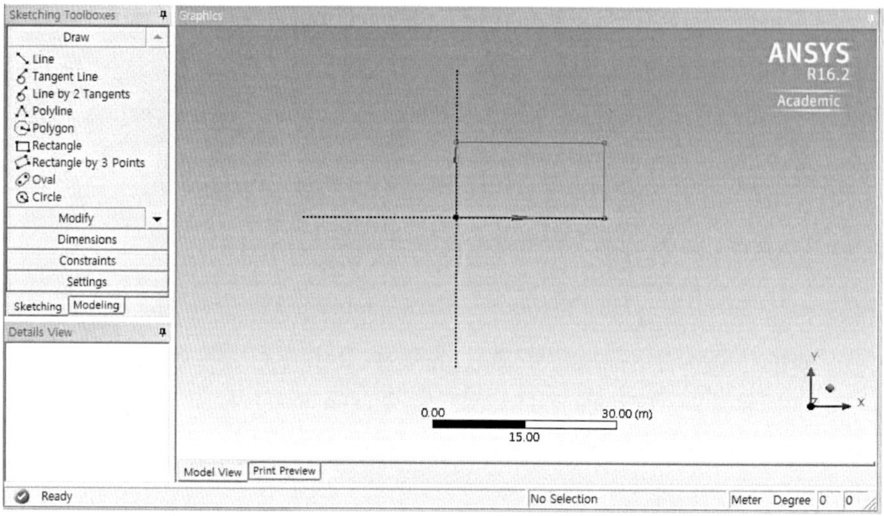

▶ 그림 2-64 Rectangle 아이콘으로 사각형 스케치

- Dimension Toolbar에서 Horizontal선택하여 수평치수 입력하고, Vertical선택하여 수직치수 입력한다. 일반적인 치수 기입을 할 때는 General로 치수를 기입할 수 있지만 수평이나 수직을 입력할 때는 반드시 수직이나 수평을 선택해야한다. H1,H2나 V1,V2는 차례로 순서대로 정해지는 값이며 Detail View Dimension 창에 나타난 치수는 처음스케치했을 때의 치수이며 정확한 치수를 Dimension 창에 입력함으로서 치수 기입이 완성되는 것이다.

Detail View Dimension 창에 원하는 정확한 치수를 입력하여 정의한 상태이다.

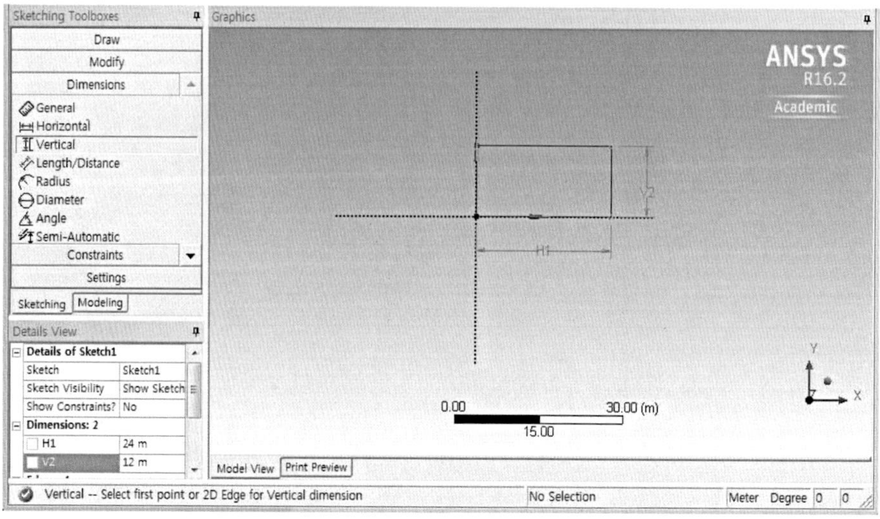

▶ 그림 2-65 Rectangle 아이콘으로 사각형 스케치 치수 입력

스케치가 끝나면 3D를 만들기 위하여 Modeling toolbar에서 적절한 Tool 명령을 사용하여 3차원 형상을 만든다. 여기에서는 Extrude(돌출)이라는 명령어를 사용하여 스케치를 원하는 길이만큼 돌출시켰다. 아래의 그림에서 Geometry에서 스케치가 맞으면 Apply를 선택하고, Operation에서 Add Material, Direction Vector에서 None(Normal), Direction에서 Normal, Extent Type에서 Fixed, Depth에서 5m를 입력하고 Isometric View로 본 것이다.

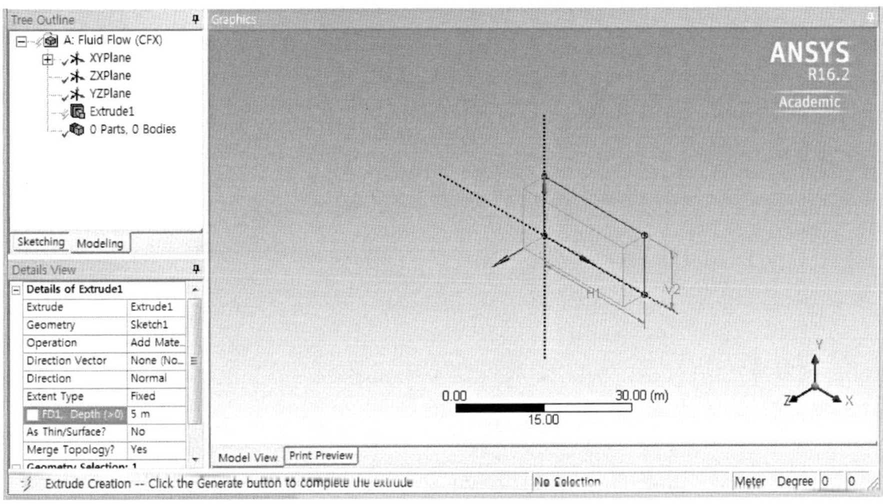

▶ **그림 2-66** 돌출 깊이 5m로 입력 후 Isometric View로 본 것

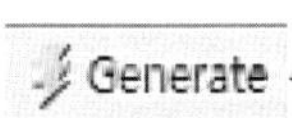

를 클릭하여 선택하면 아래의 그림처럼 Extrude는 생성된다.

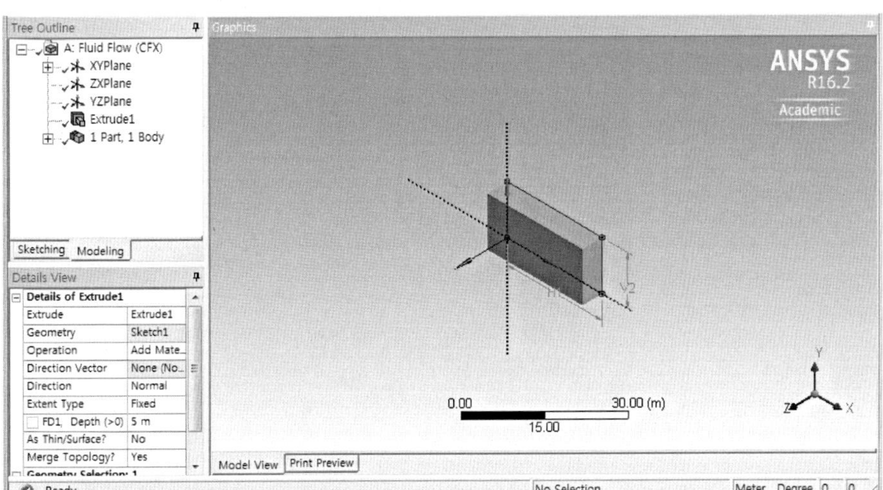

▶ **그림 2-67** Extrude 피처 생성

아래 그림처럼 모델트리에서 Extrude 피처를 우클릭하여 Edit Selection선택하면

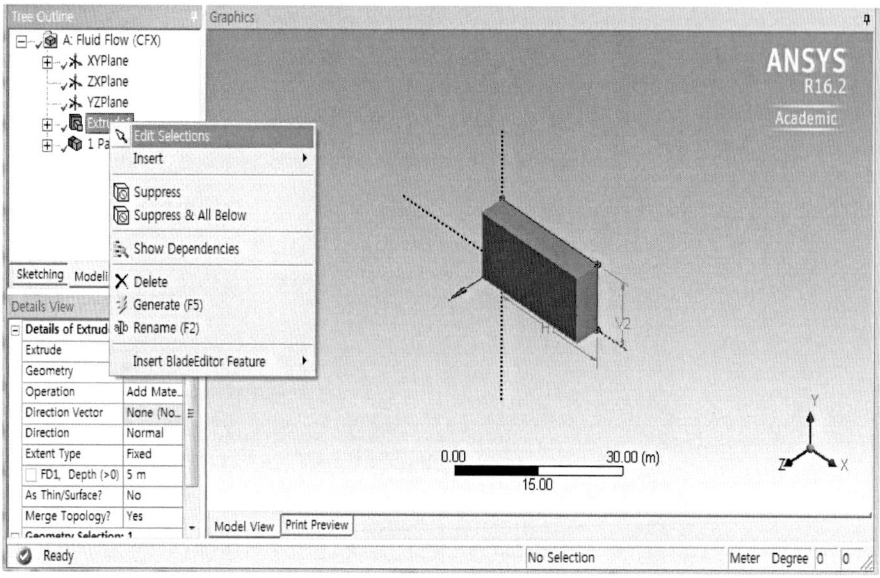

Extrude 피처를 편집할 수 있다. 디테일뷰에서 Surface 관련 부분을 수정하여 Solid에서 Surface화 시켰다.

As Thin/Surface?	Yes
FD2, Inward Thickness (...	0.05 m
FD3, Outward Thickness...	0 m
Merge Topology?	Yes
Geometry Selection: 1	
Sketch	Sketch1

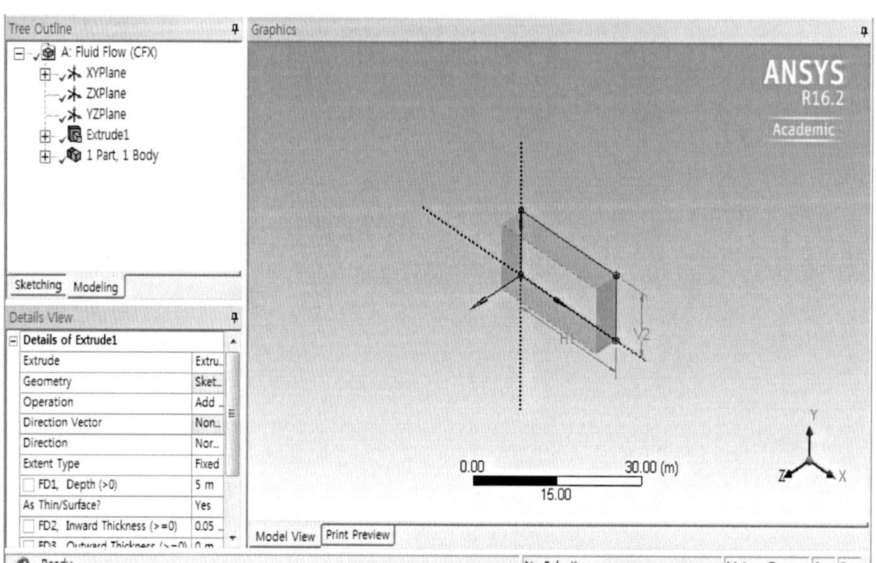

* Revolve Revolve 명령

생성된 스케치를 회전피처를 생성시키기 위하여 Revolve명령을 실행시키고 디테일뷰에서 축을 선택한다.

회전의 Direction Proverty에서

- Normal : 스케치를 양의 z방향으로 회전
- Reversed : 스케치를 음의 z방향으로 회전
- Both - Symmetric : 양방향에서 피처 적용
- Both - Asymmetric : 양방향에서 피처 적용하고 각 방향에서 회전각을 갖는다.

피처 생성을 위하여 Generate button을 클릭하여 회전피처를 완성시킨다.

Revolve명령을 실행시키기 위하여 다음과 같이 스케치를 하고 실행시킨다.

1. xy플레인을 선택하고 (새로운 스케치)를 선택하면 모델트리xy플레인 밑에 Sketch1이 생성된다.
2. 스케칭 탭을 누르고 Draw toolbar에서 Circle을 선택하여 다음과 같이 스케치한다.
3. Dimension에서 Circle치수 아이콘을 클릭하여 원을 클릭하면 D1이 생성되고 디테일뷰 Dimension에 D1이라는 치수가 나타나는 것을 볼 수 있다. 디테일뷰 D1을 클릭하여 원하는 치수를 입력한다.

정확히 구속하기 위하여 수평치수를 구속하기 위하여 수평치수를 선택한 것이다. 회전 피처를 생성하기 위하여 지름을 기입하고 원점과 의 떨어진 거리를 구속함으로서 완전 구속을 하였다.

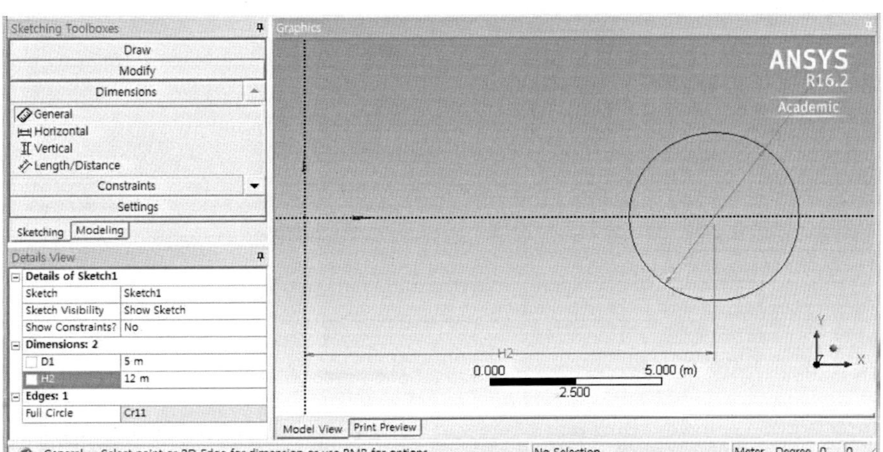

▶ 그림 2-68 회전 피처를 위해 원 스케치 치수 입력

4. Revolve 을 선택하여 Revolve를 시켜 보겠다. Revolve 아이콘을 선택하자 화면이 다음과 같이 변하였다.

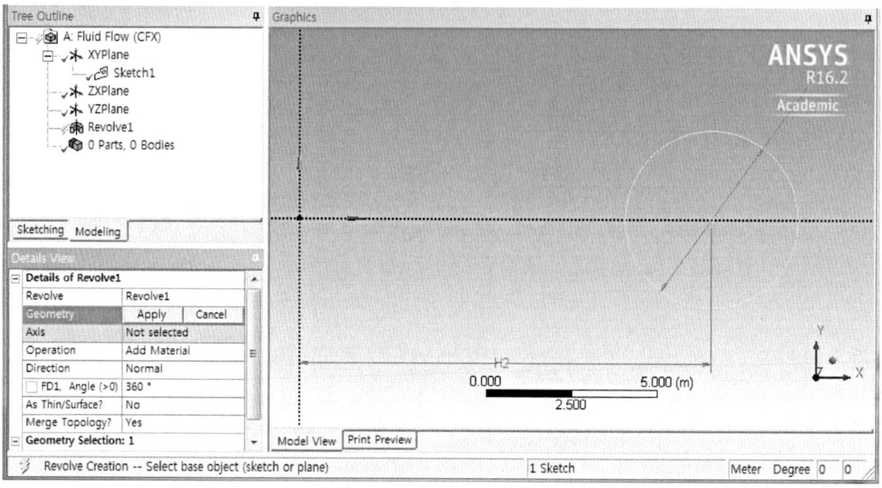

▶ 그림 2-69 Revolve 아이콘을 클릭했을 때

5. 디테일뷰 Geometry에서 Apply Cancel 이 있고 Axis에는 Not selected가 되면서 노란색으로 되었다. 이것은 Geometry는 스케치가 적용되어지기를 바라는 것이고 Not selected는 축이 선택되지 않았다는 것이다. Geometry에서 Apply를 클릭하고 Not selected를 선택하면 Apply Cancel 로 바뀌면서 축이 선택되기를 기다린다. 따라서 여기에서는 축으로 y축을 선택하고 Apply를 누르면 Not selected가 2D Edge로 바뀐다.

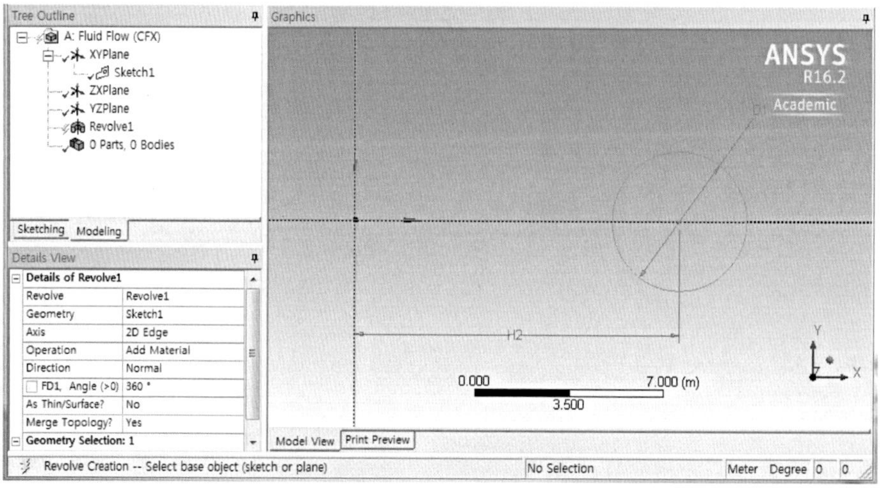

▶ 그림 2-70 Revolve 피처를 위해 스케치 및 회전축 선택

6. 이제 Revolve할 준비가 끝났으므로 Generate 를 선택하여 회전피처를 완성시킨다. 회전 피처를 Isometric View로 본 것이다.

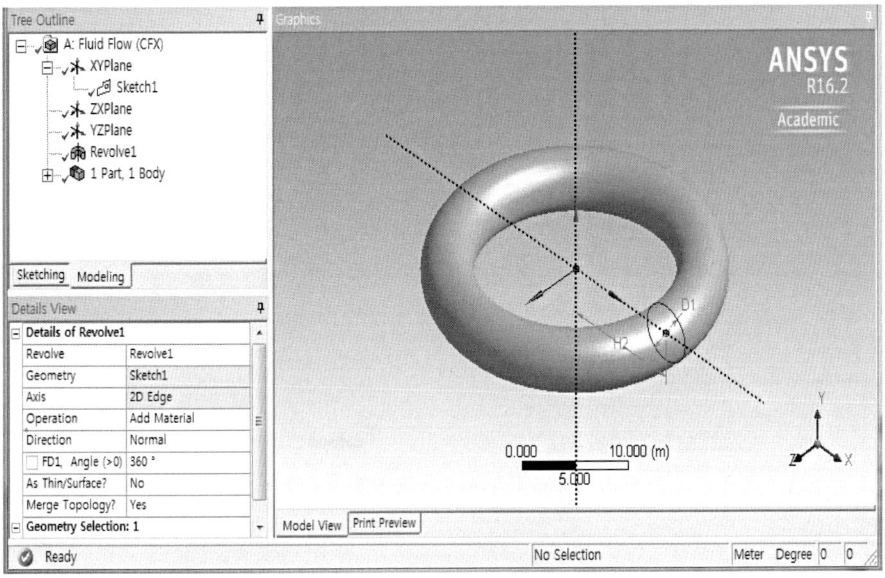

▶ 그림 2-71 Revolve 피처

7. Revolve 피처를 편집하여 Direction을 Reverse로 하고 Angle을 180도로 한 것이다.

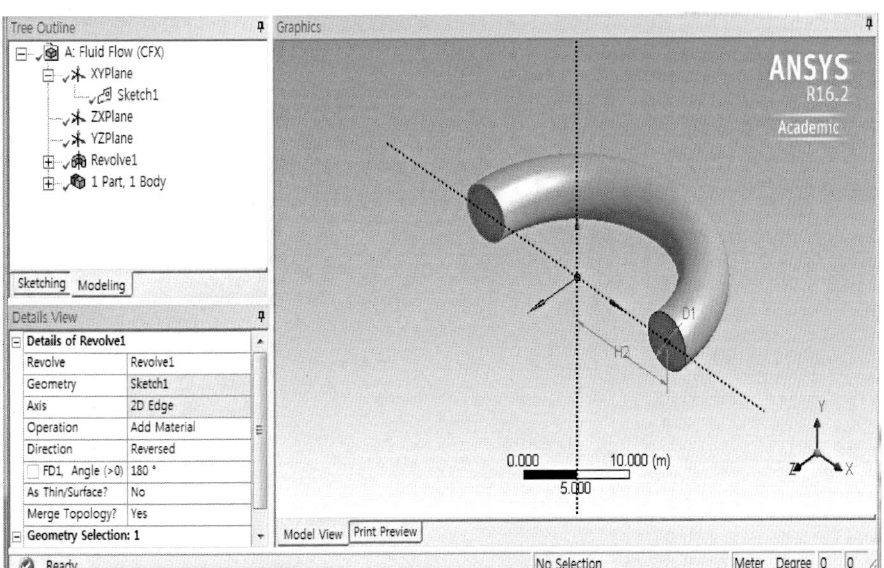

8. Revolve 피처를 편집하여 As Thin / Surface를 NO에서 Yes로 놓고 두께를 0.05m, Merge Topology를 Yes로 하여 Surface 피처를 생성하기 위해.

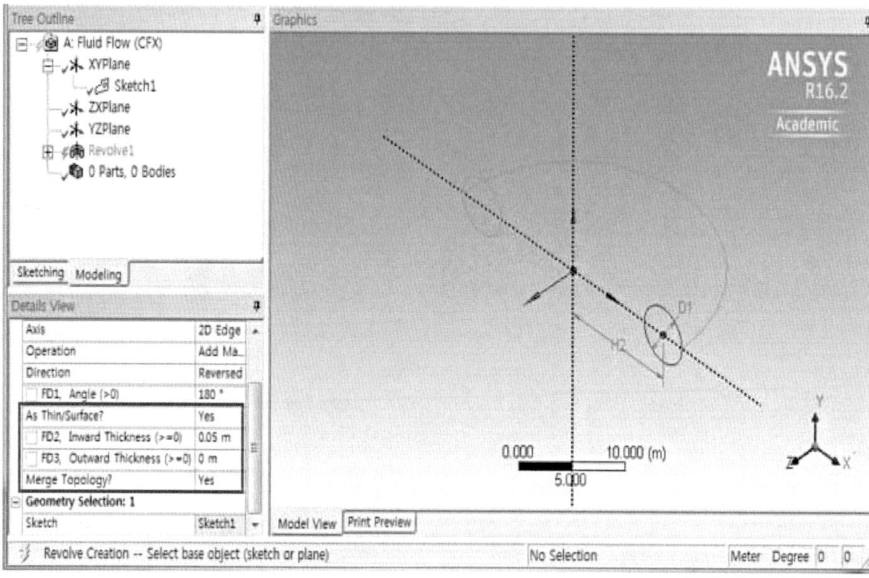

이제 Revolve할 준비가 끝났으므로 Generate 를 선택하여 회전피처를 완성시킨다. 회전 피처를 Isometric View로 본 것이다.

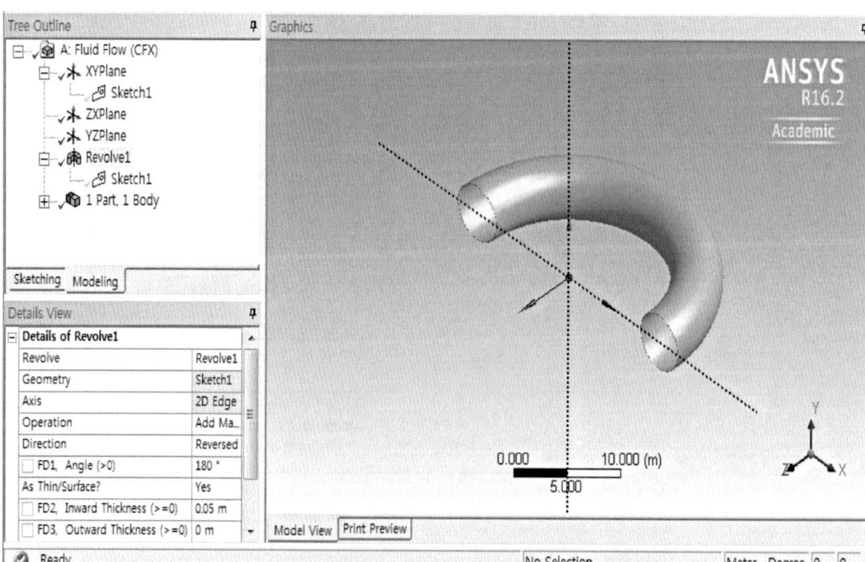

* Sweep Feature Sweep 1

스케치한 프로파일이 경로를 따라 생성하는 Sweep 를 사용하여 Solids, Surfaces 피처를 생성할 수 있다.

1. xy플레인을 노멀로 놓고 스케치에서 Rectangle 아이콘을 선택하여 다음과 같이 프로파일을 스케치한다.

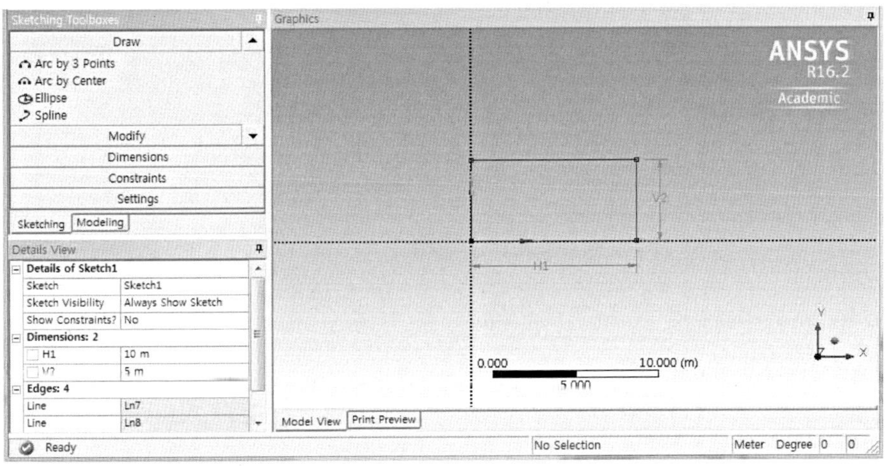

▶ **그림 2-72** xy 플레인에 Profile스케치

2. 경로곡선을 스케치하기 위해 프로파일에 노멀한 yz플레인을 선택 sy플레인에 스케치한 프로파일과 노멀한 yz플레인을 잡아 Spline 곡선 아이콘을 선택하여 아래와 같이 경로곡선을 스케치했다.

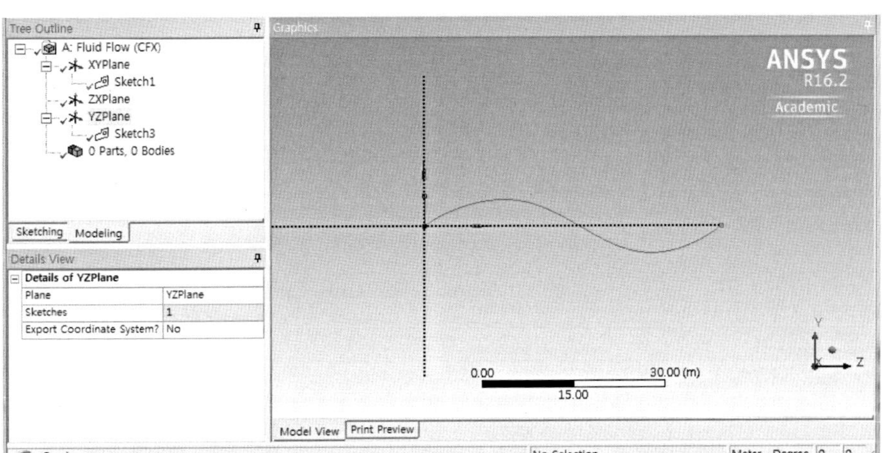

▶ **그림 2-73** 프로파일과 노멀한 플레인에 Path 스케치

3. 경로곡선을 그린 후 입체적으로 스케치를 보았다.

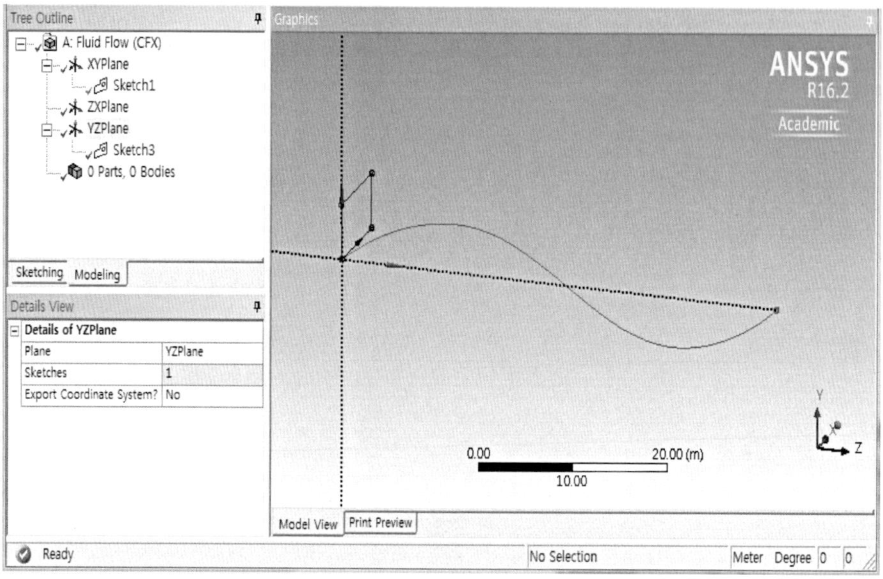

▶ **그림 2-74** Profile과 Path 곡선

4. Sweep 를 클릭하면 아래 그림과 같이 바뀌며 Profile과 Path가 선택되어지도록 디테일뷰가 바뀐다.

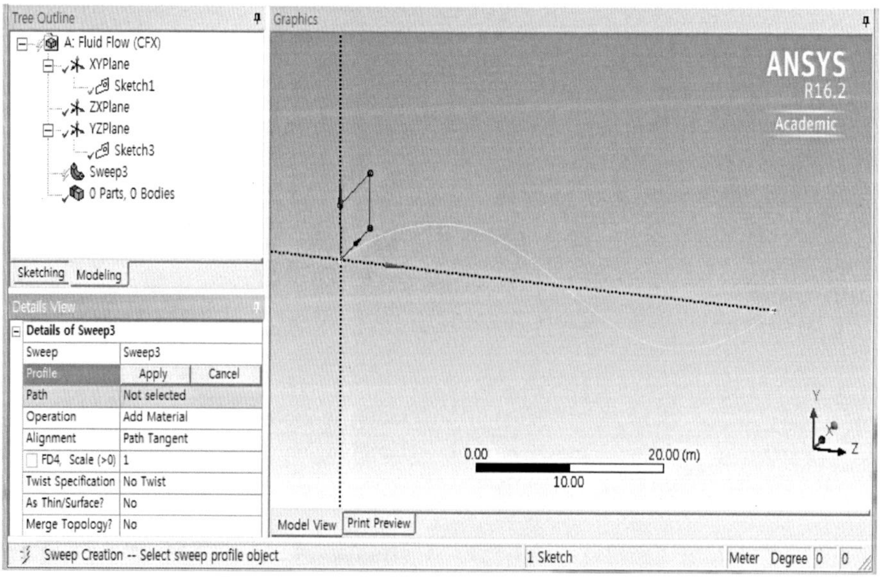

▶ **그림 2-75** Profile과 Path가 선택되어지도록 디테일뷰가 바뀐 화면

모델트리 xy플렝인에서 프로파일로 랙탱글로 그린 직사각형인 Sketch1을 선택하고 apply하고 Path에 Not selected를 선택하면 Apply Cancel 로 바뀐다. 경로곡선으로 spline으로 그린 곡선인 Sketch3를 선택하고 apply하면 아래 그림처럼 프로파일과 경로곡선 모두 선택된 것을 볼 수 있다. 이제 Generate만 선택하면 Sweep 피처는 생성된다.

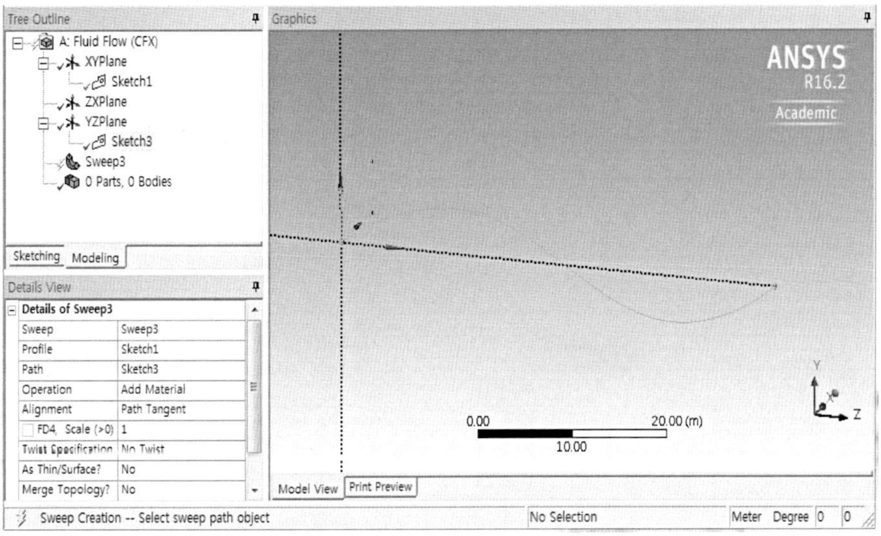

▶ 그림 2-76 Profile과 Path가 선택

5. Generate 선택하여 Sweep 피처를 생성한 것이다.

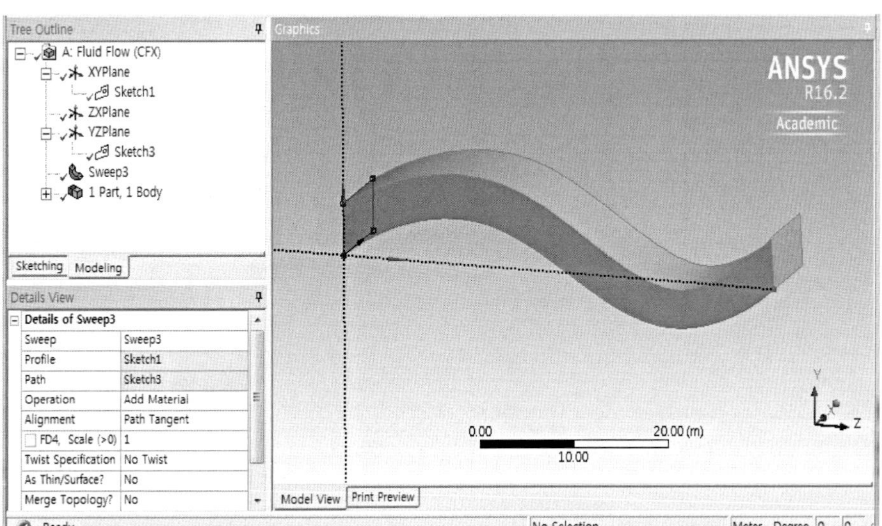

▶ 그림 2-77 Sweep 피처

* Sweep Feature Sweep 2

1. Sweep 피처로서 코일형 피처을 만들고자 xy플레인에 Sketch1으로 다음과 같이 프로파일을 스케치했다.

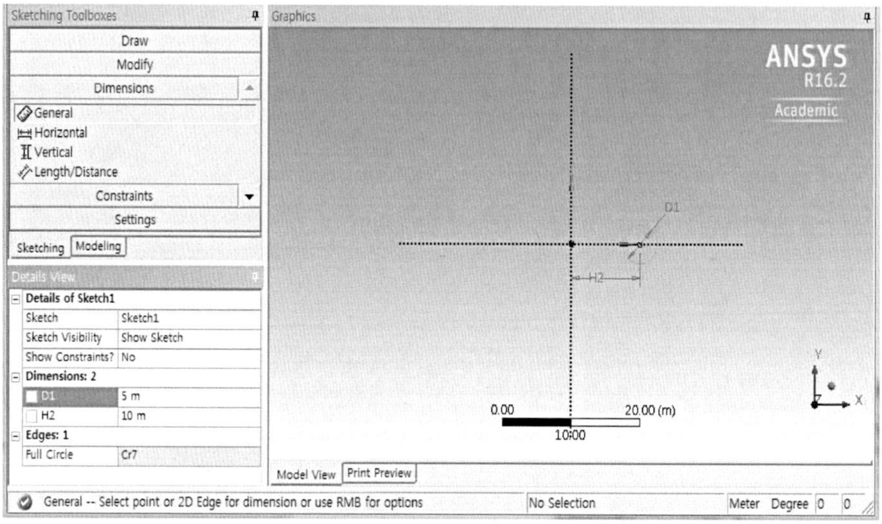

▶ 그림 2-78 Coil형 Sweep 피처 프로파일 스케치

2. 할 수 없기 때문에 경로곡선을 그리기 위하여 xy플레인을 다시 선택하고 xy플레인에 새로운 스케치를 선택해서 Sketch2를 만들고 Sketch2에 다음과 같이 경로곡선을 스케치했다.

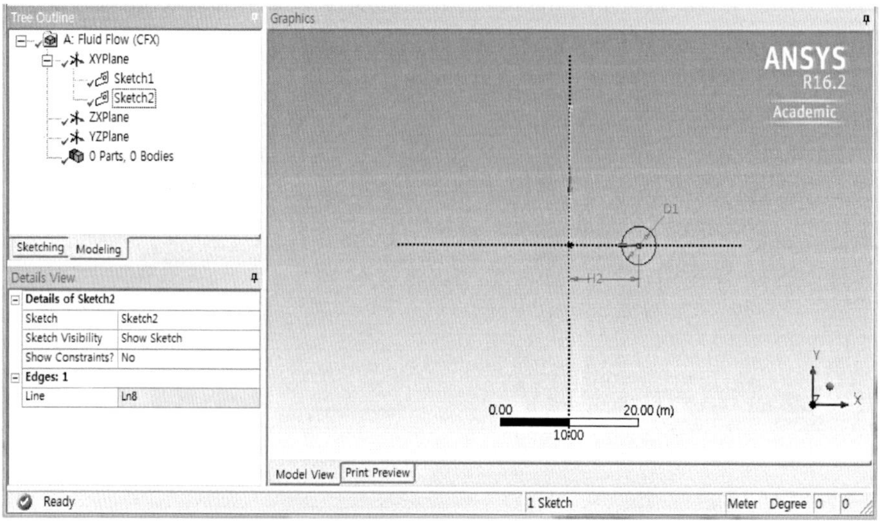

▶ 그림 2-79 Coil형 Sweep 피처의 경로 스케치

3. Sweep 피처를 생성하기 위하여 Sweep 를 클릭하면 아래의 그림과 같이 디테일 뷰가 바뀌며 Profile과 Path가 선택되어지기를 기다린다.

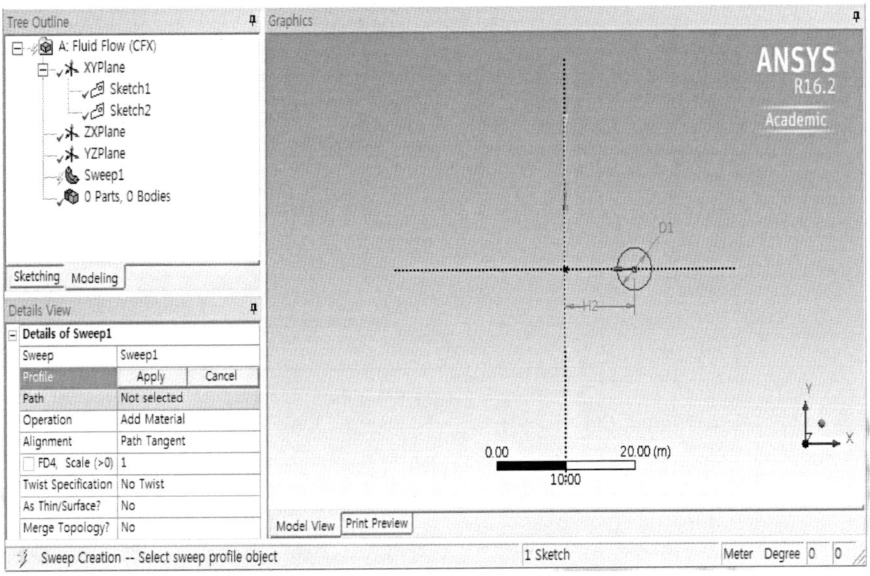

▶ 그림 2-80 Sweep 명령 실행

4. 디테일뷰에서 프로파일을 선택하기 위하여 트리에서 Sketch1을 선택하고 Profile에 apply를 글릭하고, Path를 선택하여 Apply Cancel fh aksems 다음 Sketch2를 선택하고 apply를 클릭하면 프로파일과 경로가 모두 선택되었다.

Twist Specification을 클릭하면 아래의 그림처럼 pitch와 Turns가 나타나는데 Turns를 선택하면 Scale과 Turns가 나타난다. Turns를 선택하면 Turns(회전수)의 입력창이 나타난다. 원하는 회전수를 5로 입력하고

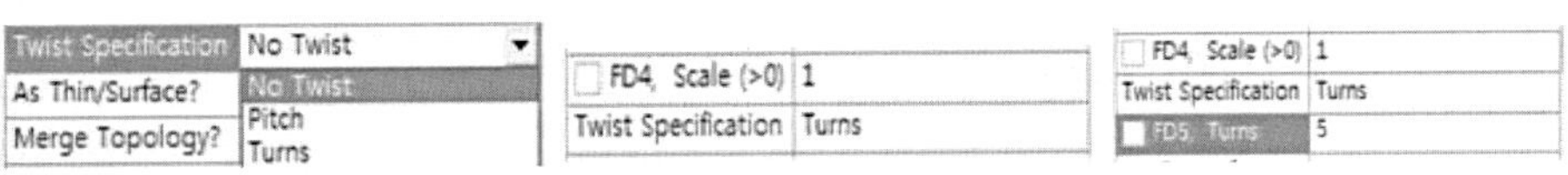

▶ 그림 2-81 Coil형 Sweep 피처 옵션

5. 이제 Sweep 피처를 생성하기 위하여 Generate 클릭하면 아래의 그림과 같이 코일형 스윕 피처는 완성된다.

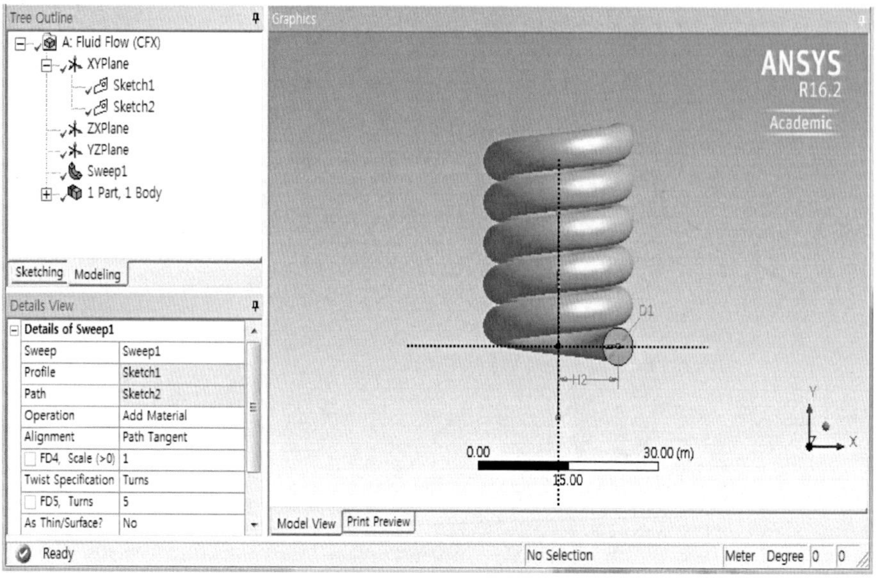

▶ 그림 2-82 Coil형 Sweep 디테일뷰에서 Scale이 1일 때 피처 완성

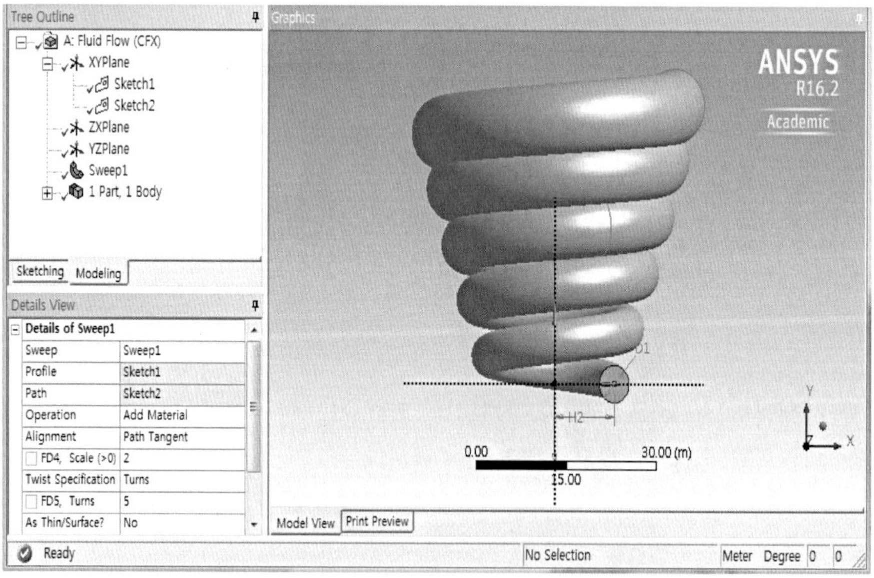

▶ 그림 2-83 Coil형 Sweep 디테일뷰에서 Scale이 2일 때 피처 완성

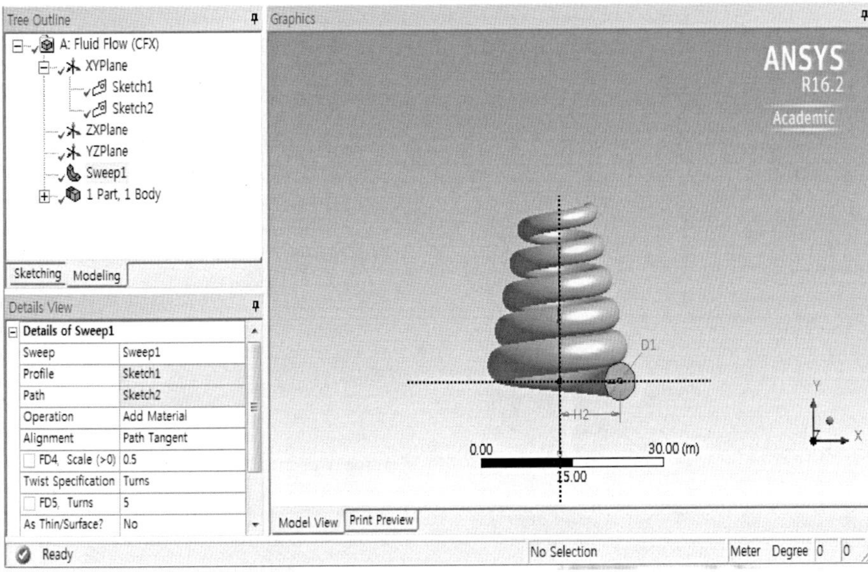

▶ 그림 2-84 Coil형 Sweep 디테일뷰에서 Scale이 0.5일 때 피처 완성

6. Twist Specification을 클릭하면 아래의 그림처럼 pitch와 Turns가 나타나는데 이번에는 pitch를 선택해보면 Pitch 입력창이 나타난다. Pitch 입력창에 Pitch를 5m로 입력하고 Generate 클릭하면

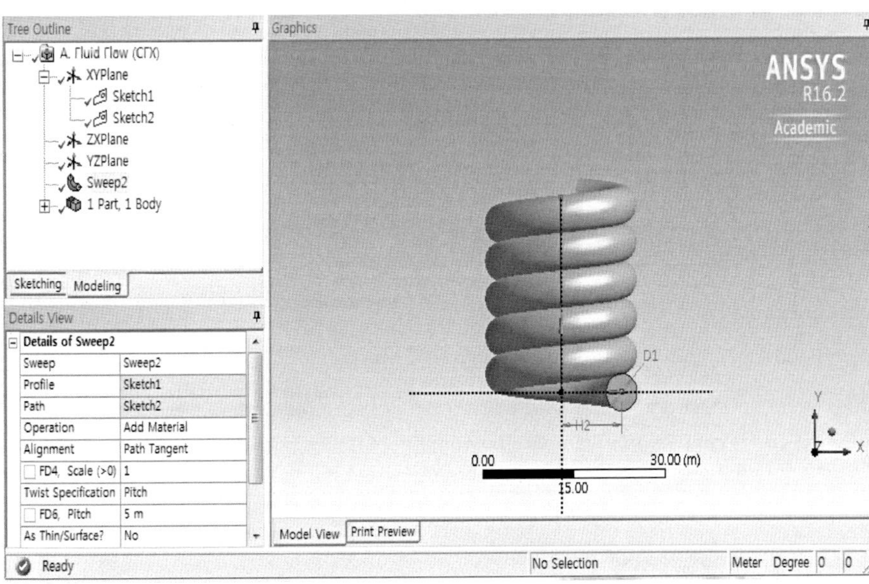

▶ 그림 2-85 Coil형 Sweep 디테일뷰에서 Pitch 5m를 입력했을 때

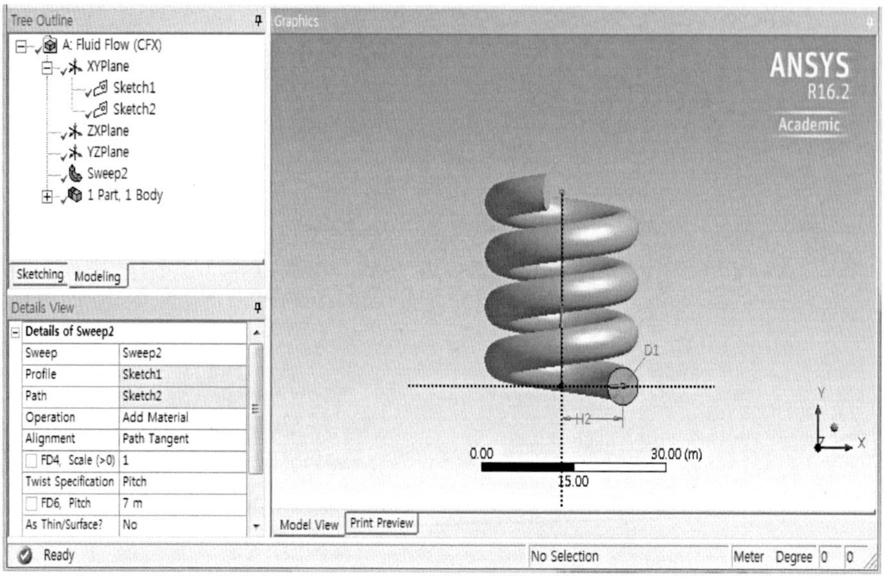

▶ **그림 2-86** Coil형 Sweep 디테일뷰에서 Pitch 7m를 입력했을 때

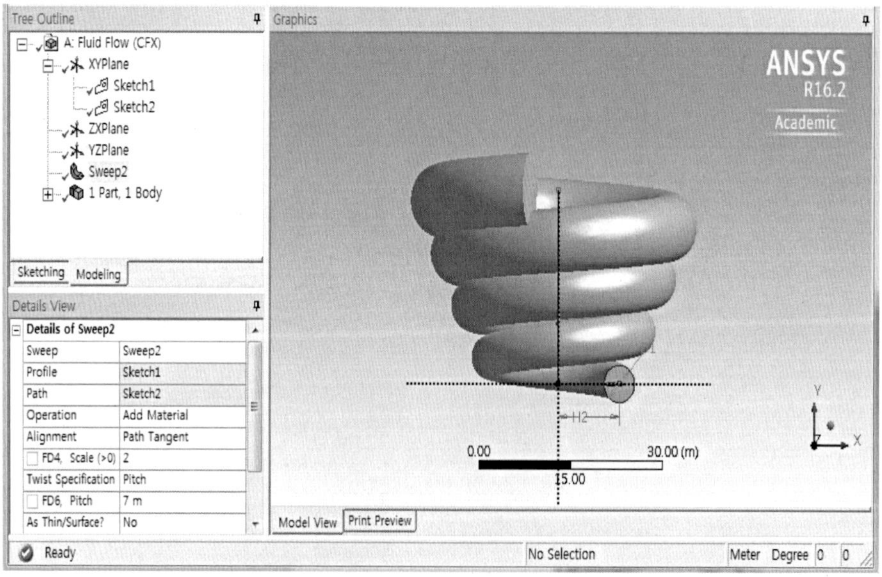

▶ **그림 2-87** Coil형 Sweep 디테일뷰에서 스케일이 2이고 Pitch 7m를 입력했을 때

* Skin / Loft Skin/Loft

스킨 / 로프트 피처는 2개 이상의 단면에 스케치를 하여 단면과 단면을 연결하여 피처를 생성한다.

1. xy플레인에 평행하며 10m 옵셋인 플레인4를 생성하기 위하여 디테일뷰에서 transform1의 옵션에서 Offset Z를 선택하고 Value 1 값을 10m로 하고 Generate를 클릭하여 플레인4를 생성시켰다.

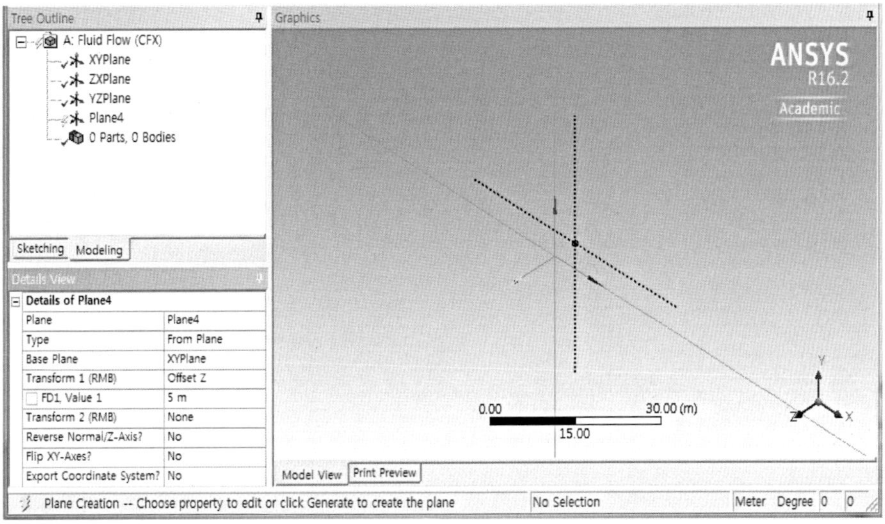

▶ 그림 2-88 xy 플레인 기본에 transform1의 옵션에서 Offset z를 선택하고 Value 1 값을 10m

2. xy플레인에 평행하며 10m 옵셋인 플레인5를 생성하기 위하여 디테일뷰에서 transform1의 옵션에서 Offset z를 선택하고 Value 1 값을 -10m로 하고 Generate를 클릭하여 플레인5를 생성시켰다.

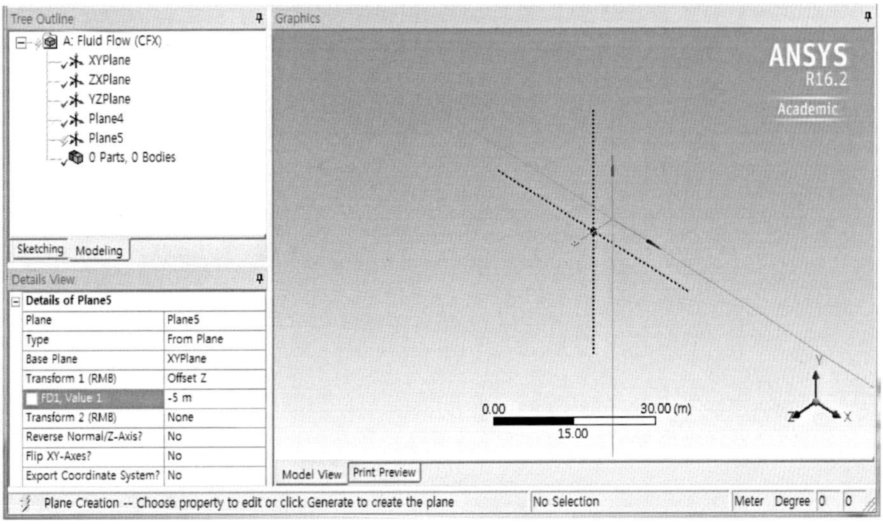

▶ 그림 2-89 xy 플레인 기본에 transform1의 옵션에서 Offset z를 선택하고 Value 1 값을 -10m

3. xy 플레인을 기준으로 앞뒤로 평행한 플레인4와 플레인5를 생성하였다. 플레인4에 프로파일 스케치하고, xy 플레인에 프로파일 스케치, 플레인5에 프로파일 스케치를 하여 3개의 스케치를 선택하고 우클릭하여 Always show Sketch선택하여 스케치가 보이도록 했다.

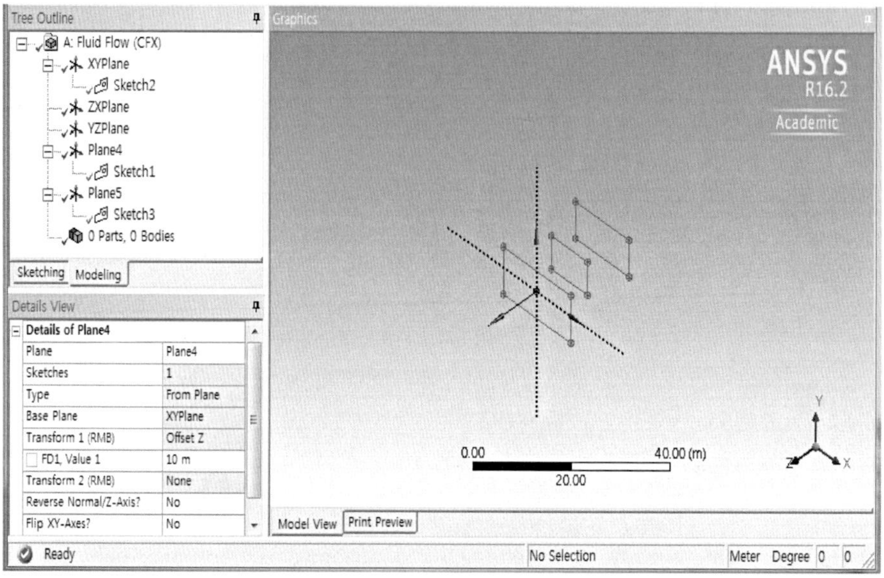

▶ 그림 2-90 각각의 단면에 스케치를 하여 3개의 스케치를 선택하고 Always show Sketch선택

4. Skin/Loft 아이콘을 선택하고 ctrl키를 누르고 아래그림과 같이 하이라이트 된 꼭지점을 순서대로 클릭하거나 순서대로 Edge를 선택하여 프로파일에 3개의 스케치가 선택된 후 Generate를 클릭하면 Skin1이 생성된다.

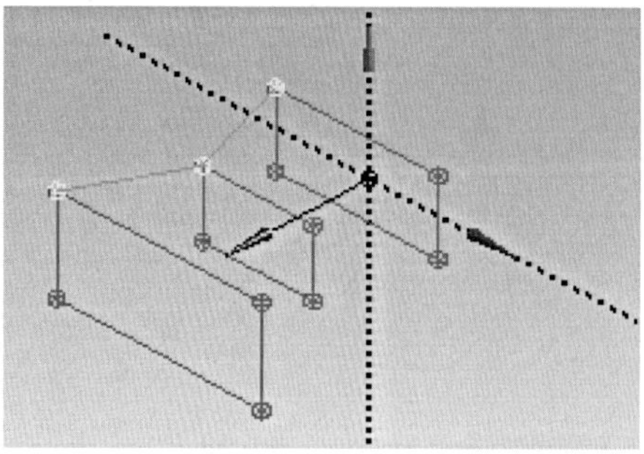

▶ 그림 2-91 꼭지점 선택

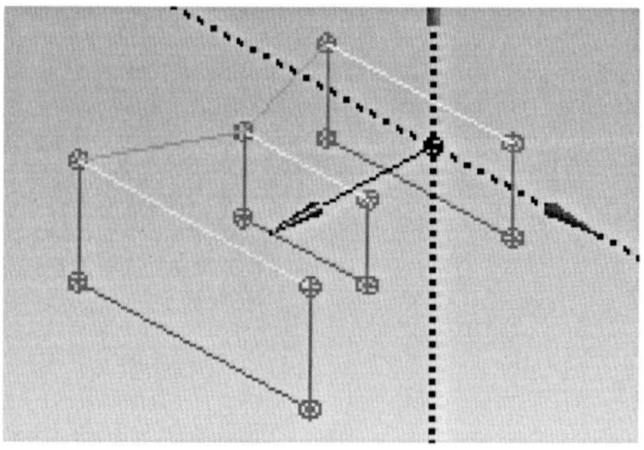

▶ 그림 2-92 Edge 선택

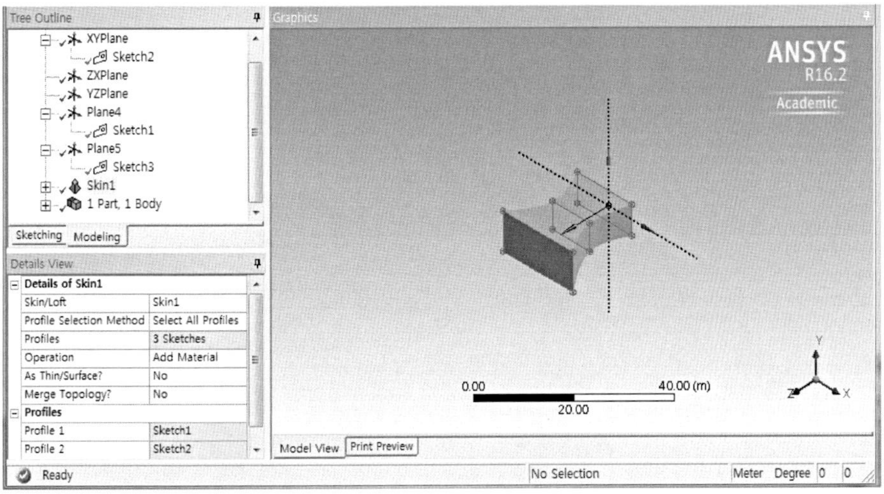

▶ 그림 2-93 Skin / Loft 완성

* Thin / Surface 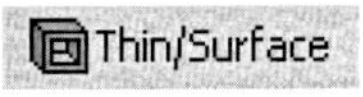

Thin / Surface 피처는 아무것도 없을 때는 툴바에 아이콘이 비활성화 되어 있다. 두 개의 명확힌 application이 있다. Thin / Surface 피처를 적용시키려면 피처가 있어야 한다. 다음과 같이 솔리드를 생성시키고 나니 Thin / Surface 피처 아이콘이 활성화 된다.

아이콘을 클릭하면 디테일뷰가 Thin / Surface로 바뀐다. Selection Type이 Faces to Remove, Faces to Keep, Bodies Only개가 있다. Faces to Keep해야할 면을 다음과 같이 선택하고 Apply한 다음 Thickness를 1m준 후 Generate를 클릭하여 Thin / Surface를 생성시켰다. 다른 3D 모델링 프로그램의 Shell 기능과 같다.

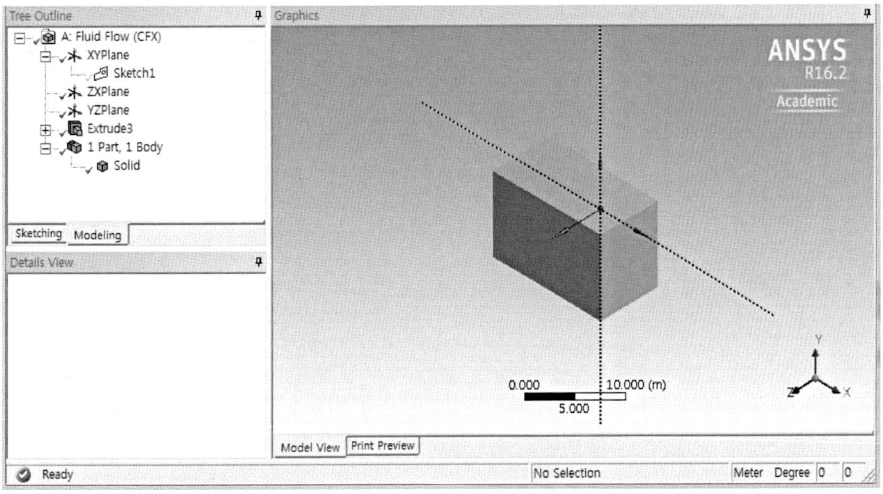

▶ 그림 2-94 Solid 생성

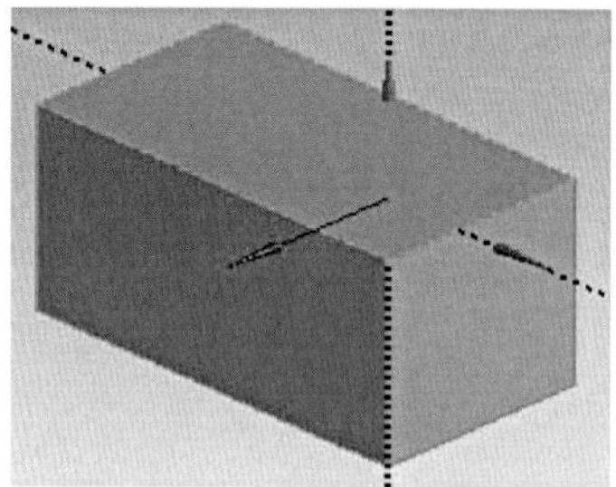

▶ 그림 2-95 지켜야할 면

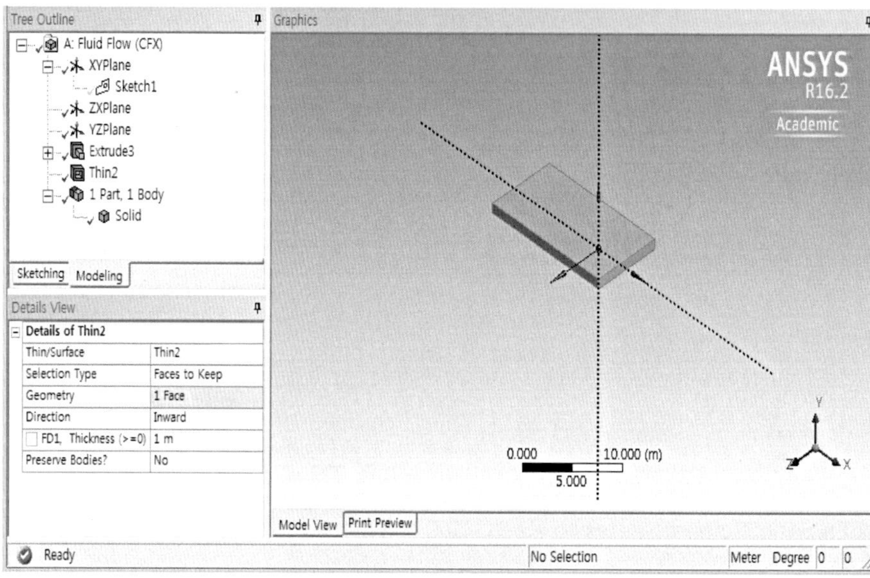

▶ 그림 2-96 Faces to Keep해야 할 Thin / Surface 완성

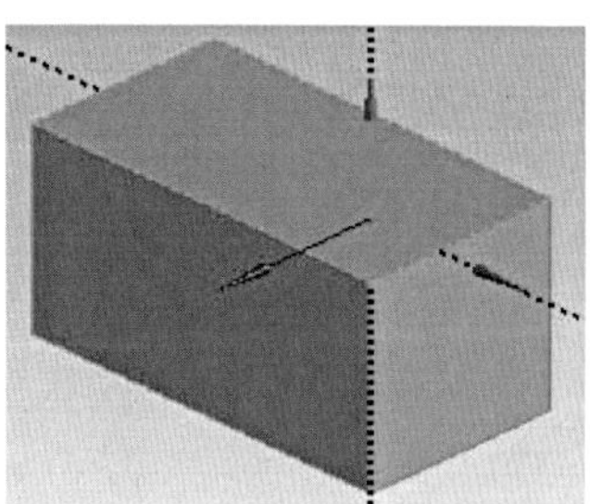

▶ 그림 2-97 제거될 면 1개 선택

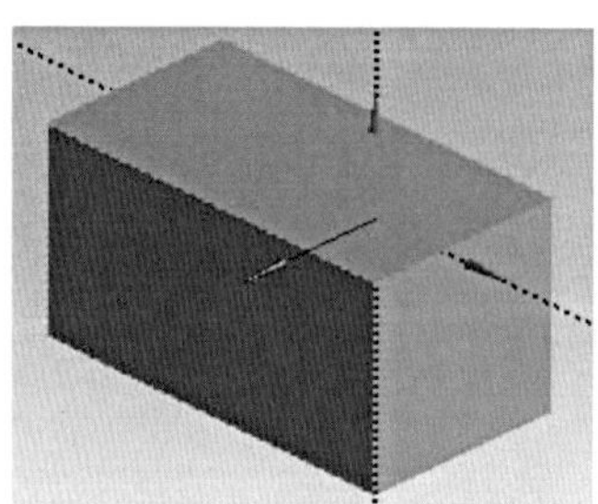

▶ 그림 2-98 제거될 면 2개 선택

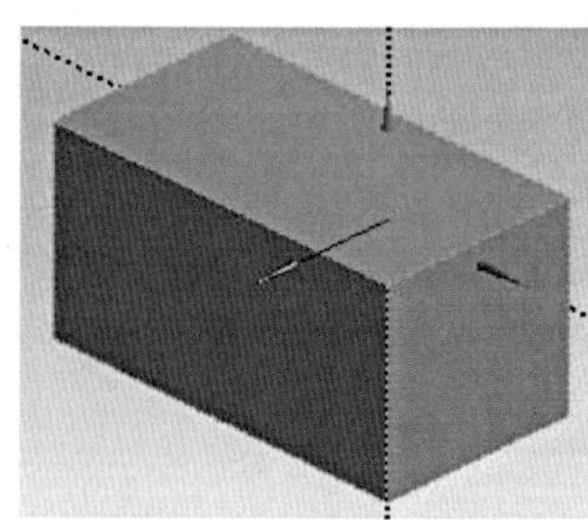

▶ 그림 2-99 제거될 면 3개 선택

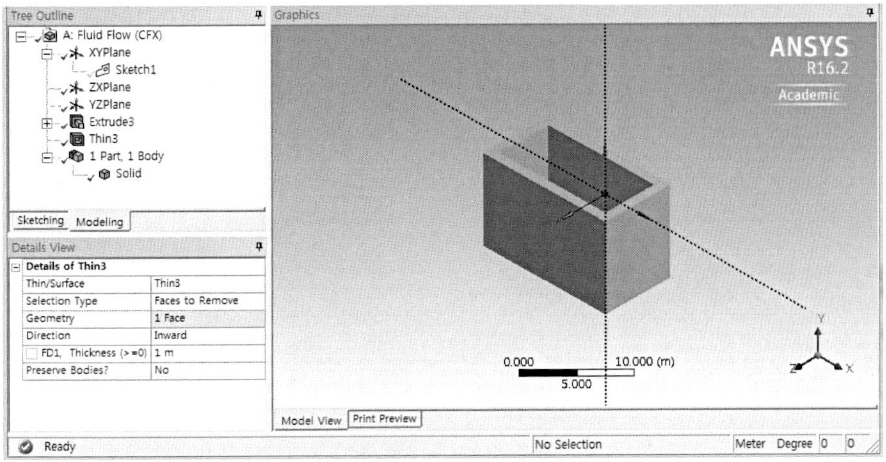

▶ 그림 2-100 1개면 제거된 Thin / Surface 완성

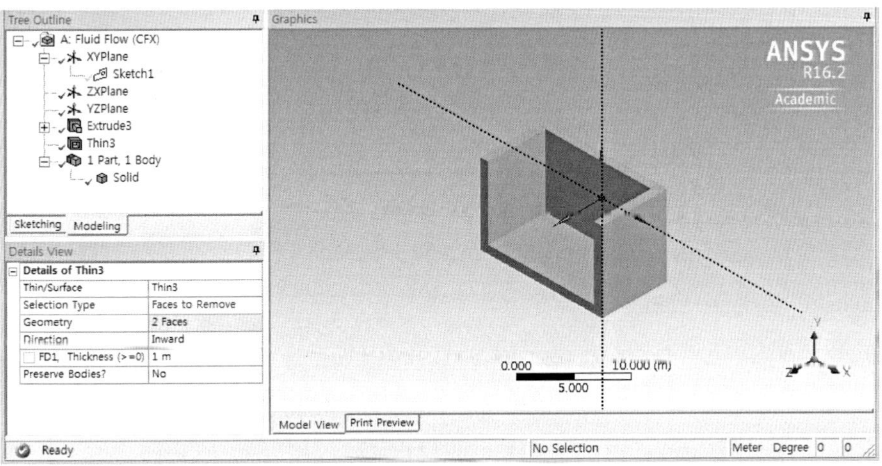

▶ 그림 2-101 2개면 제거된 Thin / Surface 완성

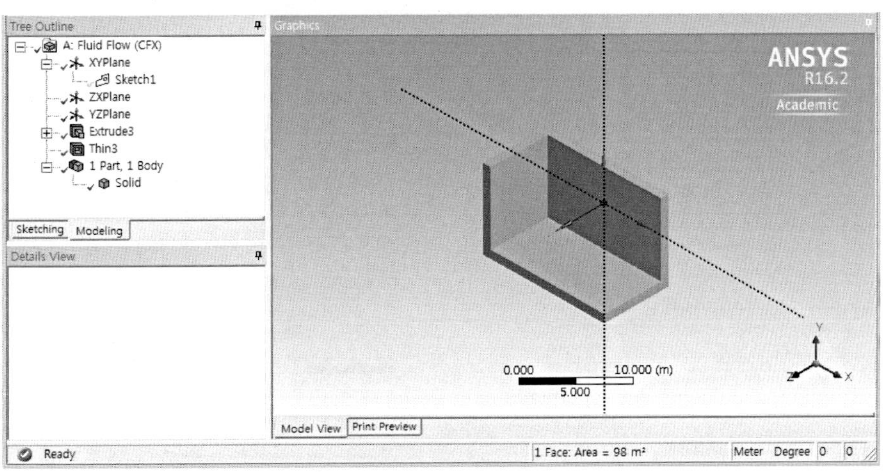

▶ 그림 2-102 3개면 제거된 Thin / Surface 완성

피처를 생성한 후에 끝면을 제거하고 두께는 1m하고 생성 피처는 솔리드이고, Thickness를 0으로 한 후 생성한 피처는

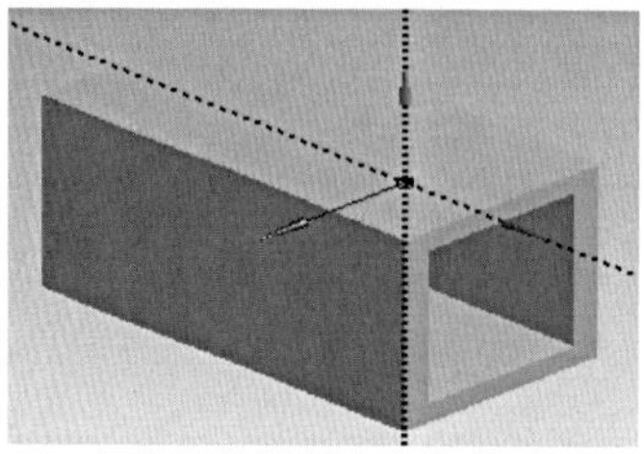

▶ 그림 2-103 두께 1m 결과는 Solid

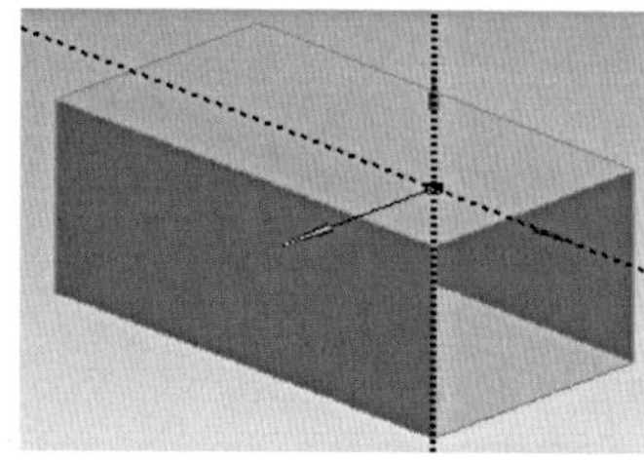

▶ 그림 2-104 두께 0인 결과는 Surface

Blend 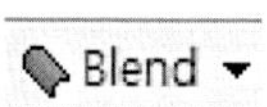

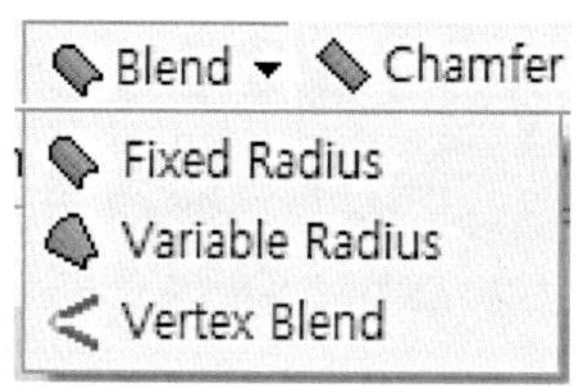

▶ 그림 2-105 Blend 옵션

Fixed Radius 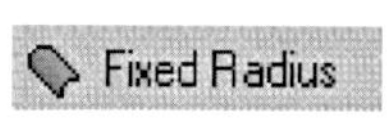

고정 반경 기능을 사용하면 모델의 가장자리에 블렌드를 만들 수 있다. 이 기능을 수행할 수 있다. Edge를 선택하고 디테일뷰에서 Apply하면 Edge가 선택이 되고 반경을 3m로 입력하여 Generate를 클릭하여 Blend를 생성시켰다.

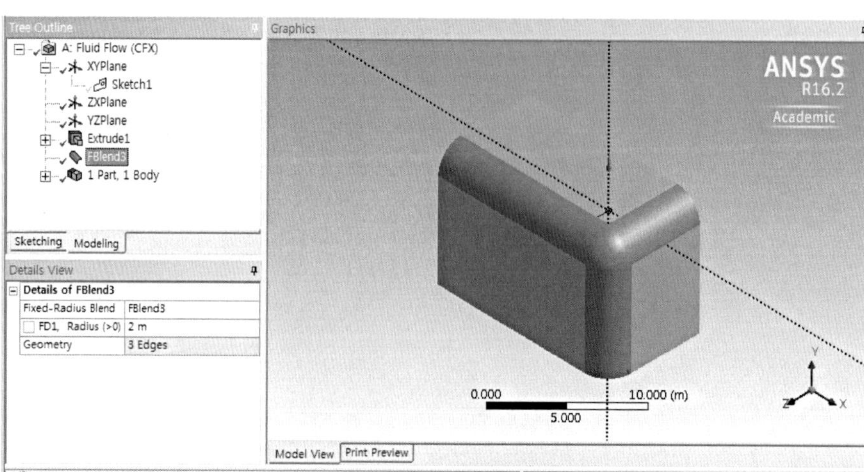

▶ 그림 2-106 Fixed Radius Blend 생성

Variable Radius

Variable-Radius 기능을 사용하면 모델 에지 블렌딩 반경의 시작과 끝을 변경한다. 또한 Details View에서 블렌드 간의 전환을 매끄럽거나 선형으로 설정할 수 있다. 디테일뷰 Transition에서 Smooth나 linear를 선택할 수 있다. Edge의 시작 반경은 01m이고 끝 반경은 2m이다.

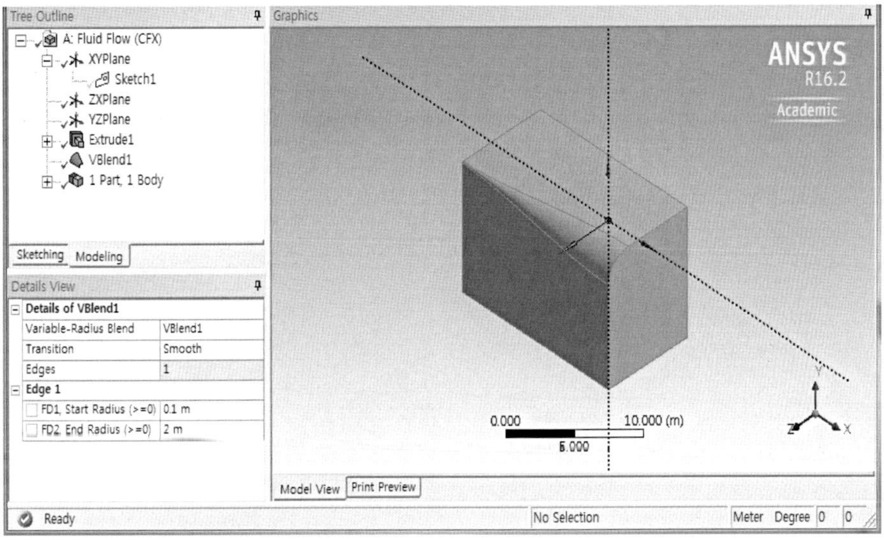

▶ 그림 2-107 Variable-Radius인 Blend 생성

Vertex Blend

Vertex Blend는 Surface나 Line Body Blending이 가능하고, Vertex는 Surface나 Line Bodydp 속해 있어야 한다. 정확히 두 개의 Edge가 연결되어 있어야 한다. Vertex 주위는 플레인적이어야 한다.

Chamfer

모따기 기능을 사용하면 모델 모서리 사이에 플레인 전환 (또는 모따기면)을 만들 수 있다. 모따기는 플레인 전환 (모따기면)의 가장자리에서 2 개의 거리 중 하나에 의해 정의되거나 거리 (왼쪽 또는 오른쪽)와 각도로 표시된다.

디테일뷰에서 Edge를 선택하고, Type을 Left-Right, Left Angle, Right Angle 중에서 Left-Right를 선택하고 Length를 1m, Right Length를 1m 준 후 Generate를 클릭하여 Chamfer를 생성시켰다.

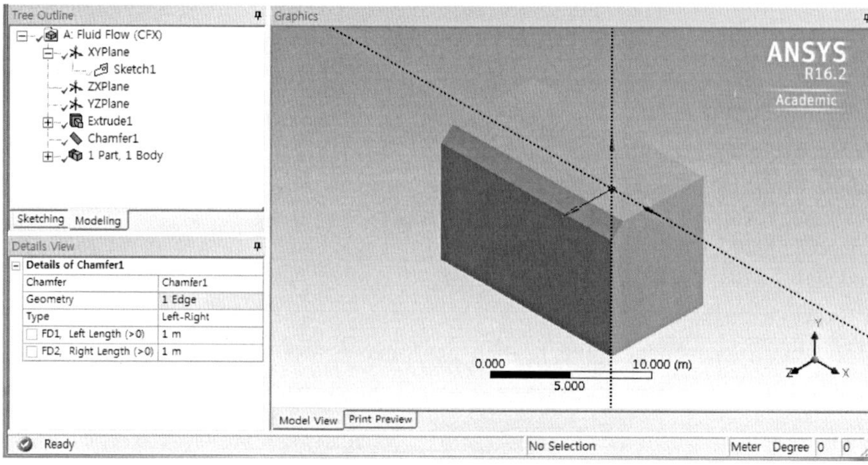

▶ 그림 2-108 Type이 Left - Right인 Chamfer 생성

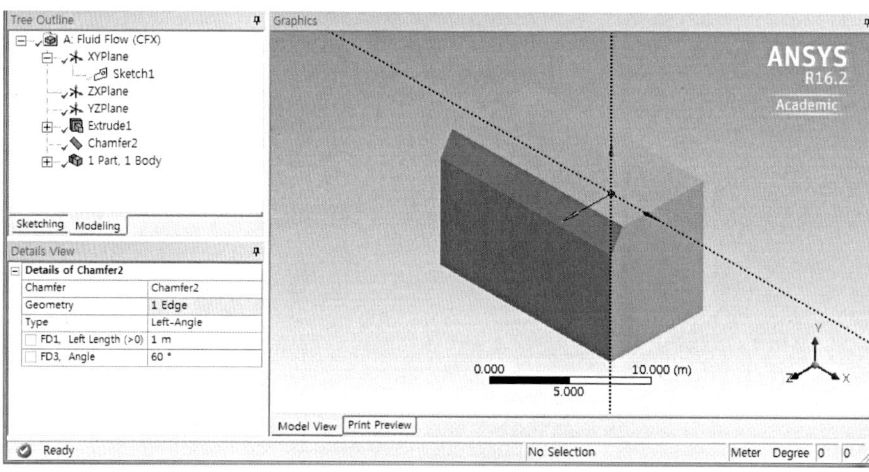

▶ 그림 109 Type이 Left Angle인 Chamfer 생성

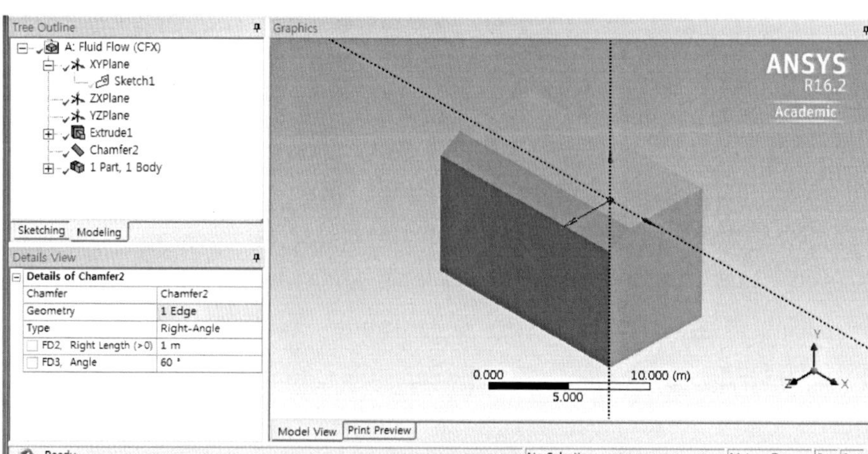

▶ 그림 2-110 Type이 Right Angle인 Chamfer 생성

Point

포인트 기능을 사용하면 모델 face와 Edge와 관련된 점의 위치에 포인트를 제어하고 완전히 치수를 기입 할 수 있다. 이 포인트들을 point feature points 또는 PF 점이라고 한다.

Primitives

ANSYS DesignModeler는 스케치를 하지 않고 기본 형상을 정의하여 신속하게 모델을 생성 할 수 있다.

모든 기본 피처에는 몇 가지 점 및 / 또는 방향 입력이 필요하다. 이러한 입력좌표 또는 구성 요소를 구체적으로 입력하거나 형상을 선택하여 정의 할 수 있다.

화면에. 또한 각 프리미티브가 정의에 있어 프리미티브에는 좌표계를 식별하는 기본 평면이 포함된다.

DesignModeler에는 아래의 그림처럼 9가지 기본 피처가 있다.

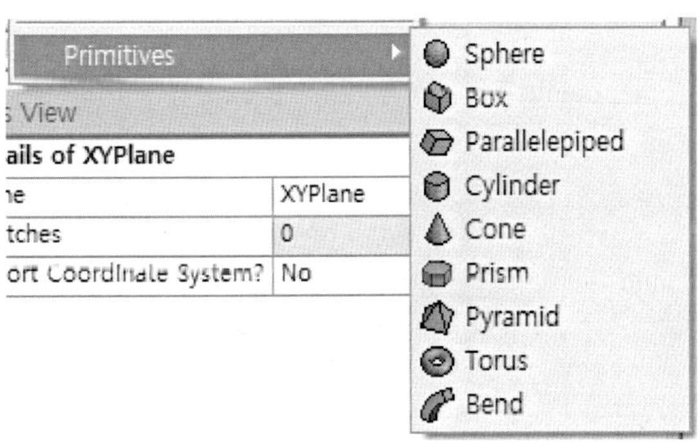

▶ 그림 2-111 Primitive features

Sphere

구형 피처는 원점과 반지름에서 원시 구를 만든다. 원점을 기준으로 반지름이 10인 구형 피처를 생성한다.

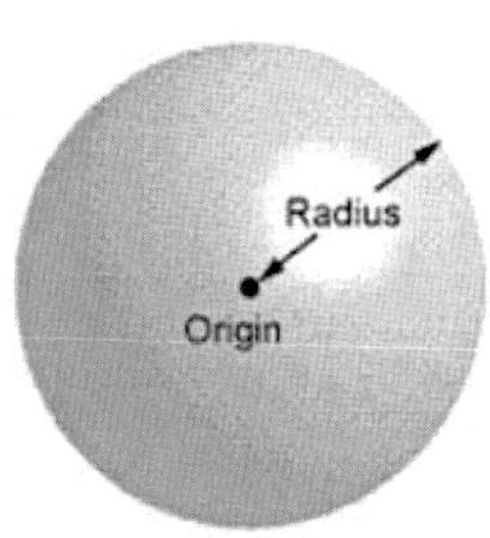

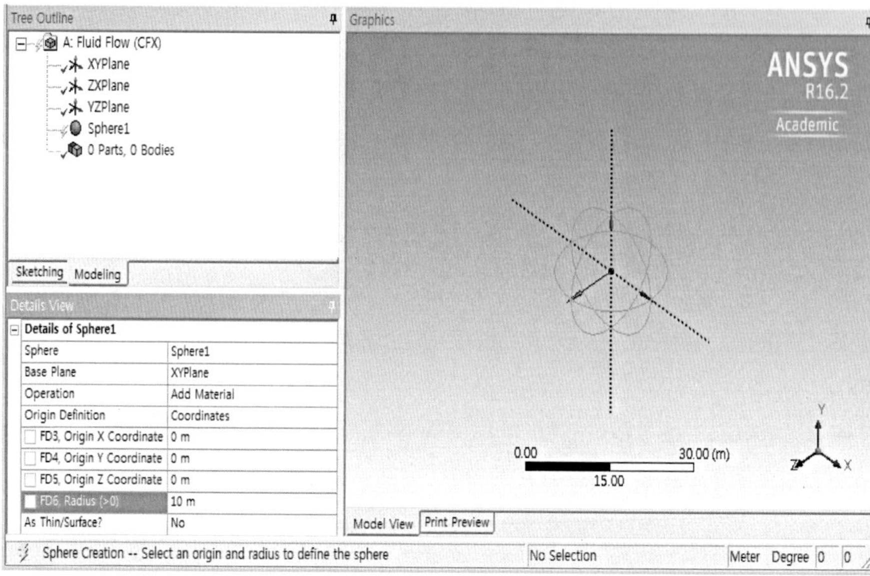

▶ 그림 2-112 Generate 누르기 전

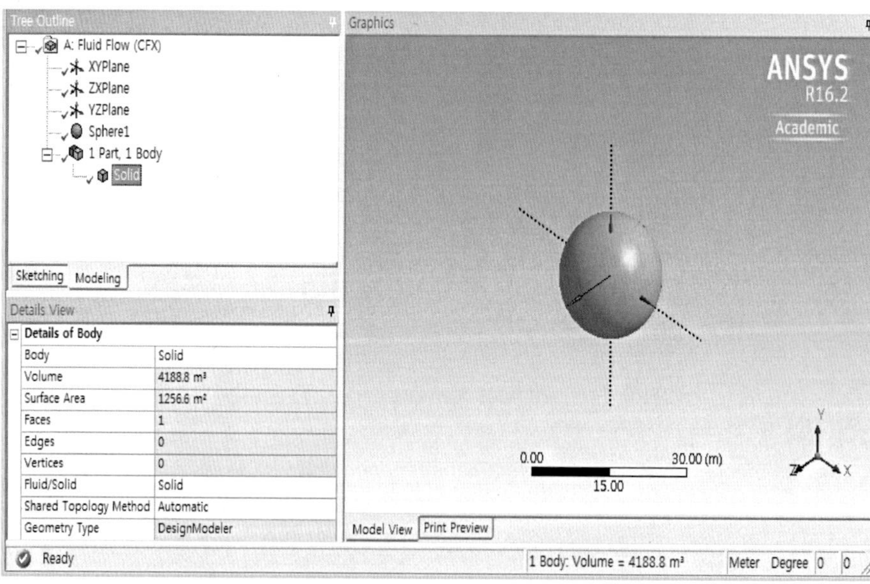

▶ 그림 2-113 구형 피처

Box

Box 피처는은 프리미티브 박스를 생성하는데 다음 두 가지 방법으로 정의 할 수 있다.

From One Point and Diagonal : Box는 한 점과 Box의 반대편 모서리 대각선 벡터로 정의된다.

박스의 반대편 모서리

From Two Points : 박스는 박스의 반대 구석을 나타내는 두 점으로 정의된다.

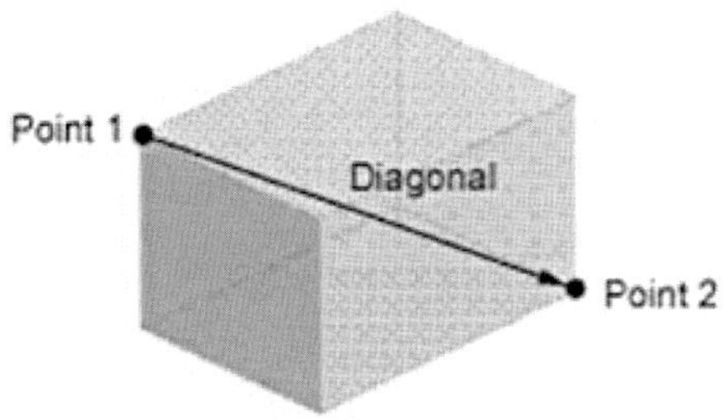

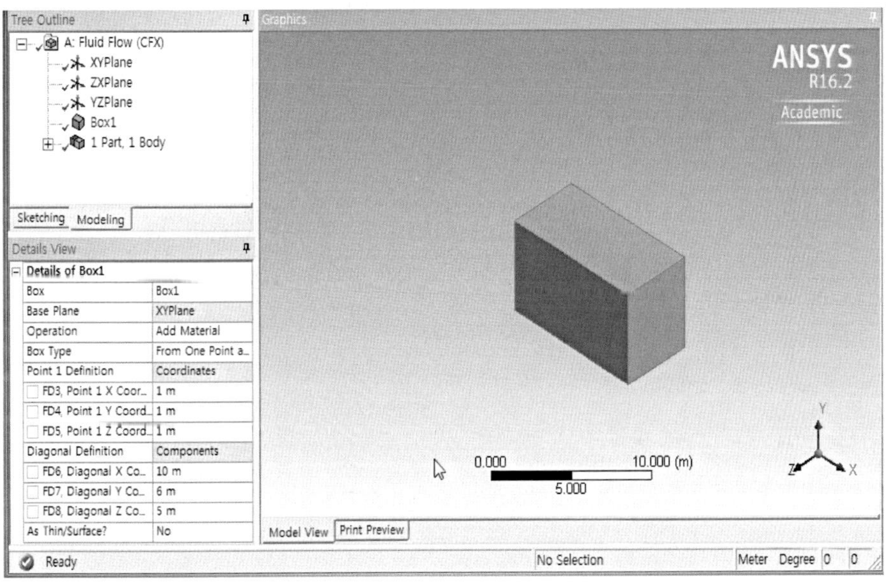

▶ 그림 2-114 BOX 피처

Parallelepiped

평행 육면체 피처는 원점과 세 축 벡터로부터 평행 육면체를 만든다.

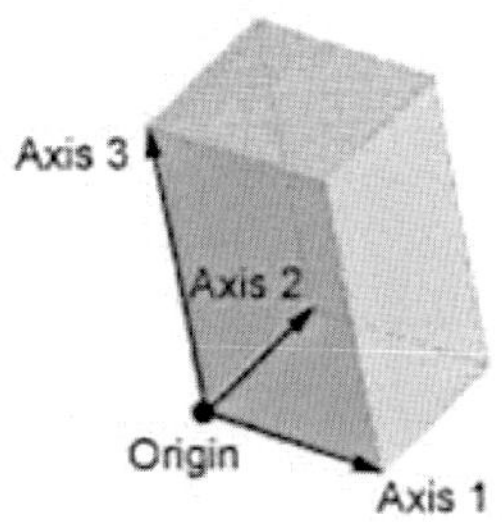

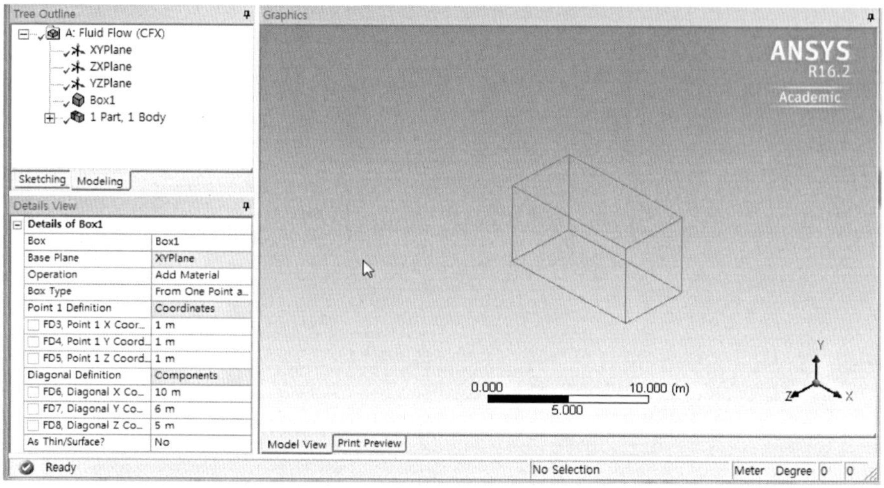

▶ 그림 2-115 평행 육면체 피처

Cylinder

원통형 피처는 원점, 축 및 반경으로부터 원통형 원통을 만든다.

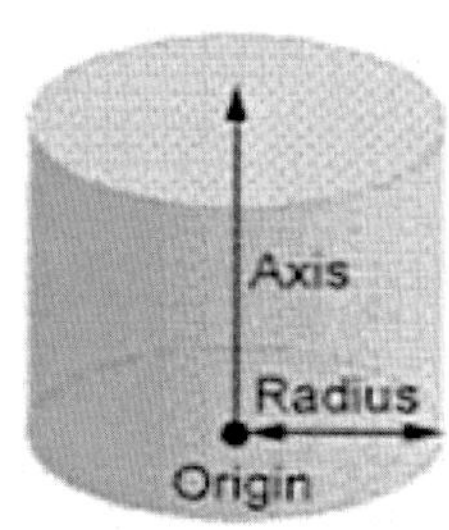

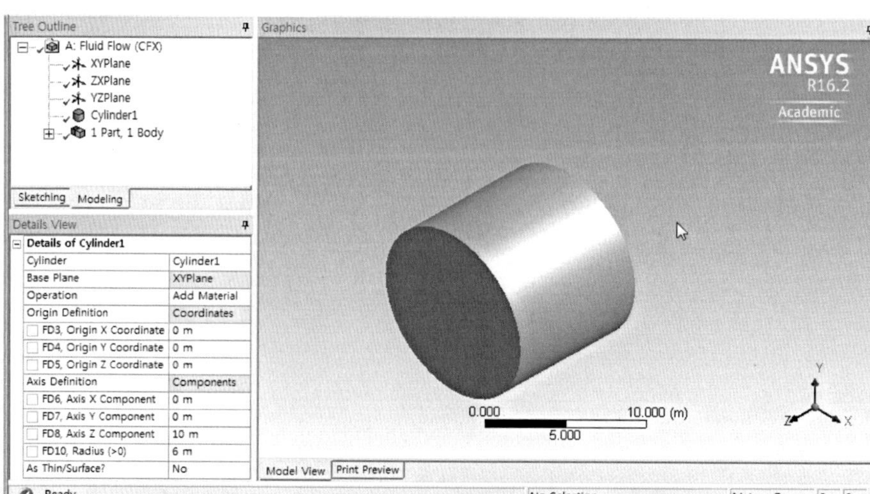

▶ 그림 2-116 원통형 피처

Cone

원뿔 피처는 원점, 축 및 두 개의 반경에서 원뿔 원추를 작성한다.

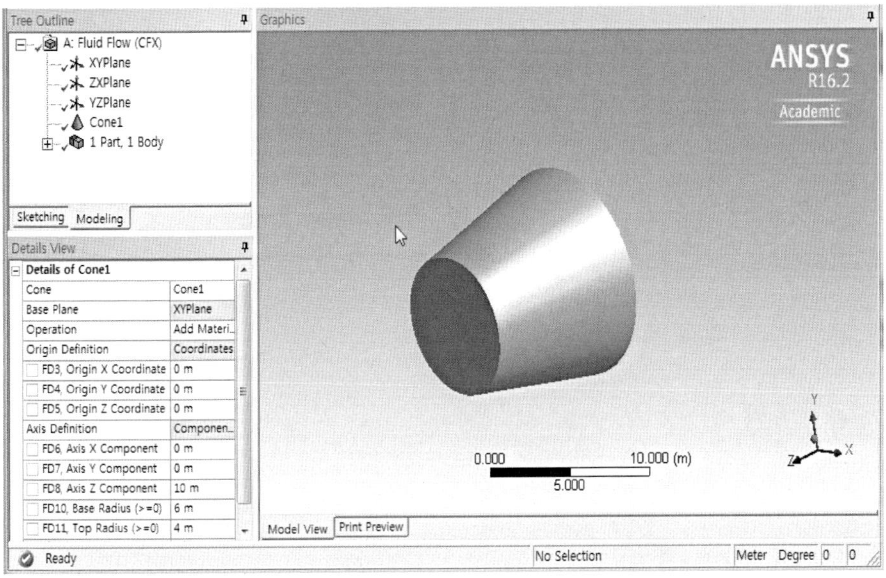

▶ 그림 2-117 원뿔 피처

Prism

프리즘 피처는 프리미티브 프리즘을 만든다. 프리즘의 크기는 두 가지 방법으로 정의할 수 있다.

- By Radius : 원점에서 외부 정점까지의 반경.
- By Side Length : 프리즘의 각면의 길이이다.

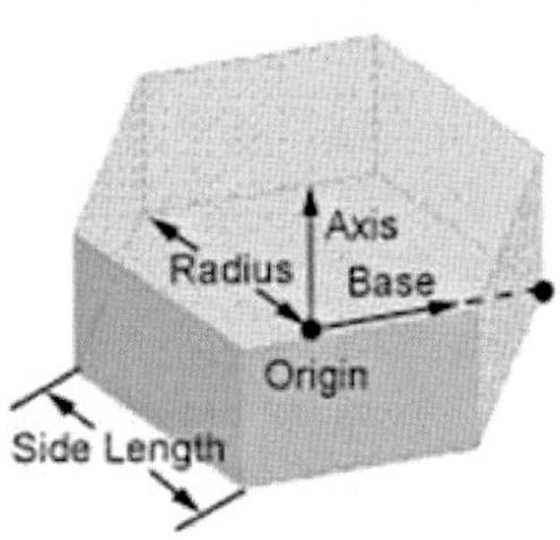

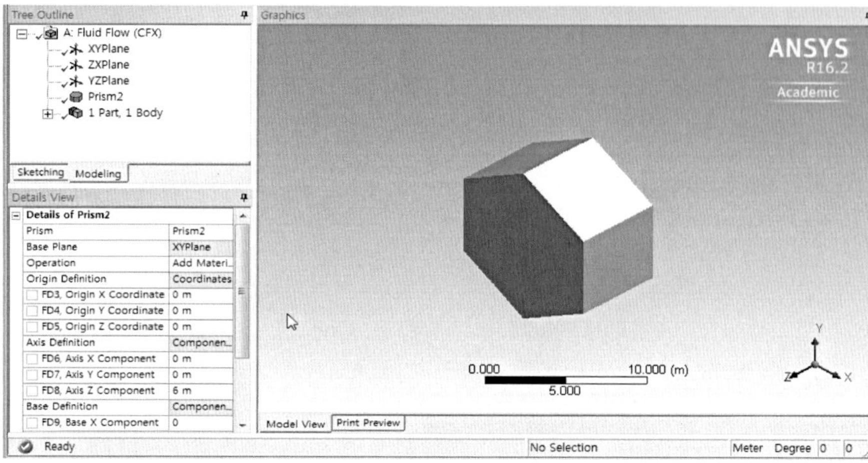

▶ 그림 2-118 프리즘 피처

Pyramid

피라미드 피처는 기본적인 피라미드를 만든다.

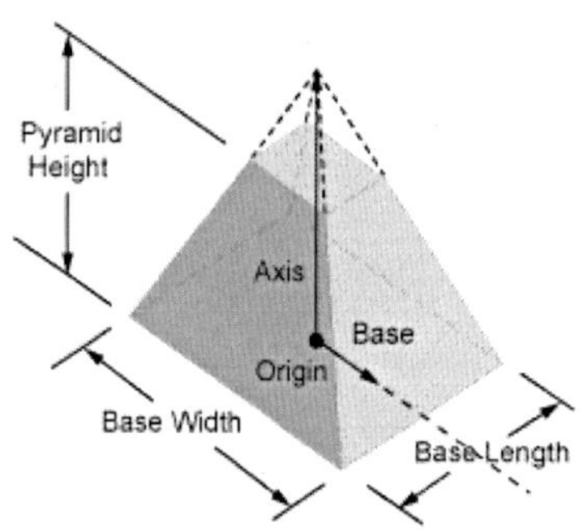

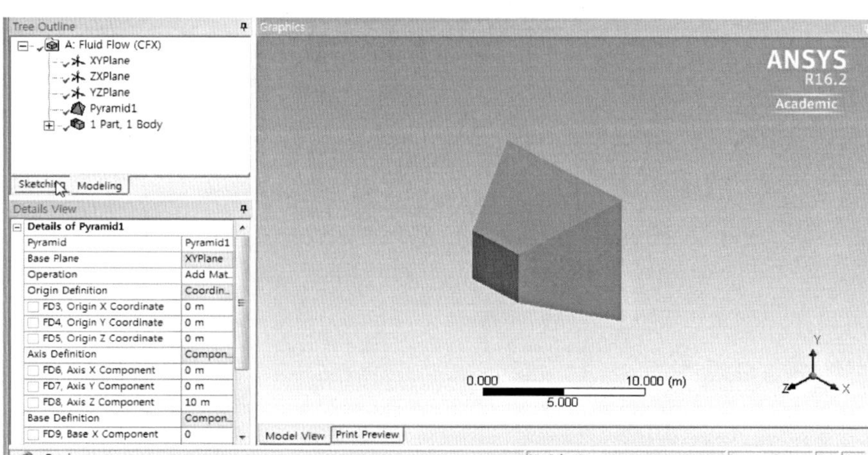

▶ 그림 2-119 피라미드 피처

Torus

Torus 피처는 기본 원환체를 만든다.

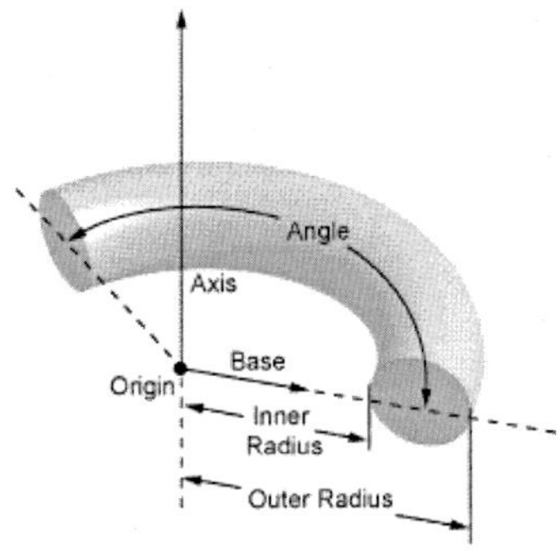

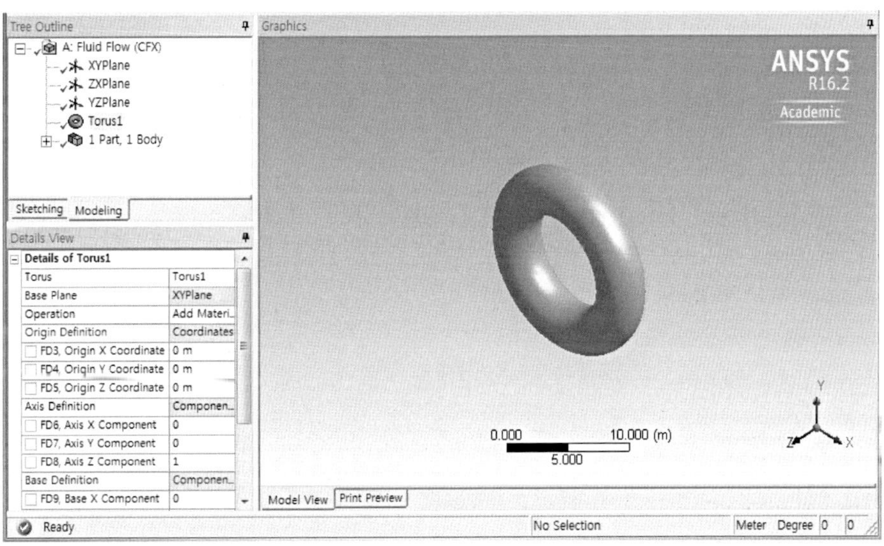

▶ **그림 2-120** Torus 피처

Bend

벤드 피처는 직사각형 벤드피처를 만든다.

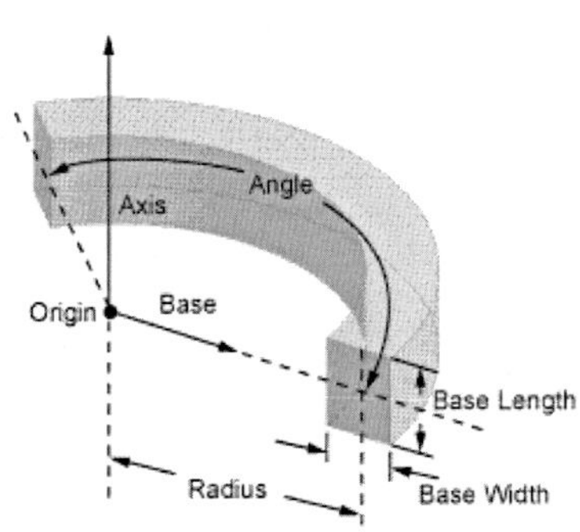

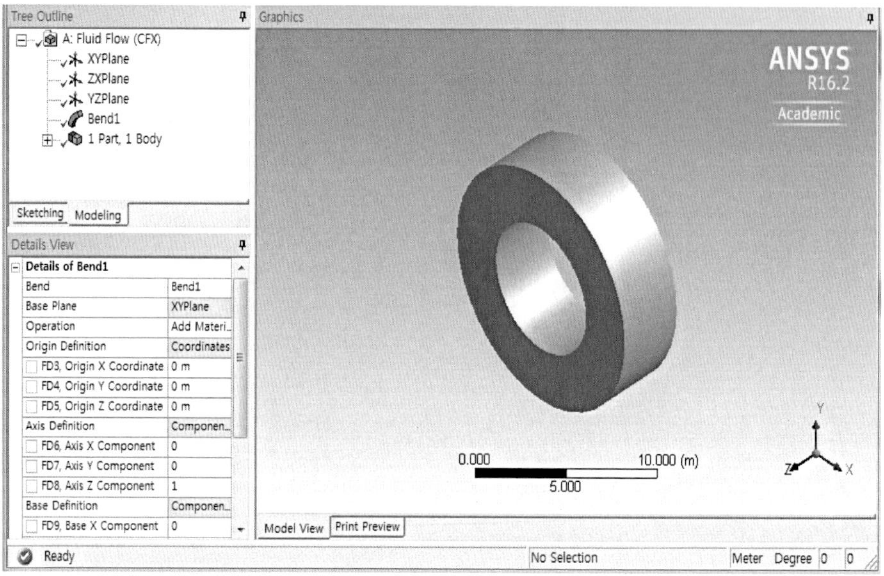

▶ 그림 2-121 벤드 피처

2-7 Advanced Features and Tools

고급 도구 모음은 Tools 메뉴의 옵션 대화 상자를 통해 사용자 정의 할 수 있다.

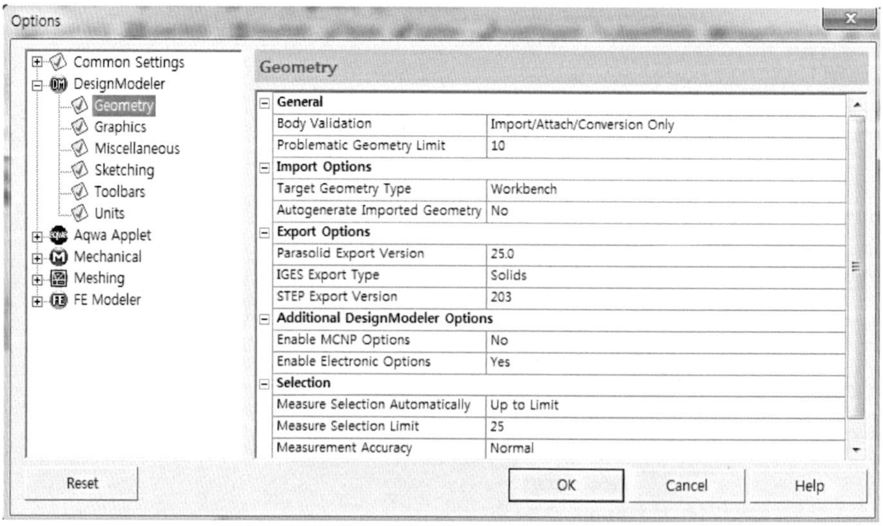

▶ 그림 2-122 옵션 대화 상자

툴바의 아이콘을 선택하고 yes를 클릭하면 yes와 No가 있는데 선택에 따라 아이콘이 보이고 안보이고 한다.

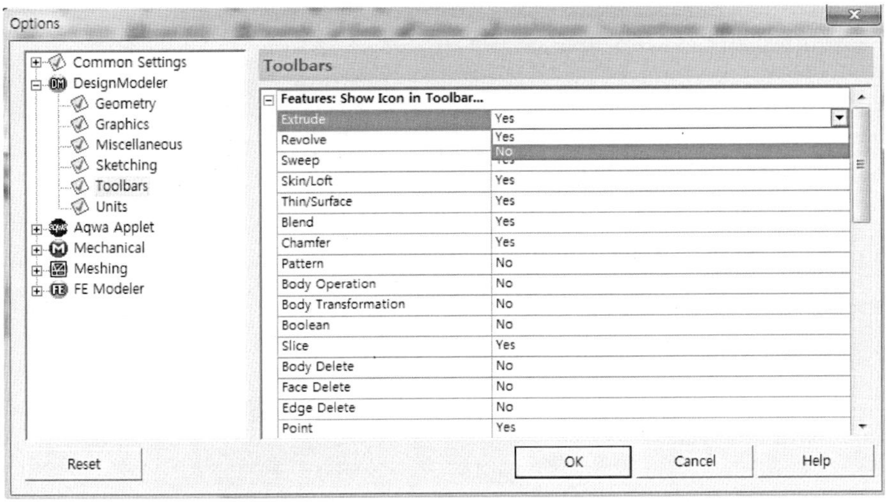

Freeze 

Freeze feature는 Tools 메뉴에서 사용할 수 있는 고급 모델링 도구이다.

두 개의 응용 프로그램 : 다중 본체 부품을 사용하여 어셈블리 모델링을 위한 대체 방법으로 사용할 수 있다. 그것은 이 도구를 사용하면 주어진 부분을 여러 하위 볼륨으로 분할 할 수 있다.

일반적으로 3D 솔리드 피쳐는 다음과 같이 작동한다.

1. 3D 피처이 본체를 작성한다.

2. 부울 연산을 통해 피처 바디를 기존 모델과 병합한다.

Freeze feature는 사용하면 두 번째 단계를 제어 할 수 있다. Tree Outline에 표시되는 것에서 분리기 역할을 한다. 어떤 바디는 Freeze가 frozen되기 이전에 피처를 생성한다. Frozen bodies는 Tree Outline에 Bodies branch에 바디 옆에 ice cube icon에 의해 표시된다. 모든 Frozen bodies는 Freeze 이후의 모든 기능들인 Add, Cut, or Imprint Material 작업이 무시된다.

솔리드 피처는 추가 부울 연산 Slice Material를 제공한다.

슬라이스 작업의 활성 바디는 Slice Material의 경우 자동으로 frozen되며 Freeze separator는 바디를 부울 연산에서 숨기지 않는다.

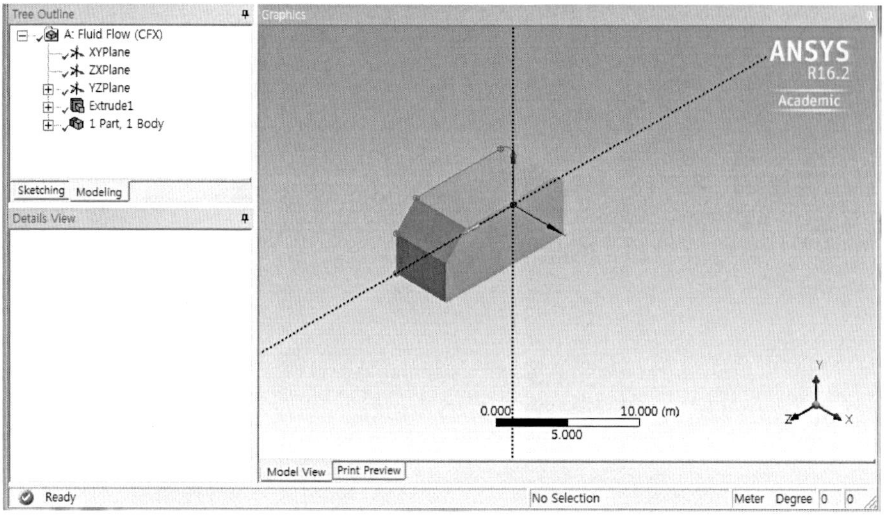

▶ 그림 2-123 Extrude

Tools→Freeze 실행하여 Freeze한 상태는 Extrude해서 생성한 Solid와 색이 다르다.

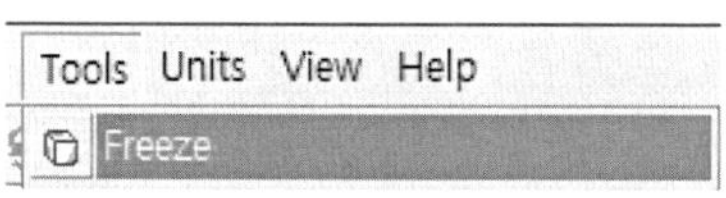

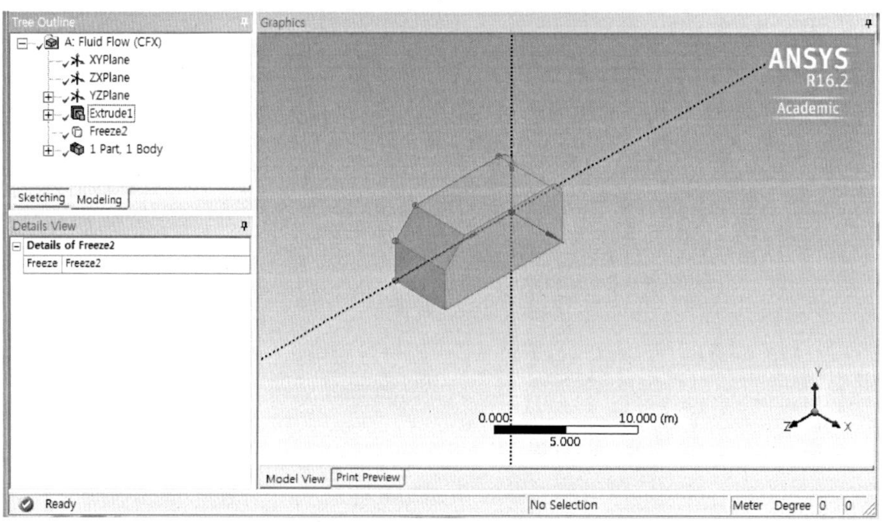

▶ 그림 2-124 Freeze한 상태

Unfreeze 

Unfreeze는 선택한 frozen 바디 또는 frozen 바디 그룹을 활성화 하고 활성된 바디와 함께 이들을 병합한다.

Tools→Unfreeze 실행하여 Unfreeze한 상태는 Extrude해서 생성한 Solid와 색이 같다.

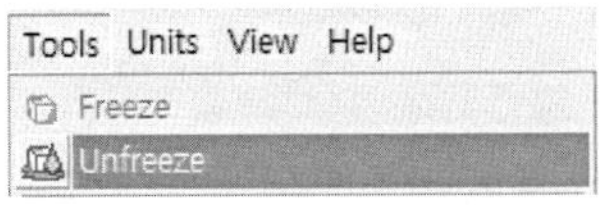

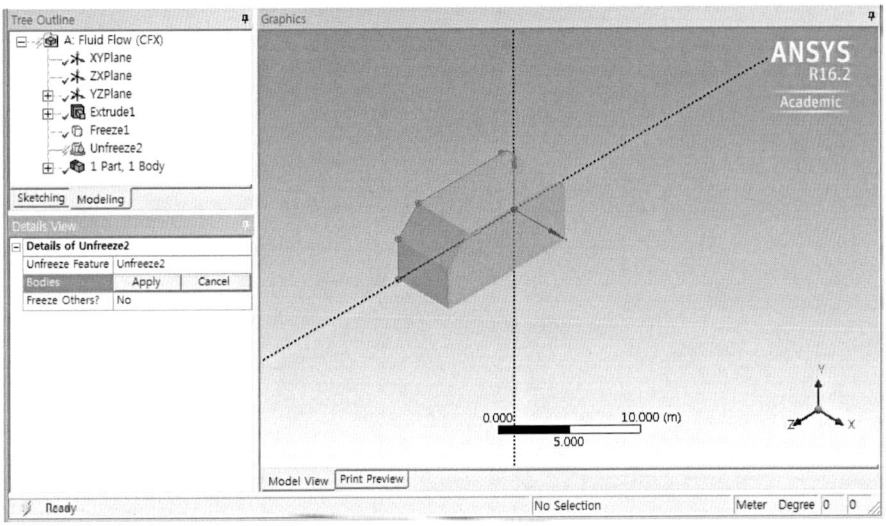

▶ 그림 2–125 Unfreeze 아이콘을 선택한 상태

바디를 선택한 상태의 색깔이다.

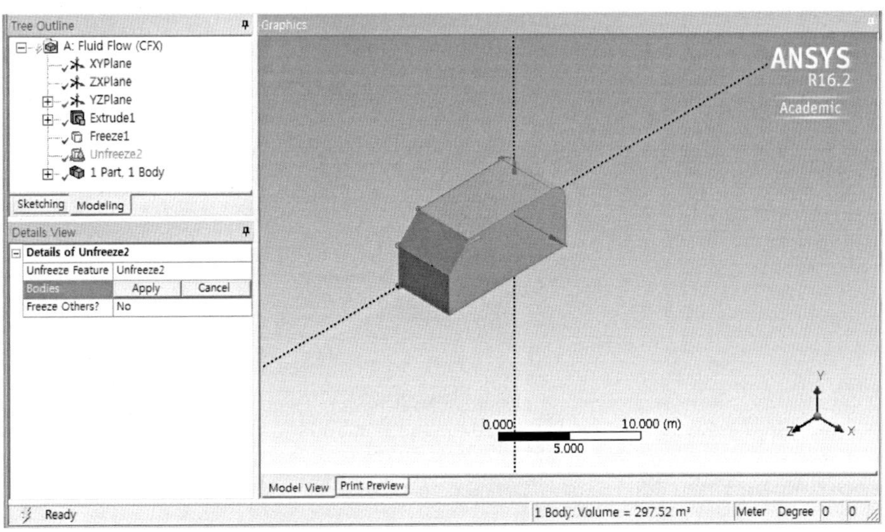

▶ 그림 2–126 바디를 선택한 상태의 색깔

Apply를 선택한 상태

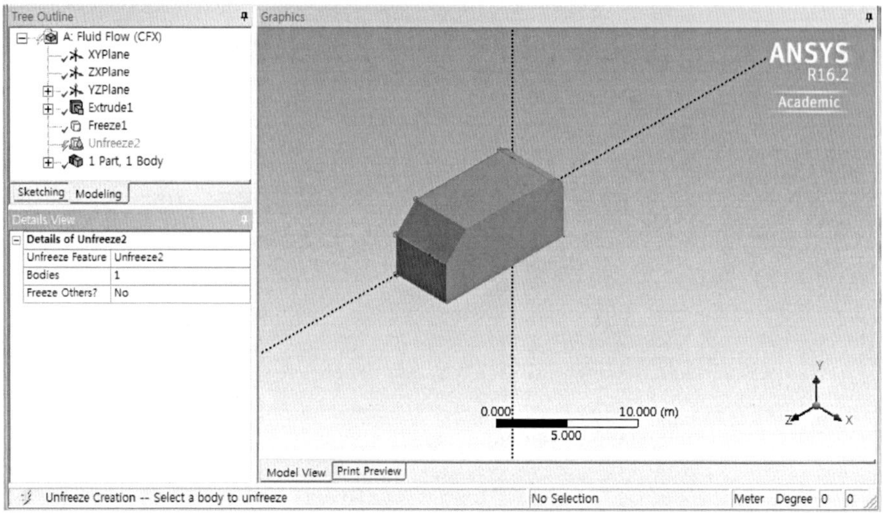

▶ **그림 2-127** Apply를 선택한 상태

Generate를 클릭하여 Unfreeze한 상태

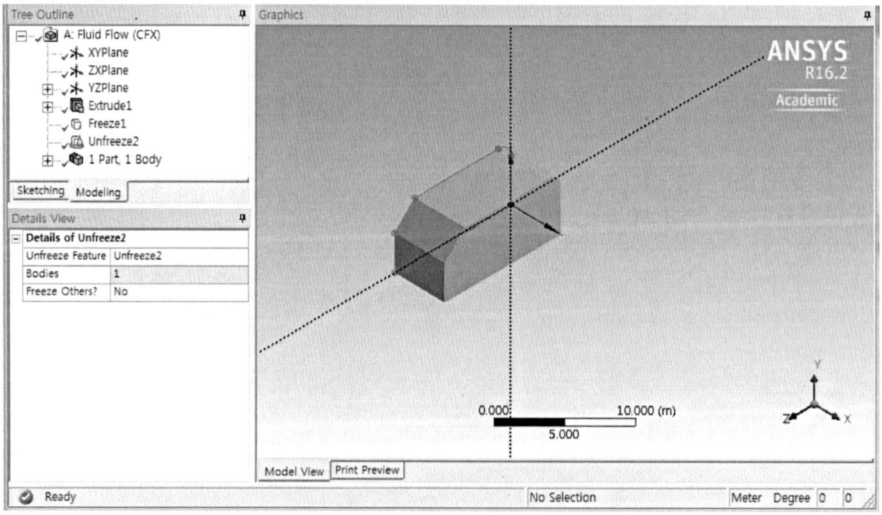

▶ **그림 2-128** Generate를 클릭하여 Unfreeze한 상태

Named Selection Named Selection

Named Selection 피처는 Named Selection된 것을 만들 수 있다.

ANSYS Mechanical 응용 프로그램 또는 일부의 기능을 만드는 데 사용된다. 3D 요소의 point feature를 포함하는 어떤 결합을 선택할 수 있다.

선택은 ANSYS DesignModeler 상세보기에서 지오메트리라는 Apply/Cancel 속성을 선택한다.

Tools→Named Selection하면 Named Selection이 생성되는데 이름을 주어야 할 곳을 모델에서 선택하고 디테일뷰에서 NamedSel1 대신에 원하는 이름을 주고, 여기서는 inlet1으로 주었다. Generate를 클릭하면 Named Selection 피처는 생성된다.

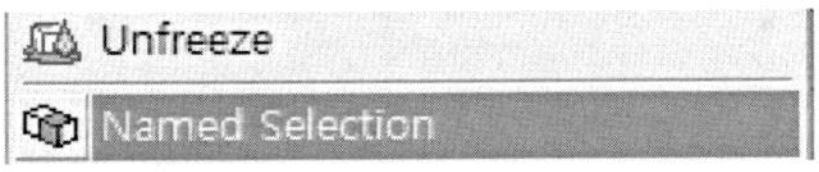

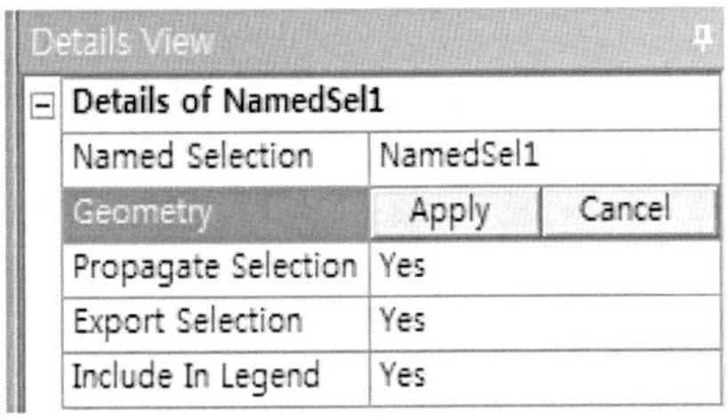

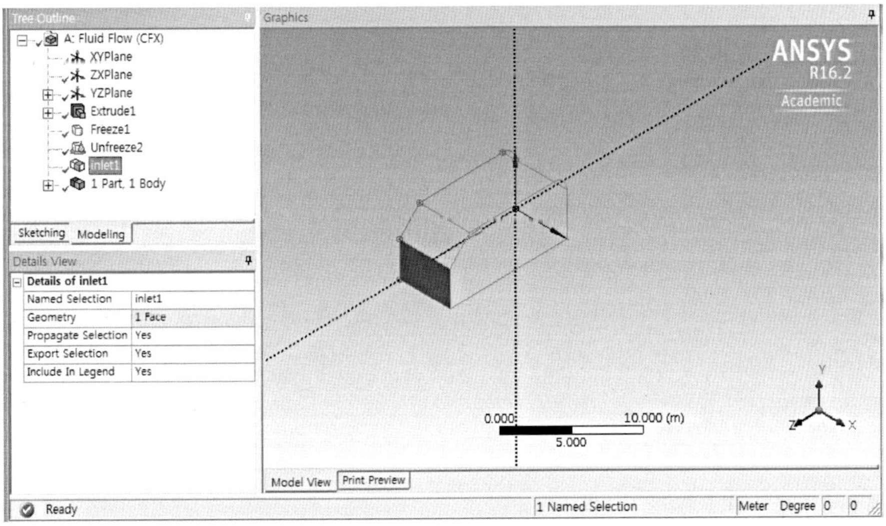

▶ 그림 2-129 Named Selection으로 Inlet1이 생성된 것

Enclosure 

엔클로저 피처는 모델 몸체를 둘러싸는 데 사용되는 도구로, 바디를 둘러싸는 재질을 ANSYS Mechanical 어플리케이션에서 가스 또는 유체와 같은 것으로 지정 될 수 있다.

이 피처는 모델의 모든 바디 또는 선택한 바디를 입력으로 사용하고 바디를 둘러싼 frozen enclosure body를 생성, 그때 둘러싼 밖의 바디를 Cut한다.

Frozen enclosure bodys는 Fluid / Solid Property가 된다.

이 작업은 현재 모델에 있는 바디를 삭제하지 않는다. 모든 형태의 바디는 enclosure되어 있지만 솔리드 바디는 enclosure에서 분리된다.

Tools→Enclosure

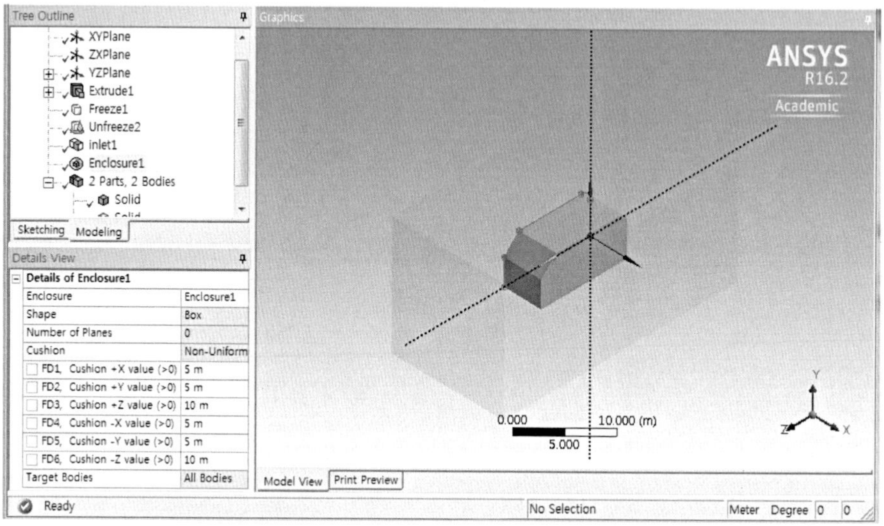

▶ 그림 2-130 Enclosure 피처

Face Split FaceSplit

면 분할 기능을 사용하여 면을 여러 면으로 분할 할 수 있다. Operation을 위해 선택한 Face는 Active or frozen bodies에서 발생할 수 있다. 선택한 모서리 또는 점 또는 분할된 위치를 타겟면에 가장 가까운 방향으로 이동시킨다.

Face Split Types – 이 특성은면 분할 유형을 정의하는 데 사용된다. 네 가지 옵션을 사용할 수 있다.

- 이 속성 : "점 및 모서리 별", "위치 별", "기준면 별"및 "서페이스 별" 기본 옵션은 "By Point and Edges"이다.

  Target Face – 이 속성을 사용하면 분할 할면을 쉽게 선택할 수 있다. Face 분할 유형이 "By Point and Edges" "By Location,"을 선택하면 한 면만 선택할 수 있다. 그렇지 않으면, 둘 이상의 Face를 선택할 수 있다. 면 분할 그룹에서 대상면으로 사용 된 면은 다른 면 분할에 될 수 없다.

  Tool Geometry – 면 분할 유형이 "점 및 모서리 기준"인 경우 스케치 점 쌍을 선택하고 점, 쌍, 꼭지점 쌍, 스케치 모서리, 3D 모서리 또는 점 쌍과 모서리의 다른 조합이다.

Face 분할 유형이 "위치 별"인 경우 대상면 및 / 또는 경계에서 분할 된 위치를 만들 수 있다. 그래픽보기를 클릭하여 대상면의 모서리를 선택한다. 다음과 같은 작업을 수행할 분할 위치를 선택할 수도 있다.

현재의 Face 분할 그룹에 속하지 않지만 목표 Face의 경계 모서리에 위치한다.

플레인4에 라인을 스케치 하고 면을 분할하기 위하여 Tools→FaceSplit FaceSplit를 실행시켰다.

Connect Locations - 이 속성은 면 분할 유형이 "위치 별"인 경우에만 적용 할 수 있다.

"직선 기준", "파라 메트릭 스플라인 기준", "3D 스플라인 기준"의 세 가지 옵션이 있다. 기본 옵션은 "직선 기준" 정점, 2D 스케치 포인트 및 스팟을 Hit 위치로 선택할 수 있다.

포인트는 분할되는 Face에 놓여 있다. "3D 스플라인 별" 옵션은 선택한 점의 3D 커브를 사용한다.

"파라 메트릭 스플라인 기준" 옵션 경우에 면의 매개 변수화를 따르지 않고 면을 직선으로 분할한다.

Tools→FaceSplit하면

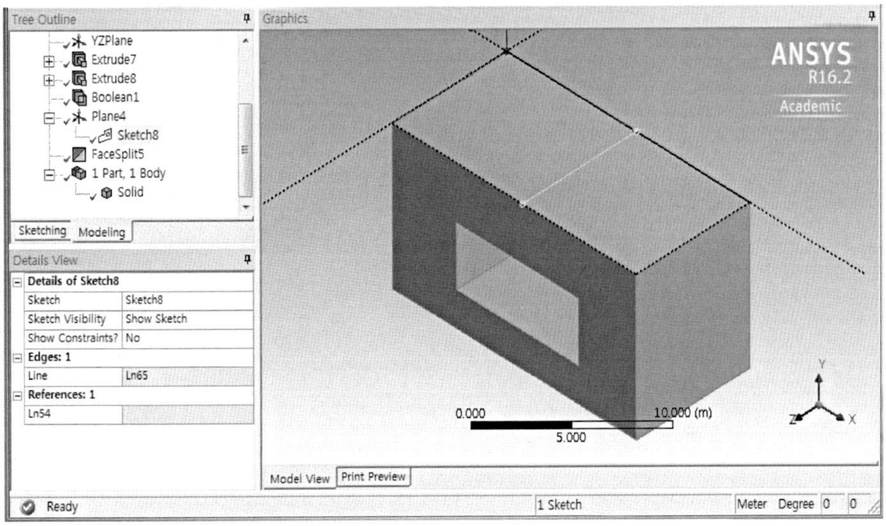

▶ 그림 2-131 분할할 면에 분할 선으로 라인스케치

Target Face를 라인을 스케치한 면을 선택하고 Apply하고

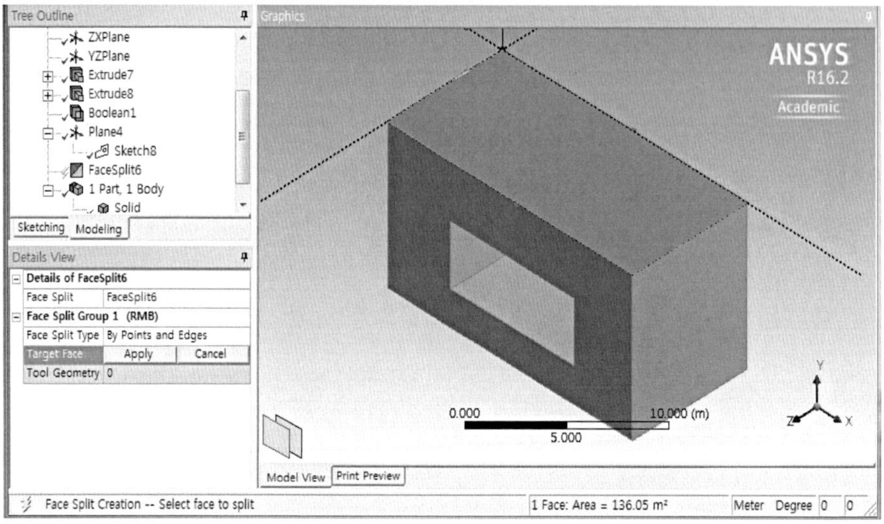

▶ 그림 2-132 Target Face를 선택한 것

Tool Geometry를 클릭하고 Apply / Cancel이 되었을 때 Point와 Point를 선택하면 스케치한 라인이 녹색으로 선택된다.

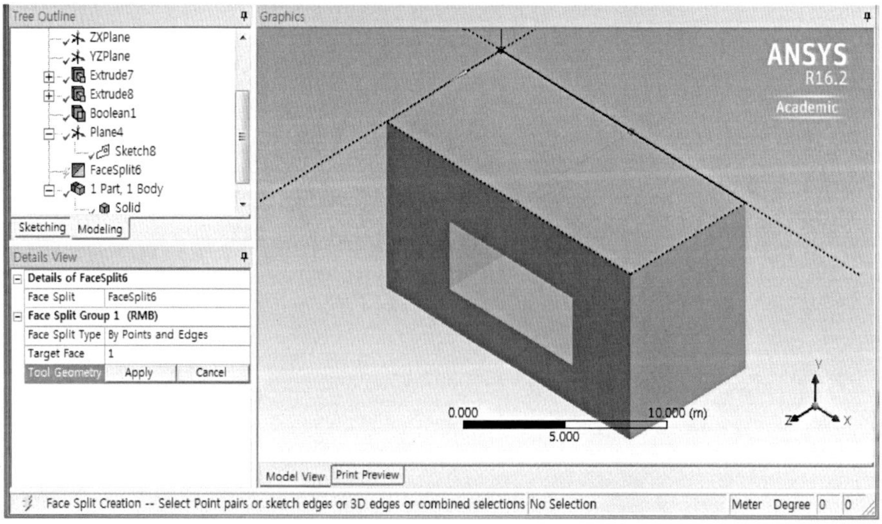

▶ 그림 2-133 Tool Geometry를 선택하기 위하여 Poinr와 Point를 선택

녹색으로 선택되면 Tool Geometry를 클릭하고 Apply / Cancel에서 Apply를 클릭하면 라인이 선택이 되고 면의 색깔이 바뀐다.

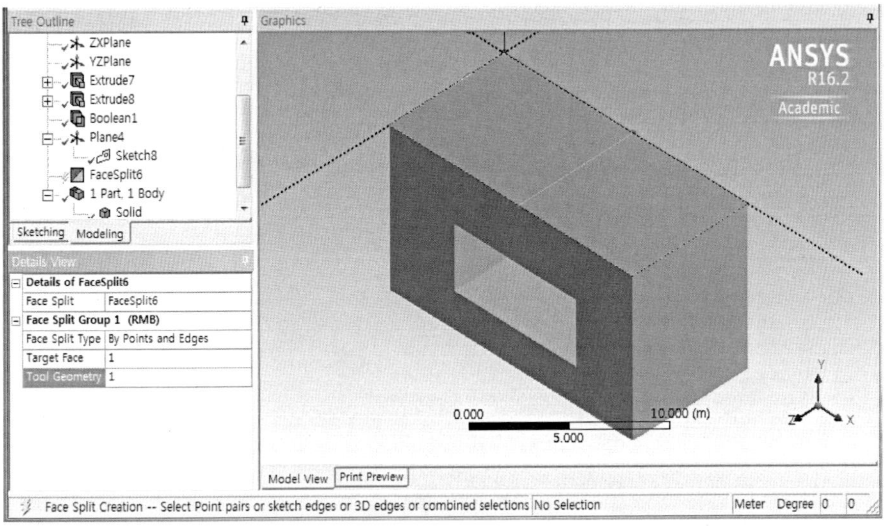

▶ **그림 2-134** 라인이 분할 선으로 선택된 것

라인이 선택이 된 후 Generate를 누르면 아래의 그림과 같이 Face가 분할이 된다. 선택 필터에서 면 선택필터를 선택하여 분할된 면을 클릭하면 면이 선택되어 분할되었음을 알 수 있다.

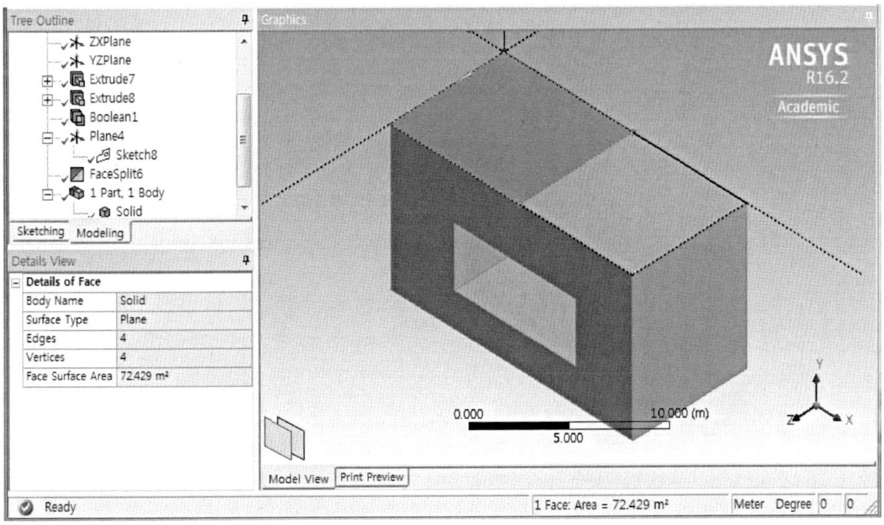

▶ **그림 2-135** 면이 분할되어 선택된 면

Symmetry Symmetry

대칭 기능은 대칭 모델을 정의하는 데 사용되는 도구이다. 이 기능은 모든 모델 또는 선택된 바디를 입력으로 사용하고 최대 세 개의 대칭 평면을 허용한다. 작업 할 전체 또는 부분 모델을 선택할 수 있다. 풀 모델을 사용하면 선택된 대칭 평면 모델에서 분리되어 모델의 일부만 유지된다. 이기능 대한 유효한 바디 형태는 서페이스나 솔리드이다.

Tools→Symmetry하면 Symmetry Plane1으로 모델트리에서 YZ Plane로 선택하고 Generate클릭하면 Symmetry Plane은 생성된다.

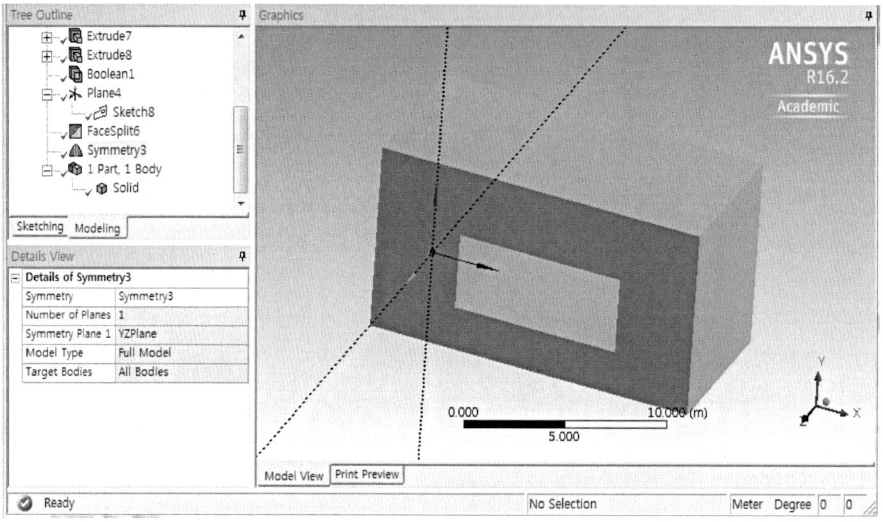

▶ 그림 2-136 Symmetry Plane 생성

Fill Fill

채우기 기능은 도구 메뉴 모델이 활성 또는 frozen bodies 구성되어 있을 때 사용할 수 있다. 채우기 기능은 역 볼륨 또는 동봉 된 볼륨을 추출하는 데 사용된다.

그 기능은 비어 있는 영역을 채우는 Frozen body를 생성한다. 생성된 Frozen body는 Body가 선택되었을 때 a Fluid/Solid 특성을 갖는다. 속성 편집에 대한 것은 Fluid / Solid Property 중 하나를 선택할 수 있다.

- By Cavity - 캐비티를 둘러싸는 면을 선택하여 비어 있는 영역을 만든다.
- By Caps - 비어있는 영역을 둘러싸는 바디를 선택하여 비어있는 영역을 생성한다. 서페이스는 물론 솔리드도 선택되어질 수 있다.

아래 그림처럼 모델링 하고

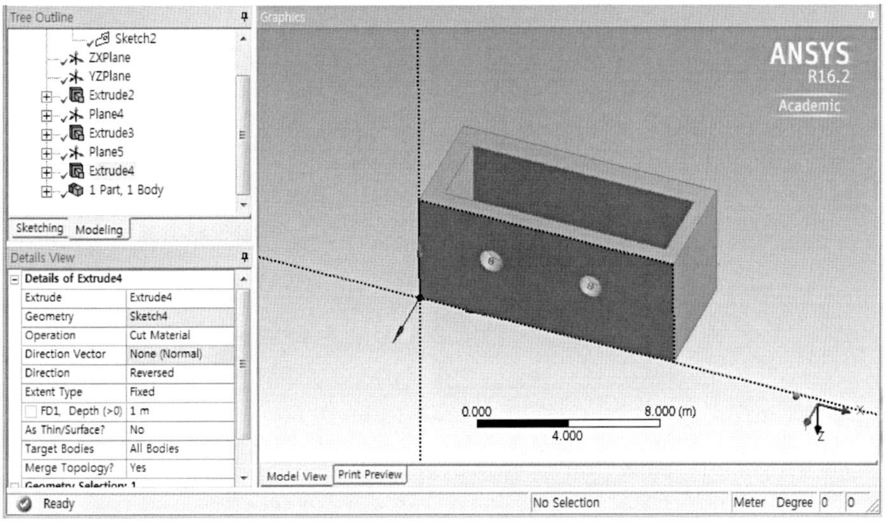

▶ 그림 2-137　Fill하기 위한 모델링

Tools→Fill선택하고 Extraction Type을 By Cavity로 하고 Fill해야할 서페이스면을 모두 선택한다. Select를 Box Select로 바꾸고 Ctrl + Box Select로 하여 채워야할 부분의 서페이스를 모두 선택한다.

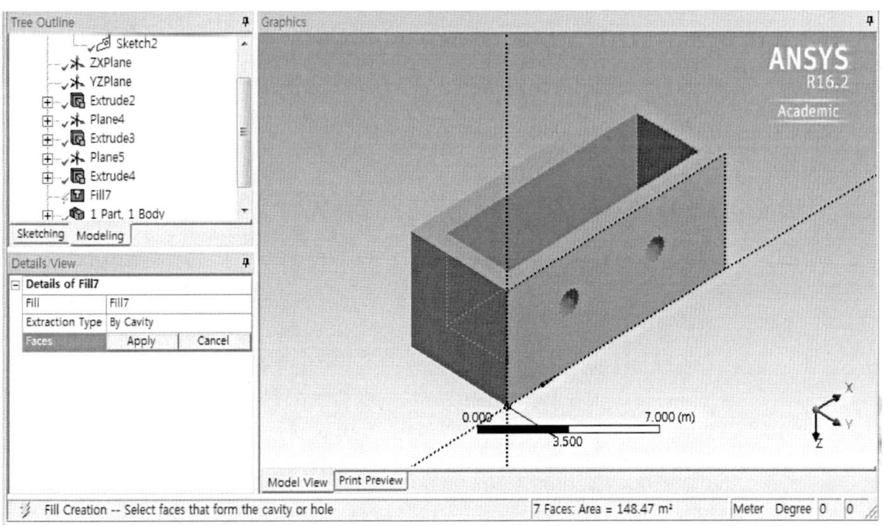

▶ 그림 2-138　Fill해야할 서페이스면 모두 선택

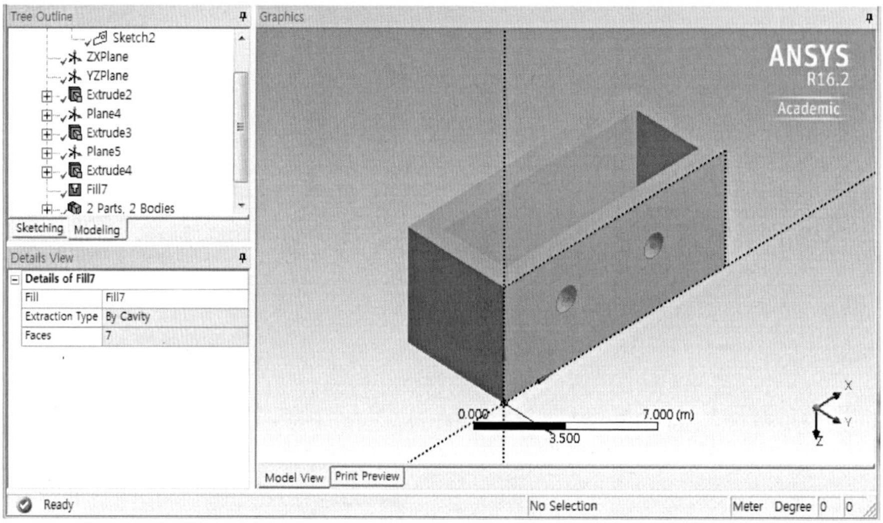

▶ 그림 2-139 Extraction Type이 By Cavity인 Fill 생성

Extraction Type이 By Caps인 Fill 생성을 하기 위해 메꾸어야할 부분을 서페이스로 만들기 위해 4개의 edge를 선택했다. Apply한 후 Generate를 클릭하면 Surface body는 완성된다.

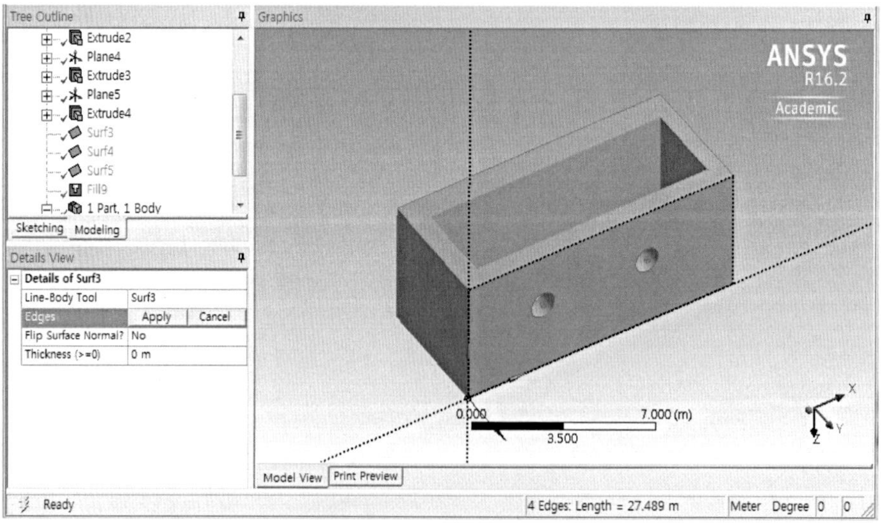

▶ 그림 2-140 Surface body를 만들기 위해 Edge 선택

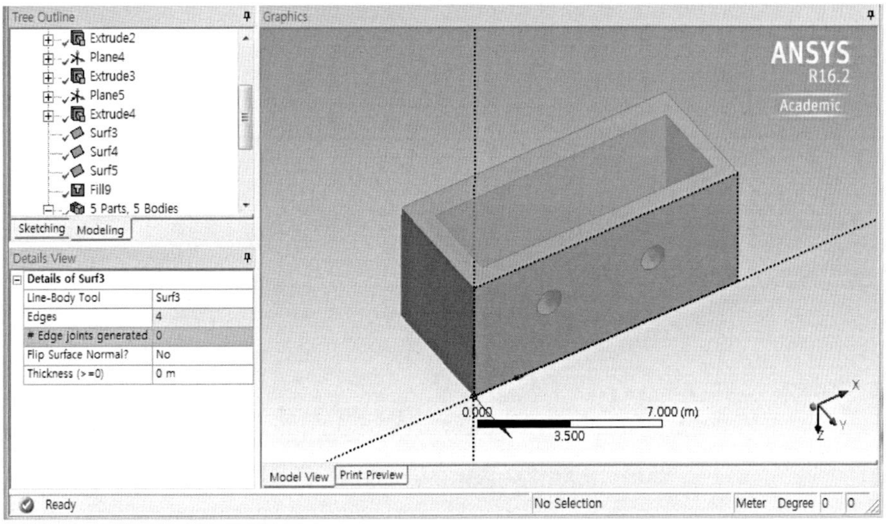

▶ 그림 2-141 Surface body 완성

뚫려있는 모든 곳을 Surface Body로 막은 후 Tools→Fill선택하고 Extraction Type을 By Caps선택하고 Generate 선택하면 Fill은 생성된다.

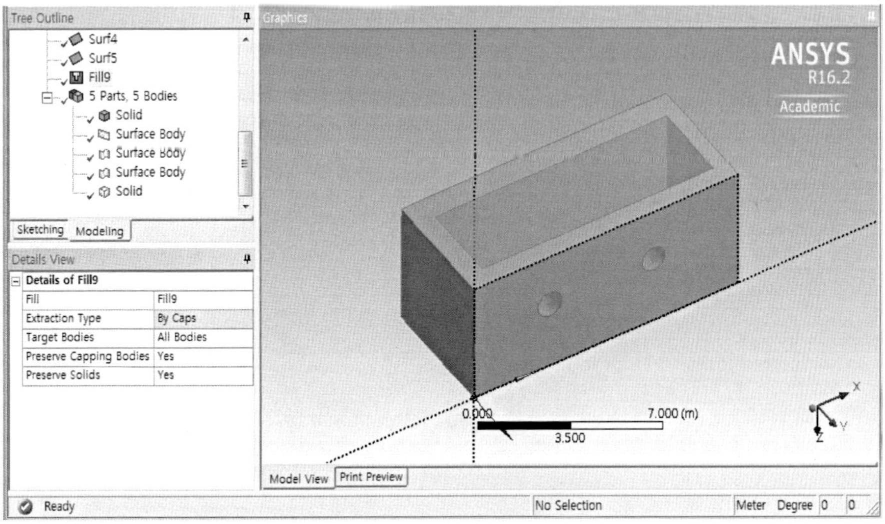

▶ 그림 2-142 Extraction Type을 By Caps선택하고 Fill 생성

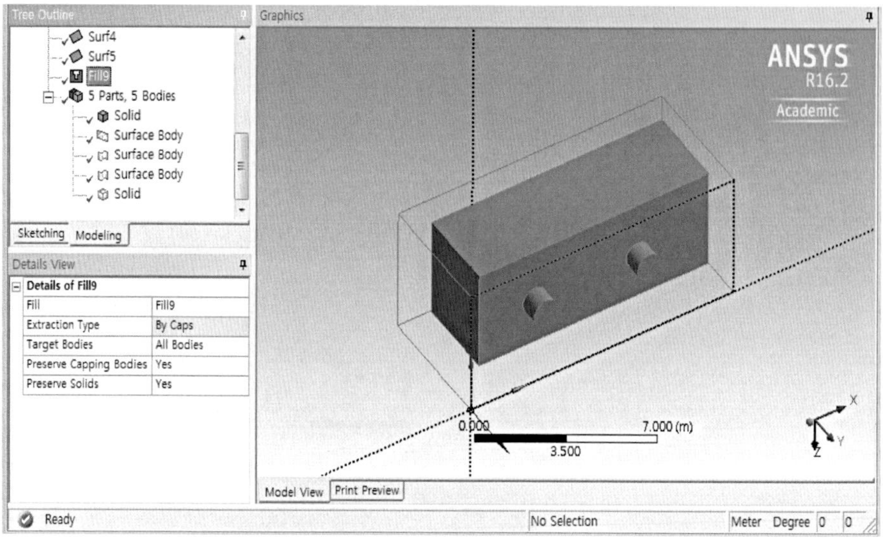

▶ 그림 2-143 Fill로 만들어진 내부 형상

Surface Extension

Surface Extension 기능을 사용하면 Surface body에서 확장하고자 하는 모서리를 선택하여 원하는 만큼늬 확장을 할 수 있다.

Surface extension을 실행하기 위해 아래 그림처럼 Surface를 만들었다.

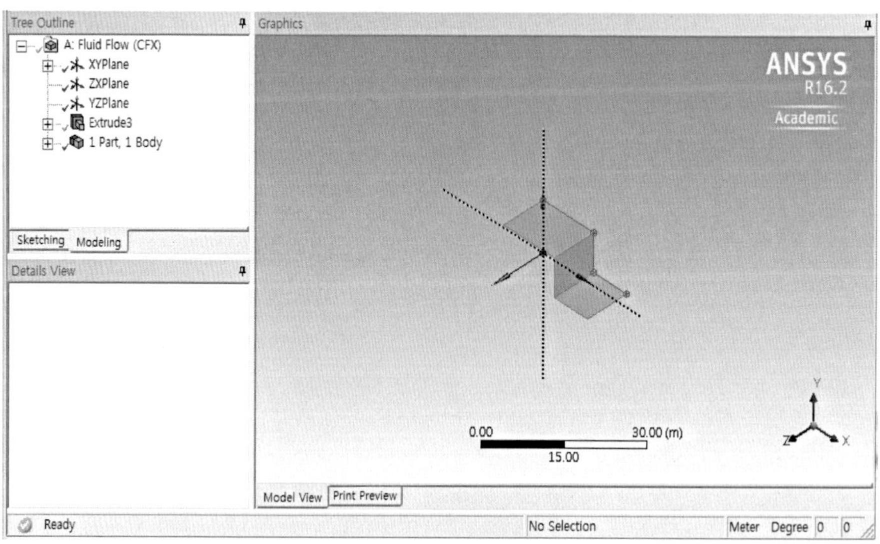

▶ 그림 2-144 Surface extension을 실행하기 위하여 Surface 생성

Surface extension을 실행하기 위하여 Tools→Surface extension실행 디테일뷰에서 서페이스를 늘일 Edge를 선택하라고 나타난다.

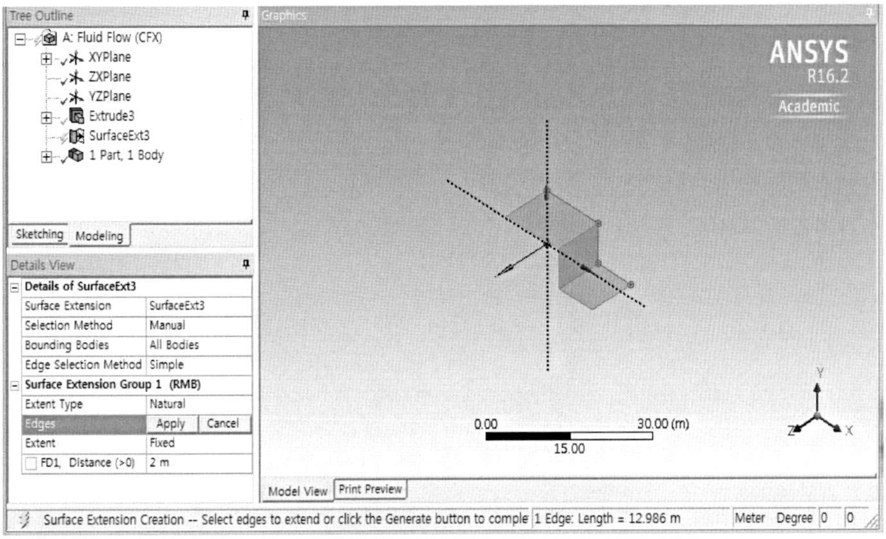

▶ **그림 2-145** 서페이스를 늘일 Edge선택하고 늘일 길이는 5m로 함

늘일 Edge를 선택하고 늘일 길이는 5m로 한 후 Generate를 선택하면 Surface extension은 생성된다. 선택된 Edge가 5m만큼 늘어난 것을 볼 수 있다.

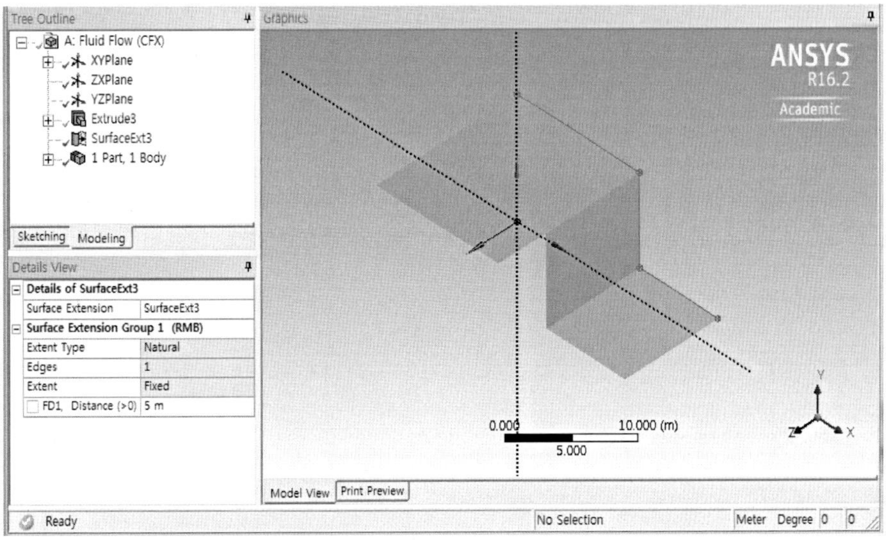

▶ **그림 2-146** Surface extension 생성

Pattern

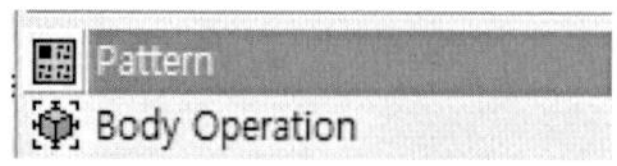

패턴 기능을 사용하면 세 가지 패턴으로Face와 Body의 복사본을 만들 수 있다.

- 선형 : 방향 및 간격 띄우기가 필요하다.
- 원형 : 회전축과 각도가 필요하다.
- 직사각형 : 두개의 방향 및 간격 띄우기가 필요하다.

Linear patterns을 하기 위하여 다음과 같이 베이스 피처를 모델링을 하였다.

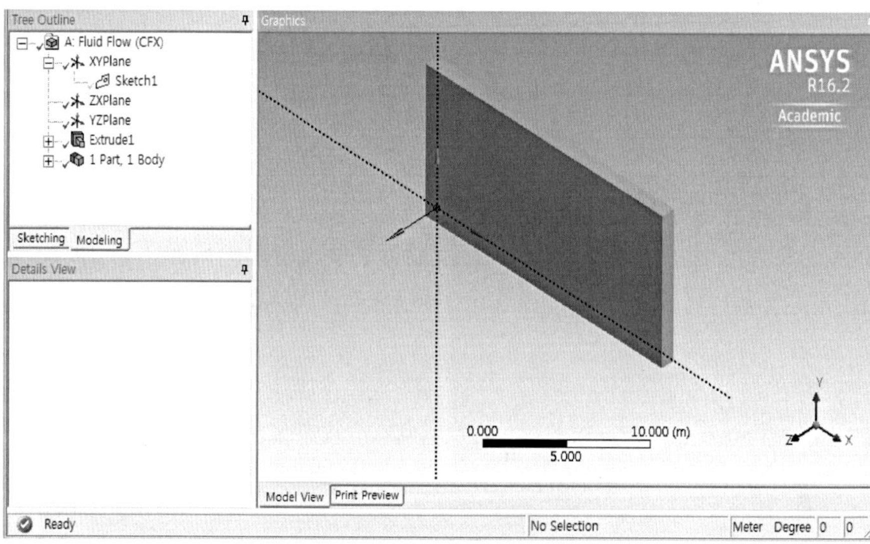

베이스 피처 모델링 후 패턴 할 피처를 스케치하기 위하여 베이스 피처의 윗면을 선택했다.

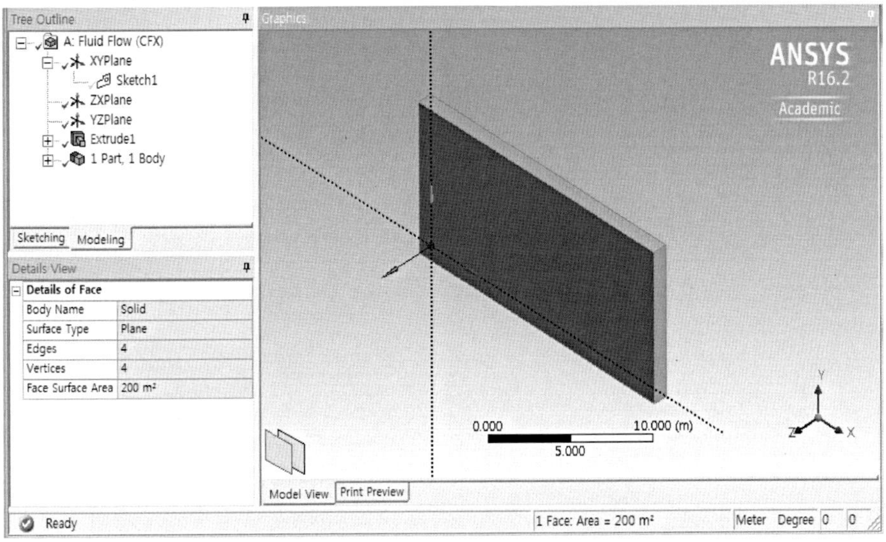

▶ **그림 2-147** 베이스 피처의 윗면 선택

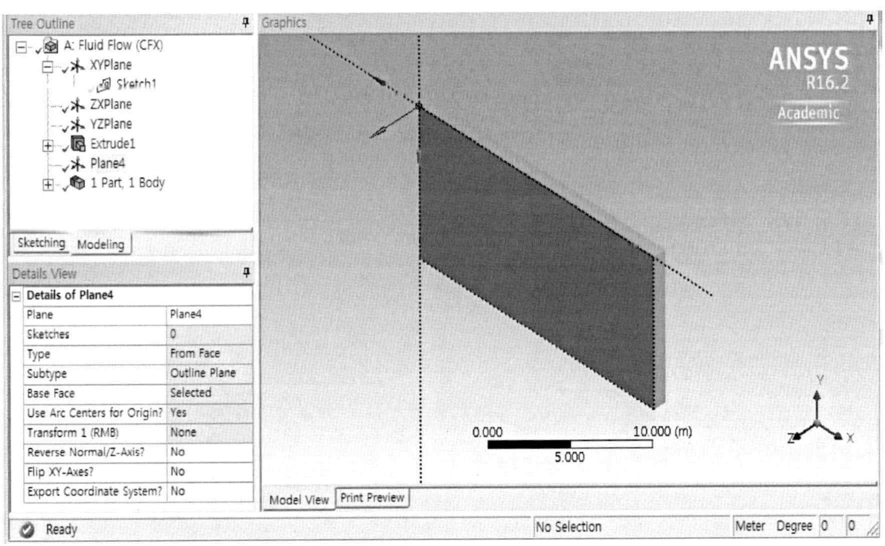

▶ **그림 2-148** 패턴할 피처를 스케치 하기 위해 Plane4 생성

Plane4를 정면으로 놓고 패턴할 피처를 스케치하고 돌출시키기 위하여 Extrude 선택했다.

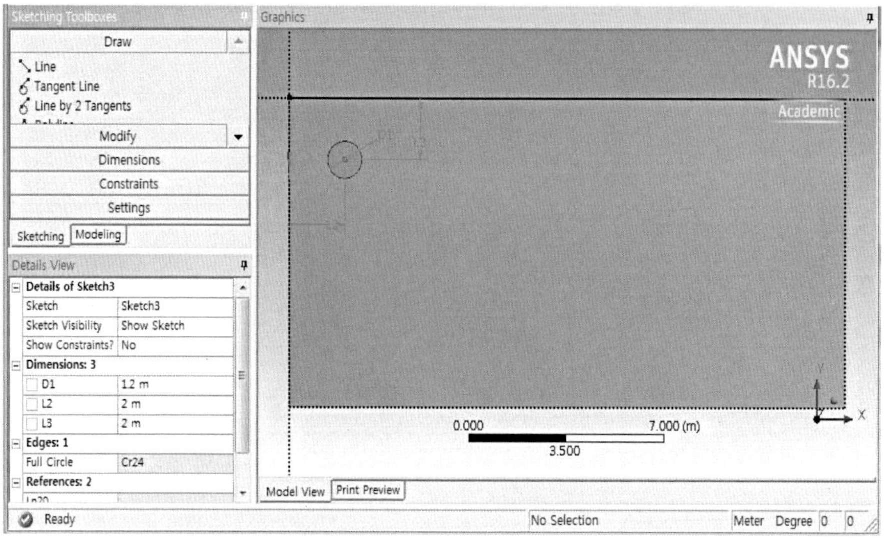

▶ 그림 2-149 패턴할 피처를 스케치

디테일뷰 Operation에서 Add Material이 아니라 Add Frozen을 선택하고,Depth를 3m로 하고 Generate시켰다.

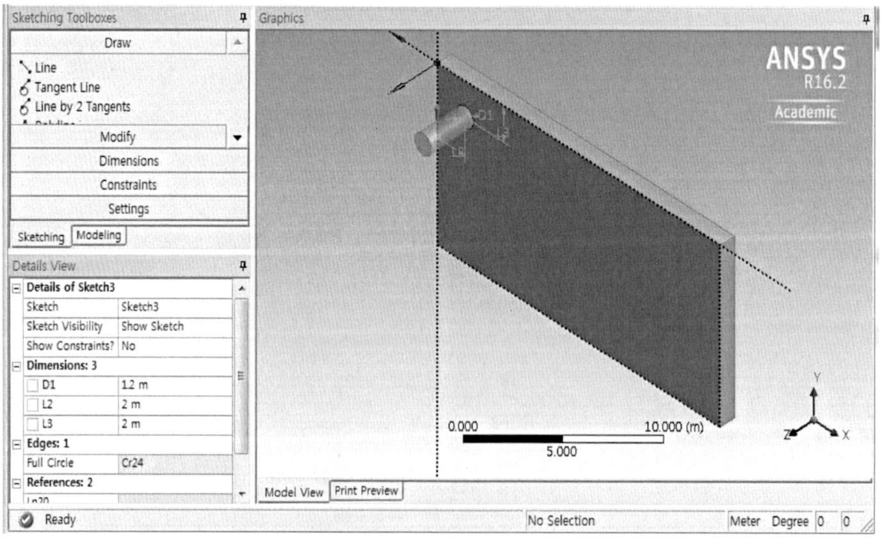

▶ 그림 2-150 패턴 할 피처 Add Frozen로 생성

Create→Pattern하고 디테일뷰에 패턴할 피처로 Geometry에 Add Frozen으로 생성한 Extrude2를 선택하고 방향으로 Edge 선택하고 Offset 거리로 3m를 입력하고 Copies수를 5로 입력 후 Generate시켜서 패턴피처를 생성시켰다.

Pattern Type - linear

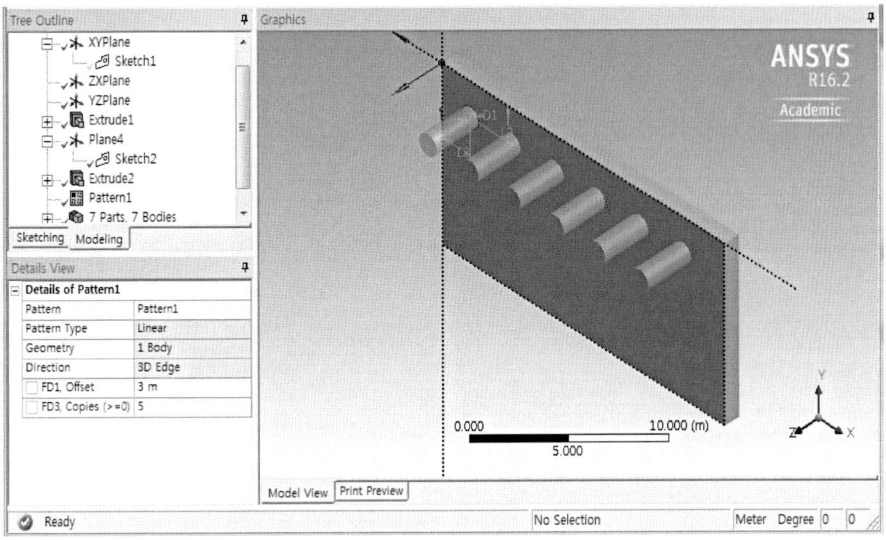

▶ 그림 2-151 Pattern Type이 linear 패턴피처 생성

Pattern Type - Rectangular

Pattern Type에서 Rectangle 선택 가로방향은 옵션은 linear 패턴과 동일하고 세로 방향의 방향선택 Apply하고 Offset 거리로 2m를 입력하고 Copies수를 3로 입력 후 Generate시켜서 패턴피처를 생성시켰다.

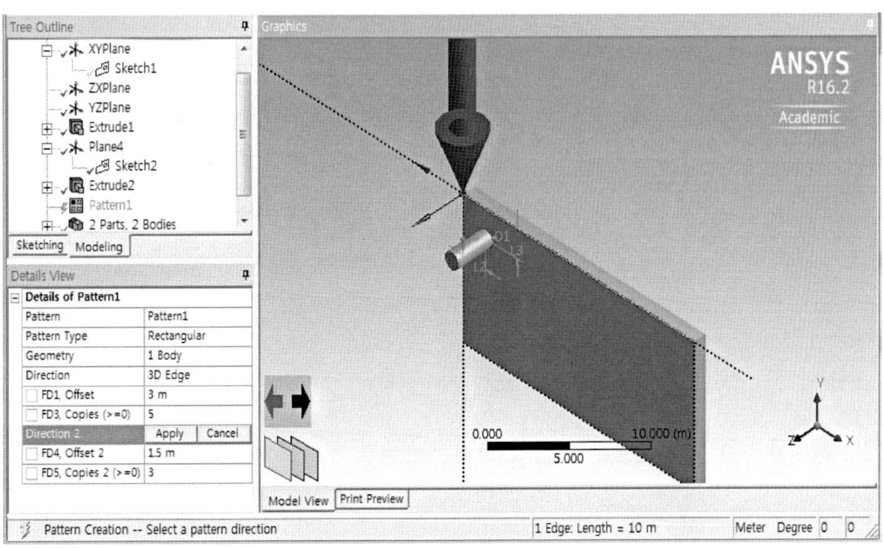

▶ 그림 2-152 세로 방향 Edge 선택

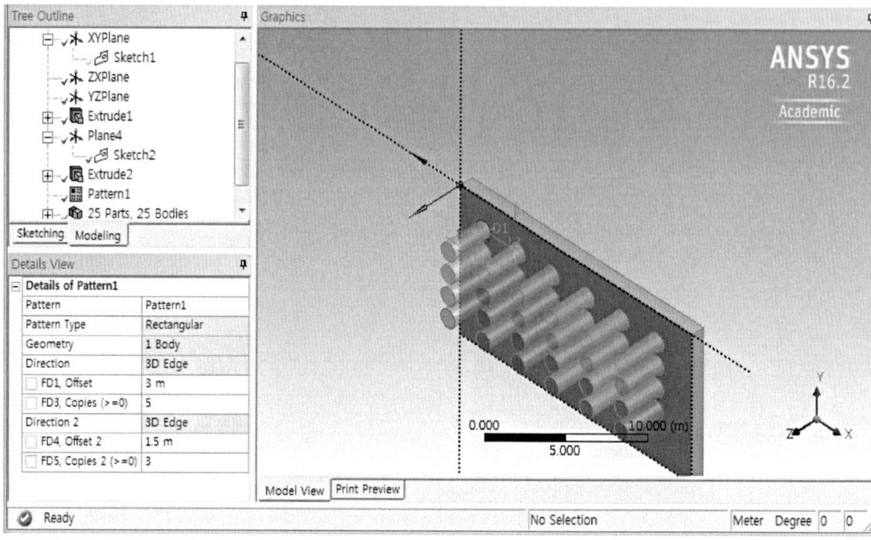

▶ 그림 2-153 Pattern Type이 Rectangular Pattern 피퍼생성

Pattern Type - Circular

Pattern Type - Circular인 패턴을 하기 위해 베이스 피처로 다음과 같이 만들었다.

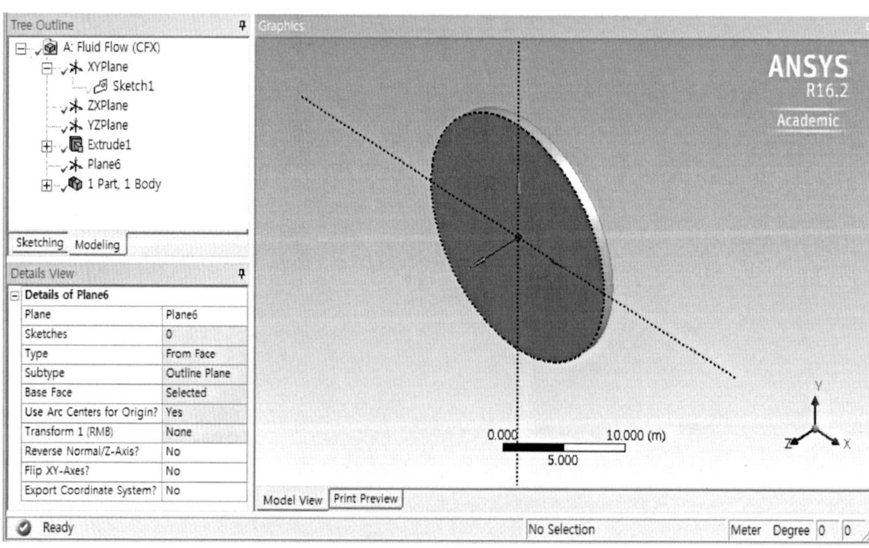

▶ 그림 2-154 Circular인 패턴을 하기 위해 베이스 피처

Circular인 패턴을 하기 위해 다음과 같이 스케치했다.

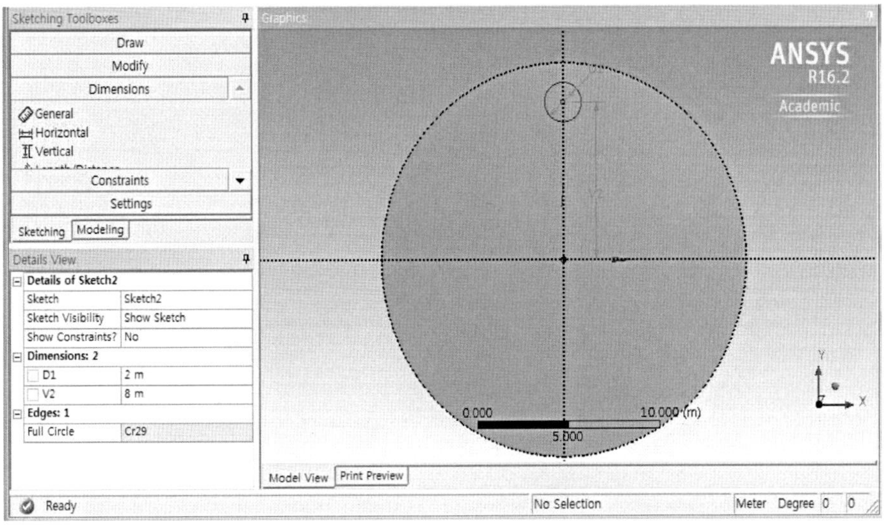

▶ 그림 2-155 패턴할 피처 스케치

패턴할 피처를 생성시키기 귀하여 Extrude를 선택한 후 디테일뷰에서 디테일뷰 Operation에서 Add Material이 아니라 Add Frozen을 선택하고, Depth를 3m로 하고 Generate시켰다.

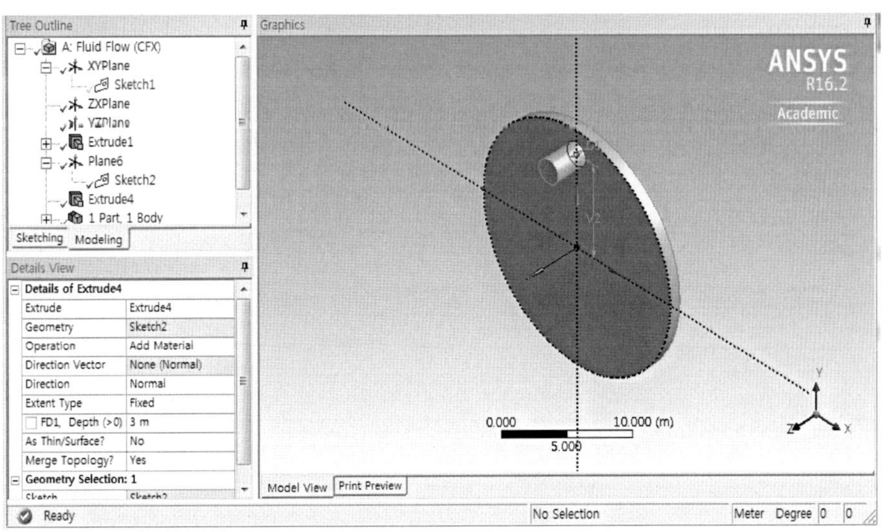

▶ 그림 2-156 패턴할 피처 Add Frozen로 생성

Circular 패턴을 하기 위해 Create→Pattern을 선택하고 디테일뷰에 Pattern Type으로 Circular를 선택하고 패턴할 피처로 Geometry에 Add Frozen으로 생성한 Extrude2를 선택하고, 방향으로 원판의 높이 방향 Face 선택하고, Copies수를 5로 입력 후 Generate시켜서 패턴피처를 생성시켰다.

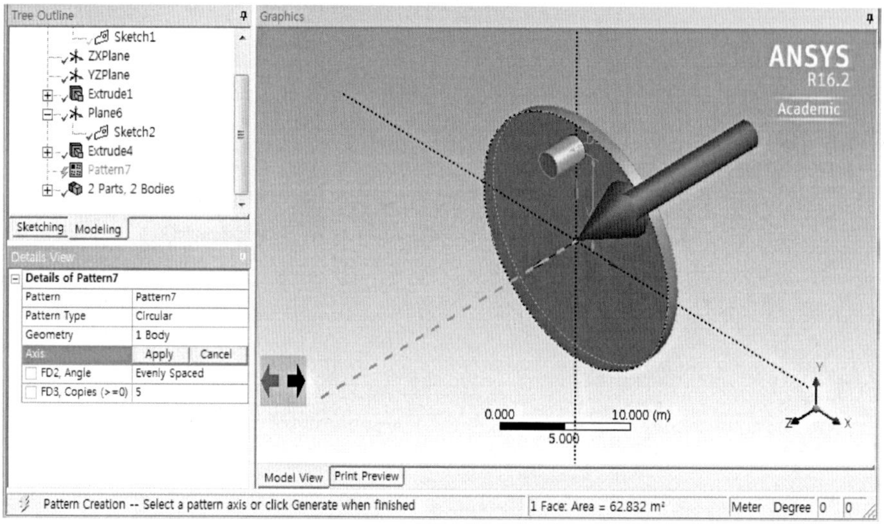

▶ 그림 2-157 Circular 패턴 방향 설정으로 원판의 높이 방향 Face 선택

Generate시켜서 패턴피처를 생성시켰다.

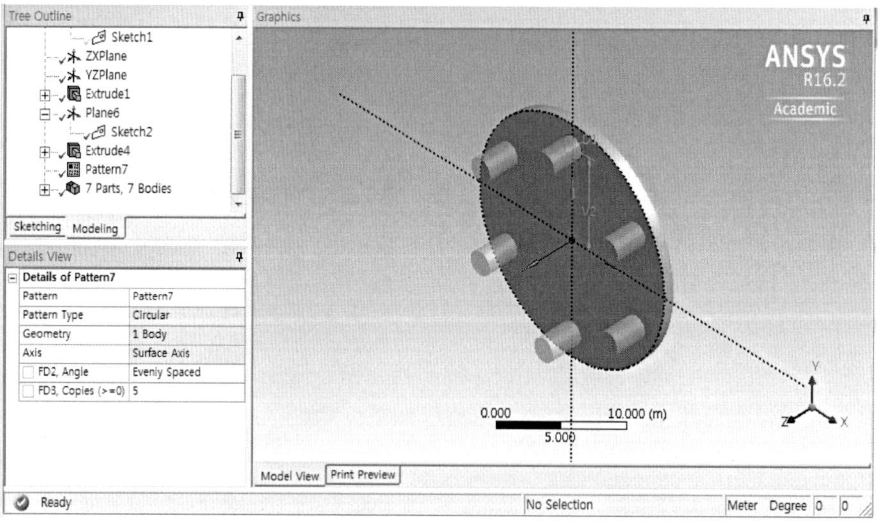

▶ 그림 2-158 Circular 패턴 피처 생성

2-8 Body Operation

Body Operation 기능을 사용하면 바디를 조작 할 수 있다. 바디의 어떤 유형이든지 활성인지 비활성인지 무시하고 Body Operation 기능을 사용할 수 있다. 그러나 점 특징 점 선택한 몸체의 면이나 모서리에 부착되어도 Body Operation에 영향을 받지 않는다.

Body Operation 기능은 Create Menu를 통해 사용할 수 있다. 최대 6 가지 옵션이 있다. 그들 모두가 항상 이용 가능하지는 않을 것이다. 선택된 바디가 적용 / 취소를 통해 선택된다. 선택된 플레인은 적용 / 취소 적용 / 취소를 통해 선택된다.

옵션은

- Simplify
- Sew
- Cut Material
- Imprint Faces
- Slice Material
- Clean Bodies

3개의 Body Operation 유형인 Cut Material, Imprint Faces 및 Slice Material는 Boolean Operations에서 Body를 사용하도록 설계되어 있다. Material types은 다른 피처에 사용된다. 부울 연산을 위해 선택한 바디를 유지하거나 삭제할지 여부를 선택한다.

- Body Operation에서 Cut Material 기능을 실행하기 위하여 Extrude1을 Add Frozen body로 생성시켰다.

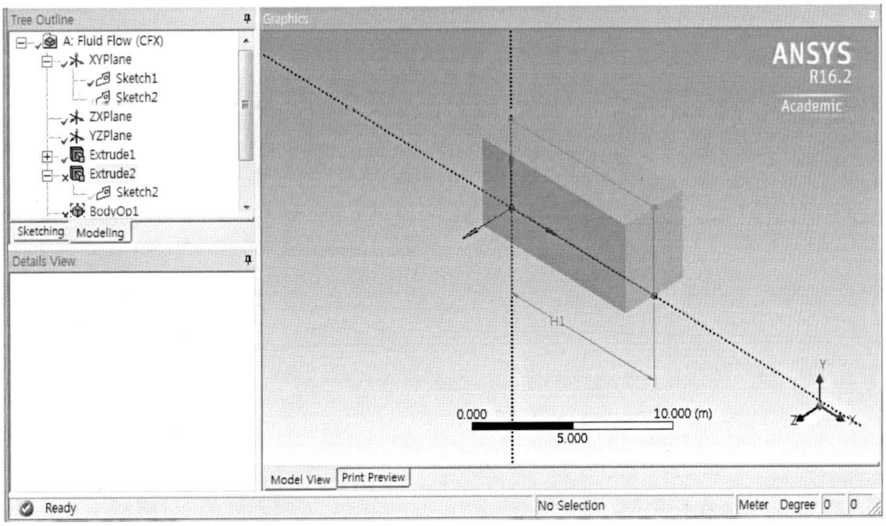

▶ 그림 2-159 Extrude1을 Add Frozen body로 생성

Body Operation 기능을 실행하기 위하여 Extrude1을 감싸는 Extrude2를 생성시키기 위해 그림과 같이 스케치하고 생성시켰다.

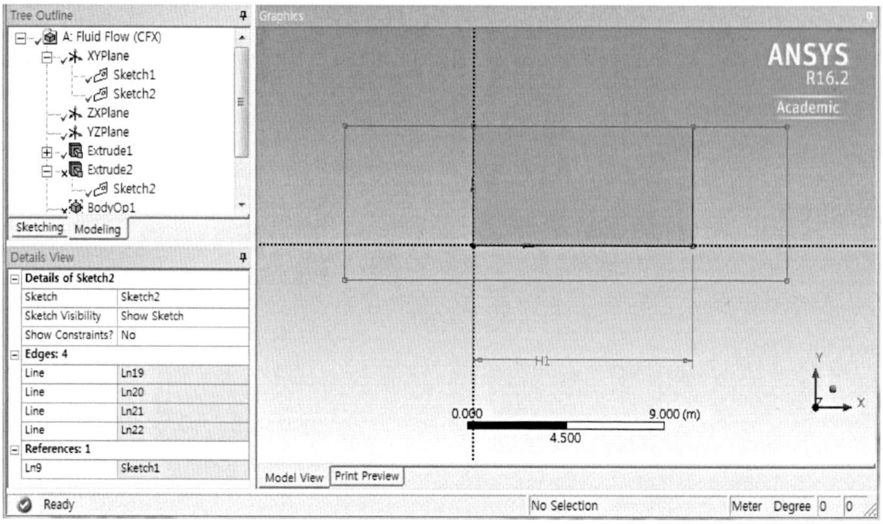

▶ **그림 2-160** Extrude1을 감싸는 Extrude2를 생성시키기 위해 그림과 같이 스케치

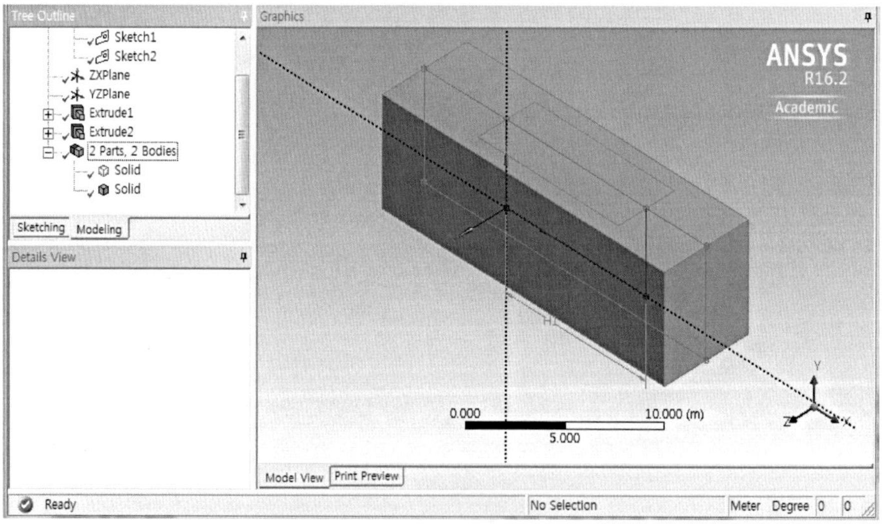

▶ **그림 2-161** Frozen body를 감싸는 Extrude2 생성

Create → Body Operation하면 디테일뷰에서 Type을 Cut Material로 놓고 Bodies에 모델 트리에서 Add Frozen시켜 만든 바디인 Frozen body Solid를 선택하고, Apply하고, Generate시키면 Body Operation 피처는 생성된다.

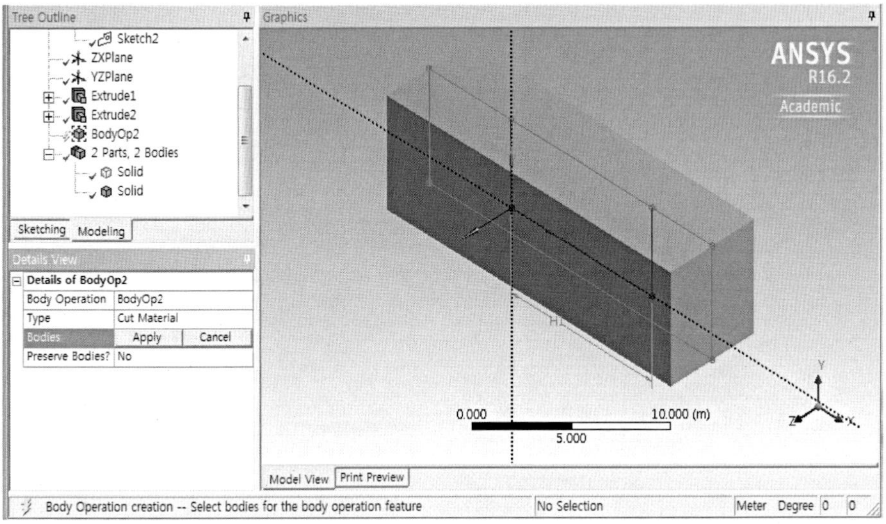

▶ 그림 2-162 Type을 Cut Material

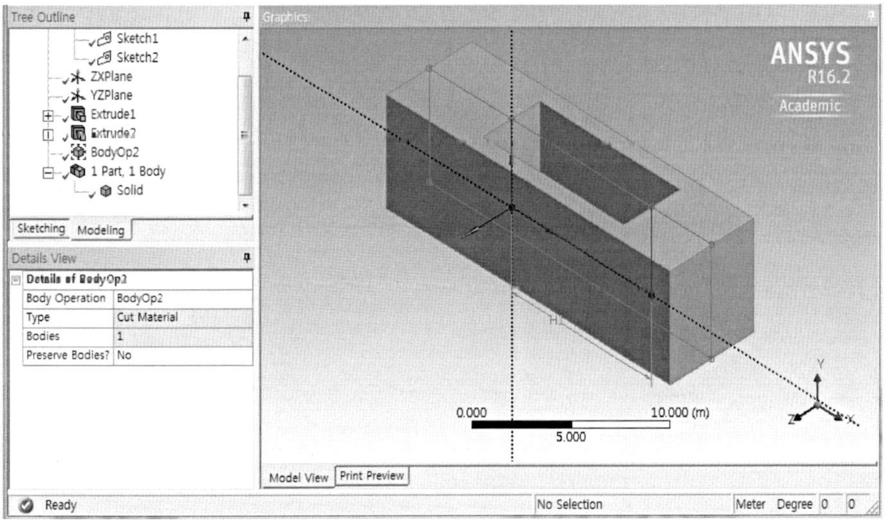

▶ 그림 2-163 Body Operation 디테일뷰에서 Type을 Cut Material

Imprint Faces

• Body Operation에서 Imprint Faces 기능을 실행하기 위하여 Extrude1을 생성시키고 Extrude1에 다음과 같이 스케치 했다.

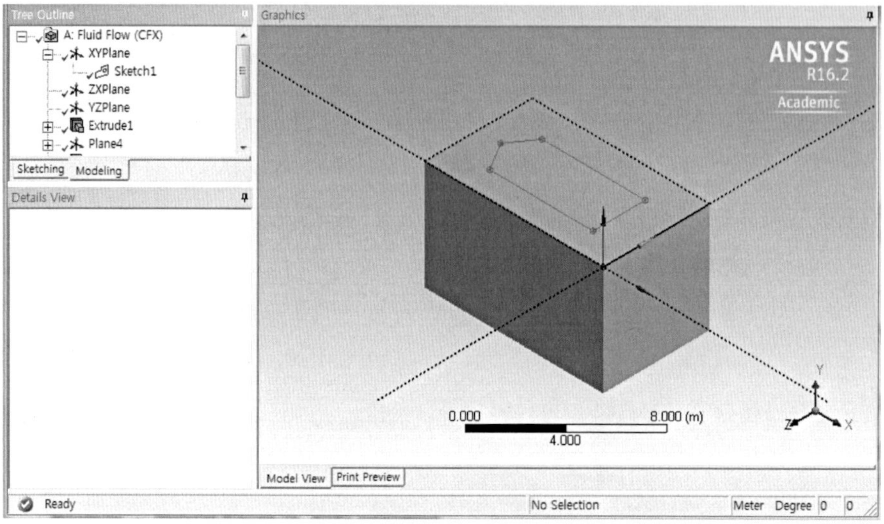

▶ 그림 2-164 Imprint Faces 기능을 실행하기 위하여 Extrude1에 다음과 같이 스케치

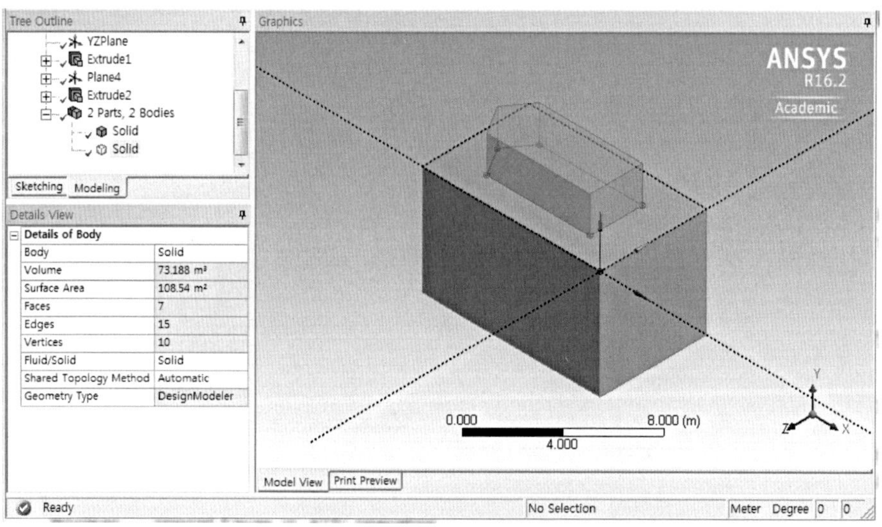

▶ 그림 2-165 Extrude Operation 옵션으로 Add Frozen선택하여 Extrude2 생성

Create→Body Operation하면 디테일뷰에서 Type을 Imprint Faces로 놓고 Target Bodies를 All Bodies로 하고 Generate시키면 Body Operation에서 Imprint Faces피처는 생성된다. Frozen선택하여 생성한 Extrude2를 Hide시켜서 본 Imprint Faces피처이다.

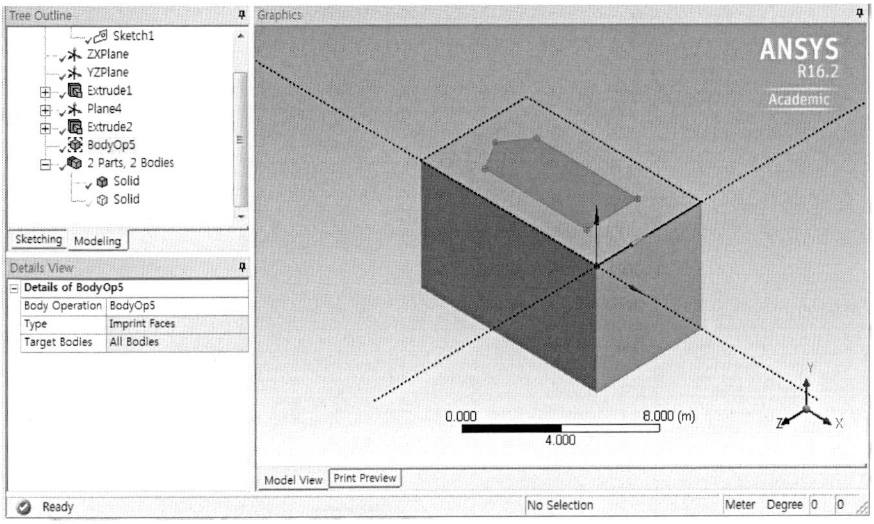

▶ 그림 2-166 Imprint Faces

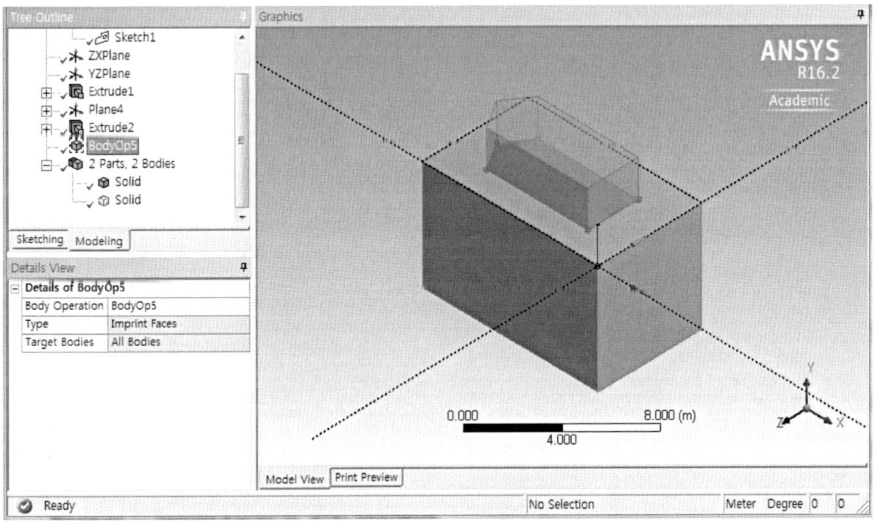

▶ 그림 2-167 Body Operation 디테일뷰에서 Type을 Imprint Faces 선택

Slice Material

슬라이스 작업에 사용할 바디를 선택한다. 바디 작업의 슬라이스 재질 옵션은 다음과 같은 방식으로 작동한다.

슬라이스 재질은 기본 기능 중 하나를 위한 것이다.

Slice Material은 부울 연산에서 바디를 사용하도록 디자인되었으며, 유사하게 다른 기능에 Material types사용된다. 선택한 바디는 기본적으로 작업에 의해 파괴되지만 Preserve body옵션을 yes로 셋팅함에 의해 보호되어질 수 있다.

Preserve body 현재 값은 No로 셋팅되어 있다.

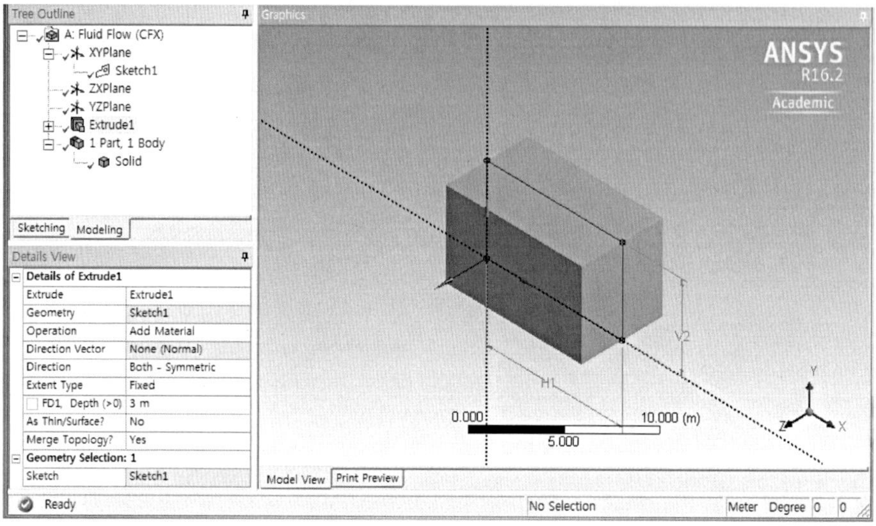

Plane4에 다음과 같이 스케치를 하고 Extrude 옵션으로 Add Frozen을 선택하여 생성시켰다.

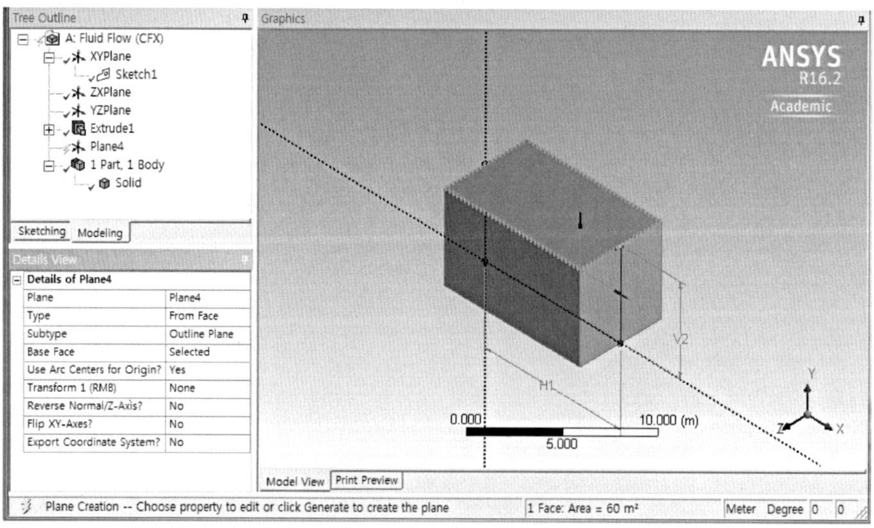

▶ 그림 2-168 Plane4 생성하기 위해 옵션으로 From Face 선택 원하는 면 선택

Plane4에 다음과 같이 스케치를 하고 Extrude 옵션으로 Add Frozen을 선택하여 생성시켰다.

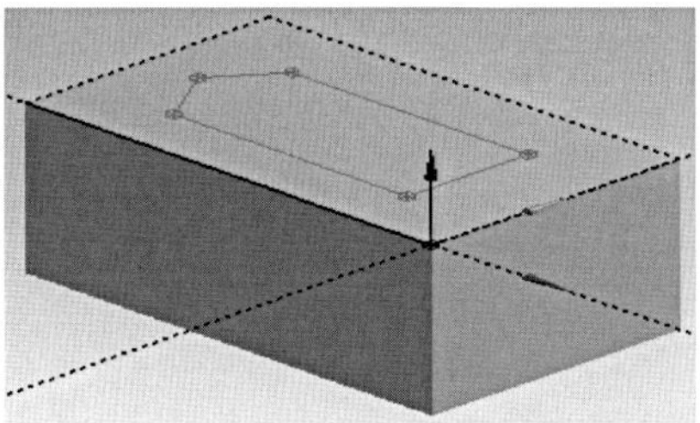

▶ 그림 2-169 Extrude2를 위해 스케치

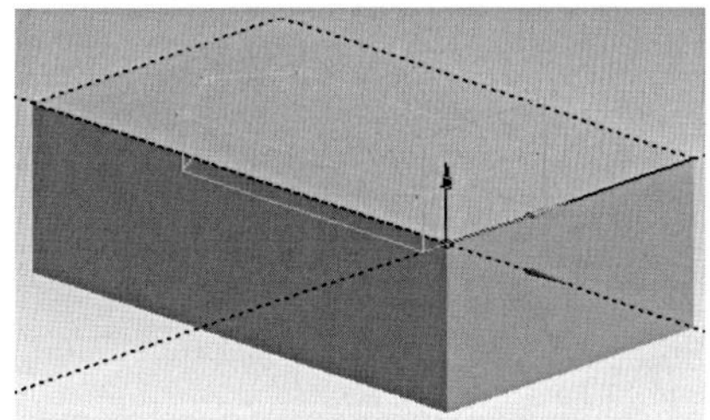

▶ 그림 2-170 돌출 옵션으로 Add Frozen선택

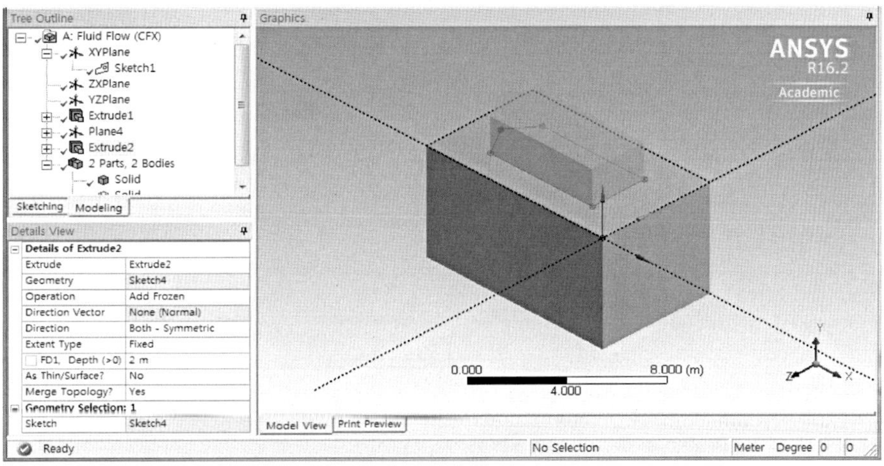

▶ 그림 2-171 Extrude Operation 옵션으로 Add Frozen선택하여 Extrude2 생성

Create→Body Operation하면 디테일뷰에서 Type을 Slice Material로 놓고 Bodies에 모델트리에서 Add Frozen시켜 만든 바디인 Frozen body Solid를 선택하고, Apply하고, Generate시키면 Body Operation 피처는 생성된다.

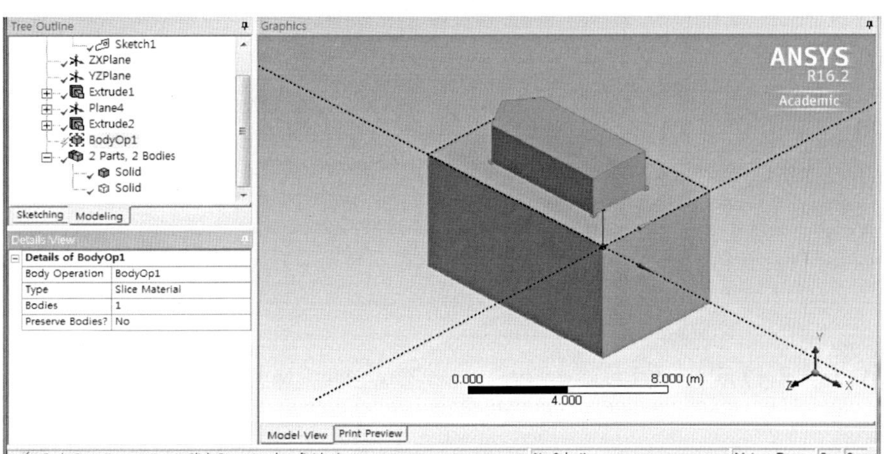

▶ 그림 2-172 Type을 Slice Material로 놓고 Bodies에 Add Frozen시켜 만든 바디 선택

Slice Material은 부울 연산에서 바디를 사용하도록 디자인되었으며, 유사하게 다른 기능에 Material types사용된다. 선택한 바디는 기본적으로 작업에 의해 파괴되지만 Preserve body옵션을 yes로 셋팅함에 의해 보호되어질 수 있다.

Preserve body 현재 값은 No로 셋팅되어 있다.

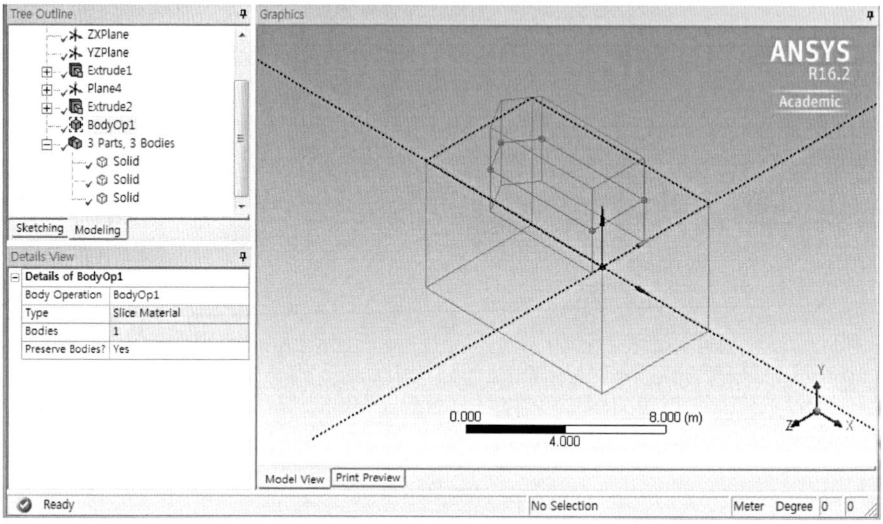

▶ 그림 2-173 Preserve body옵션을 yes로 셋팅 함에 의해 보호

Body Transformation

Body Transformation 기능을 사용하면 Body의 위치를 변경하거나 변형 할 수 있다. Body의 어떤 형태는 활성이든 비활성이든 body operations과 함께 사용되어진다.

작동 여부에 관계없이 바디 작동과 함께 사용하라. 그러나 점 기능의 점은 선택한 몸체의 면이나 모서리에 부착 된 점은 (PF 점)은 body operations의 영향을 받지 않는다.

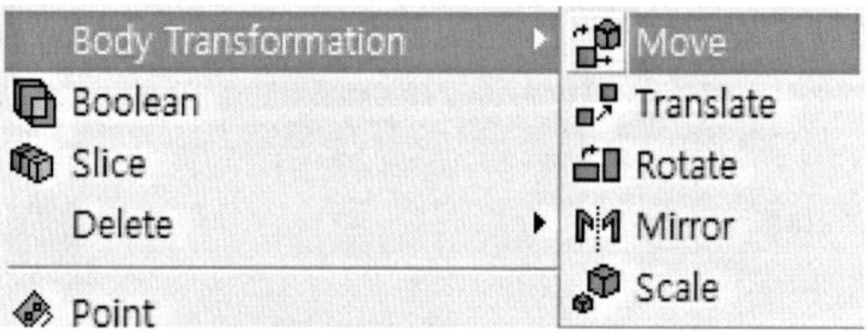

▶ 그림 2-174 Body Transformation

Body Transformation 기능은 Move, Translate, Rotate, Mirror, Scale등이 있다.

Boolean

부울 기능을 사용하여 기존의 Body를 결합(Unite) , 빼기(Subtract), 교차(Intersect) 또는 붙이기(Imprint Faces) 할 수 있다.

기존 기관. 바디는 솔리드, 서페이스 또는 라인 바디 일 수 있다.

Unite

이 옵션은 세 가지 유형의 바디를 모두 허용하지만 서로 다른 바디 유형을 함께 결합할 수 없다. 또한 바디의 재료 속성이 다르거나 Surface가 다른 두께일 때 경고가 표시되지만 실행은 계속된다.

단합 작업은 솔리드 바디에 적용되고 표면 바디에는 별도로 적용된다.

표면 바디가 솔리드 바디와 겹치더라도 결합되지 않는다.

여러 분리 된 연결 영역을 형성하는 바디를 선택할 수 있다.

각 지역의 이름은 일반적으로 조인되는 본문 중 가장 오래된 기존 본문의 이름이 된다.

그 지역에서. 마찬가지로 재료, 두께 및 활성 / 고정 상태와 같은 다른 속성은 다른 경우, 그룹에서 가장 오래된 시체와 일치한다.

xy 평면에 스케치1에서 3까지 3개의 스케치를 하고 각가의 스케치를 Extrude옵션에서 Add Frozen 옵션으로 Extrude1에서 3까지 생성시켰다.

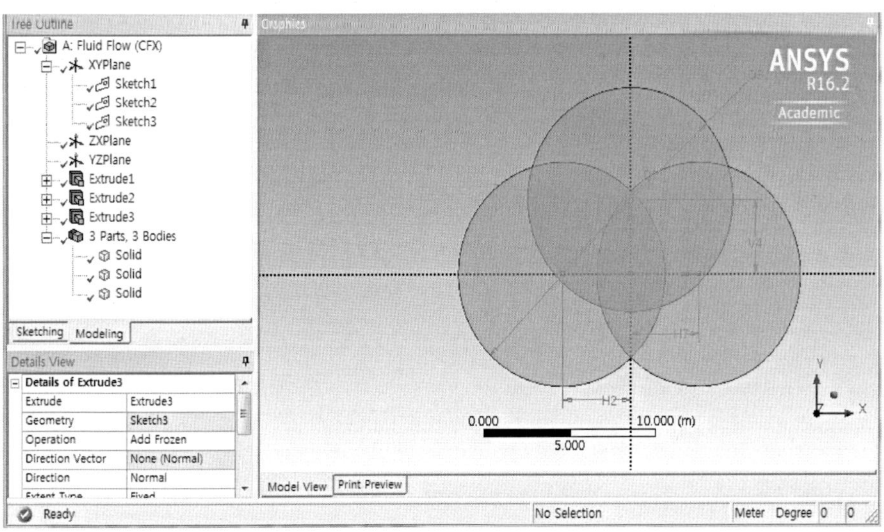

▶ 그림 2-175 Extrude옵션에서 Add Frozen 옵션으로 Extrude1에서 3까지 생성

Create → Boolean 선택하면

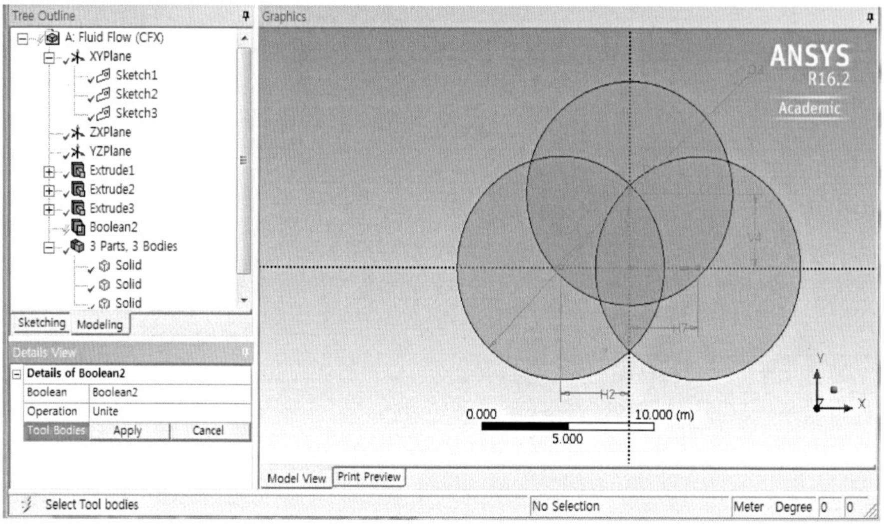

▶ 그림 2-176 Boolean를 선택했을 때의 화면

디테일뷰에서 Operation을 Unite하고, Tool Bodies에 Unite하기를 원하는 Ctrlzl를 누르고 Extrude1과 Extrude2를 선택하고 Generate시켰다.

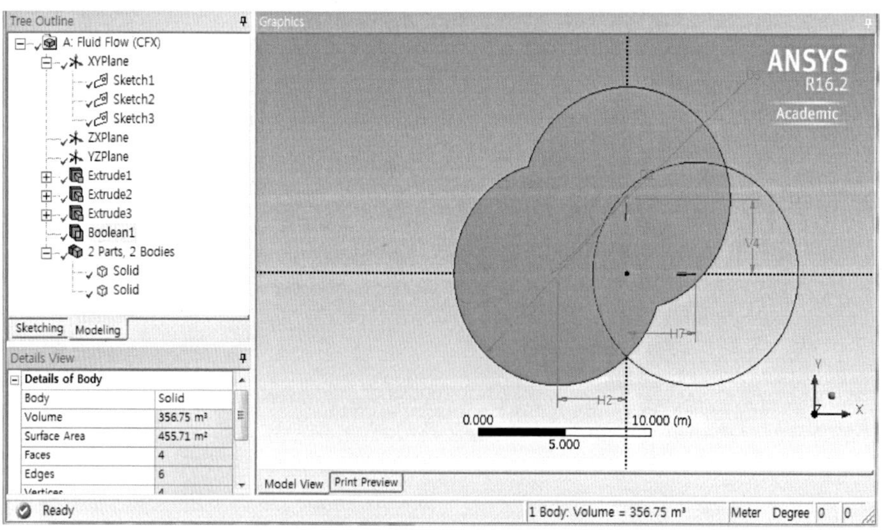

▶ 그림 2-177 Extrude1과 Extrude2를 Unite했을 때

디테일뷰에서 Operation을 Unite하고, Tool Bodies에 Unite하기를 원하는 Ctrlzl를 누르고 Extrude1과 Extrude2, Extrude3를 선택하고 Generate시켰다.

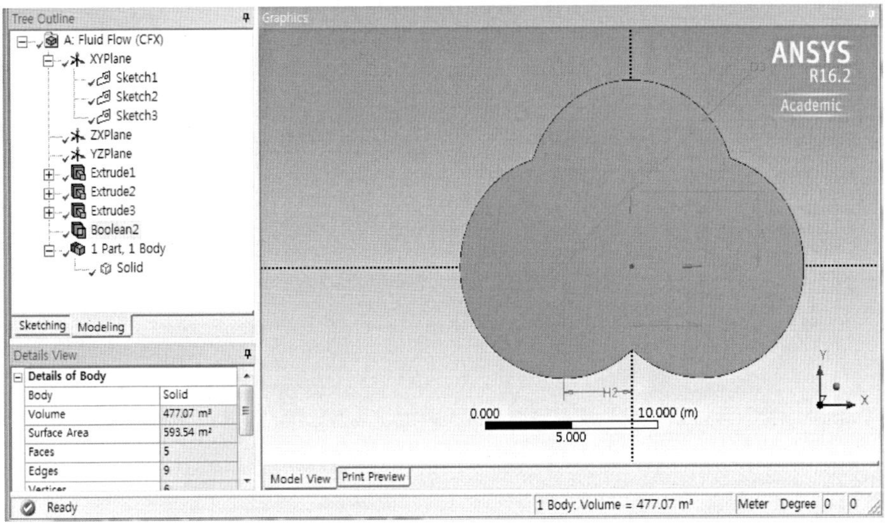

▶ 그림 2-178 Extrude1과 Extrude2, Extrude3를 Unite했을 때

Subtract

Boolean 디테일뷰에서 Operation을 Subtract로 하고 Target Bodies로 Extrude1을 선택했고 Tool Body로 Extrude1,2를 선택하여 Generate시켰다.

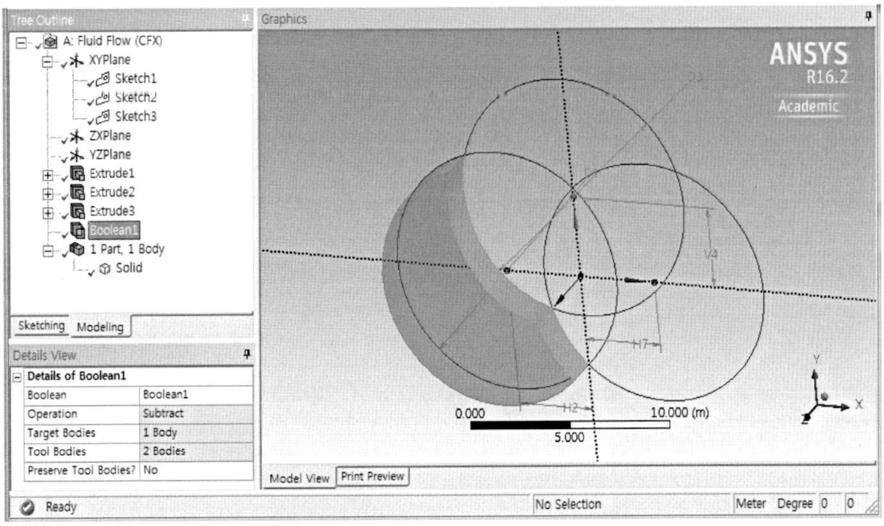

▶ 그림 2-179 Boolean 디테일뷰에서 Operation을 Subtract 했을 때

Intersect

Unite와 마찬가지로 Intersect 옵션은 단일 Tool Body 리스트를 사용한다.

- Intersection of All Bodies : 모든 Tool Body에서 공유하는 영역만 계산한다.

- Union of All Intersections : 둘 이상의 Tool Body가 교차하는 영역을 계산한다.

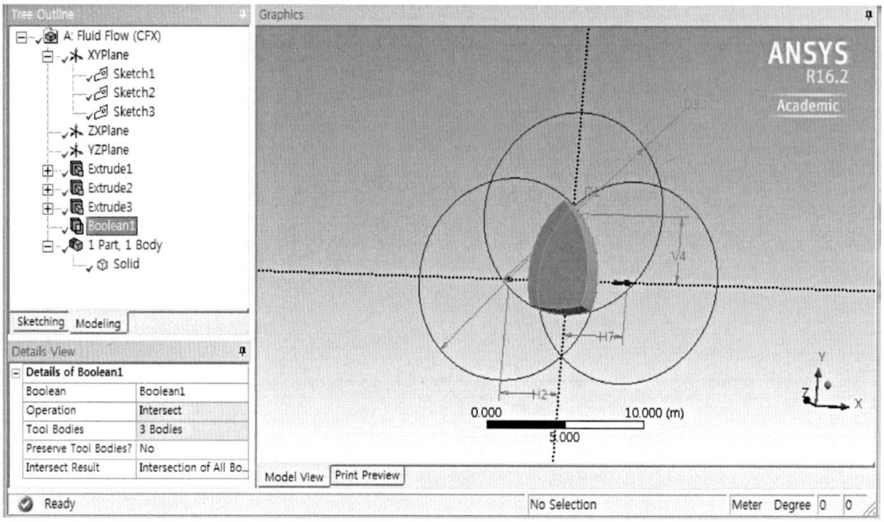

▶ 그림 2-180 Intersect Result 옵션이 Intersection of All Bodies인 경우

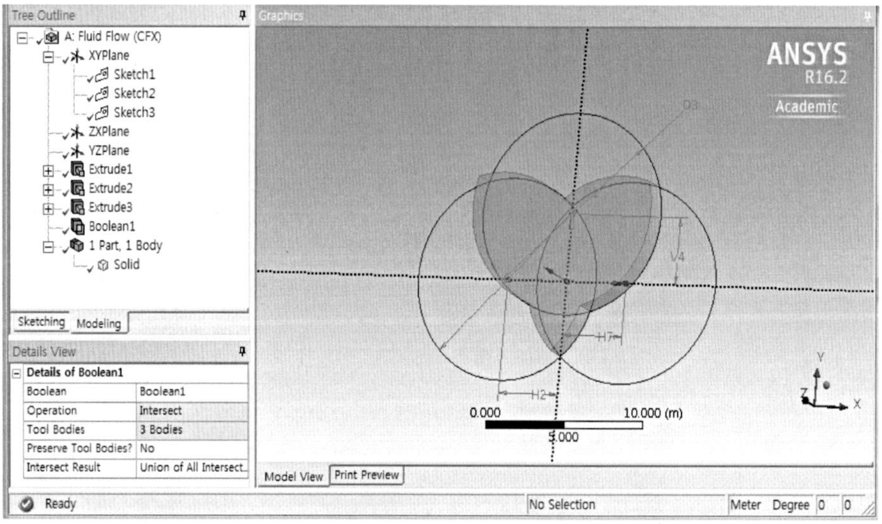

▶ 그림 2-181 Intersect Result 옵션이 Union of All Intersections인 경우

Imprint Faces

이 옵션의 위해 Target bodies 목록과 Target bodies와 교차하는 tool bodies 목록을 선택한다. Target or tool bodies 그 교차가 분리되어 있으면 Target or tool bodies를 Frozen시킬 수 있다. Tool bodies의 Faces가 Target bodies Faces에 각인된다. 어디에서 교차하는지. Preserve Tool Bodies에는 세 가지 옵션이 있다.

- No (기본값) : Tool bodies를 삭제하고 Target bodies Tool을 각인시킨다.
- Yes : Tool bodies를 그대로 두고 Target bodies만 각인한다.
- Yes, Imprinted : Target or tool bodies 모두에서 교차로의 흔적을 남긴다.

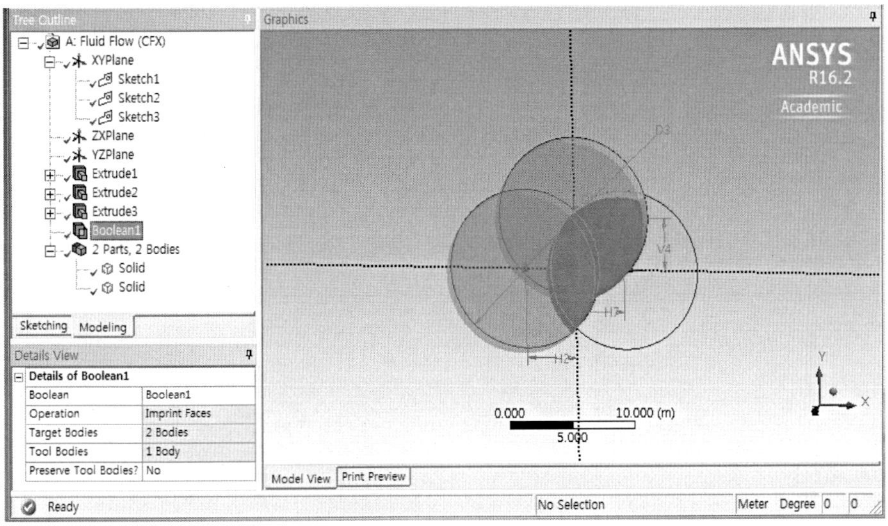

▶ 그림 2-182 Preserve Tool Bodies 옵션이 NO인 경우

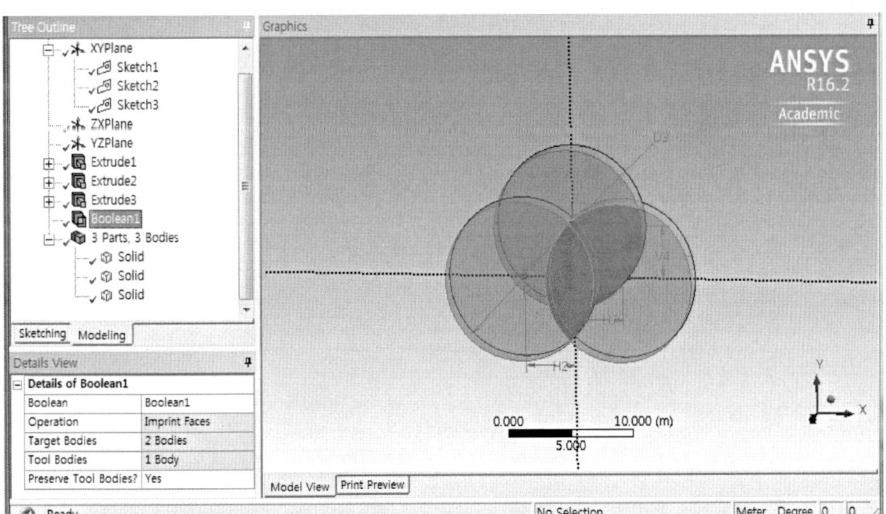

▶ 그림 2-183 Preserve Tool Bodies 옵션이 yes인 경우

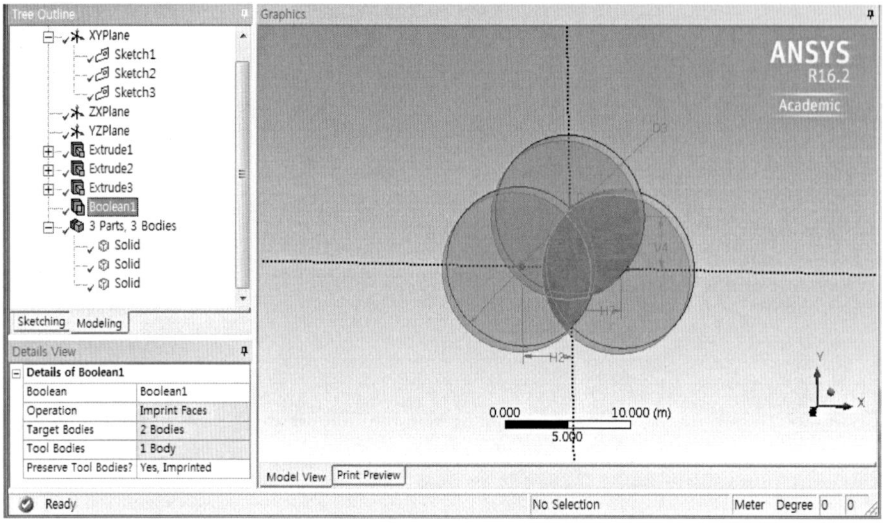

▶ 그림 2-184 Preserve Tool Bodies 옵션이 yes, Imprinted인 경우

Slice

The Slice 기능은 ANSYS DesignModeler의 유용성을 개선하여 hex meshing과 line body에 다른 단면을 지정을 위한 sweepable을 생성하는 도구로 사용한다.

Slice operation에서 액티브 바디는 자동으로 Frozen된다. 이 기능은 Share Topology feature 이전 및 이후에 사용할 수 있다.

5개의 옵션이 있다.

1. **Slice by Plane** : 플레인을 선택하면 선택한 플레인으로 솔리드 / 곡면 바디를 슬라이스 할 수 있다.
2. **Slice Off Faces** : 솔리드 바디의 면을 선택한다. 아마도 일부 오목한 부분을 형성할 것이다. DesignModeler 응용 프로그램은 이러한 면을 "잘라낸다".
3. **Slice by Surface** : 면을 선택하고 솔리드 / 서페이스는 그 선택된 면인 밑면으로 슬라이스 할 수 있다.
4. Slice Off Edges : Line body의 Edge를 선택하면 DesignModeler는 새로운 바디를 형성하기 위하여 이 Edge들을 "slice off"로 분리한다.
5. **Slice by Edge Loop** : 모서리의 닫힌 고리 체인을 선택하고 솔리드 / 서페이스 바디는 에지 루프를 사용하여 생성 된 Sheet Body로 슬라이스 할 수 있다. 이 옵션을 사용할 수 있다. Share Topology 이전의 슬라이스 기능에만 이용될 수 있다.

1. Slice by Plane으로 SLice하기 위하여 아래와 같이 모델링을 하였다. 플레인을 선택하면 선택한 플레인으로 솔리드 / 곡면 바디를 슬라이스 할 수 있다.
Create→Slice 하면 여기에서는 Slice by Plane으로 모델트리에서 Plane4를 선택하고, Slice Targets로 All Bodies로 Generation시켰다. Extrude2가 Plane4에 의해 나누어진 것을 알 수 있다.

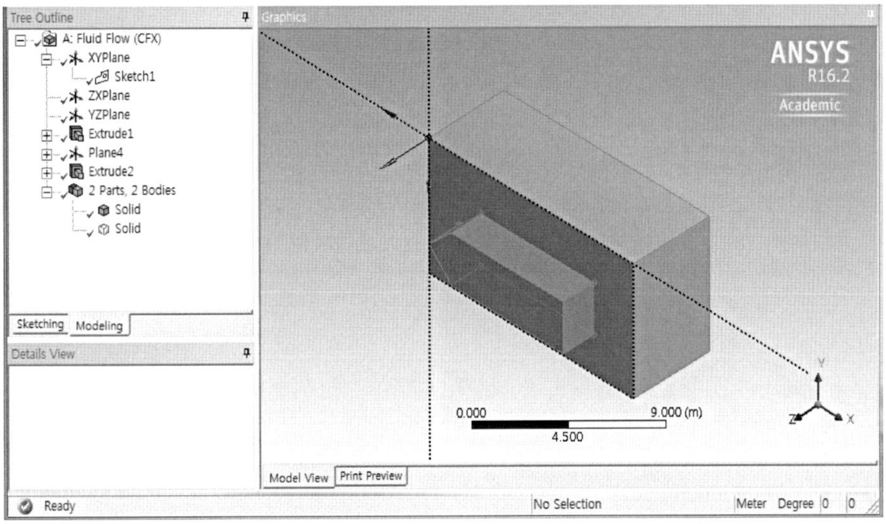

▶ **그림 2-185** Slice를 하기 위해 Plane4에 Extrude2 모델링

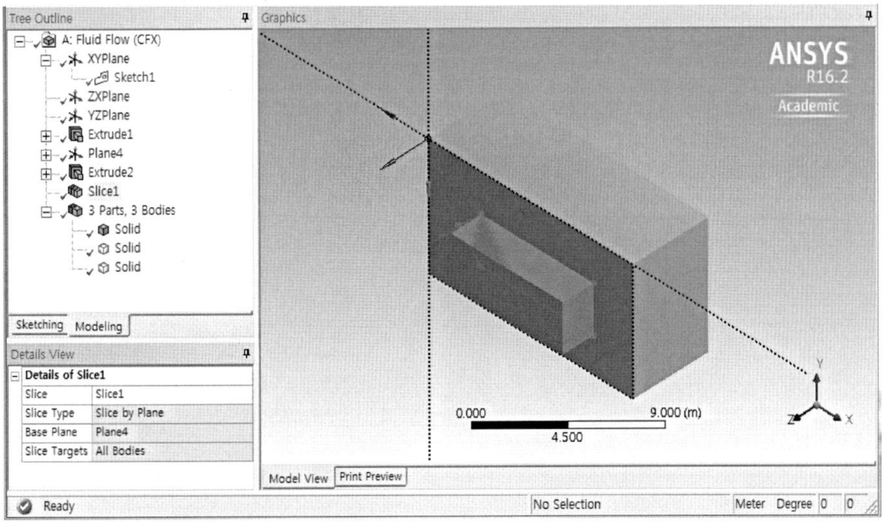

▶ **그림 2-186** SLice by Plane에 의해2Parts, 2Bodies에서 3Parts, 3Bodies로 됨

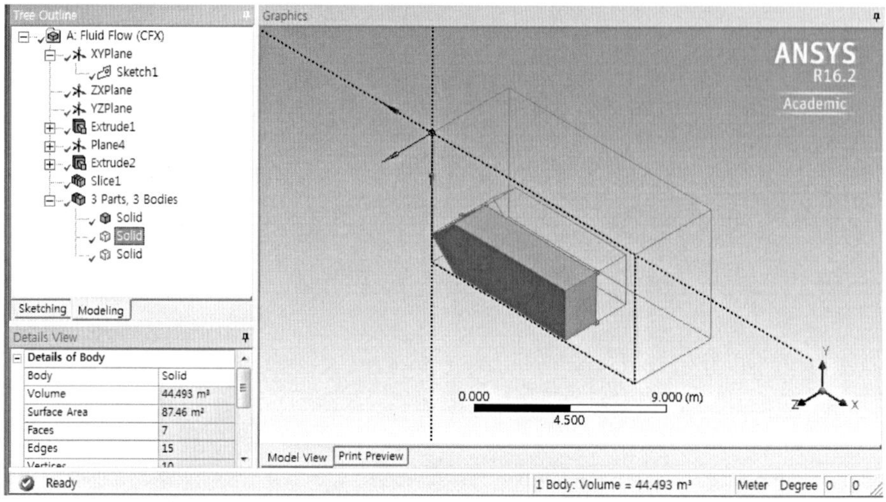

▶ 그림 2-187 Slice by Plane 실행에 의해 Extrude2가 Plane4에 의해 나누어진 것

Face Delete Face Delete

Faces 삭제 기능을 사용하여 블렌드 및 컷과 같은 기능을 실행 취소 할 수 있다. 모델을 제거한 다음 제거 된 Face가 남긴 구멍에 패치를 적용하여 수정한다. Face 삭제는 가져온 모델에서 원하지 않는 기능을 제거하는 데 사용된다. 그것은 들여온 모델에서 defeaturing 및 refeaturing에 사용될 수 있다.

들여온 모델의 구멍과 같은 피쳐를 제거하고 필요하면 ANSYS DesignModeler에서 다시 생성한다. Face Delete 기능을 적용시키기 위하여 다음과 같이 3개의 모서리에 대하여 Blend 모델링을 했다.

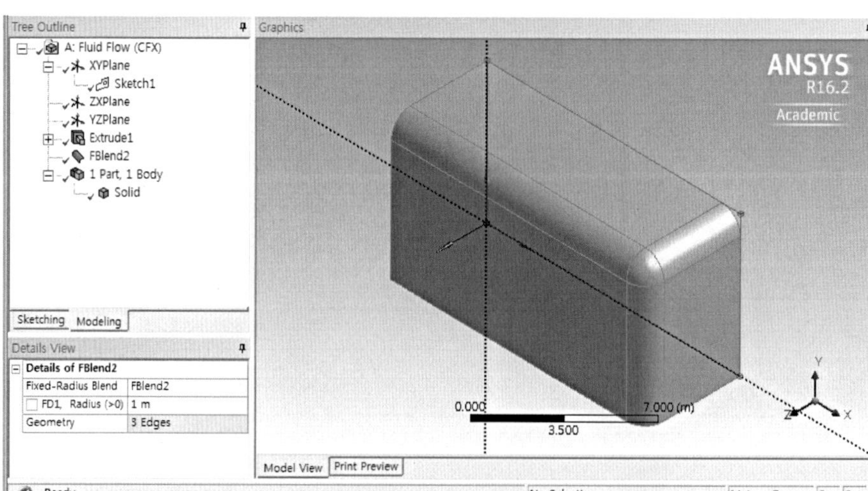

▶ 그림 2-188 3개의 모서리에 대하여 Blend

Create → Delete에서 Face Delete하고 제거를 원하는 Blend를 선택하고 Generate시키면 Blend는 제거된다.

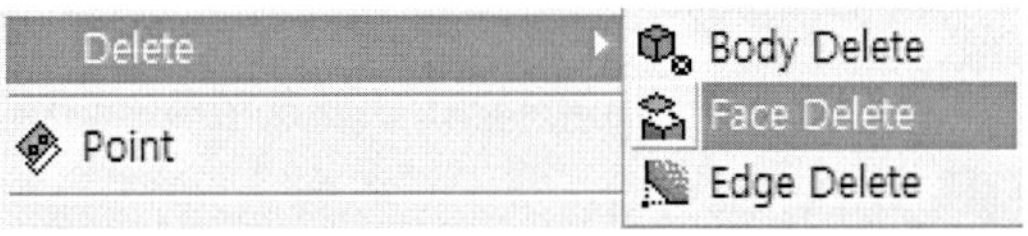

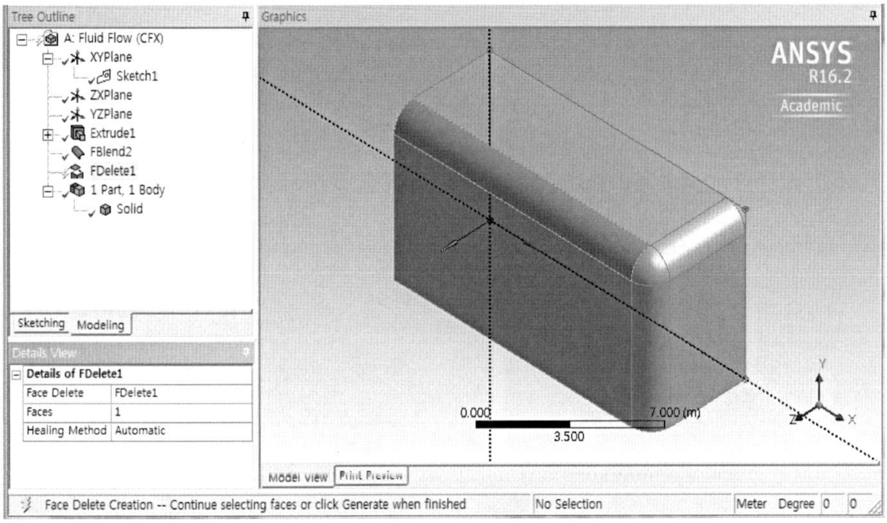

▶ **그림 2-189** 제거를 원하는 Blend를 선택

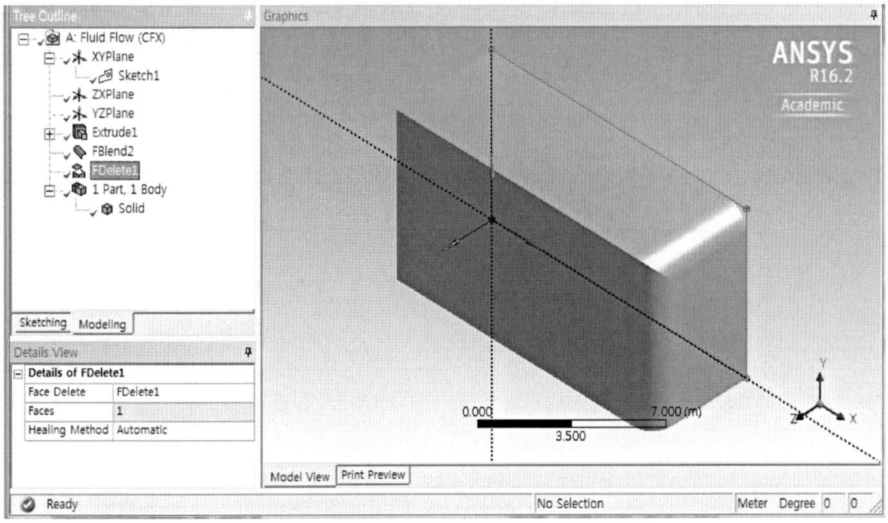

▶ **그림 2-190** 원하는 Blend가 제거되었음

Concept Menu

빔 메뉴를 생성하고 수정하려면 Concept Menu의 기능을 사용한다. Concept 모델링을 시작하려면, 구성 포인트 및 선을 사용하여 line bodies를 만들 수 있다.

Draw Toolbox를 사용하여 2D 스케치를 하고 3D 모델을 생성하거나 Import External Geometry파일 기능 사용한다. 라인 바디는 두 가지 방법 중 하나를 사용하여 생성 할 수 있다.

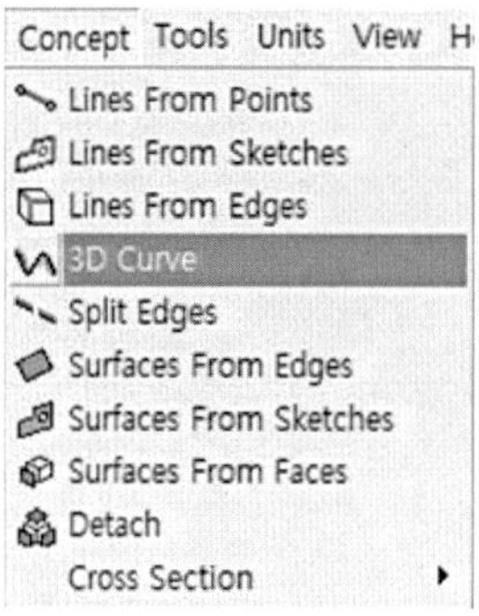

▶ 그림 2-191 Concept Menu

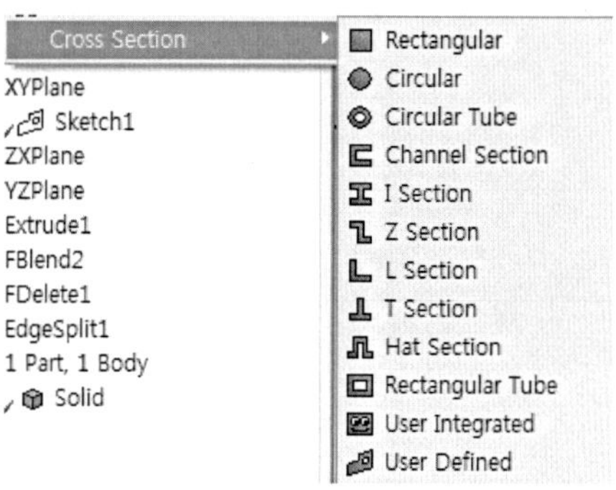

▶ 그림 2-192 Cross Section Menu

Chapter 03

Ansys-Meshing

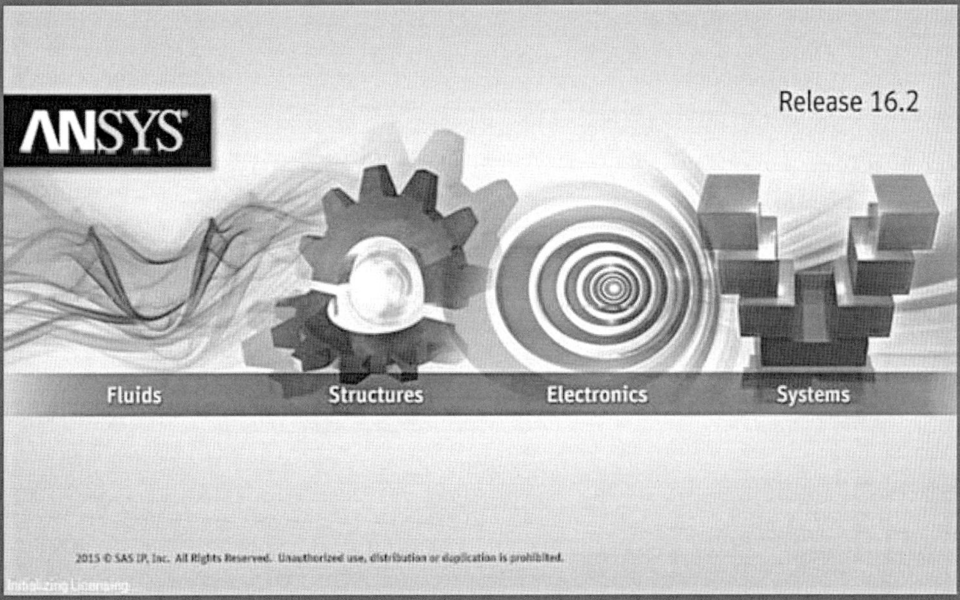

1 Introduction ANSYS Meshing

Mesh

Mesh는 기본적인 것만 예제를 통해 흐름을 확인하고 예제를 통하여 배우는 것으로 한다.

Objectives

- 격자 생성
- Named Selections 생성
- 인플레이션(Inflation) 생성
- 격자 품질 확인
- 프로젝트 파일 저장

Workbench 실행

Project 생성

1. Component Systems에서 Mesh를 Project Schematic에 Drag & Drop 한다.

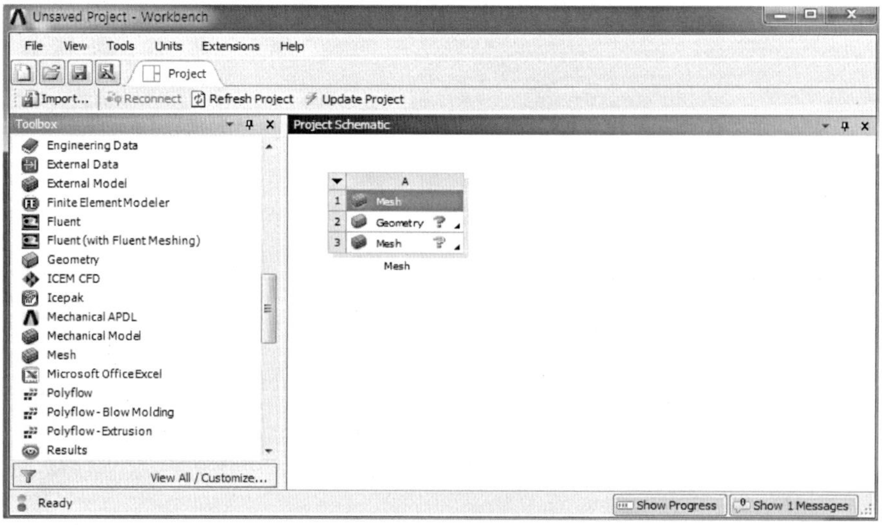

▶ 그림 3-1 Mesh

2. Geometry cell (A2) 에서 마우스 우 클릭하여 Import Geometry → Browse 선택

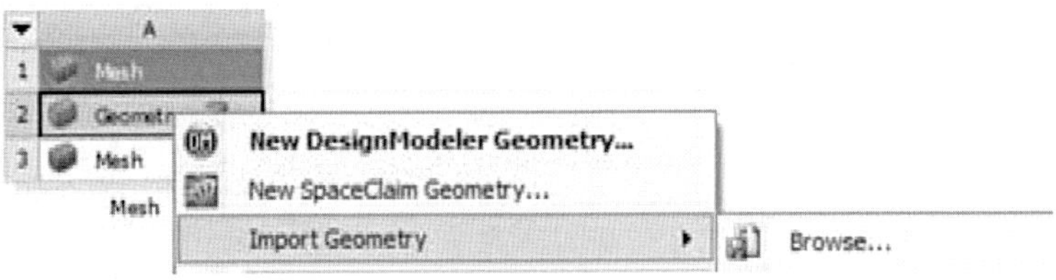

▶ 그림 3-2 Import Geometry → Browse

3. Meshing Input Files (Module 01) 폴더에 있는 pipe-tee.stp파일 선택하고 열기 하면 Geometry Cell(A2)이 체크 상태로 표시되며 이는 최신 상태로 되었음을 의미한다.

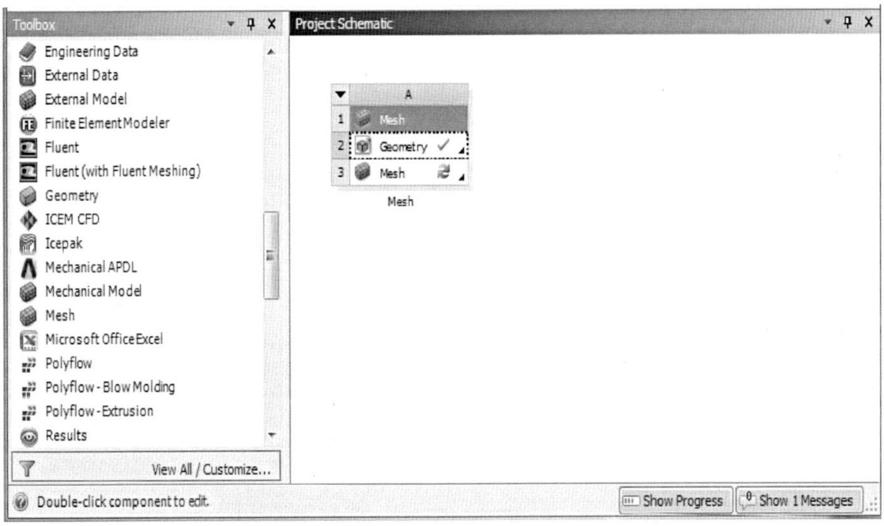

▶ 그림 3-3 pipe-tee.stp파일을 불러옴

Meshing 시작

1. Mesh cell 에서 마우스 우 클릭 후 Edit 선택한다(Mesh cell 에서 더블클릭 하여도 실행 됨).
2. ANSYS Meshing이 시작되고, Geometry 형상을 불러들인다.

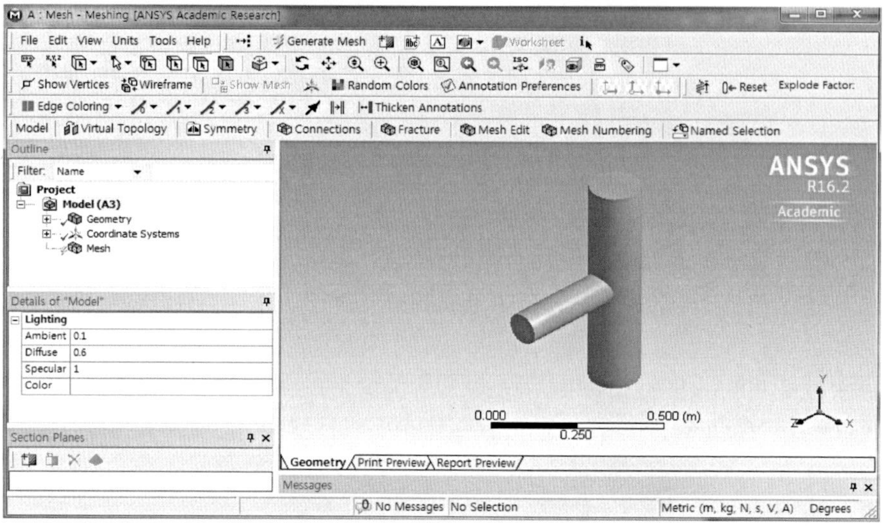

▶ 그림 3-4 Geometry 형상을 불러들인

Units

단위 설정

1. 가장 먼저 단위(Units)를 확인 하고 설정하는 것이 좋다.

2. Main menu의 Units 선택 후, Metric(m, kg, N, s, V, A)으로 설정

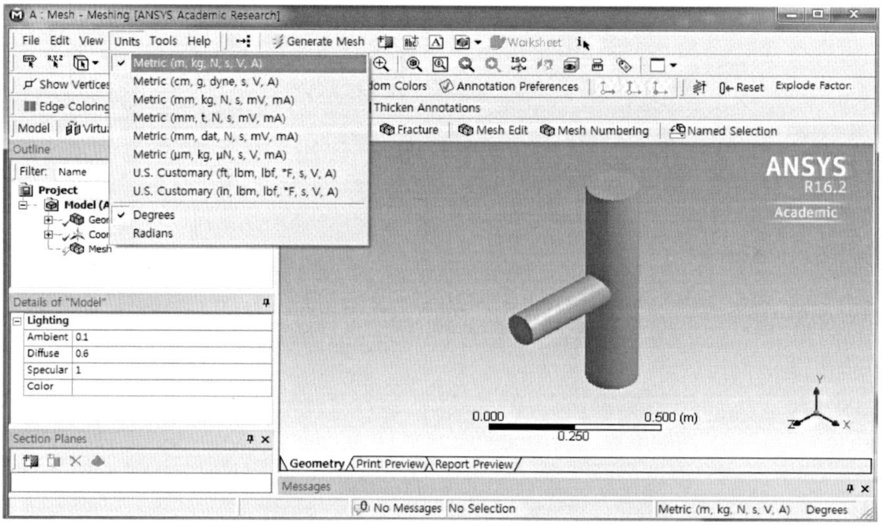

▶ 그림 3-5 단위(Units)를 확인

Defaults

기본값(Defaults) 설정

- 가장 먼저 최소한의 입력으로 Basic Mesh를 빠르게 생성할 수 있는 방법에 대해 설명한다.
- Outline에서 Mesh 클릭하면 Global Mesh Control 설정을 포함하고 있는 Details of “Mesh” 창 확인할 수 있다.

Mesh Settings

기본값(Defaults) 설정하기 위하여

1. Physics Preference를 CFD로 선택하고, Solver Preference 를 CFX로 선택한다.
2. Sizing 설정하기 위해 Use Advanced Size Function을 Curvature 로 Relevance Center 를 Coarse로 한다.

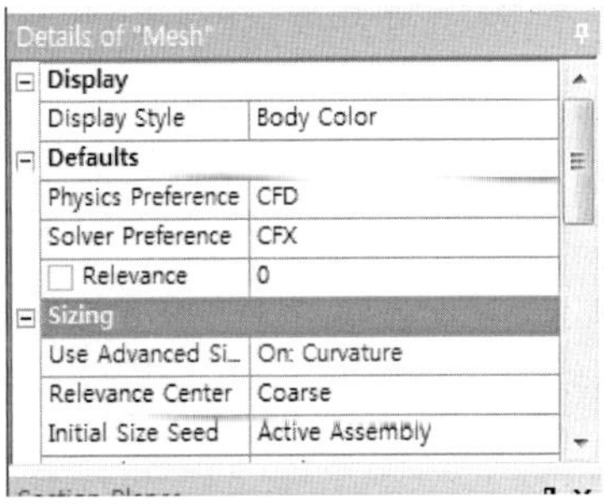

▶ 그림 3–6 기본값(Defaults) 설정

3. Toolbar에 있는 Update 버튼 Mesh Update 을 클릭하면 격자가 생성된다.

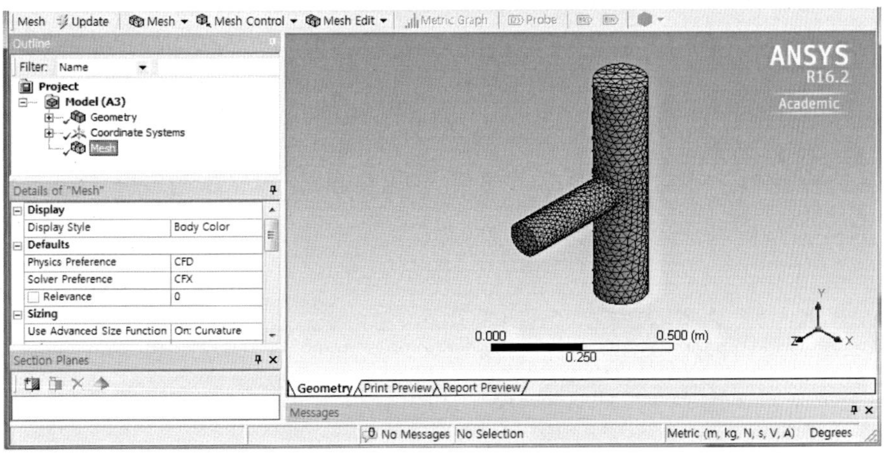

▶ 그림 3–7 기본적인 Mesh 생성

- Mesh는 Fully automatic tetrahedron mesh로 생성되었으며 미리 설정된 적절한 Sizing and Parameters 와 Preference and Geometry characteristics 토대로 생성되었다.

4. 다음 단계는 Solver에서 각각의 Geometric 개체에 경계조건을 적용하기 위하여 Named Selections을 생성하는 방법에 대해 확인한다.

Named Selections

- Name Selection은 DesignModeler에서도 할 수 있는데 Fluid Solver에서 경계조건으로 정의하는데 필요로 한다.
- Named Selections은 Fluid Solver에서 경계조건으로 정의하는데 사용한다.

1. 상단의 Toolbar에서 Face Selection Filter 아이콘 을 선택한다.
2. 그림과 같이 왼쪽의 Face 선택한다. (녹색으로 변경됨)

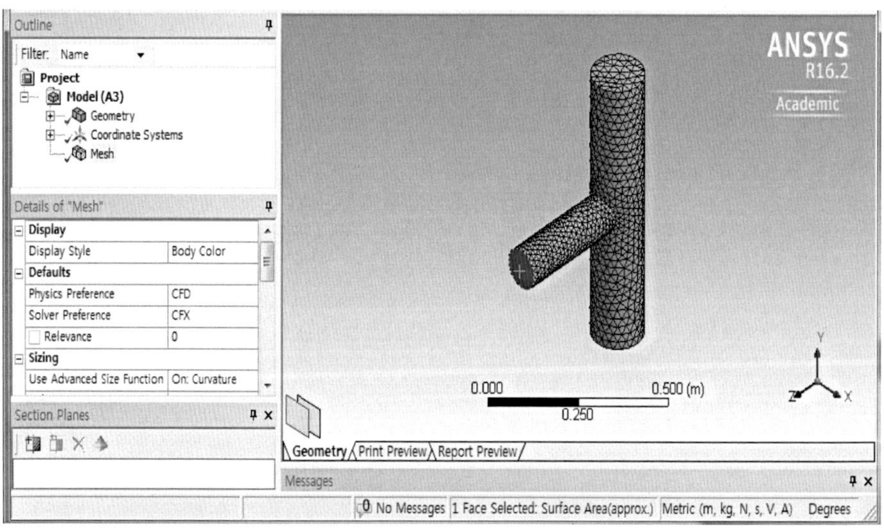

▶ 그림 3-8 Face 선택

3. Face를 선택한 상태로 마우스 우클릭 하면 Context 메뉴가 나타면 Create Named Selection 선택한다.

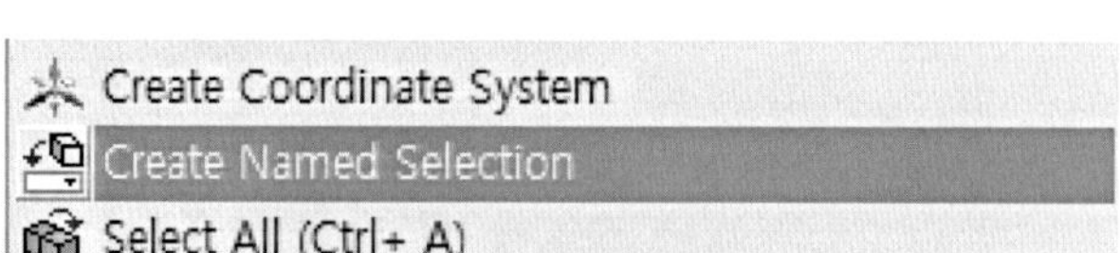

▶ 그림 3-9 Create Named Selection

4. Named Selection Dialog Box 활성화되면 Named Selections 창 inlet-z 입력하고 OK 클릭한다.

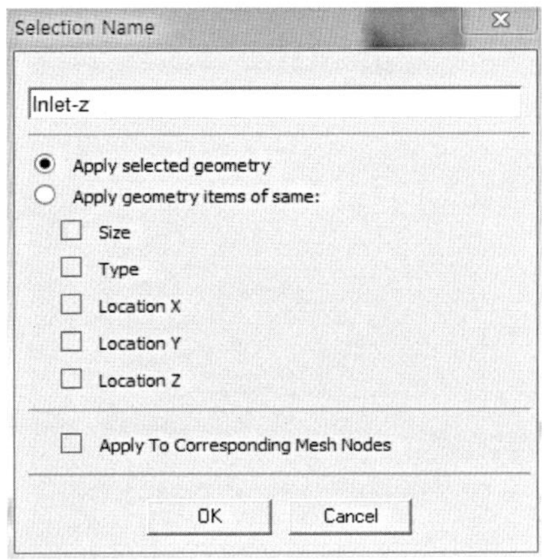

▶ 그림 3-10 Named Selection 창

5. 생성된 Named Selection은 Outline의 Named Selections 항목 하위에 나열되고 나열된 Named Selection을 선택하면 해당 Face는 강조되어 나타난다.

6. 동일한 방법으로 inlet-y과 outlet 생성한다.

- Tee를 통해 생성한 격자는 단순한 Laminar flow 해석에 적합하고 격자는 특성 Applications의 요구조건을 수용하기 위해 다양한 방법으로 생성될 수 있다.
- 난류 유동과 같이 복잡한 물리현상을 해석하기 위해서는 추가적인 요구사항들이 존재한다.

Inflation

경계층(Inflation Layers) 생성

- 유동해석은 벽면의 영향으로 난류 유동이 생성되며 벽면 주위에서 발생하는 구배(gradient)를 제대로 해석하기 위해 벽면 주위에 더 작은 격자가 필요하다. 이를 위한 효율적인 방법은 벽면 주위의 격자를 Inflating을 통해 얇은 Prismatic cells을 생성하는 것으로 이것을 Inflation Layers라고 칭한다.

1. Outline의 Mesh를 클릭하면 Details of Mesh 창이 보이면 Inflation 항목을 확장 후 Use Automatic Inflation을 None에서 Program Controlled로 설정하고 Update 클릭한다.

2. 바뀐 조건의 새로운 격자가 생성된다.

Review the Inflated Mesh

- Program controlled inflation은 Named Selection faces를 제외한 나머지 벽면에 자동으로 경계층을 쌓아 격자를 생성한다.

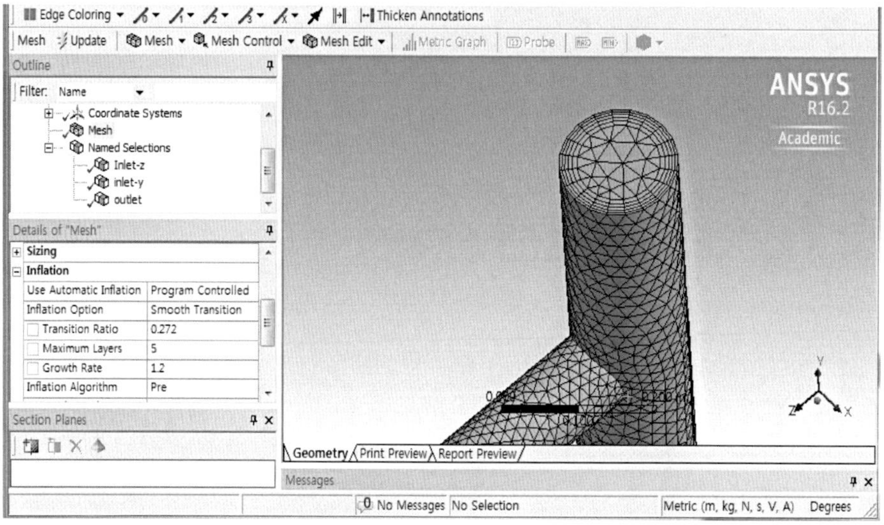

▶ 그림 3-11 Program controlled inflation 생성

Section Planes

내부 격자 확인

1. 내부 격자 확인을 위해 Section planes 사용한다.

2. 그림과 같은 View 설정을 위해 +Z 축 클릭한다.

3. Section Plane 패널(왼쪽 하단)의 New Section Plane 아이콘 을 클릭한다.

- 패널이 활성화 되지 않으면 Main Menu bar에서 View → Windows → Section Planes을 선택하면 활성화된다.

4. 내부 격자 확인하기 위하여 Mesh의 수직 아래 방향으로 Drag 하여 Section Plane 생성한다.

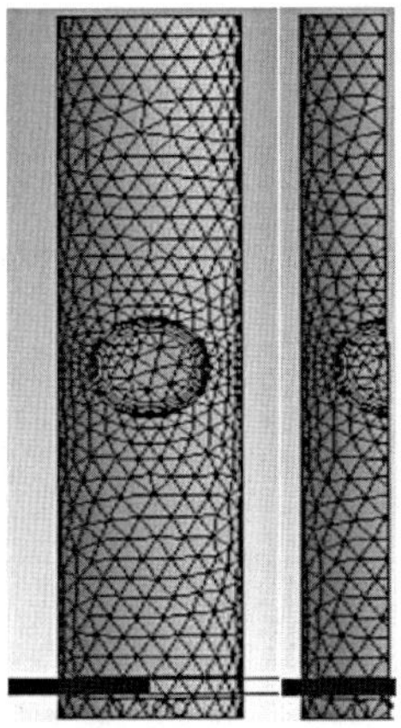

▶ 그림 3–12 Section Plane 생성

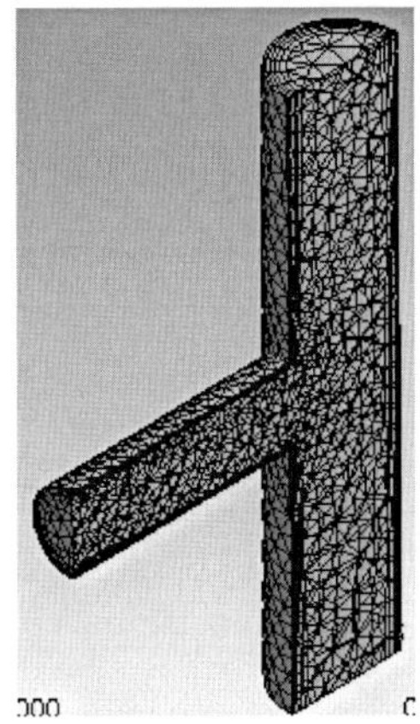

▶ 그림 3–13 Isometric view로 확인

- 형상 전체를 Drag 할 필요 없으며 일부만 Drag 하여도 형상 전체가 Section Plane에 의해 잘리게 된다.

5. Isometric view로 확인하려면 파란색 Iso Ball 클릭하면 Isometric view로 확인할 수 있다.

6. Edit Section Plane 버튼 클릭 후, Graphics window 임의 위치에서 클릭하고 Drag하면 Section Plane이 이동하게 되어 내부 격자 확인 할 수 있으나 이러한 방식을 이용하여 새로운 위치에서의 내부 격자 확인 가능하다.

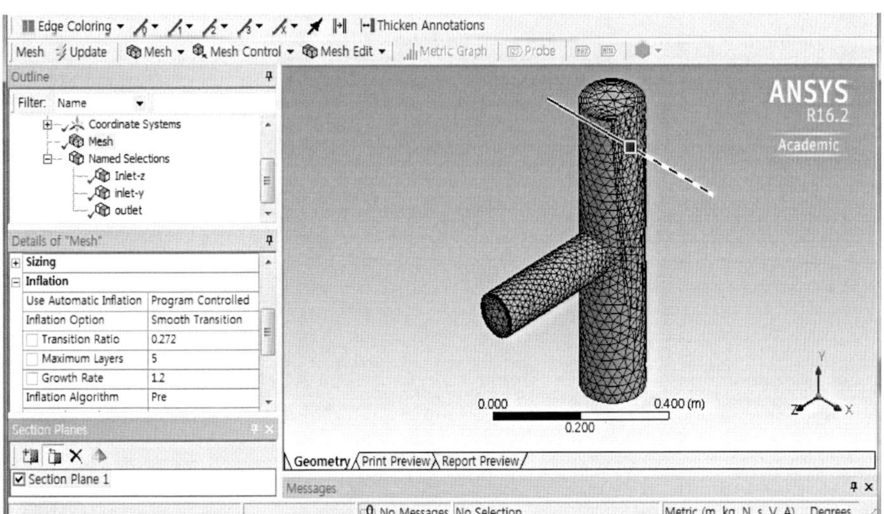

7. Section Plane tool의 반대방향(점섬으로 표시된 부분)을 선택하면 잘린 영역이 반전된다.

- 설정 완료된 Section plane을 비활성화 시키기 위해서는 Edit Section Plane 버튼 다

시 클릭하여 적용한다.

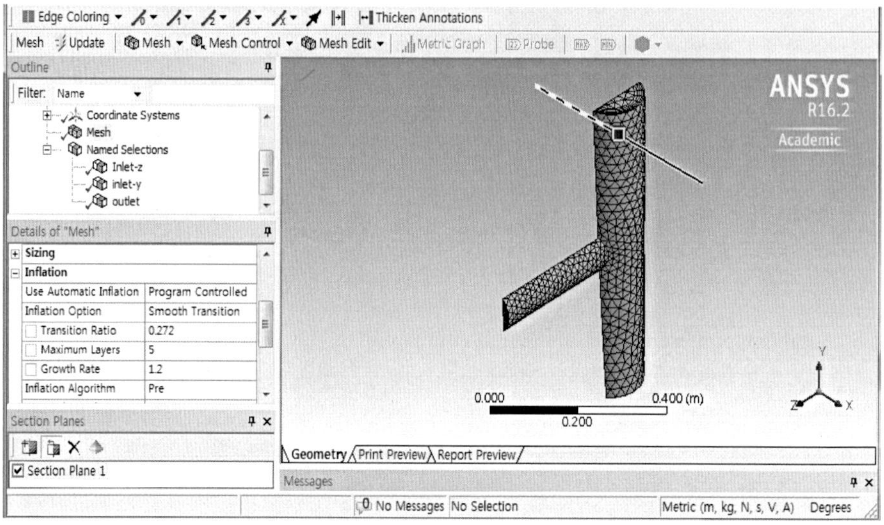

▶ **그림 3-14** Section Plane tool의 반대방향(점섬으로 표시된 부분)을 선택하면 잘린 영역이 반전됨

8. Section Plane 패널에 있는 Show Whole Elements 버튼을 클릭 하면 잘린 면에 위치하고 있는 cell의 완전한 모양에 따라 경계 생성

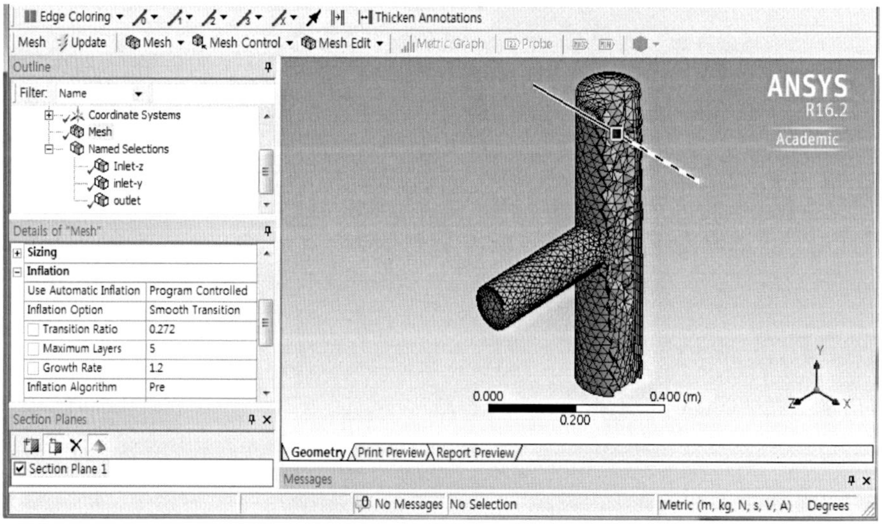

▶ **그림 3-15** Show Whole Elements 버튼을 클릭 하면 잘린 면에 위치하고 있는 cell의 완전한 모양에 따라 경계 생성

9. Section Plane에 있는 Section Plane 1를 체크 해제 하면 생성된 Section Plane을 비활

성화 할 수 있다.

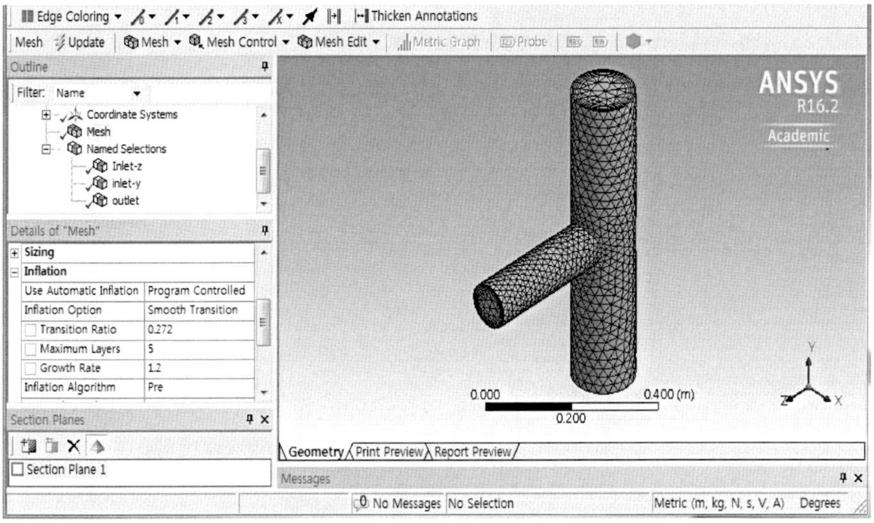

▶ 그림 3-16 Section Plane 1를 체크 해제 하면 생성된 Section Plane을 비활성화

Mesh Statistics

격자 품질 확인

Details of "Mesh"	
Statistics	
Nodes	8186
Elements	21019
Mesh Metric	Orthogonal Quality
Min	0.23993
Max	0.99883
Average	0.7867
Standard Deviation	0.15915

▶ 그림 3-17 Statistics

- 해석 전, 생성 격자 품질을 확인하는 것은 매우 중요하다.
- 격자 품질은 각 격자 cell의 이상적인 형상으로부터 변화된 각도를 측정하는 다양한 방법으로 정의한다.
- Details of “Mesh” 패널에서 Statistics 항목 확장 → Mesh Metric에서 Orthogonal Quality 선택

Orthogonal Quality의 최소값이 0.05 이하가 되지 않게 하는 것이 중요하다. 이 예제의 경우 최소값이 약 0.23이므로 해석에 적합한 격자임을 알 수 있다.

Save the Project

Mesh가 완성이 되면 Main Menu의 File에서 Save Project하고 Close Meshing을 선택하여 Mesh를 닫는다. Workbench는 Application Data를 저장한다.

- Setup을 실행하기 위하여 Toolbox에서 Fluid Flow(CFX) 끌어다 Project Schematic안 Mesh 위에 놓으면 아래와 같이 생성된다.

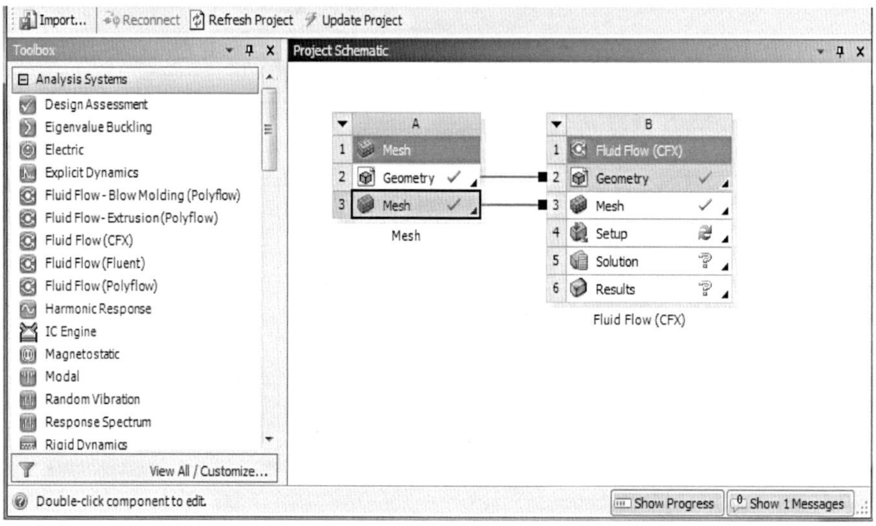

Introduction 2

- 이번에는 예제를 통하여 ANSYS Meshing에서 사용할 수 있는 다양한 격자 생성 방법을 소개한다.
- 다양한 방법으로 격자를 생성하고 비교
- Automatic (Tet Patch Conforming)
- Tet Patch Independent
- Multizone
- Assembly Meshing (CutCell)
- Decomposition for Sweep Meshes
- Automatic (Tet & Sweep)

Workbench 실행

1. Start → All Programs → ANSYS 16.2 → Workbench 16.2를 선택하여 실행한다.

2. Component System에 있는 Mesh를 Project Schematic에 Drag & Drop한다.

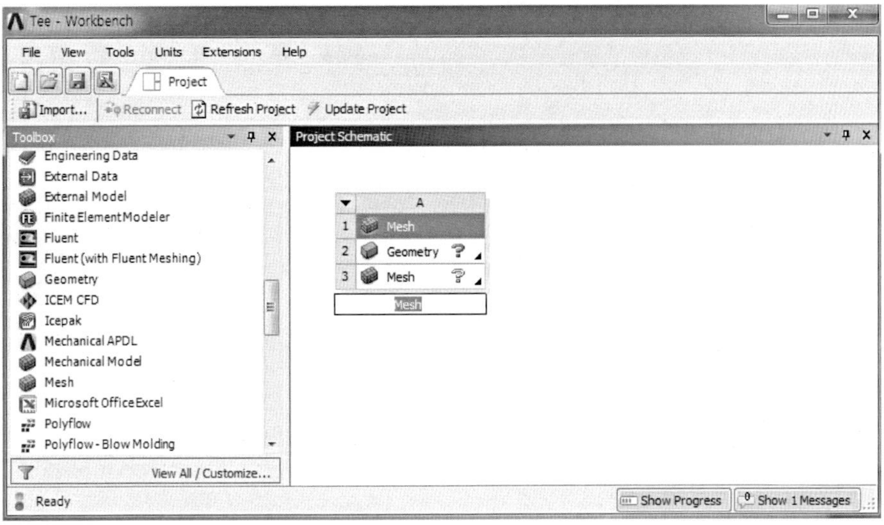

▶ 그림 3–18 Mesh를 Project Schematic에 Drag & Drop

3. Geometry Cell에서 마우스 오른쪽 버튼 클릭 → Import Geometry → Browse에서 Meshing Workshop Input Files (Module02) 폴더에 있는 component.stp파일을 선택한다. Geometry Cell이 체크 표시로 변하게 되며, 이것은 최신상태로 되었음을 의미한다.

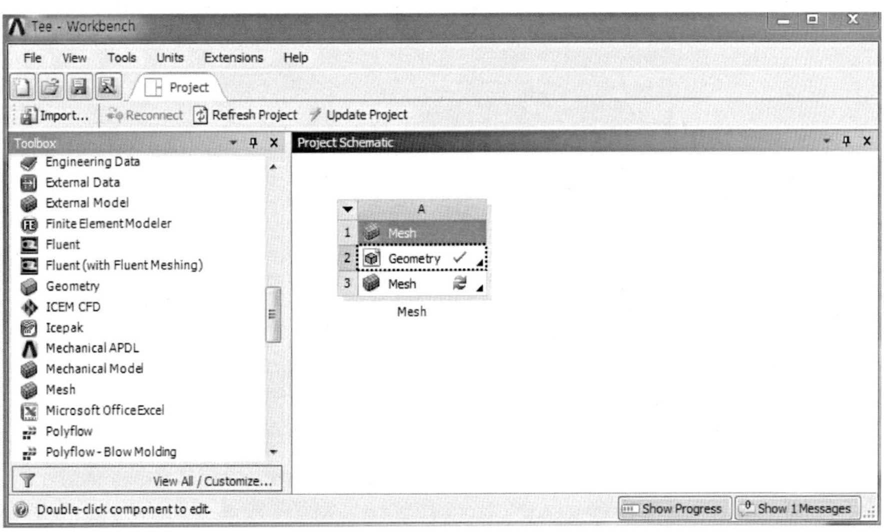

▶ 그림 3–19 component.stp파일을 선택하여 불러옴

4. Mesh Cell을 더블 클릭하여 실행하거나 Mesh 위에서 마우스 우클릭하여 Edit를 선택하여 메시 창으로 들어간다.

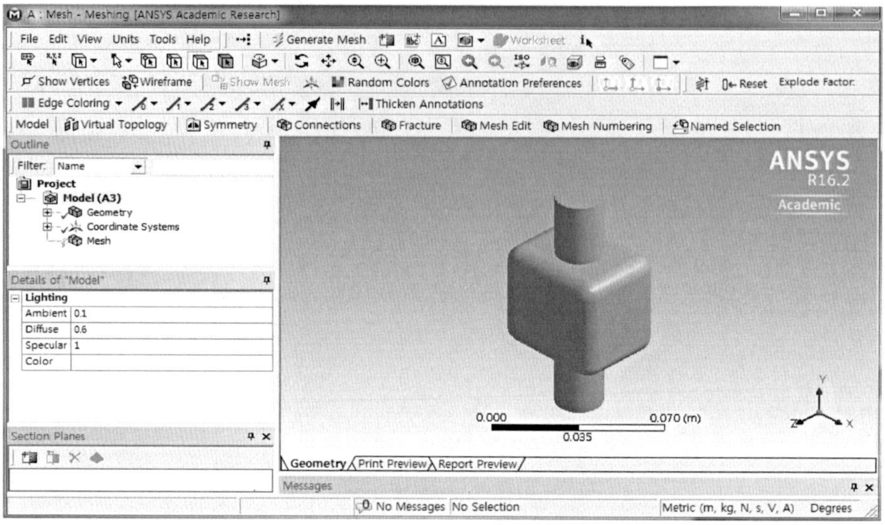

▶ 그림 3-20 Mesh 창

단위(Units) 설정

1. 가장 먼저 Units을 확인 하고, 설정을 하는 것이 좋다.

2. Main menu의 Units 선택 후, Metric(m, kg, N, s, V, A)으로 설정

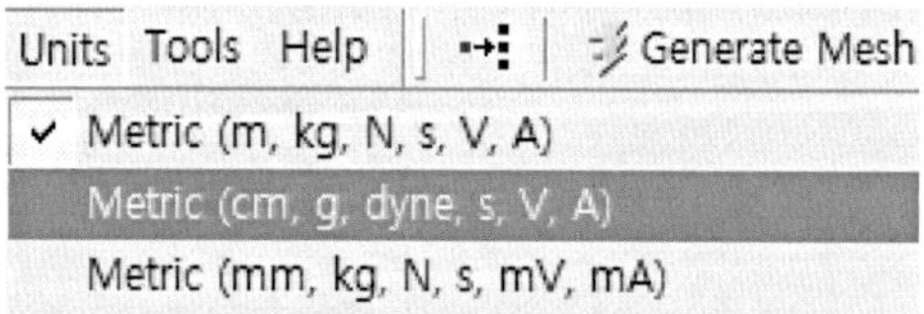

▶ 그림 3-21 Units을 확인 하고 설정

Planning

- 이 CAD 파일은 환기 시스템의 구성 요소를 나타내는 하나의 Body로 구성되어 있으며 유체의 흐름은 위쪽의 파이프로 들어가서 Chamber를 지나 아래쪽의 파이프로 빠져나간다. 이때 Chamber 정면에는 여러 개의 작은 원형으로 된 통풍구가 있다.
- 이번 형상에는 거의 모든 Mesh Methods를 적용할 수 있으며, 속도, 메모리 사용량, Defeaturing을 위한 요구 사항과 Solver에 따라 사용하는 방법이 다르다.
- 서로 다른 Mesh Method를 적용하는 방법과 Mesh Method에 따라 격자가 어떻게 다르게 나타나는지에 대해 알아보도록 한다.

Global Mesh Settings Mesh

1. Outline에서 Mesh를 선택하면 Details of “Mesh” 창이 나타난다.

- Defaults 설정(In Details of “Mesh”)
- Physics Preference : CFD
- Solver Preference : CFX로
- Sizing 설정(In Details of Mesh)
- Relevance Center : Medium
- Size Function : Curvature
- Statistics 설정(In Details of Mesh)
- Mesh Metric : Orthogonal Quality

로 선택한다.

Named Selection

그림과 같이 Inlet, Outlet 면에 Named Selection을 정의

1. 그림과 같이 +Y 방향의 면은 inlet으로 한다.

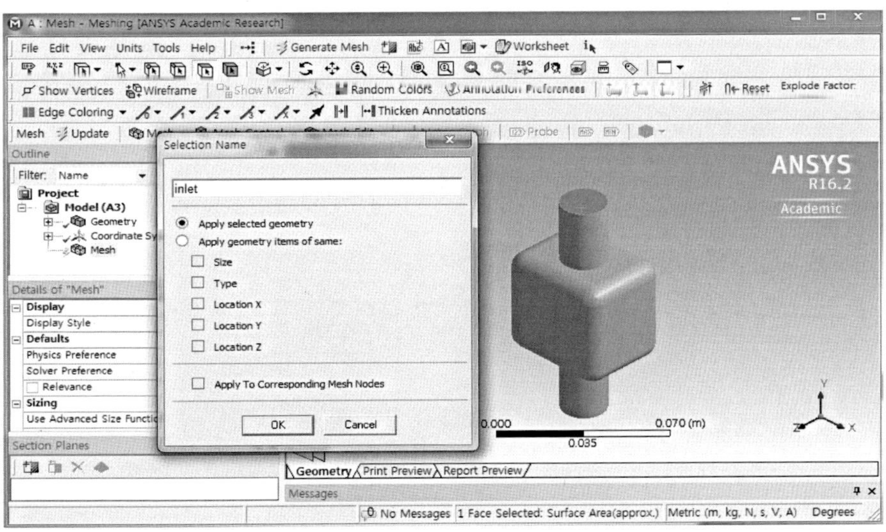

▶ **그림 3-22** +Y 방향의 면은 inlet

2. -Y 방향의 면은 outlet으로 한다.

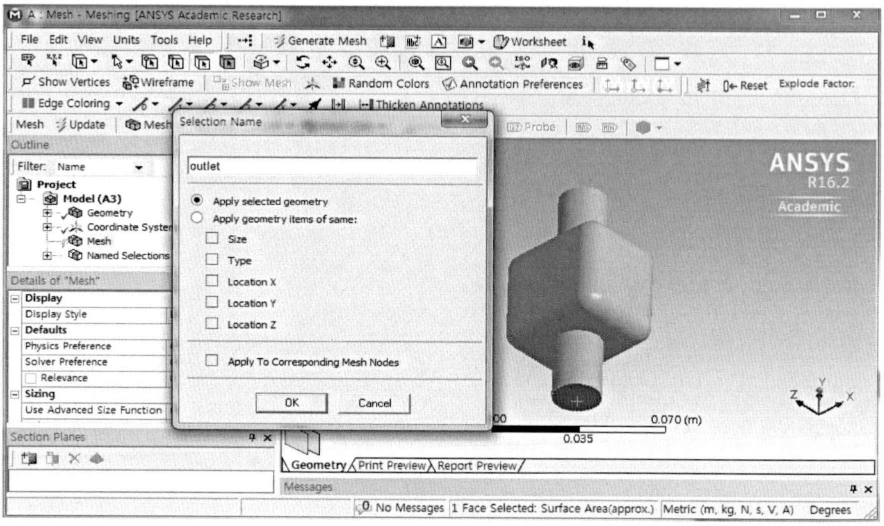

▶ 그림 3-23 -Y 방향의 면은 outlet

Global Inflation & Automatic Method

Setup Global Inflation

아래와 같이 Inflation 설정(In Details of Mesh)을 한다.

- Use automatic Inflation : Program Controlled
- Inflation Option : Total Thickness
- Number of Layers 4
- Maximum Thickness 0.003m
- Named Selection을 생성한 면을 제외하고 나머지 모든 면에 Inflation layer가 생성됨

Generate mesh를 클릭하여 mesh를 생성시킨다.

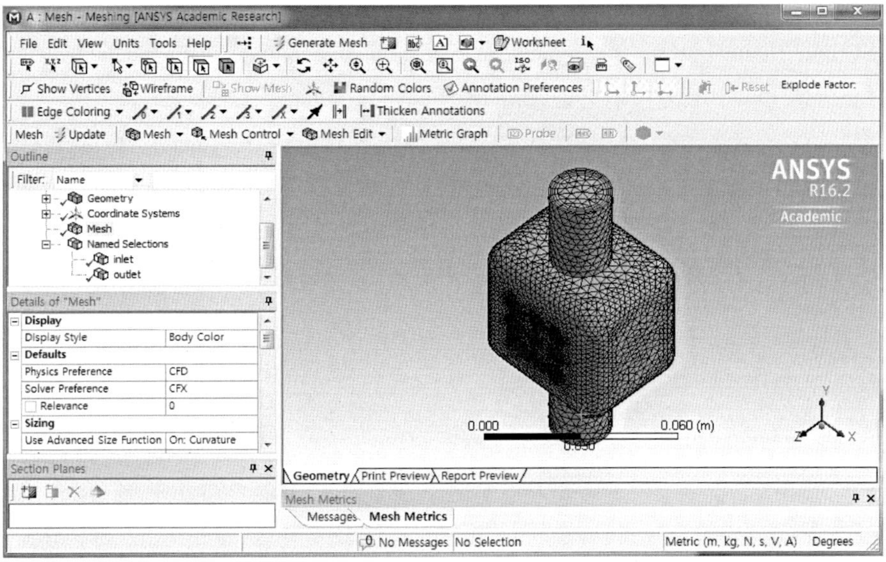

▶ 그림 3-24 Setup Global Inflation

View the Mesh

1. Graphics Window에서 마우스 오른쪽 버튼 클릭 → Context Menu의 Isometric View 선택하여 Isometric View로 본다.
2. Automatic Method는 Patch Conforming 알고리즘을 사용하는 Tetrahedrons Method을 선택한 것으로 Mesh는 Geometric의 모든 세부형상을 고려하여 생성되고 Named Selection을 입력한 Inlet과 Outlet을 제외한 나머지 Surfaces에서 Inflation Layer가 생성되었다.

Section Plane 생성

1. Axis Triad를 사용하여 +Z View로 설정한다.
2. Section Plane button 선택한다.
3. Mesh의 수직 아래 방향으로 Drag하여 Section Plane을 생성함
4. Axis Triad 또는 마우스 오른쪽 버튼 클릭으로 나타나는 Context Menu를 이용하여 Isometric View로 설정한다.

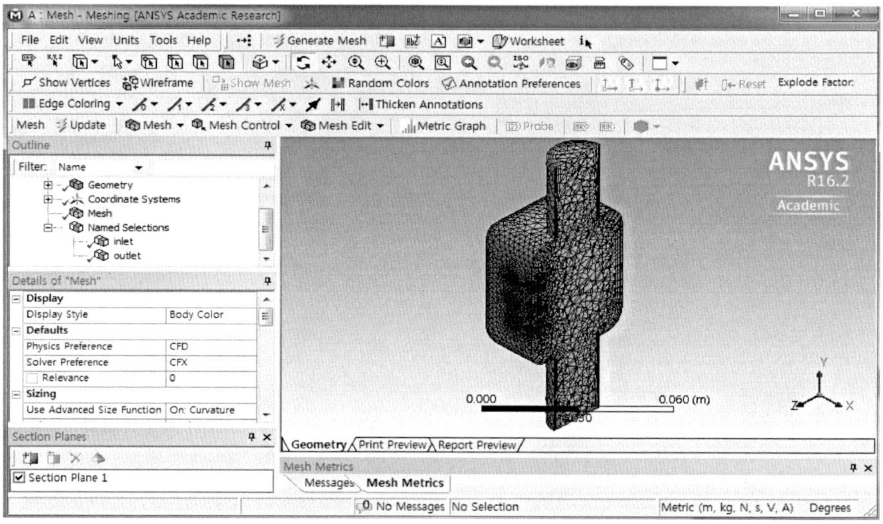

▶ **그림 3-25** Section Plane을 한 후 Isometric View로 설정

View the Mesh Interior

1. Zoom 버튼 을 이용하여 Mesh 확인하고 Fit 버튼을 이용하여 원래 시점으로 복원한다.
2. Automatic Method의 기본 설정은 형상에 따라 Sweep 또는 Patch Conforming Tetrahedrons가 주로 사용되며, Sweep을 할 수 없는 경우 Patch Conforming Tetrahedrons가 사용된다.
3. Section Plane 패널에 있는 Section Plane 1의 박스를 체크 해제하여 생성된 Section Plane을 비활성화 한다.

Inserting Methods Manually

Insert a Method

1. Outline의 Mesh에서 마우스 오른쪽 버튼 클릭 → Context Menu의 Clear Generated Data 선택 → 확인 메시지가 나오면 Yes 선택한다.

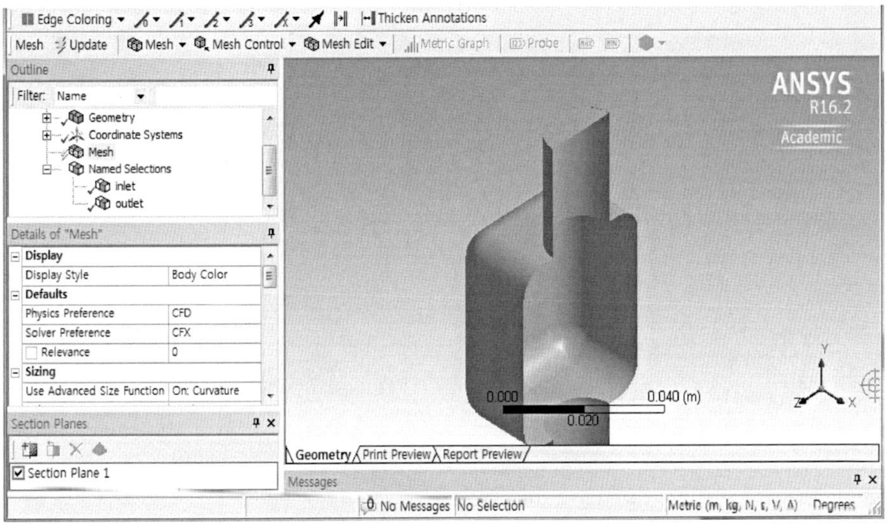

▶ 그림 3-26 Clear Generated Data 선택

2. Body Selection Filter 선택하고 Graphics Window에서 마우스 오른쪽 버튼 클릭 → Insert → Method 선택하면 Automatic Method 창이 뜬다.

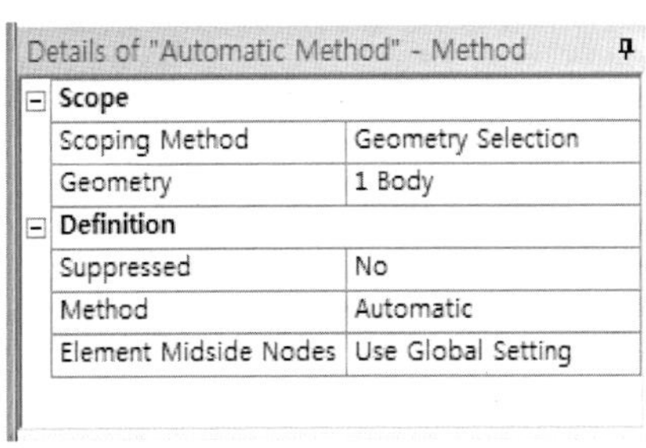

▶ 그림 3-27 Automatic Method 창

Setting Method Details

Method Details 설정

1. Method Object(Default : Automatic)는 Outline에 생성된다.
2. Method Details에 있는 Definition 하위의 Method 옆 박스를 클릭하면 사용 가능한 Method가 나타나고 설정한 Method는 선택한 Body에만 적용된다.

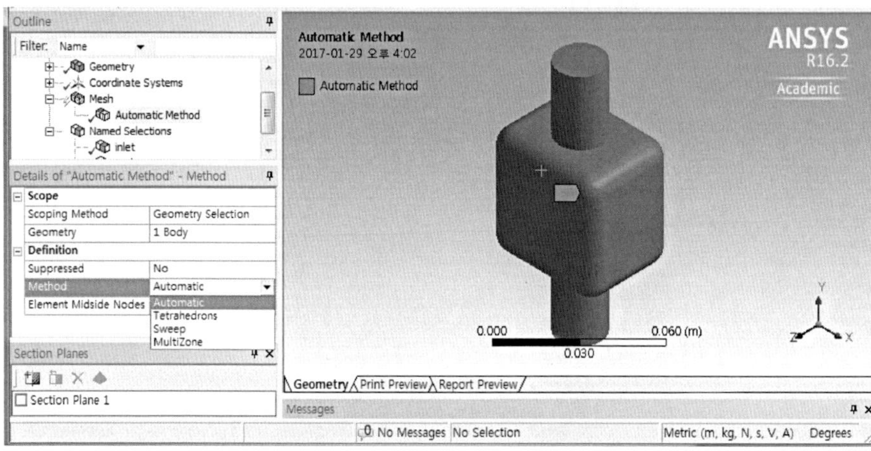

▶ 그림 3-28 Method Details 설정

Tetrahedrons Patch Independent

Method Details 설정

1. Automatic Method는 앞서 설정했던 기본 설정과 동일하게 적용된다.
2. Method를 Tetrahedrons로 설정한다.

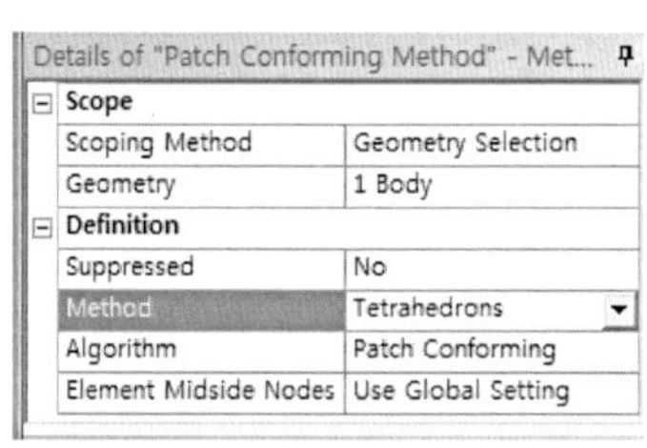

▶ 그림 3-29 Method를 Tetrahedrons로 설정

3. Algorithm을 Patch Independent로 설정한다.
4. Patch Conforming 기법은 이미 Automatic Method에서 확인한 것이다.
5. Patch Independent를 선택하면, Sizing과 Defeaturing 등을 제어할 수 있는 세부 설정 항목이 나타난다. 이번에는 Defaults값으로 진행한다.

6. Generate mesh를 클릭하여 메쉬를 생성시킨다.

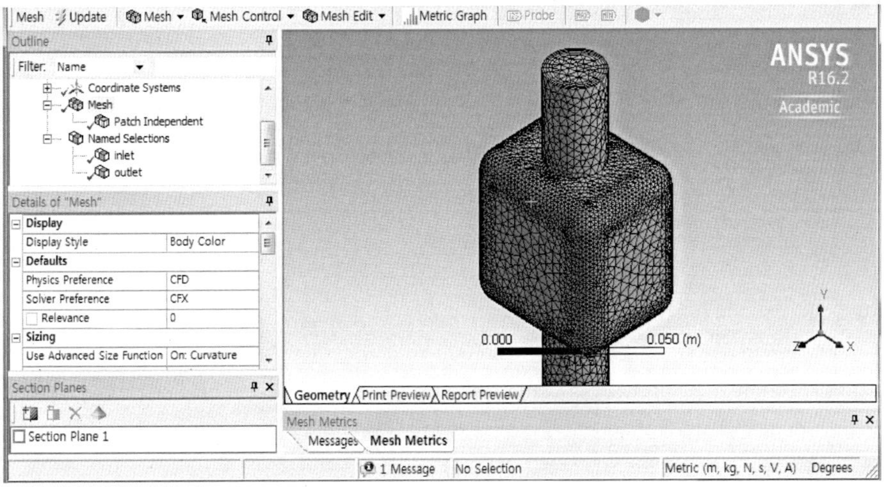

▶ 그림 3-30 메쉬를 생성

View the Mesh

1. Patch Independent Method는 Inflation Algorithm의 다른 특정 유형(Post)을 사용하므로, Message Box에 경고 문구가 나타나고 또한 격자 생성에 더욱 많은 시간이 필요하다.
2. Geometry에 표현된 Small Faces는 자동으로 Defeaturing 된다.
3. 이러한 작업은 대용량 CAD 모델을 Defeaturing하는 경우 유용하다.
4. 격자 내부를 확인하기 위해 Section Plane을 활성화하여 내부를 확인한다.

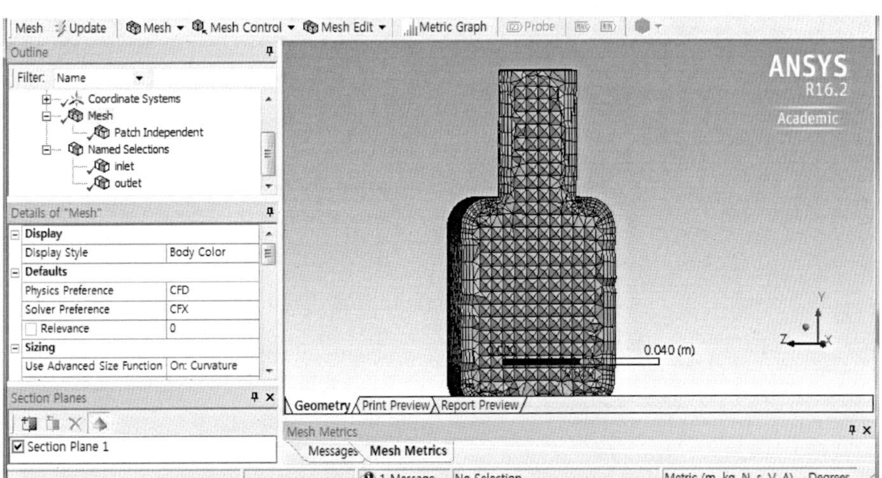

▶ 그림 3-31 Tetrahedrons Patch Independent

View the Mesh Interior

1. 격자의 내부 구조와 Inflation 확인하고 Section Plane을 통해 격자 확인 후, Section Plane을 비활성화함
2. Outline의 Mesh에서 마우스 오른쪽 버튼 클릭 → Context Menu의 Clear Generated Data 선택한다.

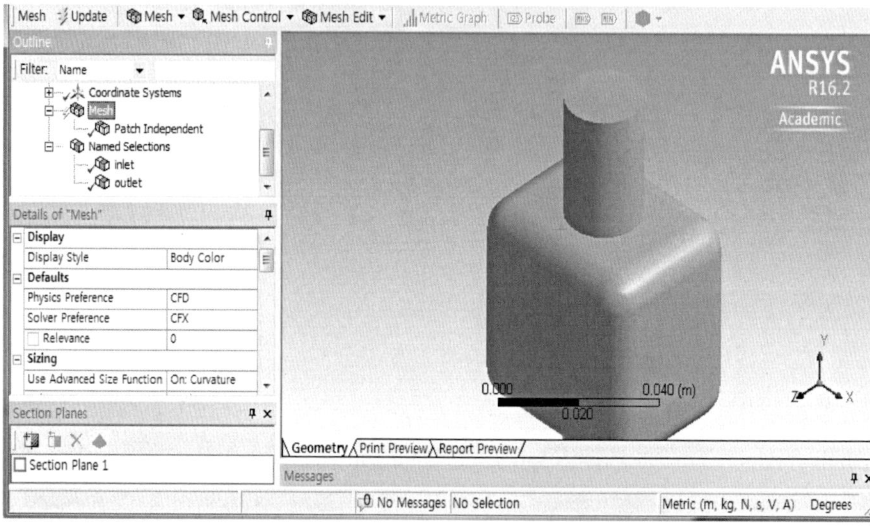

▶ 그림 3-32 Clear Generated Data 선택

MultiZone

Method Details 설정

1. Outline에 있는 Mesh에서 최근 설정한  를 선택하고 Details에서 Method를 MultiZone으로 변경한다.

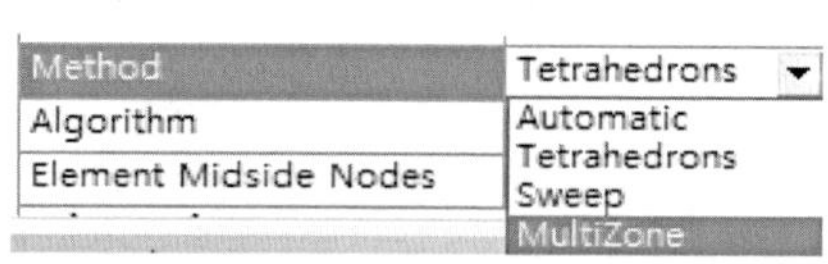

▶ 그림 3-33 Method를 MultiZone으로 변경

Suppressed	No
Method	MultiZone

▶ 그림 3-34 Method를 MultiZone으로

2. Details 창은 Multizone Method에 대한 설정을 할 수 있게 변경된다.
3. Free Mesh Type을 Tetra/Pyramid로 변경한다.

Free Mesh Type	Tetra/Pyramid

▶ 그림 3-35 Tetra/Pyramid로 변경

4. Generate mesh를 클릭하여 메쉬를 생성한다.

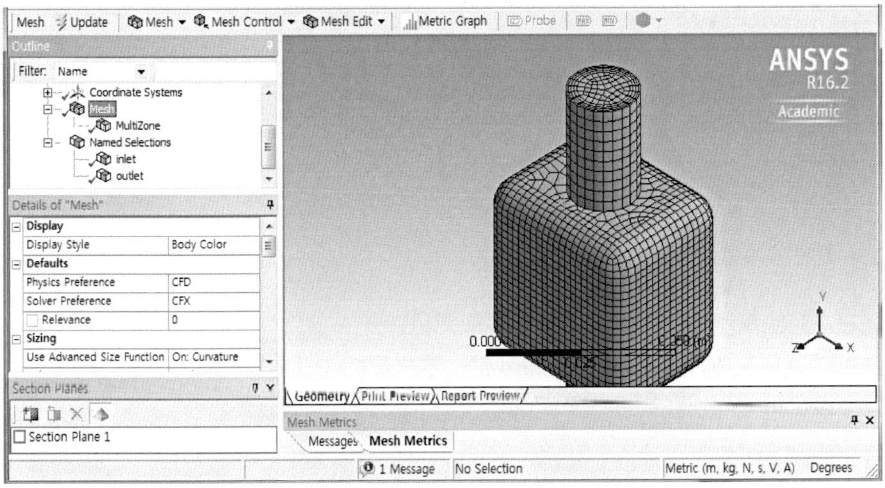

▶ 그림 3-36 Free Mesh Type을 Tetra/Pyramid로 변경한 후 메쉬 생성

View the Mesh

1. MultiZone은 모두 Quad Surface Mesh를 생성한다.
2. Geometry에 표현된 Small Faces는 자동으로 Defeaturing된다.
3. MultiZone은 Patch Independent로 구분되며, Tetrahedrons Patch Independent Method와 같이 자동으로 Defeaturing된다.
4. 격자 확인을 위해 Section Plane과 Show Whole Elements를 활성화하여 격자를 확인한다.

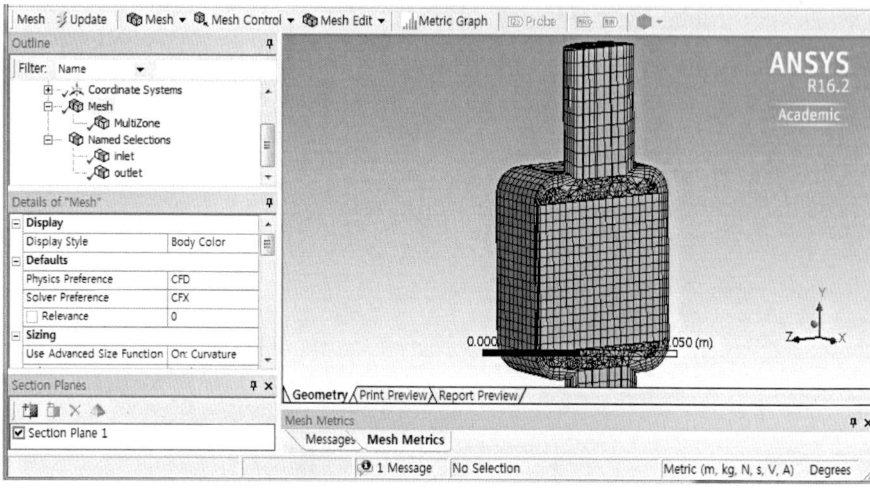

▶ 그림 3-37 Show Whole Elements를 비활성화

View the Mesh Interior

1. 격자의 내부 구조와 Inflation을 확인한다.
2. MultiZone은 모델을 Blocks으로 나눈 후, Hex Mesh가 가능한 Blocks에 Hexa를 채움 나머지 영역에는 Tetra/Pyramid Mesh를 생성한다.

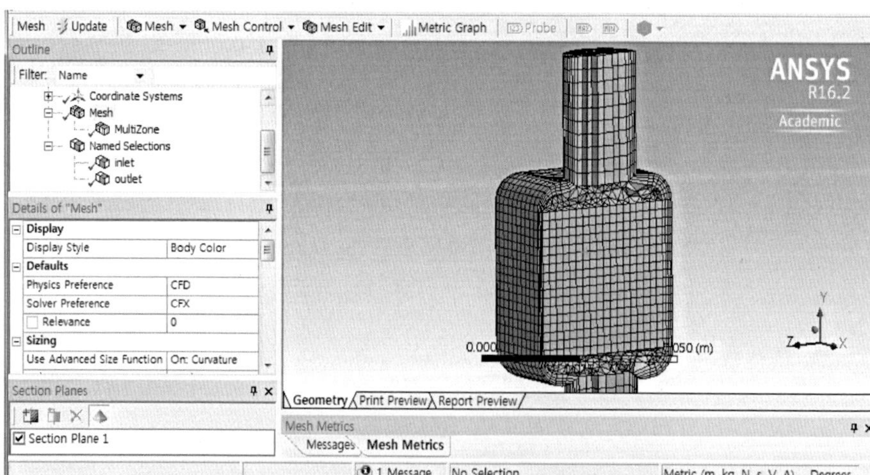

▶ 그림 3-38 Section Plane과 Show Whole Elements를 활성화

3. 격자 확인이 완료되면, Section Plane을 비활성화 한다.

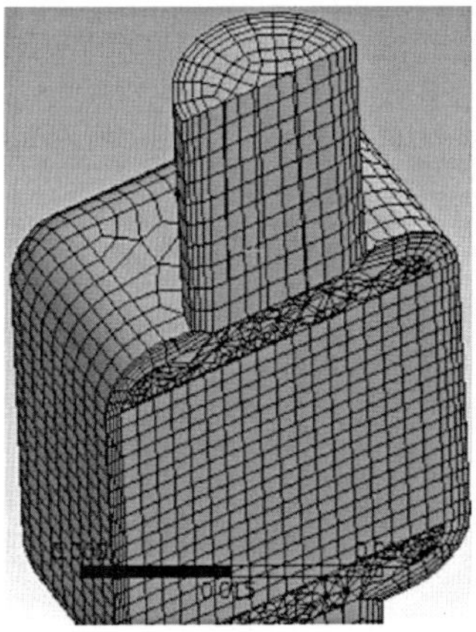

▶ 그림 3-39 Show Whole Elements를 비활성화

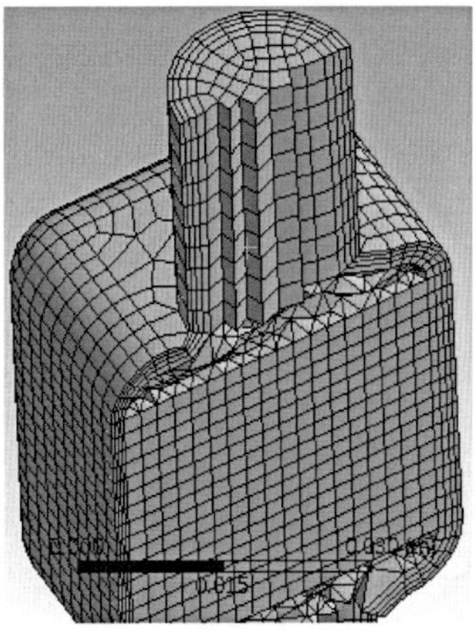

▶ 그림 3-40 Show Whole Elements를 활성화

Global Mesh Controls

Background

- 이번 Workshop은 Global Control을 사용하여 Mesh Sizing과 Inflation을 적용하는 방법 소개
- CAD 파일은 Meshing Application으로 직접 Import함

Objectives

- ANSYS Meshing 실행
- Mesh 생성
- Advanced Size Functions 사용
  - Curvature
  - Proximity
- Inflation

Project 생성

- Workbench 실행
  - Start → All Programs → ANSYS 17.0 → Workbench 17.0
  - Component System에 있는 Mesh를 Project Schematic에 Drag & Drop 하면 됨
- Geometry Cell(A2)에서 마우스 오른쪽 버튼 클릭 → Import Geometry → Browse
- Meshing Workshop Input Files (Module03) 폴더에 있는 "main-gear-clean.stp" 파일을 선택함

- Geometry Cell(A2)이 체크 표시로 변하게 되며, 이것은 최신상태로 되었음을 의미함
- Mesh Cell(A3)을 더블 클릭하여 실행

Units

단위(Units) 설정

- Main menu의 Units 선택 후, Metric (m, kg, N, s, V, A)으로 설정

Display Options 설정

- Main Menu에서 Tools → Options 선택
- Mechanical 패널의 Graphics 설정
  - Highlight Selection : Both Sides

Chapter 04

CFX 해석

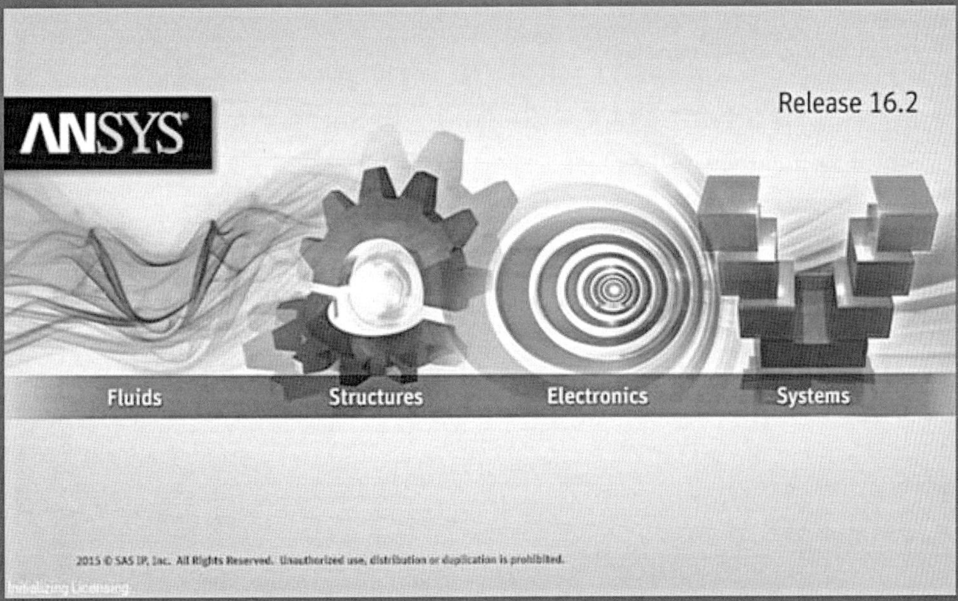

1 ANSYS CFX translation

What is CFD

전산유체역학(CFD)는 유체흐름, 열과 물질 전달, 화학 반응과 관련된 현상을 예측하는 학문이다. 질량, 운동량, 에너지 등의 보존방정식을 사용한다. CFD는 설계과정의 모든 단계에 사용된다.

- 새로운 설계의 개념 연구
- 상세 제품 개발
- 문제해결
- 재설계 CFD 해석은 실험에 필요한 노력과 비용을 줄이고, 데이터 획득을 통하여 실험을 보완한다.

How Does CFD Work?

ANSYS CFD Solver는 유한체적법(FVM)을 기반으로 한다.

- 유체 영역은 제어 체적(Control volume)의 집합으로 차분화 된다.
- 질량, 운동량, 에너지, 화학종 등의 보존에 대한 일반 이송 방정식은 제어체적에 대해 계산된다.

$$\underbrace{\frac{\partial}{\partial t}\int_V \rho\phi \, dV}_{\text{Unsteady}} + \underbrace{\oint_A \rho\phi \mathbf{V}\cdot d\mathbf{A}}_{\text{Advection}} = \underbrace{\oint_A \Gamma_\phi \nabla\phi \cdot d\mathbf{A}}_{\text{Diffusion}} + \underbrace{\int_V S_\phi \, dV}_{\text{Generation}}$$

- 편미분방정식은 연립 대수 방정식으로 차분화 된다.
- 차분화된 연립 대수 방정식은 수치적 방법으로 계산 가능하다.

Step 1 : Define Your Modeling Goals

원하는 결과(예: 압력강하, 질량유량)를 어떻게 사용할 것인가? 모델링 옵션이 무엇인가?

- 해석에 포함되어야 할 물리 모델은 무엇인가?
- 어떤 단순화 가정을 해야 하는가?
- 어떤 단순화 가정을 만들 수 있는가? (예: 대칭, 반복) 어느 정도의 정확도가 요구되는가? 얼마나 빨리 결과를 얻어야 하는가? CFD 가 적절한 도구인가?

Step 2 : Identify the Domain to Model

전체 물리적 시스템에서 관심 영역 부분을 어떻게 분리할 것인가? 해석 영역의 시작과 끝을 어디로 할 것인가?

- 그 위치의 경계 조건에 대한 정보를 가지고 있는가?
- 가지고 있는 경계 조건을 해석 영역에 사용할 수 있는가?
- 타당한 데이터가 있는 지점까지 계산 영역을 확장할 수 있는가? 문제를 단순화 하거나 2차원 또는 축대칭 문제로 가정할 수 있는가?

Step 3 : Create a Solid Model

유체 영역 모델을 어떻게 얻을 것인가?

- 기존의 CAD 모델을 사용할 것인가?
- 고체 형상에서 유동 영역을 추출할 것인가?
- 처음부터 만들 것인가? 형상을 단순화 할 수 있는가?
- 격자 생성을 어렵게 만드는 불필요한 부분을 제거할 것인가? (필렛, 볼트…)
- 해석 결과와 경계조건이 모두 대칭/반복 일 경우 대칭조건 또는 반복조건을 사용할 것인가?

Step 4 : Design and Create the Mesh

격자 해상도는 어느 정도 요구되는가?

- 격자는 관심 영역의 기하학적 형상을 표현해야 하며 중요한 변화를 포착할 수 있어야 한다. (예, 속도, 압력, 온도구배) 어떤 형태의 격자가 가장 적합한가?
- Quad/Hex 격자를 사용할 것인가?
- Non-conformal interfaces 가 필요한가? 충분한 계산 자원을 보유하고 있는가?
- 얼마나 많은 개수의 셀/노드가 필요한가?
- 얼마나 많은 물리 모델이 사용될 것인가?

Step 5 : Set up the Solver

주어진 문제에서 아래 사항이 필요하다.

- 재질 물성치의 정의 : 유체, 고체, 혼합물
- 적절한 물리 모델의 선택 : 난류, 연소, 다상, 등.
- 경계조건 정의
- 이전 해의 초기 값을 준비

- solver controls 설정
- 수렴 모니터 설정

Step 6 : Compute the Solution

수렴에 도달하는 경우

- 이전 계산과 현재 계산에 대한 해의 변화가 미비할 때 : Residuals monitor를 확인
- 전체적인 보존(Conservation) 특성이 달성될 때 : 전반적인 보존의 일치를 여부를 확인
- 관심 변수 값의 변화가 미비할 때 : 관심 변수에 대해 Monitor point를 이용 수렴된 해의 정확도는 아래에 의존한다.
- 물리 모델의 적절성과 정확성
- 격자 해상도와 격자 의존성
- 수치에러

Step 7 : Examine the Results

해석 결과를 검토하고 유용한 데이터를 추출하기 위해 결과를 검사한다. 가시화 프로그램을 이용하여 다음 내용을 확인 할 수 있다.

- 전체적인 유동 패턴은 무엇인가?
- 박리(Separation)가 일어나는가?
- 충격파(Shocks), 전단층(Shear layers) 등 형성되었는가?
- 주요한 유동 형상은 분석되었는가? 정량적인 결과를 계산할 수 있다.
- 힘과 모멘트
- 평균 열전달 계수
- 표면과 체적에 대해 적분된 물리량

Step 8 : Consider Model Revisions

물리적 모델은 타당한가?

- 난류 유동 또는 비정상유동인가?
- 압축성 효과 또는 3차원 효과가 있는가? 경계 조건은 올바른가?
- 계산 영역은 충분히 큰가?
- 경계 조건은 타당한가? 격자는 충분한가?
- 격자 개선으로 해의 변화가 분명히 나타나는가? 또는 해는 격자에 독립적인가?

Summary and Conclusions

- 모든 CFD 시뮬레이션은 앞에서 기술한 바와 같은 접근법이 사용된다.
- 형상을 만들고 격자를 만드는 것보다 시뮬레이션의 목적이 무엇인지 먼저 생각하는 것이 첫 번째이다.
- 솔버는 적절한 물리적 모델을 적용하고, 시뮬레이션이 충분히 수렴했는지 확인하자.
- 결과 검사에 주의하자.
- CFD에 의해 예측된 유동장을 고려하여 초기 단계의 일부를 다시 작업해야 할 수도 있다.
- 다음 단계 : CFX에 해석 작업 개요를 살펴보고, 데모를 실시하자.

2 Domains, Boundary Conditions and Sources

Domains

- Domain(해석 영역)이란 유체의 흐름이나 열 전달과 관련된 방정식을 계산하기 위한 공간을 의미한다.

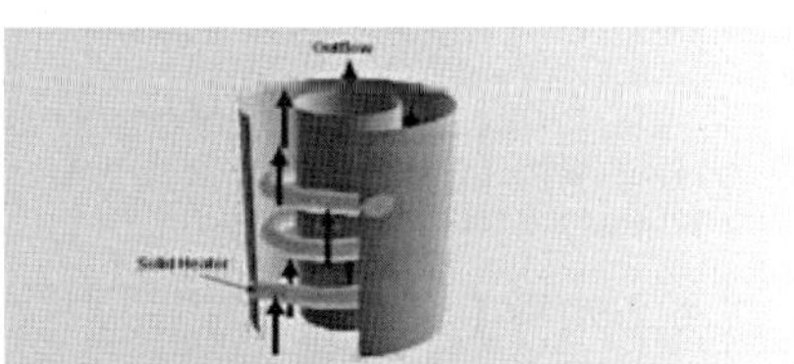

예) 물 속에서 구리열선으로 인한 열전달 문제를 해석하기 위해서는 유동 영역과 고체 영역이 필요하다.

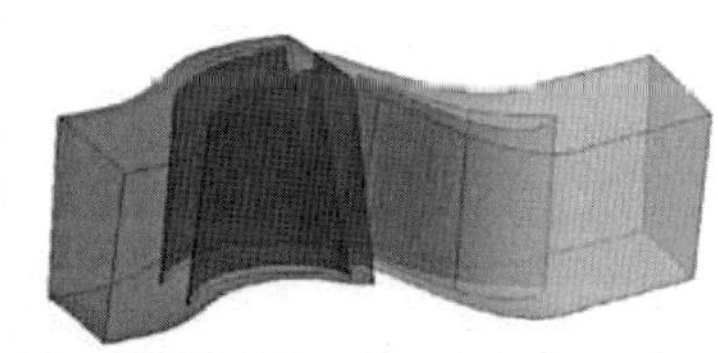

예) 회전 운동에 대한 문제를 해석하기 위해서는 로터가 회전 영역에 속해야 한다.

- 오직 해석 영역에 포함된 격자 들만 시뮬레이션에 적용된다.

Domain Creation - Reference Pressure

- 기본 설정 : Reference Pressure
- 측정된 상대 압력 값을 절대 압력으로 표현하기 위한 기준이 된다.

$$P_{abs} = P_{reference} + P_{relative}$$

- 경계면과 초기 조건에서 정의되는 압력은 일반적으로 상대 압력 값이 적용된다.
- 유체 내에서 발생하는 국부적인 압력 차가 절대 압력의 크기에 비해 매우 작을 때, 반올림 오차를 줄이기 위해 사용된다.

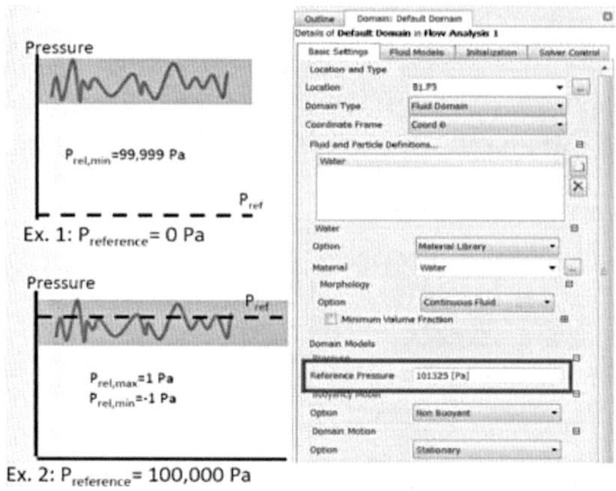

Domain Creation - Buoyancy

- 서로 다른 밀도를 가진 유체 영역에서 중력이 작용할 때 부력을 사용한다.
- 운동량 방정식에 의한 소스항이 추가된다.
- SMbuoy=(ρ - ρref)g 여기서 ρref는 기준 밀도이다. 유체가 가진 밀도에 따라 ρref는 양의 값이나 음의 값 모두 가질 수 있다.
- (ρ - ρref) 항은 사용자가 어떠한 유체를 선택하느냐에 따라 다르게 나타난다.
- 일정한 밀도 (Boussinesq model)

$$(\rho - \rho_{ref}) = -\rho_{ref}\ \beta(T - T_{ref})$$

Buoyancy	Full Buoyancy Model	Boussinesq Model
차이점	밀도차이	온도차이
적용	이상 기체, 실제 유체, 다중 성분의 유체	일정한 유체 밀도
기준 밀도/온도	단상일 때, 일반적으로 예상된 도메인 값의 대략적인 평균 값을 사용한다. *(다음 장 계속)*	

Domain Creation - Buoyancy

- Buoyancy Reference Density
- 반올림 오차를 줄이는데 사용
- Absolute Pressure 정수압과 기준 압력을 포함한다
- Pabs = Preference + Prelative + ρref g z
- 올바른 설정은 압력용해(Pressure solution)로 부터 정수두(hydrostatic head)를 상쇄할

수 있다.

- ρref = 0 [kg m^-3] , 최대 정수압 변화는 압력장에 의해 나타난다.
- ρref = 유체밀도(ρ), 정수압은 압력장에 나타나지 않고 오직 중력에 의해서만 유동이 변화한다.

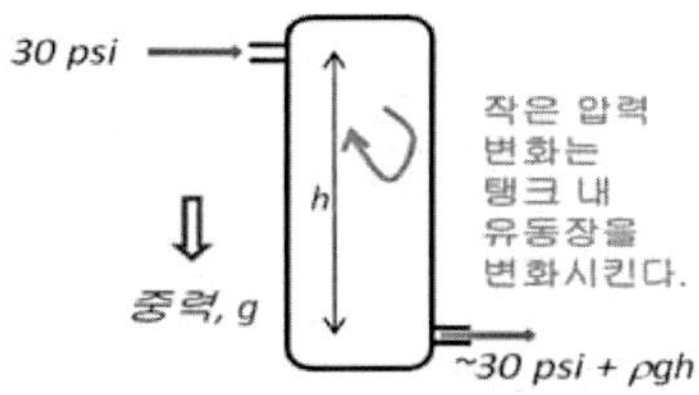

작은 동압 변화를 정확하게 계산하기 위해서: 기준압력을 작동압력으로 설정하고, Buoyancy Reference Density를 정수압으로 설정하면 좋다.

Domain Creation

- 일반 선택 창: Domain Motion
- Domain에서 회전축을 지정할 수 있다.
- CFX-Solver는 적절한 Coriolis와 원심 모멘트 항을 계산하며, 회전체에 총 에너지 방정식을 계산한다.
- Mesh Deformation
- 움직이는 경계면이 포함된 문제에 사용된다.
- 격자 움직임은 직접 지정하거나 다른 요인에 의해 유발되도록 설정할 수 있다.

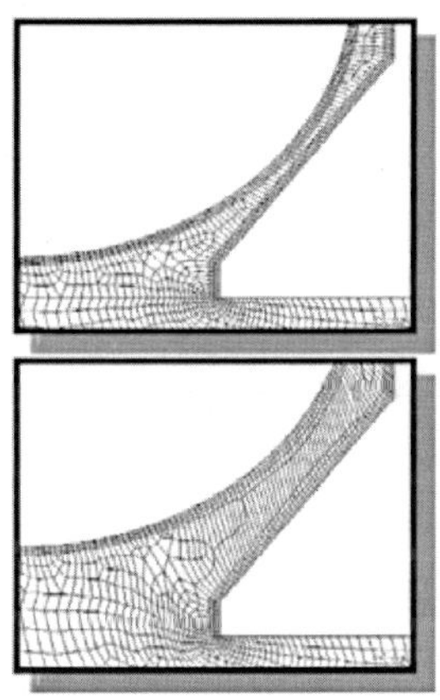

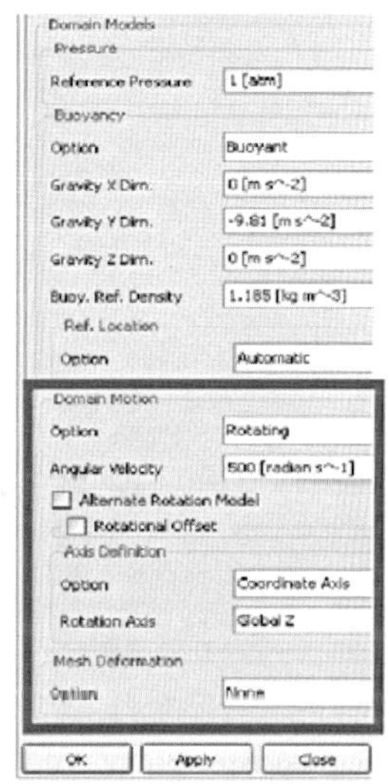

Domain Types

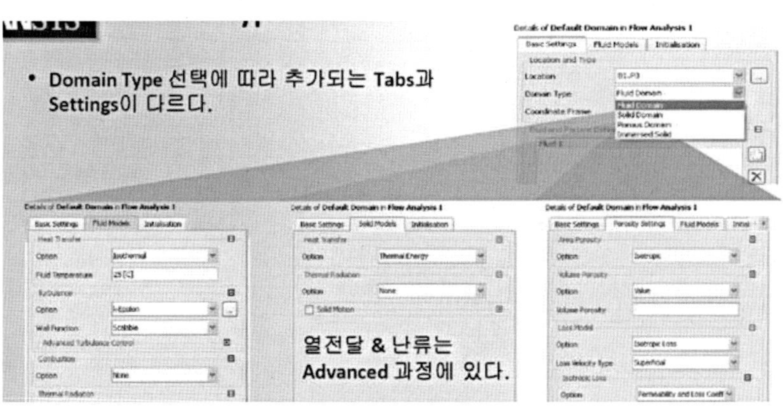

Domain Type: Solid Models

- 열교환의 벽면
- Conjugate Heat Transfer
- Radiation
- Solid Motion
- 오직 고체 영역에서 열의 이동을 설명하고자 할 때만 사용된다.
- Solid motion은 표면의 모든 곳에 대해 접선 방향이어야 한다.

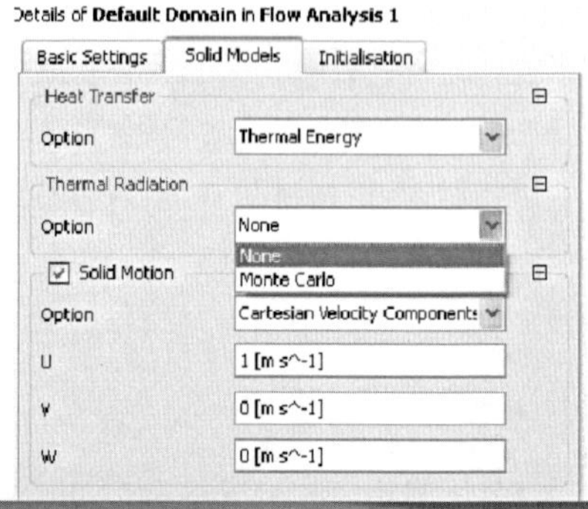

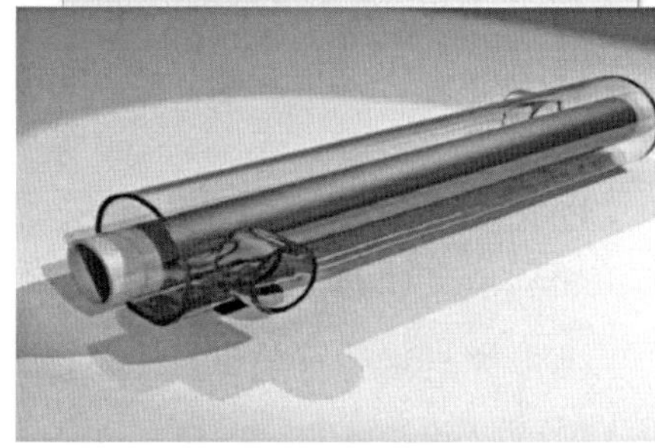

Domain Type: Porous Domains

- 형상이 매우 복잡해서 격자를 생성하기 어려운 부분에 유동 영역을 모델링 하는 경우 사용한다.
- 형상을 구현하지 않는 대신, 형상에 대한 효과를 수치적으로 반영한다.

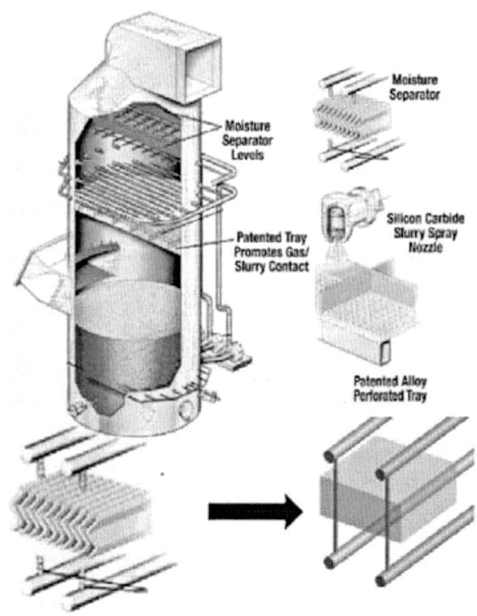

Domain Type: Porous Domains

- Volume Porosity : 총 물리적 체적에 대한 국부적 유체 체적 비율
- Loss Model
- Isotropic or Directional Loss

- Darcy's Law을 사용하여 손실을 적용한다.
- Permeability and Loss Coefficients
- Linear and Quadratic Resistance Coefficients

$$\frac{-dp}{dx_i} = \frac{\mu}{K_{perm}} U_i + K_{loss}\frac{\rho}{2}|U|U_i \quad \frac{-dp}{dx_i} = C_{R1} U_i + C_{R2}|U|U_i$$

- True Velocity 또는 Superficial Velocity의 기본적인 계수 값 Superficial Velocity = Volume Porosity * True Velocity

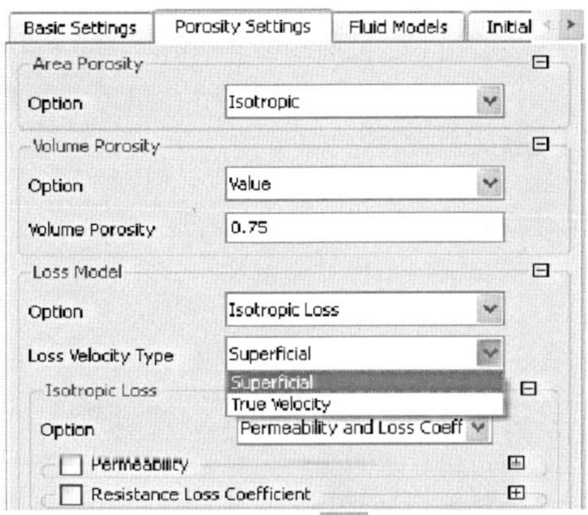

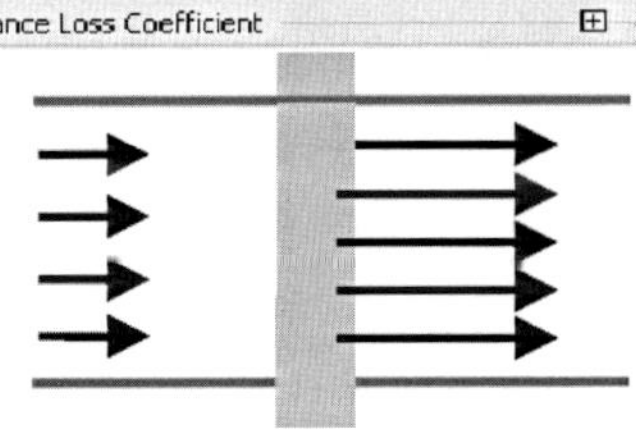

Materials

1. 사용할 유체에 대한 이름을 생성한다.

2. 해석 영역에서 사용될 물질을 선택한다.

3. 추가적인 물질은 을 클릭하여 이용이 가능하다.

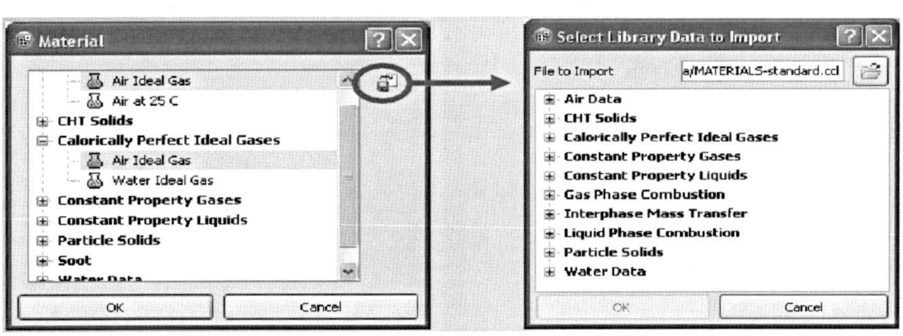

Multicomponent/Multiphase Flow

혼합 유체(Multicomponent)

- 혼합물에 대한 하나의 유동장
- 혼합물에서의 변화는 변화된 질량 분율 (Mass fraction)을 의미한다.
- 성분들이 분자 단위에서 혼합되어 있을 때 사용 가능하다.

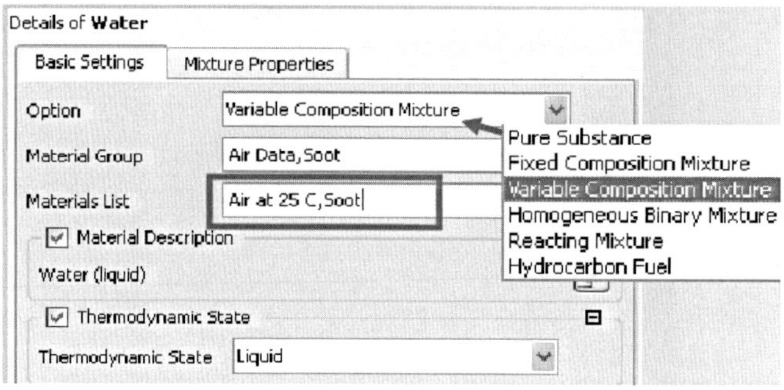

다상 유동(Multiphase)

- 각 유체는 각각의 유동장을 가지거나 모든 유체는 하나의 유동장을 공유한다.
- 유체가 유체들 사이의 계면이 구분 가능한 거시적 단위에서 혼합되어 있을 때 적용 가능하다.

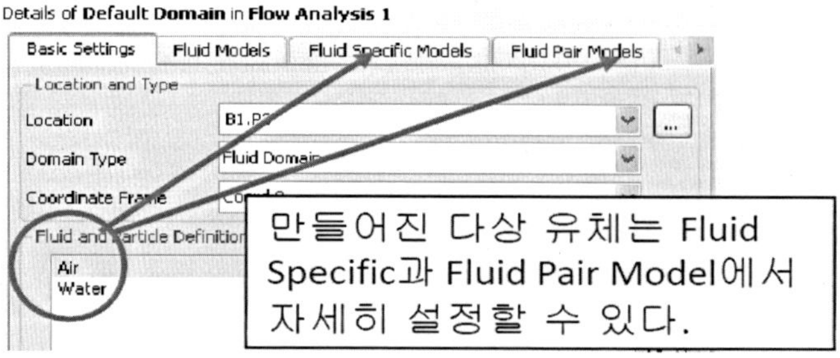

Compressible Flow Modeling

- 밀도가 압력의 함수로 유체를 선택하면 압축성 유동 해석을 수행할 수 있다. 예) 이상 기체와 실제 기체
- CFX 는 아음속, 초음속, 천음속 유동을 계산할 수 있다.
- 초음속/천음속 유동 문제

- 열전달 옵션을 'Total Energy'로 설정

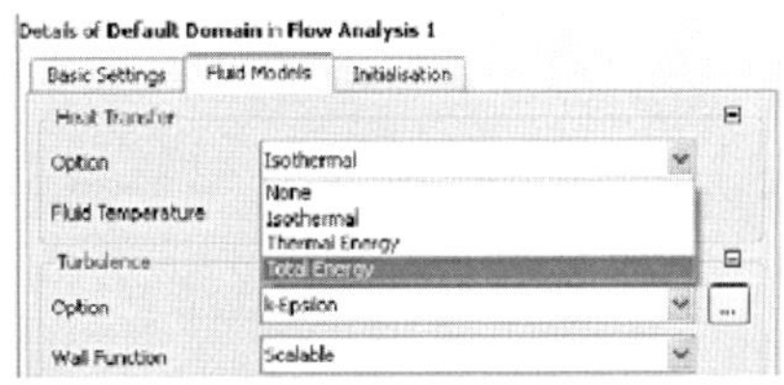

Boundary Conditions

Defining Boundary Conditions

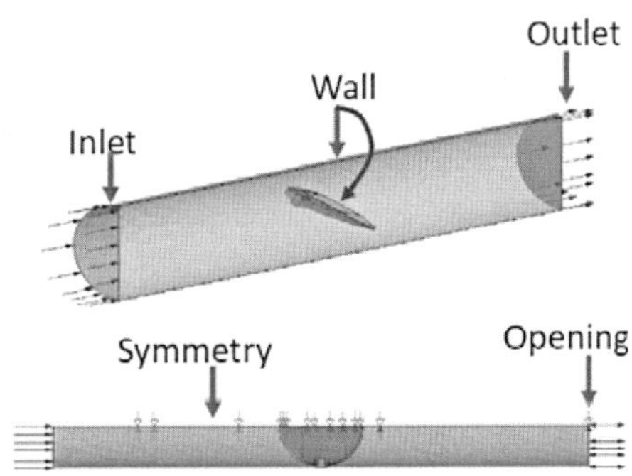

- 경계 조건 정의 하려면:
- 경계면의 위치와 종류를 확인 (예. Inlet, Wall, Symmetry)
- 경계면에 구체적인 값 정의
- 도메인에서 질량 유량, 운동량, 에너지 등.
- 경계면에 대한 정확한 값이나 근사 값을 알고 있어야 한다.
- 잘못된 경계 조건은 계산 결과에 상당한 영향을 미칠 수 있다.

Inlets and Outlets

- Inlets 은 주로 유동이 들어오는 부분에 사용된다. 그러나 속도의 경계 조건 설정에 따라 Outflow 부분이 나타날 수도 있다.

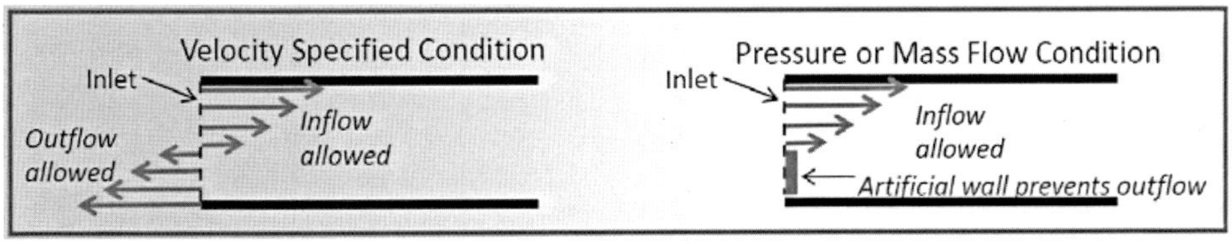

- Inlets 에 입력된 속도는 비압축성 유동의 경우에 주로 사용된다.
- Pressure inlet과 Mass flow inlet은 압축성과 비압축성에 모두 적당하다.
- Outlets도 Inlet과 동일한 개념을 이다.

Openings

- Opening은 경계면에 유출입을 모두 허용된다.
- 경계면에 입력 값이 있어야 한다. (예. Domain에 유체가 흐를 때 온도, 난류, 혼합물 등)
- 경계면의 위치가 좋지 않을 경우 Opening을 사용하는 것은 바람직하지 않다.

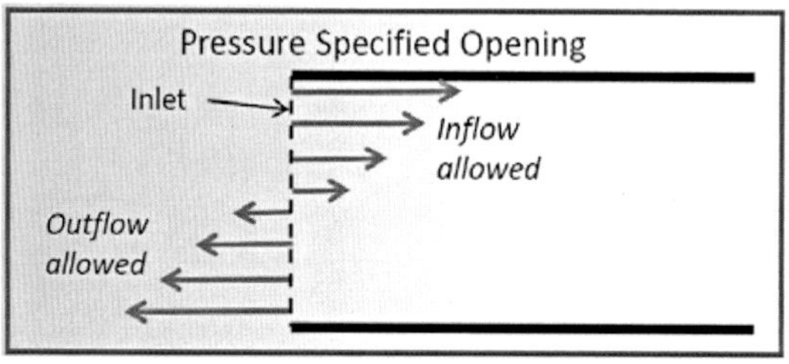

Symmetry

- 계산 비용을 줄일 수 있다.
- 입력 값 설정이 없다.
- 유동장과 형상은 대칭이어야 한다.
- 대칭면에서의 수직 속도는 0이다.
- 대칭면에서의 모든 변수의 수직 구배는 0이다.
- 대칭인 경계면의 위치를 정확히 정의해야 한다.

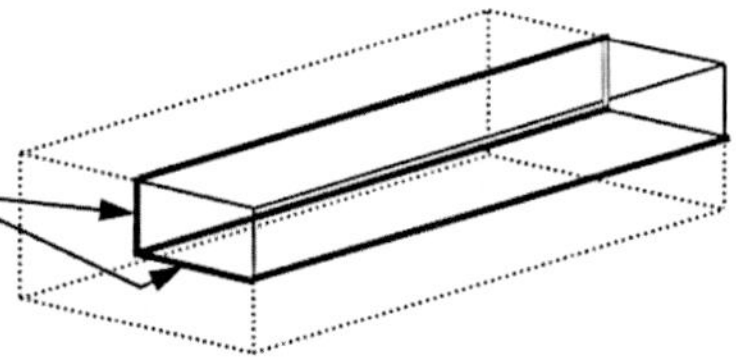

Specifying Well Posed Boundary Conditions

다음과 같이 공기와 연료가 분리된 주입관을 생각해보자. 입구 경계 위치에 따른 3가지 접근 방

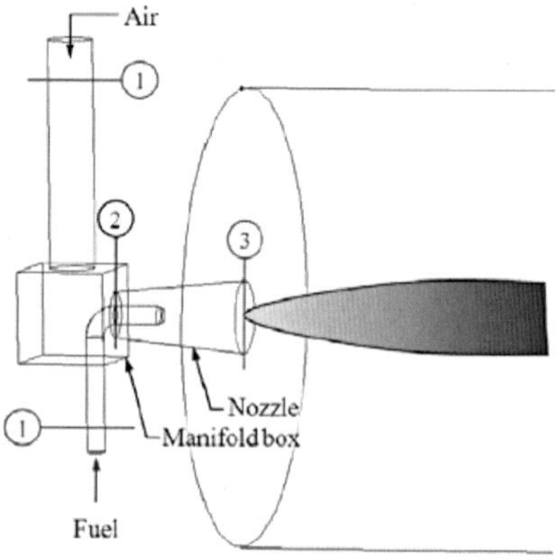

1. Manifold 앞쪽
   - 균일한 Profile을 사용한다. → 관을 통해 유동은 자연스럽게 발달한다.
   - 보다 많은 격자를 요구한다.
2. Nozzle 입구면
   공기와 연료의 정확한 속도 Profile이 필요하다.
3. Nozzle 출구면
   공기와 연료의 정확한 속도와 혼합비율 Profile이 필요하다.

Specifying Well Posed Boundary Conditions

- 가능하면, 유출입되는 유동 방향과 수직한 면을 경계면으로 설정한다.
- 경계면에 수직 방향으로 구배가 크게 나타나지 않아야 한다.
- 경계 조건의 위치가 잘못 된 것을 뜻한다.

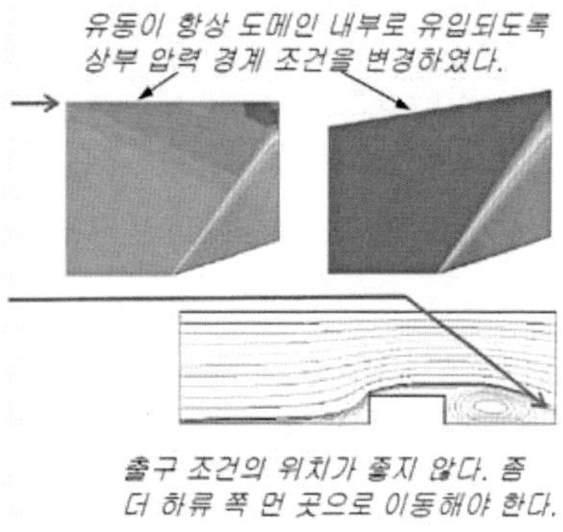

Specifying Well Posed Boundary Conditions

- 재순환 영역 부근에 위치한 경계면
- 좋지 않은 위치 : 유동의 유입을 고려하여 Opening 조건을 적용한다.
- 더 나은 위치 : 정확한 속도/압력 Profile로 된 Outlet 조건 적용한다.
- 이상적인 위치 : 유동이 발달할 수 있도록 재순환의 후단에 Outlet 조건을 적용한다. 이러한 경우 정확한 유동 조건에 대한 정의를 보다 쉽게 할 수 있다.

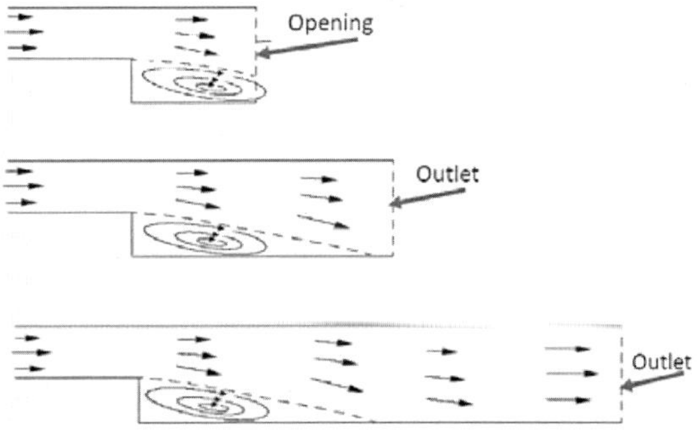

Specifying Well Posed Boundary Conditions

- 입구에서의 난류
- 일반적으로 난류 강도는 1~5% 정도지만 문제에 따라 다르다.
- 원통형 입구의 경우, 기본 난류 강도는 0.037(즉, 3.7%) 정도로 난류에 대해 충분히 적용가능하며, 실험값이 없는 경우 이 값은 좋은 판단 기준이 될 수 있다.
- 벽마찰에 의해 난류가 발생하는 경우, 벽면에서 발생하는 난류가 충분히 발달될 수 있도록 해석 영역의 상부를 확장하는 것이 필요하다.

Specifying Well Posed Boundary Conditions

- 외부 유동
- 일반적으로, 높이가 H고 폭이 W인 모델에 대해 해석 영역을 생성하려 한다면, 외부 해석 영역은 적어도 모델 높이의 5배, 폭은 10배, 모델의 상류 부분은 약 2배, 하류는 10배 정도로 만드는 것이 좋다.
- 해석 영역 내 경계면의 수직 방향에 대해 압력 구배가 크게 나타나는 지 확인해야 한다. 만일 그렇다면, 해석 영역을 더 넓게 만들어야 한다.

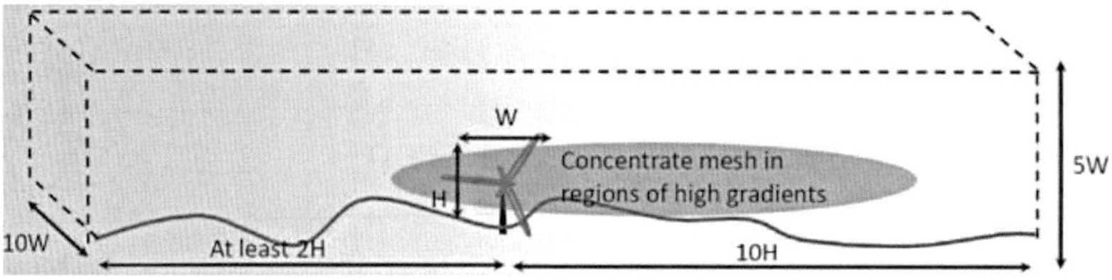

Specifying Well Posed Boundary Conditions

- 대칭면(Symmetry plane)과 코안다(Coanda) 효과
- 대칭 형상은 대칭 유동을 의미하지 않는다.
- 대칭 형상을 갖는 덕트의 중심에서 제트가 분사되면 특정 레이놀즈 수 이상에서는 한 쪽으로 치우쳐 흐르는 경향이 나타나는데, 이를 코안다(Coanda)효과라 한다.

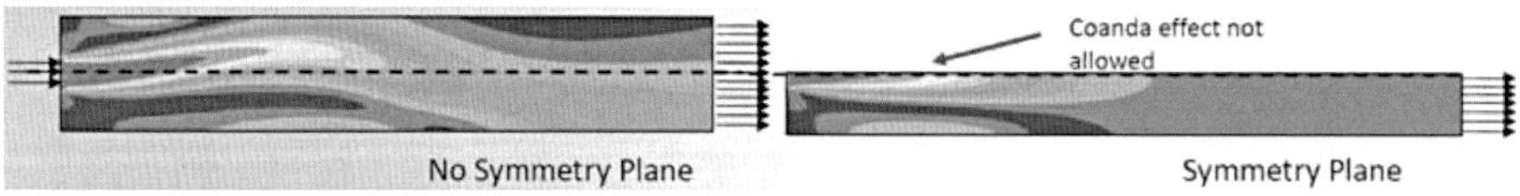

Specifying Well Posed Boundary Conditions

- 하나의 Inlet과 하나의 Outlet이 있는 경우

	Inlet	Outlet	Result
매우 강건	Velocity/Mass Flow	Static Pressure	입구 전압은 예측의 음해적(Implicit) 결과이다.
강건	Total Pressure	Velocity/Mass Flow	출구에 정압과 입구에 속도는 결과의 한 부분으로 얻을 수 있다.
초기값에 민감	Total Pressure	Static Pressure	시스템의 질량유량은 결과의 한 부분으로 얻을 수 있다.
매우 불확실	Static Pressure	Static Pressure	입구 전압 수준과 질량유량 모두 예측 결과로 얻을 수 있기 때문에 추천하지 않는다.

Specifying Well Posed Boundary Conditions

- 적어도 하나의 경계면은 압력(정압이나 전압)을 정의해야 한다.
- 외부로 연결되는 Outlet에는 주로Static Pressure 경계조건을 사용한다.
- 외부로부터 들어오는 Inlet은 Total Pressure 경계조건을 사용한다. (예. 열려있는 창문)
- Mass flow inlet은 입구 전체에 균일한 속도 분포를 나타낸다.
- Mass flow outlet은 상류 조건과 압력 분포에서 결과의 음해적(Implicit) 부분을 기반으로 질량 유량 분포를 나타낸다.
- 경계 조건에 설정한 압력은 발달하면서 자연스러운 속포 분포가 된다.

Source Terms

- 소스는 기본 수송 방정식에 부가적인 항을 추가한다.

Energy Transport Equation

$$\underbrace{\frac{\partial \rho h_{tot}}{\partial t} - \frac{\partial p}{\partial t}}_{\text{Transient}} + \underbrace{\nabla\bullet(\rho U h_{tot})}_{\text{Convection}} = \underbrace{\nabla\bullet(\lambda\nabla T)}_{\text{Conduction}} + \underbrace{\nabla\bullet\left(\mu\nabla U + \nabla U^T - \frac{2}{3}\nabla\bullet U\delta U\right)}_{\text{Viscous work}} + \underbrace{S_E}_{\text{Source}}$$

- 해석된 변수의 소스 또는 싱크를 제공한다. 아래의 예를 살펴보자.
- 에너지 수송 방정식에 추가된 소스항은 열이 발생함을 의미한다.
- 운동량 방정식에 추가된 소스항은 추가된 일을 의미한다. 예) 펌프
- 소스항은 일반적으로 "블랙박스"로 사용된다.

3D, 2D and 1D Sources

- 3D, 2D나 1D 위치에서 소스가 적용된다.
- 3D 소스는 Subdomain, Domain의 일부나 모든 부분에 설정할 수 있다.
- 2D 소스는 경계면에 설정할 수 있다. (Sources tab)
- 소스점은 하나의 격자 요소, 좌표가 정의된 점에 설정할 수 있다.

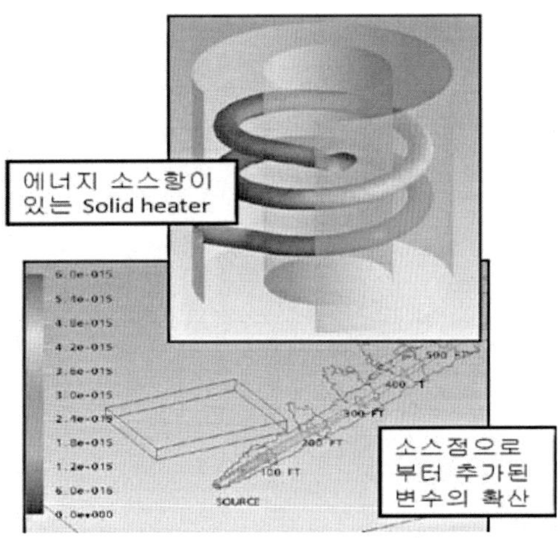

3 PostProcesing

Introduction

CFD 해석의 목적은 유동 흐름에 대한 정량적(quantitative) / 정성적 (quantitative) 데이터를 얻기 위함이다. 이번 강의에서 CFD-Post를 이용하여 데이터를 얻는 방법을 설명할 것이다. CFD 결과에 대하여 유동장의 시각화 방법과 정량적 데이터를 확인하는 방법을 배운다.

CFD-Post는 CFD 결과를 분석하는데 필요한 다양한 기능들이 있다.

- Isosurfaces
- Vector plots
- Contour plots (shaded and graded)
- Streamlines and particle tracks
- XY plotting
- Animation creation

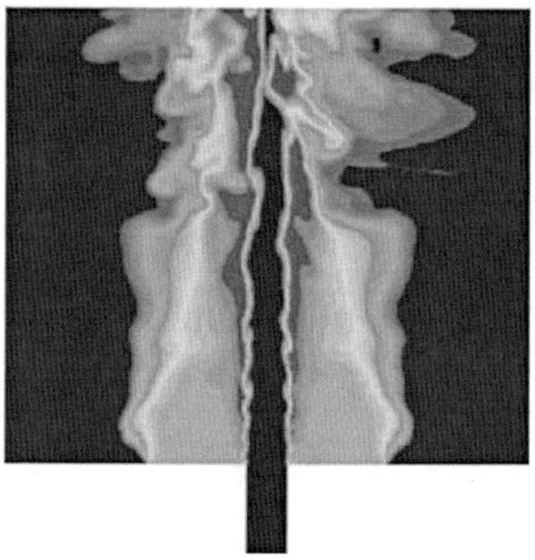

Viewer에서 마우스 우측을 클릭하면 상황에 맞는 메뉴를 제공한다.

- 어떤 물체에서 마우스 우측을 클릭할 경우 (예: Wireframe, Plane) 그 물체에서 적용 가능한 기능들이 나열된다.
- 현재 위치에서 새로운 대상을 추가할 수 있다. (plane에 vector를 표시하거나, surface에 contour를 표시하는 등)
- 빈 공간에서 마우스 우측을 클릭할 경우 현재의 viewer에 대한 설정이 가능하다.
- 특정 축을 클릭하면 그 축을 기준 으로 화면이 표시된다.

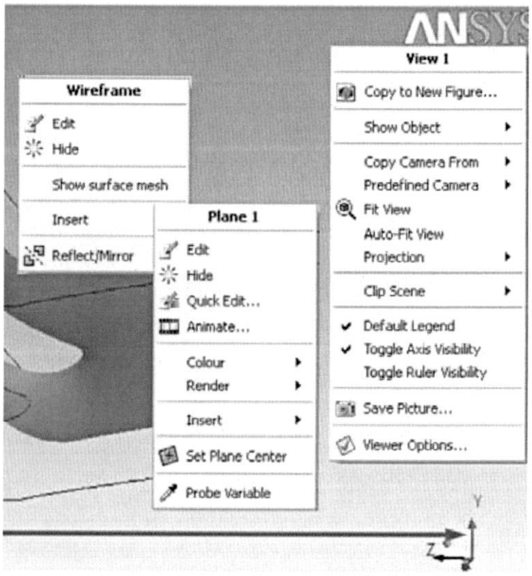

- CFX Viewer 파일 형태(.cvf file)로 그림들 (3D)을 저장한다.
- 저장된 그림들은 Viewer에서 rotate, pan, zoom 등의 기능을 이용하여 자세하게 볼 수 있다.
- 별도의 비용이 필요하지 않기 때문에 어디서든지 설치가 가능하다.
- PowerPoints와 HTML files과 호환이 가능하다.
- Should be in your ANSYS CFX 16.2 installation

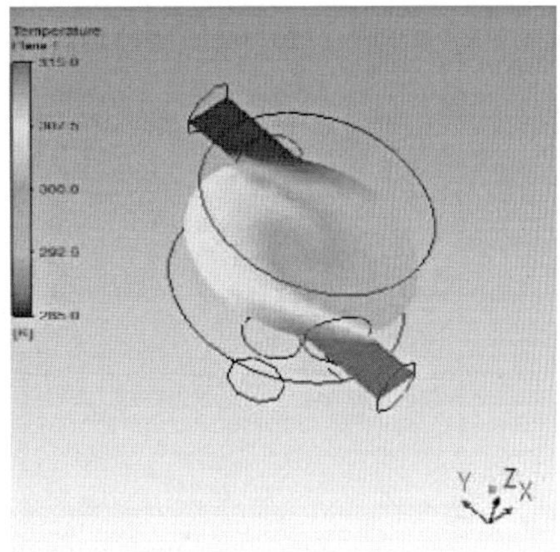

- ANSYS Website에서 다운로드 가능하다. ("CFD Viewer" 검색)

CFD-Post General Workflow

1. Data를 추출하거나 화면에 표시할 location을 먼저 생성한다.
2. 필요에 따라 data를 추출하기 위해 사용할 변수나 함수를 생성한다.
3. i) 생성한 위치에서 정성적인 결과를 확인한다.
   ii) 생성한 위치에서 정량적인 결과를 확인한다.
4. Report를 작성한다.

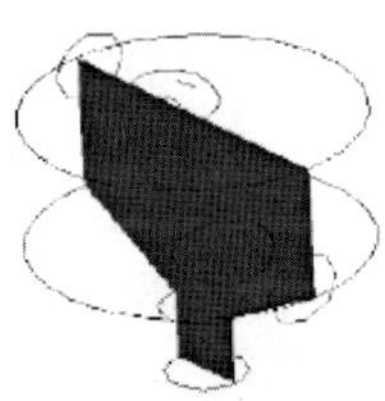

Name	Expression
Fresh Liq	(1-tracer)
Mix Effectiveness	volumeAve(Fresh Liq)@Digester / (t/changeoverTime)
Reference Pressure	1 [atm]
t	Time

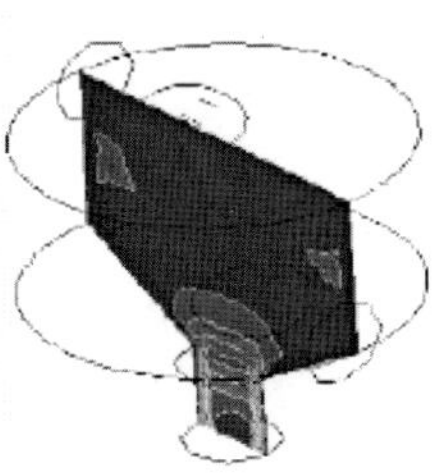
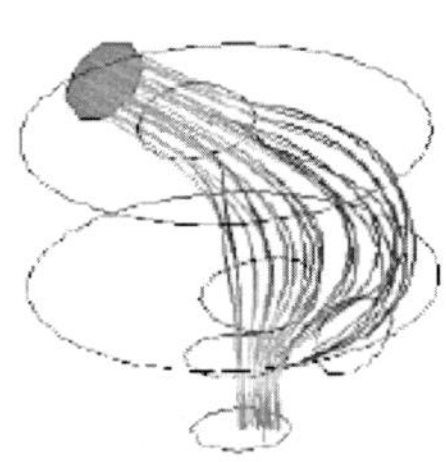
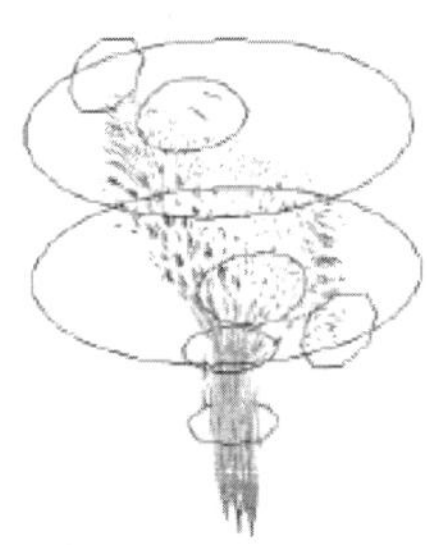

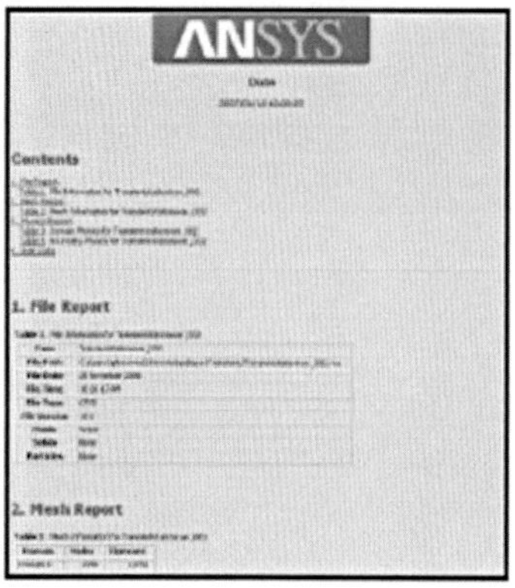

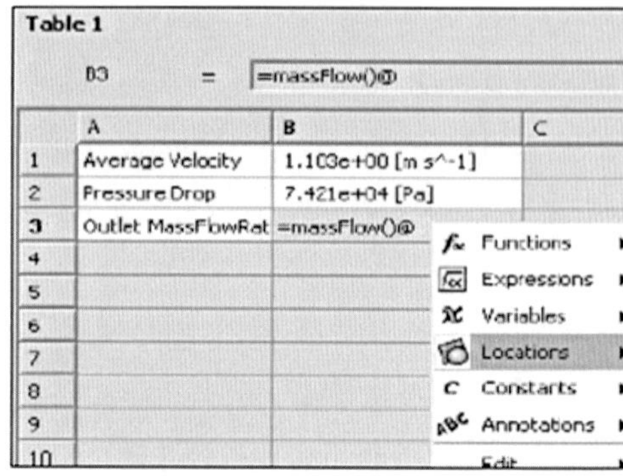

Other Graphics Objects

Vector Plot

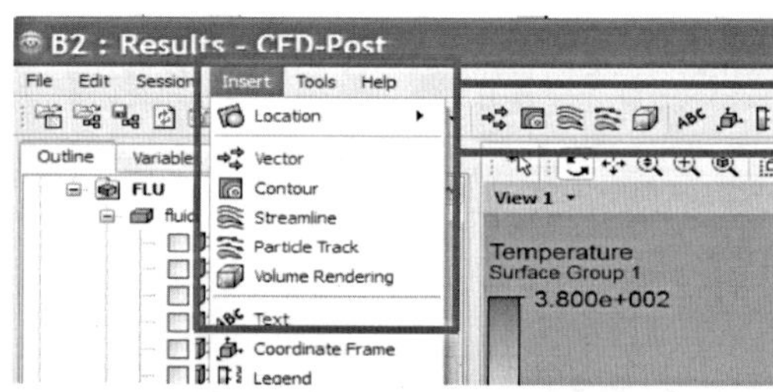

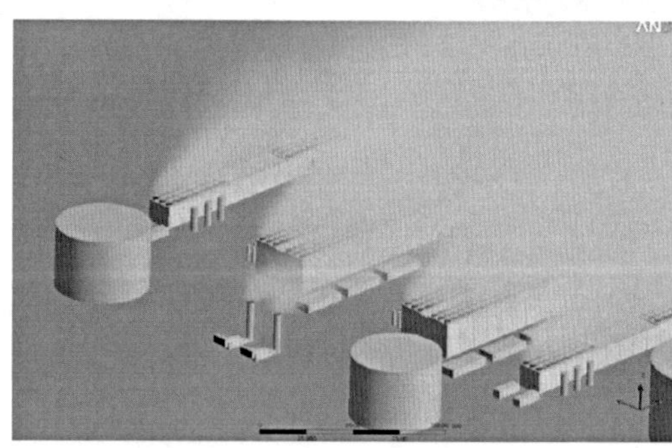

- 보통 속도의 vector를 표시하는데 사용된다.
- Streamlines
  - 시작 위치에서 진행 방향 또는 반대 방향으로 유동의 흐름을 보여준다.
  - Vector, streamline 그리고 contour는 plane이나 해석 영역의 면과 같이 기존의 대상에서 사용가능하다.
- Volume Rendering
  - 모든 격자 셀에 대하여 투명도를 변수에 따라 설정할 수 있다.
  - 예를 들어, 투명도는 연기의 농도에 따라 설정할 수 있다. 이는 연기 안에서 가시화에 대한 방안을 제시할 수 있다.
- Text
  - Viewer에서 원하는 글을 넣을 수 있다.
  - Auto-text 기능은 time step/values, expressions, filenames과 dates을 보여주며, 자동으로 변경된다.
- Coord Frame
  - 새로운 좌표축을 생성하여 모델에 대한 상대적인 값을 확인할 수 있다.

- Legend
  - 새로운 범례를 생성하여 원하는 도표를 만들 수 있다. (기존 범례는 도표가 활성화되면 자동으로 변경된다.)
- Instance Transform
  - 보통 Symmetric/periodic 해석에 대하여 전체를 보여주기 위해 사용한다.

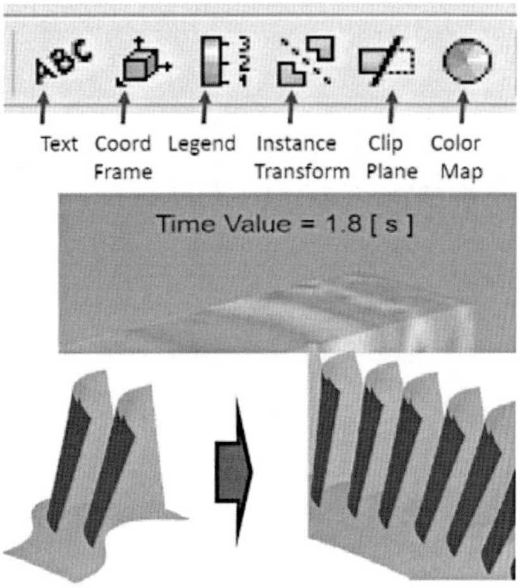

Variables Tab: User Defined Variables

- 상단 Variables tab에서 Right-click > New… 를 이용하여 새로운 변수를 생성한다.
- User Defined variables를 만드는 3가지 방법:
  - The Expression는 expression을 이용하여 만드는 방법으로 다른 변수에 대한 함수 형태로도 만들 수 있다.
  - Frozen Copy 는 Case Comparison으로 대체되었다.
  - The Gradient는 스칼라 변수에 대한 구배를 계산하여 변수를 만드는 방법이다.
- 새 vector variable를 생산한다.

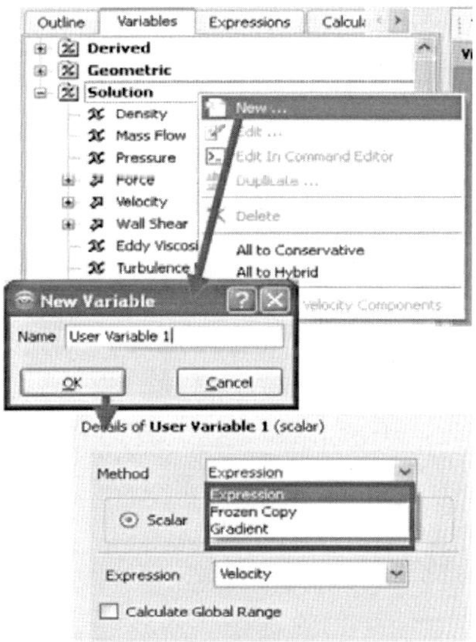

Tables

- Insert > Table 또는 toolbar icon을 이용하여 새로운 table을 생성한다.
- 3D Viewer Table Viewer로 바뀐다.
- Table은 데이터와 expression을 표로 보여준다.
- Table은 자동으로 Report에 추가된다.
- Cell은 expressions 이나 text를 포함한다.
- "="로 구별한다.(expression 사용)

- Expression은 관련 위치나 변수가 변경될 경우 새로운 값을 계산하여 변경한다.
- Table은 스프레드시트는 아니다.
- 다른 cell 값을 이용할 수는 없다.

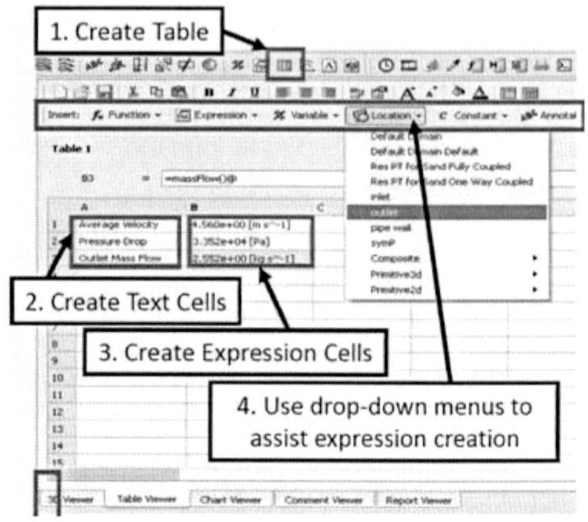

Reports

- CFD-Post는 사용자가 원하는 내용 빠르게 report를 생성 하는 기능이 있다.
- Report를 보기 위해서는 Report Viewer tab을 클릭한다.
- Check box를 활용하면 report에 첨부하고 싶은 내용을 선택할 수 있다.
- Reports 은 해석에 따른 template를 제공한다.
- Publish는 report 복사본을 HTML 이나 Text 형식으로 저장한다.

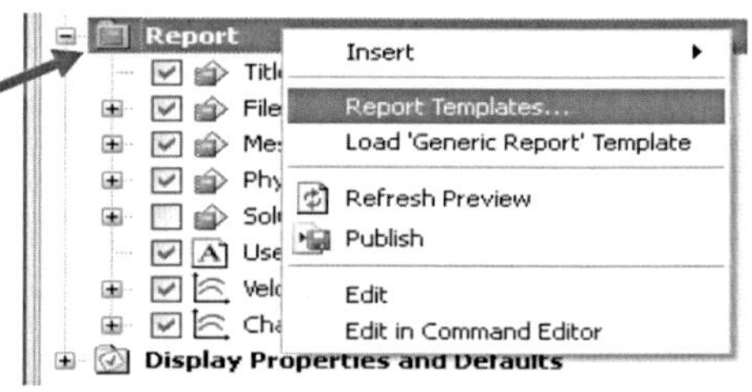

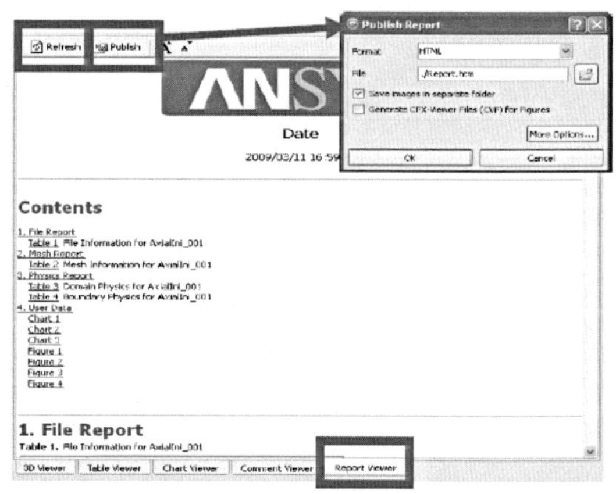

Case Comparison

- 여러 해석 파일을 불렀을 경우, Outline tree에서 Case Comparison 을 활용할 수 있다.
- 자동으로 변수의 차이를 계산하고 표시해 준다.

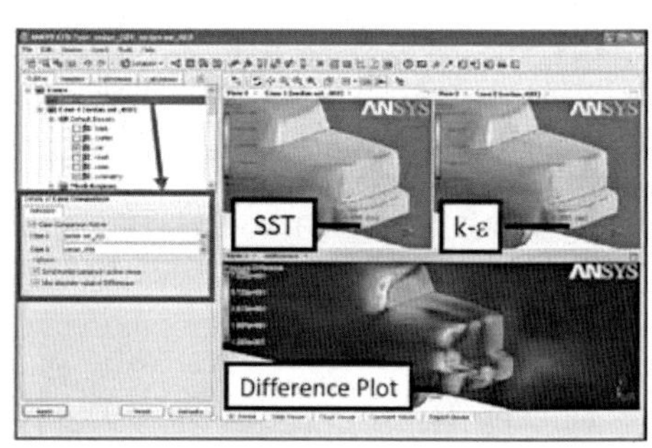

Expression syntax:

- function()@CASE:#.Location
- E.g: areaAve(Pressure) @CASE:1.Inlet

요약

CFD-Post는 3D-viewer, 사용자 변수, 자동화된 html 보고서 생성 그리고 case comparison 기능을 포함한 매우 강력하고 세련된 후처리 프로그램이다.

What Next:

후처리 기능을 배우는 가장 좋은 방법은 직접 해보는 것이다.

4 Solver Settings and Output File

- CFX는 입력값(솔버 설정)을 필요로 하며, 여기서 입력값이란 해를 계산하는 방법을 말한다. 정확도와 안정성, 그리고 수렴성을 소개하면서 각각의 설정 목적을 이해할 수 있어야 한다. 이중 수렴성은 가장 강조되는 사항이며, CFD 해석에서 매우 중요하다.
- 사용자가 해석 목적에 맞는 적절한 솔버 설정을 할 수 있으며, 결과를 확인하고 분석할 수 있다.
  - Outline
  - Initialization
  - Solver:
  - Convergence Control
  - Residuals
  - Additional convergence checks
  - Output Control
  - CFX Solver Manager
  - CFX Solver Output File

Initialization

- 반복적 해석 방법을 사용하기 위해서는 해를 계산하기 전 모든 해석 변수들에 초기값을 입력해야 한다.

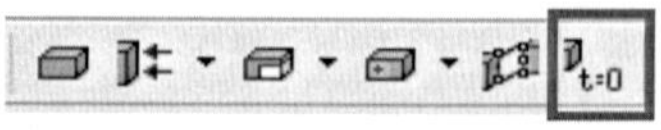

툴바 또는 Flow Analysis 1에서 RMB를 클릭하여 Global Initialization을 삽입한다.

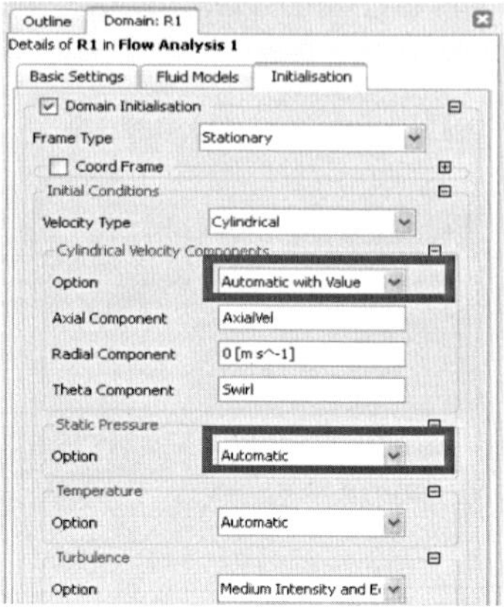

- 적절한 초기값을 입력하면 계산 시간을 줄일 수 있다.
- 부적절한 초기값은 계산 초기에 발산의 원인이 될 수 있다.
- 초기값은 세가지 방법으로 설정할 수 있다.
  - Automatic option
- CFX-Solver는 경계조건 값이나 도메인 설정 값을 기준으로 계산된다.
  - Automatic with Value option
- U사용자가 특정값을 사용
- 고정값이나 expression 사용
  - 이전 결과로부터 초기값을 설정(see next slide)
  - 툴바 또는 Flow Analysis 1에서 RMB를 클릭하여 Global Initialization을 삽입한다.

Initialization – Using a Previous Solution

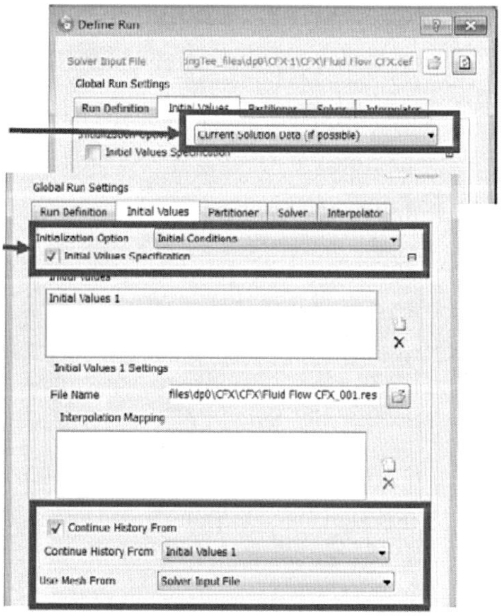

- Initial Values tab
  이전 계산 결과나 현재 Solution Data를 기본으로 한다.
- 특정 결과파일로 부터
  - Initial Conditions 옵션 설정
  - 'Initial Values Specification' 변경
- 파일 선택 (res, .bak or _full.trn)
  Continue History From은 convergence history와 iteration counters에 의해 수행된다.
- Use Mesh From:
  - Solver Input File → 초기값은 input file로 부터 보간된다.
  - Initial Values → physics는Solver Input File 사용에 의해 정의된다.

Solver Control - Options

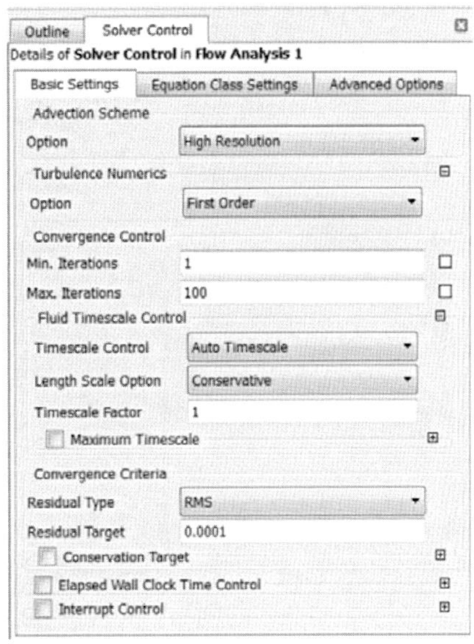

- 솔버 설정창에는 솔버에 영향을 미치는 다양한 설정이 포함되어 있다.
- 이 설정들은 해의 정확성과 솔버의 안정성, 그리고 해를 얻기 위한 시간 길이에 영향을 미치므로 중요하다.

Advection Scheme Theory

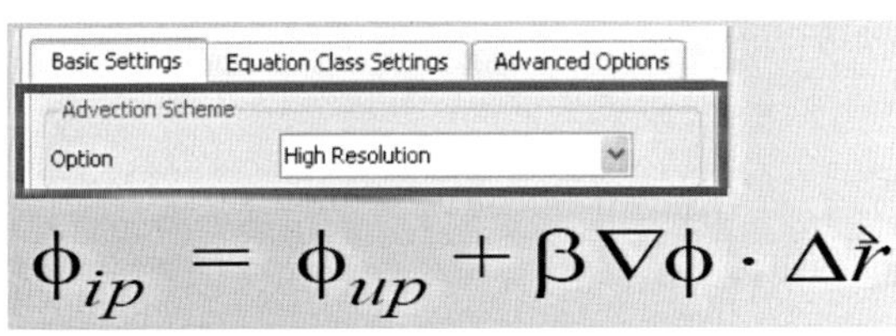

- Upwind advection scheme → b = 0
  - 강건하지만, first order의 정확도를 갖는다.
- Specified Blend scheme → 0< b < 1
  - 그러나 보정 시 물리적으로 가능한 값을 초과하거나 감소시킬 수 있으므로, 해의 경계를 보장하지 않는다.
- High Resolution scheme은 해의 경계를 유지하면서 유동 도메인을 통해 b를 최대화한다.

Convergence Control

- 수렴이 빠르지 않은 경우, 솔버는 최대 반복횟수까지 계산한다.
  - 최대 반복횟수까지 계산을 하였어도, 사용자는 수렴된 결과를 얻지 못할 수 도 있다.
  - 최소/최대 반복횟수는 Workbench input parameter로 설정할 수 있다.

- 계산이 종료되면, 사용자는 계산이 종료된 이유가 무엇인지 항상 확인해야 한다.
- Fluid Timescale Control은 정상상태 해석 시 시간크기를 설정한다.

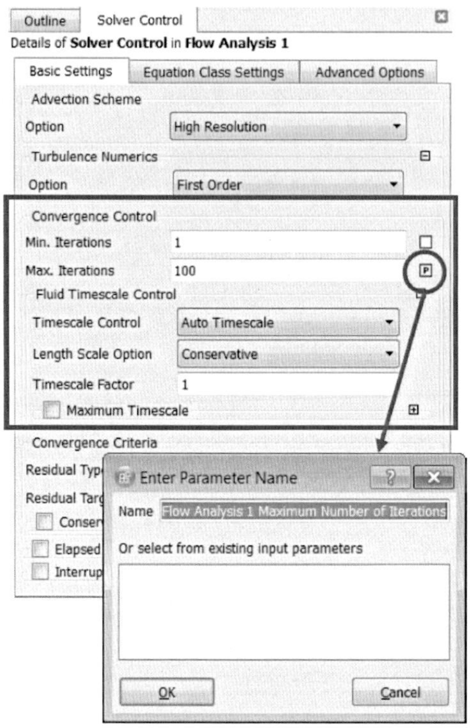

Timescale Background

- ANSYS CFX는 정상상태 해석에 대해 False Transient라는 방법을 사용한다.
  - timescale 초기값을 최종적인 결과로 이동하기 위해 사용한다.
- Timescale은 비선형 방정식의 완충 역할을 한다.
- 정상상태 해석은 초기값으로부터 정상 상태 조건으로 순간적으로 유동이 발달하는 것이다.
  - 수렴된 결과는 사용된 시간크기에 종속된다.

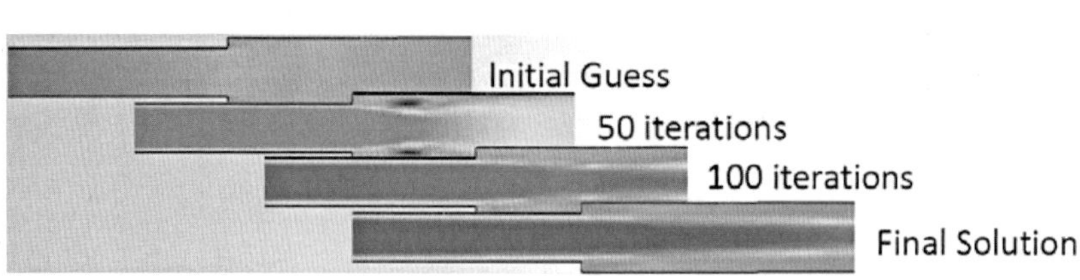

Timescale Selection

- 적절한 수렴이 이루어지도록 하기 위해서, timescale의 선택이 중요하다.
  - Timescale 이 너무 크면, 수렴이 진동하거나 발산할 수 있다.
  - Timescale이 너무 짧으면, 수렴 속도가 매우 느려진다.
- 일반적인 최적 timescale은 1/3 of (Length Scale / Velocity Scale)
- Rotating machines: 0.1/◆ to 1/◆ (◆ in rad/s)
- Free Convection:

$$\Delta t_{\max} \approx \sqrt{\frac{dl}{\beta g \Delta T}}$$

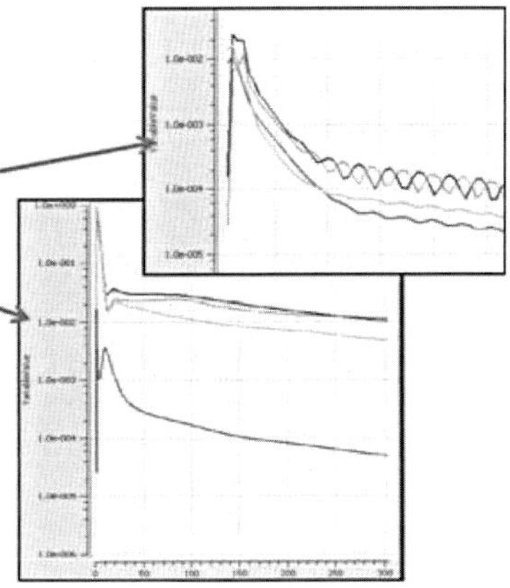

Timescale Control

- Physical Timescale
  - 일반적으로 상수로 입력하나 expression을 사용하여 변수를 입력할 수도 있다.
  - 때때로 Auto Timescale 보다 더 나은 시간크기를 설정할 수 있다. - 수렴이 빠르다.
- Auto Timescale
  - 솔버가 경계 및 초기 조건, 현재 결과, 그리고 도메인 길이크기를 기준으로 시간크기를 계산한다.
  - Length Scale option으로 Conservative 또는 Aggressive 를 선택하거나 값을 입력할 수 있다.
  - 계산 초기에는 유동장이 변함에 따라 시간크기를 다시 계산하여 업데이트한다.
  - Maximum Timescale을 설정할 수 있다.
  - 보수적인 시간크기로 설정되는 경향이 있다.
  - Timescale Factor(기본=1)은 자동으로 계산된 시간크기를 조절하기 위한 배율이다.

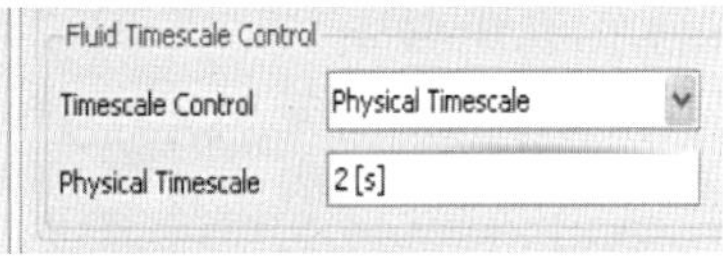

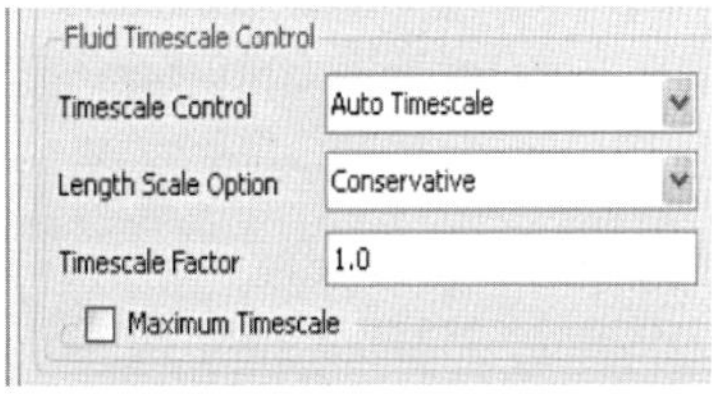

- Local Timescale Factor
  - Timescale은 도메인에 따라 다르다.

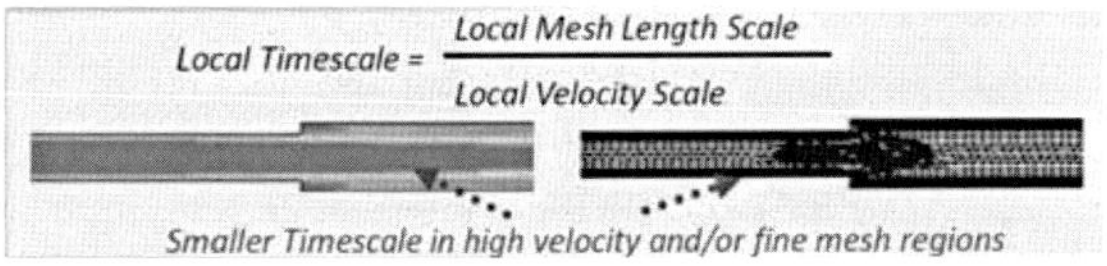

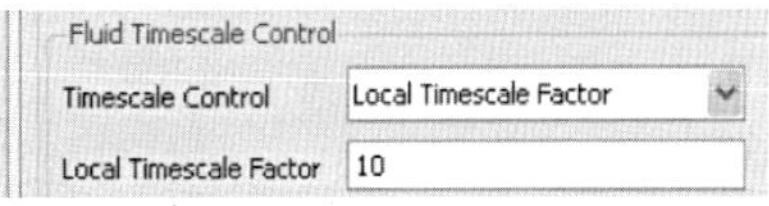

- 매우 다른 국부 속도가 존재할 때 수렴이 가속화될 수 있다.
- 예) Plenum으로 유입되는 제트류
  - 격자 크기가 작으면 시간크기 또한 작아지므로 균일한 격자에서 적절하다.
  - 최종 결과로 사용하지 말 것; 항상 일정한 시간크기로 설정한다.

Convergence Criteria

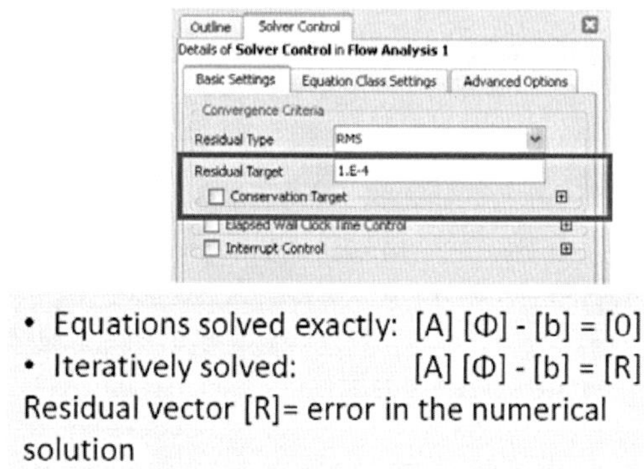

- 수렴 기준 설정을 통하여 해가 수렴되는 시점을 결정하며, 이 때 솔버는 계산을 멈추게 된다.
  - 최대 반복횟수에 도달하지 않는 경우
- 잔차란 각 방정식으로 계산된 결과에 대한 정확도를 나타내는 척도이다.
  - 해를 얻기 위한 반복 계산을 하기 때문에, 방정식에 대한 엄밀해를 얻을 수 없다.
  - 작은 잔차는 보다 정확한 해를 얻을 수 있음을 의미한다.
- 방정식을 정확하게 계산하는 것과 전체적인 결과의 정확도를 혼동해서는 안 된다.
  - 방정식은 실제 현상보다 더 정확할 수 도 있고, 그렇지 않을 수도 있다!

Residuals

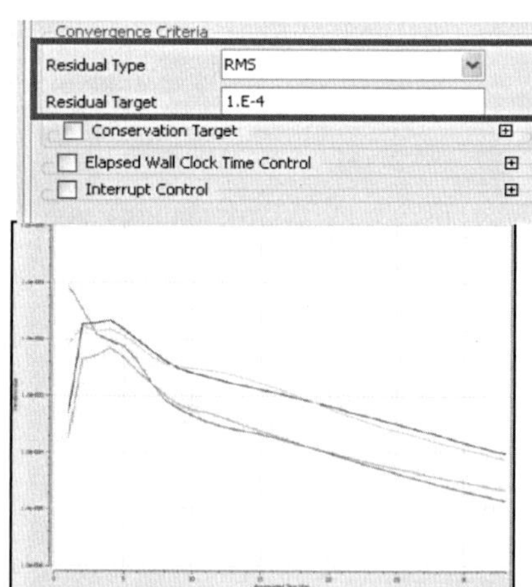

- Residual Type
  - MAX: 최대 잔차를 기준으로 수렴
  - RMS: 모든 검사 체적에 대한 잔차 평균을 기준으로 수렴
- Root Mean Square (RMS) $= \sqrt{\dfrac{\sum_i R_i^2}{n}}$
- Residual Target
  - 요구하는 정확도에 따라 기준을 설정한다.
- MAX residuals < 1.0E-3
- RMS residuals < 1.0E-4, 1.0E-5 or 1.0E-6

Conservation Target

- 계산 불균형율을 설정한다.

$$\%\text{Imbalance} = \frac{\text{Flow Rate In} - \text{Flow Rate Out}}{\text{Maximum Flow Rate}}$$

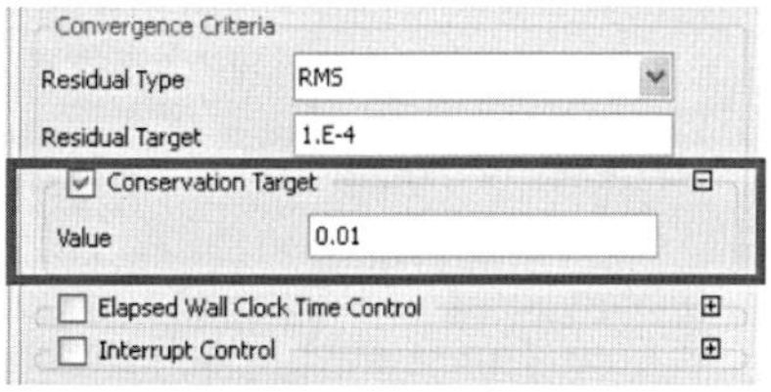

- 유동 도메인에서의 보존량(질량, 모멘텀, 에너지)은 불균형율로 확인한다.
- 수렴된 결과에서 유입량과 유출량은 같아야 한다.
- 수렴 기준을 설정(Conservation Target 또는 monitor)하고 불균형율을 확인하는 것이 필요하다.
- 수렴 기준은 0.01(1%) 또는 그 이하로 기준을 설정한다.
  - 유입량-유출량 < 0.01
  - 수렴 기준은 계산이 종료되기 전에 Residual 과 Conservation Target이 기준에 도달해야 한다.

Elapsed Time and Interrupt Control

Elapsed Time Control

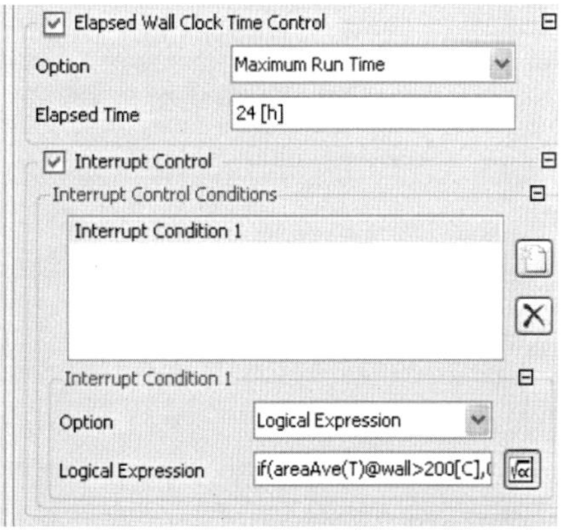

- 최대 계산 시간을 입력할 수 있다
- 수렴 여부에 상관없이 입력 시간이 지나면 계산이 종료된다. Interrupt Control
- CEL로 작성된 논리함수를 사용하여 계산을 종료할 수 있다.
- Expression이 '참'일 경우 계산이 종료된다.
- 임의의 값 >=0.5이 참인 경우.
  - 예: 입력값 보다 온도가 초과하는 경우 if(areaAve(T)@wall>200[C], 1, 0)
  - 격자가 움직이는 해석에서, 격자 품질이 입력값 미만일 경우
  - 보다 자세한 논리함수는 CEL 강의 참조.

Solid Timescale Control

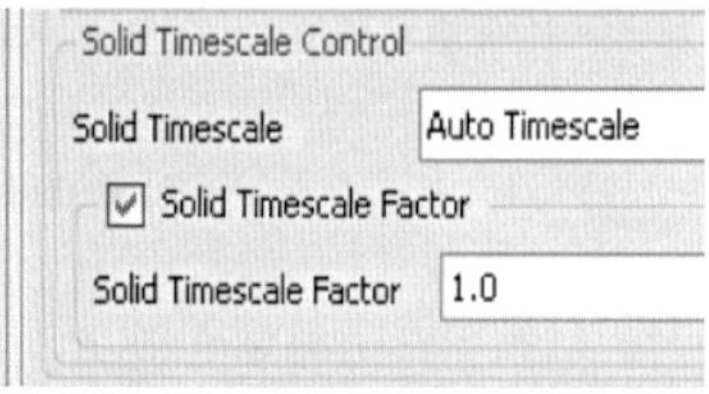

- 해석 도메인에 고체 도메인이 포함된 경우 사용 가능한 옵션이다.
- Solid Timescale은 fluid timescale보다 충분히 크게 설정
  - 일반적으로 100배
  - energy equation은 일반적으로 고체 영역에서 매우 안정적이다.
- Fluid timescale은 Length Scale / Velocity Scale을 추정하여 예측
- Auto Timescale에서 solid timescale은 length scale, thermal conductivity, density 그리고 specific heat capacity의 함수로써 자동으로 계산
  - Physical Timescale option을 선택하거나 사용자가 timescale을 직접 정의 할 수 있다.

Equation Class Settings

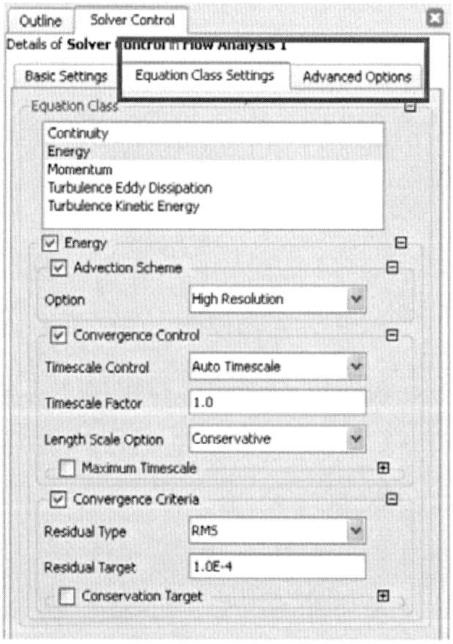

- Equation Class 설정은 열거된 방정식에 대한 솔버 설정을 할 수 있는 고급 옵션이다.
  - 일반적으로는 사용하지 않는다.
  - 선택된 방정식에 대한 기본 설정은 무시된다.
- 고급 옵션
  - 고급 솔버 설정 옵션
  - 거의 사용하지 않는다.

Output Control

- 솔버에서 계산된 결과는 Output 설정창에서 설정한다.
- Results창에서는 최종 .res 파일을 설정한다.
  - 재계산 시 필요한 데이터가 충분하지 않을 수 있기 때문에, 일반적으로 Selected Variables 옵션을 사용하지 않는다.
  - Output Equation Residuals는 수렴 문제가 발생하는 부분을 확인하려 할 때 유용하게 사용된다.

- 기본 결과 파일에서 저장되지 않는 변수는 Extra Output Variables List에 있다.
- 예: Vorticity

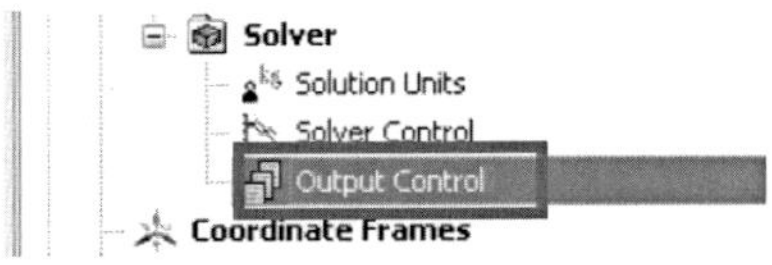

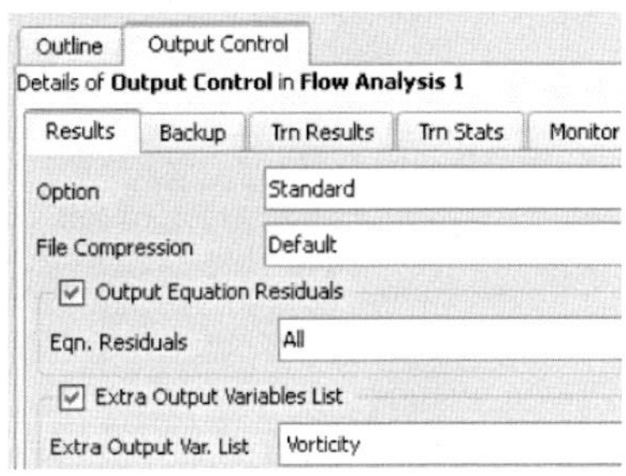

- Backup 창에서는 솔버가 자동으로 저장할 결과 파일에 대해 설정한다.
  - 전원, 네트워크 문제 등이 발생할 수 있는 장시간 계산 시 백업을 권장한다.
  - Essential: 솔버를 통한 재계산이 가능
  - Smallest: 솔버를 통한 재계산이 가능하나, 잔차가 커질 수 있다.
  - 만약 Output Frequency를 Iteration Interval로 선택하면, Workbench input parameter로 설정할 수 있다.

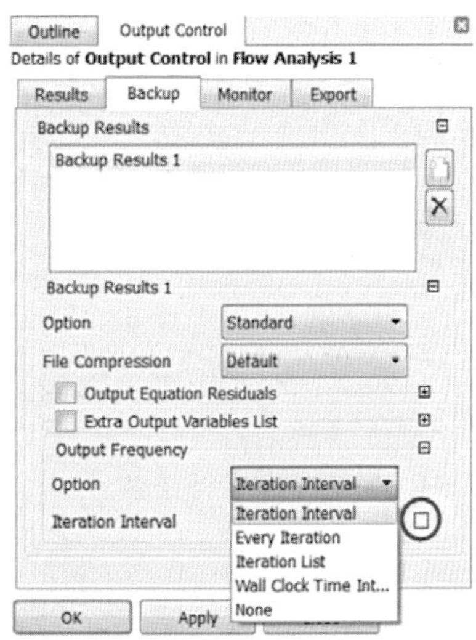

Output Control - Monitor

- Monitor 창에서 모니터 포인트를 생성할 수 있다.
  - 솔버가 계산을 진행하는 동안 관심값의 변화를 확인하는 데 사용한다.
- Steady-state 해석에서 관심있는 물리량에 대한 monitor point를 생성한다.
  - 더 이상 값의 변화가 없을 때 수렴했다고 판단할 수 있다.
- 특정 위치에서 물리량의 변화량에 대해 Cartesian 또는 Cylindrical Coordinates, CEL Expression으로 정의할 수 있다.
  - Coordinates option은, 결과를 가장 근접한 Vertex 또는 element의 vertex에서의 weighted-average로 설정할 수 있다.

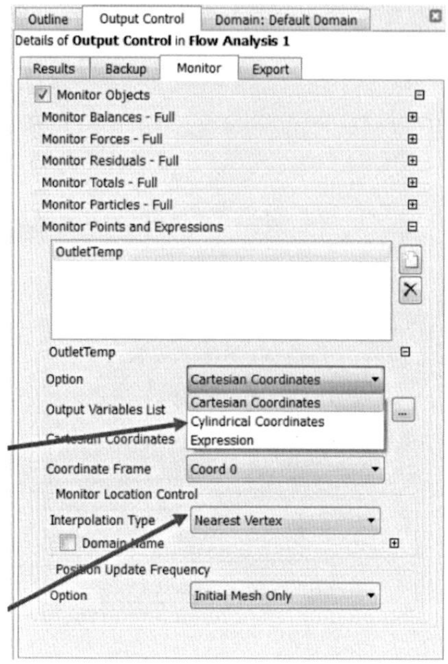

Output Control – Monitor an Expression

- Expression 옵션은 CEL expression을 이용하여 모니터링 할 수 있다.
- Monitor Statistics에서 expression 옵션을 추가 할 수 있다.

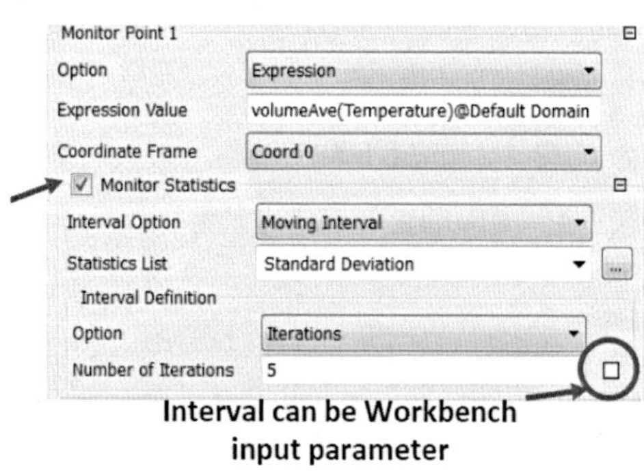

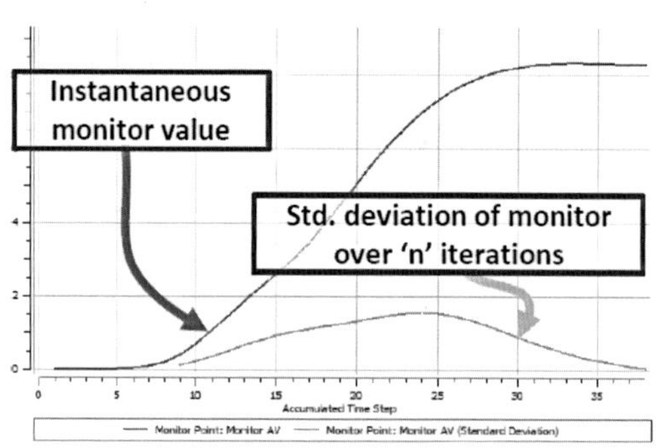

- Interrupt Condition (Solver Control)을 통해 특정 값에 도달하면 계산을 완료하게 정의할 수 있다:
  - 값의 변화가 없다.

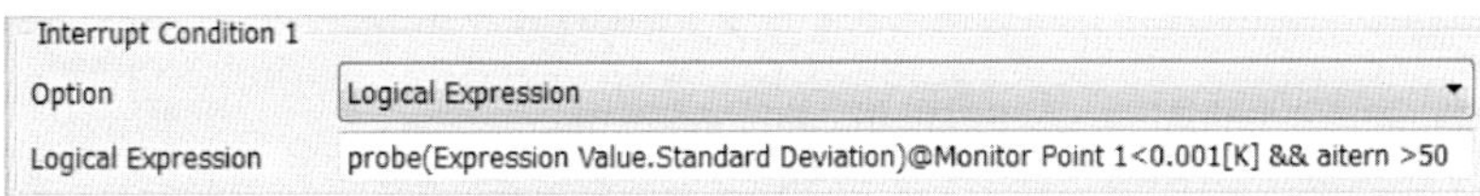

  - 자동으로 판단하기 때문에 유동하다

Solver Manager

- CFX 솔버 매니저를 통해 다음의 작업을 수행할 수 있다.
  - 계산 정의
  - 양방향 CFX 솔버 설정
  - 계산 진행 정보 확인
  - 데이터 추출

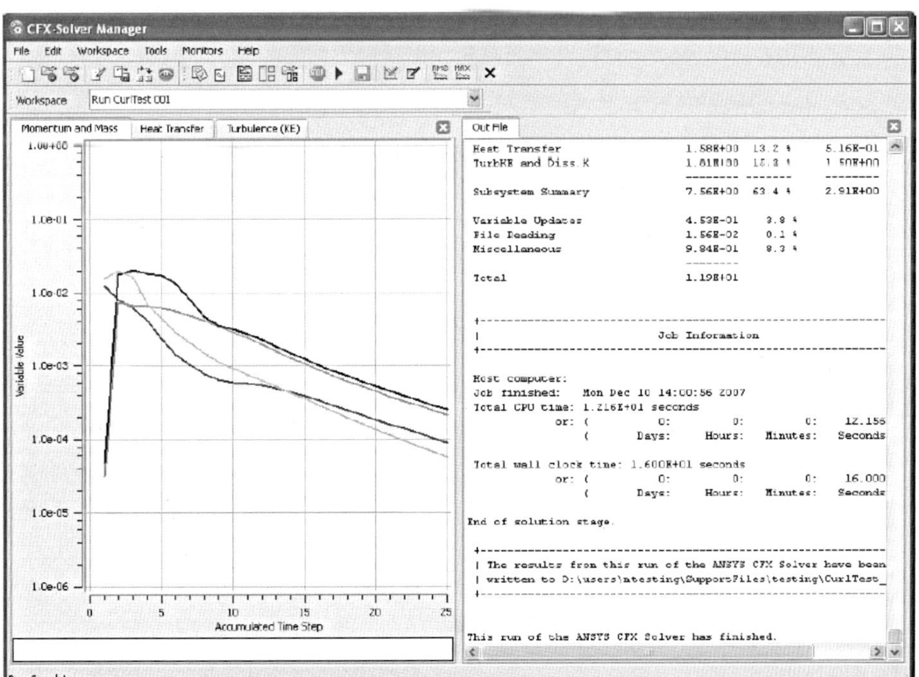

Defining a Run

- Solver Input File은 보통 .def file이다. (automatically set in WB)
- 새로운 CFX에서 이전의 계산을 다시 시작할 때 .res, .bak 또는 _full.trn 파일을 불러와 사용할 수 있다.

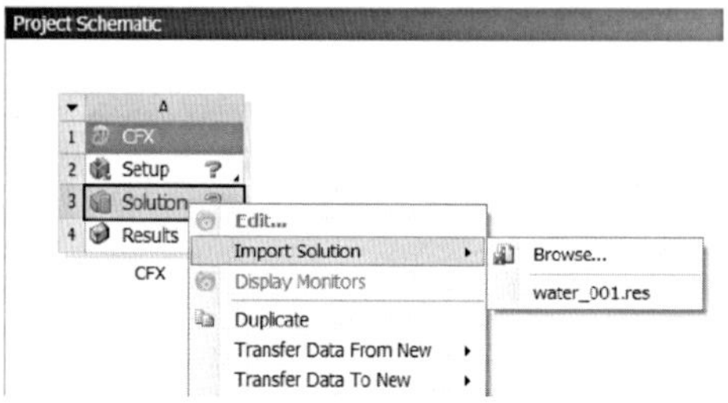

- 조건을 변경하여 재계산을 진행 할 때 새로운 .def 파일을 생성하고 이전 결과를 초기값으로 사용할 수 있다.
- 새로운 Solver 계산 시 (contd...)
  - Double Precision은 계산 결과값의 자릿수를 더 계산한다.

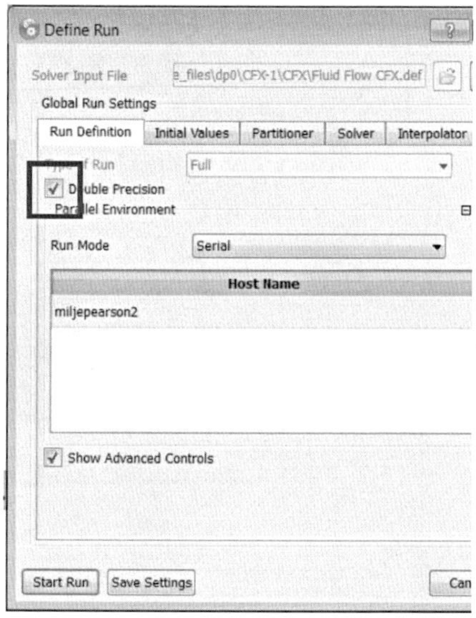

- Rround-off error가 있는 문제 : 만약 물리량의 값을 작은 범위까지 고려할 때:
  - Mesh Motion 해석의 경우 전체 도메인에서 작은 움직임을 고려할 경우
  - 압력 변화가 큰 문제에서 국부적으로 세밀한 압력 변화가 중요한 문제일 경우
- Doubles solver는 메모리를 추가적으로 필요로 한다.
- 물리량 변화가 작은 문제인 경우는 적용하지 않아도 된다.

Defining a Parallel Run

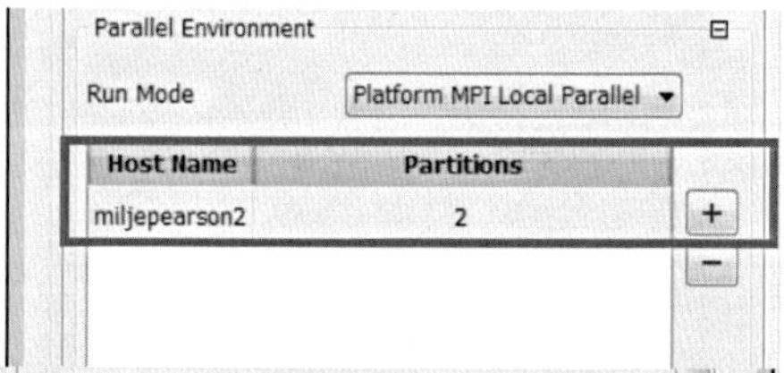

- 솔버는 기본적으로 하나의 CPU로 계산한다.
  - 로컬 장비에서 단일 솔버로 계산한다.
- 다수의 core/processor를 사용하기 위해서는 Run Mode에서 병렬 옵션 중 하나를 설정한다.
  - 병렬 라이선스가 필요하다.
  - 대용량의 CFD 문제일 경우 사용자가 여러 개의 파티션으로 나눌 수 있다.

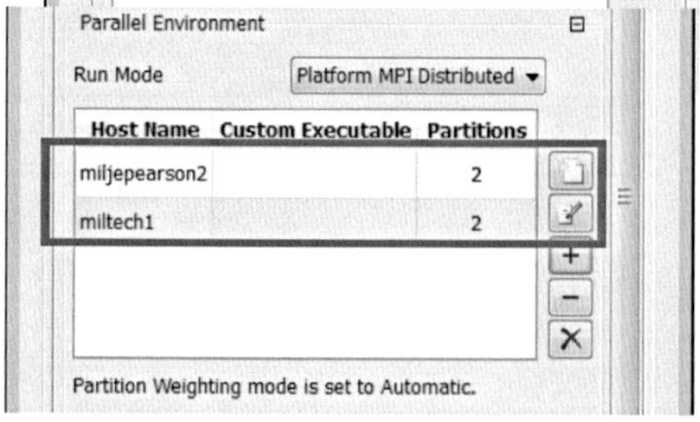

- 계산 시간 절약
- 다수의 장비를 통한 메모리 문제 해결

• Local Parallel 옵션은 단일 장비일 경우 사용한다.

Advanced Controls

• 'Show Advanced Controls'를 활성화하면 Partitioner, Solver, Interpolator창의 설정이 가능하다.

• 'Partitioner' tab
  - 파티션은 항상 하나의 CPU를 사용한다.
  - 대용량의 경우, 사용자가 다수의 장비에 대해 메모리 할당을 할 수 없으므로 문제가 발생할 수 있다.

• 기본 MeTiS 알고리즘은 다른 알고리즘보다 많은 메모리를 사용한다. 따라서 메모리가 부족할 경우, 다른 방법을 사용한다. (매뉴얼 참조)
  - Multidomain Option:

• Independent Partitioning : 각 도메인은 'n'개의 파티션으로 분할된다.

• Coupled Partitioning : 추가된 도메인이 결합된 후 'n'개의 파티션으로 분할된다.

• 비정상 로터/스테이터에 대한 특화 옵션이 있다.

• Solver tab에서 적절한 Solver Memory 설정
  - 솔버는 필요 메모리를 예측한다.
  - Memory Alloc Factor는 이러한 예측에 대한 배율이다.

• 'Insufficient Memory Allocated' 에러로 인해 계산이 종료될 때 사용한다.

Interactive Solver Control

- 계산 중 'Edit Run in Progress'를 사용하여 사용자가 값을 변경할 수 있다.
  - 일반적으로 수치적 값만 변경이 가능하다.

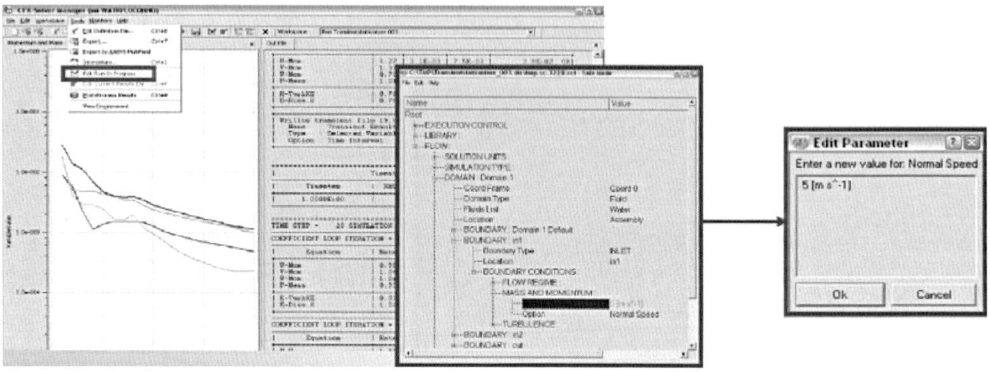

요약

- 초기화는 특히 복잡한 물리적 문제 나 구배가 큰 유동 문제에서 안정적인 해를 얻기 위해 중요하다.
- 수렴도는 해를 판단하기 위해 사용하는 중요한 척도 중 하나이다.
  - 최대 반복횟수에 다다르면, 수렴 정도에 관계없이 계산이 종료됨을 명심한다.
- Output 설정
  - 불균형율을 사용하여 보존량을 항상 확인한다.
  - 솔버나 장비 문제가 발생할 경우를 대비하여 백업창을 활용한다.
  - 수렴 판단을 용이하게 하기 위해서 추가적으로 관심값을 확인한다.
- 결과 파일을 통해 물리적 문제, 자원 사용 및 해의 진행 정도 등에 대한 중요 정보를 확인할 수 있다.

5 Transient Flows

Introduction

정상 상태 해석과 유사한 방법으로 과도 해석 계산을 수행하지만, 몇 가지 고려해야 할 사항이 있다. 정상 상태 보다 많은 데이터가 생성되며, 추가로 설정값이 요구된다. 이 강의는 추가 설정값과 후 처리에서 과도 해석 데이터를 사용하는 방법에 대하여 설명한다.

배울 내용:

- 과도 해석을 위한 설정과 해석 방법
- 계산에 맞는 적절한 time step 크기 설정 방법
- 과도 해석 후처리 및 동영상 제작 방법 교육 목적:

과도 해석은 병렬계산 처리 능력(HPC)의 발전과 하드웨어의 비용 감소로 점점 일반화되고 있다. 과도 해석에 포함된 내용은 무엇인지 이해하고, 과도 해석을 수행할 수 있는 능력을 얻자.

Motivation

- 자연현상에서 대부분의 유동은 과도 상태이다!
  - 다음과 같은 경우 정상 상태로 가정 할 수 있다:
- 과도 상태의 변화를 무시할 수 있을 때
- 전체적인 경향을 확인할 때 /불안정성을 없애기 위해서 시간 평균을 사용할 때 (난류 모델에서 사용)
- CFD에서는 정상 상태 해석을 선호한다.
  - 계산 시간이 적게 소요됨
  - 후처리 및 결과 분석이 더 쉬움
- 많은 분야에서 비정상 유동의 결과를 필요로 하기도 한다 :
  - 공기역학 분야(항공, 운송수단 등) : 와류흘림(vortex shedding)
  - 회전체 : 로터/스테이터 상호작용, 실속현상(stall), 서지현상(surge)
  - 다상유동 : 자유표면, 기포역학
  - 해석영역 변형 : 실린더 내 연소, 무장 분리(store separation)
  - 비정상 열전달 : 비정상 가열 및 냉각
  - 그 밖의 많은 분야

Overview

- 자연적으로 발생하는 과도 상태
  - 유체 내 불안정성의 증가나 비 평형 초기 유체 상태에 따른 과도 유동
  - 예 : 자연대류, 난류유동(turbulent eddies of all scales), 유체 파동(중력파, 충격파)
- 강제적으로 발생하는 과도 상태
  - 시간에 따른 경계 조건, 과도 유동장을 유발하는 소스항
  - 예 : 노즐의 맥동, 터빈의 로터-스테이터 상호작용
- 주요 결과 추출
  - 고유주파수 (예, Strouhal Number)
  - 시간 평균값 또는 표준편차
  - 시간 연계 변수 (예, 고온의 물체를 냉각하는 데 걸리는 시간, 오염원의 거주 시간)
  - 스펙트럼 데이터 – fast Fourier transform (FFT)

How to Solve a Transient Case

- 과도 해석은 임의의 시간에서 수많은 격자점에 대해 계산을 수행한다.
- 매 시간마다 반복계산을 한다.

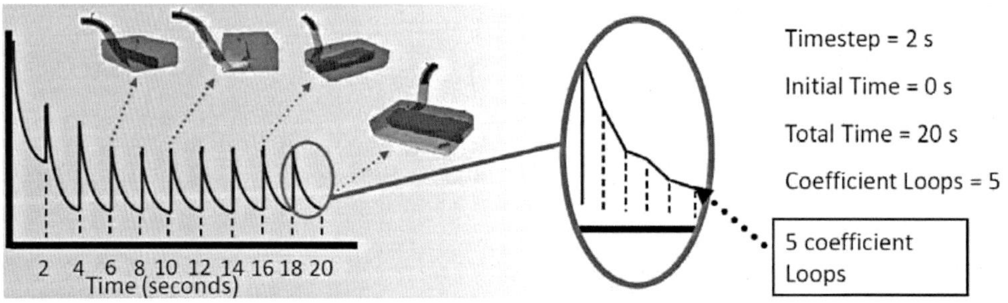

- 정상 상태 해석의 설정과 유사하다
- 과도상태 설정 방법은 다음과 같다:
  - Analysis Type을 Transient로 설정한다.
  - 전체 해석 시간과 시간 간격을 입력한다.
  - 정상 상태 해석과 같이 물리적 모델과 경계 조건을 설정한다.
- 경우에 따라 시간에 대한 경계 조건으로 변경
  - 초기 조건 설정
- 정상 상태의 해석 결과와 같이 물리적으로 타당성을 갖는 값을 초기 조건으로 사용하는 것이 좋다.

- solver 설정
- Transient results files, transient statistics, monitors points 등을 설정한다.
- 계산을 수행한다.

Analysis Type

• Outline tree의 Analysis Type에서 Edit를 선택한 후, option을 Transient로 변경한다.

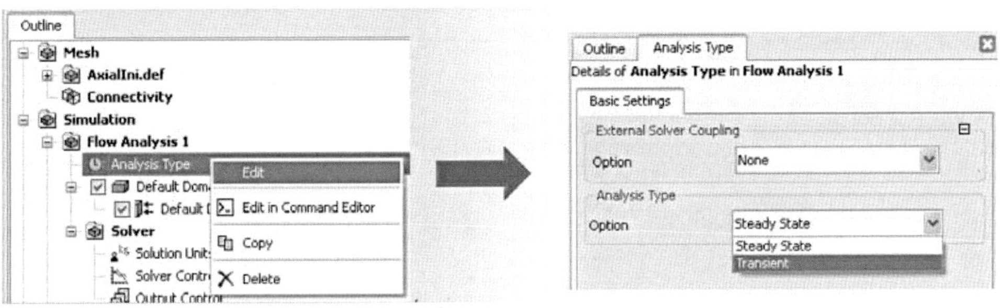

Time Duration and Time Step

• Total Time
- 설정된 시간까지 계산을 수행됨.

• Time per Run
- 이전의 계산이 완료된 모든 시간을 무시함.

• Maximum number of Timesteps
- 이전의 계산이 완료된 것을 포함하여 계산을 수행할 총 시간 간격의 수.

• Number of Timesteps per Run
- 이 계산을 하기 위해서 이전의 완료된 시간간격을 무시함.

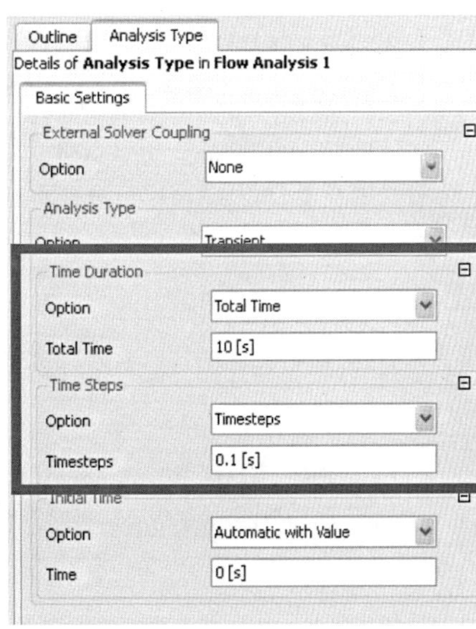

• 과도 해석에서 time step은 중요한 인자이다.
- 시간 의존적인 유동 특성을 계산하기 위해서 시간 간격은 충분히 작아야 한다.

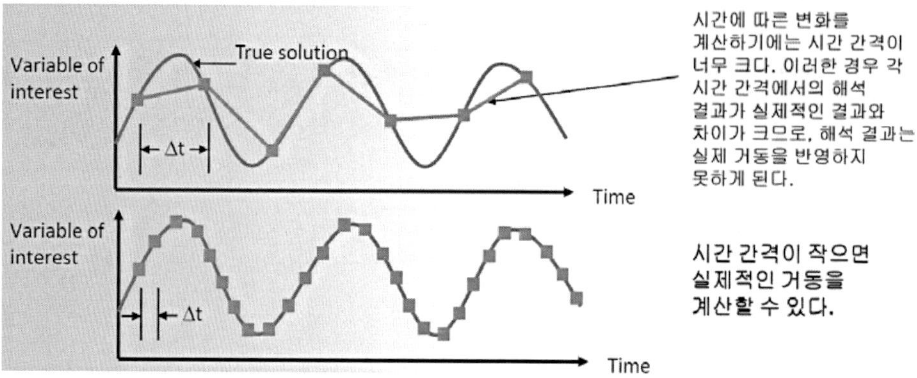

- 시간 간격은 계산의 안정성을 유지할 수 있도록 충분히 작아야 한다.
  - 주요 관심 변수(예, 고체에서의 온도)가 아무리 천천히 변화하더라도, 다른 변수(예, 속도)의 timescales이 더 작게 발생한다면 시간 간격을 크게 하여 사용할 수 없다.
- 시간 간격을 계산하기 위해서 흔히 Courant Number를 사용한다 :

$$\text{CourantNumber} = \frac{\text{Velocity} \times \Delta t}{\text{ElementSize}}$$

  - 한번의 시간 간격 동안 유동이 지나가는 격자수를 계산할 수 있다.
  - 일반적으로 2 - 10의 값을 사용하며, 일부의 경우에는 더 큰 값을 사용할 수 있다.
  - Courant number의 평균값과 최대값은 매 시간 간격마다 결과 파일에 기록된다.
- 일반적으로 시간 간격이 작을수록 수렴성이 더 좋다.

Boundary Conditions

- 경계 조건은 상수값 대신 시간의 함수로도 설정할 수 있다.
  - Velocities, Mass flows, pressure conditions, temperatures 등은 함수로서 나타낼 수 있다.
  - CEL expression은 시간을 나타낼 때 "t" 또는 "Time"을 사용한다.
  - User FORTRAN을 이용하여 시간에 따른 다양한 실험 결과를 읽어 올 수 있다.

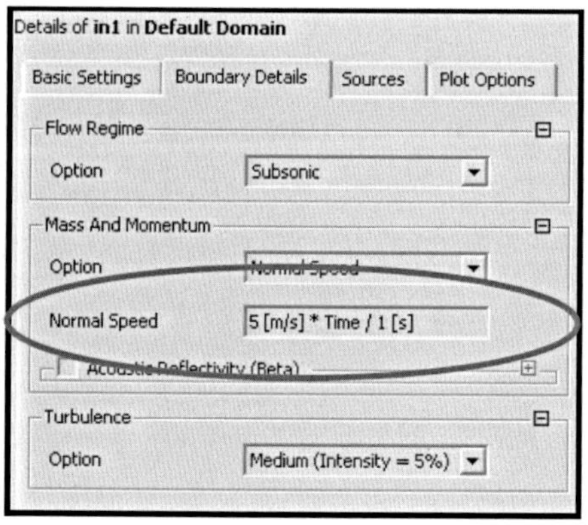

Initialization

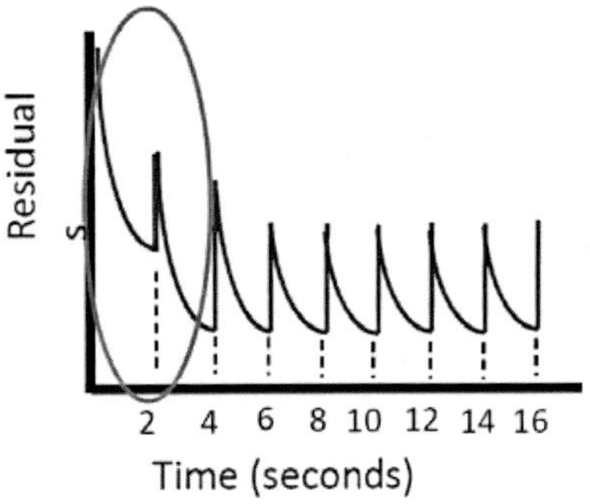

- 물리적으로 실제적인 초기 조건을 사용해야 한다.
  - 보통 초기값으로 수렴된 정상 상태 결과를 사용한다.
- 초기값을 근사화하여 비정상 해석을 수행하는 경우에는 해석의 초기 결과가 정확하지 않을 수 있다.
  - 계산 초기에는 수렴하지 않을 수 있다.
  - 계산의 안정성을 유지하기 위해 초기에는 시간 간격을 더 작게 설정할 필요가 있다.
  - 반복적인 패턴이 나타나기 전에 계산되는 처음 몇 주기는 무시할 수 있다.

Solver Control

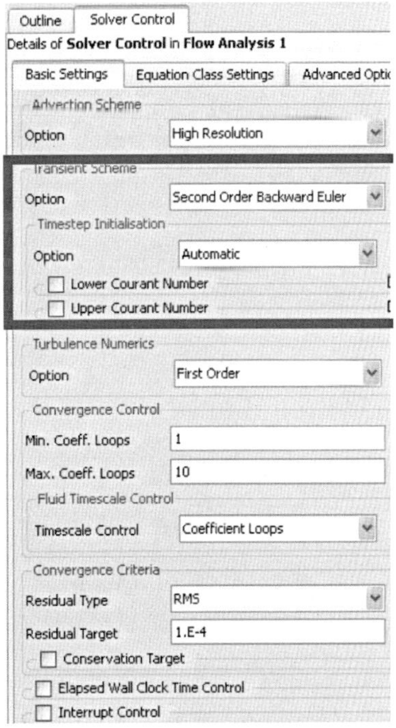

- transient scheme에서는 시간항에 대한 수치적 알고리즘을 설정한다.
- 2개의 implicit time-stepping scheme을 사용할 수 있다.
  - First Order Backward Euler (안정성이 좋음)
  - Second Order Backward Euler (정확도가 좋음)
- 일반적으로 기본 설정되어 있는 Second Order Backward Euler scheme을 사용하는 것이 좋다.
- Timestep Initialisation에서는 다음 시간 간격의 초기값으로 이전 시간 간격을 사용할 방법을 설정한다.
  - 마지막 결과를 사용할 수 있다.
  - 또는 보다 정확한 초기값으로 사용할 수 있도록 솔버가 이전 결과를 추정할 수 있다.
- Courant number가 큰 경우 사용하지 않는 것이 좋다.
  - Automatic (default)은 Courant number에 따라 두 가지 방법 중 하나를 선택하여 사용한다.
- Min. and Max. Coeff. Loops에서는 매 시간 간격에서 계산 반복 횟수를 제한한다.
- 매 시간 간격에서 계산 반복 횟수가 대략 3~5번이면 수렴되도록 하는 것이 좋다.

  - 복잡한 해석인 경우 더 반복 횟수는 더 늘어날 수 있다.
- 최대 반복 횟수에서도 결과가 수렴이 되지 않는 경우, 일반적으로 계산 반복 횟수를 늘이는 것보다 시간 간격을 줄이는 것이 더 좋다.
  - 결과의 수렴 여부에 상관없이 계산은 다음 시간 간격으로 계속 진행된다.
  - 결과를 지속적으로 확인하는 것이 중요하다.

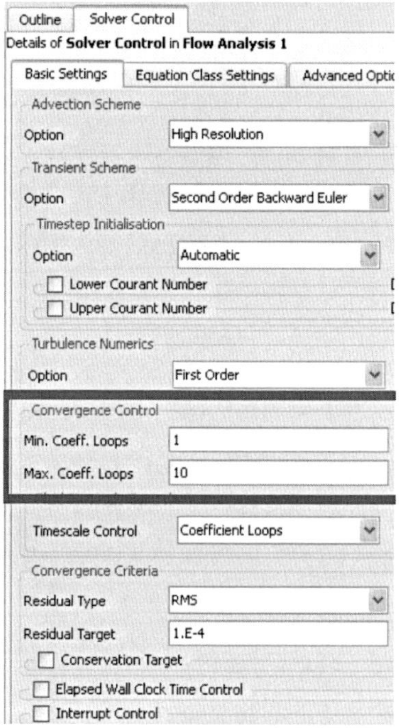

Output Control

- Transient Results
  - 기본적으로 res 파일에는 마지막 시간에서의 결과가 저장된다.
  - 시간 별 결과에 대한 정보는 포함하지 않는다.
  - 따라서 Output Control에서 Transient Results 설정이 필요하다.
- Transient Results Option
  - Standard
  - 전체 결과 파일과 같다.
  - 하드 용량을 많이 차지한다.

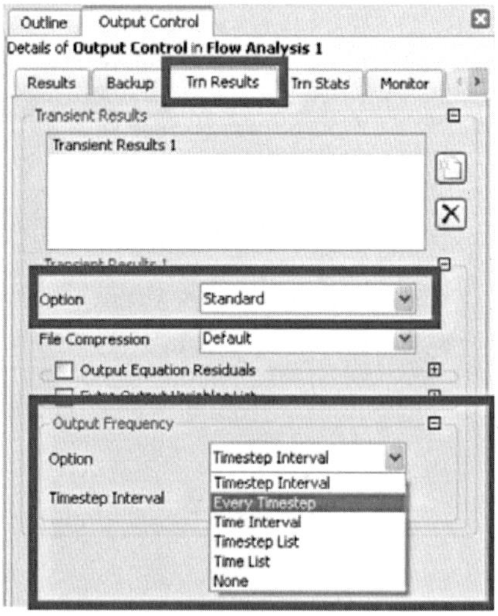

- Smallest
  - 재해석 시 사용할 수 있도록 최소한의 파일만 저장한다. (여전히 상당한 용량을 차지함)
- Selected Variables
  - 필요한 변수만을 선택하여 저장하기 때문에 용량이 더 작다.
- Output Frequency
  - 결과 저장 주기를 설정한다.
- Transient Statistics
  - 해석 변수에 대한 통계를 산출하는 데 사용된다.
  - Arithmetic Average, RMS, Minimum, Maximum, Standard Deviation 그리고 Full (everything)을 이용할 수 있다.
  - 주요 관심 변수를 선택한다.
  - Start and Stop Iteration List에서는 통계 산출이 이루어질 시작과 끝을 설정한다.
  - 일반적으로 Monitor Points는 정상 상태 해석에서 사용된다.
  - Monitor Coefficient Loop Convergence는 매 시간 간격 동안 수행하는 반복 계산에 대한 monitor history를 생성한다.
  - 시간 간격 내에서 관심 변수의 수렴 여부를 확인할 때 유용하다.
  - 기본적으로 매 시간 간격의 마지막 monitor 값만 표시된다.

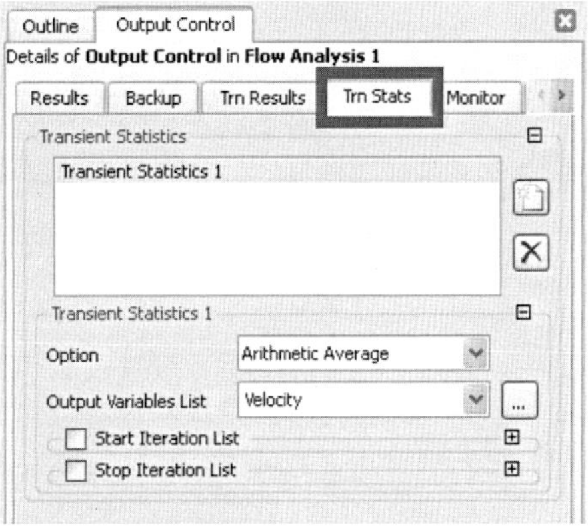

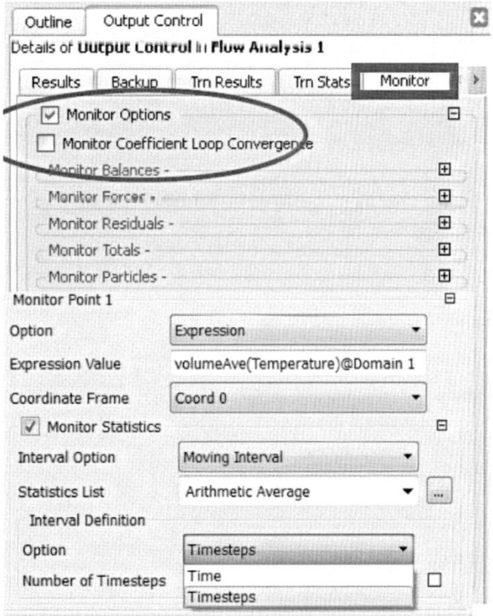

- TIP: Expression을 모니터화면, Solver Manager에서 transient history chart가 생성된다. 이는 transient results 파일을 이용하여 차트를 생성하는 것보다 더 수월하며, transient results 파일을 저장할 필요가 없다.

Solver Output

- 과도 해석의 output은 매 시간 간격에서 coefficient loop output을 포함하고 있기 때문에 정상 상태의 output과는 다르다.

- 매 시간 간격마다 Courant number 정보가 표시된다.
- 매 시간 간격의 끝에서 RMS와 MAX residual plots을 확인하여 결과의 수렴 여부를 확인할 수 있다.

```
======================================================================
|                   Timestepping Information                         |
----------------------------------------------------------------------
|        Timestep       |  RMS Courant Number  |  Max Courant Number |
+-----------------------+----------------------+---------------------+
|      2.5000E-04       |         0.12         |         2.42        |
----------------------------------------------------------------------

======================================================================
TIME STEP =    945 SIMULATION TIME = 5.9000E-02 CPU SECONDS = 8.384E+04
(THIS RUN:     236                   5.9000E-02               8.384E+04
----------------------------------------------------------------------
COEFFICIENT LOOP ITERATION =     1              CPU SECONDS = 8.384E+04
----------------------------------------------------------------------
|       Equation        | Rate | RMS Res | Max Res |  Linear Solution |
+-----------------------+------+---------+---------+------------------+
| U-Mom                 | 0.89 | 4.0E-07 | 1.2E-05 |       1.7E-01  ok|
| V-Mom                 | 0.94 | 3.6E-07 | 1.0E-05 |       2.6E-02  OK|
| W-Mom                 | 0.83 | 3.1E-07 | 1.1E-05 |       1.1E-01  ok|
| P-Mass                | 0.94 | 4.0E-06 | 4.6E-04 |  6.2  3.6E-02  OK|
+-----------------------+------+---------+---------+------------------+
| K-TurbKE              | 1.00 | 4.7E-05 | 9.2E-04 |  5.8  2.8E-06  OK|
| E-Diss.K              | 0.97 | 2.9E-05 | 7.7E-04 |  7.5  8.7E-07  OK|
+-----------------------+------+---------+---------+------------------+
----------------------------------------------------------------------
COEFFICIENT LOOP ITERATION =     2              CPU SECONDS = 8.395E+04
----------------------------------------------------------------------
|       Equation        | Rate | RMS Res | Max Res |  Linear Solution |
+-----------------------+------+---------+---------+------------------+
| U-Mom                 | 1.05 | 4.2E-07 | 1.6E-05 |       1.2E-01  ok|
| V-Mom                 | 0.93 | 3.4E-07 | 1.1E-05 |       7.4E-02  OK|
| W-Mom                 | 1.23 | 3.9E-07 | 1.5E-05 |       1.1E-01  ok|
| P-Mass                | 0.72 | 2.9E-06 | 3.7E-04 |  6.2  4.6E-02  OK|
.                       .      .         .         .                  .
```

Example 1

Static Mixer의 열유동 해석

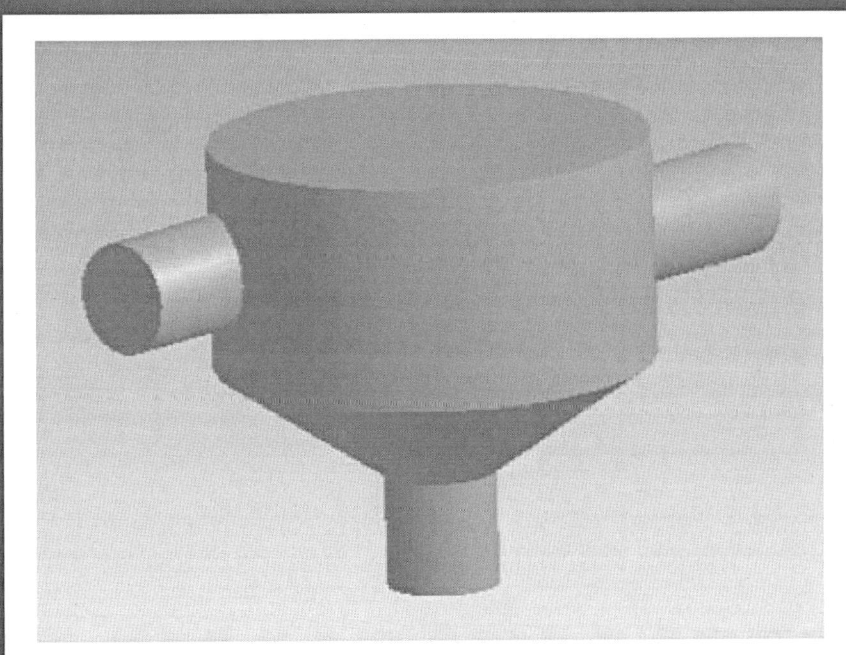

예제 1 Static Mixer의 열유동 해석

1 문제 개요

Static Mixer는 용기 안으로 물이 흐르는 두 개의 입구 관으로 구성되는 정적 혼합기이다. 혼합기를 통과하는 유체의 유동 분석을 통해 일반적인 유동의 흐름을 파악하게 하고 온도는 다르지만 같은 양의 물이 양쪽 파이프로 유입되며, 하나의 유입구에서는 2m/s의 속도와 315K의 온도로 유입되며, 다른 유입구에서는 2m/s의 속도의 285K의 온도로 유입된다. 혼합기의 반경은 2m이다.

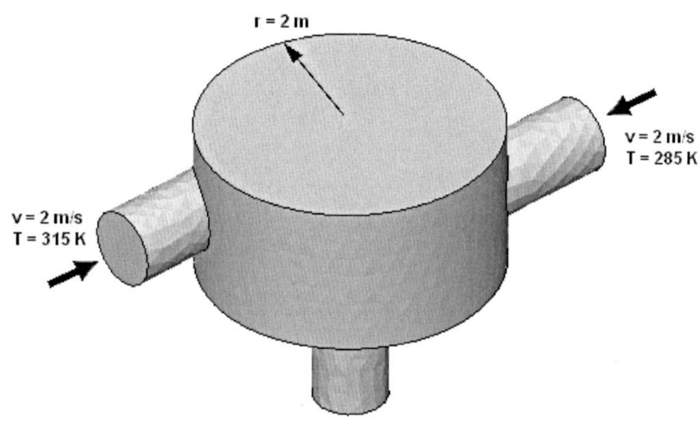

간단한 Static Mixer 형상 및 격자 생성 방법에 대하여 알아보도록 하겠다.

- Revolve와 Extrude 명령에 의한 기본 형상 생성

2 형상 생성

프로젝트 생성

어떤 경우에도 맨 처음 하실 일은 프로젝트를 생성하는 것이다.

1. ANSYS Workbench를 실행시킨다. 윈도우에서 ANSYS 16.2>ANSYS Workbench 메뉴를 선택한다.

2. ANSYS Workbench가 실행이 된다.

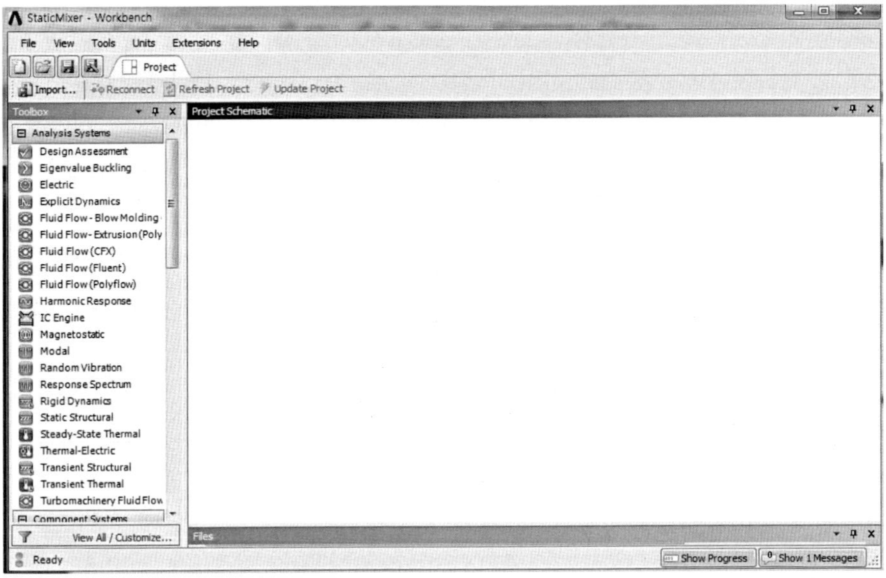

▶ **예제 1–1** ANSYS Workbench가 실행

3. File>Save 메뉴를 선택하고, StaticMixer.wbdb를 입력한다. 교재를 실습하는 동안 생성되는 파일은 모두 설정한 디폴트 폴더에 위치하게 된다.

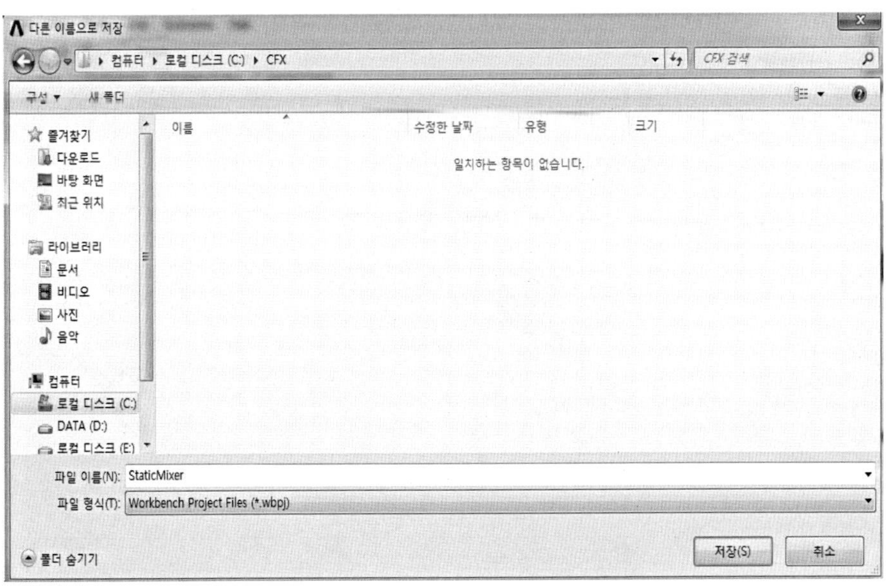

▶ **예제 1–2** File〉Save

4. 형상 생성 작업을 위해 Toolbox에서 [Fluid Flow (CFX)]를 더블 클릭하거나, 클릭하여 Drag & Drop하여 Project Schematic창으로 갖다 놓는다.

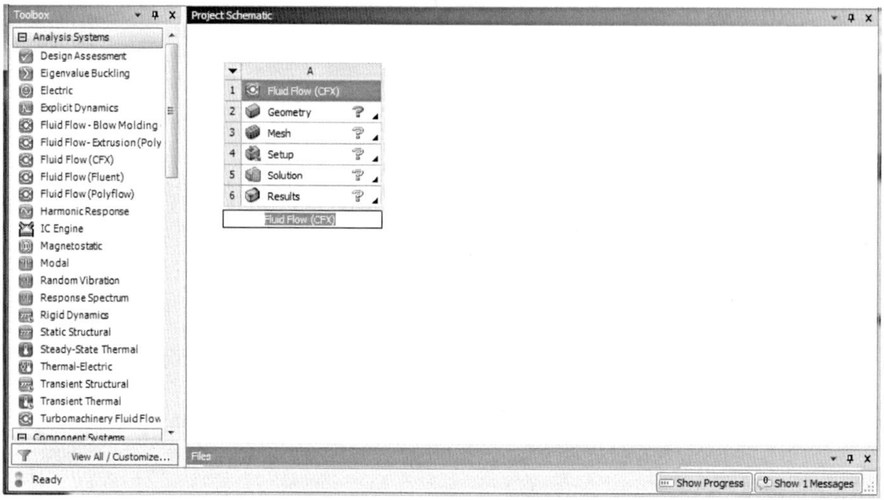

▶ 예제 1-3 Fluidflow(CFX)창

5. Project Schematic창 Fluidflow(CFX)에서 Geometry 위에 마우스를 올려놓고 우클릭하여 나타나는 New DesignModeler Geometry를 선택하면 DesignModeler창이 실행된다.

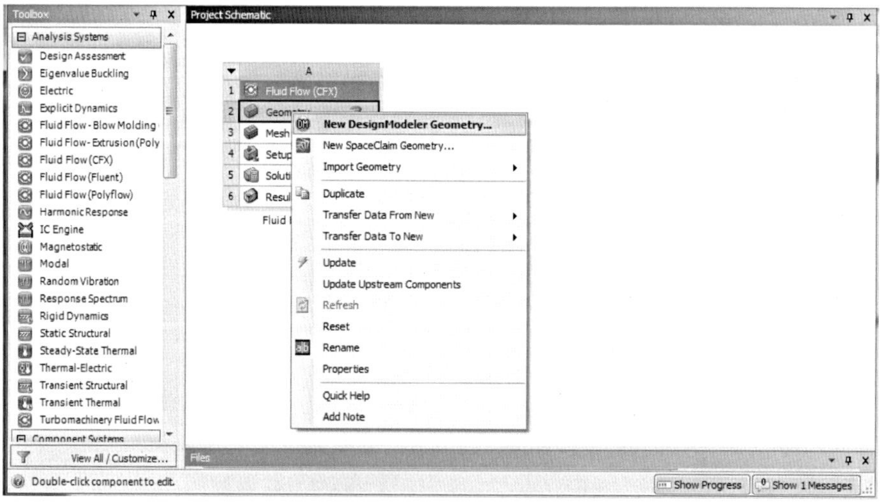

▶ 예제 1-4 New DesignModeler Geometry를 선택

6. DesignModeler가 실행된 모습이다.

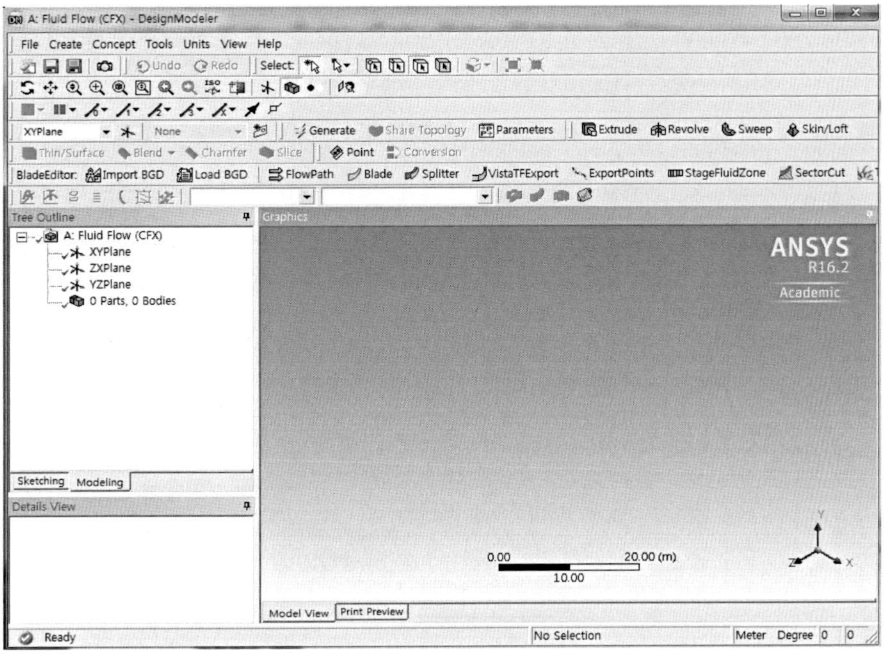

▶ **예제 1-5** DesignModeler창

7. 풀다운 메뉴 Unit창에서 단위를 Meter로 선택한다.

DesignModeler 개관

DesignModeler를 시작하면, 네 개의 주 화면이 나타난다.

- Model View는 형상을 보여준다. 형상은 마우스 버튼을 이용하여 조정할 수 있다. 예를 들어 마우스 중간 버튼을 누른 채, Model View에서 드래그를 하면 형상이 회전한다.
  마우스 오른쪽 버튼을 클릭하면, 여러 가지 옵션이 나타난다. 모델을 특정 좌표축 방향에서 보고자 하는 경우에는, 우측 하단의 triad를 이용한다. Triad의 한 좌표축을 클릭하거나, 청록색의 공을 클릭한다. 모델 전체를 보고자 하는 경우에는, 마우스 오른쪽버튼을 클릭하고, Zoom to Fit을 선택한다.
- Details View는 선택된 개체에 대한 상세 내역을 보여준다. DesignModeler가 시작되어 선택된 개체가 없는 경우에는 그림과 같이 비어 있다. 선택된 개체의 이름입력 등의 신규 정보 등록이 가능하다.
- 트리뷰는 형상에 대한 모든 특징과 그 특징에 대한 상태가 나타난다. DesignModeler가 처음 시작되면, 세 가지 디폴트 평면(XY Plane, ZX Plane, YZ Plane)이 현재의

Part 수(0) 와 Body 수(0)와 함께 나타난다. 형상을 생성하면, 트리구조에 나타나게 된다.

Extrude와 Revolve와 같은 형상 작업은 아래 그림과 같이 트리구조에 작업 순서대로 나타난다. (Revolve2는 Extrude2 작업 후, 생성된다.)

작업 옆의 심볼은 상태를 나타낸다.

▶ 심볼 의미

심볼	의 미
	모든 것이 정상임을 표시한다.
	작동이 멈추어 있어 아무 영향이 없다.(작동되게 설정 할 수 있다.)
	잘못 설정된 부분이 있다는 것을 표시하는 것으로서 입력을 완전히 완료하기 전에 생성 작업을 했거나 개체와 관련된 다른 항목이 변경된 경우 등이 있으며, 마우스 오른쪽 버튼을 클릭후 Show Errors and Warnings을 선택하면, 내용을 확인할 수 있다.
	개체의 생성 또는(개체가 생성된 후 설정 사항이 변경된 경우와 같은 이유로)재생성이 요구되는 경우를 나타내는 기호이다.
	선택되지 않은 경우에도 스케치가 보인다.
	Body가 보이지 않도록 숨겨진 경우를 나타내는 기호이다.

• 윈도우의 윗부분은 다양한 메뉴와 툴바가 있다.

DesignModeler는 두 가지 주요 작업 모드가 있으며, 형상생성 과정 중 모드를 필요에 따라 변경하게 된다. Modeling Mode에서는 트리뷰가 있으나, Solid 모델을 만들기 위해 스케치 (평면 위의 선들의 집합)를 이용하며, 이 스케치들을 만들기 위해서는 Sketching Mode를 사용하여야 한다. 두 개 모드 사이의 이동을 위해서는 트리뷰 하단의 탭(Sketching과 Modeling)을 클릭하여 이동할 수 있다.

Modeling Mode에서 트리뷰가 있던 영역은 Sketching Mode에서는 Draw, Modify, Constraints, Dimensions와 Settings 등의 툴 박스 영역으로 바뀌며, 클릭하여 선택하면 된다.

실수 복구

형상 생성 과정에서 실수가 발생할 수 있으므로, 실수를 복구하는 방법은 중요하다. Sketching Mode에서는 Undo/Redo Toolbar의 Undo 버튼이 사용 가능하다. Polyline으로 스케치 하는 동안에는 모델 뷰에서 마우스 오른쪽 버튼을 클릭하여 나타나는 Back 버튼을 선택하여 마지막으로 선택한 점의 취소가 가능하다.

Modeling Mode에서는 Extrude 등의 작업이 이루어 지지 않은 경우, Detail 창에서의 설정 변경 작업이 가능하며, 작업이 이루어진 후에는 트리뷰에서 마우스를 이용하여 해당 항목 위에서 왼쪽 버튼을 클릭하여 나타나는 메뉴 중, Edit Selection 메뉴를 선택한 후, Details View에서 설정을 변경하면 된다.

Solid 생성

Mixer의 주 몸체를 만들기 위해 스케치의 생성부터 시작한다.

1. Tree View의 ZXPlane를 클릭한다.
2. Sketch 위에서 작업하기 위해 Sketching 탭을 클릭하여 선택한다.
   각 스케치는 평면 위에 생성 된다. Sketching 모드를 선택하기 전에 ZX 평면을 선택하여, 생성할 스케치가 ZX 평면 위에 생성되도록 한다.

스케치 생성을 시작하기 전에, 스케치가 그려질 평면 위에 눈금을 생성하면 스케치 작업시 많은 도움이 된다. 눈금은 (Snap이 활성화 되어 있는 경우) 점의 위치를 정확히 잡는 것을 가능하게 한다.

1. Setting Toolbox를 열기 위해, Settings를 클릭한다.
2. Grid를 클릭하고, Show in 2D와 Snap 체크 박스를 체크 한다.

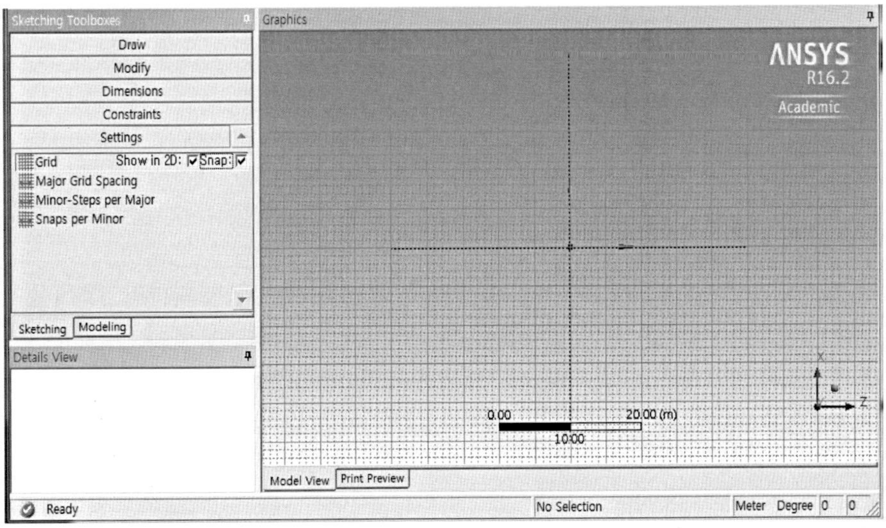

▶ **예제 1-6** Grid와 Snap 체크

3. Major Grid Spacing을1로 설정한다.
4. Minor-Steps per Major를 2로 설정한다.

5. Minor-Steps per Major의 영향을 확인하기 위해 Model View에서 마우스 오른쪽 버튼을 클릭하고 드래그하여 확대된 영역을 확인 할 수 있다.

눈금은 50cm 간격으로 교차한다. Snap이 활성화 되어 있으므로, 형상을 생성하기 위한 위치를 눈금에서 정확히 지정할 수 있다.

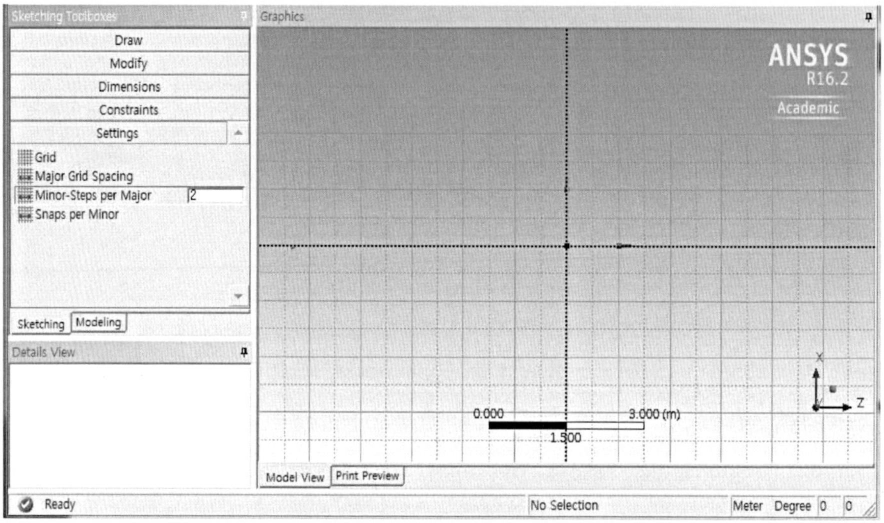

▶ **예제 1-7** Model View에서 마우스 오른쪽 버튼을 클릭하고 드래그하여 확대된 영역을 확인

스케치를 하기 위하여

1. Sketching 탭에서 Draw 툴 박스를 선택한다.

2. Polyline을 선택하고, 아래와 같은 모양을 만든다.

a. 눈금 위의 한 점을 지정한다.

b. 형상을 만들기 위해 다른 점을 지정한다.

c. 이 과정에서 잘못된 위치 지정은 마우스 오른쪽 버튼을 클릭하여, Back을 선택하면, 마지막 선택한 점이 취소된다.

d. 마지막 점 선택 후, Polyline을 종료하기 위해 마우스 오른쪽 버튼을 클릭하여 Closed End를 선택한다.

Z축 위에 4m 길이의 가장 긴 선이 위치하도록 하라.

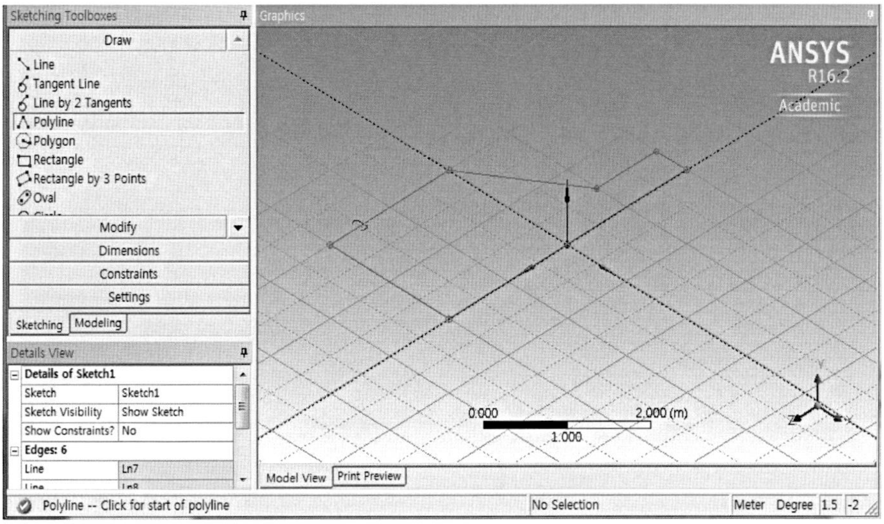

▶ 예제 1-8 몸체 스케치 완성

이제는 스케치를 z축을 중심으로 회전시켜 Mixer의 주 몸체를 만든다.

1. 3D Features Toolbar에서 Revolve 를 선택한다. 이 Toolbar는 Model View 상단에 있다.
2. Revolve 작업의 상세 내용이 윈도우 화면 좌측 하단 Details View에 나타난다. Revolve 이름은 디폴트인 Revolve1로 한다.
3. Base Object는 회전되는 스케치의 이름이다. 방금 작업한 Sketch1이 디폴트이므로, 변경하실 필요가 없다.
4. 회전을 위한 축(Axis)의 설정은 디폴트 값으로 설정한다. Model View에서 Z 축을 따르는 선을 클릭한 후, Details 창의 Apply 버튼을 클릭한다. Axis 옆이 Selected로 변경된 것을 확인해야 한다. 노랑 바탕색의 Not Selected로 변경되면, Not Selected를 클릭하고, Model View에서 선을 다시 클릭하고, Apply 버튼을 클릭한다.

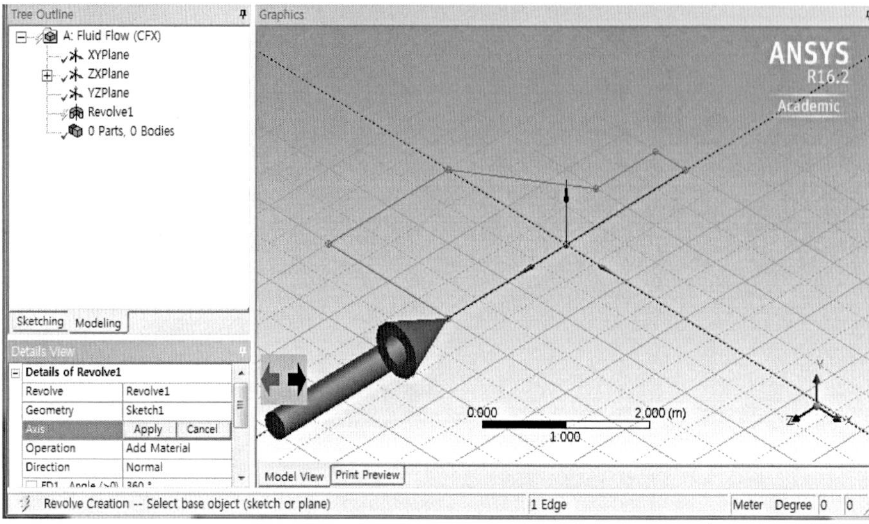

▶ **예제 1-9** Axial으로 Z축을 선택한 것

5. Solid를 생성하기 위해 Operation은 Add Material로 한다. (다른 옵션은 다수의 solid를 다루기 위해 기존 solid의 변형을 가능하게 한다.)

6. 스케치는 360도 회전해야 하므로, Angle 부분을 360도로 설정하고, 다른 항목은 디폴트를 그대로 이용한다.

7. Revolve 작업을 하기 위해 Generate버튼 을 클릭한다. 이 버튼은 윈도우 창에서 마우스 오른쪽 버튼을 클릭하여 나타나는 옵션들 중에서 선택 가능하며, 3D Feature Toolbar에서 선택 가능하다. 주 몸체가 완성되었다.

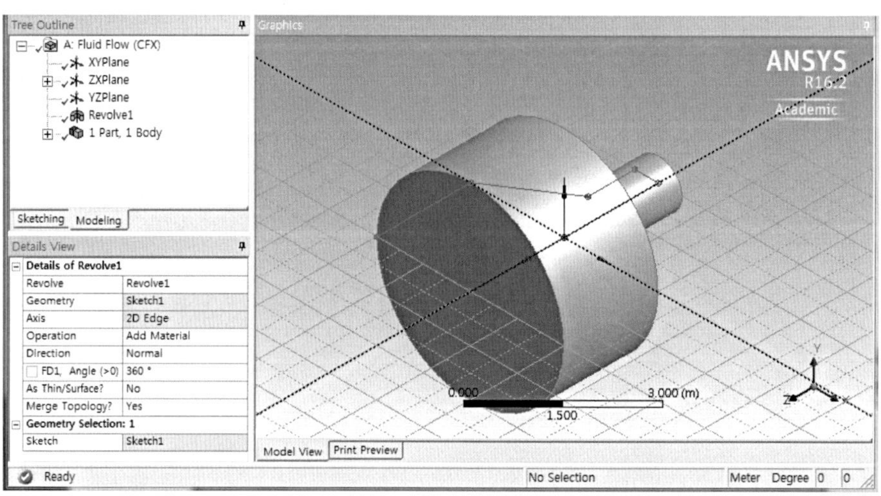

▶ **예제 1-10** Revolve 피처

이제 양 옆의 파이프를 생성하기 위하여, 두 개의 새로운 스케치의 생성 및 돌출

(extrude)에 실행할 것이다. 스케치 생성 후, 격자를 쉽게 보기 위해 solid는 보이지 않도록 해준다.

1. Tree View의 1 Part, 1 Body 옆의 플러스 기호를 클릭하여 하위 항목이 나타나도록 한다.
2. 마우스를 Solid 위에 위치시키고, 마우스 오른쪽 버튼을 클릭하여, Hide Body 메뉴를 선택한다.

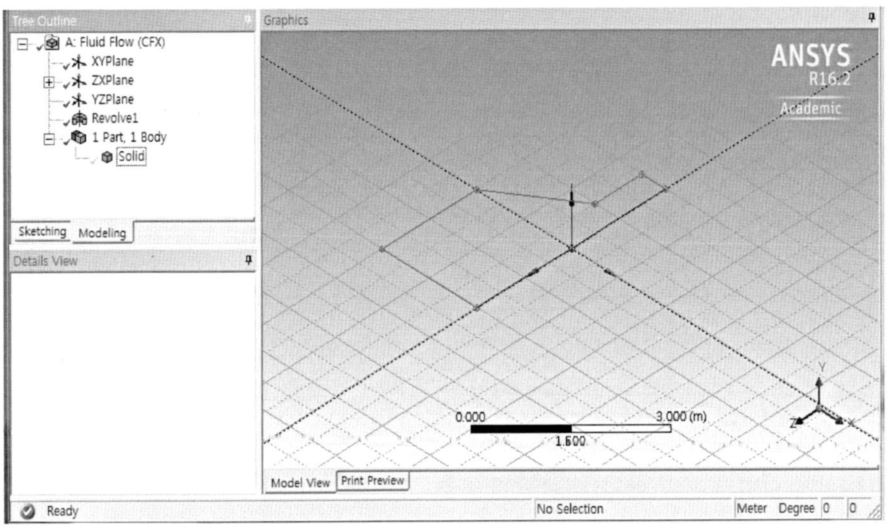

▶ **예제 1-11** Solid를 Hide 시킨 것

3. 다시 Tree View에서 ZX 평면을 선택하고, Model View 상단에 위치한 ActivePlane/Sketch 툴바의 New Sketch 버튼  을 클릭하여, 이평면에 새로운 스케치를 생성한다.
4. 스케치 탭을 선택한다.
5. 아래 그림과 같이 원을 그린다.
   a. Draw 툴 박스를 선택한다.
   b. Circle을 선택하고, 원의 중심을 눈금 위에 클릭한 후, 드래그하여 반경을 설정한다.

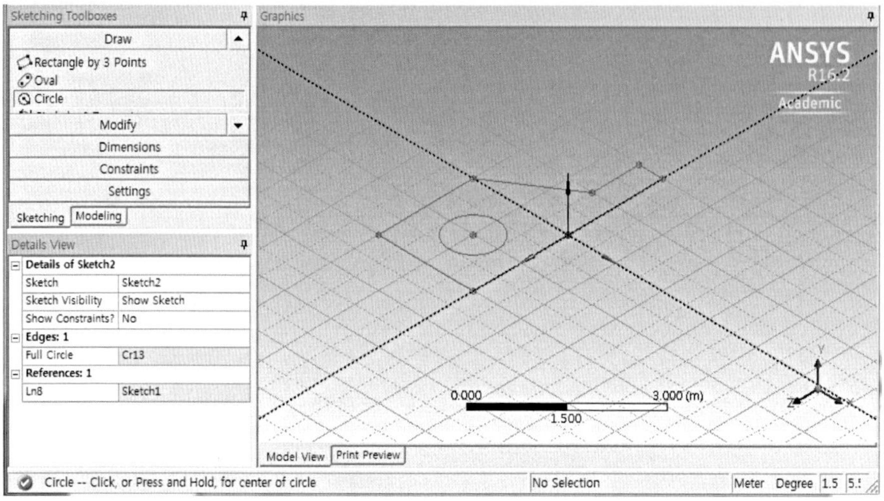

▶ 예제 1-12 ln1 스케치

이제 첫 번째 파이프를 만들기 위해 이 스케치를 Extrude하여야 한다.

1. Model View 상단 3D Feature 툴바의 Extrude 버튼 을 클릭한다.
2. 윈도우 좌측 하단의 Detail View에서 연장 방향인 Direction을 Reversed로 변경한다. 변경 전, 후의 방향은 Model View에서 확인 할 수 있다.
3. Depth는 3m로 기입하고, 다른 항목은 변경하지 않는다. Add Material은 새로운 solid를 만들지 않고 기존 solid에 추가되게 한다.
4. Extrude 작업이 실행되게 하기 위해, 이전과 같이 Generate버튼 을 클릭한다.

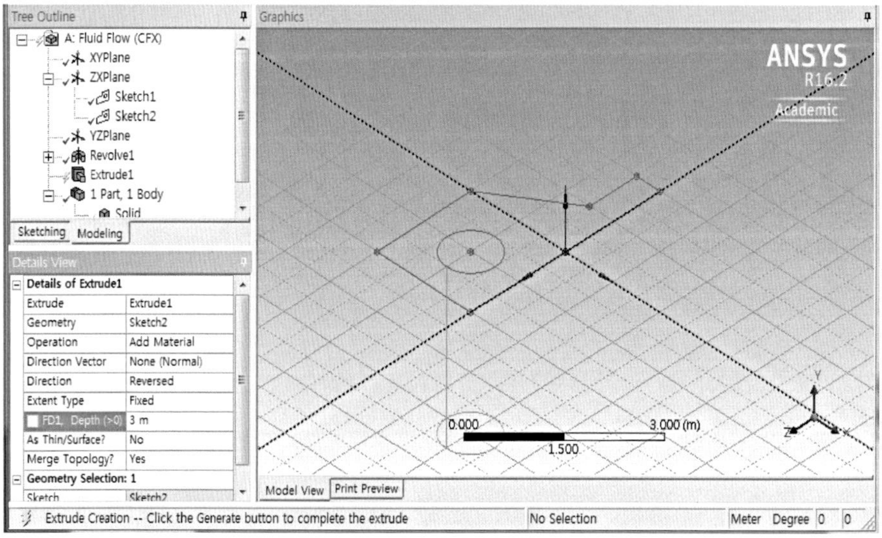

작업 실행 결과를 확인하기 위해, Solid를 선택하여 Visible 옵션으로 변경해야한다.

1. Tree View에서 마우스를 Solid 위에 위치시키고, 마우스 오른쪽 버튼을 클릭하여 Show Body 버튼을 클릭한다.
2. Model View의 중간 부분에서 마우스를 이용 하여 view를 조정하여, 새로 생성한 파이프가 잘 보이도록 조정한다.

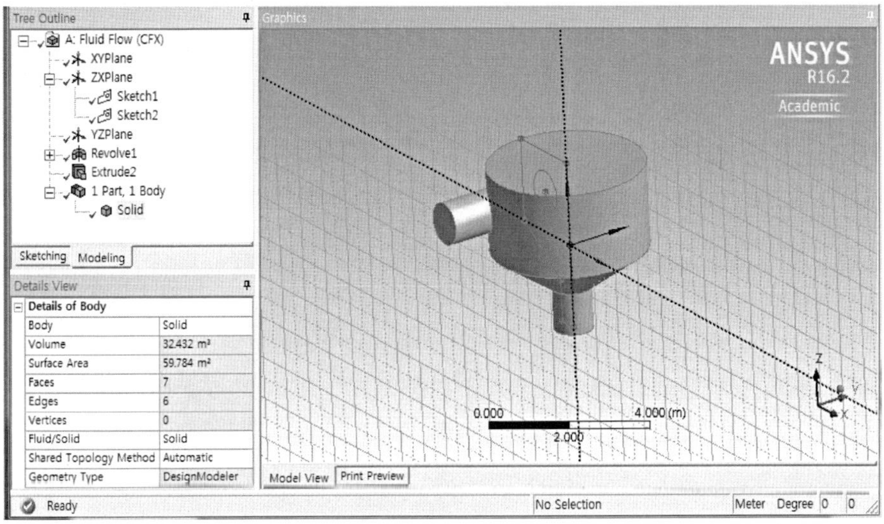

3. Tree View에서 마우스를 Solid에 위치시키고, 마우스 오른쪽 버튼을 클릭하여, Hide 시긴다.

반대 방향 파이프를 생성하기 위해 같은 작업이 반복된다.

1. Tree View에서 다시 ZX 평면을 클릭하고, New Sketch 버튼 을 클릭하여 새로운 스케치를 생성한다.
2. Sketching 탭을 선택한다.
3. Draw 툴 박스에서 Circle을 선택하고 아래 그림과 같이 원을 그린다.

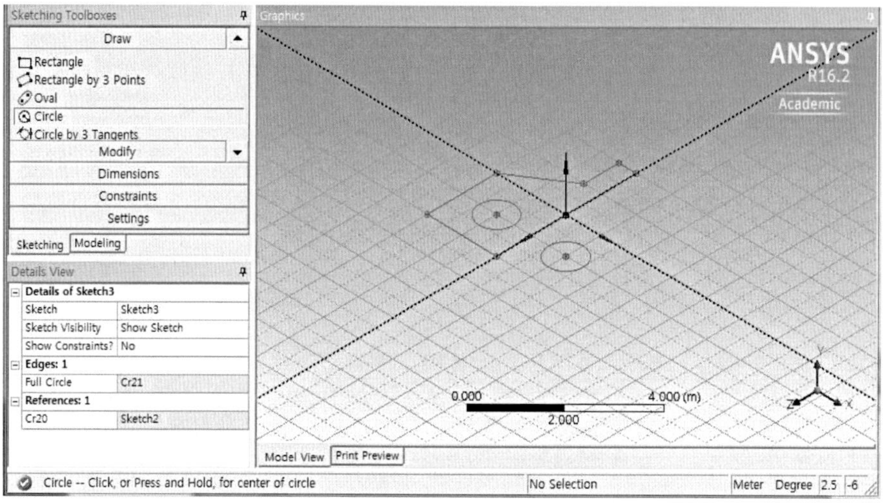

▶ 예제 1-13 In2 스케치

4. Model View 상단 3D Feature 툴바의 Extrude 버튼 을 클릭한다.
5. 윈도우 좌측 하단의 Detail View에서 연장 방향인 Direction을 Normal로 한다. 변경 전, 후의 방향은 Model View에서 확인 할 수 있다.
6. Depth는 3m로 기입하고, 다른 항목은 변경하지 않는다. Add Material은 새로운 solid를 만들지 않고 기존 solid에 추가되게 한다.
7. Extrude 작업을 실행시키기 위해 Generate 버튼 을 클릭한다.
8. Tree View에서 Solid 위에 마우스 버튼을 위치시키고 나서, 마우스 오른쪽 버튼 클릭 후 나타나는 메뉴 중에서, Show Body를 선택한다.

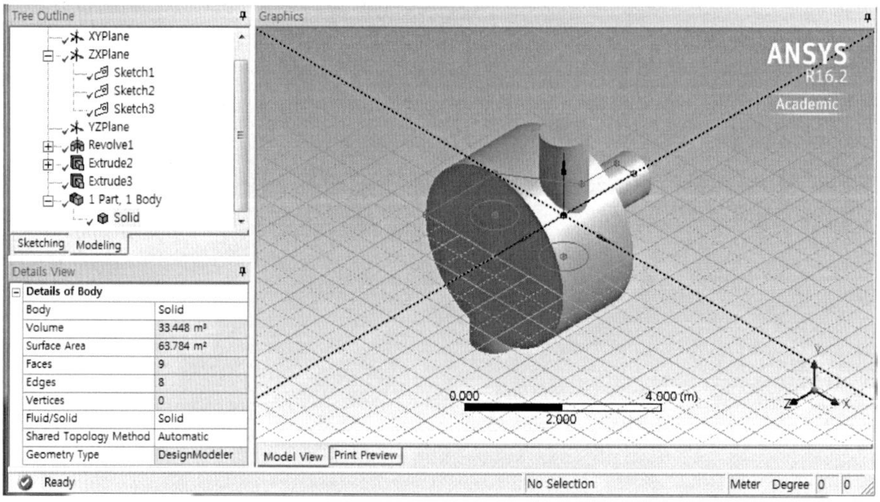

▶ 예제 1-14 형상 body 완성

형상 작업은 완료 되었다.

Named Seletion을 사용하여 형상에서 입구 및 출구를 정하여준다.

Tools/Named Seletion 선택하면 아래의 그림처럼 입구1로서 In1을 설정하여준다.

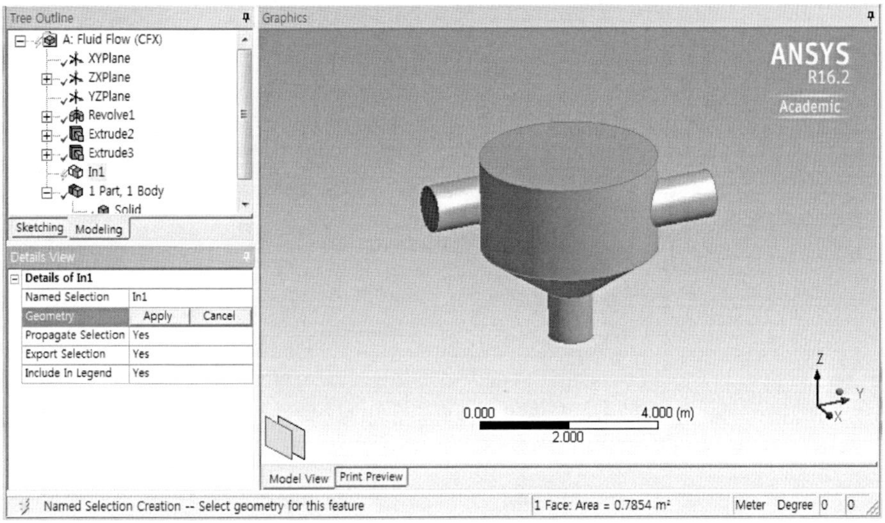

▶ **예제 1-15** In1을 선택한 상태

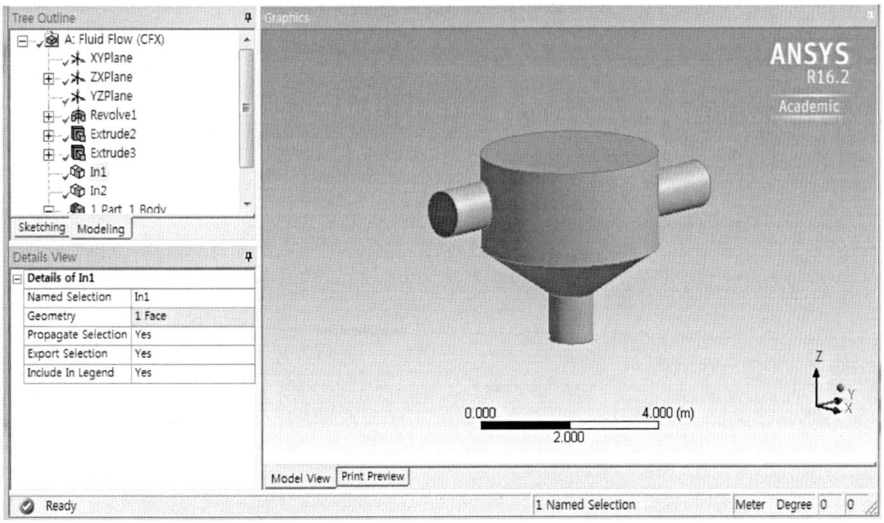

▶ **예제 1-16** In1을 설정된 상태

Tools/Named Seletion 선택하면 아래의 그림처럼 입구2로서 In2을 설정하여준다.

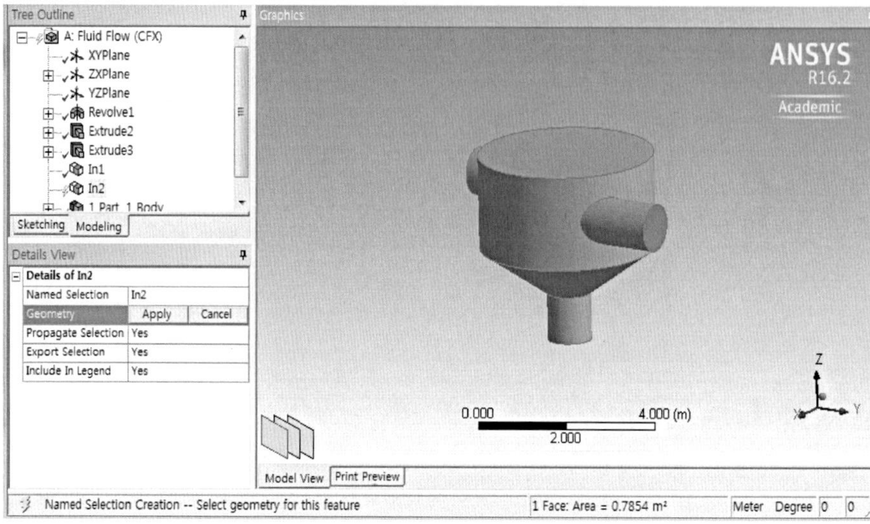

▶ 예제 1-17 In2을 선택한 상태

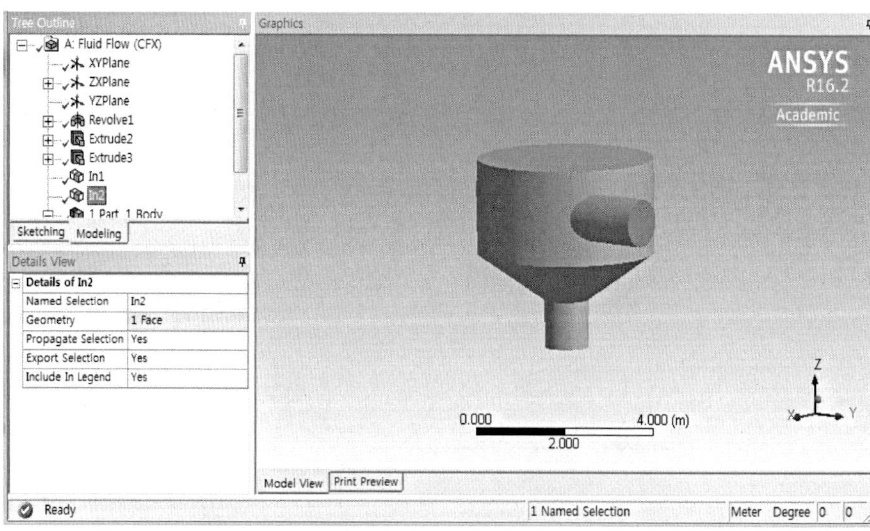

▶ 예제 1-18 In2을 설정된 상태

Tools/Named Seletion 선택하면 아래의 그림처럼 출구를 Out으로 설정하여 준다.

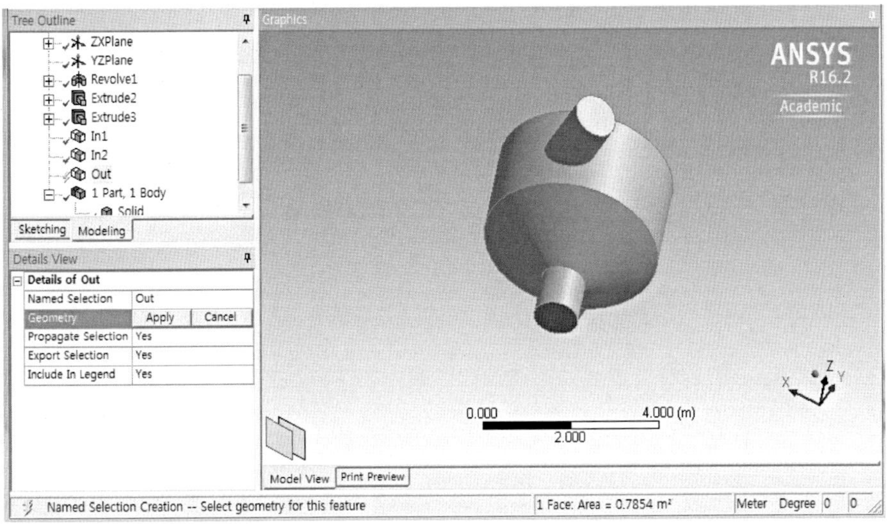

▶ 예제 1-19 Out을 선택한 상태

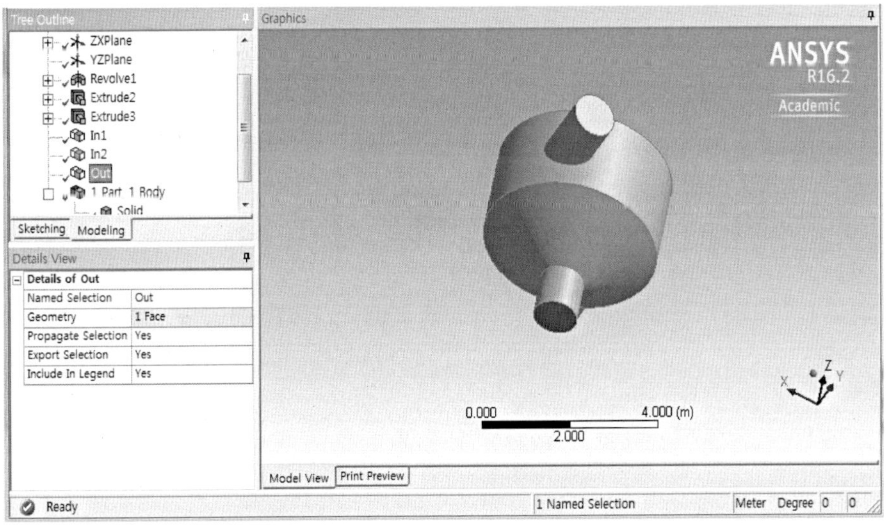

▶ 예제 1-20 Out을 설정된 상태

1. File>Save 메뉴를 선택하고, 파일 이름은 Static Mixer로 한다.
2. 형상 작업이 완료되면 Ansys Mesh로 넘어가기 위해 저장 후에 DM을 닫는다.

다음 단계 실습 전에, Model View에서 마우스를 이용한 모델 view 조정을 연습하겠다. 이것은 특정 부분을 자세히 보거나, 선택을 하는 경우 모델을 특정 위치로 이동하는 경우 중요하다.

1. 윈도우 상단 Rotation Modes Toolbar에서 디폴트 모드인 Rotate 모드가 선택되어 있는지를 확인한다.
2. Model View의 중간 부분에서 마우스 중간 버튼을 클릭한 상태에서 모델을 회전시키기 위해, 드래그 한다. 모델을 움직이기 위한 가장 일반적인 방법이다.
3. 마우스를 Model View 상단 좌측으로 옮긴다. 좌측 상단 끝 가까이 가면 마우스 커서가 에서 로 변경된다. 새로운 마우스 커서가 나타난 상태에서, 마우스 중간 버튼을 클릭하여 드래그 하면, 모델이 회전한다.
4. 회전에는 두 가지 방법이 더 있다. 마우스 커서를 화면 좌측으로 옮긴다. Model View의 가장자리에 가까워지면, 커서가 로 바뀐다. 마우스 중간 버튼을 클릭하고 드래그 하면, 화면 수직 축을 중심으로 회전 한다. 커서를 Model View 상단으로 옮기면 커서가 로 바뀐다. 이 경우에는 모델이 화면 수평 축을 중심으로 회전한다. Rotation 모드의 유형은 커서의 위치에 따라 달라진다. 아래 그림은 커서의 위치에 따른 모드를 보여준다.

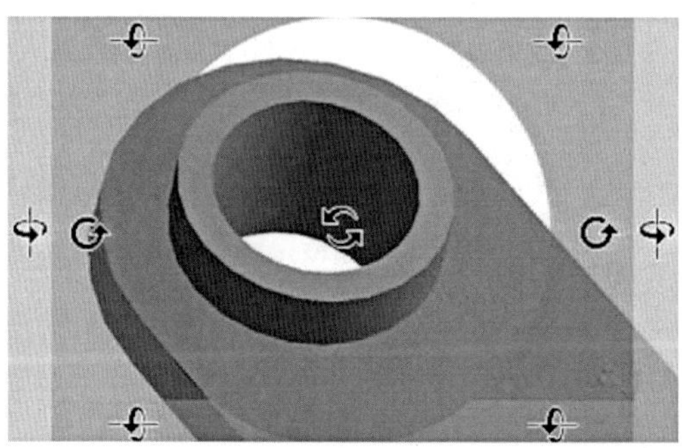

5. Model View 우측 하단의 Triad에서 청록색의 공을 클릭하여 Isometric View로 전환한다.

이제는 한 파이프의 끝을 확대하겠다.

1. Model View에서 파이프 끝 좌측 위에서 마우스 오른쪽 버튼을 클릭한 후, 파이프 끝을 가로질러 드래그 하여, 박스를 만든다. 마우스 버튼을 놓으면, 모델이 확대된다.
2. 모델을 회전시켜 보아라. 회전의 중심이 모델 중심이어서, 회전 속도가 빨라 파이프가 금방 view 밖으로 나가는 것을 알 수 있다. 이 현상은 변화될 수 있다. 파이프 끝을 다시 화면에 보이도록 한 후에 Model View 중심에서 마우스 왼쪽 버튼을 클릭하면, 빨강색 공이 Model View 중간에 나타난다. 이제 다시 모델을 회전 시키면,

이 점을 중심으로 회전되기 때문에 파이프 끝이 화면에서 사라지지 않는다. 다시 모델 중심을 중심으로 회전시키기 위해서는, 화면 어디에서든 왼쪽 마우스 버튼을 클릭하면, 빨강 공이 사라진다.

3. 키보드의 Shift키를 누른 상태에서 마우스 중간 버튼을 클릭하고 아래 방향으로 드래그 하여, 모델을 축소한다. 위로 드래그 하면, 모델을 확대 할 수 있다. 다른 방법은 Rotation Modes Toolbar에서 Zoom 모드 를 선택하는 것이다. 일단 이 버튼을 클릭한 후에는 마우스 왼쪽 버튼을 클릭하고 드래그 하여, 확대와 축소를 할 수 있다. 모델을 회전하기 위해서는 Rotate 모드를 다시 클릭해야 한다.

Model View에서 모델을 조정하는 효과적인 두 가지 방법이 더 있다.

1. 키보드에서 Ctrl 키를 누르고, 마우스 중간 버튼을 누르고, 드래그 하면, 모델이 이동된다. 이 모드를 선택하는 다른 방법은 Rotation Modes Toolbar에서 Pan 모드를 선택하는 것이다. 일단 이 모드가 선택된 후에는 마우스 왼쪽 버튼을 클릭하고 드래그 하여, 모델을 이동 시킬 수 있다.
2. 마지막으로 모델을 Model View 화면의 중심에 위치하면서 전체 형상이 보이도록 크기가 소절되도록 하기 위해서는 Rotation Modes Toolbar에서 Zoom to Fit 버튼을 클릭한다.

3 Mesh 생성

아래의 그림처럼 Mesh가 편집되기를 기다리고 있다.

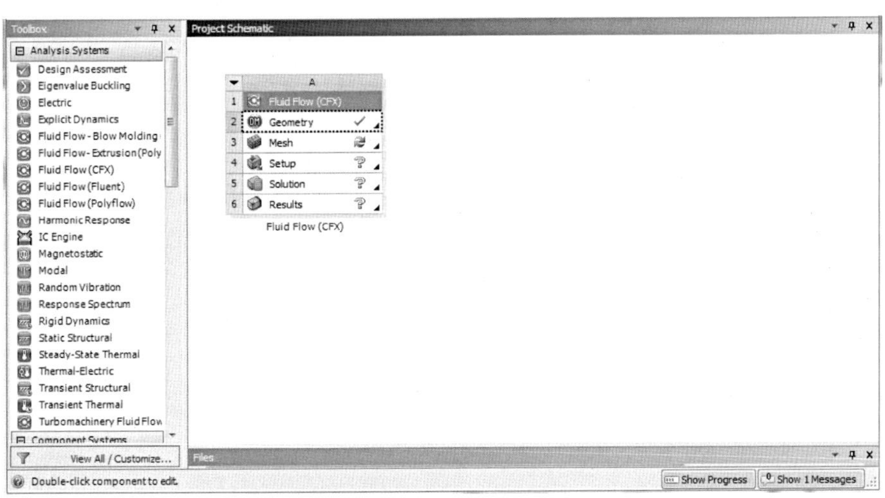

▶ 예제 1-21 Mesh로 넘어가기를 기다리는 상태

Mesh탭 위에 마우스를 놓고 우클릭하면 Edit가 나타나는데 Edit를 선택한다.

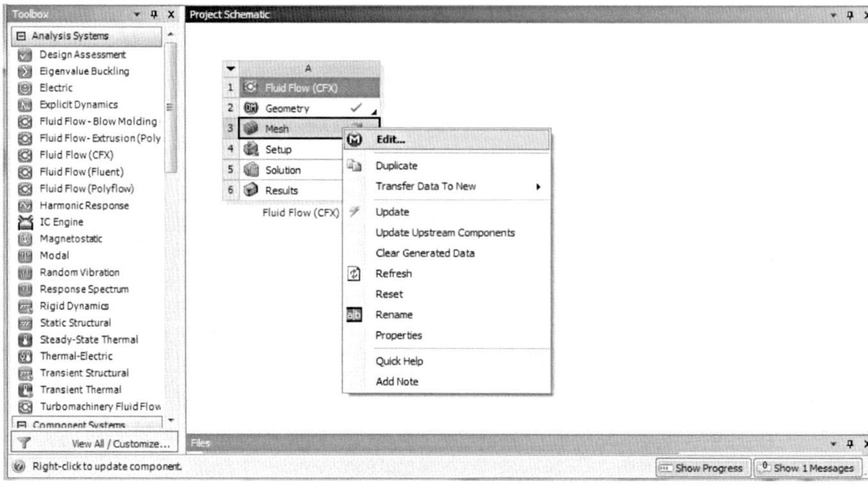

▶ **예제 1-22** Mesh창으로 들어가기 위하여 Edit 선택

Mesh탭 위에 마우스를 놓고 우클릭하면 Edit가 나타나는데 Edit를 선택하면 아래그림과 같이 Mesh창이 열린다. 이것은 AnsysWorkbench내에서 모든 작업이 이루어짐을 뜻한다.

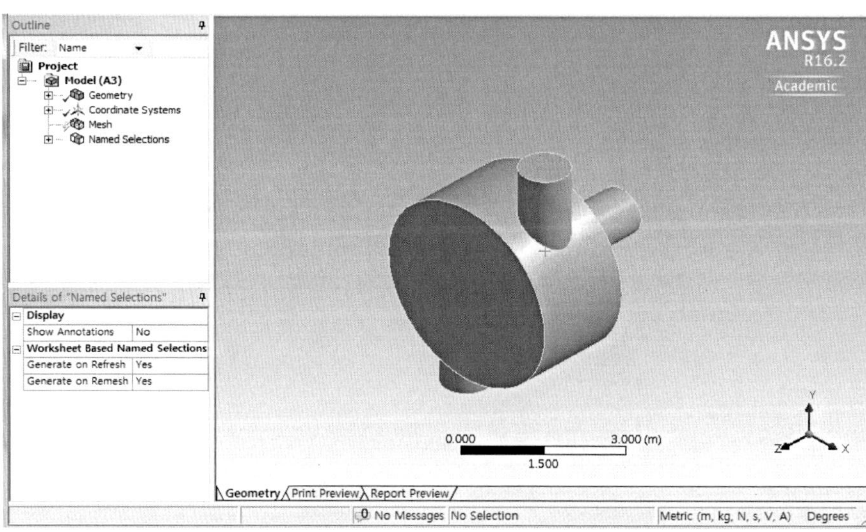

▶ **예제 1-23** Mesh창으로 들어온 상태

옵션 없이 Generate Mesh를 클릭하여 Mesh를 생성시켰다.

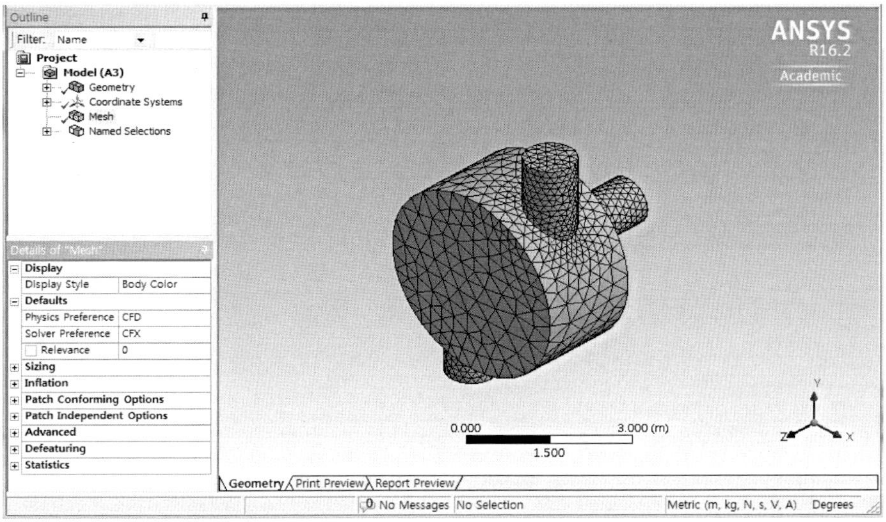

▶ **예제 1-24** 일반적인 Mesh 생성

기존격자의 수정과 Inflation에 대하여 알아보자.

- 기존 격자의 수정
- Inflation

1. 격자 생성에 대한 수정

처음 단계로 전체의 형상에 대하여 격자 크기를 다시 설정한다.

2. Tree View의 Mesh클릭한다.

3. 디테일뷰에서 Sizing을 선택하고 Max Size값을 0.2m로 설정한다. Max Face Size값도 수정한다.

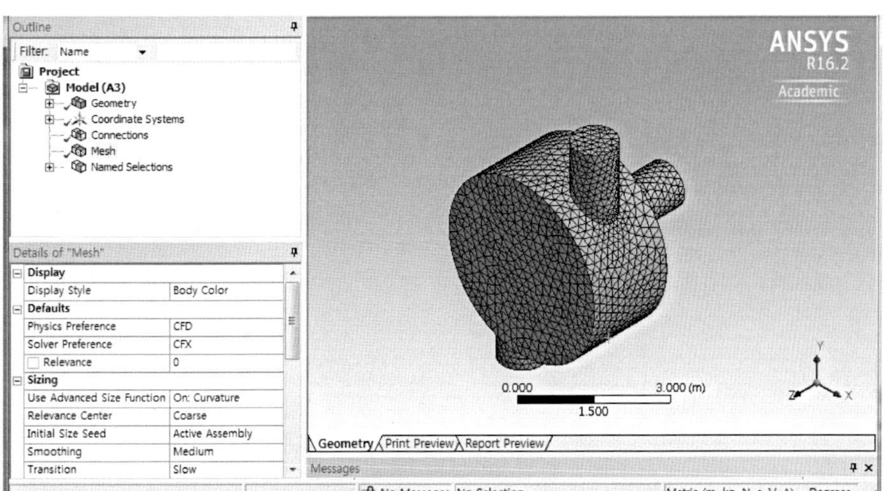

▶ **예제 1-25** Max Size값을 0.2m로 설정

Section Plane으로 잘라서 내부의 형태를 본 것임

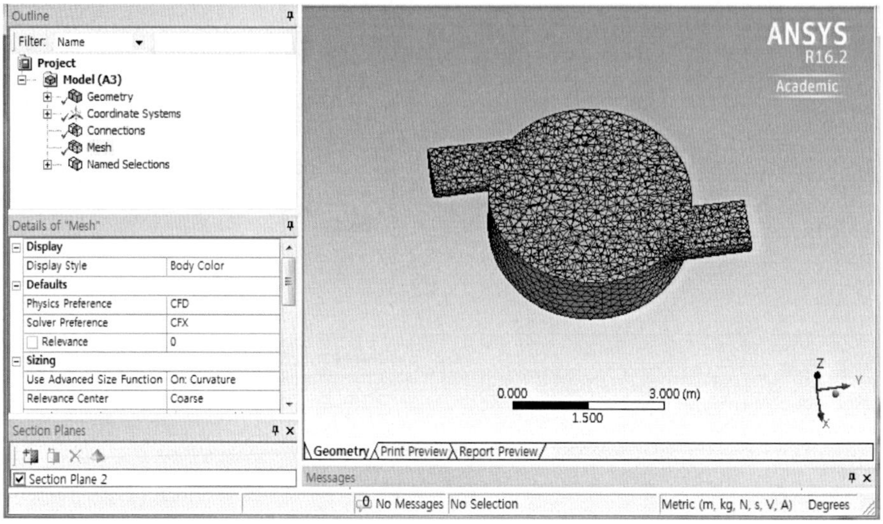

▶ 예제 1-26 Section Plane으로 잘라서 내부의 형태를 본 것임

Inflation 생성과정

다음 단계는 Mixer 벽면상에 적층된 Boundary를 형성한다. Solid상의 Tetra 요소의 Prism 격자를 생성하기를 원하는 경계조건에서 Prism Mesh를 생성한다. 그 결과, Wall의 평행한 방향으로 아주 작은 Prism 격자의 층이 생성된다. 이것은 벽면 근처에 대한 속도 유동장의 해상도를 더욱 좋게 만든다.

적층된 격자는(Inflation Mesh) 품질의 정도를 향상시키며, 부분적으로 외관상의 형상(예: 목이 긴 파이프, 난류가 중요한 부분)을 향상시킨다. 적층된 격자는 또한 항력, 양력, 압력 손실이 중요한 부분에서 사용된다.

Wall 경계부분을 살펴보면, 처음에 생성되었던 것은 Tetra 형상일 것이다.

첫째, Inflation과정을 조절하기 위하여 그와 관련된 변수를 설정할 것이다. 그리고 적층된 Boundary를 생성할 것이다.

1. Tree view에서 Mesh를 우클릭하여 Inflation을 선택한다.

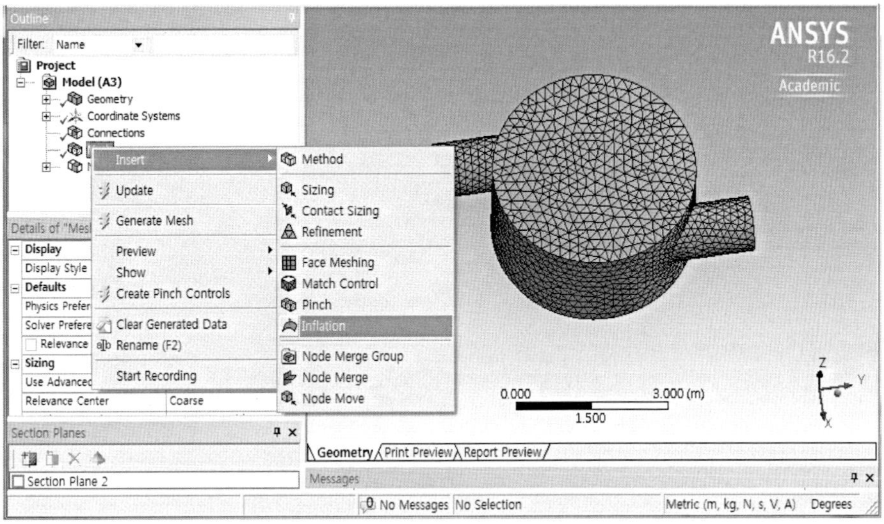

▶ **예제 1-27** Mesh를 우클릭하여 Inflation 선택

2. Details View Geometry No Selection을 클릭하여 SM을 선택하고 Apply를 클릭한다. Geometry에 1Body가 선택되어졌음을 알 수 있다.

Boundary No Selection을 클릭하여 입출구를 제외한 전체의 면 6개 Face를 선택해 준다.

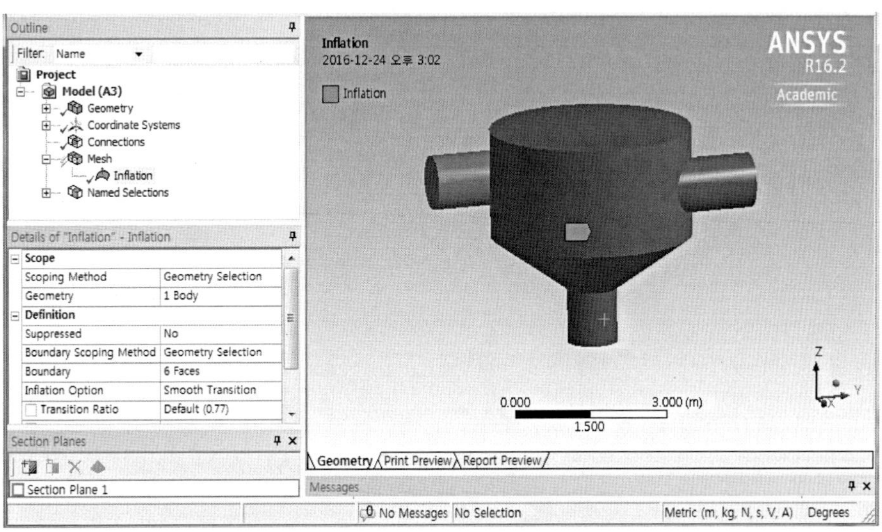

▶ **예제 1-28** 입출구를 제외한 전체의 면 6개 Face를 선택

Inflation 옵션 값은 모두 디폴트값을 사용한다.

Generate Mesh를 클릭하여 Mesh를 생성시켜 본다.

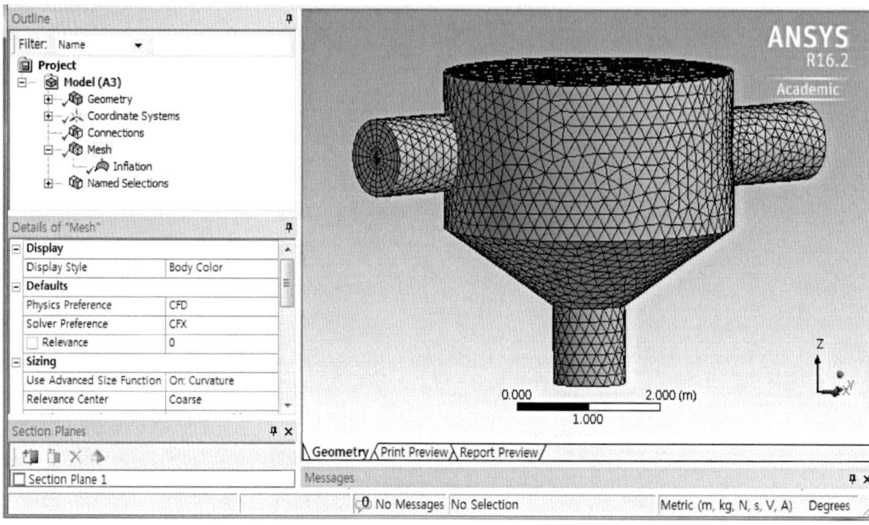

▶ **예제 1-29** Inflation 옵션 값을 주고 Mesh 생성

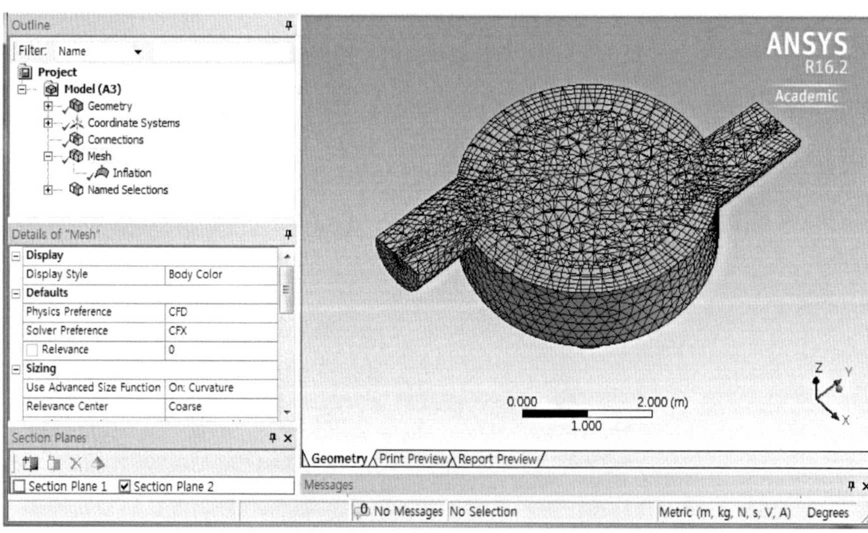

▶ **예제 1-30** Inflation 옵션 값은 모두 디폴트값

2. Details View 창의 Number of Inflated Layers 값을 5로 설정한다. 이것은 5개의 프리즘 요소 층을 만든다.

3. Expansion Factor의 값을 1.3으로 설정한다. 이것은 Wall로부터 떨어진 연속하는 프리즘 요소의 층 두께를 조절하는 값이다.

Transition Ratio의 값을 0.77에서 0.2로 바꾸어 보겠다.
Mesh가 생성되었다.

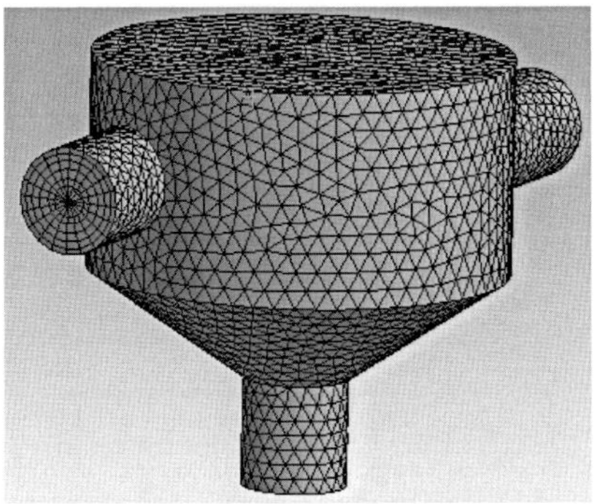

▶ 예제 1-31 Transition Ratio의 값을 0.77

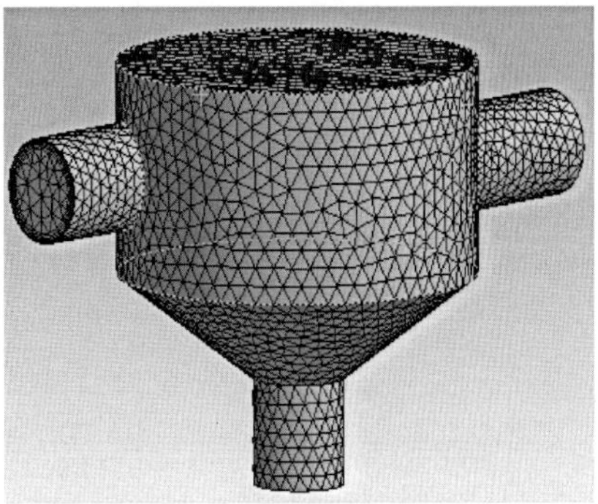

▶ 예제 1-32 Transition Ratio의 값을 0.2

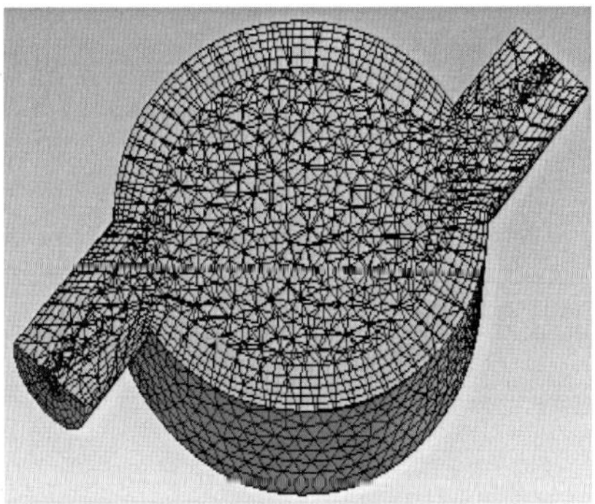

▶ 예제 1-33 Transition Ratio의 값을 0.77

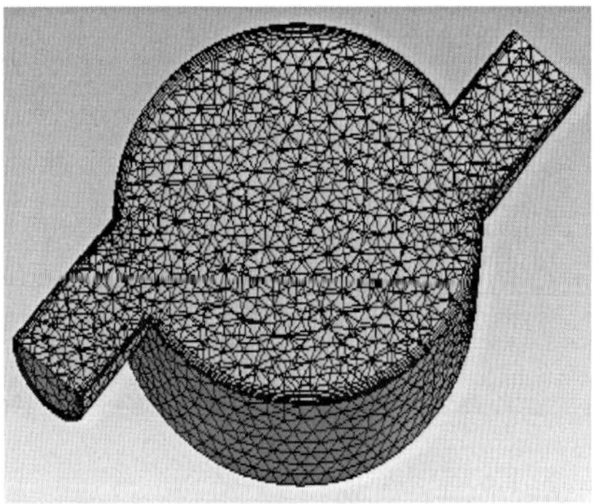

▶ 예제 1-34 Transition Ratio의 값을 0.2

Mesh가 생성되었으므로 File/ Save Project하고 Close Meshing한다.

4 Setup

이제제의 연습을 통해 아래 사항을 습득하게 된다.

- ANSYS CFX-Pre에서 Quick Setup Mode를 이용한 문제 설정
- ANSYS CFX-Post에서 Outline plot의 변형
- 한 포인트를 지나는 유동을 추적하기 위해, ANSYS CFX-Post에서 Streamline 사용
- 컬러 평면을 이용한 온도 표시 및 ANSYS CFX-Post에서 Contour 도시
- 애니메이션 제작 및 MPEG 파일로의 저장
- ANSYS CFX-Post에서 뷰(view)의 저장 및 로딩을 위한 카메라 사용

Component	Feature	Details
CFX-Pre	User Mode	Quick Setup Wizard
	Simulation Type	Steady State
	Fluid Type	General Fluid
	Domain Type	Single Domain
	Turbulence Model	k-Epsilon
	Heat Transfer	Thermal Energy
	Boundary Conditions	Inlet (Subsonic)
		Outlet(Subsonic)
		Wall: No-Slip
		Wall: Adiabatic
	Timestep	Physical Timescale
CFX-Post	Plots	Animation
		Contour
		Outline Plot (Wireframe)
		Point
		Slice Plane
		Streamline
	Other	Camera Object
		Legend
		MPEG Generation
		Object Drag and Drop

문제 개요

본 교재는 용기 안으로 물이 흐르는 두 개의 입구 관으로 구성되는 정적 혼합기를 시뮬레이션 한다. 혼합기를 통과하는 유체의 유동 분석을 통해 일반적인 유동의 흐름을 파악하게 되고 주어진 격자에 대한 일반적 접근 방법을 습득하기 위한, Quick Setup Mode에 대하여 간단한 문제를 적용한다.

온도는 다르지만 같은 양의 물이 양쪽 파이프로 유입되며, 하나의 유입구에서는 2m/s의 속도와 315K의 온도로 유입되며, 다른 유입구에서는 2m/s의 속도의 285K의 온도로 유입된다. 혼합기의 반경은 2m이다.

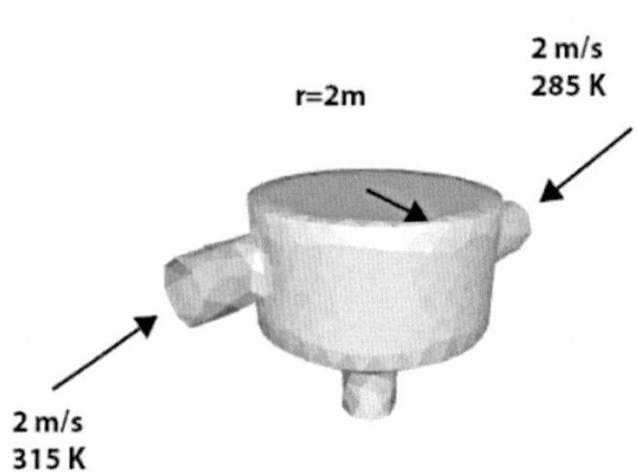

아래의 나열되어있는 항목의 내용을 당장 수행하지는 마라. 전체 개요만을 습득하기 위한 목적으로, 본 절은 일반적 실습 흐름에 대한 간단한 요약을 제공한다.

1. 신규 시뮬레이션의 생성
2. 물리 정의
3. 격자 읽기
4. 화면의 확대 및 축소
5. 형상 회전
6. 모델 정보 입력
7. Solver 변수 정의
8. 경계 정의
9. 경계 조건 설정
10. 유동 정보 입력
11. 온도 정보 입력
12. 정확성을 위한 경계 조건의 재검토
13. 다른 유입구 경계 정의
14. 일반 모드로의 이동
15. Solver 파일(.def) 저장

새로운 시뮬레이션 설정

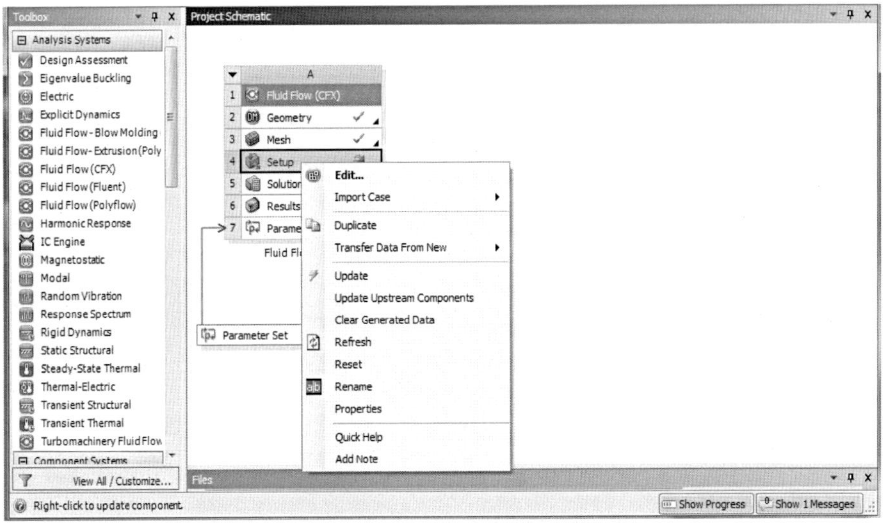

Defining Model Data

물리 정의 설정

특성이(물성치) 알려져 있는 다양한 유체에 대하여 해석이 가능하다. 프로그램에 물성치가 이미 입력되어 있는 25℃ 물로 설정을 하겠다. 필요한 경우에는 물성치 변경이 가능하다.

유동 타입 및 물리적 모델(physical model) 등이 정의되어야 한다.

유동은 난류와 열전달 문제가 고려된 정상 문제로서 난류는 k-epsilon 모델을 적용하며 열전달은 thermal energy 모델을 적용한다. k-epsilon 난류 모델은 보편적으로 많이 사용되는 모델이며, 다양한 유동 문제에 적용된다. Thermal energy 모델은 높은 속도에 의한 영향을 무시하며, 따라서, 낮은 속도의 유동에 적합 한다.

Setup 하기

1. CFX-Pre로 들어가기 위하여 Setup에 마우스를 올려놓고 우클릭하여 Edit를 선택한다.

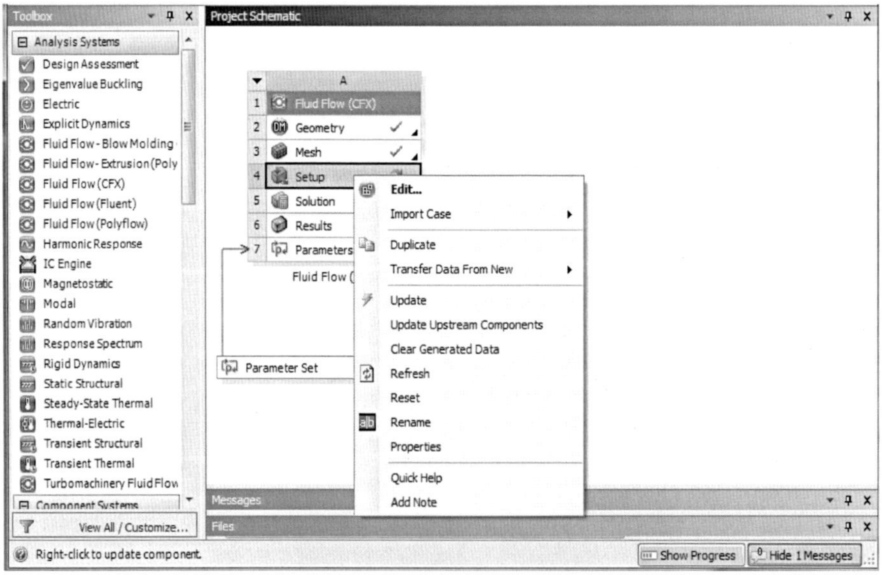

2. 아래의 그림은 CFX-Pre창이다.

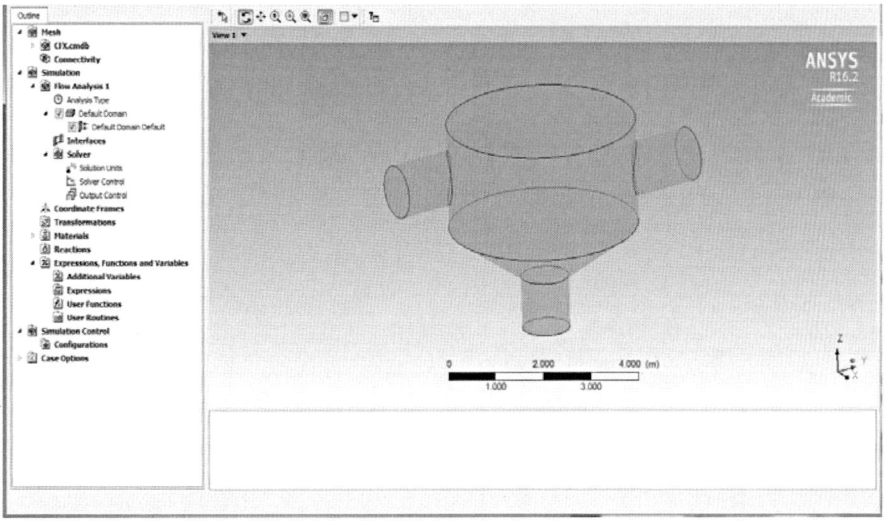

3. Outline에서 Default Domain 을 더블클릭하여 Default Domain Detail로 들어간다.

Basic Settings탭에서

1. Domain Type에서 Fluid Domain을 선택한다.

2. Fluid1 Material에서 Water로 선택한다.

3. Reference Pressure 1atm으로 하고

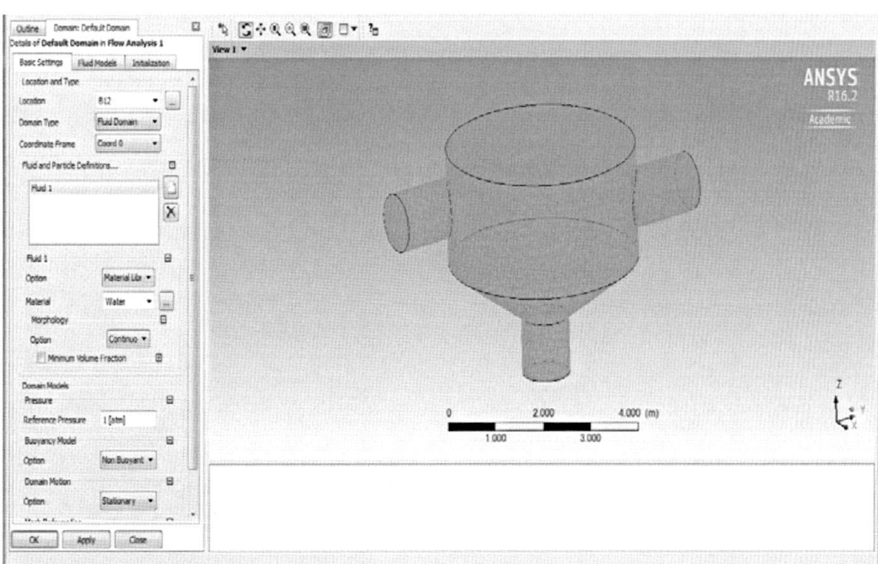

▶ **예제 1-35** Basic Settings탭

Fluid Models탭에서

1. Heat Transfer는 Thermal Energy를 선택한다.

2. Turbulence는 k-Epsilon을 선택한다.

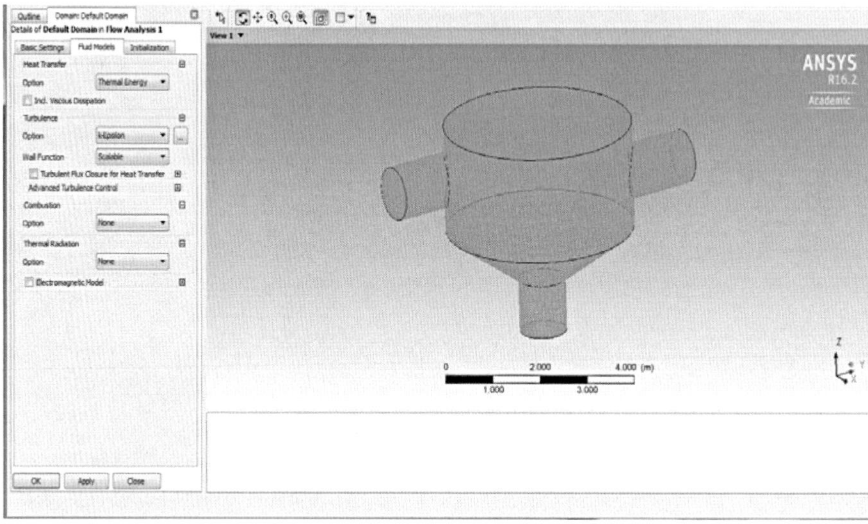

▶ **예제 1-36** Fluid Models탭

입력이 끝났으면 OK클릭한다.

Defining Boundaries

Creating the First Inlet Boundary Definition

1. Insert / Boundary 선택하면 Insert / Boundary창이 뜨는데 여기에서 이름을 In1으로 주고 Ok를 하면 Boundary In1을 결정하기 위한 창이 뜨는데 Basic Setting에 Boundary Type이 Inlet이고 [...]을 클릭하여 Selection Dialog에서 In1을 선택하면 Location에 In1이 들어간다.

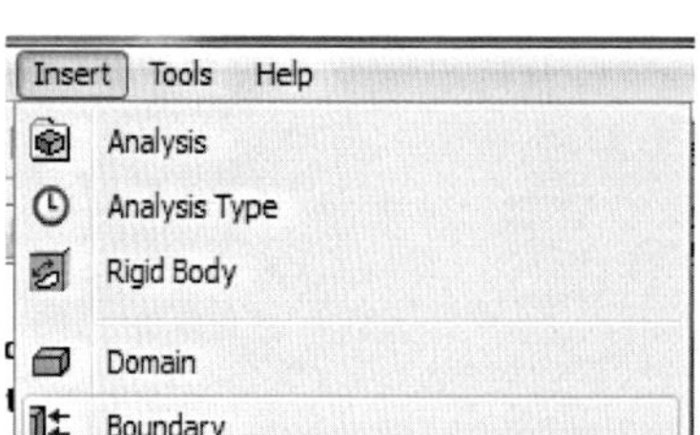

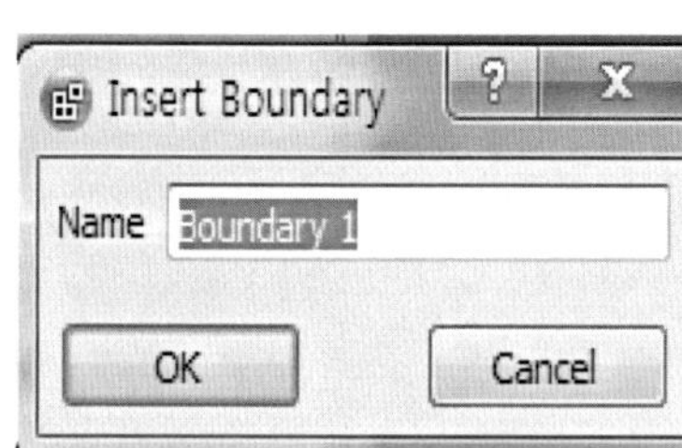

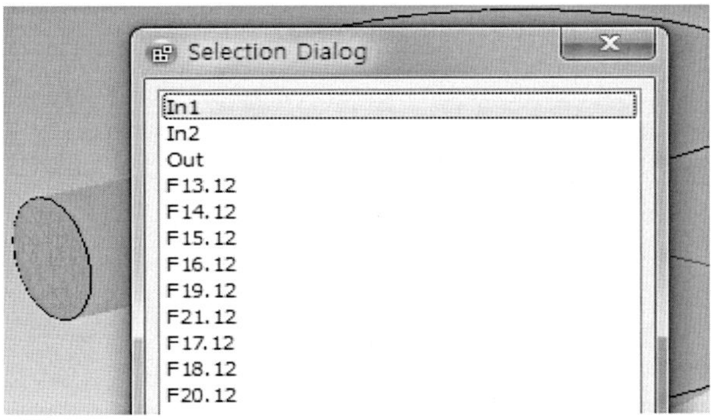

▶ **예제 1-37** Selection Dialog

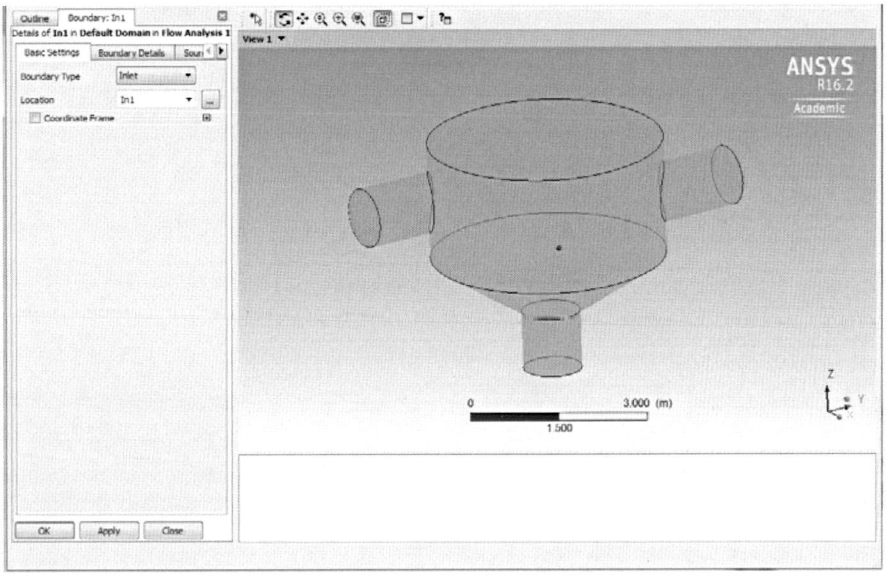

▶ **예제 1-38** Boundary In1을 결정하기 위한 창

2. In1 Boundary Details탭에 다음을 입력한다.

Setting	Value
in1 > Boundary Type	Inlet
in1 > Location	in1
Flow Specification > Option	Normal Speed
Flow Specification > Normal Speed	2 [m s^-1]
Temperature Specification > Static Temperature	315 [K]

▶ **예제 1-39** In1 데이타

입력이 끝나면 OK를 클릭한다.

Creating the Second Inlet Boundary Definition

1. Insert / Boundary 선택하면 Insert / Boundary창이 뜨는데 여기에서 이름을 In2으로 주고 Ok를 하면 Boundary In2을 결정하기 위한 창이 뜨는데 Basic Setting에 Boundary Type이 Inlet이고 [...]을 클릭하여 Selection Dialog에서 In2을 선택하면 Location에 In2가 들어간다.

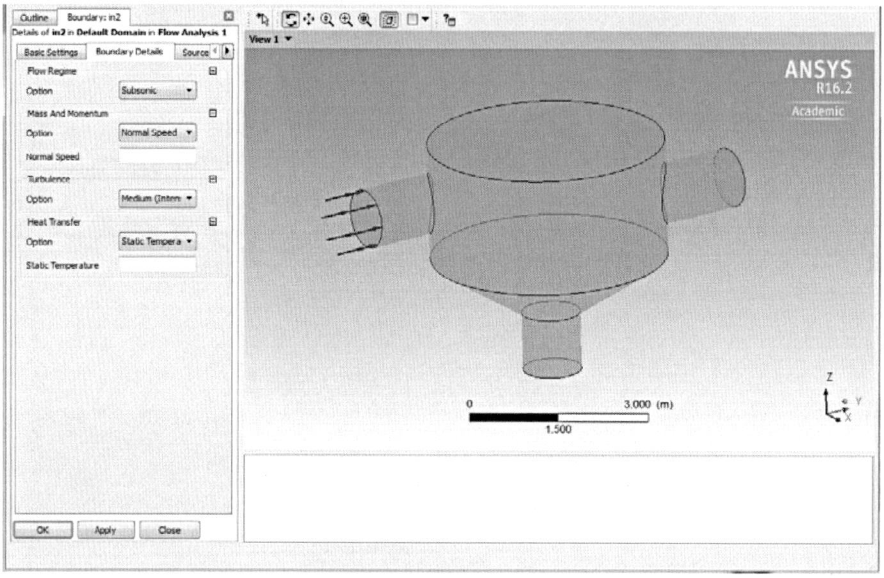

▶ **예제 1-40** Boundary In2을 결정하기 위한 창

2. In2 Boundary Details탭에 다음을 입력한다.

Setting	**Value**
in2 > Boundary Type	Inlet
in2 > Location	in2
Flow Specification > Option	Normal Speed
Flow Specification > Normal Speed	2 [m s^-1]
Temperature Specification > Static Temperature	285 [K]

▶ **예제 1-41** In2 데이타

입력이 끝나면 OK를 클릭한다.

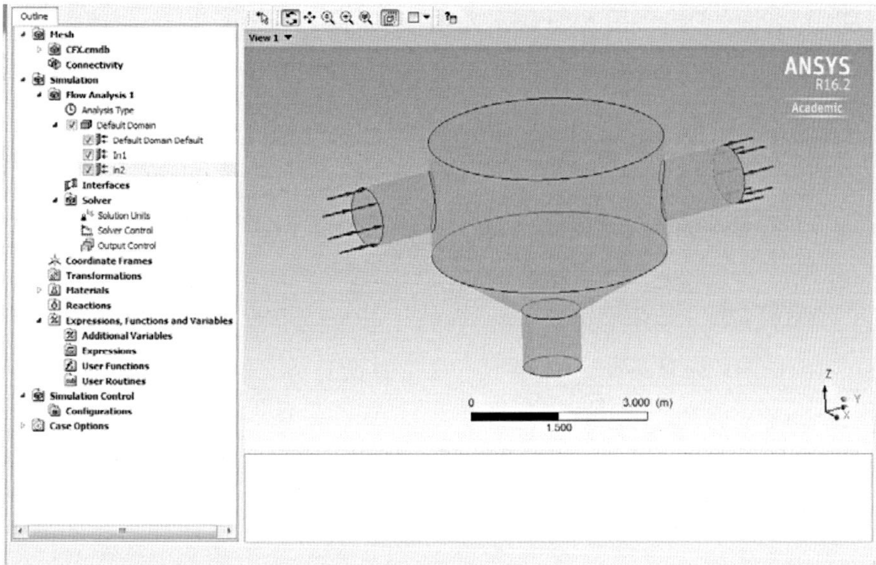

▶ 예제 1-42 In1과 In2가 설정되었음

Creating the Outlet Boundary Definition

1. Insert / Boundary 선택하면 Insert / Boundary창이 뜨는데 여기에서 이름을 Out으로 주고 Ok를 하면 Boundary Out을 결정하기 위한 창이 뜨는데 Basic Setting에 Boundary Type이 Out이고 [...]을 클릭하여 Selection Dialog에서 Out을 선택하면 Location에 Out가 들어간다.

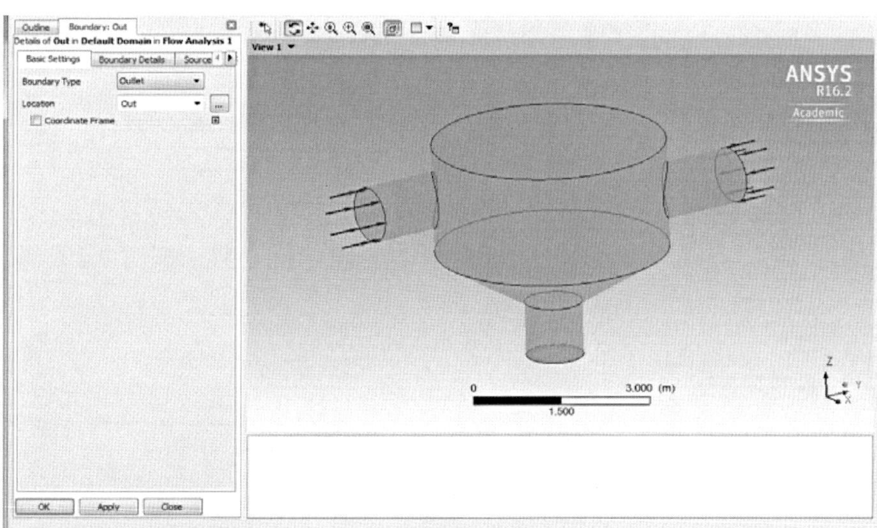

▶ 예제 1-43 .Out Boundary 선택

2. Out Boundary Details탭에 다음을 입력한다.

Setting	Value
out > Boundary Type	Outlet
out > Location	out
Flow Specification > Option	Average Static Pressure
Flow Specification > Relative Pressure	0 [Pa]

▶ 예제 1-44 Out 데이타

3. Out Boundary Details탭에 데이터를 입력한다.

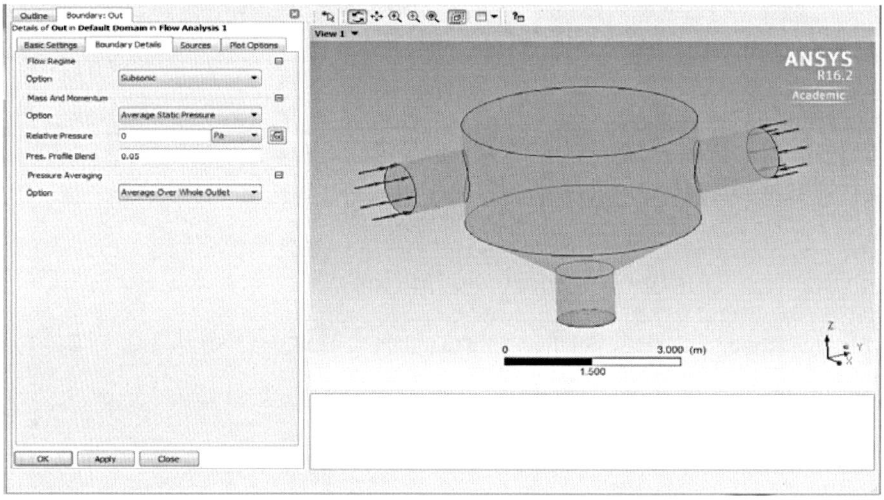

▶ 예제 1-45 .Out Boundary 데이터 입력

4. Out Boundary Details탭에 데이터를 입력하고 OK하면 아래의 그림과 같이 된다.

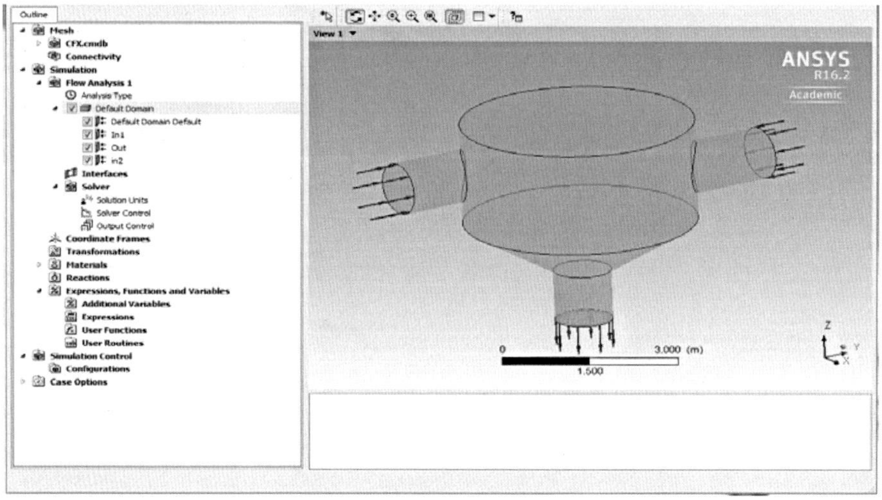

▶ 예제 1-46 .Out Boundary 설정

Solver parameter의 정의

Solver의 변수는 수치적인 해를 찾아내는 과정에 대한 양상을 조절한다.

여기에서 사용되는 풍상차분법(upwind difference scheme)은 다른 방법에 비해 정확성이 떨어지나, 안정성은 높고 계산 초기 결과를 얻기에는 적합하나, 최종 정확한 계산 결과를 얻기위해서는 사용되지 말아야 한다.

Timescale을 수동으로 조절하기 위해 Physical Timescale 옵션을 사용한다. 이 경우 Auto Timescale 모드 보다 수렴 속도가 더 빠르다.

Insert /Solver / Solver Control 또는 아이콘을 선택한다.

▶ 예제 1-47 Solver Control 선택방법

1. Basic Settings tab에서 Advection Scheme Option을 Upwind로 한다.
2. Timescale Control을 Physical Timescale로 Physical Timescale은 2[s]로 입력한다.
3. 다른 것들은 기본 값으로 한다.

입력이 끝났으면 Ok를 클릭한다.

CFX-Pre 설정이 모두 끝났으면 File Save Project하고 Close CFX-Pre를 한다.

5 Solution

1. Solution 우클릭하여 Edit선택하면

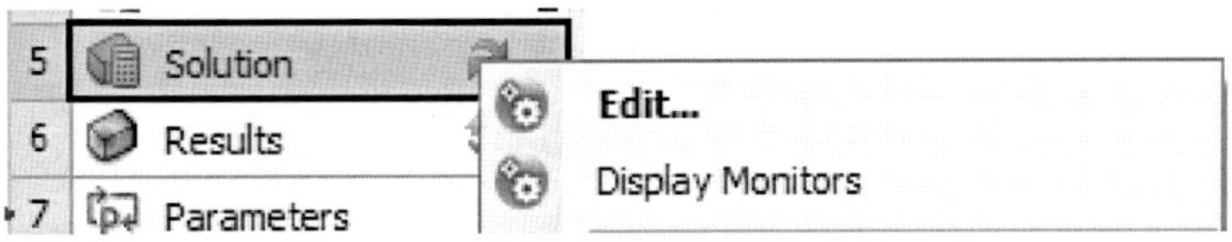

▶ 예제 1-48 Solution 우클릭하여 Edit선택

아래와 같은 창이 뜬다.

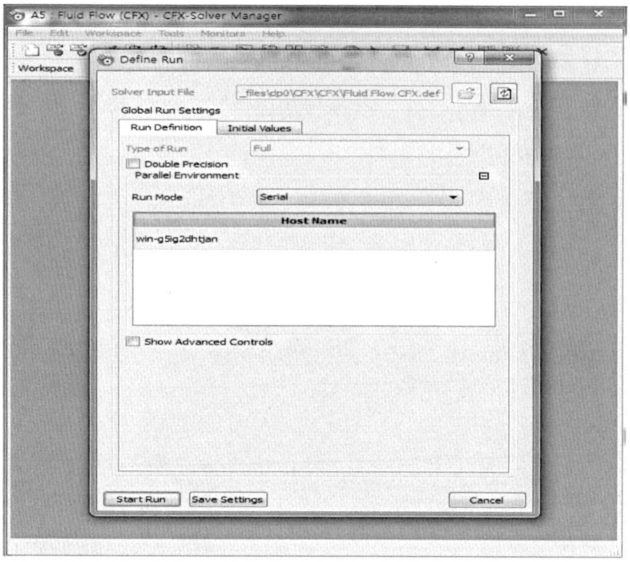

▶ 예제 1-49 Define Run창

2. Define Run창에서 Start Run을 클릭한다.
3. CFX-Solver가 돌아가기 시작한다.
4. CFX-Solver가 정상적으로 돌아가서 끝나면 아래와 같은 Solver Run Finished Normally창이 뜨면서 끝났음을 알린다.

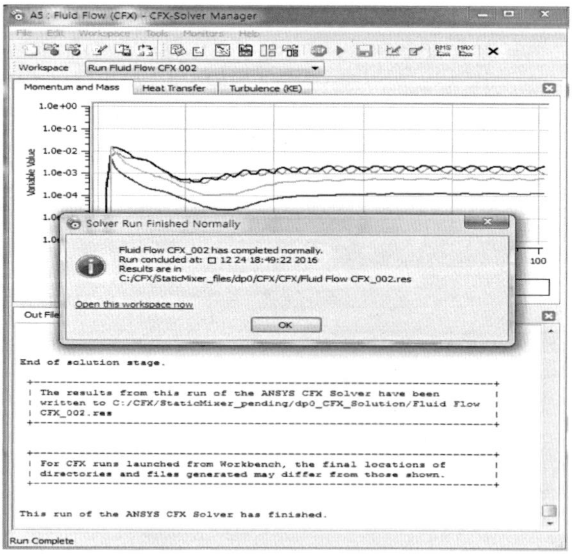

▶ 예제 1-50 Solver Run Finished Normally

5. CFX-Solver가 끝났으면 Ok버튼을 클릭하고 File / Close CFX-Solver Manager를 한다.

6 Viewing the Results Using CFD-Post

ANSYS CFX-Solver에서의 계산이 완료되면, 결과를 검토하기 위해 ANSYS CFX-Post로 이동한다. ANSYS CFX-Solver는 계산을 진행하기 위해 이용되나, 결과를 검토하기 위해서는 ANSYS CFX-Post를 사용한다.

Result를 보기위하여 Result를 우클릭하고 Edit를 선택하면 A6:Fluid Flow(CFX)-CFD Post창이 뜬다.

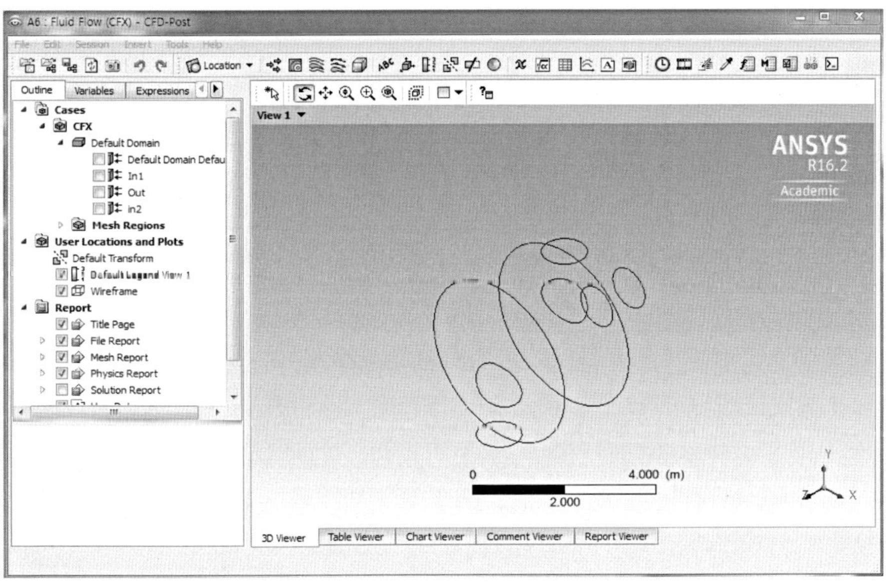

▶ **예제 1-51** A6:Fluid Flow(CFX)-CFD Post창

ANSYS CFX-Post에서의 결과 검토

아래 내용은 결과 검토 흐름에 대한 간단한 요약이다.

1. Wireframe Object에서 Edge angle의 설정
2. Streamline을 그리기 위한 점 위치 설정
3. 설정된 점을 지나가는 streamline 그리기
4. 점의 재 설정
5. 기본 디폴트 범례 설정
6. 슬라이스 평면의 설정
7. 슬라이스 평면 형상 정의

8. 슬라이스 평면 뷰 설정
9. 슬라이스 평면의 렌더링
10. 슬라이스 평면의 컬러링
11. 슬라이스 평면의 이동
12. Contour 추가
13. 에니메이션작업
14. 에니메이션 대화박스 생성
15 첫 번째 키프레임
16. 두 번째 키프레임
17. 에니메이션 보기
19. 에니메이션 변경
19. 에니메이션 저장

Setting the Edge Angle for a Wireframe Object

형상의 외곽선을 wireframe, 또는 outline plot이라고 한다.

개요

ANSYS CFX-Post는 디폴트로 표면 격자(surface mesh)의 일부만을 보여준다. 그래서 처음 결과 파일을 로딩하면, 형상 외곽선이 명확히 나타나지 않는다. 따라서 나타나는 표면 격자는 Object Selector에 리스트된 Wireframe object를 편집하여 조정 가능하다. Object Selector control의 각 Object 이름 옆의 체크 박스를 이용하면 화면 표시 여부 조절이 가능하다. 현재로서는 Wireframe과 Default Legend(View Control)만이 화면에 나타나도록 선택되어 있다.

Edge angle은 표면 격자가 나타나는 정도를 결정한다. 두 개의 면이 이루는 각도가 edge angle 보다 크면, edge가 나타난다. Edge angle을 0으로 설정하면, 모든 표면 격자가 나타난다. Edge angle이 클수록 주요 모서리만 나타나게 된다.

과도한 표면 격자 표시 없이, 모델 형상을 확인을 위해 Edge angle을 약 15도로 설정해 보자.

절차

1. Outline에서 Wireframe을 더블 클릭한다. Edge angle이 30도로 되어 있는 것을 볼 수 있다.
2. 마우스를 우클릭하여 Predefined Camera, Isometric View(Z Up)을 선택한다.

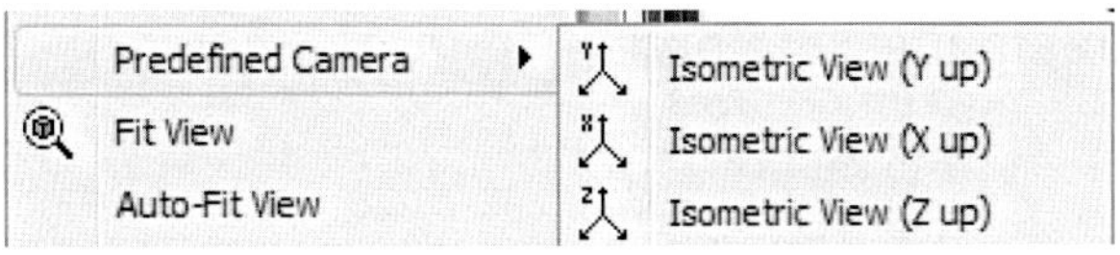

▶ 예제 1–52 Isometric View(Z Up)

3. Wireframe에서, Definition 밑에 Edge Angle을 클릭하고 10[degree]를 입력한다.
4. Apply 버튼을 클릭한다. 보다 많은 표면 격자가 나타난다.
7. 30으로 입력하고 Apply 버튼을 클릭하면 형상 외곽선이 줄어든다.
8. 이번에는 15를 입력하고 Apply 버튼을 클릭한다.

Creating a Point for the Origin of the Streamline

Streamline은 질량이 없는 입자가 흘러가는 궤적이다.

1. Insert>Location>Point를 선택한다.

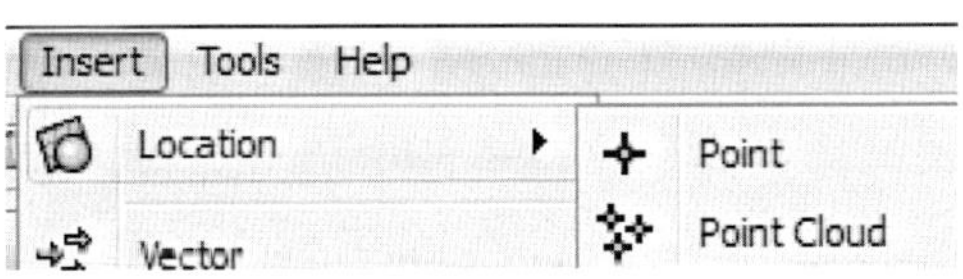

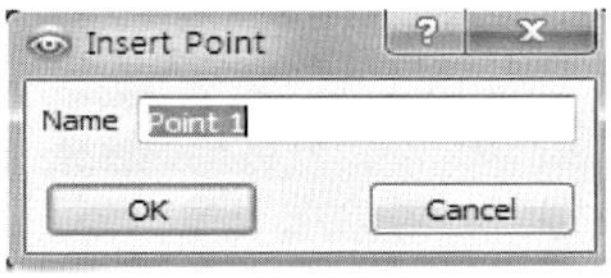

2. OK 버튼을 클릭한다. 이것은 디폴트 이름을 그대로 사용한다.
3. 필요하면, Objects에서 Point1 밑의 Geometry 탭을 선택한다.
4. Point1 Detail의 Definition에서 Method가 XYZ로 설정되어 있는지 확인하고 Point 밑에 -1, -1, 1을 입력한다. 입구 주위이다.
5. Apply 버튼을 클릭하면 노란점이 나타난다.

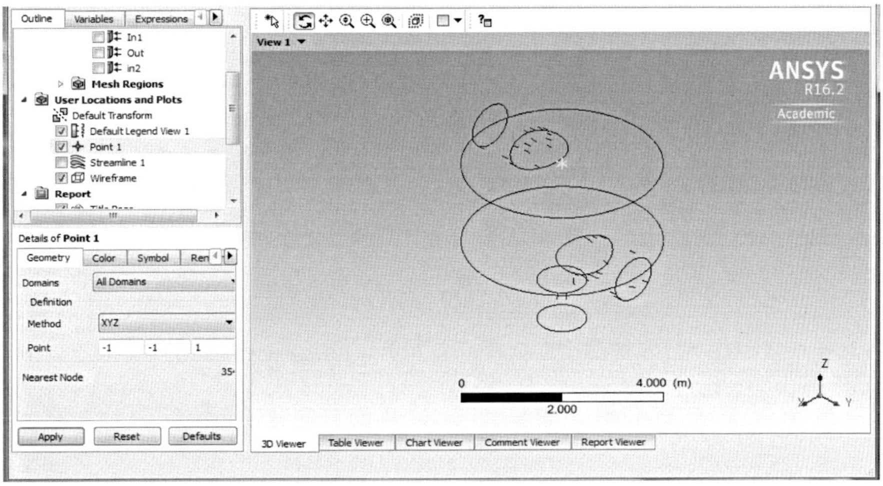

▶ 예제 1–53 Creating a Point for the Origin of the Streamline

Creating a Streamline Originating from a Point

유선은 점의 상류 측, 혹은 하류 측 유동을 따라 찾아간다.
이미 생성된 점을 통과하는 유선을 생성한다.

1. Insert>Streamline을 선택한다.

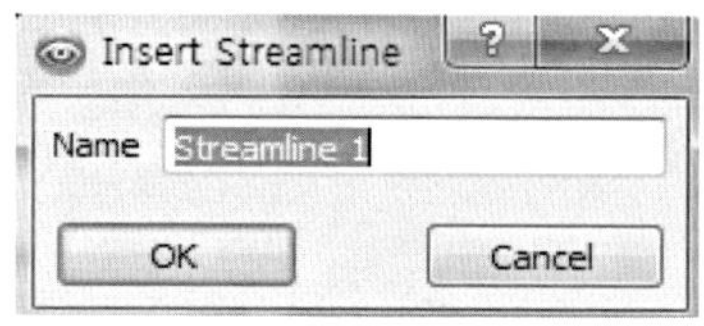

2. OK 버튼을 클릭한다. 이것은 디폴트 이름을 그대로 사용한다.
3. Streamline의 Detail의 Definition 부분에서 Start From에서 Point 1을 선택한다.
4. Color 탭을 선택하고 Mode를 Variable로 바꾼다.
5. Variable을 Velocity에서 Total Temperature로 바꾼다.
8. Range는 Global에서 Local로 바꾼다.
9. Apply 버튼을 클릭한다. 점에서 시작되는 유선이 그려진다. 입구 주변 시작되는 는 점 주위에서는 온도가 높으나 점차 출구로 가면서 온도가 떨어지는 것을 확인할 수 있다.

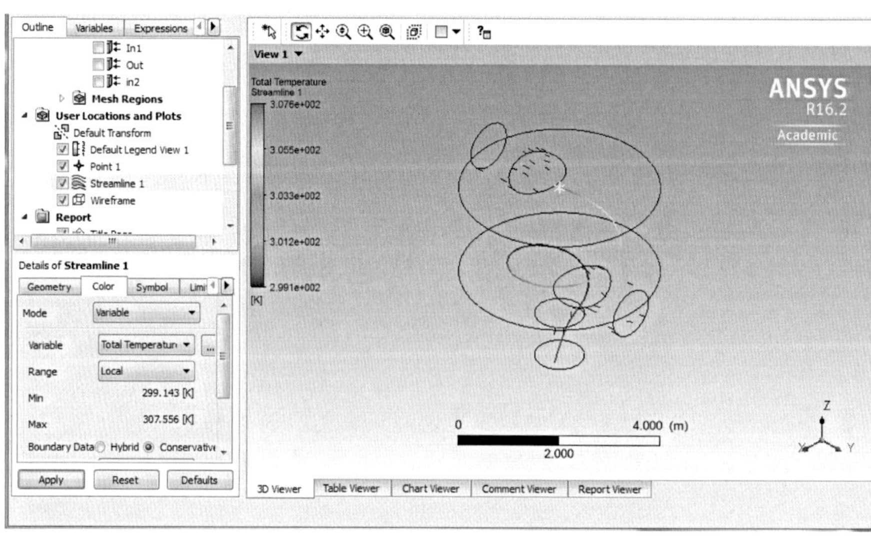

▶ 예제 1-54 Creating a Streamline Originating from a Point

점의 재설정

설정이 완료된 점에 대해서도, 좌표 값을 수동으로 입력하여 재설정이 가능하다.

1. Outline에서 Point1을 더블클릭하면 Point1 Detail을 재설정할 수가 있다. Point1 Detail에서 좌표 값으로 -1, -2.9, 1을 입력하고 Apply 버튼을 클릭한다. 점이 이동하면서, 유선도 다시 그려진다.

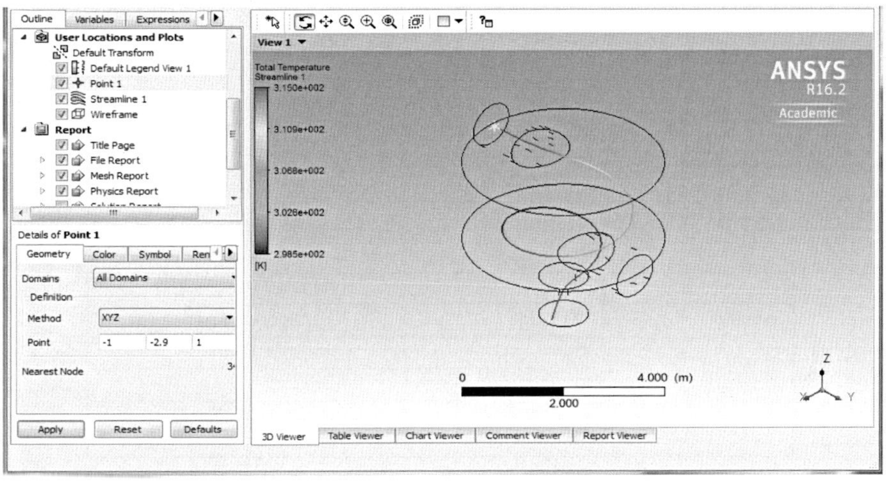

▶ 예제 1-55 점의 재설정

2. 혼합기 안 영역에서 Point 1(노랑색의 플러스로 표시)을 드래그 하여 새로운 위치로 이동 시킨다. Object Editor에서 점 위치가 갱신되며, 새 점을 통과하는 유선이 다시 그려지게 된다.

3. 점의 좌표를 −1, −1, 1로 재설정하고 Apply 버튼을 클릭한다. 점이 본래의 위치로 다시 이동한다.

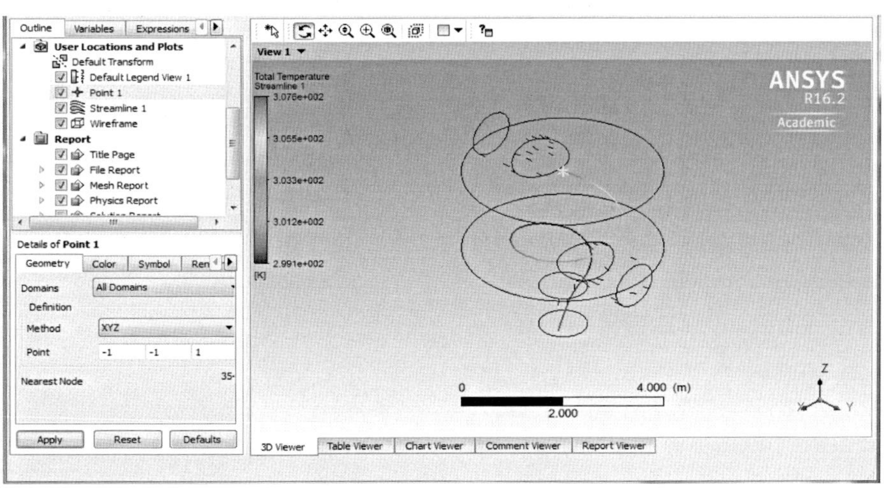

▶ 예제 1-56 점의 좌표를 −1, −1, 1로 재설정

Configuring a Default Legend

범례에 대한 사양은 변경이 가능하다.

Default Legend는 변수에 의해 컬러로 그림이 그려진 경우에 나타나게 된다. 본 유선은 온도를 기반으로 하고 있기 때문에 온도 범위를 보여주는 범례가 나타나게 된다. Color bar의 색깔 범위는 그림 내의 범위를 따라 적용되고 위치, 방향, 단위 표시 유무 등 여러 가지 사항에 대한 변경이 가능하다. 텍스트 형식 변경도 가능하다.

절차

1. Outline에서 Default Legend View1을 더블 클릭한다. Default Legend View1의 Detail이 나타난다.
2. Default Legend View1의 Detail에서 다음과 같이 설정한다.

Tab	Setting	Value
Definition	Title Mode	User Specified
	Title	Streamline Temp.
	Horizontal	(Selected)
	Location > Y Justification	Bottom

Title Mode를 User Specified하고 Title을 Streamline Temp로 입력한다.

Vertical에서 Horizontal로 선택하고, Location Y Justification에서 Bottom으로 하고 Apply 버튼을 클릭한다.

3. Appearance를 선택한다.
4. Appearance 부분의 여러 사항 변경을 한 후, Apply 버튼을 클릭한다.
5. User Locations and Plots에서 Point 1 및 Streamline1의 체크 박스를 클릭하여 체크 상태를 해지 하면, 범례도 따라서 없어지는 것을 확인할 수 있다.

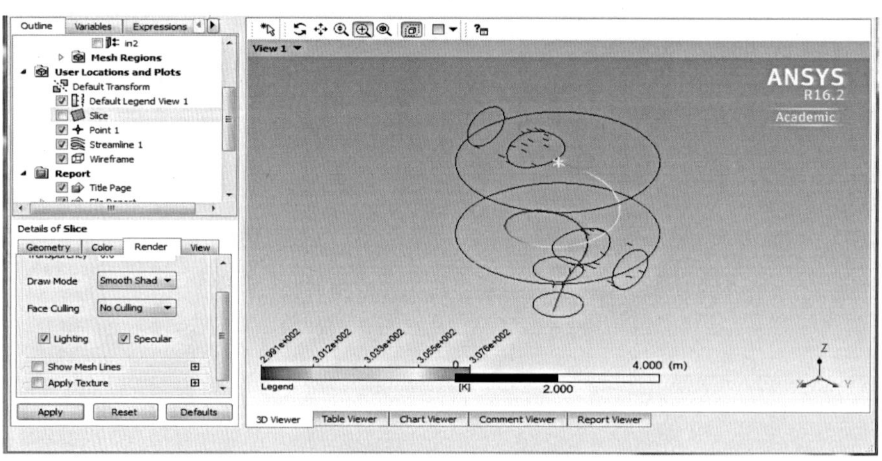

▶ 예제 1-57 Configuring a Default Legend

Creating a Slice Plane

Slice Plane을 이용하여, 형상 단면을 얻을 수 있다. ANSYS CFX-Post에서 그래픽 개체를 컬러를 이용하여 보는 경우가 많다. 그래픽 개체는 Isosurface, vector 등이 있으며, 본 절은 평면에 관한 내용 이다. 본 개체의 색깔은 단일 색으로 할 수 있으며, 변수에 따라 변하게 할 수도 있다. Object Selector에는 이미 디폴트로 정의 되어 있는 개체들이 있다. 정적 혼합기의 각 경계 부분에서 변수에 결과를 컬러링 하여 볼 수 있다. 그 외, 영역 내에서 결과를 보기 위해서는 새로운 개체가 생성되어야 한다.

평면을 정의하기 위하여 아래의 방법 사용이 가능하다.

- 세 개의 점: 지정된 세 개의 점으로 평면을 정의 한다.
- 점과 수직 벡터: 한 점과 평면에 수직인 벡터로 평면을 정의 한다.
- YZ Plane, ZX Plane, XY Plane: 수직 벡터가 지정된 평면에 대하여 수직인 것을 제외하고는 점과 수직 벡터 방식과 비슷하다.

여러분은 Z 축에 수직이면서, (0, 0, 1)을 지나가는 평면을 생성한다.

1. Insert>Location>Plane을 선택하고 Insert Plane창에서 Name을 Slice로 입력하고 OK 버튼을 클릭한다. Slice의 Detail에 선택 가능한 Geometry, Colour, Render와 View 탭이 나타난다.
2. Geometry 탭에서 Slice 평면의 Geometry 정의 평면에 대한 수직인 벡터를 정의하여야 한다.
3. Method에서 Point and Normal을 선택하고, Point에 0, 0, 1을 입력한다.
4. Normal에 0, 0, 1을 입력하고 Apply 버튼을 클릭한다.

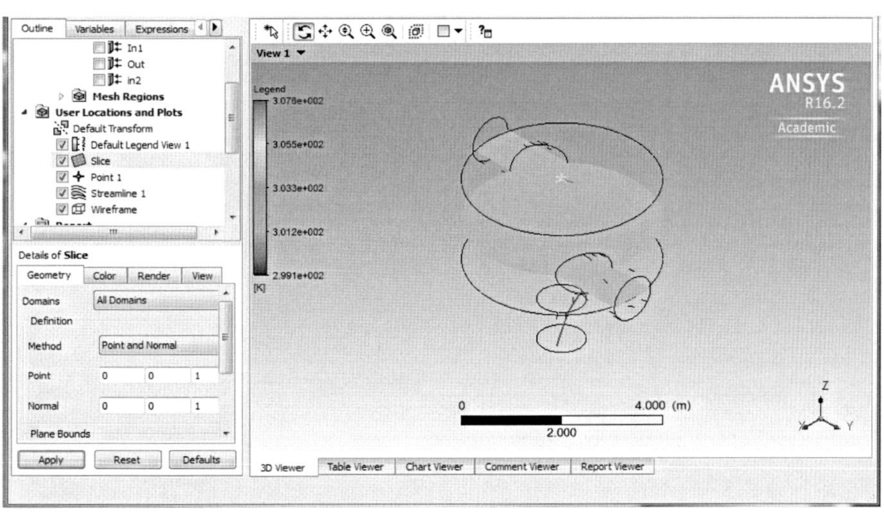

▶ **예제 1-58** Z 축에 수직이면서, (0, 0, 1)을 지나가는 평면을 생성

Defining Slice Plane Geometry

평면은 2차원 형상이기 때문에 뷰에 따라서 개체가 보이지 않는 경우가 있다. 평면을 표시하기 위해, 뷰가 변경되어야 한다.

1. 마우스 우클릭하여 Predefined Camera/Isometric View(Z Up) 을 선택한다.

2. Zoom Box 를 클릭한다.

3. 형상을 클릭하고 드래그 한다.

4. 마우스 버튼을 놓는다.

5. Viewing Tools 툴바에서 Rotate 를 선택한다.

6. 형상을 돌리기 위해, 마우스를 천천히 드래그 한다.

7. Isometric View(Z Up) 을 클릭한다.

Rendering Slice Planes

평면 위에 명암이나, 면이나 선을 그리거나 숨길 수 있다.

1. 필요하면, Slice 밑에 Render 탭을 선택하고 Show Faces 선택을 해지한다.

2. Show Mesh Lines를 선택한다. Show Mesh Lines에 Colour Mode를 User Specified로 변경하고 현재 설정되어 있는 Line Colour를 다른 색깔로 변경한다.

3. Apply 버튼을 클릭한다.

4. 자세히 보기 위해 마우스를 이용하여 줌인한다.

5. Viewing Tools 툴바에서, View Towards-Z 를 선택한다.

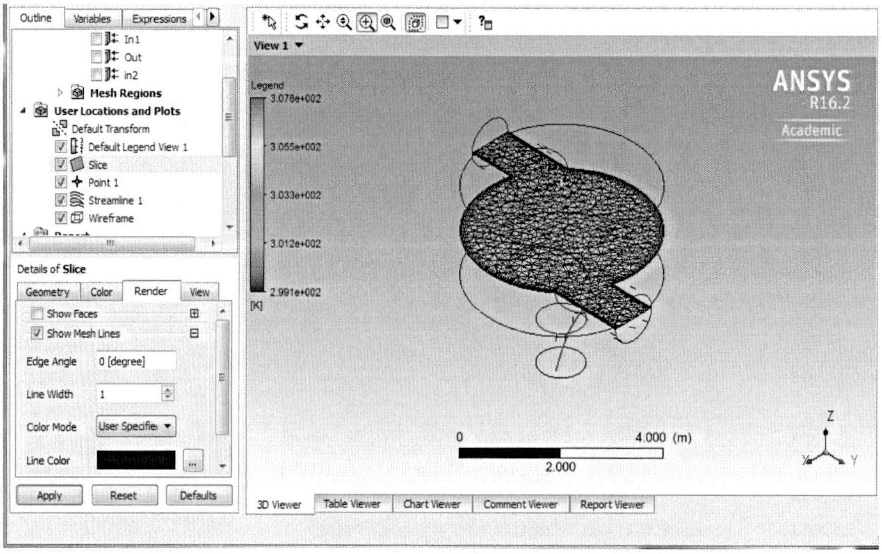

▶ **예제 1-59** Show Mesh Lines

Coloring the Slice Plane

Object Editor의 Colour 패널은 객체면의 색깔을 결정하기 위해 이용된다.

평면의 디폴트 색상은 회색이다. ANSYS CFX-Post의 모든 그래픽 개체는 디폴트 컬러를 가지고 있다. 또한, 특정 온도 영역에서 특정 색깔이 나타나도록 조정할 수 있다.

Tab	Setting	Value
Color	Mode	Variable [a]
	Variable	Temperature
Render	Show Faces	(Selected)
	Show Mesh Lines	(Cleared)

a. You can specify the variable (in this case, temperature) used to color the graphic element. The Constant mode allows you to color the plane with a fixed color.

1. Slice의 Detail에서 Color탭 Mode를 Variable로 Variable을 Temperature로 선택한다.
2. Render탭에서 Show Faces를 선택하고 Show Mesh Lines를 해제한다.
3. Apply 버튼을 클릭한다.
4. Colour 탭을 선택하고 Mode를 Variable로 선택한다.
5. Apply를 클릭한다.

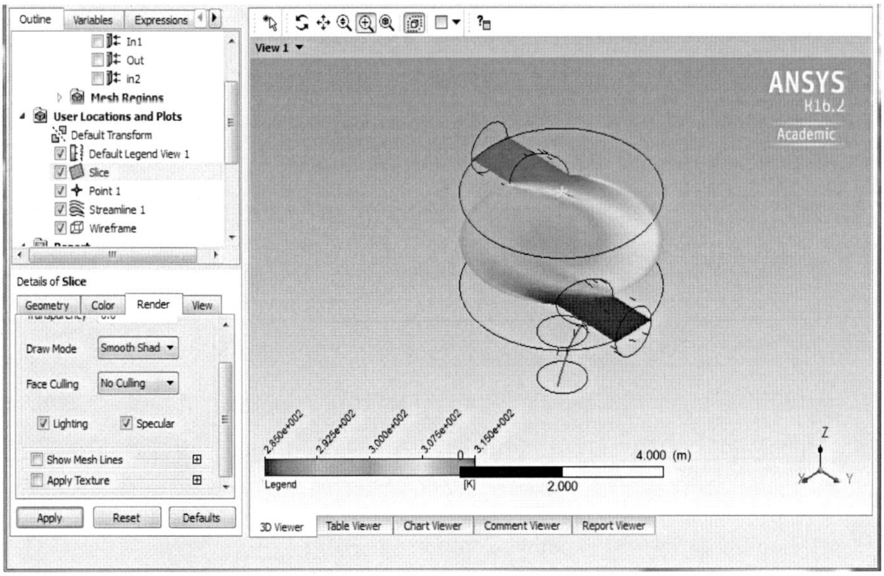

▶ 예제 1-60 Coloring the Slice Plane

Moving the Slice Plane

평면은 다른 위치로 이동이 가능하다.

평면의 이동을 위해 Picking Mode가 사용된다.

1. Predefined Camera > Isometric View (Z up)을 선택한다.
2. Slice Geometry 탭을 선택한다.
3. 평면을 클릭하고 드래그하여, 영역 내의 새로운 위치로 이동시킨다. 마우스 버튼을 놓으면, 평면이 자동적으로 갱신된다.

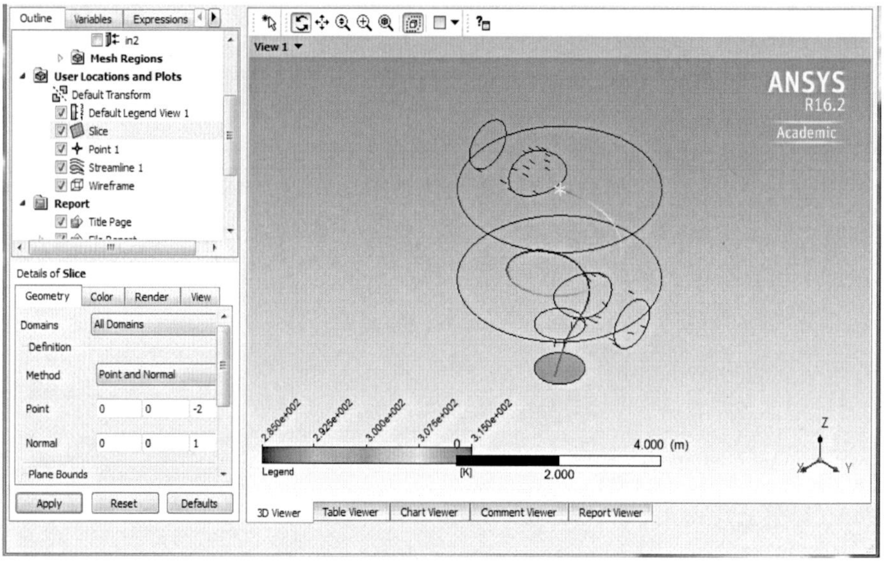

▶ 예제 1-61 Point값이 0,0,-2일 때 Slice의 위치

Adding Contours

Contour는 온도와 같은 스칼라 값이 같은 모든 점들의 집합체이며, 다양한 변수 및 증감을 파악하는데 도움이 된다. Contour 선 사이의 공간은 색깔이 있는 밴드로 채워진다. 각 밴드는 양쪽 contour 선의 중간색으로 선정된다. Important: 3차원 그래픽 개체의 contour는 lighting에 의해 색깔이 변할 수 있으므로, Render 패널의 Draw Faces의 Lighting을 꺼야한다.

1. Insert>Contour를 선택하면 New Contour 대화창이 뜬다.
2. Name은 Slice Contour로 입력하고 OK 버튼을 클릭한다..
3. Geometry 탭의 Locations를 Slice로 설정한다.
4. Variable은 Temperature로 설정한다.
5. Render 탭을 선택한다.

6. Show Contour Lines선택한다.

7. Apply 버튼을 클릭한다.

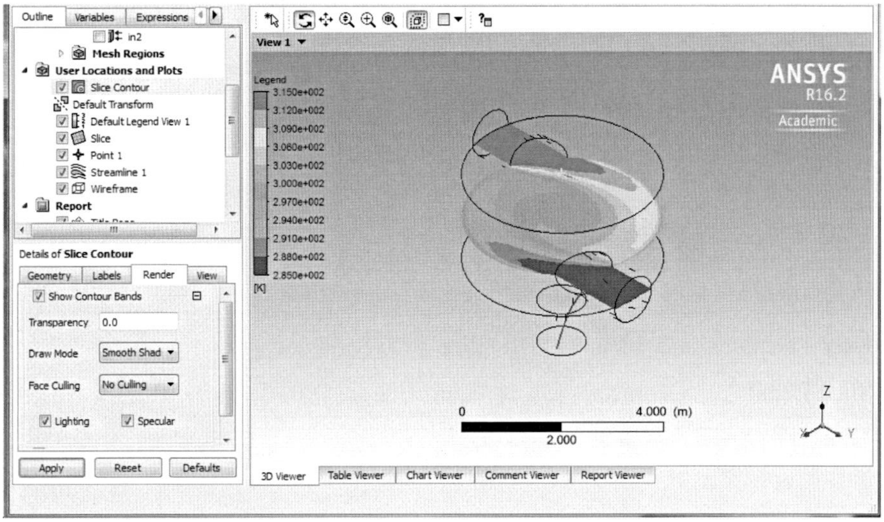

▶ **예제 1-62** Show Contour Lines

Working with Animations

애니메이션은 비디오 파일의 형상을 위한 뷰 사이에서 이동하는 화면을 생성할 것이다.

Workflow Overview

1. 애니메이션 에디터 보기

2. 첫 번째 키 프레임 생성

3. 두 번째 키 프레임 생성

4. 애니메이션 검토

5. 애니메이션 수정

6. MPEG 포멧으로 저장

애니메이션 에디터 보기

애니메이션 에디터는 키 프레임을 정의하기 위하여 사용하며, 비디오 포멧으로 출력한다.

1. Tools>Animation을 선택하고 Keyframe Animation을 선택한다.

첫 번째 키 프레임 생성

키프레임은 애니메이션 생성과정 중 필요한 요소이다.

1. 마우스 우클릭하여 Predefined Camera > Isometric View (Z up)을 선택한다.
2. User Locations and Plots 하위의 Slice Contour의 Visibility를 비활성화한다. 그리고 Slice의 Visibility를 선택한다.
3. Animation Editor에서, New 아이콘 을 선택한다.

   KeyframeNo1 이름으로 새로운 키 프레임이 생성 된다. 이것은 3D 뷰창에 디스플레이되는 현재의 이미지를 표시한다.

두 번째 키 프레임 생성

키프레임은 애니메이션 생성과정 중 필요한 요소이다.

1. User Locations and Plots 하위의 Slice를 더블 클릭한다.
2. Slice Detail에서 Geometry 탭상의 Point 좌표값을 [0, 0, -1.99]로 설정하고 Apply를 클릭한다.

Slice 면이 Mixer의 바닥면으로 이동한다.

3. Animation Editor에서, New 아이콘 을 선택한다. 키 프레임 2가 생성된다.
4. KeyframeNo1.을 선택한다.
5. Animation Editor의 하부 근처에 위치하는 # of Frames을 20으로 설정한다. 이것은 KeyframeNo1에서 KeyframeNo2 까지의 프레임 수를 나타낸다.
6. <Enter> 키를 누른다.
7. Previous Keyframe 아이콘을 클릭한다.

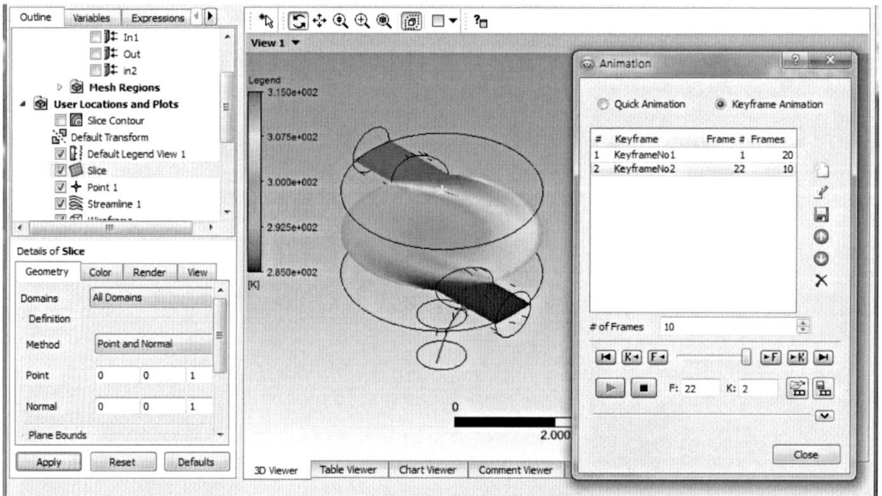

▶ 예제 1-63 Animation

애니메이션 검토

더 많은 키 프레임을 추가 한다. 그러나 이 애니메이션은 두 개의 키 프레임으로 구성되어 있다.

절차

1. Play Forward 아이콘을 클릭한다.
   애니메이션이 Frame #1에서 Frame #22까지 실행된다. 각 프레임에 대하여 갱신된 화면을 Slice 면에 나타내야 하므로 천천히 실행된다.

애니메이션 수정

필요에 따라 애니메이션을 수정할 수 있다.

개요

전체 형상을 따라 스윕된 면을 형성하기 위하여 mixer의 상단부에서 면의 위치를 지정 시작할 수 있다. 면의 범위를 수정 할 수도 있다. 그래서 온도의 표현이 정밀하게 나타난다. 애니메이션을 실행함에 따라, 뜨겁고 차가운 공기의 유입을 볼 수 있다. Mixer의 하단부 근처에서 온도가 다소 균일하다는 것을 볼 수 있다. 새로운 온도 범위는 첫 번째 애니메이션에서 사용된 전체 범위보다 다소 정확한 혼합과정을 보여 준다.

애니메이션이 완료되었을 때, MPEG 파일이 지정된 폴더에 저장된다. MPEG 파일을 지원하는 어떠한 Media Player로도 이 파일을 실행 할 수 있다.

절차

1. 다음과 같이 설정한다.
   Slice>Geometry Point 0,0,1.99
   Range User Specified
   Min 295 [K]
   Slice>Colour
   Max 305 [K]
2. Apply를 클릭한다.
3. Animation Editor에서 KeyframeNo.1을 한번만 클릭한다. 더블 클릭하지 않는다. 만일 더블 클릭한다면, 면과 뷰의 상태가 KeyframeNo.1에 대한 설정을 저장하기 위해 다시 정의 된다. 만일 이러한 일이 발생한다면, Undo 아이콘을 클릭하여 원 상태로 되돌리고 다시 실습한다.

4. Set Keyframe 아이콘을 클릭한다.
5. KeyFrameNo2를 더블 클릭한다.
6. 다음과 같이 설정한다.
   Modify Set the following To this value
   Range User Specified
   Min 295 [K]
   Slice>Colour
   Max 305 [K]
7. Animation Editor에서, KeyframeNo2를 클릭한다.
8. KeyframeNo2를 새로운 설정에 대하여 저장하기 위하여 Set Keyframe 아이콘을 클릭한다.

Animation 파일 저장

1. Animation창에서 클릭하면 아래의 창이 뜬다.

▶ 예제 1-64 Animation 파일 저장 창

2. 저장 파일 이름을 주고 저장한다.
   ANSYS CFX-Post에 관한 모든 사항이 완료하였다면 Save Project를 하고 Close CFD-Post를 한다.

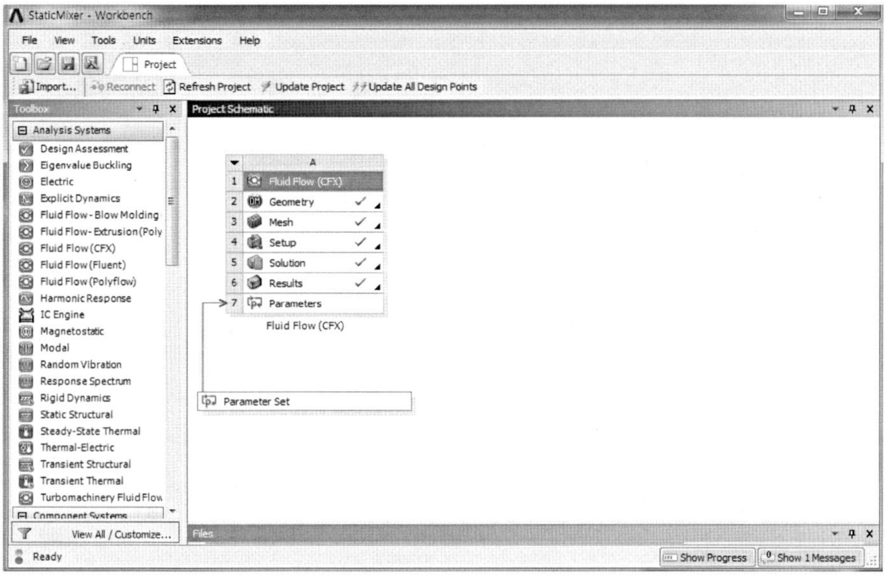

▶ **예제 1–65** FluidFlow(CFX)의 모든 과정이 정상적으로 완료되었음을 체크로부터 알 수 있음

Procedure in Workbench

1. 종료하기 전에 File>Save project 를 하여 현재의 프로젝트를 저장한다.

2. File>Close CFD-Post를 선택하여 CFD-Post를 종료한다.

File>Exit를 하여 Workbench를 종료한다.

Example 2

Process Injection Pipe의 열유동 해석

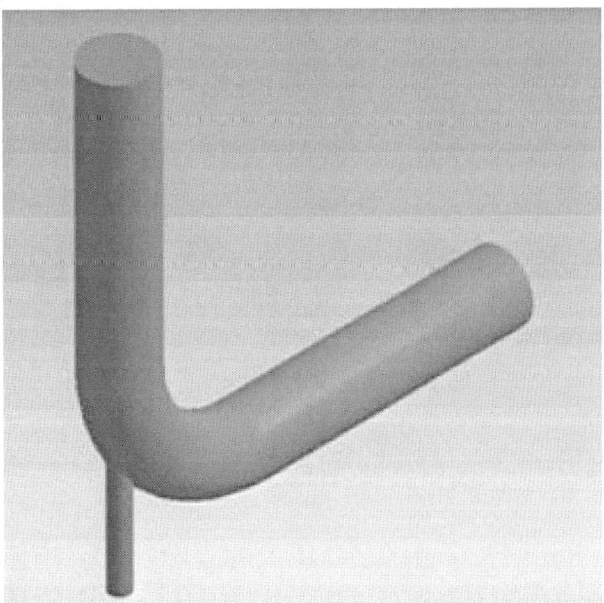

예제 2 Process Injection Pipe의 열유동 해석

1 문제 개요

본 예제에서는 파이프를 통과하는 유동을 분석하기 위한 일반적인 실습 흐름을 파악하게 된다.

본 예제는 기존의 격자를 이용하여, 일반적 접근 방식을 설명하기 위해 특정된 문제를 이용하게 된다. 일반 공정 산업에서 주입식 혼합 파이프는 직경이 서로 다른 두 개의 파이프로 구성되며, 해석 및 최적화가 많은 화학 공정 분야에서 매우 중요하다. CFD는 문제의 정의는 물론, 신규 설계의 경우, 현장 적용 전, 시험을 위해 매우 중요하다. 본 교재의 형상은 직경 1.0m의 90도 곡관과 그 보다 직경이 작은 0.3m 직경의 파이프가 주 파이프의 기울어진 부분에서 결합되는 구조로 되어 있다.

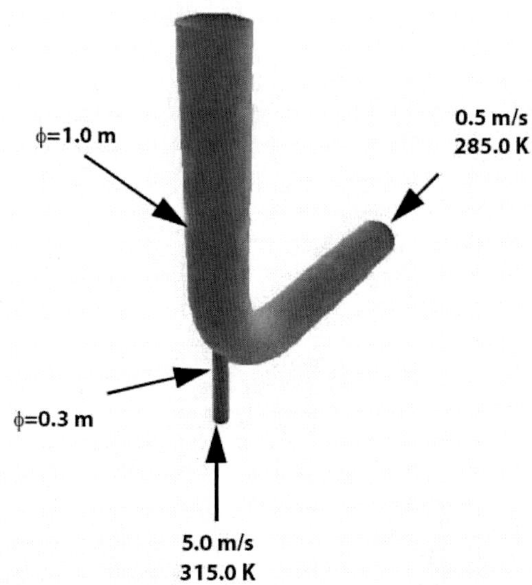

본 예제에서는 굽은 파이프를 만들기 위하여 sweep이라는 기능을 사용하여 파이프를 생성할 것이다.

다음과 같은 형상 및 격자 생성에 관련된 사항을 다룬다.

- 특정 면의 격자를 조밀하게 하기 위한, 면의 격자 간격(Face Spacing) 조정
- Inflation (벽 주위 여러 층으로 이루어진 격자 생성)

본 교재의 형상 생성 부분을 건너뛰기를 원하면, 바로 CFX-Mesh 부분을 보기 바란다.

2 형상 생성

프로젝트 생성

어떤 경우에도 맨 처음 하실 일은 프로젝트를 생성하는 것이다.

1. ANSYS Workbench를 실행시킨다. 윈도우에서 ANSYS 16.2>ANSYS Workbench 메뉴를 선택한다.
2. ANSYS Workbench가 실행이된다.

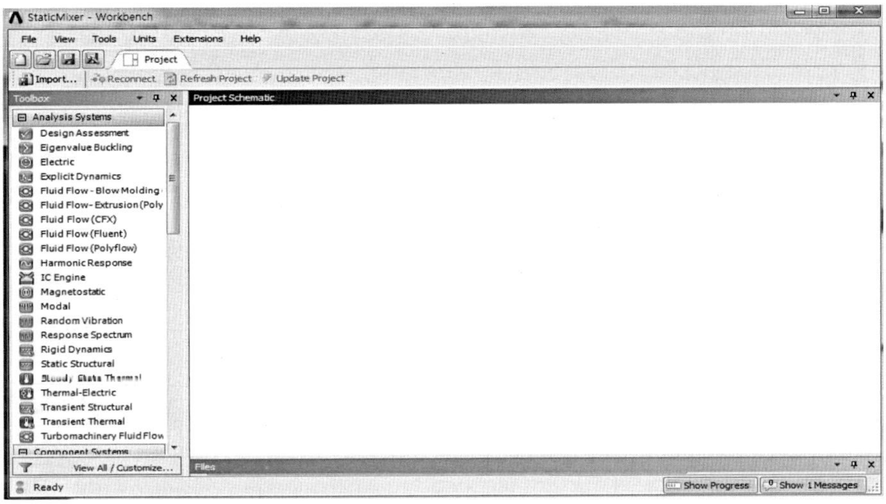

▶ **예제 2-1** ANSYS Workbench가 실행

3. File>Save 메뉴를 선택하고, InjectionMixingPipe.wbdb를 입력한다. 교재를 실습하는 동안 생성되는 파일은 모두 설정한 디폴트 폴더에 위치하게 된다.

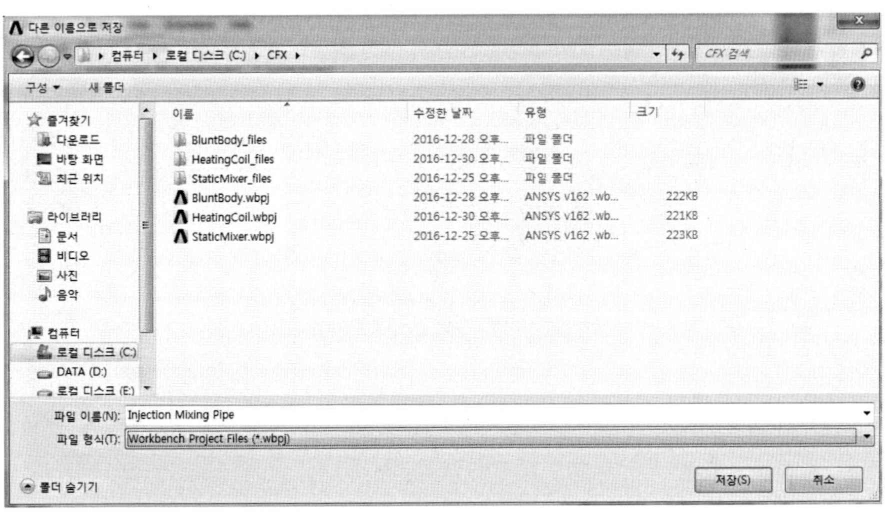

4. 형상 생성 작업을 위해 Toolbox에서 Fluid Flow(CFX) 를 더블 클릭하거나, 클릭하여 Drag & Drop하여 Project Schematic창으로 갖다 놓는다.

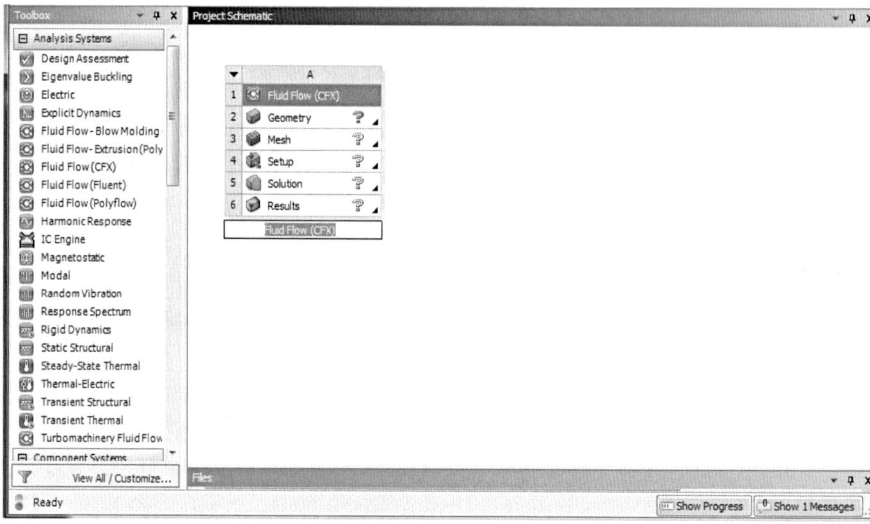

▶ **예제 2-2** Fluidflow(CFX)창

5. Project Schematic창 Fluidflow(CFX)에서 Geometry 위에 마우스를 올려놓고 우클릭하여 나타나는 New DesignModeler Geometry를 선택하면 DesignModeler창이 실행된다.

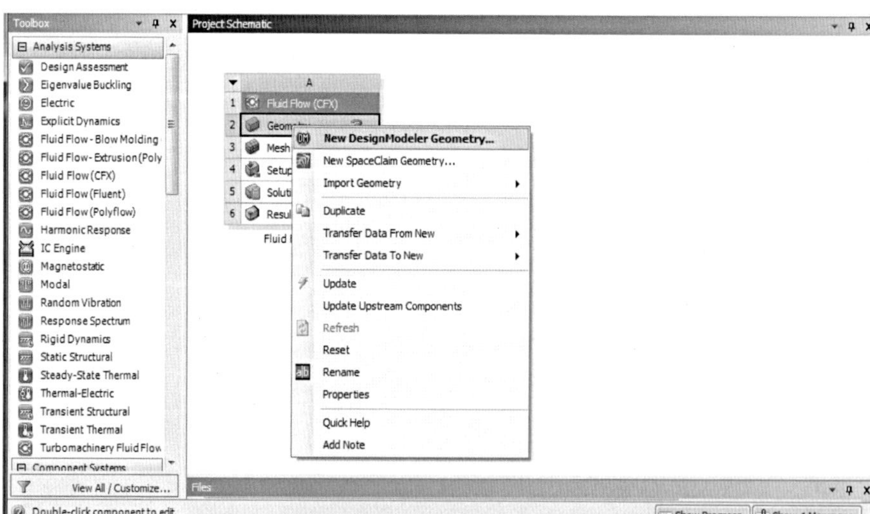

▶ **예제 2-3** New DesignModeler Geometry를 선택

6. DesignModeler가 실행된 모습이다.

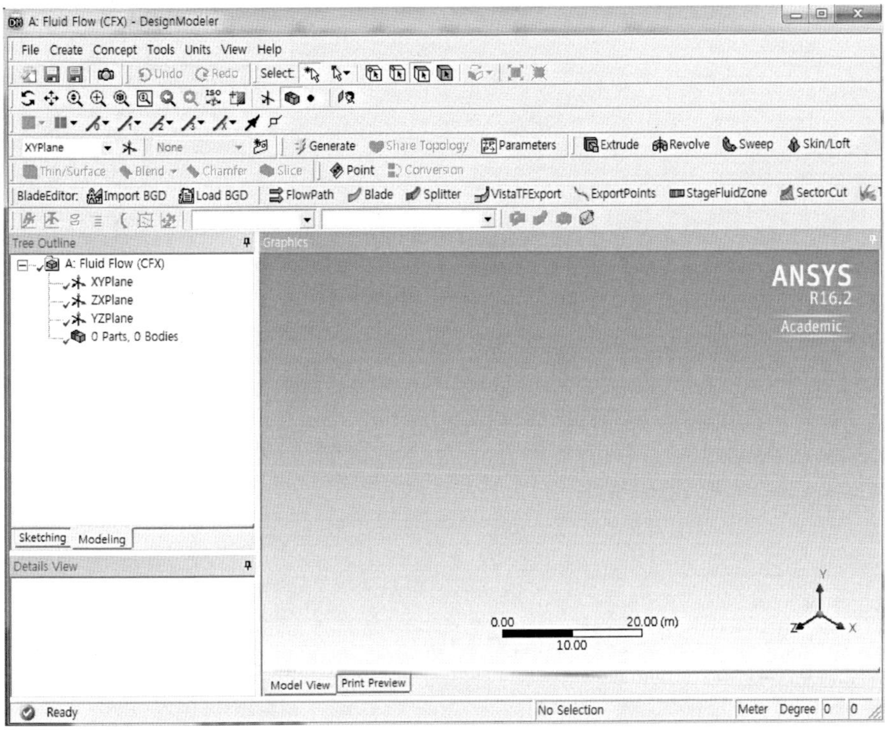

▶ **예제 2-4** DesignModeler창

7. 풀다운 메뉴 Unit창에서 단위를 Meter로 선택한다.

Main Pipe 형상 생성

주 파이프 형상을 만들기 위해 Sweep 작업을 할 것이다. Sweep 작업은 길게 뻗은 형상(본 예제에서는 원)을 정의하는 스케치와, 뻗어 나가는 경로를 지정하는 스케치, 이렇게 두개의 스케치를 이용하여 작업된다. 우선, 뻗어 나갈 형상에 대한 스케치부터 시작한다.

1. Tree View에서 XY 평면을 선택하고 나서, Active Plane/Sketch 툴바에서 New Plane 아이콘  을 클릭한다. XY 평면을 클릭하는 것은, XY 평면 기반의 새로운 Plane을 만들기 위함이다.

2. Details View에 Transform 1 (RMB)를 Offset Z로 선택하고, Value는 -4m로 설정한다.

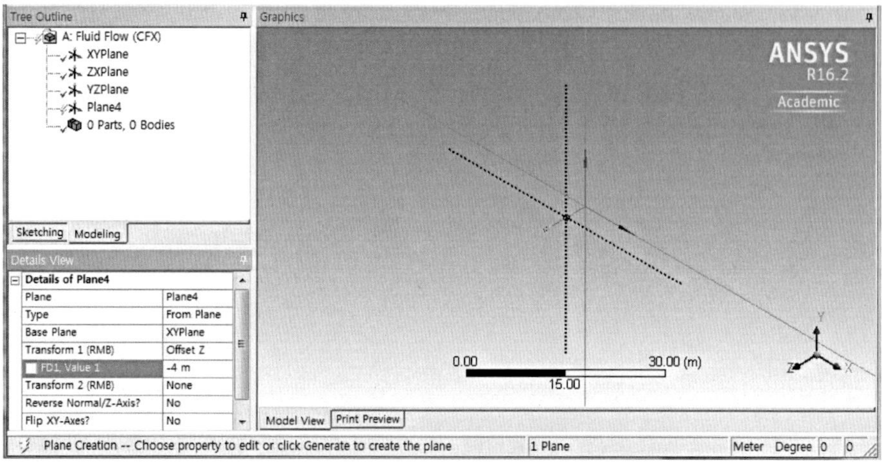

▶ **예제 2-5** Transform 1 (RMB)를 Offset Z로 선택하고, Value는 -4m로 설정

3. Generate 버튼을 클릭한다.

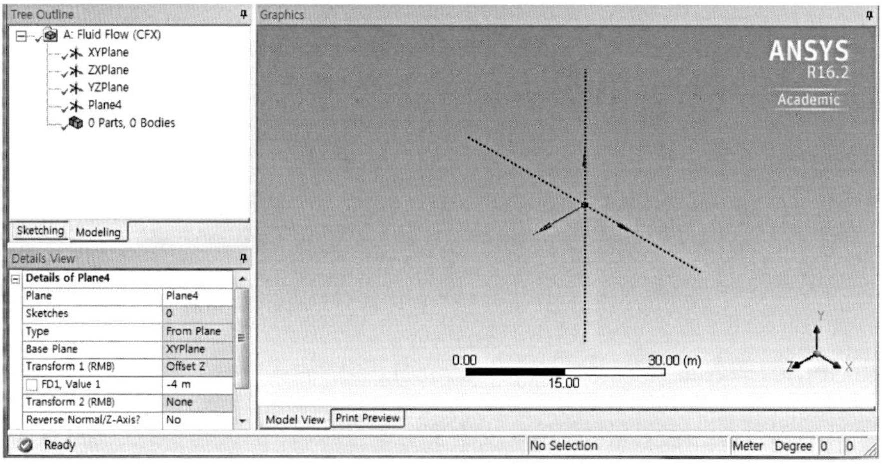

▶ **예제 2-6** 새로운 Plane으로 Plane4 생성

4. Tree View에서 Plane4를 선택하고 나서 Active Plane/Sketch 툴바에서 New Sketch 버튼  을 클릭한다. Plane4를 클릭하는 것은 Plane4 기반의 새로운 스케치를 만들기 위함이다.
5. Plane4를  를 클릭하여 정면으로 오도록 하고 Sketching 탭을 선택하고 나서, Grid 관련 설정 사항에서 Show in 2D와 Snap을 체크하여 선택하기 바란다.
6. Major Grid Spacing은 1.0m로, Minor-Steps per Major는 2로 설정한다.
7. 눈금 중심을 확대하여, 눈금을 확인해 보시기 바란다. 마우스 오른쪽 버튼을 누른 상태에서 드래그 한다.

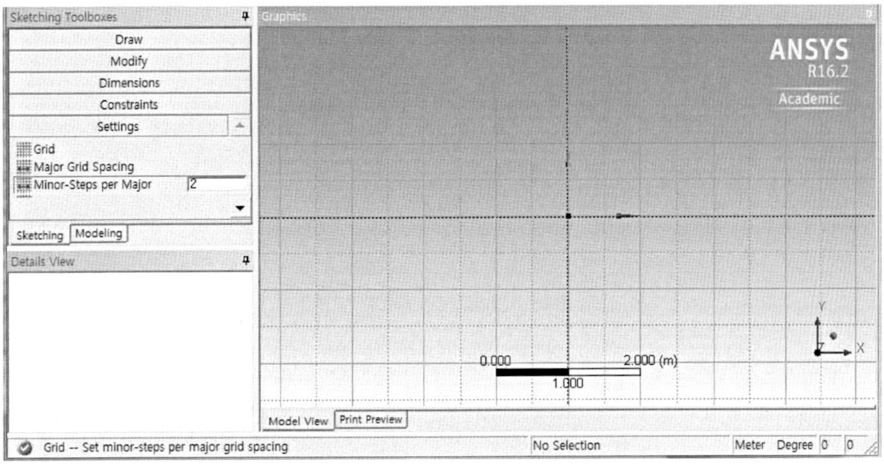

▶ **예제 2-7** Sketching 탭 Setting

8. X=0, Y=-2m인 위치에 반경 0.5m의 원을 그리기 위해, Sketching 탭의 Draw 툴바에서 Circle을 선택한다. 설정된 눈금을 이용하여, 원의 위치와 반경을 정확하게 설정할 수 있다.

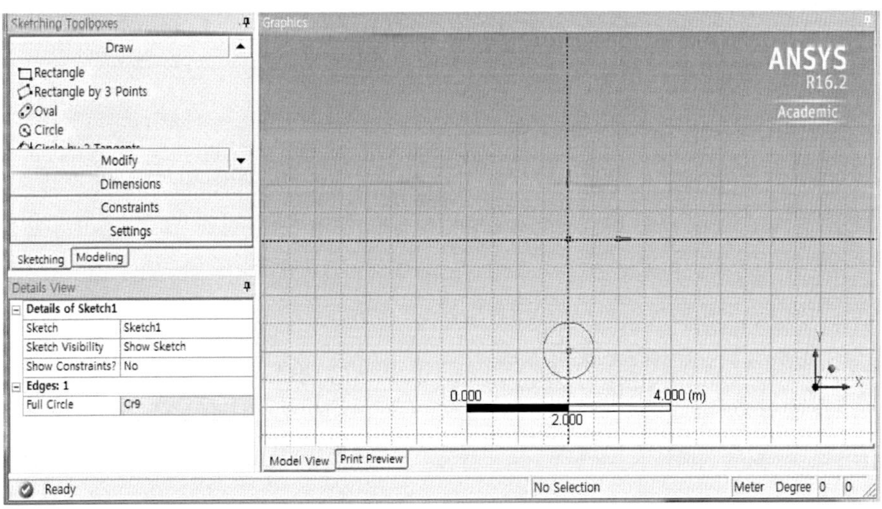

▶ **예제 2-8** X=0, Y=-2m인 위치에 반경 0.5m의 원

이제 Sweep 경로를 그리는 작업을 한다.

1. Modeling 탭으로 돌아와서 Plane4에 Sketch1을 선택하고 우클릭하여 

하여 Sketch1이 항상 보이도록 한다. 먼저 작업과 같은 방법으로, YZ 평면을 기반으로 새로운 스케치를 생성한다.

2. Sketching 탭을 선택하고 나서, Grid 관련 설정 사항에서 Show in 2D와 Snap을 체크하여 선택하기 바란다.

3. Major Grid Spacing은 1.0m로, Minor-Steps per Major는 2로 설정한다.
그래픽상에서 마우스 우클릭하여 [Isometric View]을 선택하여 Isometric View로 보며 확대시켜서 아래의 그림과 같이 만들었다.

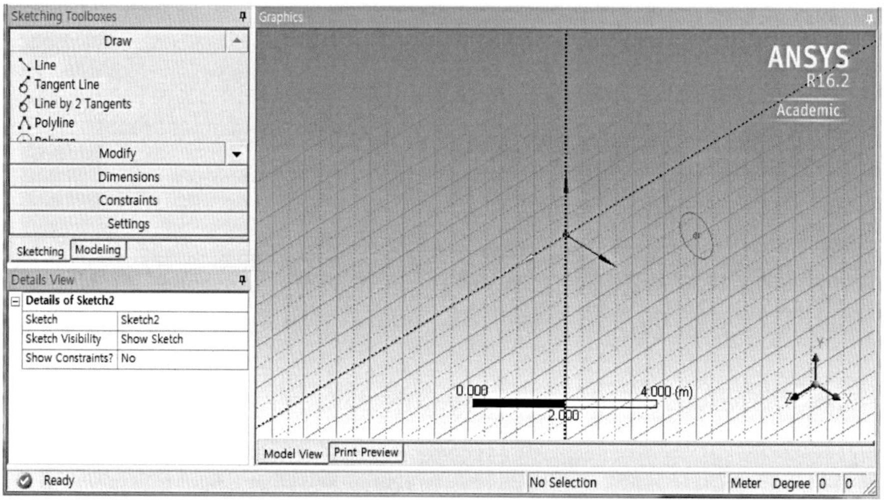

▶ **예제 2-9** Isometric View로 본 것

4. Sketching 탭의 Draw 툴 박스에서 Line을 선택하여, 아래 그림과 같이 선을 그린다. Draw 툴박스에서 Arc by Center를 클릭한 후, 호의 중심(아래 그림을 참고하기 바란다.)에 클릭한다. 이제, 호의 한쪽 끝을 클릭하고 나서, 다른 쪽 끝을 클릭하면, 아래 그림과 같은 호가 그려진다. (90도가 아닌, 270도의 호와 같이) 잘못된 부분에 호가 그려진 경우, (ANSYS Workbench 상단의 Redo/Undo 툴바에서) Undo 버튼을 클릭하고, 호의 한쪽 끝을 클릭하고 나서, 호가 그려질 방향으로 마우스를 옮기면서 다른 쪽 끝을 클릭하기 바란다.

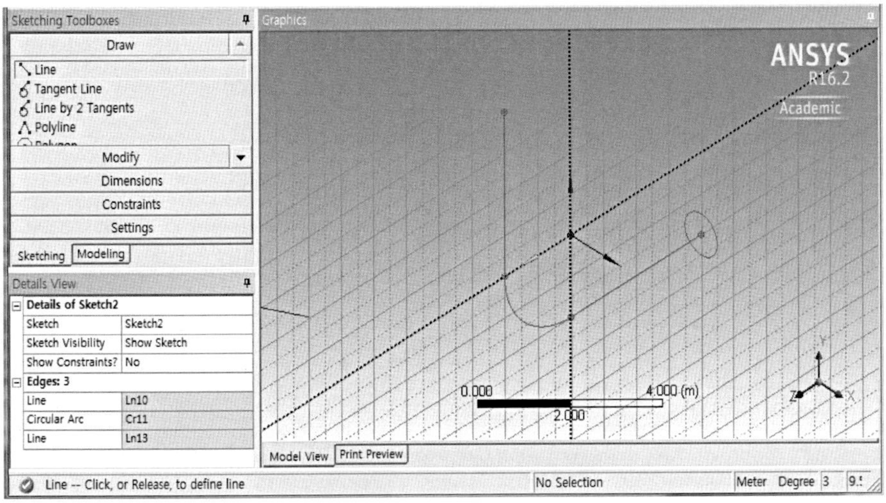

▶ **예제 2-10** Profile과 Path 스케치 생성

이제 주 파이프를 만든다.

1. 3D Feature 툴바에서 Sweep 버튼 Sweep을 클릭한다.
2. Profile에 Apply와 Cancel 버튼을 확인하고 나서, TreeView에서 Sketch1을 클릭하고, 우측 화면에서 원을 클릭하고 나서, Apply 버튼을 클릭하여, Profile이 Sketch1이 되도록 설정한다.
3. 마찬가지로, Path 클릭하고, Tree View에서 Sketch2를 클릭한 후, 우측 화면에서 한 선을 클릭한 후, Apply 버튼을 클릭한다.
4. Generate 버튼을 클릭한다.

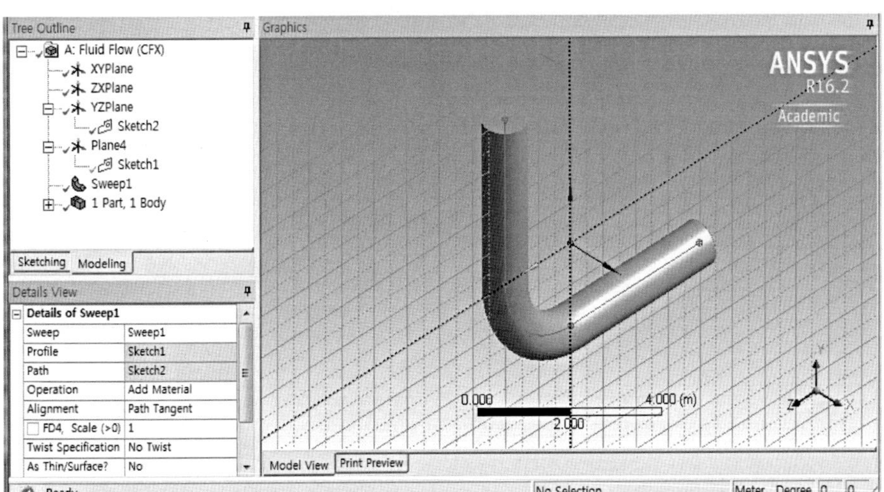

▶ **예제 2-11** Main Pipe 완성

Side Pipe 형상 생성

1. ZX 평면 기반의 새로운 평면을 만든다. ZX 평면을 클릭하고 나서, New Plane 버튼을 클릭한다.
2. Detail View에서, Transform 1을 Offset Global Z로 선택하고, Value는 2m로 설정한다.
3. Transform 2는 Offset Global Z로 선택하고, Value는 -3m로 설정한다.

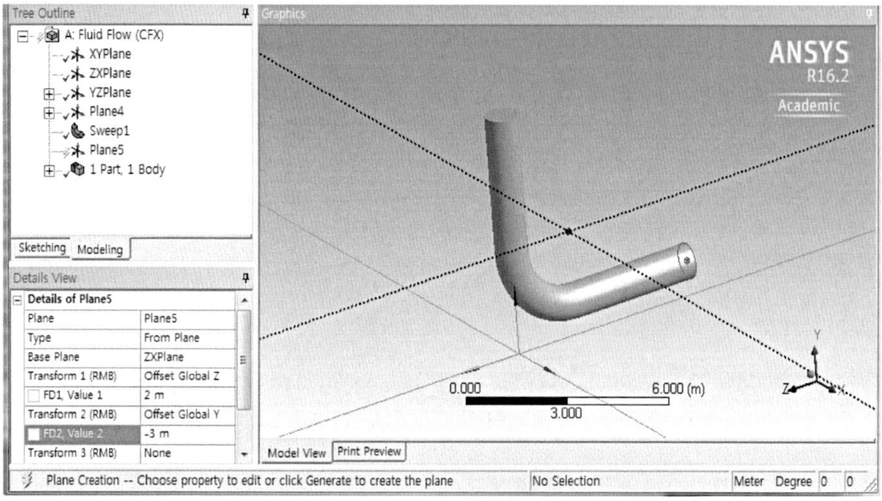

▶ 예제 2-12 Transform1을 Offset Global Z, Transform2는 Offset Global Z로 선택하고, Value는 -3

4. Generate 버튼을 클릭한다.

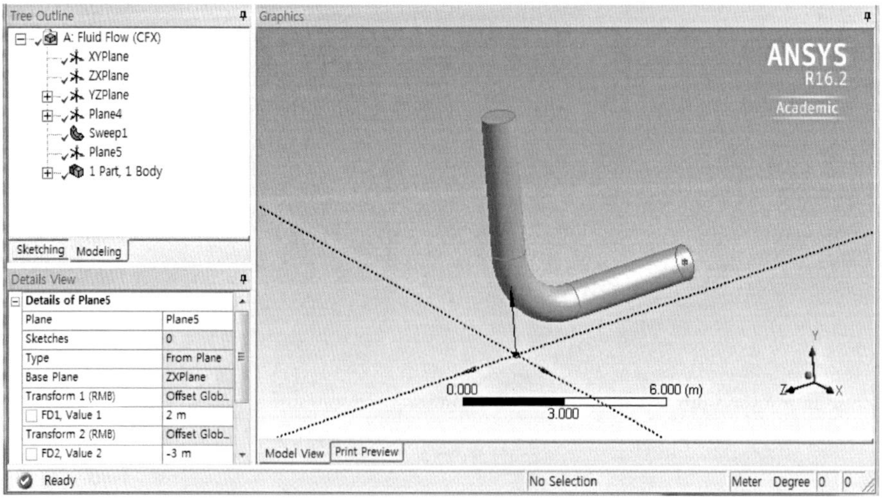

▶ 예제 2-13 New Plane으로 Plane5 생성

5. 새로운 평면에 기반한 새로운 스케치를 만든다.
6. Sketching 탭의 Draw 툴 박스에서 Circle을 선택하여, 스케치 상의 원점을 기준으로 반경 0.15m의 원을 그린다. 원의 반경은 Dimensions 툴 박스에서 Radius를 이용하여 정확한 설정이 가능하다.

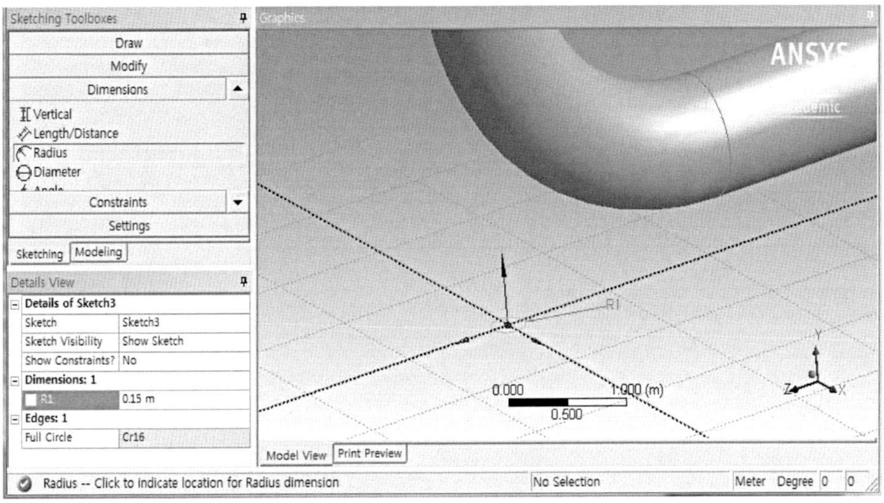

▶ 예제 2-14 반경이 0.15m의 원 스케치

7. 3D Features 툴바에서 Extrude 버튼을 클릭한다.
8. Base Object는 새로운 스케치(Sketch3)로 설정하고, Operation은 Add Material로 선택한다. 방향은 Normal로, Type은 Fixed로 선택하고 나서, Depth는 3m로 설정한다.

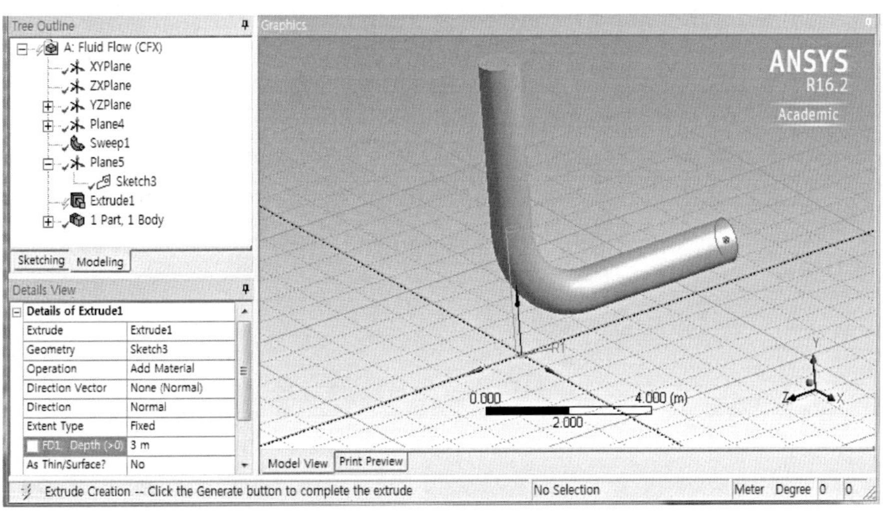

▶ 예제 2-15 방향은 Normal로, Type은 Fixed로 선택하고 나서, Depth는 3m로 설정

9. Generate 버튼을 클릭한다.

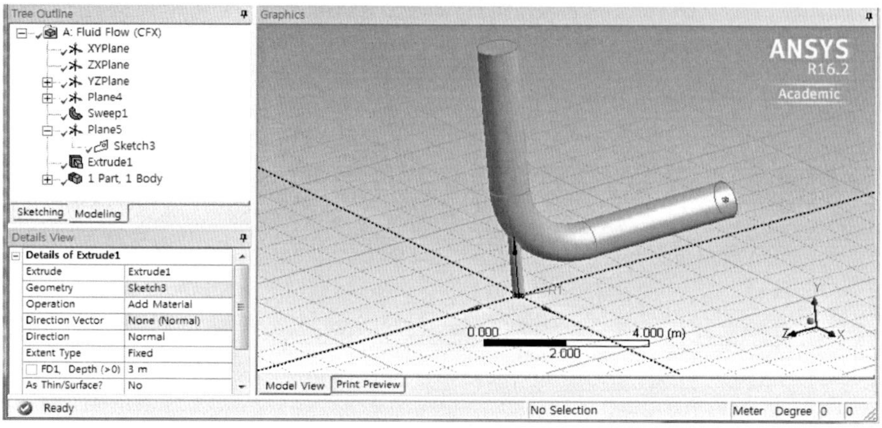

▶ **예제 2-16** Side Pipe 형상 생성

Tip

Sketch3의 연장은 주 파이프 몸체에 이르도록 설정되어야 하며, 몸체 안으로 들어가는 것은 문제가 되지 않는다. 형상을 만날 때까지 연장하라는 의미의 To Next 옵션도 가능하며, Fixed에 의한 연장과 차이는 없다. 형상 생성이 완료되었다.

Named Selection으로 Region 생성

Named Selection으로 2개의 Inlet과 1개의 Outlet의 영역을 생성한다.

Main Inlet을 생성하기 위하여

1. Tools>Named Selection선택하고 디테일뷰 Geometry에 가장 낮은 Z좌표 값을 가지는 Solid의 원형면을 선택한다. 그리고 Apply를 클릭한다. Generate 클릭하여 Main Inlet을 생성한다.

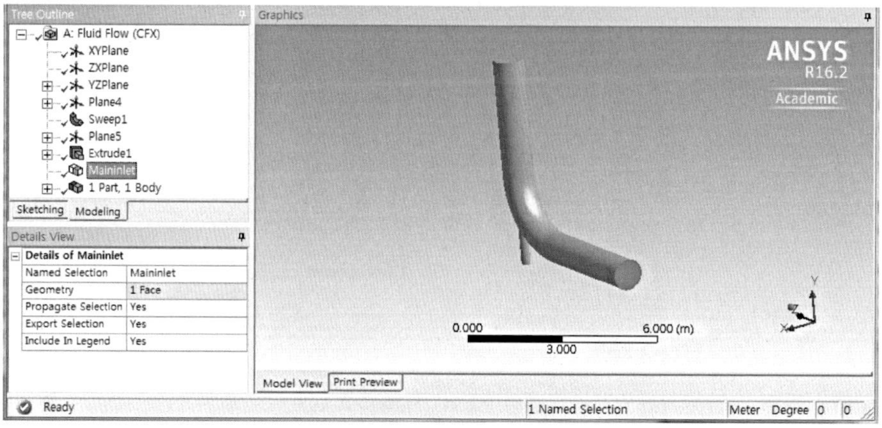

▶ **예제 2-17** Main Inlet을 생성

Side Inlet을 생성하기 위하여

1. Tools>Named Selection선택하고 디테일뷰 Geometry에 가장 낮은 Y좌표 값을 가지는 Solid의 원형면을 선택한다. 그리고 Apply를 클릭한다. Generate 클릭하여 Side Inlet을 생성한다.

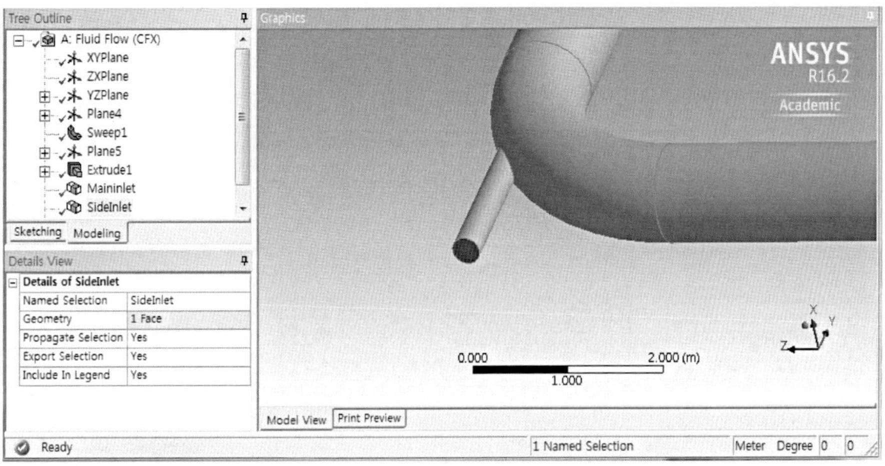

▶ **예제 2-18** Side Inlet을 생성

Outlet을 생성하기 위하여

1. Tools>Named Selection선택하고 디테일뷰 Geometry에 가장 높은 Y좌표 값을 가지는 Solid의 원형면을 선택한다. 그리고 Apply를 클릭한다. Generate 클릭하여 Outlet을 생성한다.

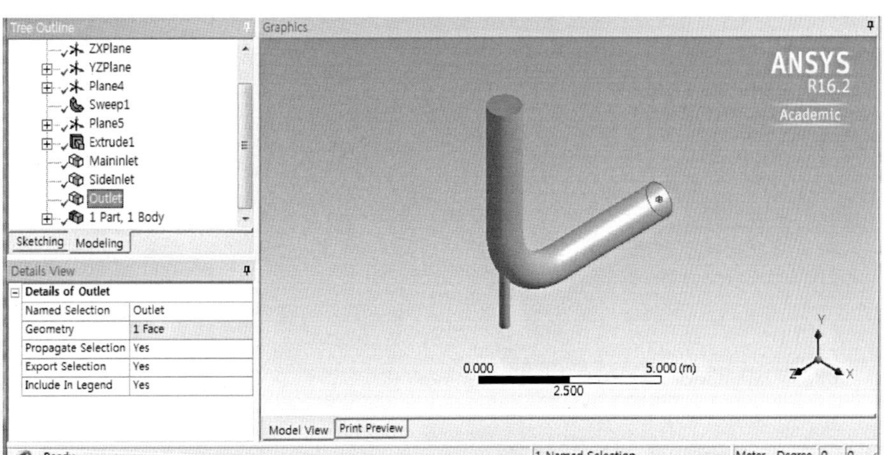

▶ **예제 2-19** Outlet을 생성

DesignMolder상의 모든 작업이 완료되었으므로 File>Save Project하여 저장하고 Close DesignModeler한다.

2 Mesh 생성

1. Mesh 생성을 위하여 Workbench창에서 Mesh 위에 마우스를 올려놓고 우클릭하여 Edit를 선택하면 Mesh 작업창으로 들어간다.

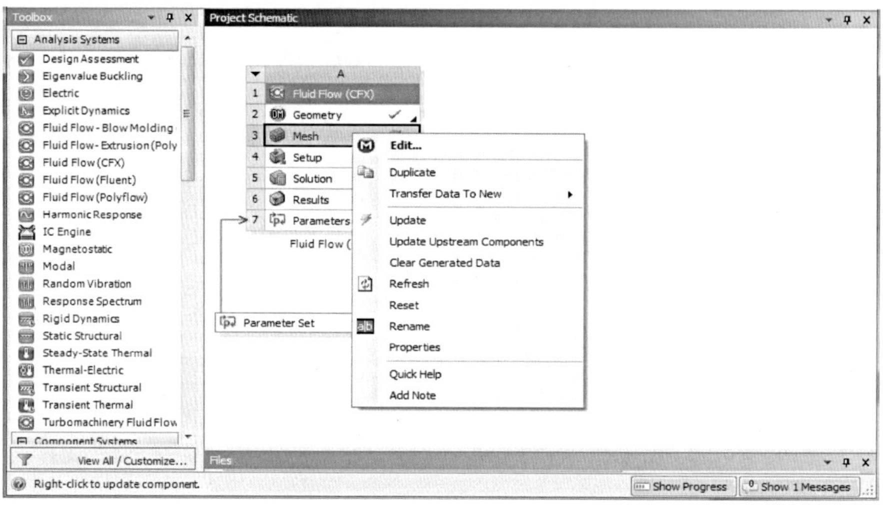

▶ 예제 2-20 Mesh 창으로 들어가기

2. Ansys Mesh창으로 들어왔다.

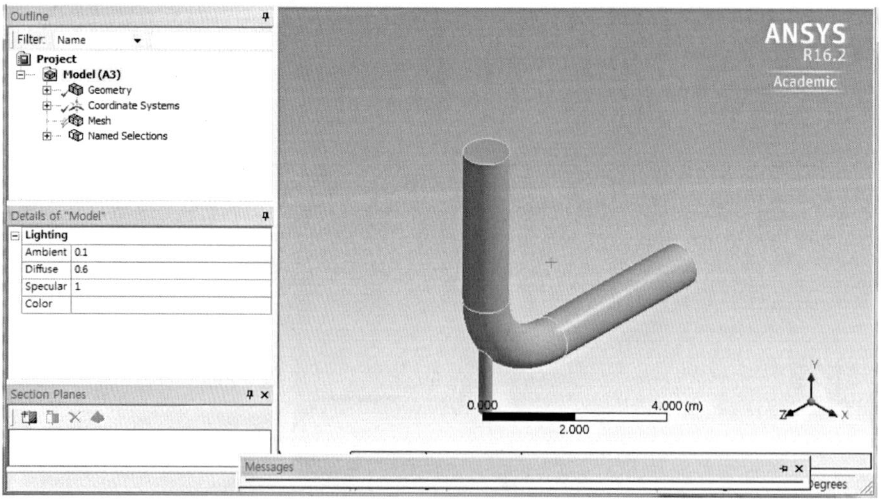

▶ 예제 2-21 Process Injection Mixing Pipe Meshing창

Mesh 생성하기

Mesh Sizing 설정

1. Mesh의 Details Sizing에서 Use Advanced Size Function을 Proximity로 놓고, Relevance Center를 Medium, Max Size를 0.1m, Max Face Size를 0.1로 설정한다.
2. Tree view에서 Mesh를 우클릭하여 Insert>Inflation을 선택한다.
3. Inflation 디테일뷰에서 Geometry에 Pipe 바디 선택하고, Boundary에 Pipe의 외곽면의 4개의 Face를 선택하고 Apply한다.

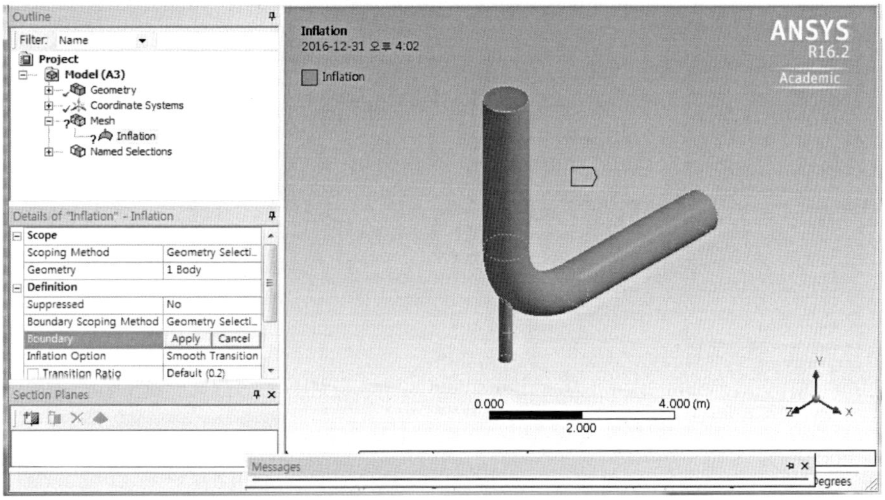

4. Transition Ratio를 0.2로, Maximum Layers를 4로 한다.
5. Generate Mesh를 클릭하여 메쉬를 생성한다.

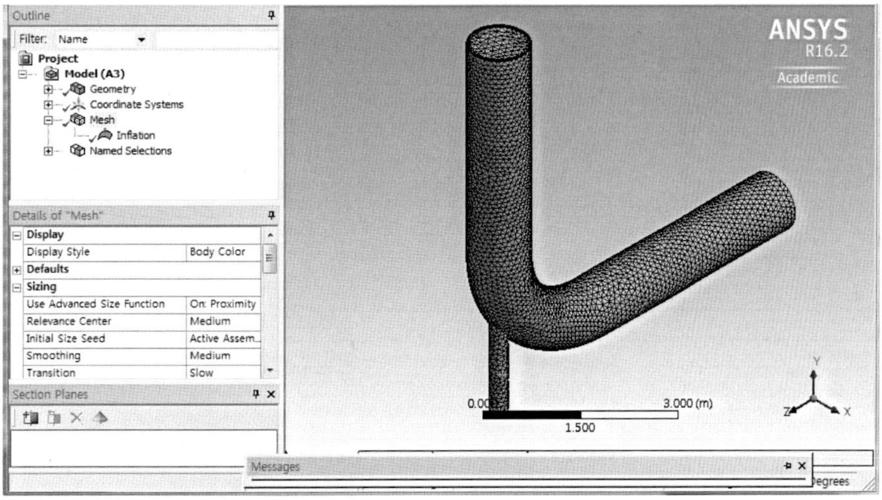

▶ 예제 2-22 Mesh 생성

- Meshing 작업이 끝났으므로 File>Save Project를 선택하여 File을 저장한다. 그리고 File>Close Meshing한다.

3 Setup하기

1. CFX-Pre로 들어가기 위하여 Setup에 마우스를 올려놓고 우클릭하여 Edit를 선택한다.

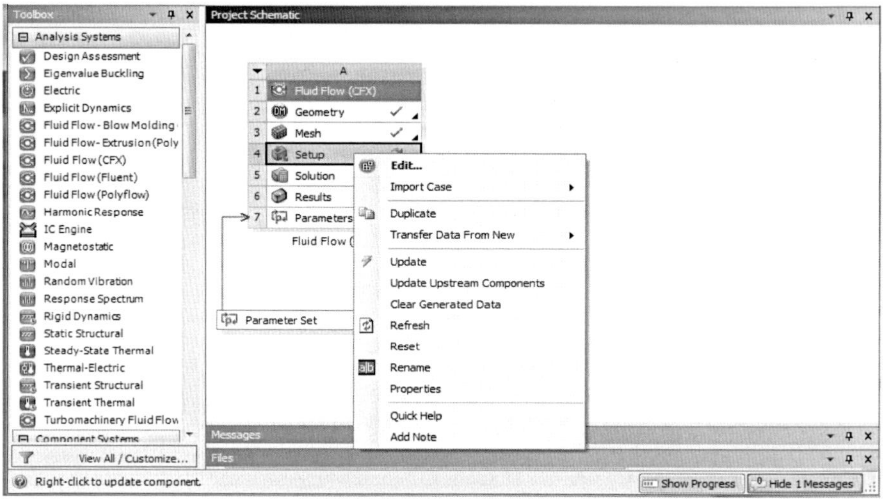

2. 아래의 그림은 CFX-Pre창이다.

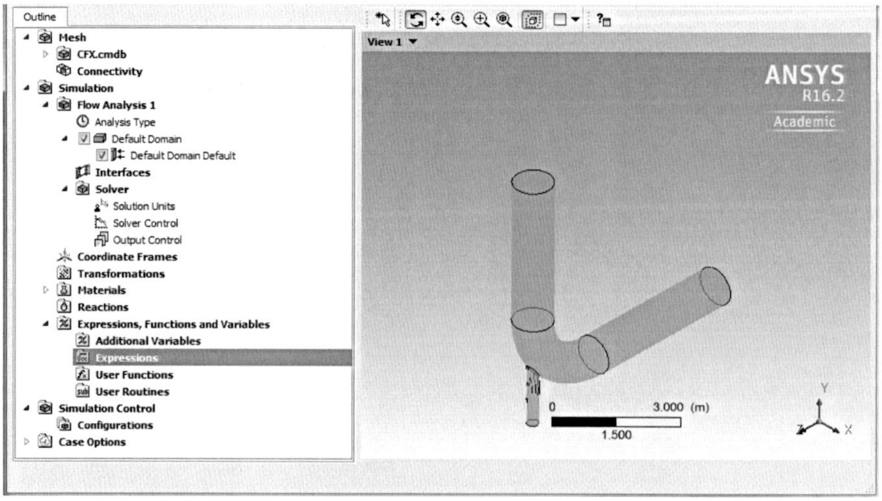

▶ **예제 2-23** CFX-Pre창

이 예제에서 다음을 배운다.

- Applying a profile boundary using data stored in a file.
- Visualizing the velocity on a boundary in CFX-Pre.
- Using the CFX Expression Language (CEL) to describe temperature-dependent fluid properties in CFX-Pre.
- Using the k-epsilon turbulence model.
- Using streamlines in CFD-Post to track flow through the domain.

Component	Feature	Details
CFX-Pre	User Mode	General mode
	Analysis Type	Steady State
	Fluid Type	General Fluid
	Domain Type	Single Domain
	Turbulence Model	k-Epsilon
	Heat Transfer	Thermal Energy
	Boundary Conditions	Boundary Profile Visualization
		Inlet (Profile)
		Inlet (Subsonic)
		Outlet (Subsonic)
		Wall: No-Slip
		Wall: Adiabatic
	CEL (CFX Expression Language)	
	Timestep	Physical Time Scale
CFD-Post	Plots	Default Locators
		Outline Plot (Wireframe)
		Slice Plane
		Streamline
	Other	Changing the Color Range
		Expression Details View
		Legend
		Viewing the Mesh

Overview of the Problem to Solve

문제 개요

본 교재에서는 파이프를 통과하는 유동을 분석하기 위한 일반적인 실습 흐름을 파악하게 된다. 또한 본 교재는 기존의 격자를 이용하여, 일반적 접근 방식을 설명하기 위해 특정된 문제를 이용하게 된다. 일반 공정 산업에서 주입식 혼합 파이프는 직경이 서로 다른 두 개의 파이프로 구성되며, 해석 및 최적화가 많은 화학 공정 분야에서 매우 중요하다.

CFD는 문제의 정의는 물론, 신규 설계의 경우, 현장 적용 전, 시험을 위해 매우 중요하다. 본예제의 형상은 직경 1.0m의 90도 곡관과 그 보다 직경이 작은 0.3m 직경의 파이프가 주 파이프의 기울어진 부분에서 결합되는 구조로 되어있다.

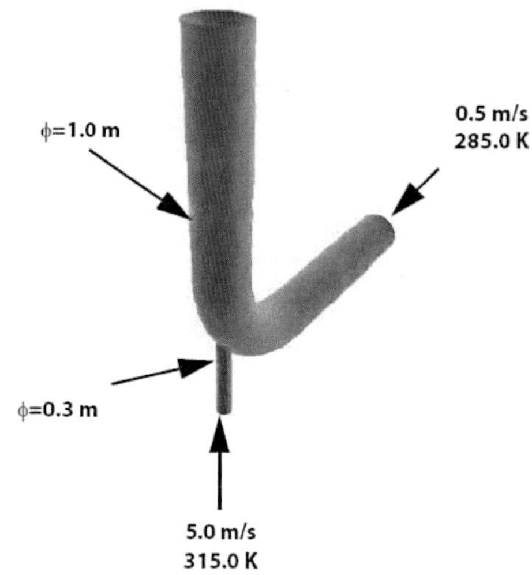

ANSYS CFX-Pre의 General Mode을 이용한 해석 정의

격자를 완성한 후에는 일관되고 직관적 상호 의사 소통을 통한 CFD 문제의 정의를 위해 CFX-Pre가 사용된다.

개요

본 교재는 CFX-Pre를 이용한 유동 문제의 정의를 단계별로 설명한다. 또한, session file을 사용하여 CFX-Pre 작업을 완료한다.

아래 이어지는 내용을 당장 수행하지는 마라. 전체 개요만을 습득하기 위한 목적으로, 본 절은 일반적 작업 흐름에 대한 간단한 요약을 제공한다.

1. 신규 시뮬레이션의 생성
2. 격자 불러오기
3. 시간 종속적 물성치 설정
4. 수식 플롯
5. 수식 평가
6. 물성치 변경
7. 영역 생성
8. 측면 입구 경계 조건 설정

9. 주 입구 경계 조건 설정

10. 출구 경계 조건 설정

11. 초기 값 설정

12. Solver 조건 설정

13. Solver 파일(*.def) 쓰기

Setting Temperature-Dependent Material Properties

온도의 함수로 표현되는 점도식을 신규로 만들게 되며, 이것을 기존 Water의 물성치의 변경을 위하여 사용된다. 아래 두 온도 사이에서 시간에 따라 선형적으로 변하는 점도에 대한수식이 만들게 된다.

- μ = 1.8E-03 N s m^-2 at T=275.0 K
- μ = 5.45E-04 N s m^-2 at T=325.0 K

변수 T는 ANSYS CFX-Pre에서 인식할 수 있는 ANSYS CFX 시스템의 변수이다. 모든 변수와 수식, 함수 등은 Expression Editor에서 마우스 오른쪽 버튼을 클릭하여 확인 하실 수 있다.

모든 수식은 일관된 단위를 사용하여야 한다. 온도의 단위로서 [K]이 아닌 다른 것을 사용하는지, 주의 하여야 한다.

Expression Workspace를 통해 수식의 정의, 변경, 플롯, 복사, 삭제 등이 가능하다.

절차

1. Insert > Expressions, Functions and Variables > Expression선택하거나, Expression 을 선택, 또는 모델트리에 Expression에 마우스를 놓고 우클릭하여 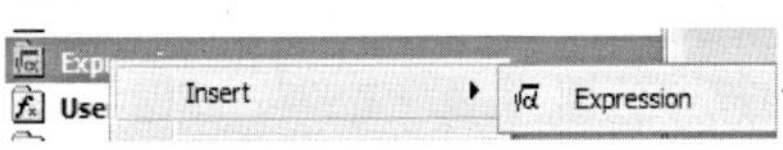

선택한다.

2. New Expression 대화창에서 Tupper을 입력하고 OK한다.

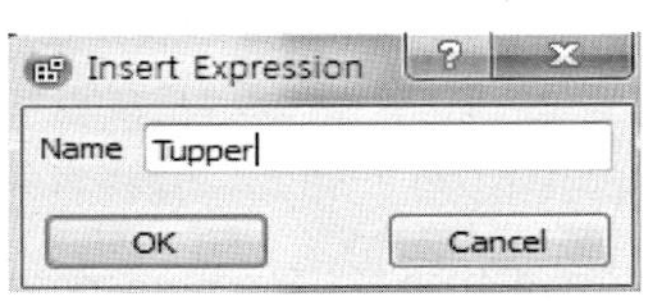

3. Definition Editor 창이 새로운 수식 이름과 함께 나타난다.

4. Tupper 디테일에 Definition 밑에 325 [K]을 입력한다.

5. 수식을 생성하기 위해 Apply 버튼을 클릭한다. 수식이 추가되게 된다.

6. New Expression 대화창에서 Tlower를 입력한다.

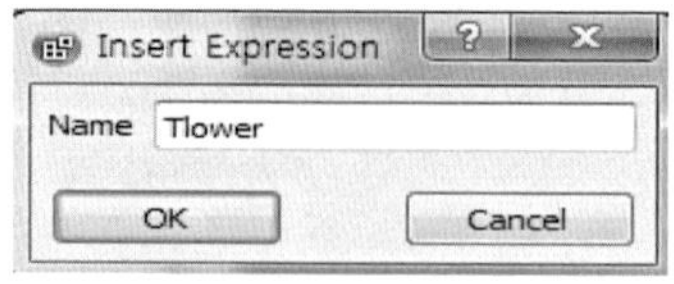

7. OK 버튼을 클릭한다.
8. Tlower 디테일뷰 Definition 밑에 275[K]를 입력한다.
9. 새로운 수식의 생성을 위해 Apply 버튼을 클릭한다. 수식이 추가되게 된다.
10. 차례로 아래 표와 같이 Vislower, Visupper와 VisT를 아래 표의 수치들로 입력한다.

Name	Definition
Visupper	5.45E-04 [N s m^-2]
Vislower	1.8E-03 [N s m^-2]
VisT	Vislower+(Visupper-Vislower)*(T-Tlower)/(Tupper-Tlower)

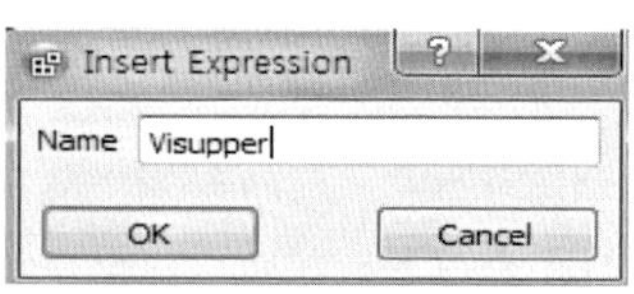

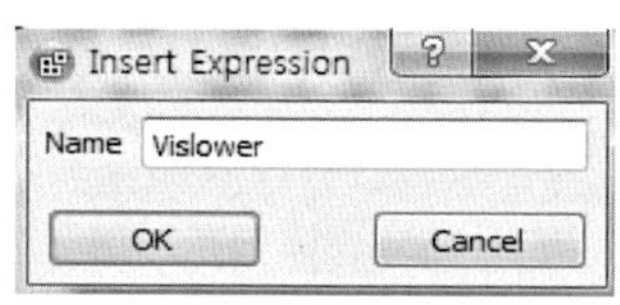

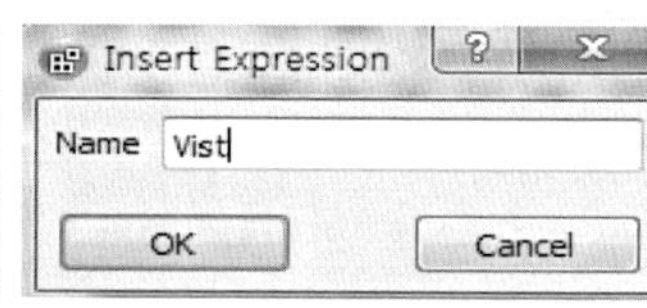

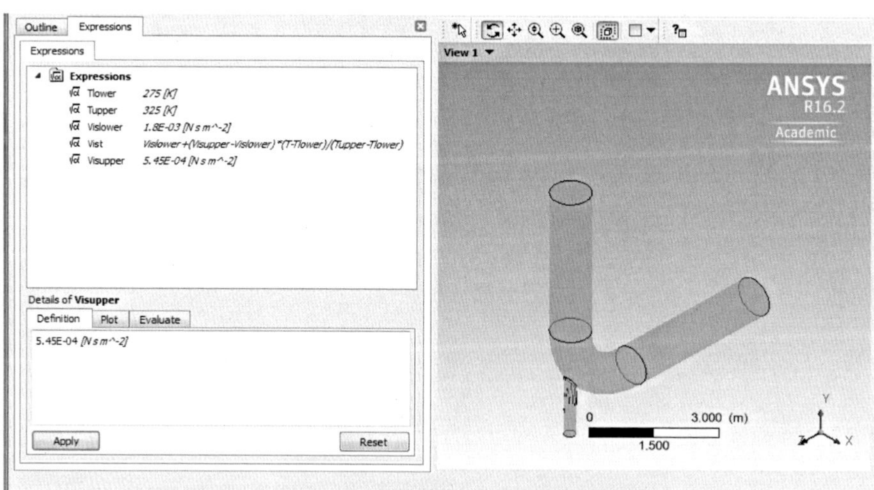

▶ 예제 2-24 Setting Temperature-Dependent Material Properties

Plotting an Expression

절차

1. Expression에서 VisT를 선택하고 나서 우클릭하여 Edit 버튼 을 클릭하거나 VisT를 더블클릭하면 편집모드로 들어간다.
2. Definition 탭 옆의 Plot 탭을 선택하고 나서, 아래 사항을 입력한다.

Tab	Setting	Value
Plot	Number of Points	10
	T	(Selected)
	Start of Range	275 [K]
	End of Range	325 [K]

3. Plot Expression 버튼을 클릭한다.

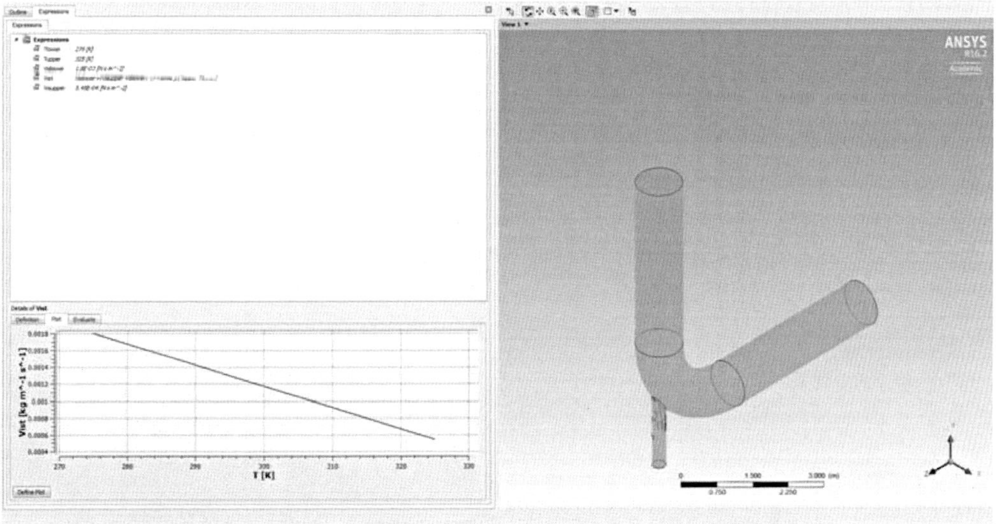

Expression 평가

절차

1. Evaluate 탭을 선택한다.
2. T 입력창에 300[K]을 입력한다.
3. Evaluate Expression을 클릭한다. 주어진 T에 대한 VisT의 값(0.0011725[kg m^-1 s^-1])이 Value 창에 나타난다.

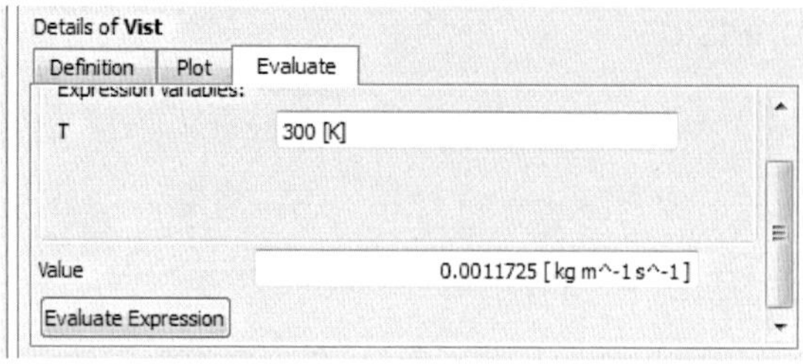

Modify Material Properties

Water와 같은 디폴트 물성치는 필요에 따라 변경 될 수 있다.

절차

1. Outline 탭을 클릭하고 Material 탭을 확장한다.
2. Water를 선택하고 나서 마우스 우클릭하여 Edit를 선택하거나Water를 더블클릭한다.
3. Material Properties 탭을 클릭한다.
4. Transport Properties 입력 부분을 플러스 기호를 클릭하여 확장한다.
5. Dynamic Viscosity를 선택한다.
6. Dynamic Viscosity 밑의 Dynamic Viscosity를 클릭한다. 디폴트 값인 0.0008899 [kg m^-1 s^-1]을 클릭한다.
7. Expression 버튼 을 클릭한다.
8. 데이터 박스에서 VisT를 입력한다.

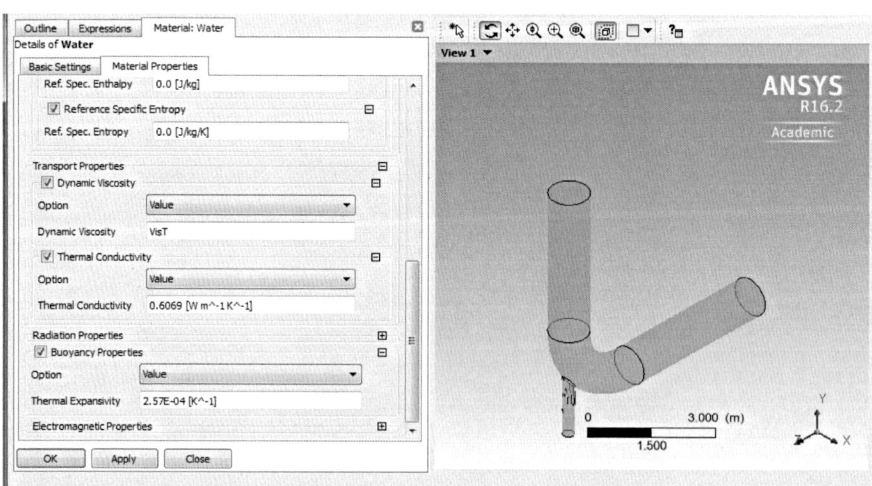

▶ **예제 2-25** 데이터 박스에서 VisT를 입력

Creating the Domain

공간 영역은 Thermal Energy heat transfer 모델을 사용하도록 설정되며, k-e 난류 모델을 사용한다. 본 모델에서는 General과 Fluid Models 모두 변경된다. Initialization tab에서 특정한 한 영역은 다른 영역 설정 방법과는 다른 방법으로 설정되며, 계산이 시작되는 조건으로 Globalinitialisation이 사용된다.

절차

1. Insert > Domain 메뉴를 선택하고 Insert > Domain 창에 InjectMixer를 입력한다.

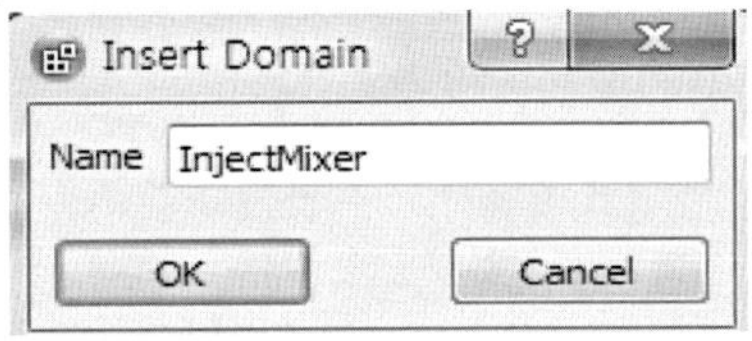

2. OK 버튼을 클릭하고 아래 사항을 입력한다.

Tab	Setting	Value
Basic Settings	Location and Type > Location	B1.P3
	Fluid and Particle Definitions	Fluid 1
	Fluid and Particle Definitions > Fluid 1 > Material	Water
	Domain Models > Pressure > Reference Pressure	0 [atm]

3. Fluid Models를 클릭하고 아래 사항을 입력한다.

Setting	Value
Heat Transfer > Option	Thermal Energy

Creating the Side Inlet Boundary

측면의 입구 경계 조건이 설정되어야 한다.

절차

1. Insert > Boundary 메뉴를 선택하거나, Boundary Condition 버튼 을 클릭한다.

2. Insert Boundary 대화창에 side inlet을 입력한다.

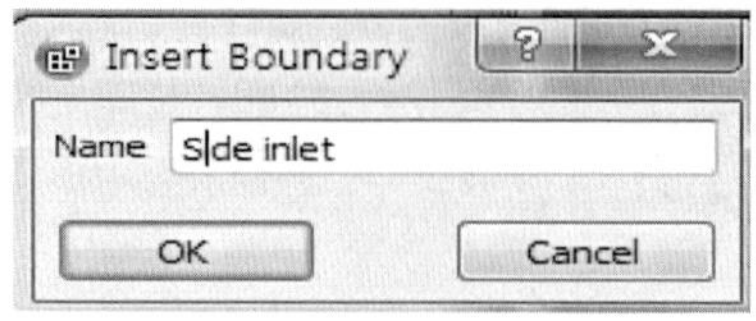

3. OK 버튼을 클릭하고 아래 사항을 입력한다.

Tab	Setting	Value
Basic Settings	Boundary Type	Inlet

Tab	Setting	Value
	Location	side inlet
Boundary Details	Mass and Momentum > Option	Normal Speed
	Mass and Momentum > Normal Speed	5 [m s^-1]
	Heat Transfer > Option	Static Temperature
	Heat Transfer > Static Temperature	315 [K]

4. OK 버튼을 클릭한다.

Creating the Main Inlet Boundary

주 배관의 입구 경계 조건을 설정하여야 한다. 이 입구는 작업 폴더 내의 속도 프로파일 정보를 이용하여 정의된다. 프로파일 데이터는 경계조건이 생성되기 전에 초기화 되어야 한다.

여러분은 속도 프로파일 데이터를 보여주는 플롯을 작성한다. 속도 프로파일은 입구 중심에서 빠르며, 입구 벽 주위에서는 느리다.

절차

1. Tools>Initialize Profile Data 메뉴를 선택한다.

2. Data File 아래 Browse 버튼 을 클릭한다.

3. 작업 폴더에서 InjectMixer_velocity_profile.csv를 선택하고 Open 버튼을 클릭한다.

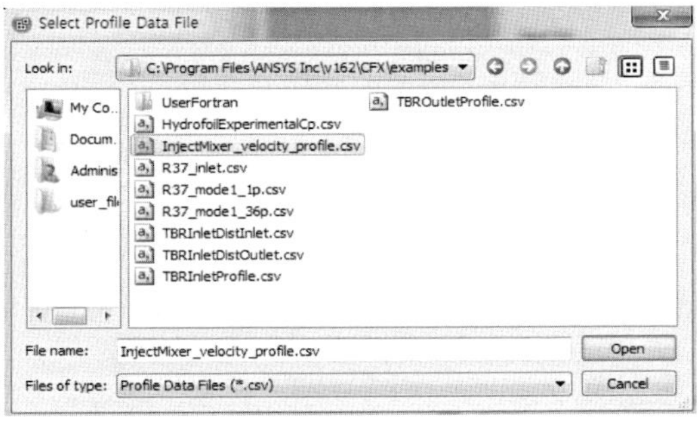

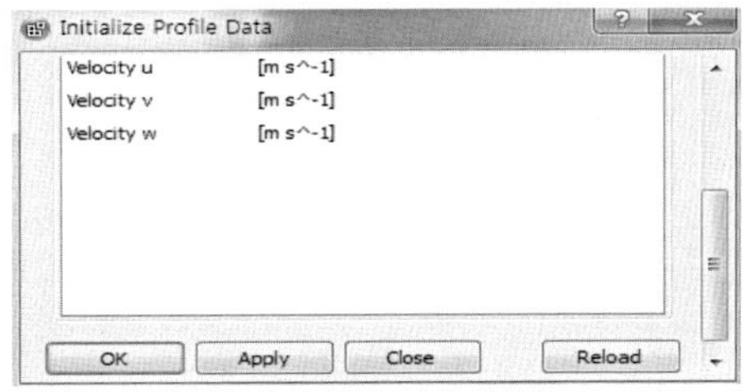

4. OK 버튼을 클릭한다. 프로파일 데이터가 메모리에 저장된다.

5. Insert > Boundary선택하거나, Boundary Condition 버튼을 클릭한다. Insert Boundary 창에 Main inlet을 입력한다.

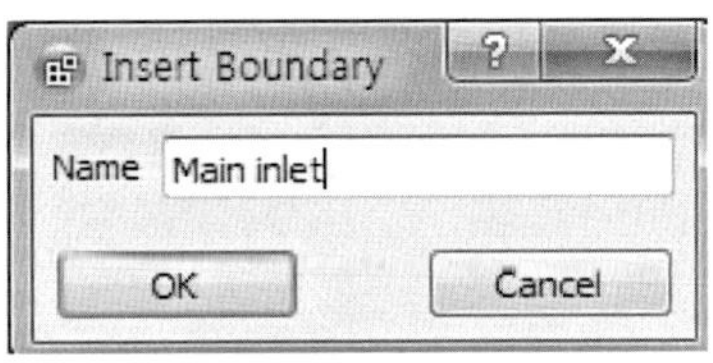

6. OK 버튼을 클릭하고 아래와 같이 입력한다.

Tab	Setting	Value
Basic Settings	Boundary Type	Inlet
	Location	main inlet
	Profile Boundary Conditions > Use Profile Data	(Selected)
	Profile Boundary Setup > Profile Name	main inlet

이것은 U, V, W의 프로파일 값이 메인 입구 경계의 노드에 적용되도록 하며, 경계 세부 사항에서 U, V, W 항목을 작성해야 한다. 나중에 Velocity 값을 수정하려면 메인 입구 및 경계 조건 프로파일에서 읽어 들인 값으로 리셋 값을 재설정하고, 경계에 대한 Basic Setting을 다시 찾아 설정을 하고 Generate Values을 클릭한다.

이 작업은 입구 경계에서 U, V, W 프로파일을 사용하게 한다.

7. Boundary Details 탭을 클릭하여, 아래와 같이 입력하고 Plot Options 탭을 선택하고 나서 아래와 같이 입력한다.

Tab	Setting	Value
Boundary Details	Flow Regime > Option	Subsonic
	Mass And Momentum > Option	Cart. Vel. Components
	Turbulence > Option	Medium (Intensity = 5%)
	Heat Transfer > Option	Static Temperature
	Heat Transfer > Static Temperature	285 [K]
Plot Options	Boundary Contour	(Selected)
	Boundary Contour > Profile Variable	W

8. OK 버튼을 클릭한다.

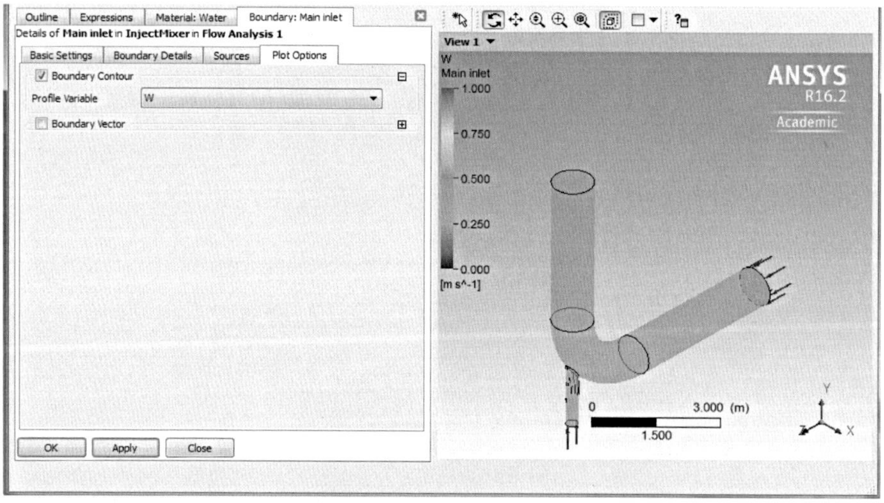

▶ 예제 2-26 Main Inlet Boundary 생성

9. 메인 입구를 확대하면 입구 속도 윤곽을 볼 수 있다.

Creating the Main Outlet Boundary

1. Insert > Boundary메뉴를 선택하거나, Boundary Condition 버튼 을 클릭한다.
2. Insert Boundary창에 Outlet을 입력하고 OK 버튼을 클릭한다.

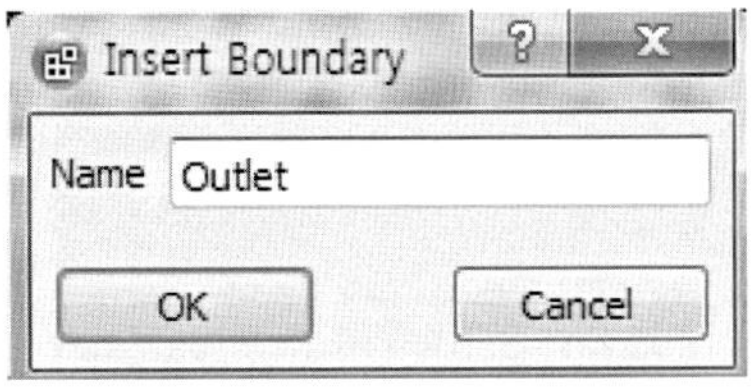

3. 아래와 같이 입력한다.

Tab	Setting	Value
Basic Settings	Boundary Type	Outlet
	Location	outlet
Boundary Details	Flow Regime > Option	Subsonic

Tab	Setting	Value
	Mass and Momentum > Option	Average Static Pressure
	Relative Pressure	0 [Pa]

4. OK 버튼을 클릭한다.

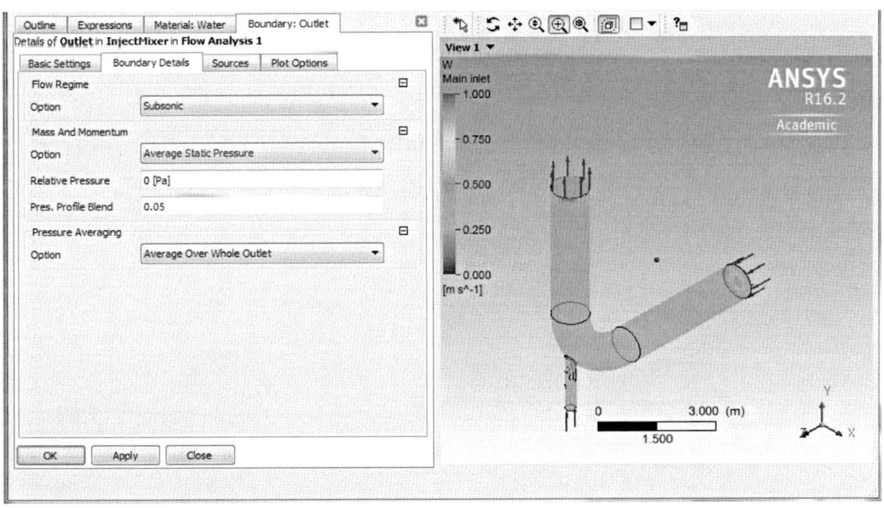

▶ **예제 2-27** Main Outlet Boundary 생성

Setting Initial Values

절차

이 예제에서는 초기 값이 자동으로 설정된다. 자동 추측으로 충분하다.

1. Global Initialisation 버튼 을 클릭한다.

2. OK

4 Solver 조건 설정

절차

1. Insert > Solver > Solver Control을 선택하거나 Solver Control 버튼 을 클릭한다.
2. 아래와 같이 입력한다.

Tab	Setting	Value
Basic Settings	Advection Scheme > Option	High Resolution
	Convergence Control > Max. Iterations	50
	Convergence Control > Fluid Timescale Control > Timescale Control	Physical Timescale
	Convergence Control > Fluid Timescale Control > Physical Timescale	2 [s] [a]
	Convergence Criteria > Residual Type	RMS
	Convergence Criteria > Residual Target	1.E-4 [b]

3. CFX -Pre 설정이 모두 끝났으면 File Save Project하고 Close CFX-Pre를 한다.

Solution으로 들어가기

1. Solution 우클릭하여 Edit선택하면

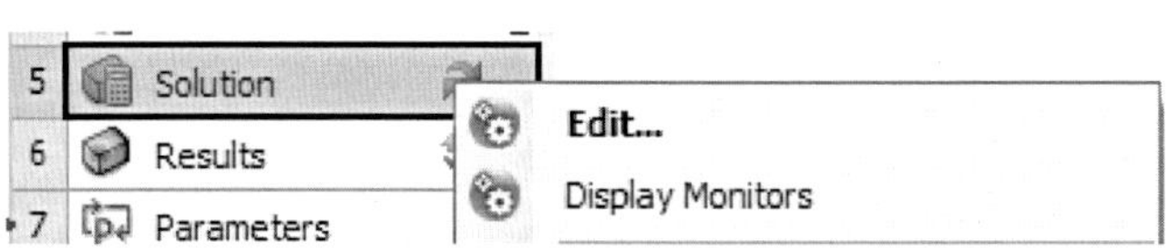

▶ 예제 2-28 Solution 우클릭하여 Edit 선택

아래와 같은 창이 뜬다.

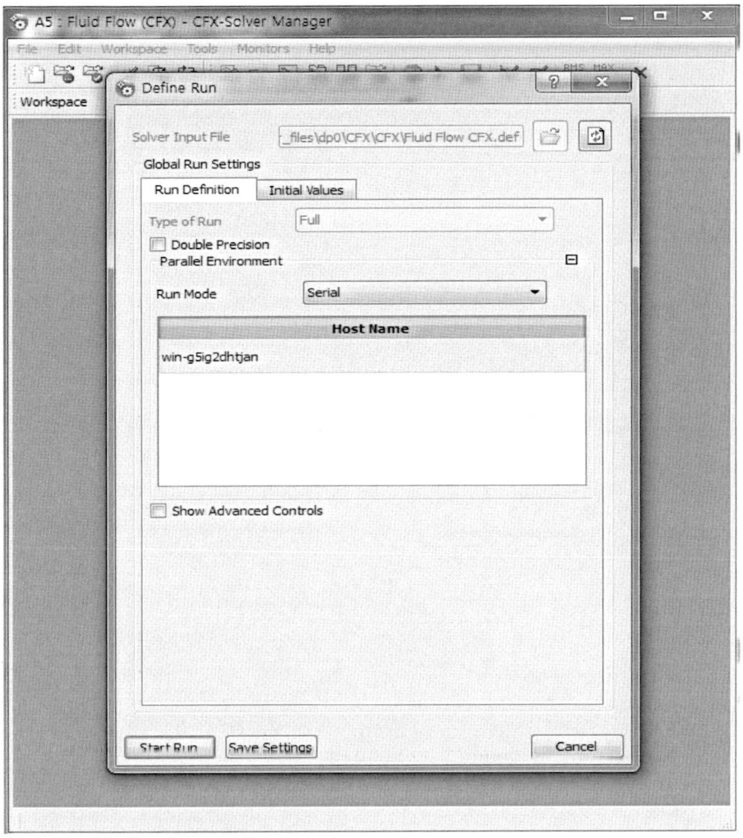

▶ **예제 2-29** Define Run창

2. Define Run창에서 Start Run을 클릭한다.
3. CFX-Solver가 돌아가기 시작한다.
4. CFX-Solver가 정상적으로 돌아가서 끝나면 아래와 같은 Solver Run Finished Normally창이 뜨면서 끝났음을 알린다.

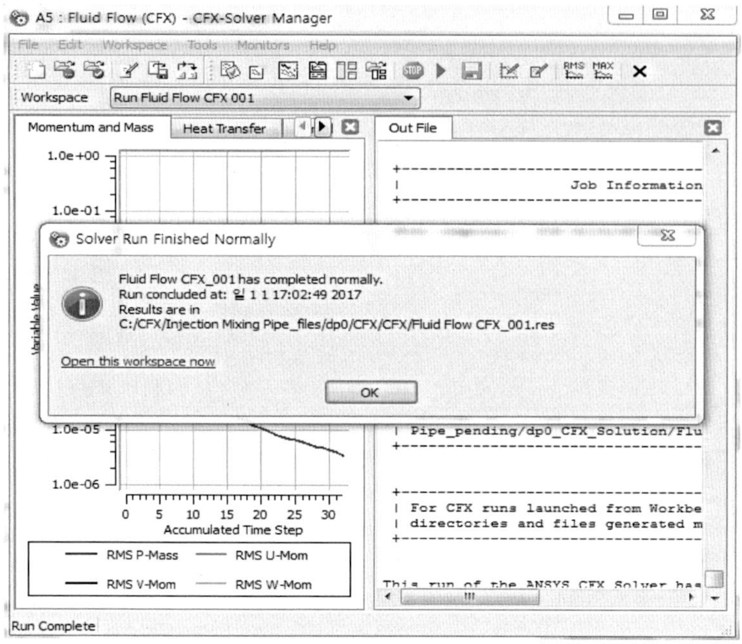

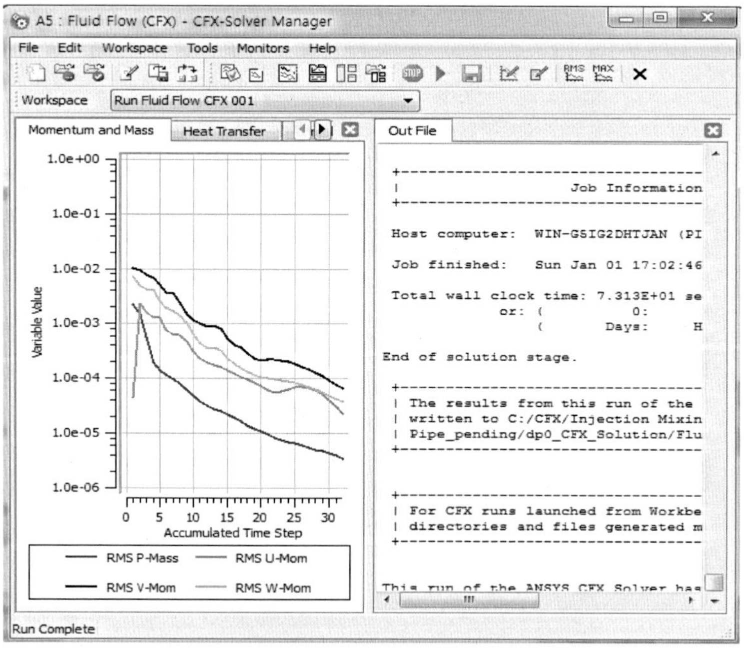

5. CFX-Solver가 끝났으면 Ok버튼을 클릭하고 File / Close CFX-Solver Manager를 한다.

5 Viewing the Results Using CFD-Post

ANSYS CFX-Solver에서의 계산이 완료되면, 결과를 검토하기 위해 ANSYS CFX-Post로 이동한다. ANSYS CFX-Solver는 계산을 진행하기 위해 이용되나, 결과를 검토하기 위해서는 ANSYS CFX-Post를 사용한다.

Result를 보기위하여 Result를 우클릭하고 Edit를 선택하면 A6:Fluid Flow(CFX)-CFD Post창이 뜬다.

▶ **예제 2-30** Result 들어가기

실습 내용에 대한 개요

아래 내용은 일반적 실습 흐름에 대한 간단한 요약을 제공하는 것이다.

1. 형상 외곽선의 변형
2. 유선의 생성 및 변형
3. 유선 색깔 범위의 변경
4. 난일 색으로의 유신 색깔 변경
5. 유선 개체의 복사 및 특성 변경
6. 난류 운동 에너지(Turbulent Kinetic Energy) 고찰

Modifying the Outline of the Geometry

본 내용을 실습하면서, 마우스 버튼 조작을 통해 형상 뷰를 조절하기 바란다.

절차

1. Object Selector에서 Wireframe을 더블 클릭한다.

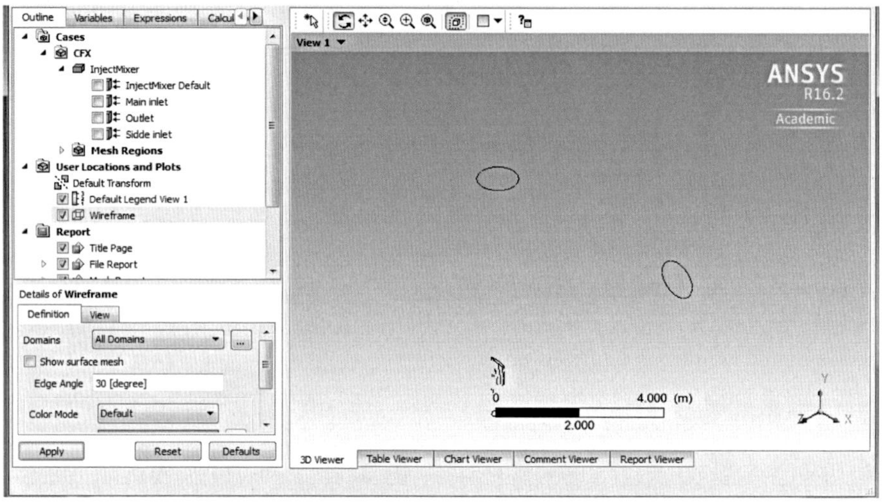

▶ **예제 2-31** Edge Angle이 30[degree]일 때

2. Edge Angle을 9[degree]로 설정한다.

3. Apply 버튼을 클릭한다.

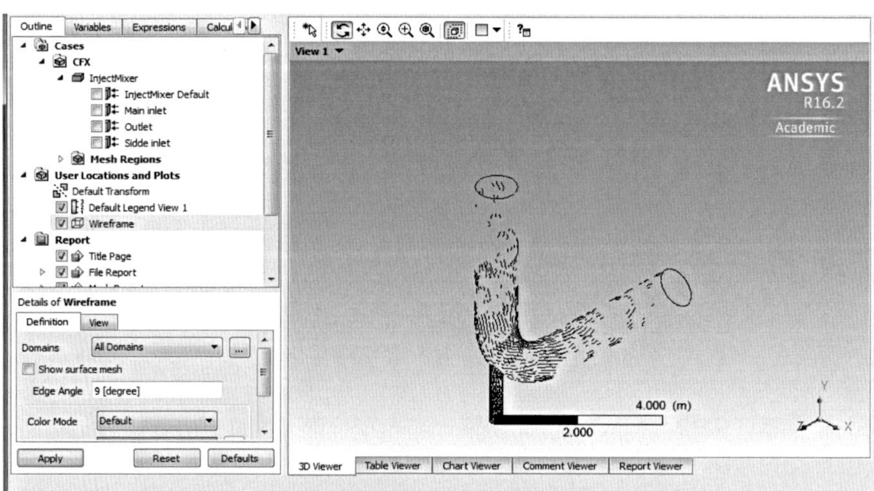

▶ **예제 2-32** Edge Angle이 9[degree]일 때

Creating and Modifying Streamlines Originating from the Main Inlet

본 내용 실습을 완료하면, 주 입구에서 시작되어 출구로 나가는 유선을 보실 수 있다. 측면의 파이프가 주 배관을 만나는 부분에서는 파이프 벽의 방향에 접하는 방향으로의 유동 보다는 재순환이 발생되는 영역이 존재한다.

절차

1. Insert > Streamline을 선택하거나 Streamline  을 선택한다.
2. Insert Streamline 창에서 MainStream을 입력한다.

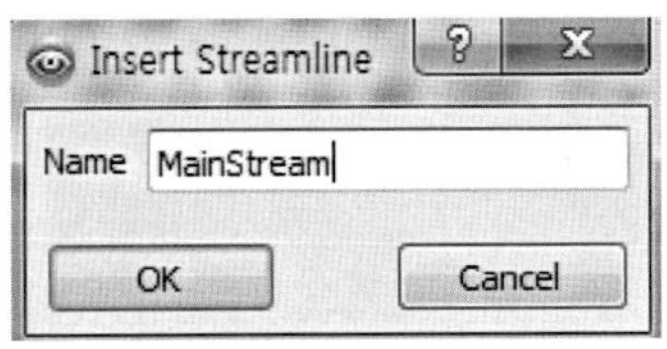

3. OK 버튼을 클릭하고 아래와 같이 입력한다.

Tab	Setting	Value
Geometry	Type	3D Streamline
	Definition > Start From	main inlet

4. Apply 버튼을 클릭한다.

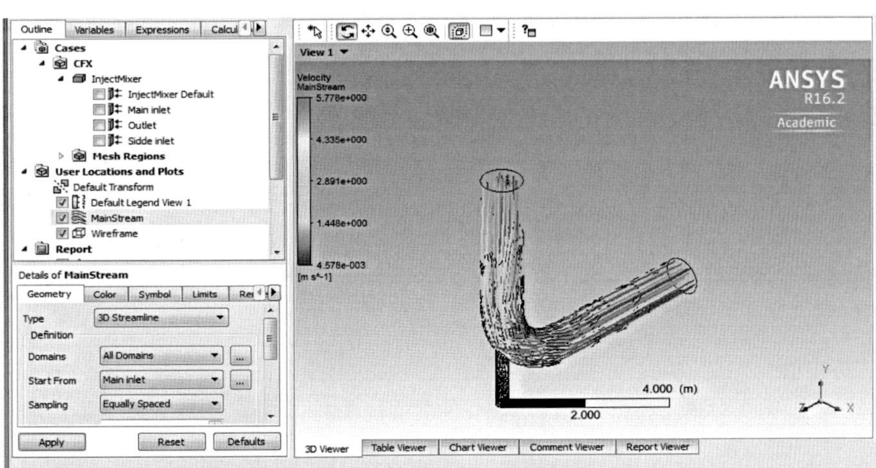

▶ 예제 2-33 Main Stream

5. Isometric View(Y up) 버튼을 클릭한다.

Modifying Streamline Color Ranges

Color 패널의 Range에서 유선의 색깔을 조정할 수 있다.

1. TreeView의 User Locations and Plots에서 유선 개체인 MainStream을 선택하여, 아래와 같이 변경한다.

Tab	Setting	Value
Color	Range	Local

2. Apply 버튼을 클릭한다. 유선을 따라 추적된 속도로 색깔 플롯 범위가 새롭게 설정된 것을 확인 하실 수 있다.

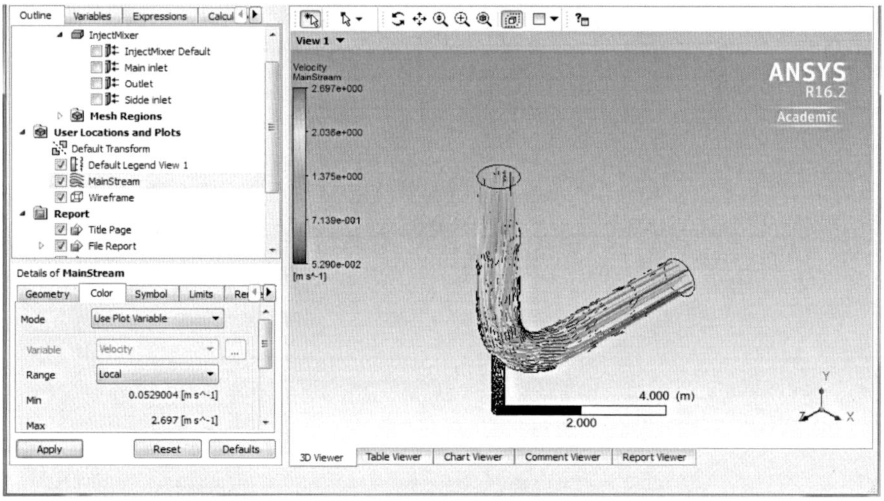

▶ 예제 2-34 유선을 따라 추적된 속도로 색깔 플롯 범위가 새롭게 설정

컬러 맵은 유선을 따라 발견되는 속도의 범위에 적합하다. 유선은 따라서 컬러 맵에 모든 색상이 집합적으로 포함된다.

3. 아래와 같이 변경한다.

Tab	Setting	Value
Color	Range	User Specified
	Min	0.2 [m s^-1]
	Max	2.2 [m s^-1]

4. Apply 버튼을 클릭한다. 유선의 색깔은 임의로 설정된 범위에 따라 그려지게 된다.

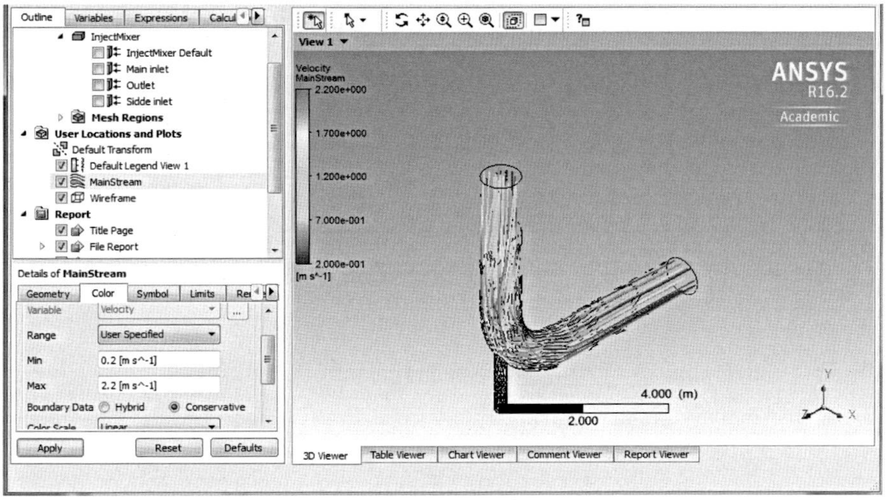

▶ 예제 2-35 유선의 색깔은 임의로 설정된 범위에 따라

Coloring Streamlines with a Constant Color

1. 아래 그림과 같이 설정 사항을 변경하기 바란다.

Tab	Setting	Value
Color	Mode	Constant
	Color	(Green)

2. Apply 버튼을 클릭한다.

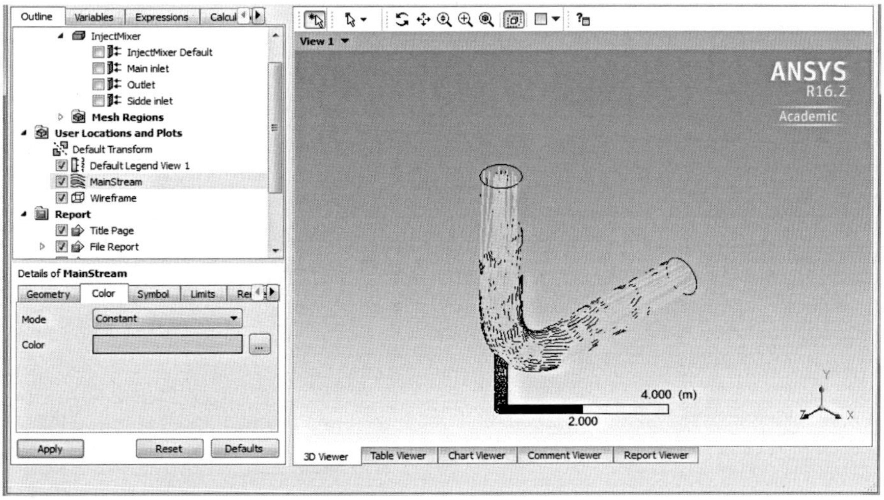

▶ 예제 2-36 Mode를 Constantfh Color를 Green으로

Creating Streamlines Originating from the Side Inlet

다음 단계에서는 이 기능을 사용하여 측면 입구에서 유선형 객체를 추가하는 방법을 보여준다.

유선 개체의 복사 및 특성 변경

개체는 복사가 가능하며, 일단 복사된 후에는, 원본에 영향을 주지 않으면서 특성을 변경할 수 있다.

1. Insert > Streamline을 선택하거나 Streamline 을 선택한다.
2. Insert Streamline 창에서 SideStream을 입력한다.

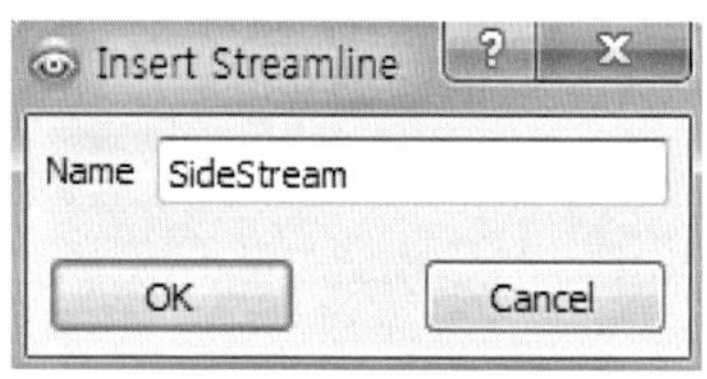

3. OK 버튼을 클릭하고 아래와 같이 입력한다.

Tab	Setting	Value
Geometry	Definition > Start From	side inlet
Color	Mode	Constant
	Color	(Red)

4. Apply 버튼을 클릭한다.

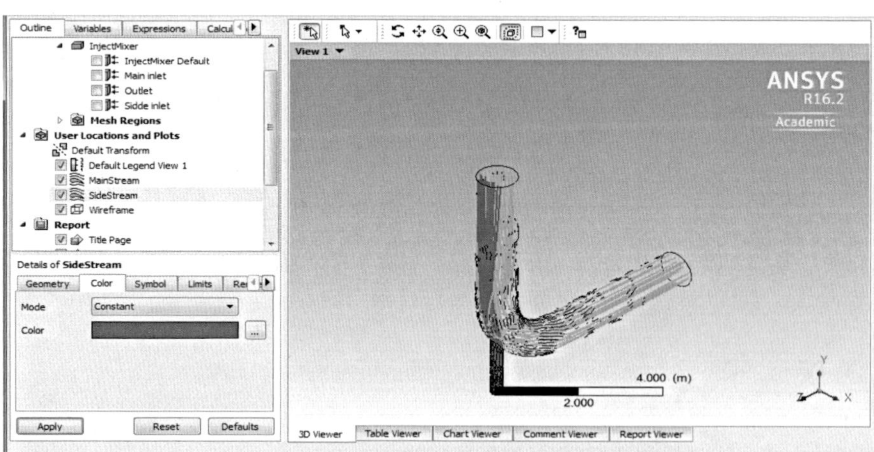

▶ **예제 2-37** Side Stream에 Color Mode가 Constantfh Color를 Red로

측면 유입구에서 시작하여 빨간색 유선이 나타난다.

5. 보다 낳은 뷰를 위하여, Isometric View(Y up)을 클릭한다.

Examining Turbulence Kinetic Energy

계산 영역 내의 다양한 변수의 결과를 파악하기 위해, 평면을 만들어 사용하는 것이 용이하다.

절차

1. 유선 개체인 MainStream과 SideStream을 보이지 않도록 설정한다.
2. Insert > Location > Plane을 선택하여 plane1이라는 이름으로 OK 버튼을 클릭한다. X 축에 수직 (YZPlane을 사용하여라.)이며, X=0을 지나가는 평면을 Plane1이라는 이름으로 만든다.
3. 아래와 같이 Color Mode를 Variable로 설정하고 Variable을 Turbulence Kinetic Energy를 선택한다.

Tab	Setting	Value
Color	Mode	Variable
	Variable	Turbulence Kinetic Energy

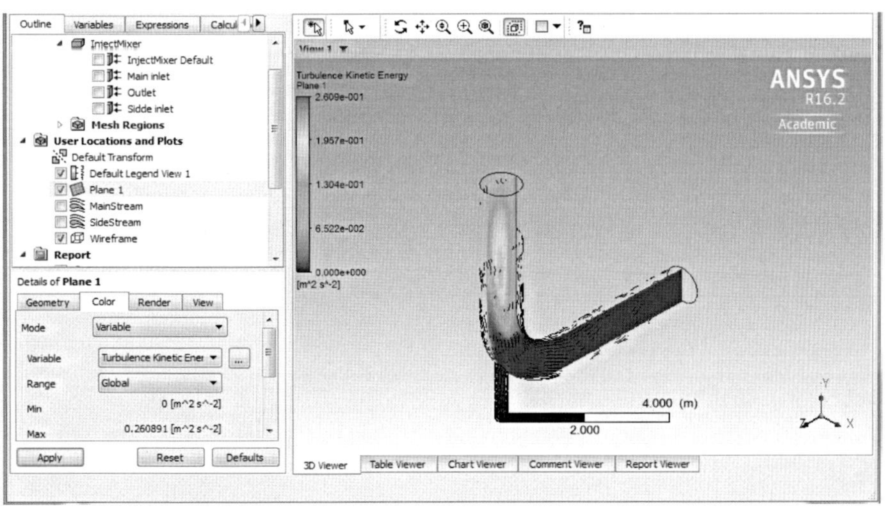

▶ 예제 2-38 Plane1에 나타난 Turbulence Kinetic Energy

4. 이 평면에 대하여, 색깔 변수를 다양하게 변화시키면서 플롯해 보시기 바란다. 많이 사용되는 변수는 풀-다운 리스트에서 선택할 수 있으나, Variable 데이터 버튼을 클릭하여 나타나는 모든 변수 중에서 하나를 선택할 수도 있다.

Procedure in Workbench

1. 종료하기 전에 File>Save project 를 하여 현재의 프로젝트를 저장한다.
2. File>Close CFD-Post를 선택하여 CFD-Post를 종료한다.
   File>Exit를 하여 Workbench를 종료한다.

Example 3

Blunt Body의 열유동 해석

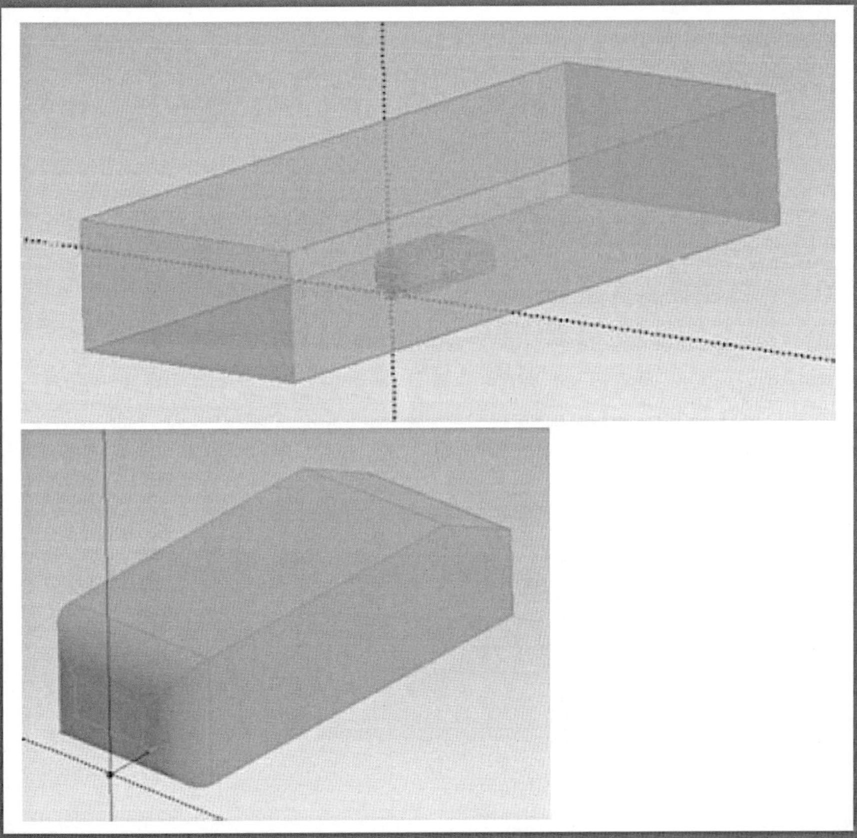

예제 3 Blunt Body의 열유동 해석

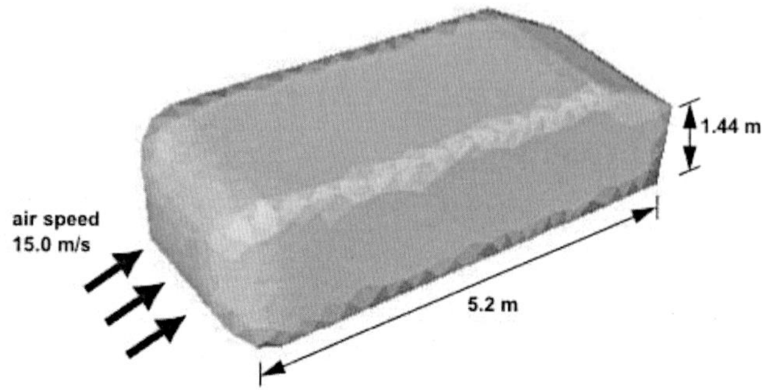

이번 예재에서는 차량 형태의 몸체 주위의 유동을 계산하기 위한 격자를 만들고 형상과 유동 형태가 대칭으로 나타나기 때문에, 절반의 형상만 해석한다.

1 형상 생성

프로젝트의 생성

1. ANSYS Workbench를 실행하여, BluntBody.wdbd 이름의 새로운 프로젝트를 생성한다.

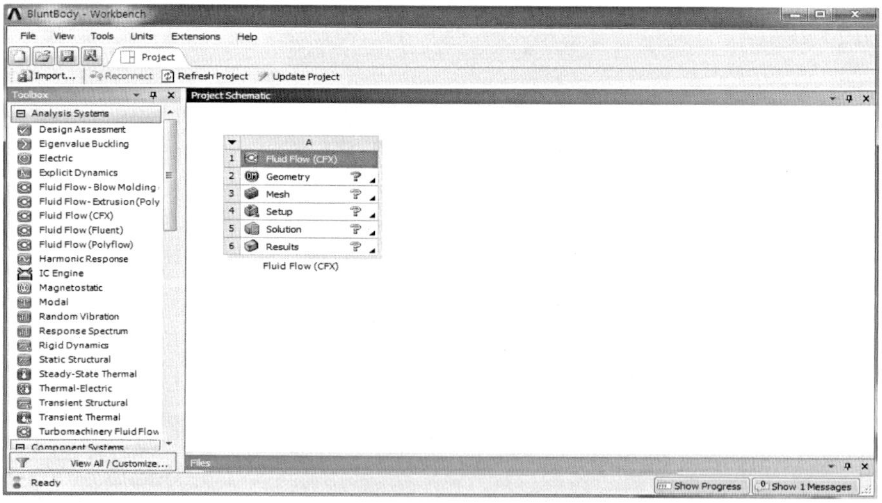

▶ **예제 3-1** Blunt Body 파일 저장

2. DesignModeler를 열기 위해, Geometry탭 위에서 우클릭하여 New DesignModeler Geometry선택한다.

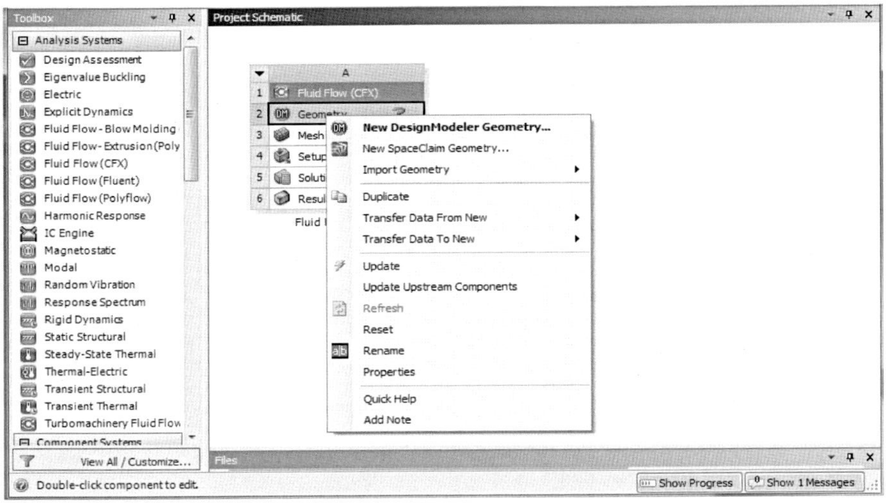

3. DesignModeler창으로 들어간다.

4. 풀다운 메뉴 Unit에서 단위는 Meter로 한다.

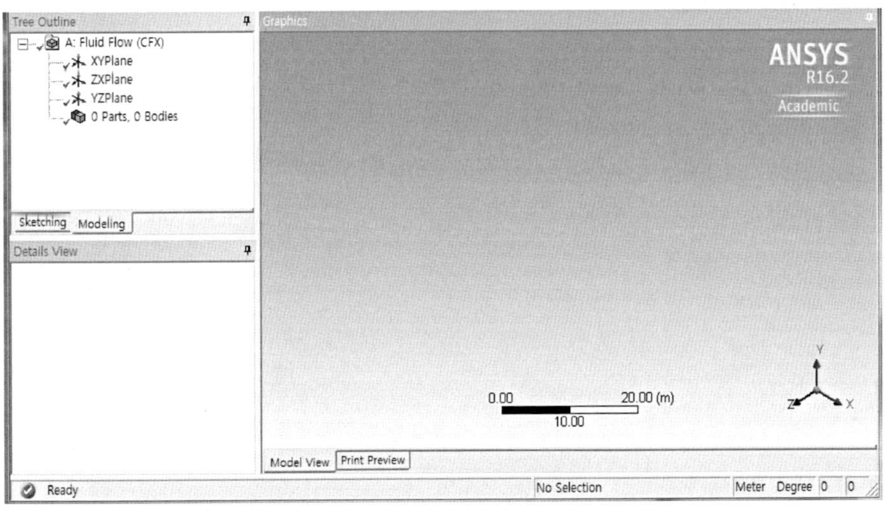

▶ **예제 3-2** DesignModeler창

Body 생성

Body 형상을 만들기 위해, 스케치를 하고 나서, Extrude 기능을 사용하고 Body 끝을 둥글게 만들기 위해 Cut Material 기능을 사용 할 것이다.

1. ZX 평면에 새로운 스케치를 만든다.

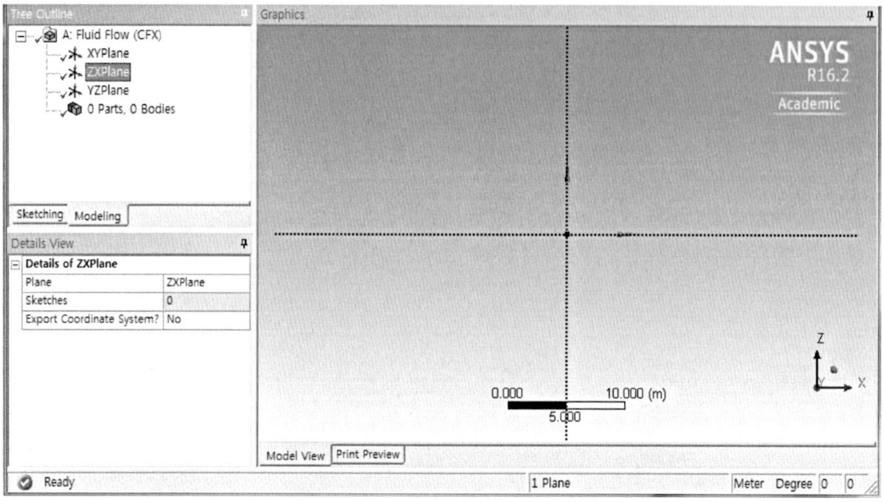

▶ 예제 3-3 ZX 평면

2. Sketching 탭의 Draw 툴 박스에서 Rectangle을 이용하여, 아래 그림과 같은 사각형을 만든다. (원점의 위치를 주의하라.) 요구되는 치수는, H1=1.44m, V2=5.22m 이다.

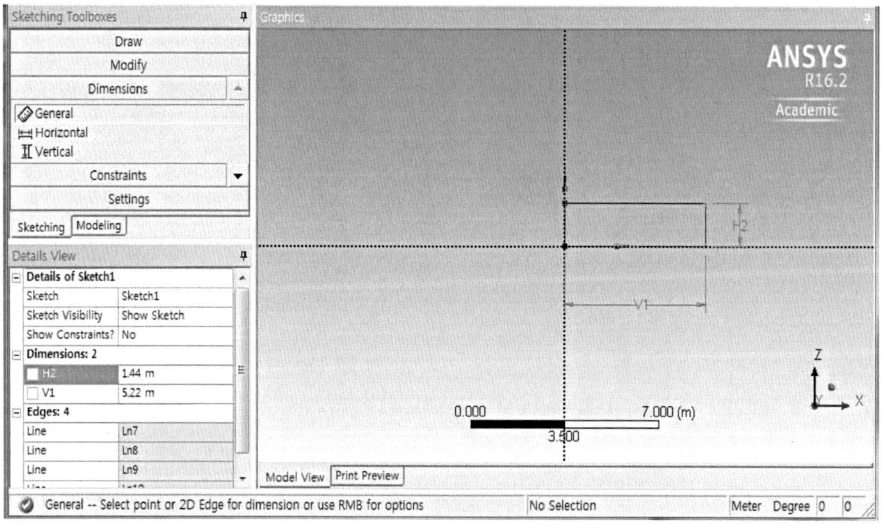

▶ 예제 3-4 Rectangle치수 H1=1.44m, V2=5.22m

3. Sketching 탭의 Modify 툴 박스에서 Fillet을 선택한다. 옆에 나타나는 박스 안의 Radius를 0.5m로 입력한다.

4. 코너를 이루는 두 개의 선을 클릭하면, 둥근 모서리가 만들어 진다. 아래 그림과 같이 Z 축 상에 두 개의 둥근 모서리를 만든다.

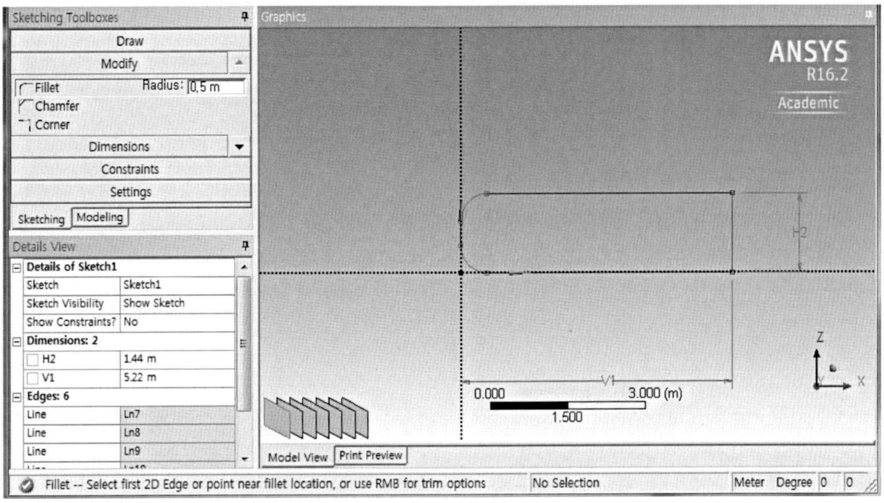

▶ 예제 3-5 Fillet R은 0.5m

5. Modify 툴 박스에서 Chamfer을 선택한다. 옆에 나타나는 박스에 1.11m를 입력한다.

6. 아래 그림과 같이, Chamfer를 생성하기 위하여 오른쪽 끝 모서리의 상단부를 선택한다.

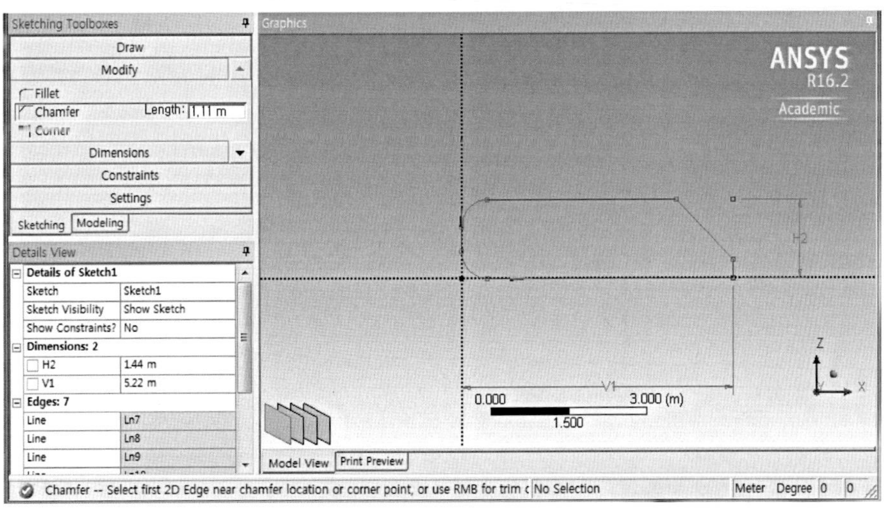

7. 아래 그림과 같이, A3의 각도를 25도로 지정하기 위하여 Dimensions Toolbox의 Angle 기능을 사용한다. 만일 두 번째 edge를 클릭한 후, 잘못된 각도가 표시된다면 (치수의 위치를 정하기 전에), 오른쪽 마우스 버튼을 클릭한다.

그리고 올바른 각도 표기법이 나타날 때까지 Alternate Angle를 선택한다.

각도의 형태로 나타내기 위한 edge를 선택한 후에, Details View의 Dimensions 박스에 각도 25도로 작성하기 전에 라벨의 위치를 클릭하는 것을 기억하기 바란다.

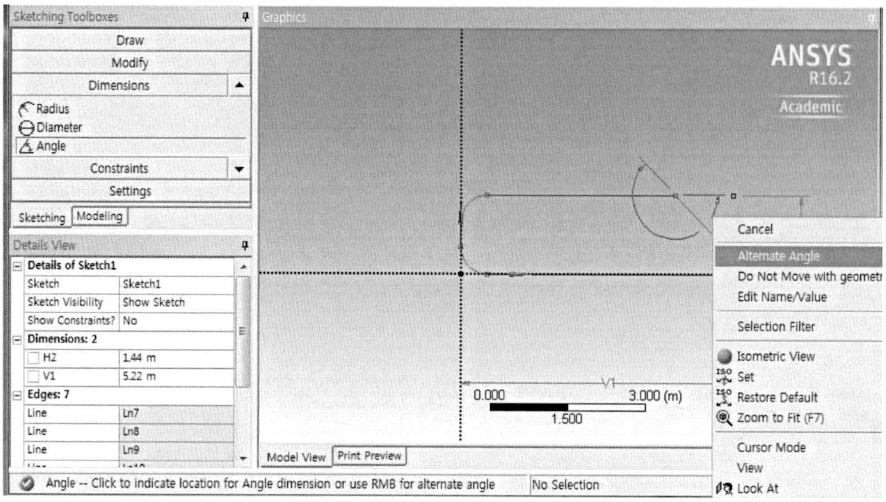

▶ 예제 3-6 올바른 각도 표기법이 나타날 때까지 Alternate Angle

8. 비스듬한 edge의 길이를 지정하기 위하여 Dimensions Toolbox의 Length 기능을 사용한다. 길이는 아래 그림과 같이 1.11m이다.

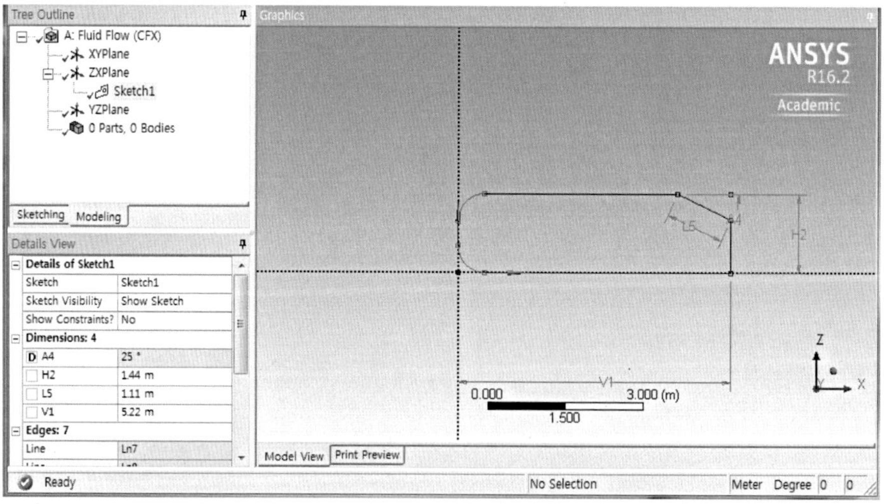

▶ 예제 3-7 스케치 완료

스케치가 이제 완료 되었다. Body의 외형을 만들기 위하여 Extrude 기능을 사용 할 수 있다.

1. 3D Features Toolbar로부터 Extrude Extrude를 선택한다.
2. Base Object에 Sketch1 을 설정하고, Operation에 Add material를 설정한다. Direction에는 Reversed를 설정한다.

3. Depth에는 0.9725m를 설정한 후, Generate 를 클릭한다.

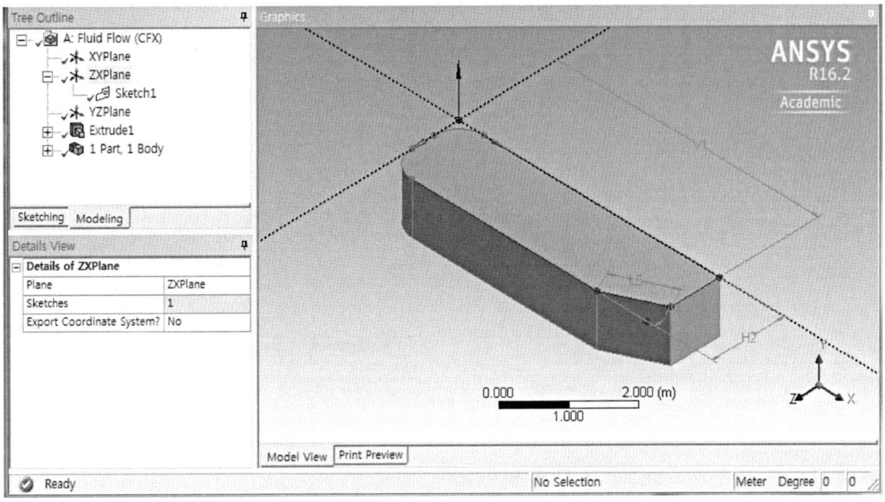

▶ **예제 3-8** Extrude 피처 생성

Blunt Body의 전단 끝부분은 둥글게 되었다. 그러나 몇몇의 material은 올바른 형태를 얻기 위하여 절단이 필요하다

1. XY 평면상에 새로운 스케치를 생성한다.

2. XY 평면이 정면에 오도록 하기 위하여 Look At Face/Plane/Sketch 아이콘을 클릭한다.

3. 아래 그림과 같이 새로운 스케치의 생성이 필요하다. 이것을 생성하기 위하여 아래와 같은 방법으로 실습한다.

a. 오른쪽 방향으로 개략적이 두 개의 직선을 그리기 위해 Sketching Toolbox에서 Draw의 Polyline을 사용한다. 세 번째 포인트에서 클릭한 후, 오른쪽 마우스 버튼을 클릭하여 Open End를 선택한다. Polyline이 완성되었다.

b. Constraints Toolbox에서 Equal Length를 선택한다. 그리고 나서 두 직선을 클릭한다. 이것은 항상 두 직선이 같은 길이를 유지하도록 할 것이다. 그래서 만일 하나의 직선의 길이가 변한다면 다른 하나의 직선도 변경된다.

c. 1/4 인 원을 그리기 위하여 Draw Toolbox의 Arc by Tangent를 사용한다. Polyline의 두 개의 끝 점을 선택한다. 만일 원호의 잘못된 부분이 표시된다면(90도 대신에 270도가 나타난다면), 두 번째의 끝점을 클릭하기 전에 오른쪽 마우스 버튼을 클릭하여 Reverse를 선택한다. 그러면 올바른 형태로 표시

d. 고정된 두 개의 치수선을 표시하기 위하여 Dimensions Toolbox의 Vertical와 Radius를 사용한다. 이 값은 각각 V1=0.9725 m, R2=0.5m이다.

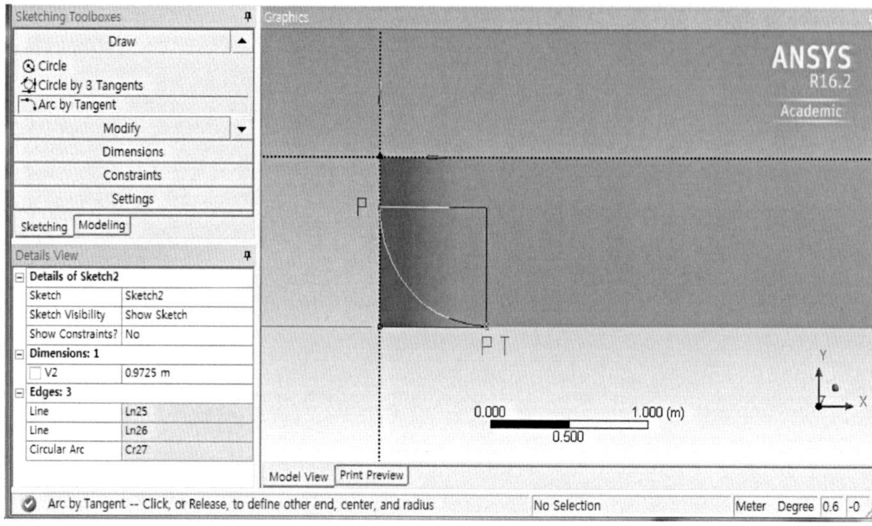

▶ 예제 3-9 Arc by Tangent에 의해 될 것이다.

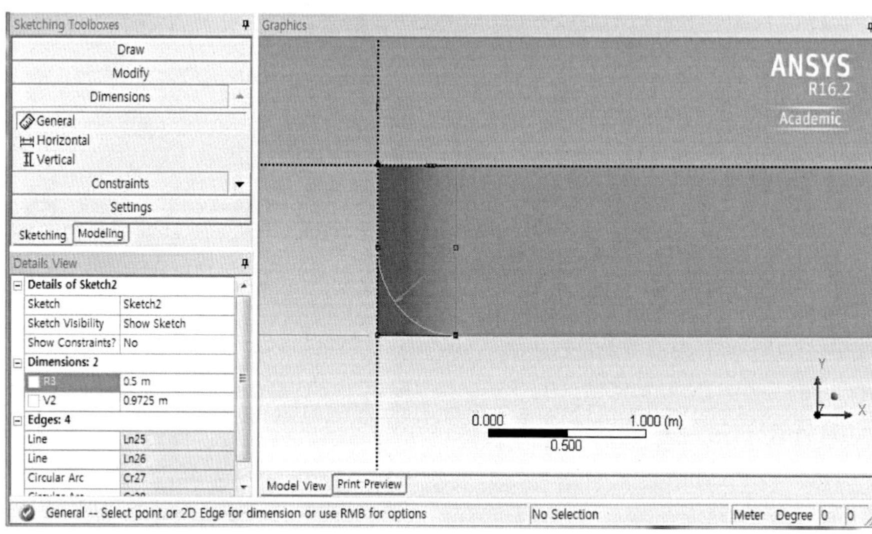

▶ 예제 3-10 스케치 완료

4. 3D Features Toolbar로부터 Extrude를 선택한다.

5. Base object에 sketch2로 설정하고, Operation을 Cut Material로 설정한다.

6. Depth에 1.5m로 설정하고 Generate 를 클릭한다. Blunt Body 끝 부분이 아래 그림과 같이 보일 것이다.

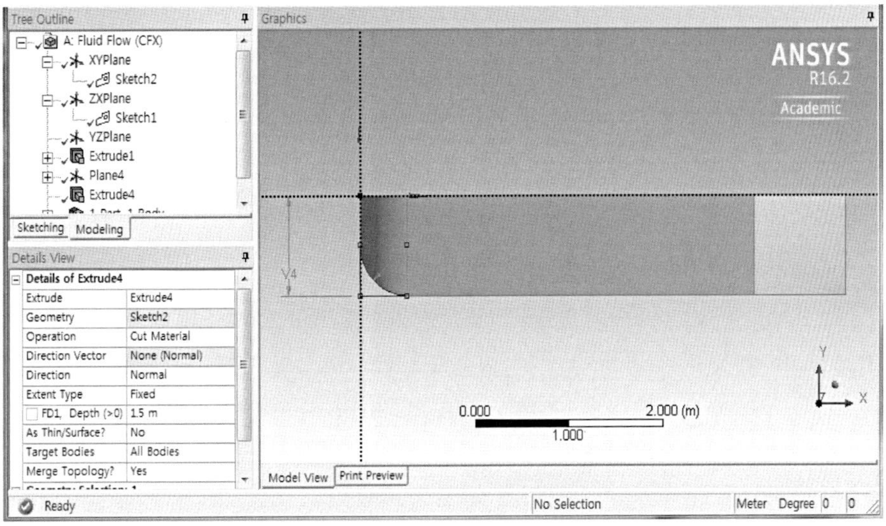

▶ **예제 3-11** Extrude 옵션으로 Operation을 Cut Material

Blunt Body를 회전시켜 보면 끝 부분이 아래 그림과 같이 보인다.

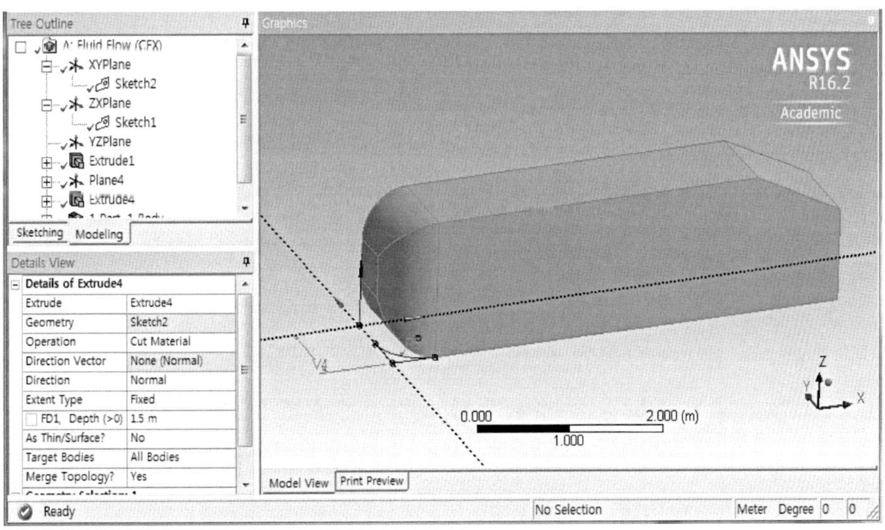

Creating the Containing Box

다음 단계는 유체 유동 시뮬레이션을 위한 영역의 한 형태로써 blunt body 주위의 박스를 생성하는 것이다. Blunt body와 결합하는 새로운 Solid를 생성하기 위하여, 첫 번째로 여러분은 blunt body를 고정(freeze)해야 한다. 그리고 blunt body를 더 쉽게 이용하기 위하여 이름을 부여할 것이다.

1. Tree View에서, “1 part, 1 Body” 옆의 + 표시를 클릭한다. 그리고 이 엔트리 아래의 트리구조에서 Solid를 선택한다. Details View에서, body와 연관되는 정보를 볼 수 있다. 이 정보 창에서 “Solid” 단어를 클릭한다. 그리고 이것을 “BluntBody”로 변경한다. 이름의 변경을 적용하기 위하여 키보드 상의 엔터키를 누른다.
2. Body를 고정(freeze)하기 위하여 메뉴 툴바로부터 Tools>Freeze를 선택한다.
3. ZX 평면을 선택하고 새로운 스케치 를 클릭한다.
4. 아래 그림과 같이 사각형을 그리기 위하여 Sketching Toolbox에서 Draw의 Rectangle 기능을 사용한다. 사각형은 Body의 바닥면 아래로 확장된다. (XY 평면 아래로), 치수는 각각 V5=12.30 m, V6=17.61m, H7=4.75m, H8=0.25m이다.

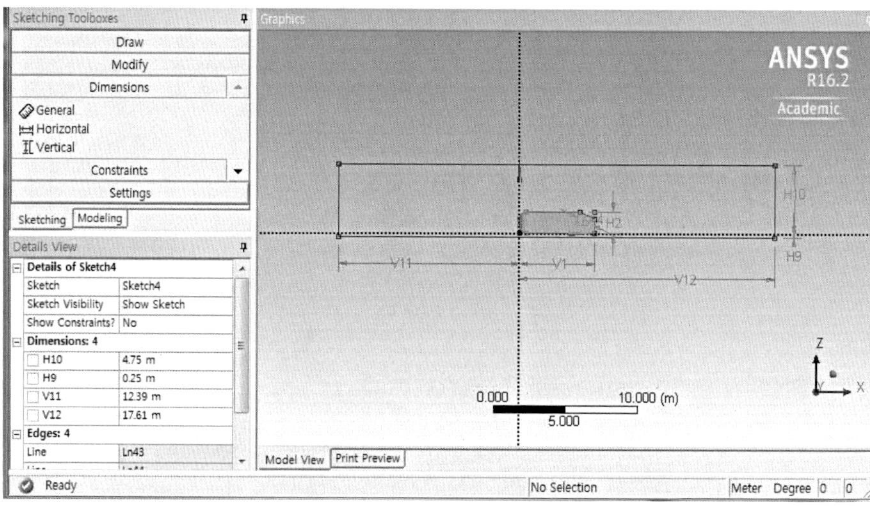

5. 3D Features Toolbar로부터 Extrude Extrude를 선택한다.
6. Base Object에 Sketch3을 설정하고 Operation에 Add Material을 설정한다.
7. Direction에 Reversed를 Type에 Fixed를 설정한다. Depth에는 5.15m를 설정하고 Generate 를 클릭한다.

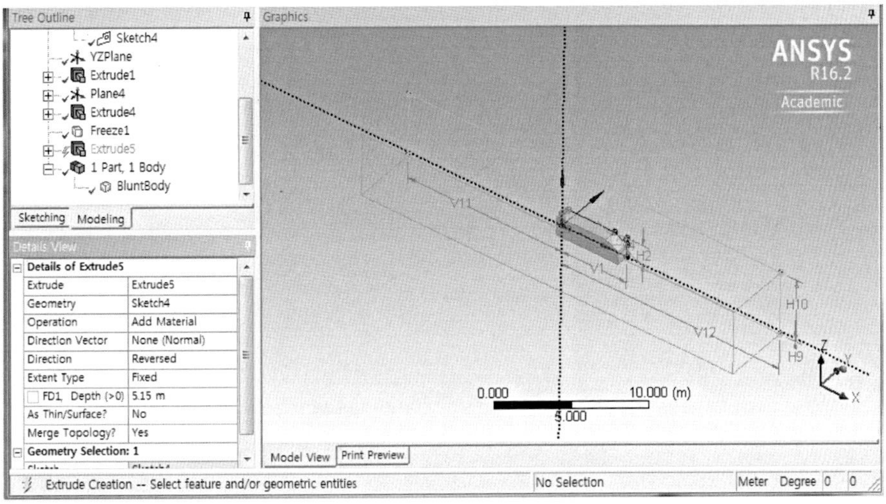

▶ **예제 3-12** Extrude 옵션 설정

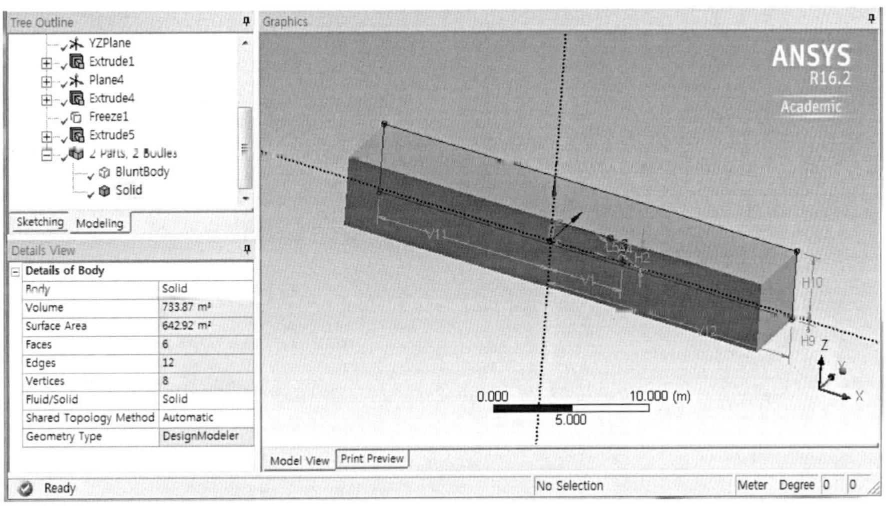

▶ **예제 3-13** Containing Box 생성

이제, CFD 시뮬레이션에 대한 영역을 만들기 위하여, 큰 사각 박스에서 blunt body를 제거할 수 있다.

1. 메뉴 툴바에서, Create>Body Operation을 선택한다.
2. Type에 Cut material을 Bodies에는 Blunt body를 설정한다. Blunt body를 선택하기 위하여 Tree View의 '2 parts, 2 bodies"에서 blunt body를 클릭 할 수 있다.
3. Body Operation을 생성하기 위하여 Generate를 클릭한다.
4. Tree View의 '2 parts, 2 bodies"가 1 part, 1body가 된 것을 알 수 있다.

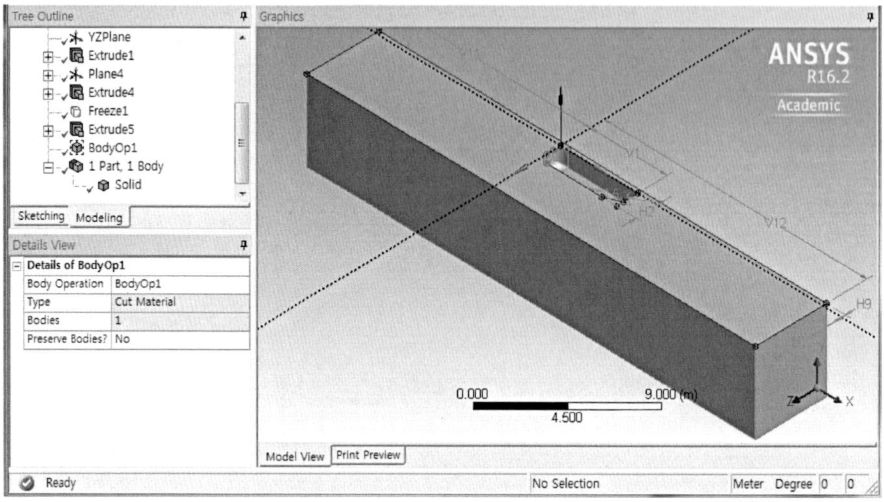

▶ 예제 3-14 blunt body를 제거되어 '2 parts, 2 bodies"가 1 part, 1body가 됨

5. 형상이 완료 되었으므로 형상 파일을 저장하기 위하여 File>Save를 선택한다.

영역설정

Inlet을 생성하기 위하여

1. Tools>Named Selection선택하고 디테일뷰 Geometry에 가장 작은 X 좌표값을 가지는 Solid의 사각 면을 선택하고 Apply한다.
Generate 클릭하여 Inlet을 생성한다.

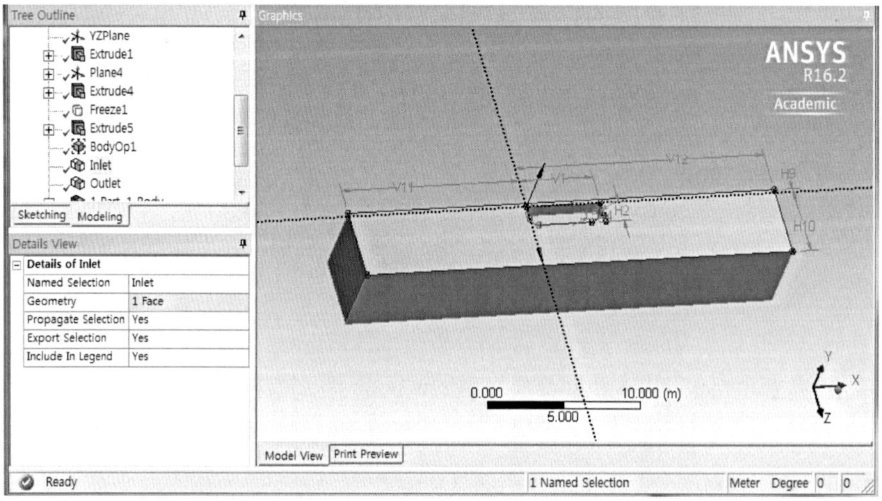

▶ 예제 3-15 Inlet 생성

Outlet을 생성하기 위하여

1. Tools>Named Selection선택하고 디테일뷰 Geometry에 가장 높은 X 좌표 값을 가지는 Solid의 사각 면을 선택한다. 그리고 Apply를 클릭한다.
   Generate 클릭하여 Outlet을 생성한다.

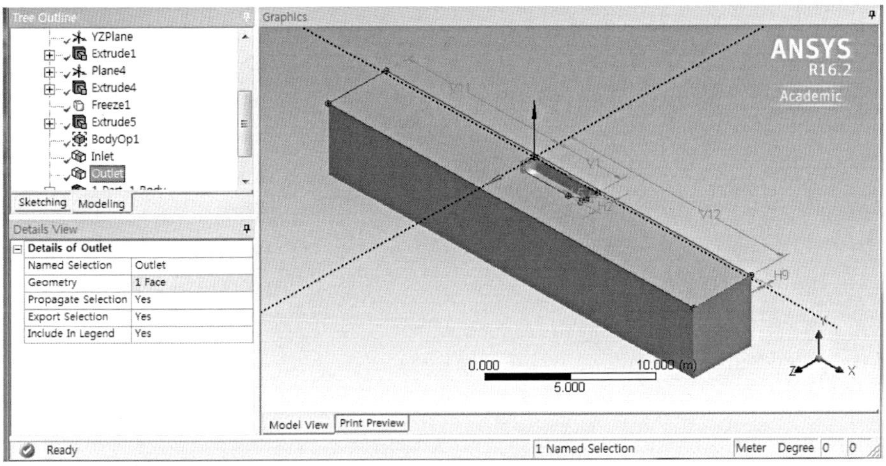

▶ 예제 3-16 Outlet 생성

상부 Free-slip wall을 위한 영역을 생성한다.

Free1을 생성하기 위하여

1. Tools>Named Selection선택하고 디테일뷰 Geometry에 가장 높은 Z좌표 값을 가지는 Solid의 사각 면을 선택한다. 그리고 Apply를 클릭한다.
   Generate 클릭하여 Free1을 생성한다.

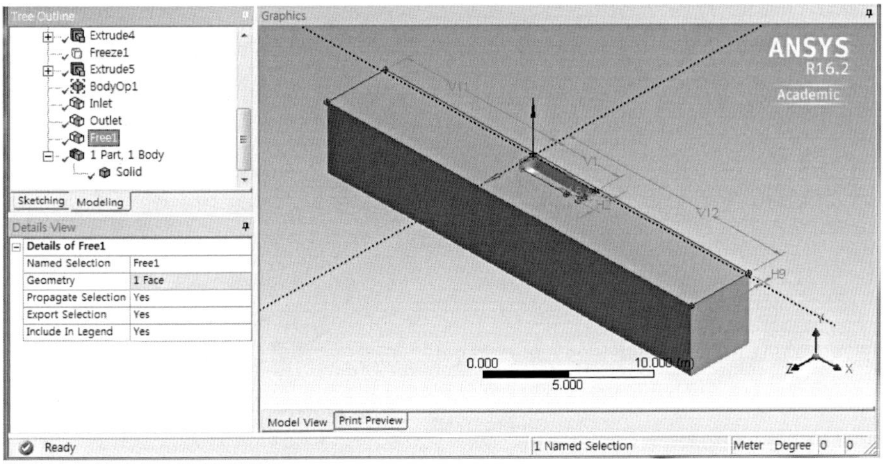

측면 Free-slip wall을 위한 영역을 생성한다.

Free2을 생성하기 위하여

1. Tools>Named Selection선택하고 디테일뷰 Geometry에 가장 낮은 Y좌표 값을 가지는 Solid의 사각 면을 선택한다. 그리고 Apply를 클릭한다.
   Generate 클릭하여 Free2을 생성한다.

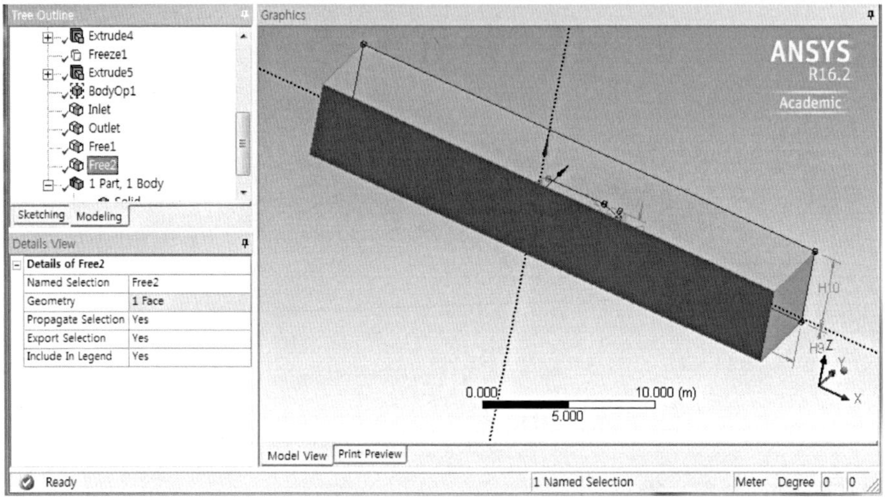

Symmetry plane을 위한 영역을 생성한다.

SymP을 생성하기 위하여

1. Tools>Named Selection선택하고 디테일뷰 Geometry에 가장 높은 Y좌표 값을 가지는 Solid의 사각 면을 선택한다. 그리고 Apply를 클릭한다.
   Generate 클릭하여 Free2을 생성한다.

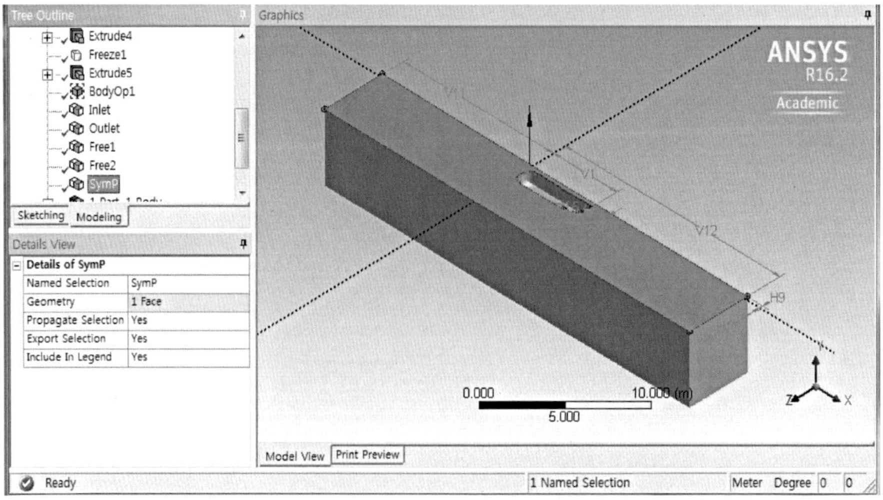

Blunt body의 표면을 분리된 영역으로 생성

격자 조절을 설정하기 위하여 그리고 가시화적인 목적을 위하여 blunt body의 표면을 분리된 영역으로 생성하는 것은 좋은 생각이다.

1. blunt body의 9 면의 영역을 선택한다. 이 9면을 선택하기 위하여 Box Select 기능을 사용할 수도 있다. 마우스왼쪽 버튼을 누른 채 body 표면을 가로지르는 박스행태로 드래그 한다(아래 그림과 같이). 박스 안의 닫혀진 모든 면들이 선택되었다. Details View의 Apply를 누른다.

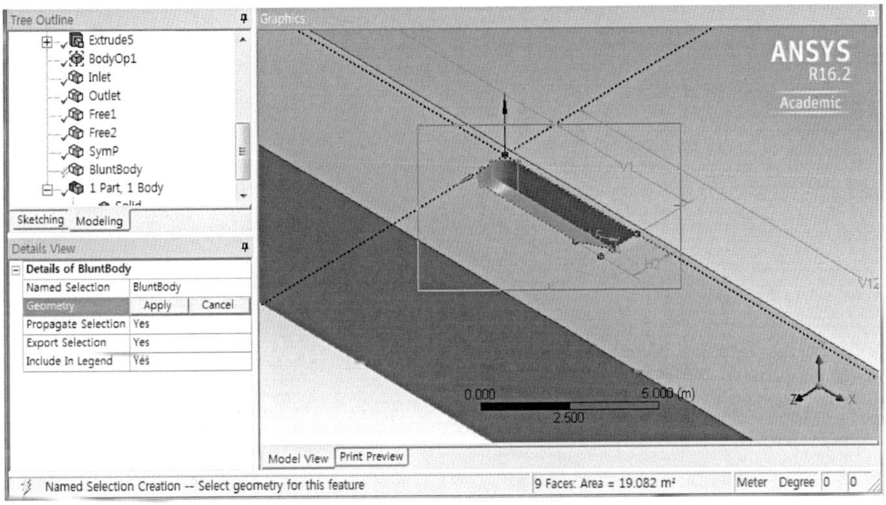

▶ 예제 3-17 Box Select로 9개의 면 선택

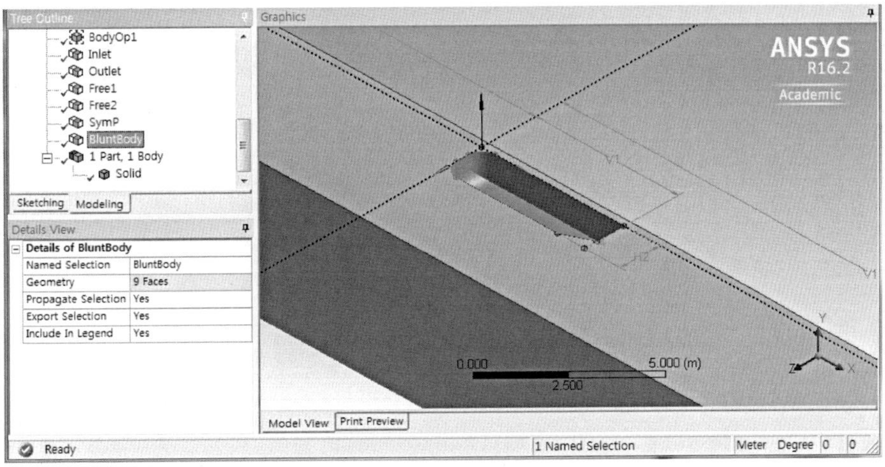

▶ 예제 3-18 blunt body의 이름으로 9면이 선택되었음

모델링 생성이 완료되었으므로 File >Close DesignModeler한다.

2 Mesh 생성

1. Mesh 생성을 위하여 Workbench창에서 Mesh 위에 마우스를 올려놓고 우클릭하여 Edit를 선택하면 Mesh 작업창으로 들어간다.

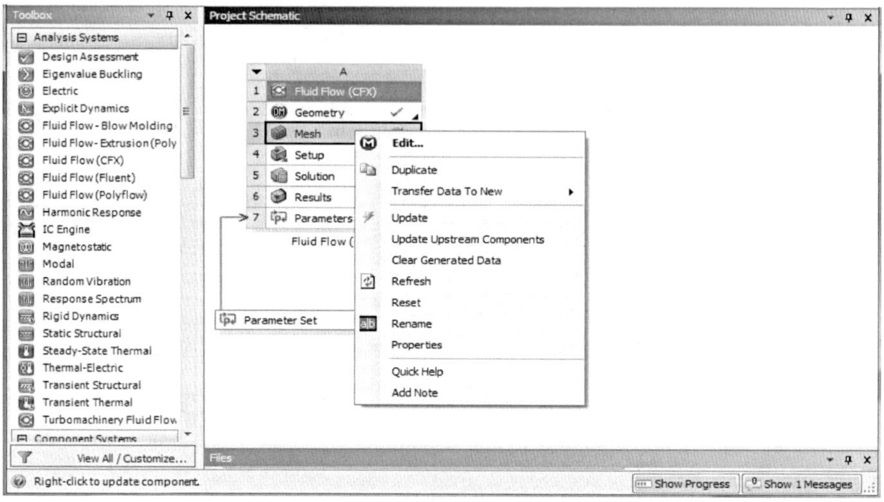

▶ 예제 3-19 Mesh 창으로 들어가기

2. Ansys Mesh창으로 들어왔다.

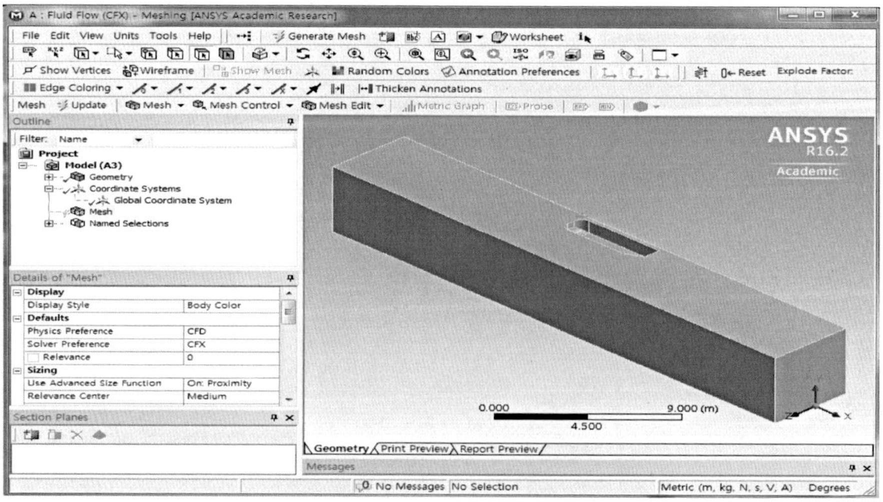

3. 옵션 없이 Mesh를 나누기 위해 Outline Mesh 위에 마우스를 놓고 우클릭하여 Generate Mesh를 선택하면 Mesh는 생성된다.

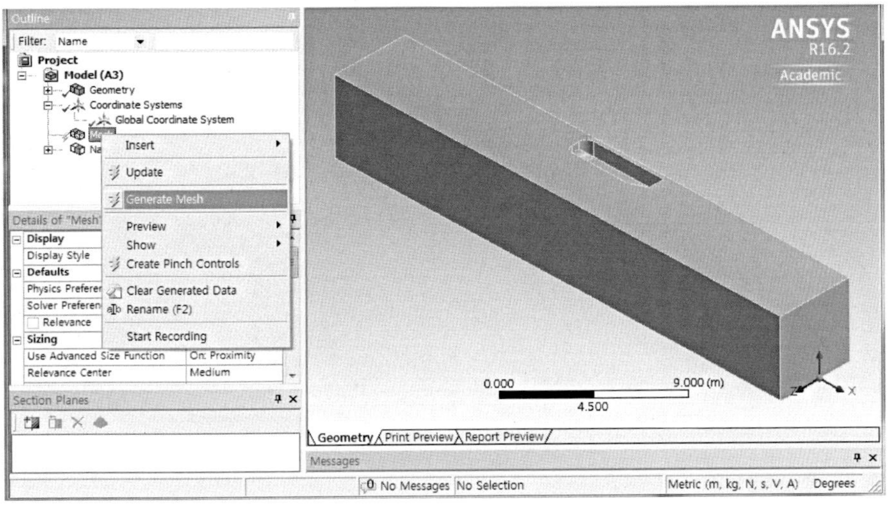

4. 아래 그림은 옵션 없이 Mesh를 나눈 것이다.

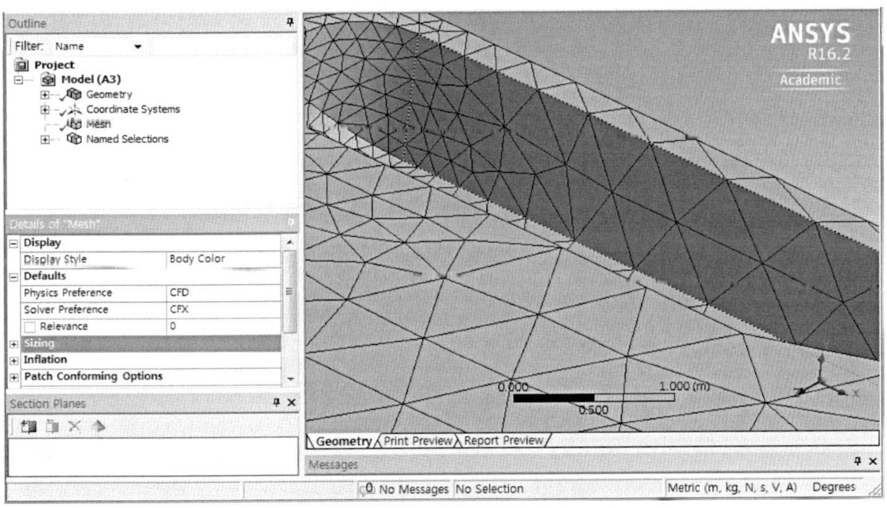

▶ **예제 3-20** 디테일뷰 Sizing에서 Use Advanced Size Function의 on : Curvature

여러분 바닥 면과 body사이의 격자가 1개가 분포하는 것을 볼 수 있다.

Surface mesh는 두 면의 근접함을 발견하고 이 영역에 조밀한 mesh를 생성한다. 또한 품질이 높은 요소 생성이 필요하다. 초기값은 디테일뷰 Sizing에서 Use Advanced Size Function의 on : Curvature이다. 이것을 Proximity로 바꾸면 많은 형상을 위하여 품질이 높은 격자를 생성하게 된다. 아래의 그림은 디테일뷰 Sizing에서 Use Advanced Size Function의 on : Curvature이다. 이것을 Proximity로 바꾸어 메시를 나눈 것이다.

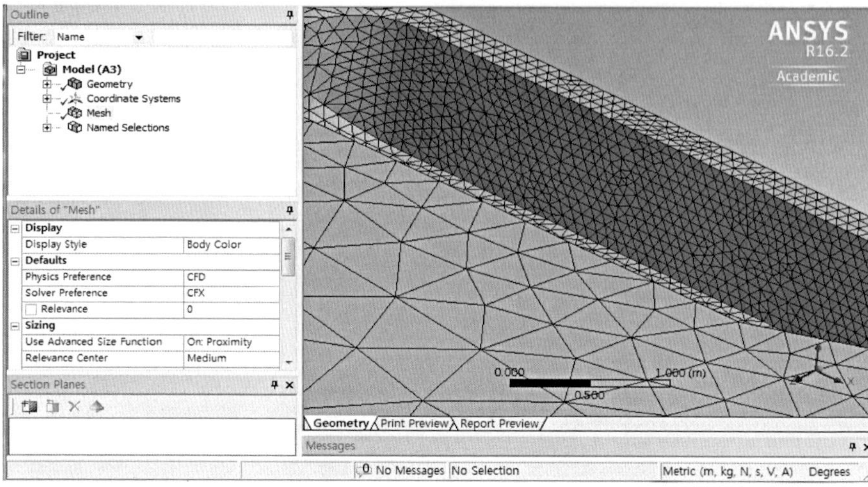

▶ 예제 3-21 디테일뷰 Sizing에서 Use Advanced Size Function의 on : Proximity로 한 것

Blunt body의 표면 주위에 적절한 조밀한 격자를 생성하는 것이 바람직하다.

바닥 면과 body의 외부 표면주위로 프리즘 요소의 얇은 층을 생성하기 위하여 Inflation 기능을 사용할 수 있다.

blunt Body의 전면 근처의 격자 영역을 확대한다. 살펴보고자 하는 영역을 정의하기 위하여 마우스 오른쪽 버튼을 누른 채, 박스 행태로 드래그 한다.

만일 바닥 면과 body 사이의 프리즘의 층이 보인다면, 프리즘 층상의 충분하지 않는 격자를 볼 수 있을 것이다. 바닥 면과 body 사이의 프리즘 층상의 메시를 충분히 나누기 위하여 inflation 기능을 사용한다.

5층으로 이루어진 inflation mesh를 나누기 위하여 메시에 Inflation을 추가한다.

1. Inflation을 추가하기 위해 Mesh 위에 마우스를 놓고 우클릭하여 Inflation을 선택한다.

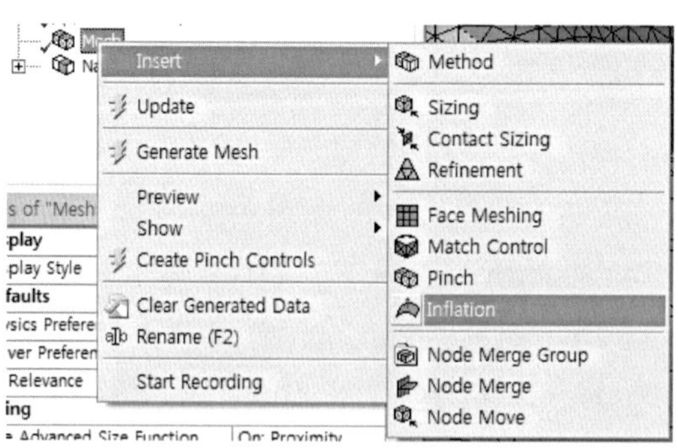

2. Inflation 디테일뷰에서 Geometry에 Body를 선택하고 Boundary로서 Bluntbody의 9개면과 입구와 출구 그리고 SymP면을 제외한 면을 선택하고 Apply 클릭하면 12개

의 면이 선택이 된다.

3. 메시를 나누기 위하여 Generate Mesh를 클릭하여 메시를 나눈다.

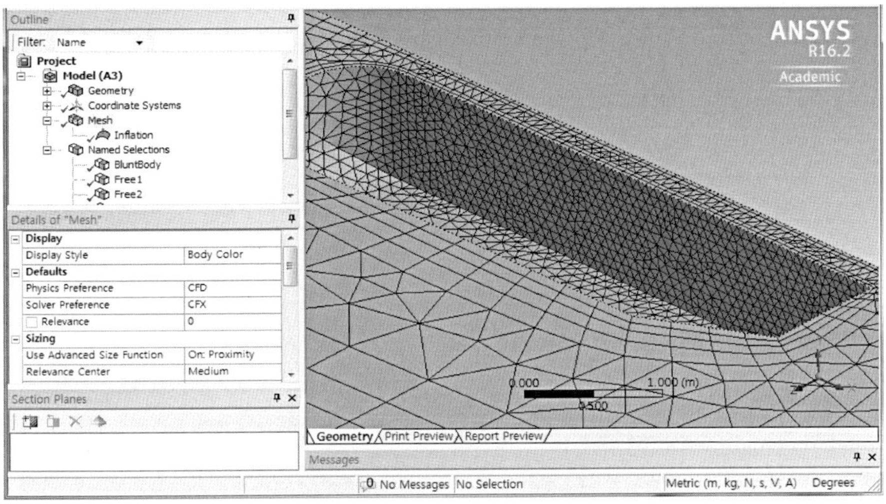

4. Bluntbody 주위로 Inflation 층도 생기고 좀 더 세밀하게 메시가 나누어졌음을 알 수 있다.

5. 아래의 그림은 좀더 세밀하게 메시를 나누기 위해 Sizing에서 Relevance Center를 Coarse에서 Medium으로 하고 Inflation에서 Transition을 0.77에서 0.2로 바꾸고 Generate Mesh를 클릭하여 메시를 생성시켰다.

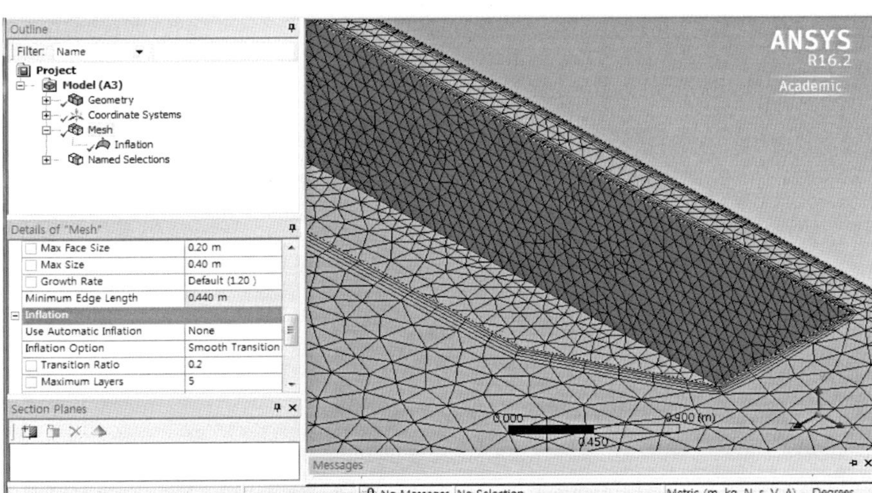

▶ **예제 3-22** Inflation이 선명하게 보임

6. File/Save Project하고 File/Close Meshing한다.

Flow Around a Blunt Body

예제에서 진행하게 될 내용의 특성이다.

Component	Feature	Details
CFX-Pre	User Mode	General Mode
	Simulation Type	Steady State
	Fluid Type	Ideal Gas
	Domain Type	Single Domain
	Heat Transfer	Isothermal
	Boundary Conditions	Inlet (Subsonic)
		Outlet(Subsonic)
		Symmetry Plane
		Wall: No-Slip
		Wall: Free-Slip
		Physical Timescale
	Timestep	Physical Timescale
CFX-Post	Plots	Default Locators
		Outline Plot (Wireframe)
		Sampling Plane
		Streamline
		Vector
		Volume
	Other	Changing the Colour Range
		instancing Transformation
		Symmetry
		Viewing the Mesh

이 예제를 통해 아래 사항을 습득한다.

- 대칭면을 기준으로 한쪽 부분이 없는 형상에 대한 해석 및 결과 확인 방법
- 해의 정확성 및 격자 크기를 고려, 해석 영역 측면과 윗면 벽면의 자유 미끄럼 조건 (freeslip wall boundary) 적용
- Shear Stress Transport (SST) turbulence 모델을 이용한 정확한 벽 주위 해석
- ANSYS CFX-Solver의 병렬 계산 (선택 사항)
- ANSYS CFX-Post의 벡터 플롯에서, 균일한 간격의 벡터 플롯 방법
- ANSYS CFX-Post에서 Power syntax를 이용한 매크로 작성

문제의 물리적 개요

예제에서는 일반적 형상의 자동차 몸체 주위의 외부 유동을 계산한다. 형상 및 유동이 수직 축에 대하여 대칭되어 있기 때문에, 반쪽 형상에 대해서만 유동 해석을 한다.

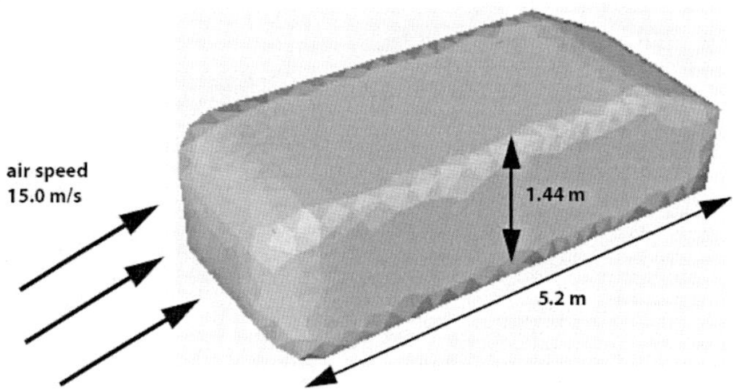

3 Setup하기

1. CFX-Pre로 들어가기 위하여 Setup에 마우스를 올려놓고 우클릭하여 Edit를 선택한다.

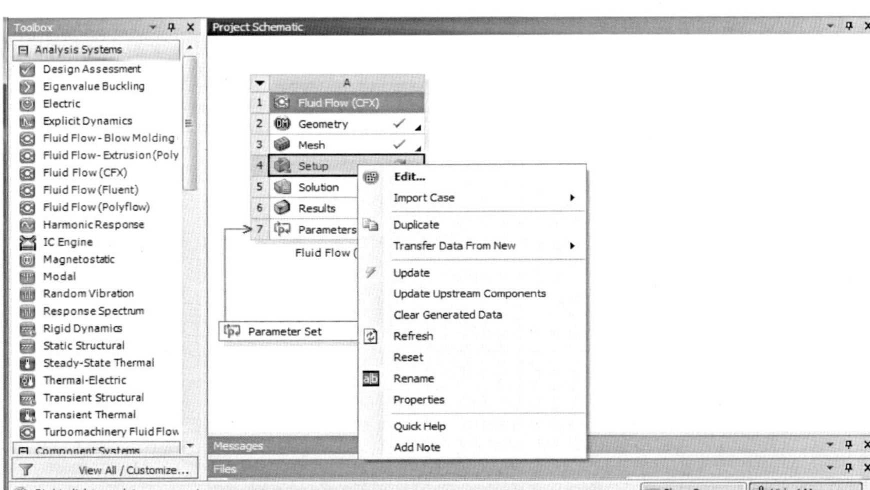

2. 아래의 그림은 CFX-Pre창이다.

공간 영역 설정

계산 영역 내의 유동은 난류이며, 대략적으로 등온적(isothermal)인 것으로 예상된다. 자동벽 함수와 함께, SST 난류 모델의 이용은 유동 박리를 정확히 예측할 수 있다.

일반적으로 SST 모델을 제대로 사용하기 위해서는 10개의 격자 노드로 구성된 경계층 격자가 사용되어야 한다. 계산 시간을 줄이기 위해, 여기서는 성긴 격자를 사용한다.

본 예제의 작동 유체로 이상 가스(Ideal Gas)를 이용한다. 밀도 변화를 계산하기 위해, 이상 가스 근사식을 사용해서 압축성 유체를 계산하는 경우, 실제 기준 압력(realistic Reference Pressure)이 중요하다. 이것은 유체의 몇몇 물성치가 유체 절대 압력에 종속적이기 때문이다.

1. Insert > Domain 버튼

2. Name은 Blunt Body로 입력한다.

3. 아래와 같이 입력한다.

Tab	Setting	Value
Basic Settings	Location and Type > Location	B1.P3
	Fluid and Particle Definitions	Fluid 1
	Fluid and Particle Definitions > Fluid 1 > Material	Air at 25 C [a]
	Domain Models > Pressure > Reference Pressure	1 [atm]
Fluid Models	Heat Transfer > Option	None
	Turbulence > Option	Shear Stress Transport

a. Click the *Ellipsis* ... icon if the required material does not appear in the drop-down menu.

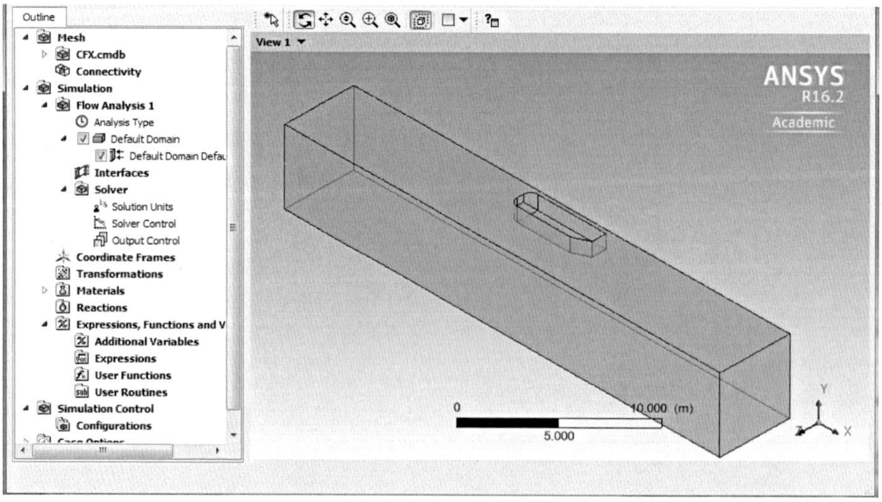

Creating Composite Regions

읽어 들인 격자는 이차원 영역들을 포함하고 있다. 경계 조건을 설정하기 위해, 몇몇 이차원 영역을 묶어, 하나의 경계 조건에 조합된 영역을 적용하는 것이 유용할 수 있다.

이런 경우에는 자유 미끄럼 벽 경계 조건을 적용하는 두 개의 영역 사이에 Union을 생성한다.

1. Insert > Regions 탭을 클릭한다.

2. FreeWalls라는 이름의 새로운 영역을 생성한다.

3. 아래와 같이 입력한다.

4. Region List에서 <Ctrl> 키를 눌러, Free1과 Free2을 선택한다.

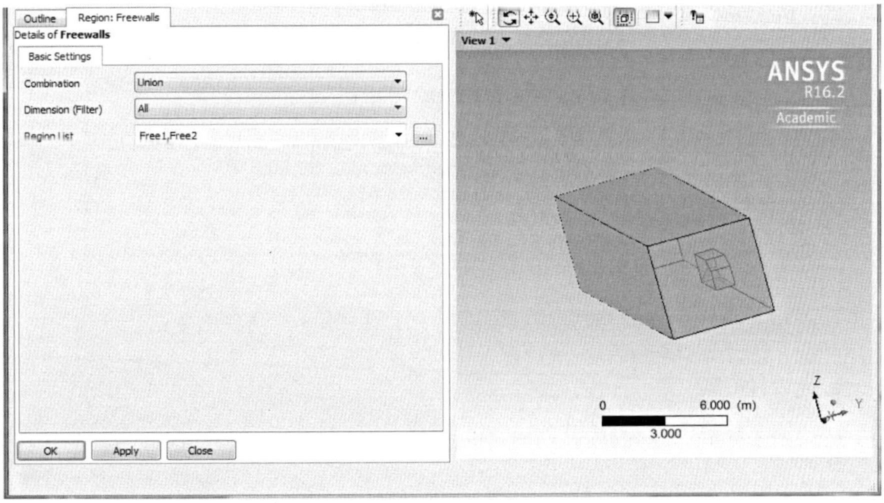

5. OK 버튼을 클릭한다.

Creating the Boundaries

시뮬레이션에는 입구, 출구, 벽 (슬립 및 자유 슬립이 없음) 및 대칭 평면 경계가 필요하다. 그만큼 이 경계의 영역은 메쉬 생성시 정의된다.

Inlet Boundary

이름을 Inlet으로 해서 새로운 경계 조건을 만든다.

1. Insert > Boundary Condition 버튼을 클릭한다.

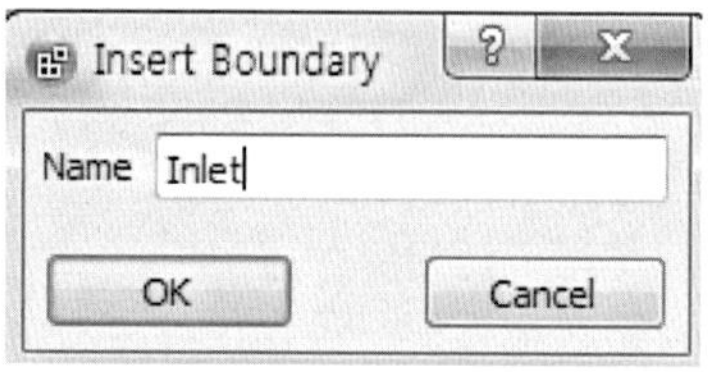

2. Name은 Inlet으로 입력하고 OK한다.

3. 아래와 같이 설정한다.

Tab	Setting	Value
Basic Settings	Boundary Type	Inlet
	Location	Inlet
Boundary Details	Flow Regime > Option	Subsonic
	Mass and Momentum > Option	Normal Speed
	Mass and Momentum > Normal Speed	15 [m s^-1]
	Turbulence > Option	Intensity and Length Scale
	Turbulence > Fractional Intensity	0.05 [a]
	Turbulence > Eddy Length Scale	0.1 [m] [a]

a. From the problem description.

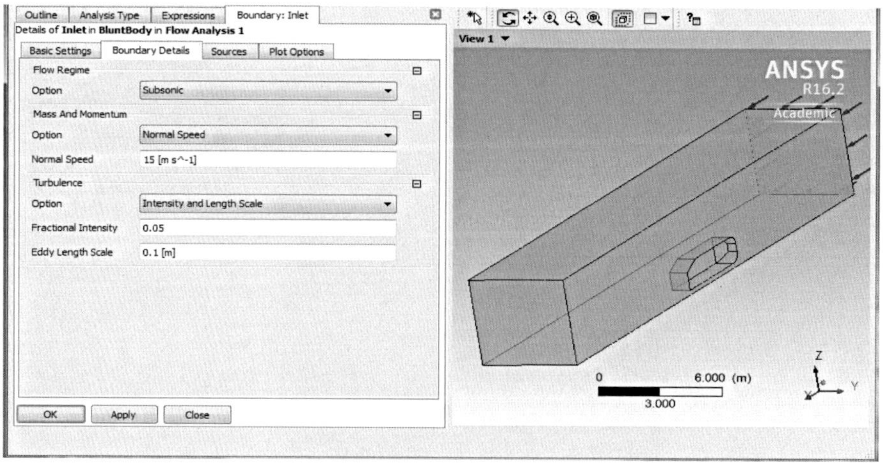

4. OK 버튼을 클릭한다.

Outlet Boundary

이름을 Outlet으로 해서 새로운 경계 조건을 만든다.

1. Insert > Boundary Condition 버튼을 클릭한다.

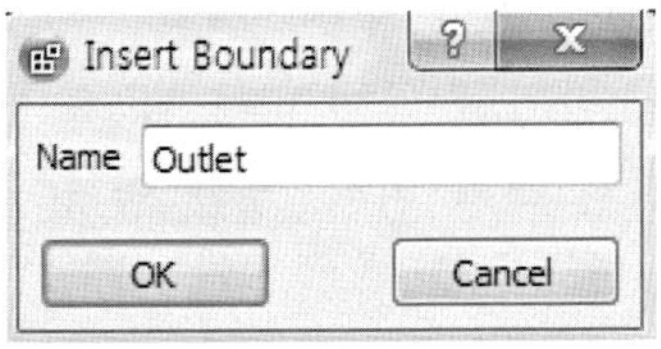

2. Name은 Outlet으로 입력하고 OK한다.
3. 아래와 같이 입력한다.

Tab	Setting	Value
Basic Settings	Boundary Type	Outlet
	Location	Outlet
Boundary Details	Mass and Momentum > Option	Static Pressure
	Mass and Momentum > Relative Pressure	0 [Pa]

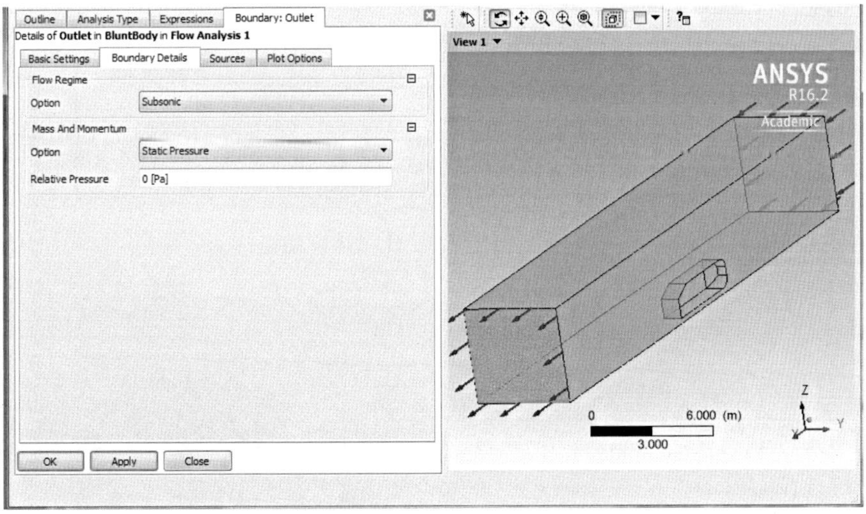

4. OK 버튼을 클릭한다.

Free-Slip Wall Boundary

옆과 위의 사각 벽면은 자유 미끄럼벽 경계 조건을 이용한다.

- 자유 미끄럼 벽에서는 전단 응력(shear stress)을 0으로 설정하여, 속도가 지체되지 않도록 한다.

- 벽에 수직한 속도는 0으로 설정된다.
- 계산 과정에서 벽에 평행한 속도 성분이 계산된다.

실제 몸체 주위 유동은 근접한 벽의 영향을 받기 때문에, 이것은 이상적인 경계조건은 아니다. 이 경우가 풍동 실험(wind tunnel experiment)으로 모델링 된다면, 계산 영역은 풍동의 크기와 형상이 동일하여야 하며, 미끄럼 없는 벽 조건을 적용한다. 대기 중의 형상에 대한 모델링은 벽의 영향을 적게 하기 위해, 계산 영역이 훨씬 커야 한다.

이름을 FreeWalls으로 해서 새로운 경계 조건을 만든다.

1. Insert > Boundary Condition 버튼을 클릭한다.

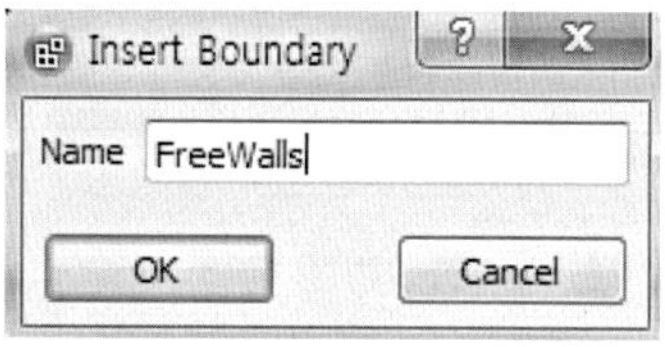

2. Name은 FreeWalls으로 입력하고 OK한다.

3. 아래와 같이 설정한다.

Tab	Setting	Value
Basic Settings	Boundary Type	Wall
	Location	FreeWalls
Boundary Details	Mass and Momentum > Option	Free Slip Wall

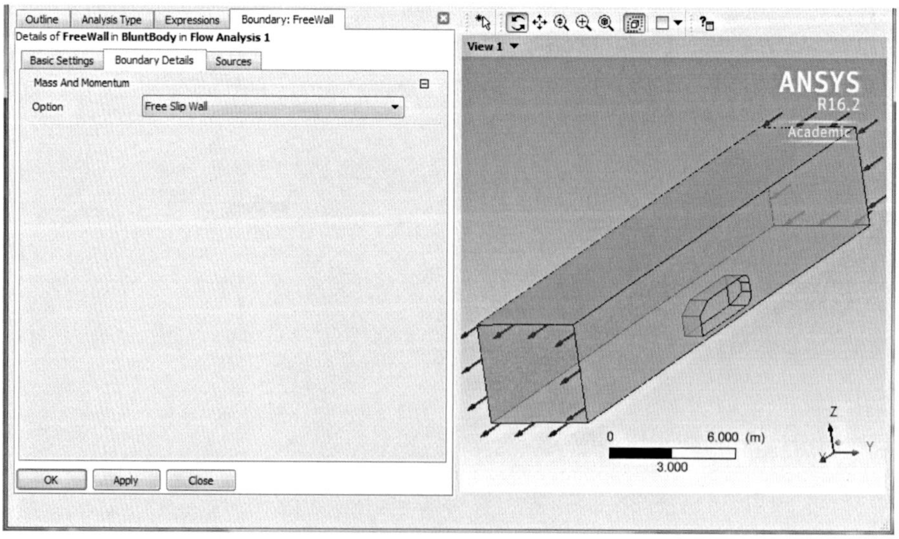

4. OK 버튼을 클릭한다.

Symmetry Plane Boundary

이름을 SymP으로 해서 새로운 경계 조건을 만든다.

1. Insert > Boundary Condition 버튼을 클릭한다.

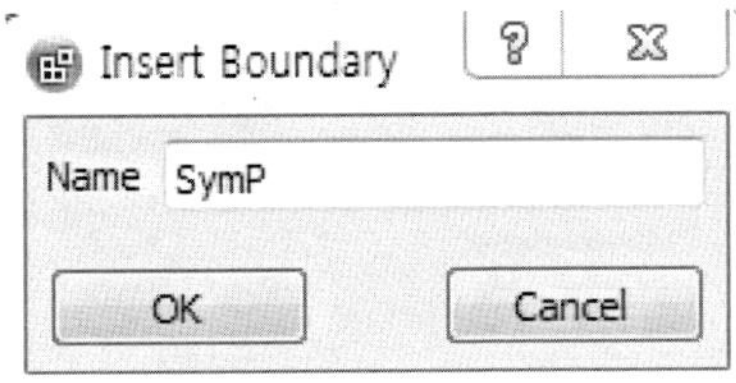

2. Name은 SymP로 입력하고 OK한다.

3. 아래와 같이 설정한다.

Tab	Setting	Value
Basic Settings	Boundary Type	Symmetry
	Location	SymP

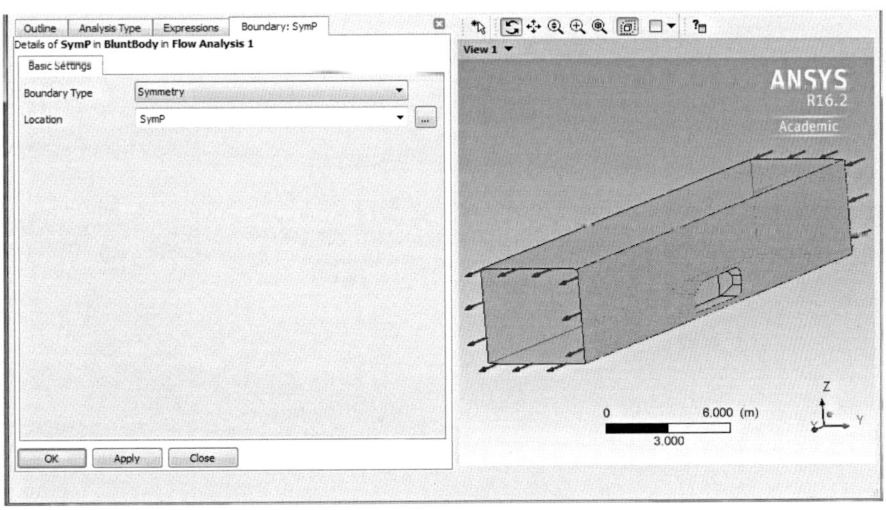

4. OK 버튼을 클릭한다.

Wall Boundary on the Blunt Body Surface

이름을 Body으로 해서 새로운 경계 조건을 만든다.

1. Insert > Boundary Condition 버튼을 클릭한다.

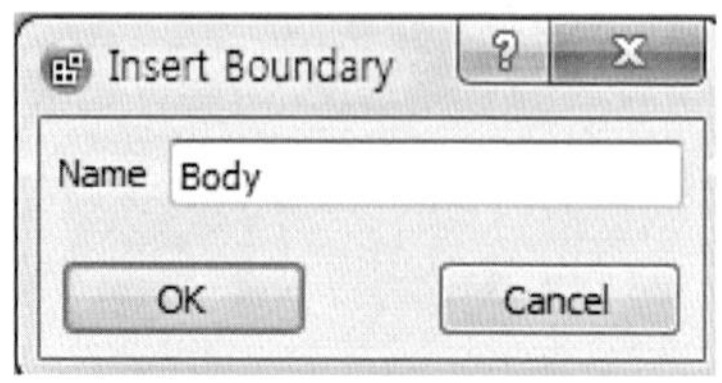

2. Name은 Body로 입력하고 OK한다.
3. 아래와 같이 설정한다.

Tab	Setting	Value
Basic Settings	Boundary Type	Wall
	Location	Body
Boundary Details	Mass and Momentum > Option	No Slip Wall

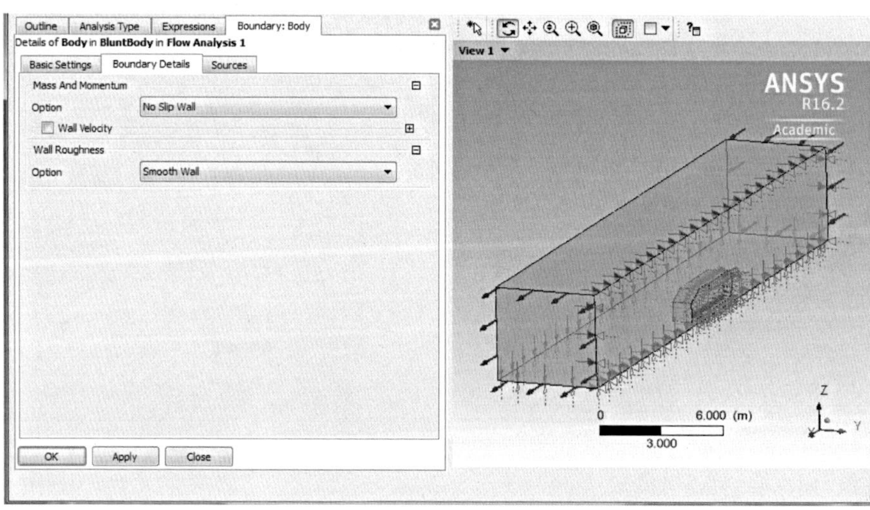

4. OK 버튼을 클릭한다.

남아있는 이차원 평면(지금 경우는 바닥면)은 미끄럼 없는 벽 조건의 디폴트 경계 조건을 적용하게 된다. 지금 경우의 디폴트 경계 조건은 BluntBody Default 이다. Body 경계 조건과 BluntBody Default 경계 조건은 동일하나, 후처리 작업 시, 편리를 위해 따로 지정 하였다.

Setting Initial Values

1. Global Initialisation 버튼 을 클릭한다.
2. 아래와 같이 설정한다.

Tab	Setting	Value
Global Settings	Initial Conditions > Cartesian Velocity Components > Option	Automatic with Value
	Initial Conditions > Cartesian Velocity Components > U	15 [m s^-1]
	Initial Conditions > Cartesian Velocity Components > V	0 [m s^-1]
	Initial Conditions > Cartesian Velocity Components > W	0 [m s^-1]

3. OK 버튼을 클릭한다.

Solver parameter의 정의

Solver의 변수는 수치적인 해를 찾아내는 과정에 대한 양상을 조절한다.

Timescale을 수동으로 조절하기 위해 Physical Timescale 옵션을 사용한다. 이 경우 Auto Timescale 모드 보다 수렴 속도가 더 빠르다.

1. Insert /Solver / Solver Control 또는 아이콘을 선택한다.

▶ 예제 3-23 Solver Control 선택방법

2. 아래와 같이 설정한다.

Tab	Setting	Value
Basic Settings	Convergence Control > Max. Iterations	60
	Convergence Control > Fluid Timescale Control > Timescale Control	Physical Timescale
	Convergence Control > Fluid Timescale Control > Physical Timescale	2 [s][a]
	Convergence Criteria > Residual Target	1e-05

a. Based on the air speed and the size of the object.

3. Timescale Control을 Physical Timescale로 Physical Timescale은 2[s]로 입력한다.
4. Convergence Criteria를 1e-05로 입력한다.

입력이 끝났으면 Ok를 클릭한다.

CFX-Pre 설정이 모두 끝났으면 File Save Project하고 Close CFX-Pre를 한다.

4 Solution으로 들어가기

1. Solution 우클릭하여 Edit선택하면

▶ 예제 3-24 Solution 우클릭하여 Edit 선택

아래와 같은 창이 뜬다.

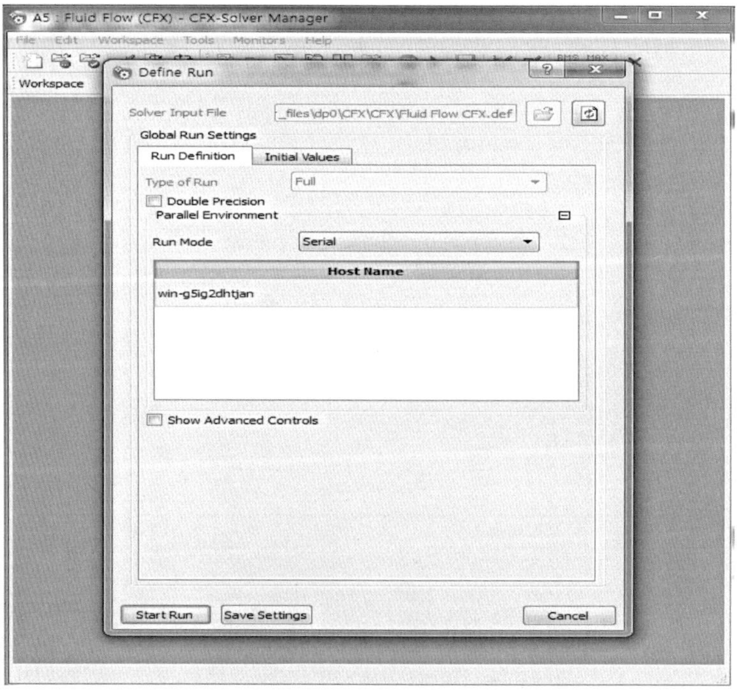

▶ 예제 3-25 Define Run창

2. Define Run창에서 Start Run을 클릭한다.

3. CFX-Solver가 돌아가기 시작한다.

4. CFX-Solver가 정상적으로 돌아가서 끝나면 아래와 같은 Solver Run Finished Normally창이 뜨면서 끝났음을 알린다.

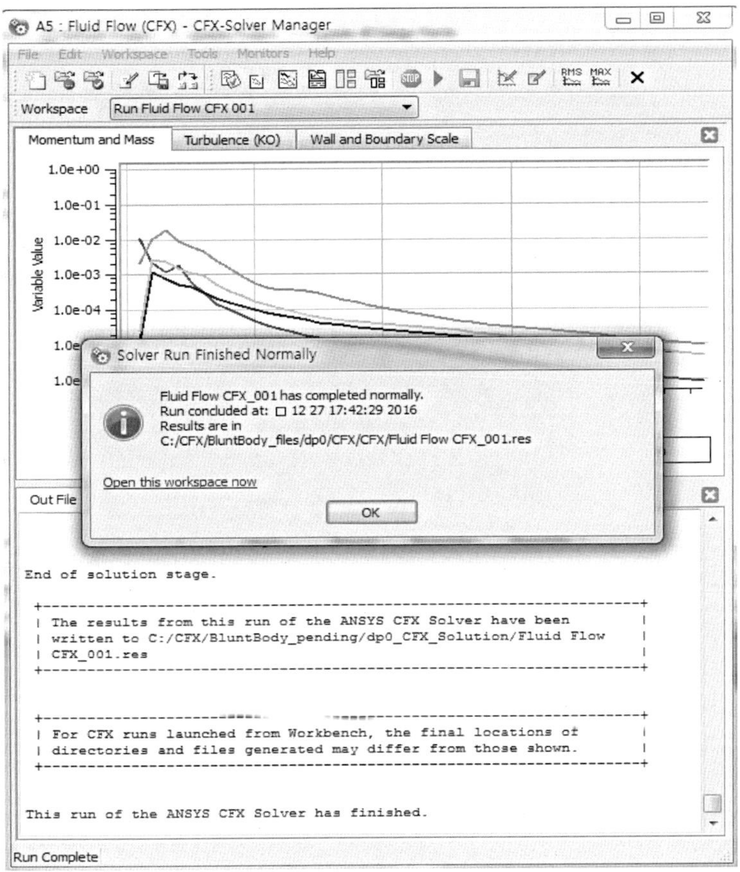

5. CFX-Solver가 끝났으면 Ok버튼을 클릭하고 File / Close CFX-Solver Manager를 한다.

5 Viewing the Results Using CFD-Post

ANSYS CFX-Solver에서의 계산이 완료되면, 결과를 검토하기 위해 ANSYS CFX-Post로 이동한다. ANSYS CFX-Solver는 계산을 진행하기 위해 이용되나, 결과를 검토하기 위해서는 ANSYS CFX-Post를 사용한다.

Result를 보기위하여 Result를 우클릭하고 Edit를 선택하면 A6:Fluid Flow(CFX)-CFD Post창이 뜬다.

▶ 예제 3-26 Result 들어가기

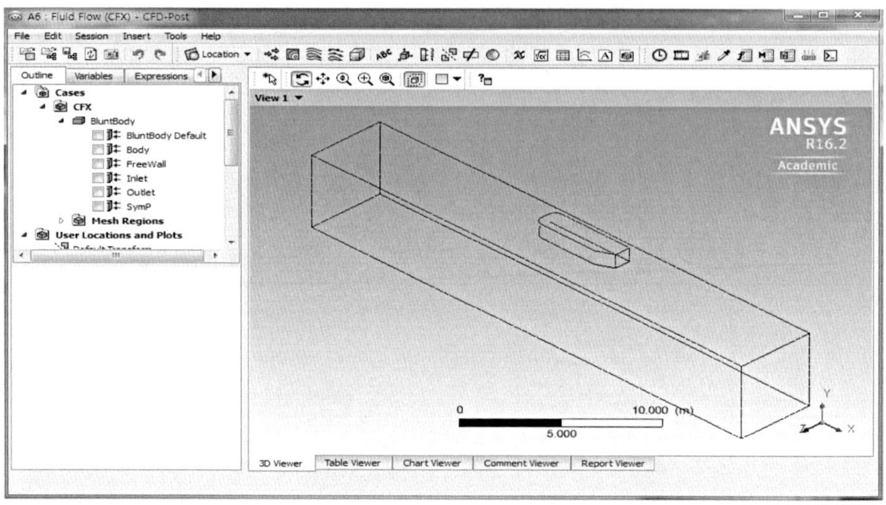

▶ 예제 3-27 CFD - Post창

ANSYS CFX-Post에서의 결과 검토

본 예제에서는 벡터를 플롯하여, 몸체 주위의 유동을 볼 수 있다. 또한 대칭면을 이용하여, 3D Viewer에서의 다양한 형상 조절 방법을 배우게 된다.

대칭면을 이용하여 형상표현

본 해석은 중심면에 대해 유동이 대칭되기 때문에, 이 면에 대해 대칭면 경계 조건을 적용하였다. 이 대칭성 때문에, CFD 해석을 위해 전체 형상의 반쪽만 격자를 만들어 이용하였다. 하지만, 후처리 목적을 위해, 전체 몸체 형상을 이용하는 것이 좋다.

ANSYS CFX-Post는 반쪽 형상에 대한 정보를 이용하여, 전체 형상에 대한 정보를 만들 수 있다. 이것은 Instance Transform 개체를 만들어 할 수 있다.

Creating an Instance Transform

대칭면을 이용할 때의 작업을 확인하기 좋게 형상이 나타나도록 조절하는 것이 좋다.

앞에서 설명된 내용은 자세히 설명되지 않고, 새로운 내용만 상세히 설명한다.

1. Viewing Tools 툴바에서 View Towards +X 버튼을 클릭한다.

Instance transform의 생성

Instance transform은 대칭성의 이점을 고려해서, 전체 영역의 일부만을 계산했을 경우, 전체 형상을 보여주기 위해 이용되며, 회전(Rotation), 반사(Reflection), 이전(Translation)의 세가지 방법이 있다. 본 교재에서는 대칭면을 기준으로 반사 방법이 이용된다.

1. Insert > Location>Plane을 클릭한다.

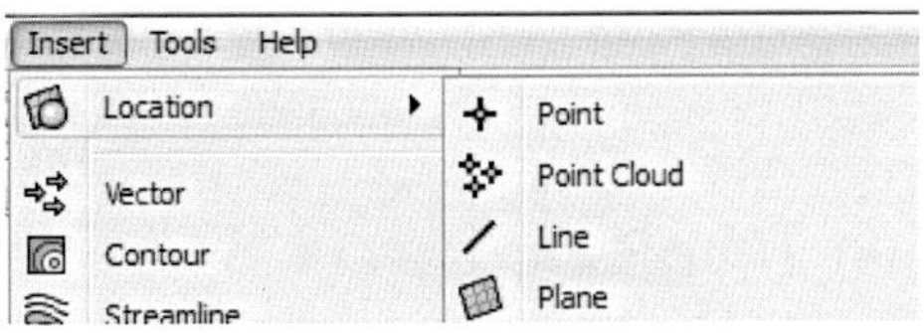

2. New Plane 창에서, Reflection Plane을 입력한다.

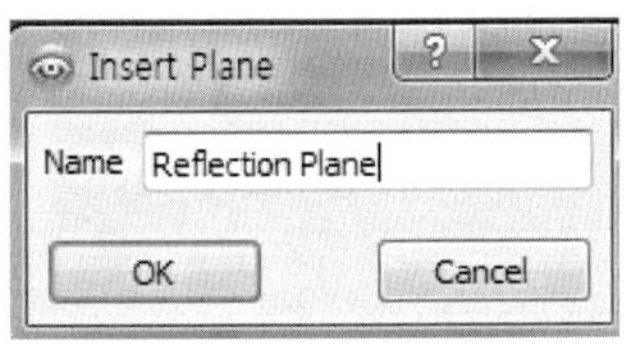

3. 아래와 같이 설정한다.

Tab	Setting	Value
Geometry	Definition > Method	ZX Plane
	Definition > Y	0.0 [m]
Render	Show Faces	(cleared)

4. Apply 버튼을 클릭한다.
   이렇게 하면 y = 0에 CFX-Pre에 정의 된 대칭 평면과 동일한 위치에 평면이 생성된다. 이제 인스턴스 변환은 이평면을 사용하여 만들 수 있다.
5. Insert>Instance Transform을 선택하거나, Create instancing transformation 버튼을 클릭하고, 디폴트 이름을 사용한다.

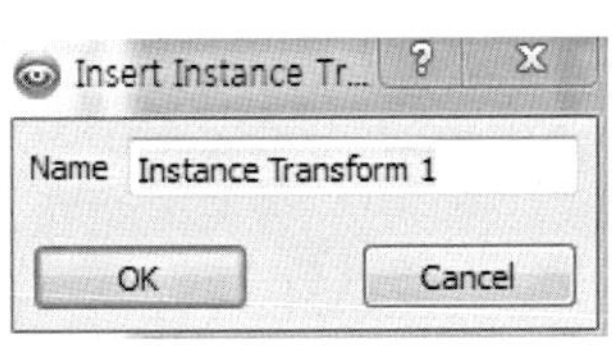

6. 아래와 같이 설정한다.

Tab	Setting	Value
Definition	Instancing Info From Domain	(Cleared)
	Apply Rotation	(Cleared)
	Apply Reflection	(Selected)
	Apply Reflection > Plane	Reflection Plane

7. Apply 버튼을 클릭한다.

Using the Reflection Transform

그래픽 개체를 그리거나 수정할 때 transform을 이용할 수 있다. 예를 들어 Wireframe뷰를 다음과 같이 수정할 수 있다.

1. Outline tab 아래에 User Locations and Plots에서 Wireframe 더블클릭하여 Wireframe 디테일뷰에 대한 설정을 아래와 같이 변경한다.

Tab	Setting	Value
View	Apply Instancing Transform > Transform	Instance Transform 1

2. 줌을 조정하면, 전체 몸체 형상이 그려진 것을 확인 할 수 있다.
   완전한 Bluntbody 몸체를 볼 수 있다.

이 경우 새 Instance transform을 만들고 그것을 와이어 프레임에 적용했다. 이것은 미러링 되는 와이어 프레임 오브젝트이다. 새로운 것을 만드는 대신 기본 transform을 변경 한 경우 새로운 것이면, 아직 만들어지지 않은 것을 포함한 모든 그래픽이 기본적으로 미러링 된다.

Creating Velocity Vectors

몸체 뒤의 속도 벡터를 보기 위해 벡터를 플롯 하겠다.
위치 지정 역할의 개체를 우선 생성하여야 하며, 이 경우 Sampling 평면이 된다.
그리고 그 위에 벡터를 플롯한다.

Creating the Sampling Plane

샘플링 플레인은 샘플링 점들이 고르게 분포되어 있는 평면이다.

1. 빈 공간에서 마우스 우클릭하여 Predefined Camera > View From +Y를 선택한다. 이렇게 하면 변경 사항을 확인할 수 있다.
2. Insert > location > Plane하여 이름을 Sample로 해서, 새 평면을 만든다.

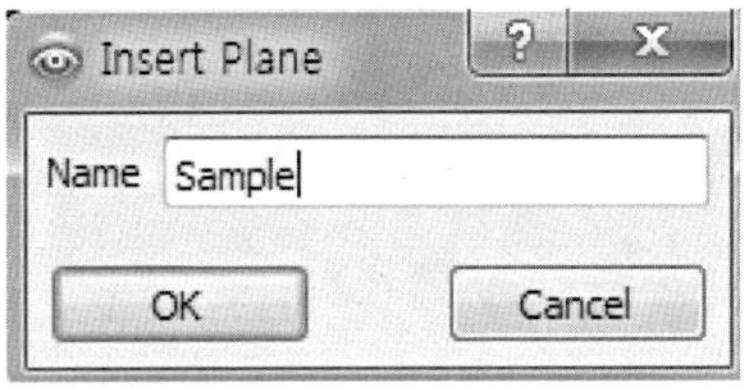

3. 아래와 같이 설정한다.

Tab	Setting	Value
Geometry	Definition > Method	Point and Normal
	Definition > Point	6, -0.001, 1
	Definition > Normal	0, 1, 0
	Plane Bounds > Type	Rectangular
	Plane Bounds > X Size	2.5 [m]
	Plane Bounds > Y Size	2.5 [m]
	Plane Type	Sample
	Plane Type > X Samples	20
	Plane Type > Y Samples	20
Render	Show Faces	(Cleared)
	Show Mesh Lines	(Selected)

4. Apply 버튼을 클릭한다.
   샘플링 포인트의 위치를 보기 위하여 샘플링 평면을 확대하여 볼 수 있다. 플레인에는 총 400 (20 * 20) 개의 샘플링 포인트가 있다. 각 샘플링 포인트에서 벡터를 만들 수 있다.
5. Sample이 보이지 않도록 Outline에서 샘플 체크를 끈다.

Creating a Vector Plot Using Different Sampling Methods

1. Insert > Vector 메뉴를 선택하거나 Vector Plot 아이콘을 클릭하고 나서, 디폴트 이름에서 OK 버튼을 클릭한다.

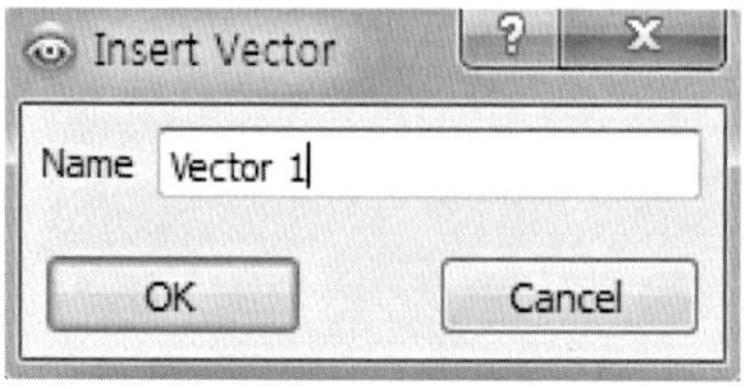

2. 아래와 같이 설정한다.

Tab	Setting	Value
Geometry	Definition > Locations	Sample
	Definition > Sampling	Vertex
Symbol	Symbol Size	0.25

3. Apply 버튼을 클릭한다.

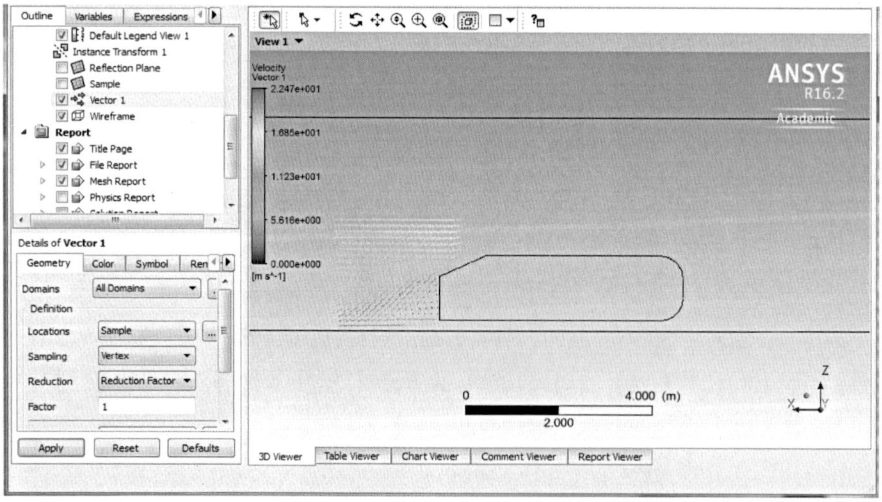

▶ **예제 3-28** Definition > Location이 Sample

4. 벡터 플롯이 3D Viewer에 꽉 차도록 확대한다.

5. 아래와 같이 설정하여, 등간격의 벡터가 플롯 되도록 한다.

Tab	Setting	Value
Geometry	Definition > Sampling	Equally Spaced
	Definition > # of Points	1000

6. Apply 버튼을 클릭한다.

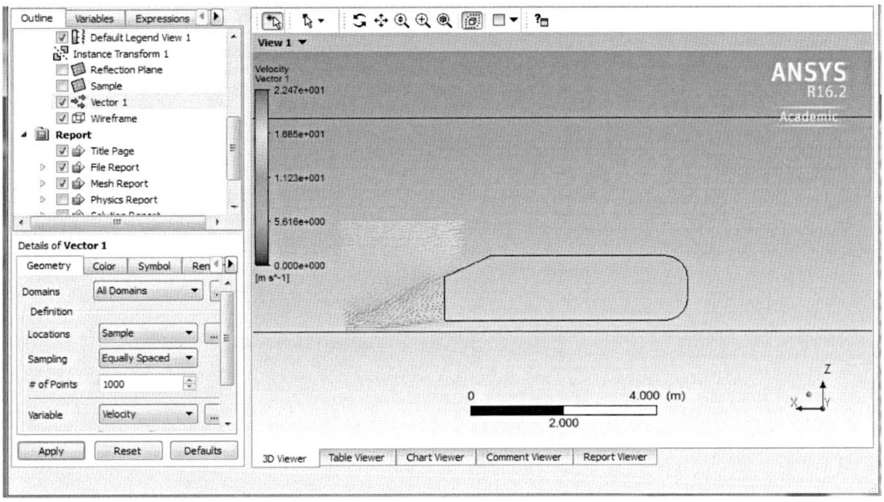

▶ **예제 3-29** Definition > Sampling이 Equally Spaced

7. 아래와 같이 설정하여, 벡터가 플롯되는 평면을 변경한다.

Tab	Setting	Value
Geometry	Definition > Locations	SymP

8. Apply 버튼을 클릭한다.

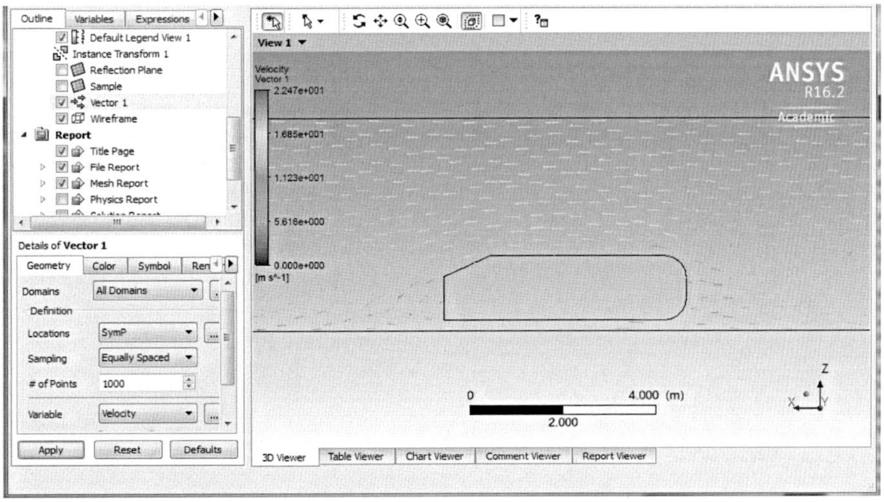

▶ **예제 3-30** Definition > Location이 SymP

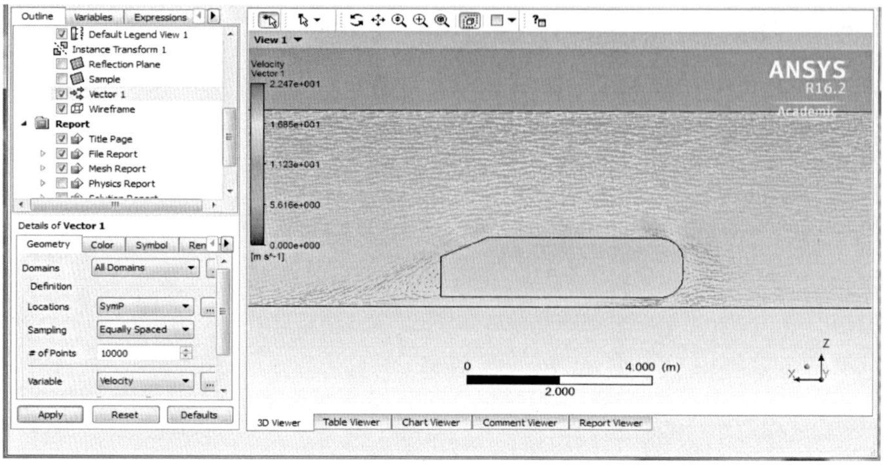

▶ 예제 3-31 Definition > of Points를 1000에서 10000개로

Displaying Pressure Distribution on Body and Symmetry Plane

1. BluntBody 영역에서 이름이 Body인 경계 조건의 설정을 아래와 같이 변경한다.
2. 보이도록 Visibility를 선택하고 아래의 내용을 설정한다.

Tab	Setting	Value
Color	Mode	Variable
	Variable	Pressure

Tab	Setting	Value
View	Apply Instancing Transform > Transform	Instance Transform 1

3. Apply 버튼을 클릭한다.

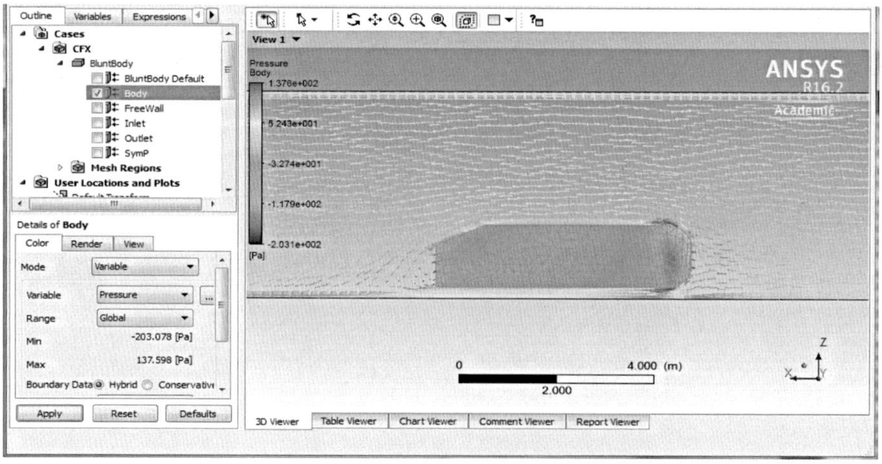

▶ 예제 3-32 Body 위의 압력분포

4. 이름이 Symp인 경계 조건은 아래와 같이 변경한다.

Tab	Setting	Value
Render	Show Faces	(Cleared)
	Show Mesh Lines	(Selected)

5. 보이도록 Visibility를 선택한다.

6. Apply 버튼을 클릭한다.

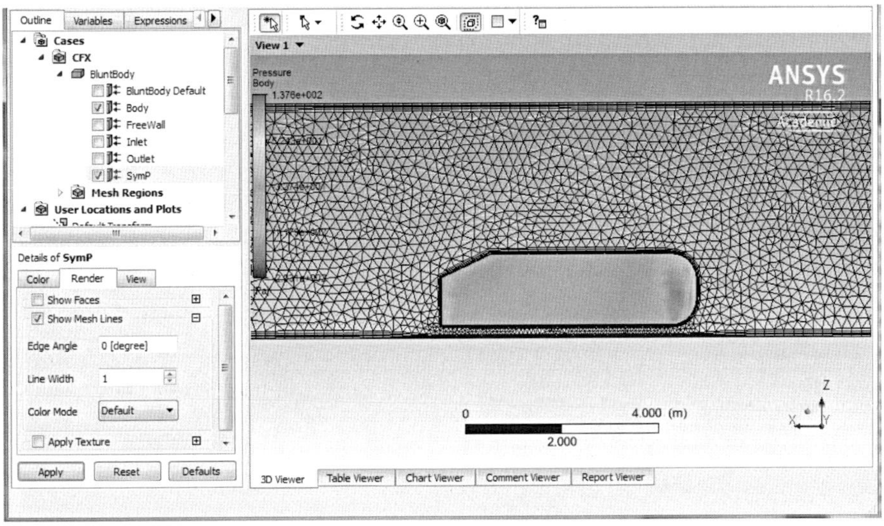

▶ **예제 3-33** Show Mesh line

Body 근처에 메쉬 길이 스케일이 감소하면서 BluntBody 주위의 메쉬를 볼 수 있다. Body 근처에 있지만 재순환 영역에서는 여전히 거칠고 확대하여 볼 수 있다. Body 근처의 Inflated elements의 Layers도 볼 수 있다.

Creating Surface Streamlines to Display the Path of Air along the Surface of the Body

몸체 표면에서의 공기의 궤적을 알기 위해, 몸체 표면에서 아래와 같이 유선을 만들 수 있다.

Body, SymP 및 Vector 1의 가시성을 해제한다.

1. 이름이 Starter가 되도록 새로운 평면을 만든다.

2. 아래와 같이 설정한다.

Tab	Setting	Value
Geometry	Definition > Method	YZ Plane
	X	-0.1 [m]

3. Visibility를 선택을 취소하고, Apply 버튼을 클릭한다.

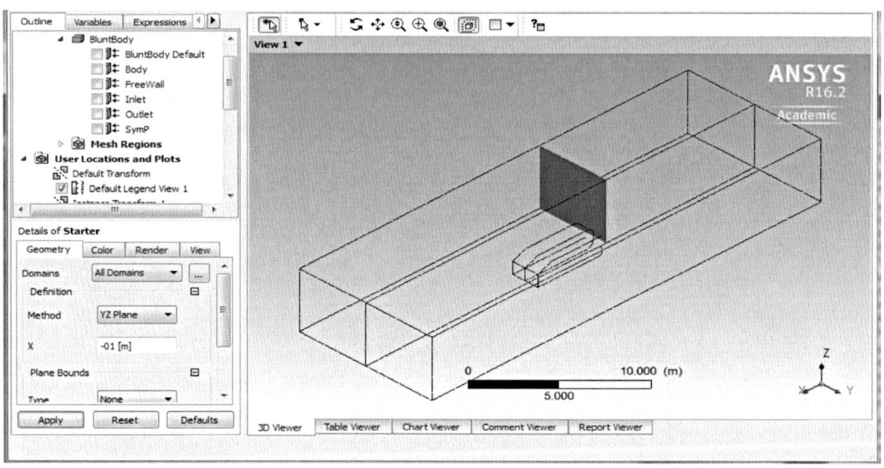

▶ **예제 3-34** Starter 생성

4. Insert>Streamline 메뉴를 선택하거나, Create streamline 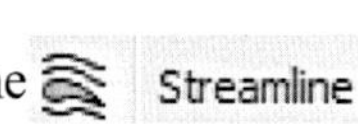 버튼을 클릭한다.

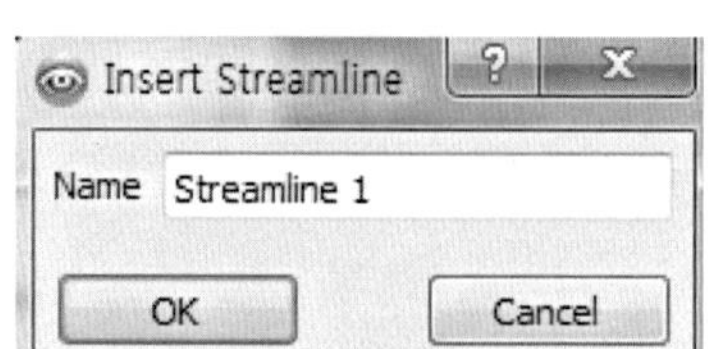

5. 디폴트 이름 상태에서 OK 버튼을 클릭한다.

6. 아래와 같이 설정한다.

Tab	Setting	Value
Geometry	Type	Surface Streamline
	Definition > Surfaces	Body
	Definition > Start From	Locations
	Definition > Locations	Starter
	Definition > Max Points	100
	Definition > Direction	Forward

7. Apply 버튼을 클릭한다.

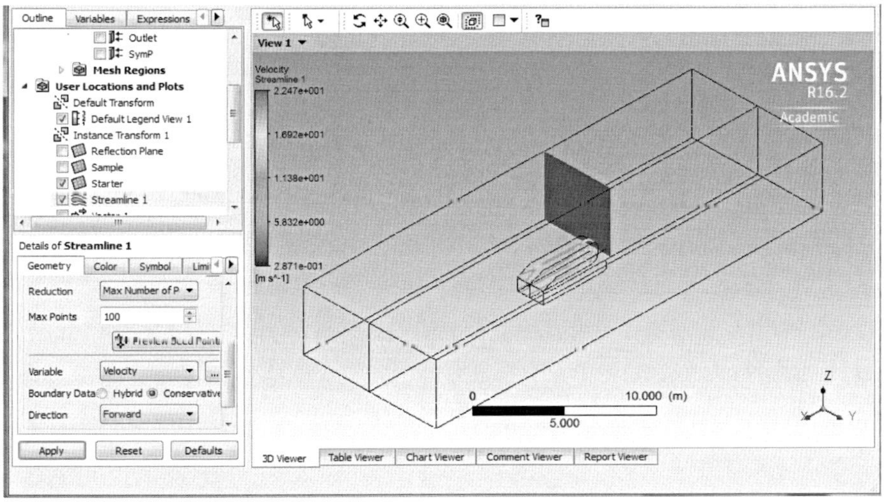

▶ 예제 3-35 Streamline 생성

표면 유선은 BluntBody의 표면의 절반에 나타난다. 그들은 상류 근처에서 시작한다. 시작점은 플레인으로부터 BluntBody에 노드를 투영함으로써 형성되기 때문이다.

Moving Objects

CFD-Post에서는 마우스를 사용하여 일부 로케이터 객체를 뷰어에서 직접 배치 할 수 있다.

1. Starter라는 플레인의 가시성을 킨다.

2. 선택 도구 모음에서 단일 선택 마우스 포인터를 선택한다.

3. 뷰어에서 Starter를 클릭하여 선택하고 X 축을 따라 드래그한다.

Starter가 움직일 때 유선이 다시 그려진다. 유선이 다시 그려지는 속도는 컴퓨터의 속도에 따라 다르다. 유선이 드물게 업데이트되면 마우스를 매우 천천히 움직이는 것이 유용 할 수 있다.

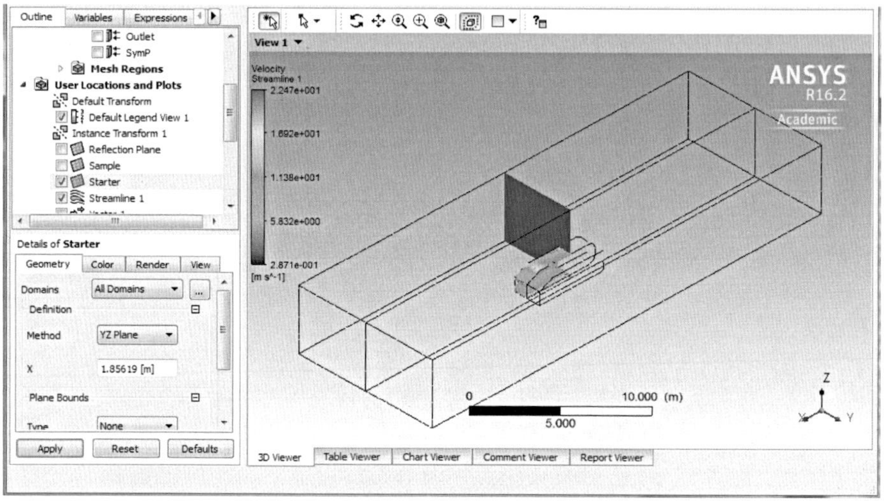

▶ **예제 3-36** Starter를 클릭하여 선택하고 X 축을 따라 드래그

Creating a Surface Plot of y+

벽에서는 유체의 속도가 0이지만, 벽에서 멀어지면서 자유 흐름(free stream)으로 가면서 급격히 속도가 증가한다. 높은 속도 구배가 있는 이 부분을 경계층이라고 한다. 이 부분 속도를 정확히 계산하기에 충분히 조밀한 격자를 만드는 것은 쉽지 않다. 이 경우 일정 함수의 속도 프로파일인 벽함수를 이용하여 계산 할 수 있다. 벽 주위 충분히 조밀한 격자는 벽 함수를 이용하지 않아도 괜찮다. 대부분의 격자는 벽 함수가 필요 없는 충분히 조밀한 격자와, 벽 함수를 요구하는 성긴 격자의 중간인 경우가 많다. 이에 대한 척도로서, 벽에서 첫 번째 노드의 거리를 무차원으로 나타낸 y+가 이용된다. Y+ 값이 11보다 작으면, 첫 번째 노드가 경계층의 laminar sublayer 안에 있음을 의미 한다. 이보다 큰 값의 y+는, 벽과 첫 번째 노드 사이 경계층을 모사하기 위해, 속도 프로파일의 로그 함수 형태의 벽 함수를 사용한다. 이상적으로는, 이 영역에 세 개, 또는 이상의 몇 개의 노드가 있어야 한다. 만일 그러하지 못하다면, 보다 정확한 계산을 위해, 벽 주위 격자를 보다 조밀하게 하는 것이 좋다. 본 교재의 경우 계산 시간을 줄이기 위해 격자가 조밀하기 때문에, 경계층을 정확히 계산하지는 못한다.

Y+의 표면 플롯

표면 플롯은 수치에 따른 색깔별로 표면을 플롯하는 것이며, 이 경우 수치는 y+가 된다. 절차는 아래와 같다.

1. 앞서 작업한 모든 플롯이 보이지 않도록 Visibility를 조정한다.
2. 빈공간에서 마우스 우클릭하여 Projection >Perspective 메뉴를 선택하여, 원근감이 나타나도록 한다.
3. Outline 탭에서, BluntBody를 체크하여 다음을 설정하도록 한다.

Tab	Setting	Value
Color	Mode	Variable
	Variable	Yplus [a]
View	Apply Instancing Transform > Transform	Instance Transform 1
a. Click the *Ellipsis* icon to the right of the **Variable** dropdown menu to view a full list of variables, including **Yplus**.		

Tip

Variable에서 y+는 비튼 을 클릭하여, 풀다운 메뉴를 완전히 아래로 내려 선택한다.

4. Visibility를 선택하여 보이도록 설정한다.
5. Apply 버튼을 클릭한다.

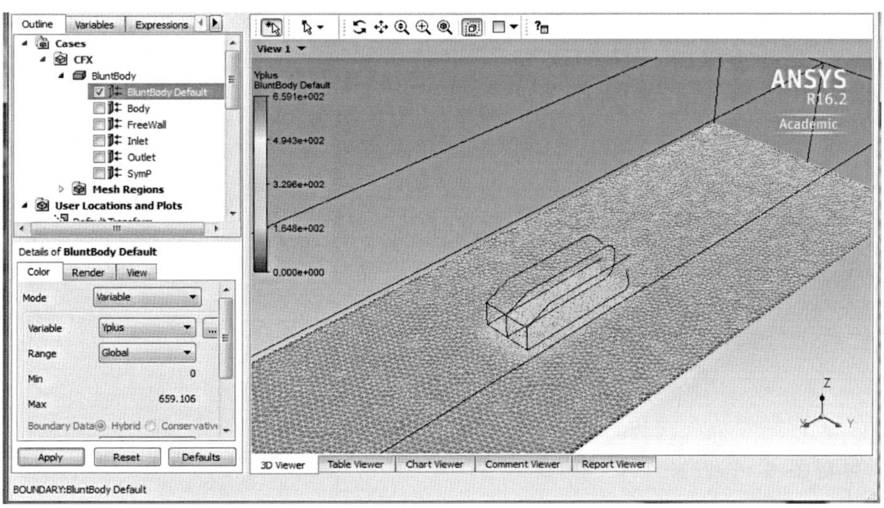

▶ 예제 3-37 BluntBody y+

6. Outline 탭에서, Body를 체크하여 다음을 설정하도록 한다.

Tab	Setting	Value
Color	Mode	Variable
	Variable	Yplus
View	Apply Instancing Transform > Transform	Instance Transform 1

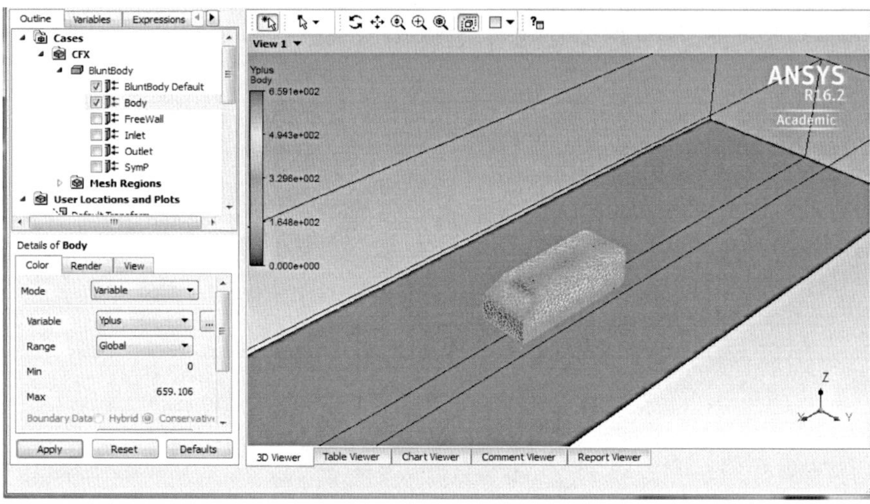

▶ 예제 3-38 Body y+

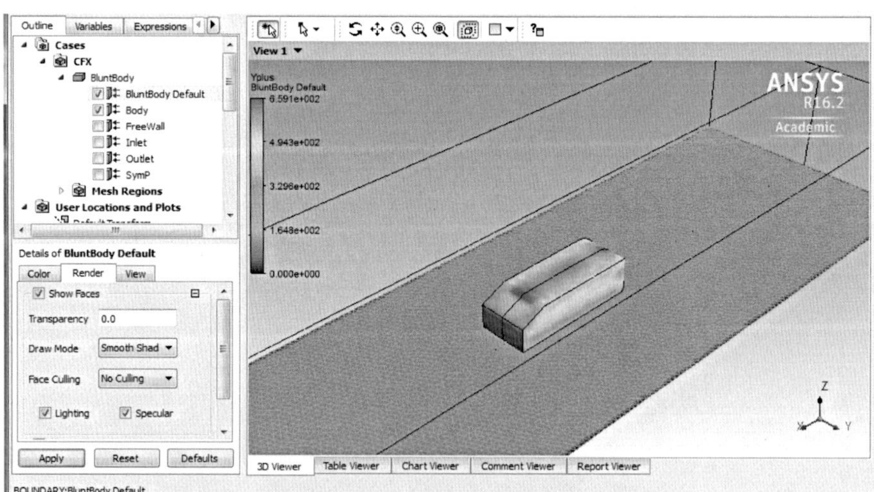

▶ 예제 3-39 BluntBody y+, Body y+

Procedure in Workbench

1. 종료하기 전에 File>Save project를 하여 현재의 프로젝트를 저장한다.
2. File>Close CFD-Post를 선택하여 CFD-Post를 종료한다.
   File>Exit를 하여 Workbench를 종료한다.

Example 4

Heating Coil의 열유동 해석

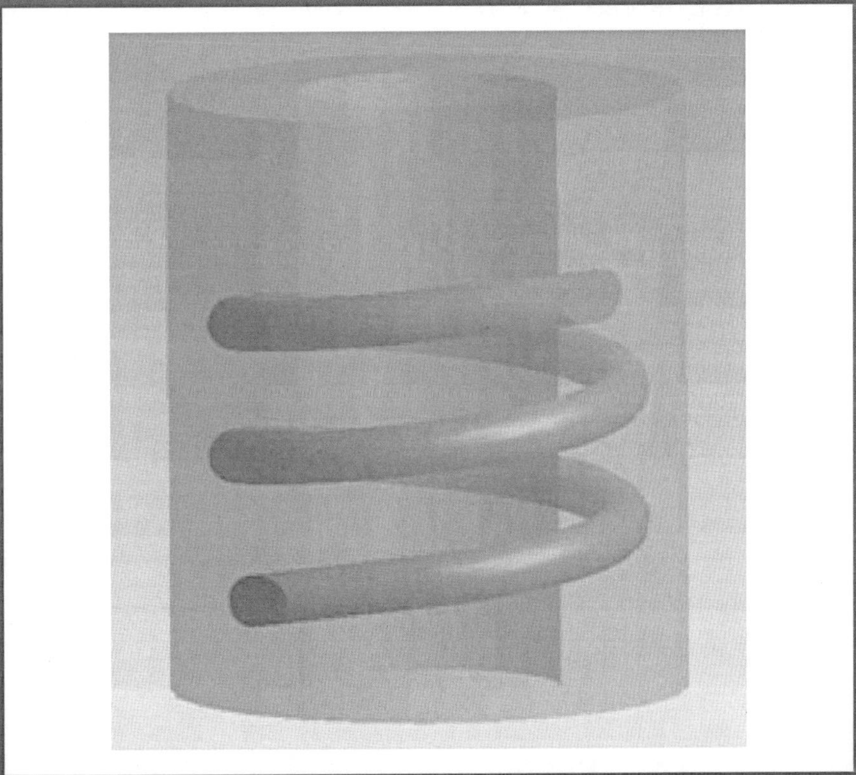

예제 4 Heating Coil의 열유동 해석

1 문제 개요

해석을 위한 문제 개요

이번 예제는 Conjugate heat transfer를 모델링을 하기 위한 ANSYS CFX의 특성을 나타낸 것이다. 이 예제에서, 단순한 열교환기 모델의 일부분이 Solid에서 Fluid로 열전달을 모델화하기 위하여 사용되었고 모델은 Fluid domain과 Solid domain으로 이루어져 있다. Fluid domain은 일정한 비로 물이 통과하는 고리 모양의 형태로 되어 있다.

Heater는 일정한 열매체로서 모델화된 구리 Solid이다.

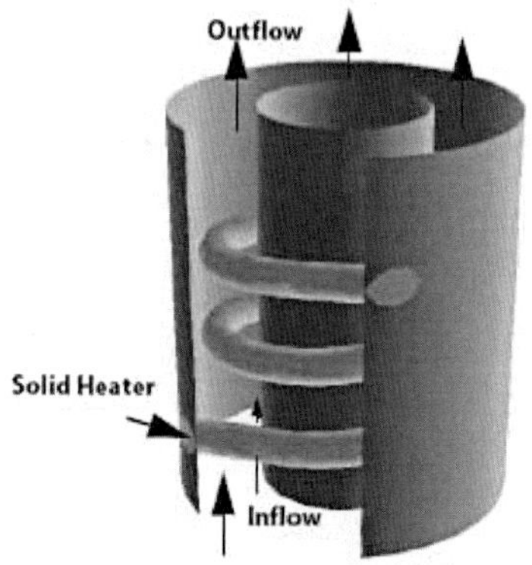

본 예제는 액체를 포함하는 용기 안에 구리로 된 Coil로 구성되어 있는 Heating Coil의 형상과 격자 생성에 관한 것이다. 2개의 Solid Body(coil과 vessel이 필요하며 형상과 격자의 내용은 다음과 같다.

- Coil을 생성하기 위한 Sweep 기능
- 다중의 Solid Body
- Inflation

2 형상 생성

프로젝트 생성

어떤 경우에도 맨 처음 하실 일은 프로젝트를 생성하는 것이다.

1. ANSYS Workbench를 실행시킨다. 윈도우에서 ANSYS 16.2>ANSYS Workbench

메뉴를 선택한다.

2. ANSYS Workbench가 실행이 된다.

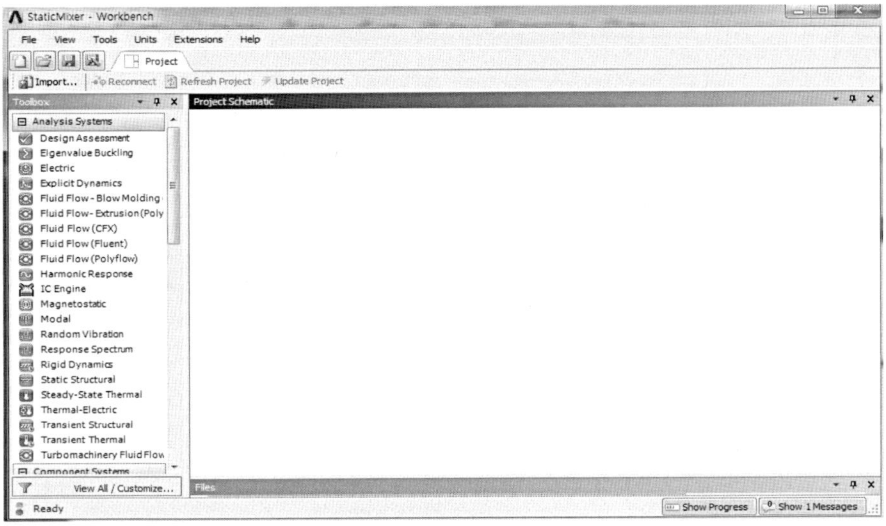

▶ **예제 4-1** ANSYS Workbench가 실행

3. File>Save 메뉴를 선택하고, HeatingCoil.wbdb를 입력한다. 예제를 실습하는 동안 생성되는 파일은 모두 설정한 디폴트 폴더에 위치하게 된다.

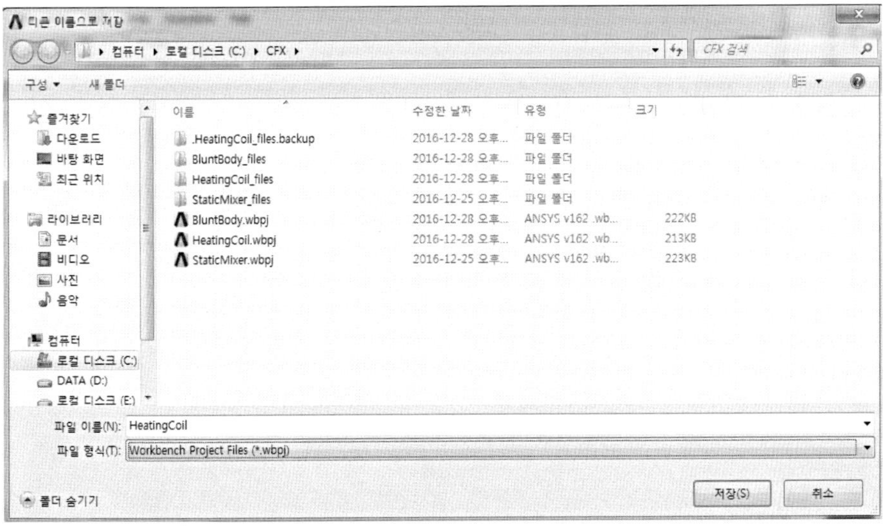

4. 형상 생성 작업을 위해 Toolbox에서 [Fluid Flow (CFX)]를 더블 클릭하거나, 클릭하여 Drag & Drop하여 Project Schematic창으로 갖다 놓는다.

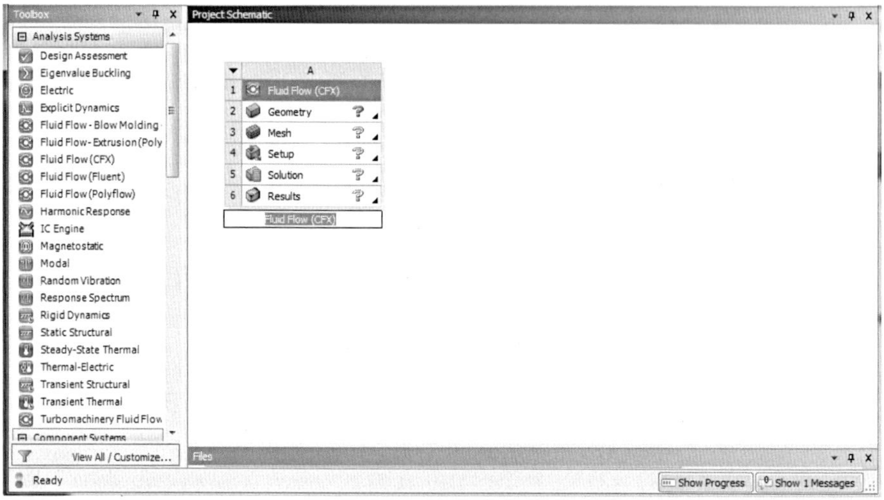

▶ **예제 4-2** Fluidflow(CFX)창

5. Project Schematic창 Fluidflow(CFX)에서 Geometry 위에 마우스를 올려놓고 우클릭하여 나타나는 New DesignModeler Geometry를 선택하면 DesignModeler창이 실행된다.

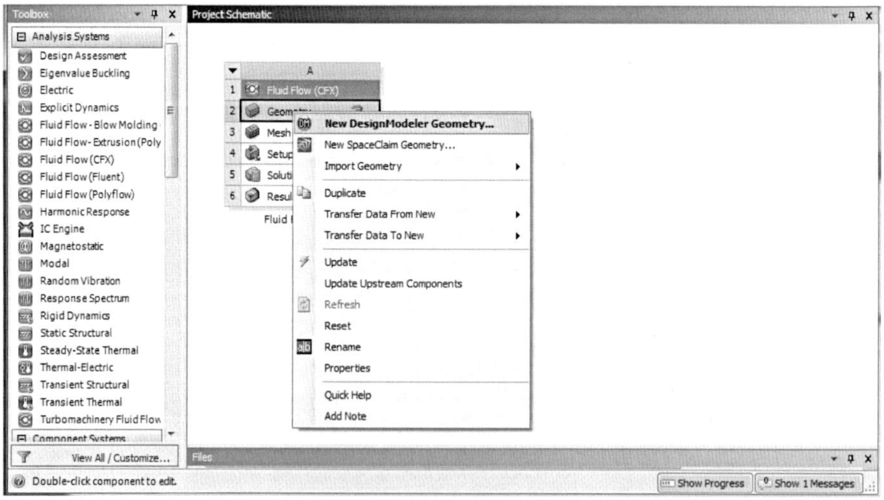

▶ **예제 4-3** New DesignModeler Geometry를 선택

6. DesignModeler가 실행된 모습이다.

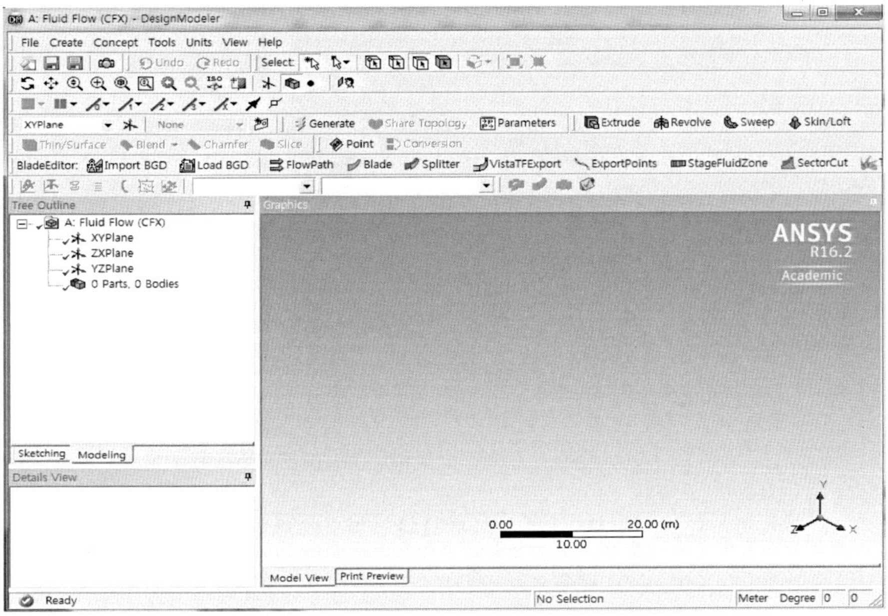

▶ 예제 4-4 DesignModeler창

7. 풀다운 메뉴 Unit창에서 단위를 Meter로 선택한다.

Solid 생성 - Profile과 Path 생성

Coil을 생성하기 위하여 Sweep 기능을 사용 할 것이다. 프로파일(coil을 위한 단면상의 원)로 정의하기 위하여 Sketch가 필요하여 그것을 Sweep하기 위한 경로(Path)가 필요하다.

1. YZ평면에 새로운 Sketch(Sketch1)을 생성한다.

2. 중심 Y=0.75m, Z=0.5m에서의 반경 0.1m인 원이 필요하다. 원의 중심점 위치를 나타내기 위하여 Major Grid Spacing을 1m, Minor-Steps per Major을 4로 설정한다.

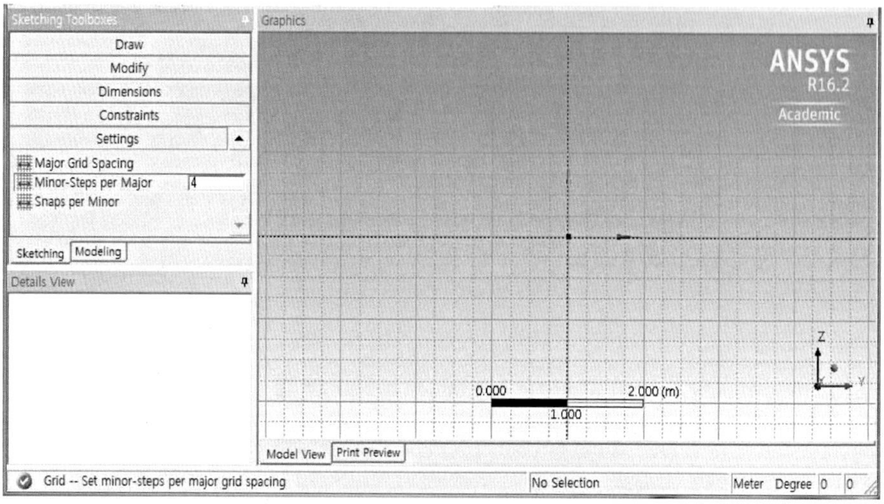

▶ 예제 4-5 Major Grid Spacing을 1m, Minor-Steps per Major을 4로 설정

3. Sketching Toolbox의 Draw를 이용하여 원을 그린다. Sketching Toolbox의 Dimensions을 이용하여 원의 정확한 반지름 0.1m로 프로파일을 생성한다.

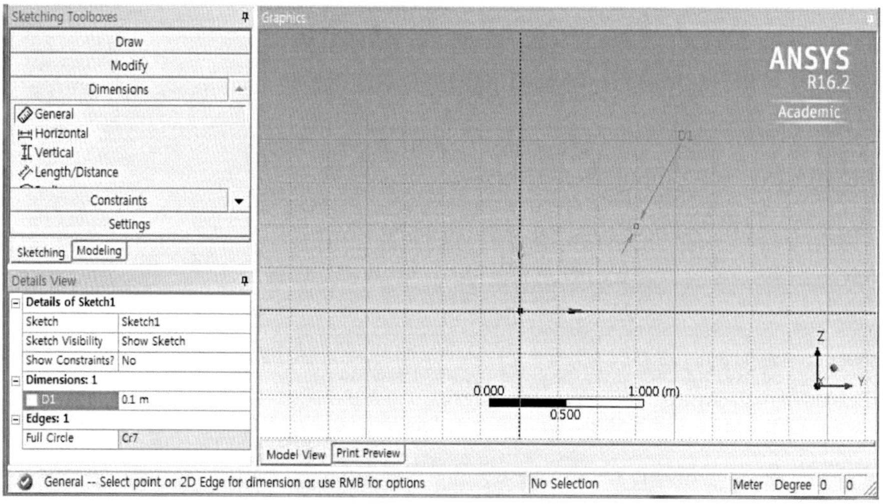

▶ 예제 4-6 반지름 0.1m로 프로파일을 생성

4. 이 예제는 원을 두 부분으로 나누고 이유는 나중에 설명한다. 원을 두 부분으로 나누기 위하여, Sketching Toolbox의 Modify를 사용한다. Split를 클릭한다. Model View 창에서 마우스 오른쪽 버튼을 클릭한다. 그리고 Split Edge into n Equal Segments를 선택한다.

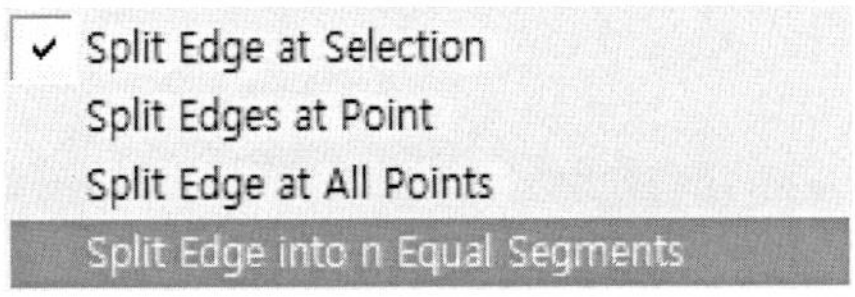

5. Sketching 탭으로 돌아가서, 다음으로 Split의 옆에서 Text 박스가 보일 것이다. 이곳은 몇 개로 Split할 것인가를 결정하는 값이다.
2라고 입력하고 [Split Equal Segments n = 2] Split을 수행하기 위하여 Model View창에서 원을 선택하면 둘로 나누어진다.

6. YZ평면을 다시 선택하고 에 새로운 Sketch 을 클릭하여 Sketch2를 생성한다.

7. Z=0.5m에서 Z=1.5m까지 Z-축을 따라서 단일 직선을 생성하기 위하여 Sketching탭의 Line 기능을 사용하여 선을 생성한다.

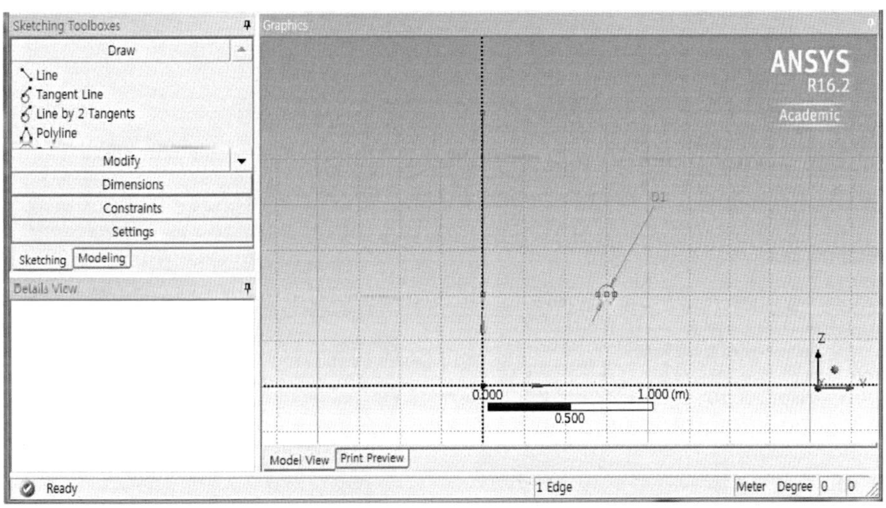

▶ **예제 4-7** Z=0.5m에서 Z=1.5m까지 Z-축을 따라서 단일 직선을 생성

Coil을 만들기 위하여 Sweep기능 사용

1. 3D Features Toolbar에서 Sweep Sweep을 선택한다.

2. Profile에 Sketch1을 설정하기 위하여 Tree View의 Sketch1을 클릭한다. 그리고 스크린의 왼쪽 하단의 Detail View창의 Apply를 클릭한다.

3. Sketch2를 Path로 지정하기 위하여 Tree View의 Sketch2를 선택 Apply를 클릭한다.

4. Scale은 1로 설정한다.

5. 디테일뷰 Twist Specification에서 Turns를 선택하고 Turns수는 2로 설정한다.

6. Generate 를 클릭한다.

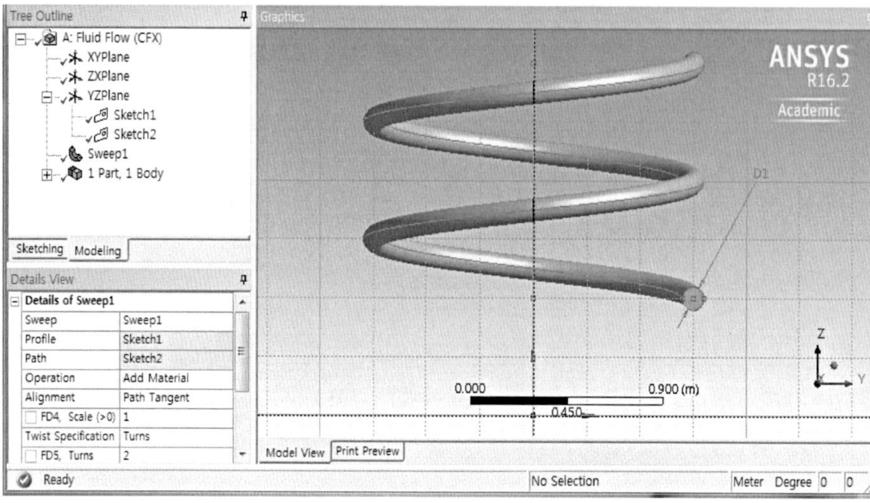

▶ 예제 4-8 Coil 생성

Coil 하단 끝부분에서의 확장

본 교제의 첫 부분의 형상과 같은 전체 그림을 보기를 원한다면, Coil의 끝부분을 확장할 수 있다. 그러나 확장은 Coil의 끝 면에 대하여 수직하지는 않는다. 만일 수직한 면으로 확장한다면 아래 그림(a)와 같이 보일 것이다. 실제의 Coil 형상은 (b)와 같다.

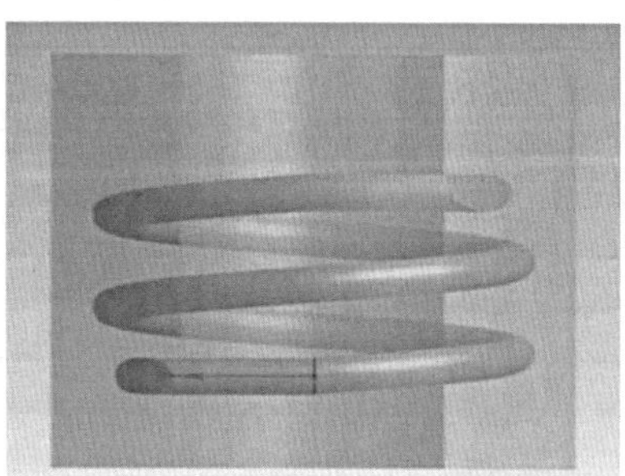

(a)

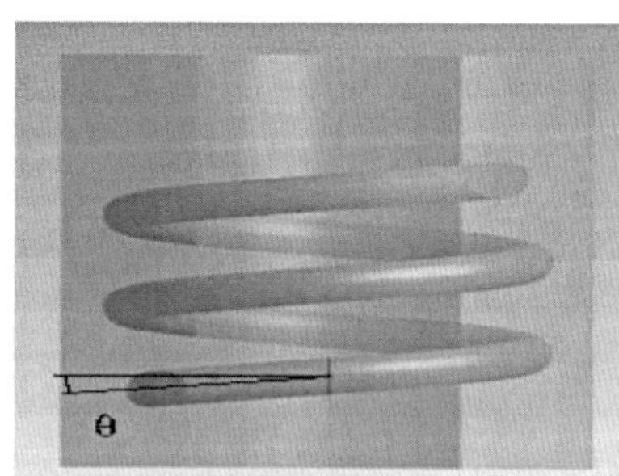

(b)

면에 수직하지 않는 면을 확장 생성하기 위하여, 확장 하고자 하는 방향으로 Vector의 정의가 필요하다. 여기서 Vector를 생성하기 위한 방법은 확장하기 위한 주 Coil로부터 부드러운 경사를 갖는 각도를 계산해야 할 것이다. Path와 수평면에 사이의 각도 θ는 6.06 도이다.

$$\tan(\theta) = \frac{CoilHeight}{2\pi \times CoilRadius \times turns} = \frac{1}{2\pi \times 0.75 \times 2}$$

1. ZX평면에 새로운 Sketch( )을 생성한다.
2. 선을 생성하기 위하여 Sketching Toolbox의 Draw에서 Line을 이용한다. 위치로는 첫 번째 점이 Z=0m, X=0m이다. 그리고 아래 그림과 같이 개략적인 각도로 두 번째 점을 설정하여 직선을 작성한다.
3. 정확한 각도를 설정하기 위하여 다음과 같이 한다. Sketching 탭의 Dimensions을 사용한다. Angle을 선택하고 라인과 X-축을 선택한다. 만약 잘못된 방향의 각도가 표시된다면 마우스 오른쪽 버튼을 클릭하여 Alternate Angle을 선택한다. 올바른 각도 표시가 나올 때까지 Alternate Angle을 선택한다. 각도 label의 위치를 정하기 위하여 Model View창의 위치하고 싶은 곳에 클릭한다. Details View창의 Dimensions 박스에서 각도를 6.06도로 설정한다.

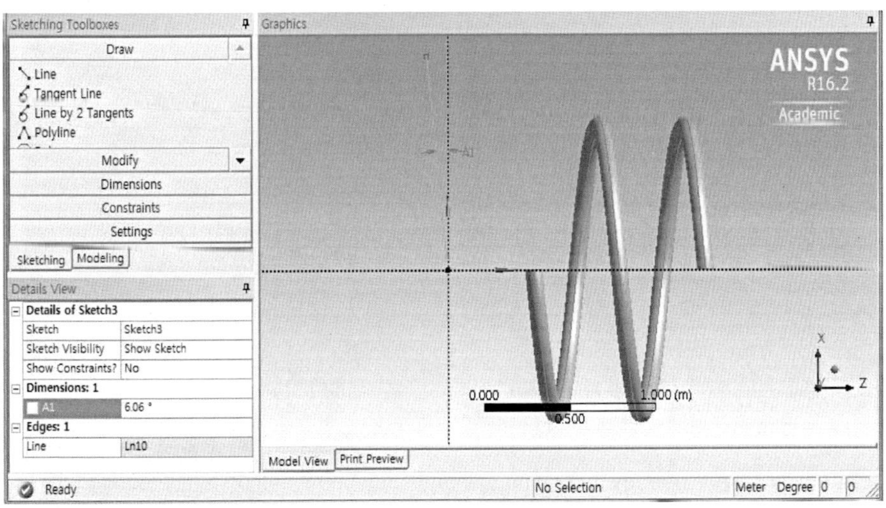

▶ **예제 4-9** 각도를 6.06도로 설정

Extrude 기능을 사용할 수 있다.

1. 3D Features Toolbar에서 Extrude 를 선택한다.
2. Base Object에 Sketch1을 설정한다. 그리고 Operation에 Add Material을 설정한다.
3. Direction Vector에는 Sketch3의 선을 설정한다. 선을 선택하고, Apply를 누른다. Direction Vector창에 2D Edge라고 보여 진다.

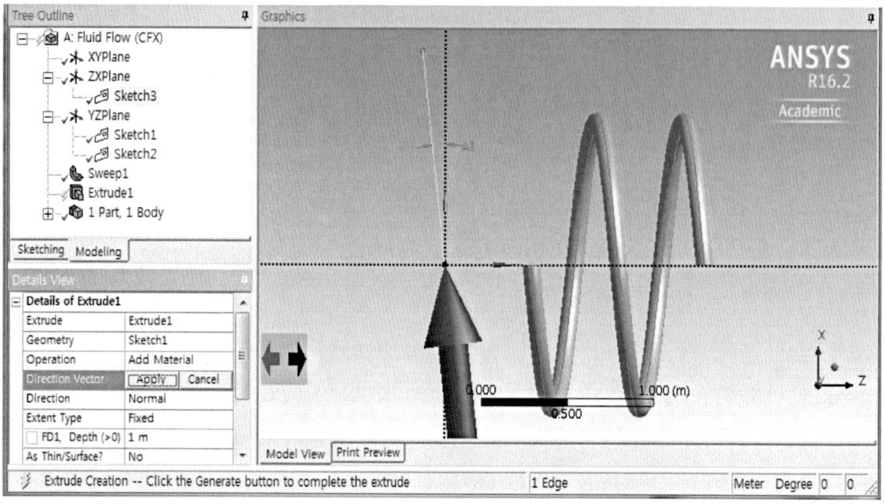

▶ 예제 4-10 Direction Vector창에 2D Edge

4. Depth를 1.2m로 성정하고 Merge Topology?를 No로 설정한다. Generate를 클릭한다.

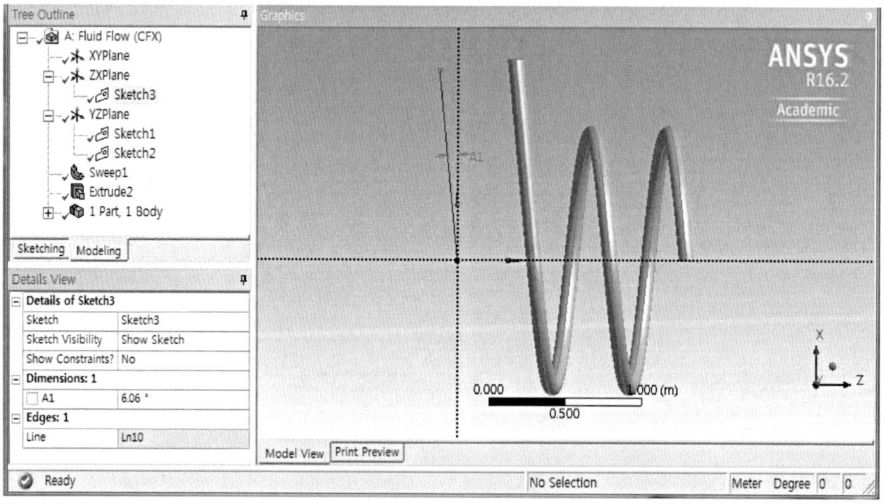

▶ 예제 4-11 Coil 하단 끝부분에서의 확장

Coil 상단 끝부분에서의 확장

Coil의 상단 끝부분을 확장한다. 그러나 여기서는 확장에 사용되는 sketch가 존재하지 않는다. Coil의 상단 끝 면에 대하여 새로운 평면을 생성 할 것이다.

1. 새로운 평면 을 생성한다.

2. Type에 From Face를 설정하고, Subtype에 Outline Plane을 설정한다.

3. Base Face에 Coil의 상단 원형의 면을 설정한다. 이것은 Model View창에서 직접선택 할 수 있다.

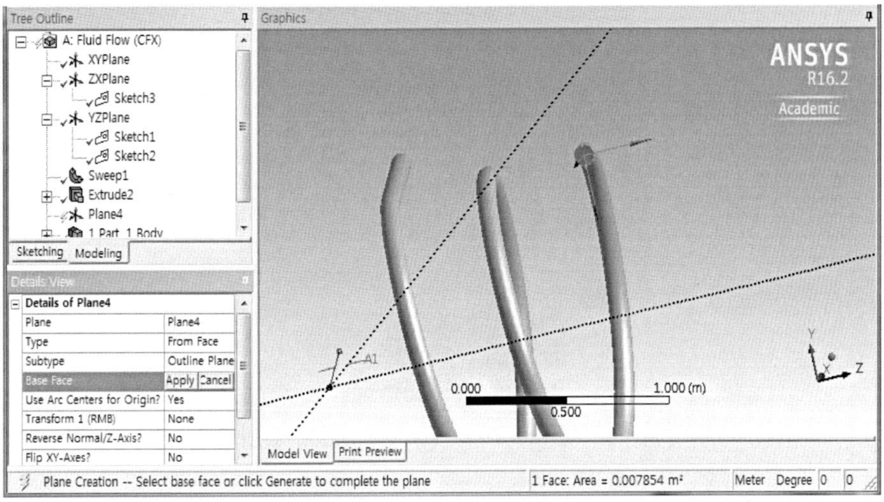

4. Base Face에 Apply하고 평면을 생성하기 위하여 Generate 를 클릭한다.

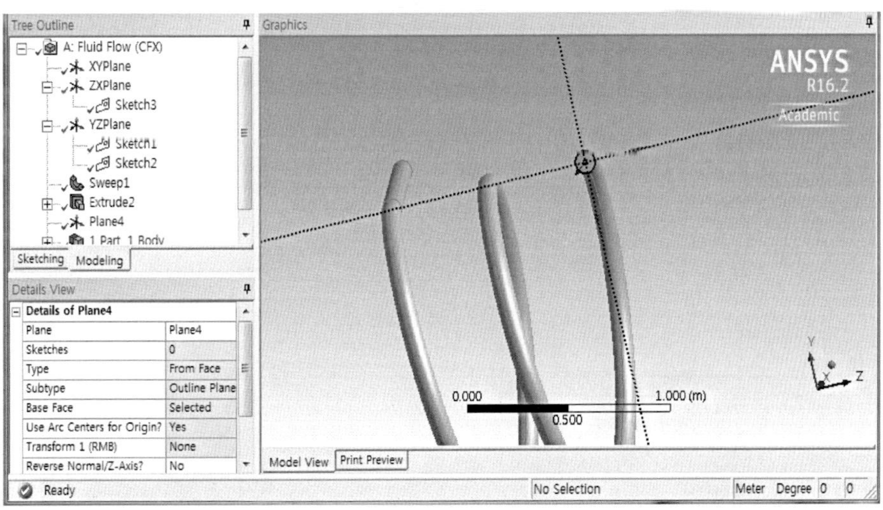

▶ **예제 4-12** 코일 상단 끝면을 Plane4 생성

Extrude 기능을 다시 사용한다.

1. 3D Features Toolbar에서 Extrude 를 선택한다.
2. Base Object에 Plane4을 설정한다. 그리고 Operation에 Add Material을 설정한다.
3. Direction Vector에는 Sketch3의 선을 설정한다. 선을 선택하고, Apply를 누른다. Direction Vector창에 2D Edge라고 보여 진다. Direction에 Reverse를 선택한다.

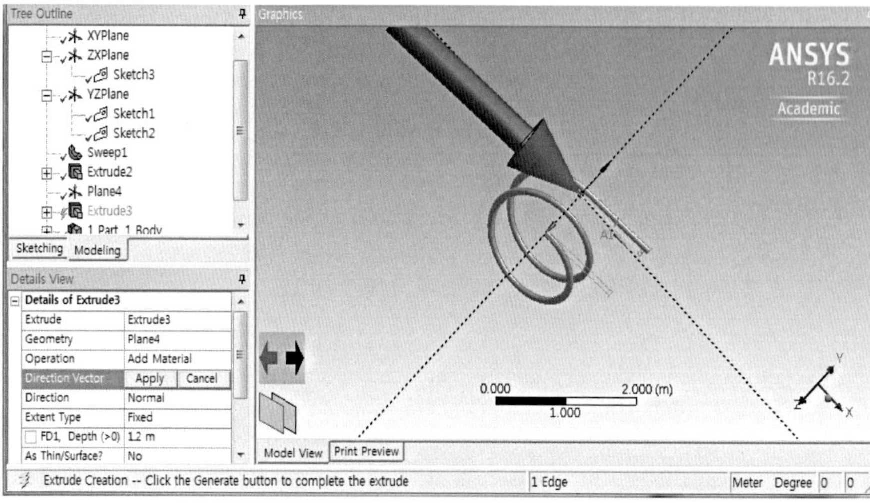

4. Depth를 1.2m로 설정하고 Merge Topology? 를 No로 설정한다. Generate를 클릭한다.

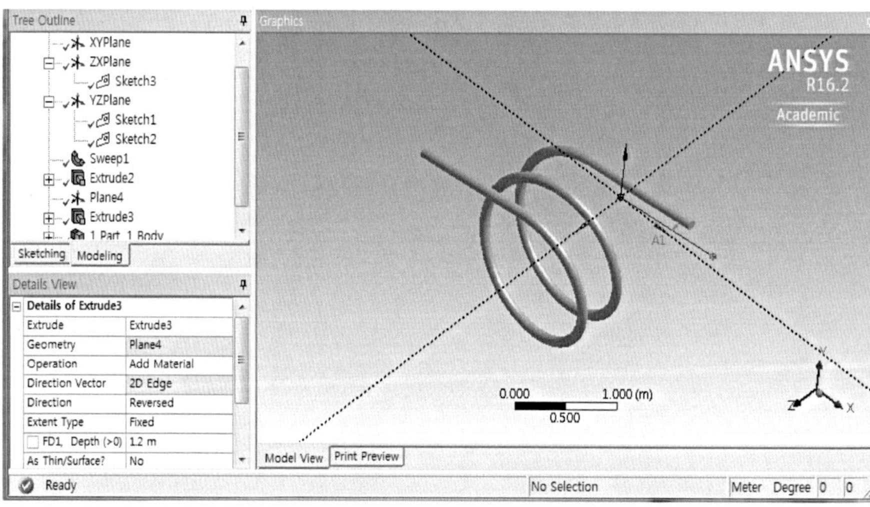

▶ **예제 4-13** Coil 상단 끝부분에서의 확장

Coil 끝 단의 절단

이제, 다음과 같이 Coil의 끝을 자른다.

1. XY평면에 새로운 Sketch 을 생성한다.

2. 새로운 Sketch상에 두 개의 원을 그린다. 중심은 원점이며 각각의 반지름은 1m, 1.5m 이다.

3. 3D Features Toolbar에서 Extrude 를 선택한다.

4. Base Object에 Sketch을 설정한다. 그리고 Operation에 Cut Material을 설정한다.

5. Depth를 2m로 설정하고 Generate 를 클릭한다.

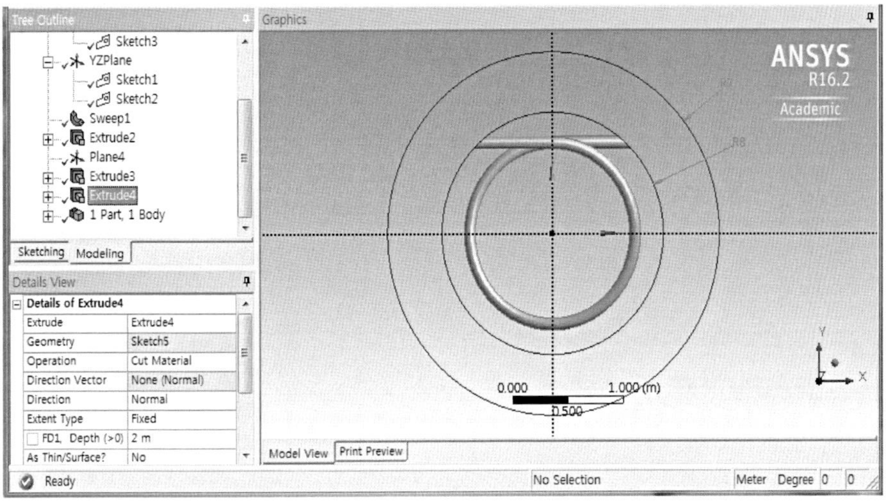

▶ **예제 4-14** Coil 끝 단의 절단

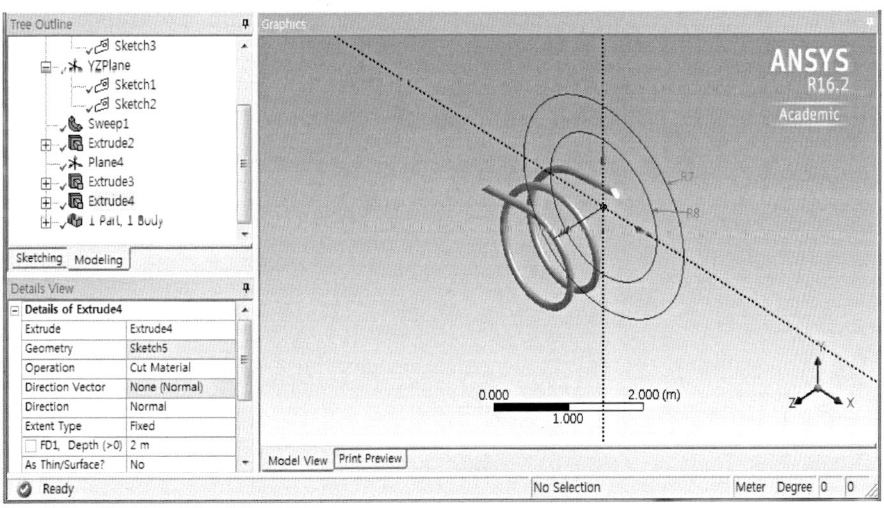

▶ **예제 4-15** Coil 끝이 절단된 상태

Container의 생성

Coil은 이제 생성되었다. 다음 단계로 Coil 주위로 Container를 생성한다.

DesignModeler는 자동적으로 실린더를 생성하고 Solid Body 주위의 닫혀진 실린더를 쉽게 생성할 수 있는 Enclosure Feature기능을 가지고 있다. 그러나 이 기능은 단지 Solid Body가 닫히면서 Edge를 건드리지 않는다면 가능한 기능이다. 본 예제의 경우 Coil의 끝이 Container의 측면에 닽아 있을 것이다. 그래서 Enclosure Feature를 사용할 수 있다.

첫 번째 단계로 Coil에 Freeze 기능을 사용한다. 결국 형상 생성 작업, 이름 부여 등에 의한 영향을 받지 않는다.

1. Tools>Freeze를 선택한다.

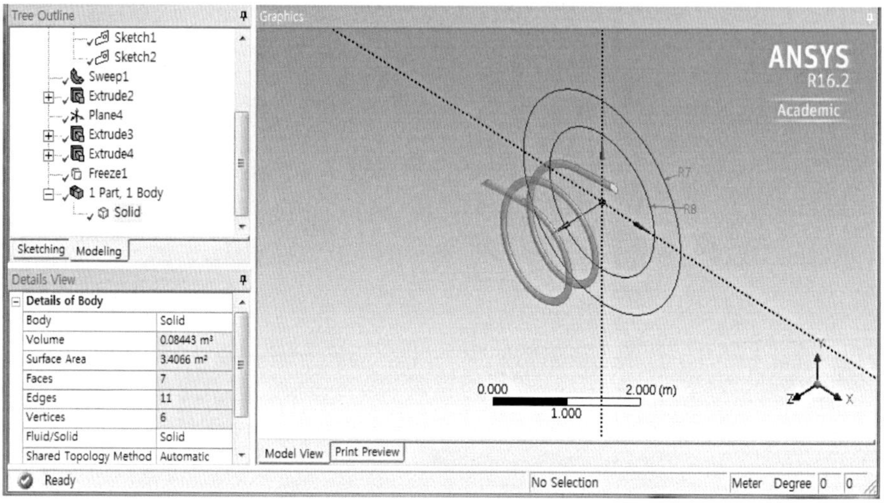

▶ 예제 4-16 Coil에 Freeze 기능을 사용

2. Tree View창의 “1 Part, 1Body”옆의 +표시를 클릭한다. 그리고 나서 이 엔트리 아래의 Solid를 선택한다. Detail View창에 그 Body와 관련한 정보를 볼 수 있다. 정보창에서 “Solid” 단어를 선택하고 우클릭하여 Rename선택한다. 이름을 “Coil로 변경하고 키보드 상의 Enter키를 클릭한다. 이름이 변경되었다.
3. XY평면에 새로운 Sketch 을 생성한다.
4. 새로운 Sketch상에 두 개의 원을 그린다. 두 개의 원의 중심좌표는 원점이며 반경은 각각 1m, 0.5m로 지정한다. 반경 1m의 원은 앞의 Sketch상에 존재하므로 만일 Dimensions Toolbox를 사용하여 1m의 바깥 원의 반경을 설정하려고 한다면 “New Dimension makes Model over Constrained라는 경고가 나타날지도 모른다.

이러한 현상은 DesignModeler가 새로운 원에 대하여 Auto Constraints기능을 적용하므로 기존의 반경 1m인 원과 부합되기 때문이다. 이 경고 메시지를 본다면 OK를 클릭하고 Model View창에 마우스 오른쪽 버튼을 클릭하여 Cancel을 선택한다. 이 경우 치수 설정은 필요하지 않다.

5. 3D Features Toolbar에서 Extrude 를 선택한다.
6. Base Object에 Sketch을 설정한다. 그리고 Operation에 Add Material을 설정한다.
7. Depth를 2.25m로 설정하고 Generate 를 클릭한다.

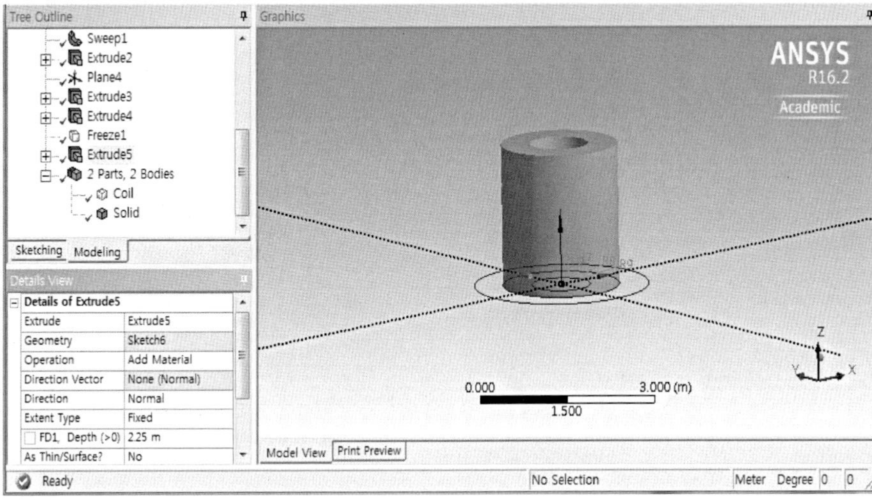

▶ **예제 4-17** Container의 생성

8. Tree View차의 “2 Parts, 2 Bodies” 하위에 Solid를 클릭한다. Detail View창에서 “Solid”를 클릭하고 “Container”의 이름을 부여한다.

Container로부터 Coil의 외관을 잘라내는 것

다음단계는 Container로부터 Coil의 외관을 잘라내는 것이다. 여기서 Enclosure Feature 기능을 사용 할 것이다.

1. Tools>Enclosure를 선택한다.

2. Shape에 User Defined를 설정한다.

3. User Defined Body로써 Container를 선택한다. 이것을 선택하기 위해 Tree View창에서 “2 Parts, 2Bodies”아래의 Container을 클릭 할 수 있다.

4. Merge Parts를 Yes로 설정한다. 이것은 마지막에 형성될 Part가 하나의 Part로 만들기 위한 것이다.

5. Generate를 클릭한다.

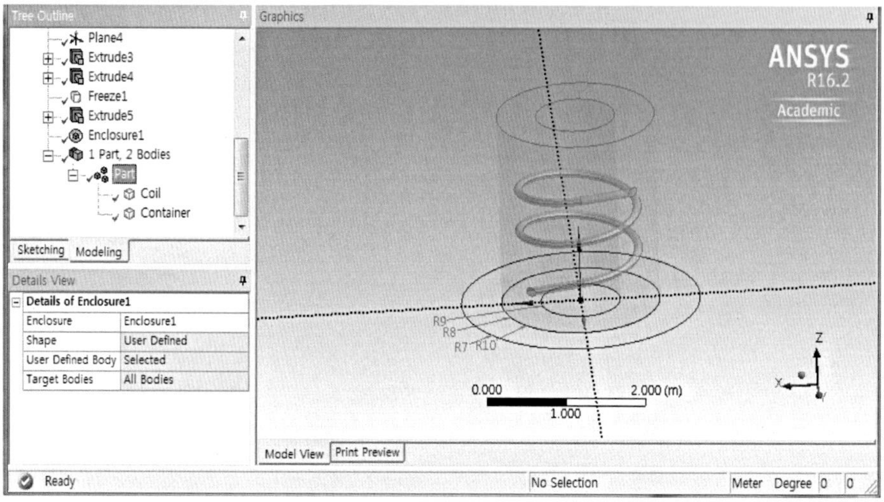

▶ 예제 4-18 Container로부터 Coil의 외관을 잘라내는 것

이 기능은 Container에 Coil 형태의 홀로 Coil의 삭제 없이 절단한다.
형상 작업이 완료 되었다.

Setting up the Regions

Inflow 영역을 생성

Tools/Named Selection선택하여 디테일뷰 Geometry에 inflow의 이름으로 가장 작은 Z 좌표 값을 가지는 고리 모양의 면을 선택하고 Named Selection을 inflow로 바꾸어주고 Generate시켜 Inflow 영역을 생성한다.

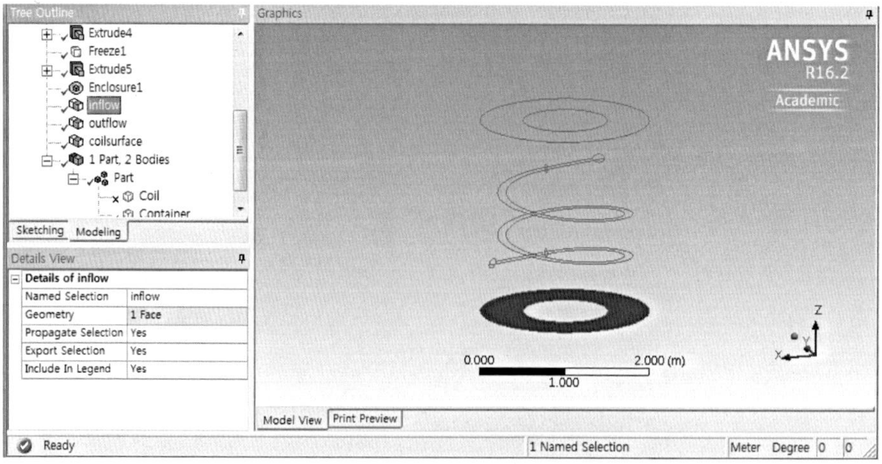

▶ 예제 4-19 Inflow 영역을 생성

Outflow 영역을 생성

Tools/Named Selection선택하여 디테일뷰 Geometry에 inflow의 이름으로 가장 높은 Z 좌표 값을 가지는 고리 모양의 면을 선택하고 Named Selection을 Outflow로 바꾸어주고 Generate시켜 Outlow 영역을 생성한다.

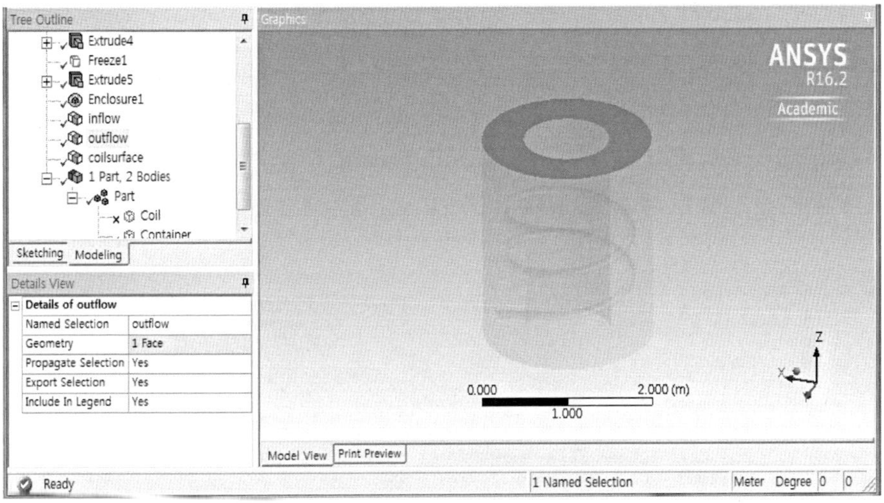

▶ **예제 4-20** Outlow 영역을 생성

CoilSurface 영역을 생성

마지막으로 Coil 자체의 2D Region 생성이 필요하다. 첫 번째로 모델에서 하나의 Solid Body로 표현되는 것보다 많은 2D Regions와 Solid Faces의 중요한 구별의 이해가 필요하다. (여기서 Coil에 하나의 Solid가 있고 Container에 또 다른 Solid가 있다.) 두 개의 Solid Body는 공통적인 면에 대하여 접하고 있다. 단지 하나의 Face가 존재한다. 그러나 여기서 아래 그림과 같이 2개의 2D Region이 있다.

만일, 모델이 하나의 Solid라면, Face와 2D Region사이에는 차이가 없다. 만일 모델이 한 개 이상의 Solid로 구성되었다면 외부 Face의 모두가 2D Region 일 것이다. 그러나 2개의 2D Region은 공유하는 Face에도 존재 할 것이다.

그래서 Coil 상에 Composite 2D Region을 생성할 때, 2D Region에 포함되는 Face를 선택할 때 유의를 요한다. 2D Region에서 Inflation을 적용해야 하므로, Face의 Container 측면의 2D Region 선택이 필요하다. 결국 Inflation은 Container에서만 적용된다. Coil 내부에는 Inflation 기능이 적용되지 않는다.

Container 측면상의 2D Regions를 빠른 선택 방법은 Coil을 Suppress(억제) 시키는 것이다. 그러면 Coil상의 Face는 선택되지 않을 것이다.

1. 1 Part, 2 Bodies +표시를 클릭한다. Part 옆의 +표시를 클릭한다. Container와 Coil Part 이름을 볼 수 있다.

2. 각 Body의 이름을 클릭한다. 그러면 선택된 Body의 형상이 Model View 창에서 하이라이트 된다.

3. Tree View 창의 Coil Body 위에 마우스를 올려놓고 우클릭하여 Suppress를 선택한다.

4. Tools/Named Selection선택하여 Named Selection에 Coilsurface로 바꾸어주고 디테일뷰 Geometry에 Coil의 Face의 6개 부분을 선택하고 Apply를 클릭한다.(Coil의 6개 Face를 선택하기 위하여는 Part의 Coil을 Suppress시켜야한다. Suppress되지 않았을 때는 Surfacerk 선택되지 않음) Coil의 Face의 6개 부분이 다 선택이 되었으면 Generate를 클릭하여 CoilSurface 영역을 생성한다.

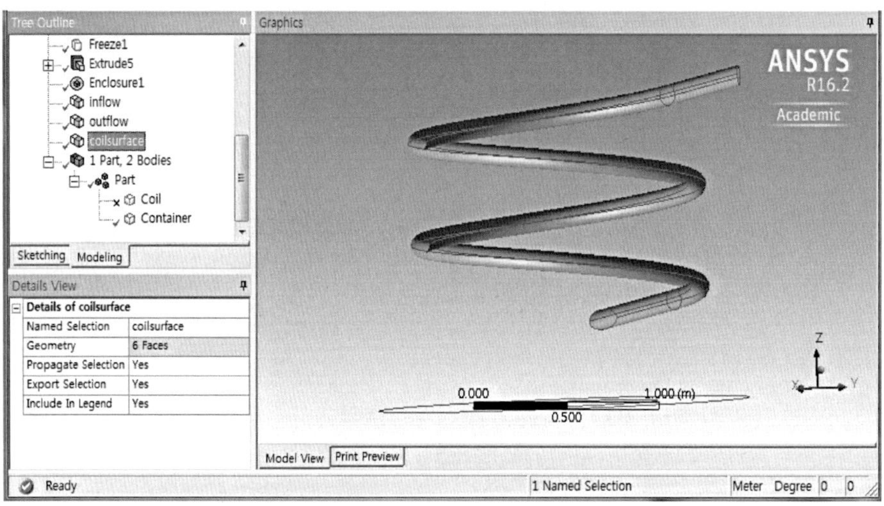

▶ **예제 4-21** CoilSurface 영역을 생성

만일 Coil을 형성하는 Face가 5개 또는 4개의 Face가 선택된다면, Coil 상단과 하단의 끝부분에서의 확장 Extrude 기능에 대한 Merge Topology? 가 No로 설정이 되었는지 확인하기 바란다. 수정한 후에 Generate를 클릭한다.

5. CoilSurface 영역 생성이 끝나면 Coil 위에 마우스를 올려놓고 오른쪽 버튼을 클릭하여 Unsuppress를 선택한다. Coil Body가 여전히 suppress기능이 적용되고 있다면, 만일 Coil을 suppress 상태에서 Mesh를 생성한다면, Coil에는 Mesh가 형성되지 않는다.

6. Coil Body위에 마우스를 올려놓고 오른쪽 버튼을 클릭하여 Unsuppress를 선택한다. 형상생성이 모두 끝났으므로 File>Save Project를 선택하고 File > Close DesignMolder 한다.

3 Mesh 생성하기

Mesh탭 위에 마우스를 놓고 우클릭하면 Edit가 나타나는데 Edit를 선택한다.

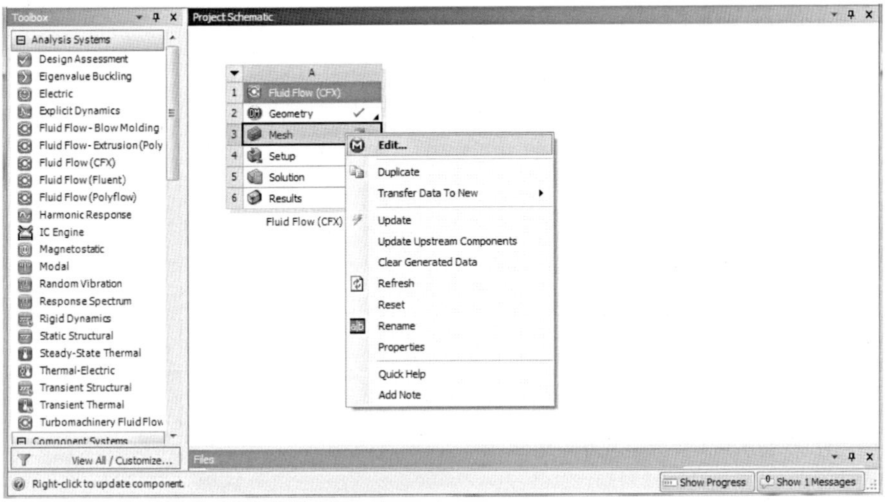

▶ **예제 4-22** Mesh창으로 들어가기 위하여 Edit 선택

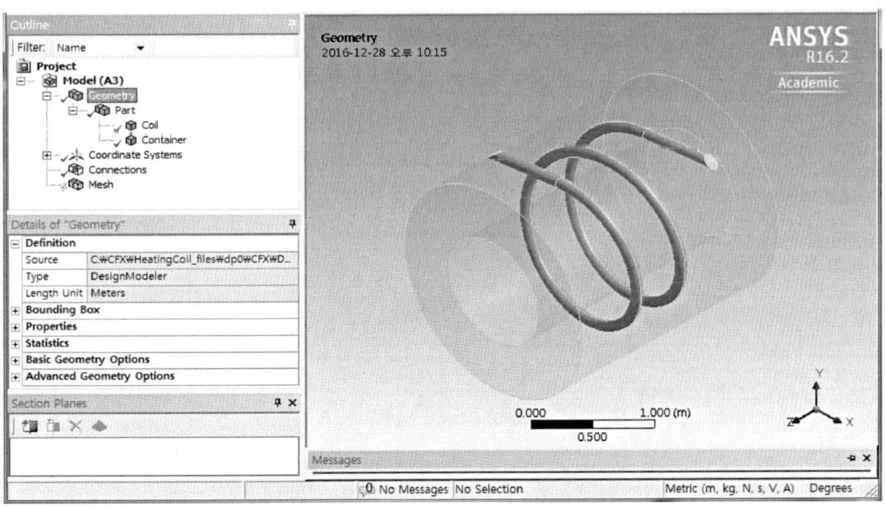

▶ **예제 4-23** Mesh창으로 들어온 상태

Mesh 생성

Mesh Sizing 설정

1. Mesh의 Details Sizing에서 Use Advanced Size Function을 Proximity로 놓고, Relevance Center를 Medium, Max Size를 0.1m, Max Face Size를 0.1로 설정한다.

Coil상의 Inflation 생성

1. Tree view에서 Mesh를 우클릭하여 Insert>Inflation을 선택한다.
2. Inflation 디테일뷰에서 Geometry에 컨테이너 바디 선택하고, Boundary에 CoilSurface의 6개 Face를 선택하고 Apply한다.

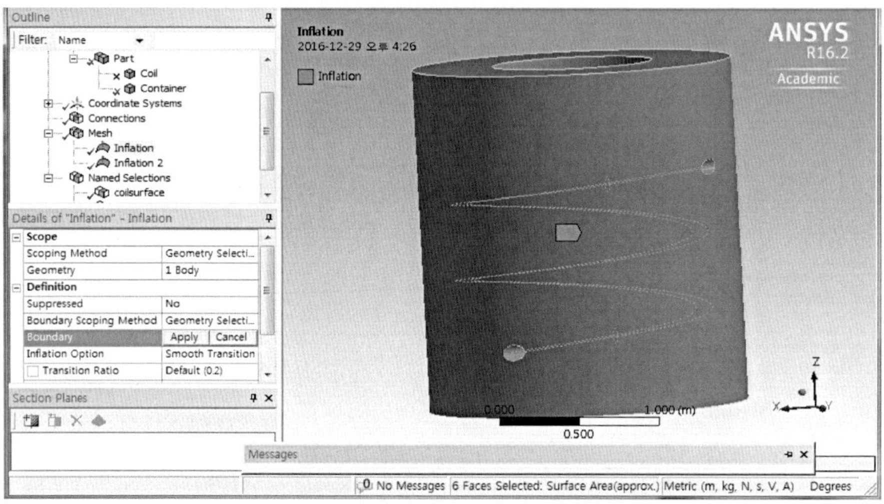

▶ 예제 4-24 CoilSurface의 6개 Face를 선택

Coil과 Container의 사이의 경계로써 Face의 하나의 측면이 Coil surface에 포함되기 때문에, Inflation 기능은 단지 Container에 대해서만 적용된다.

3. Transition Ratio를 0.2로, Maximum Layers를 4로 한다.
4. Generate Mesh를 클릭하여 메쉬를 생성한다.

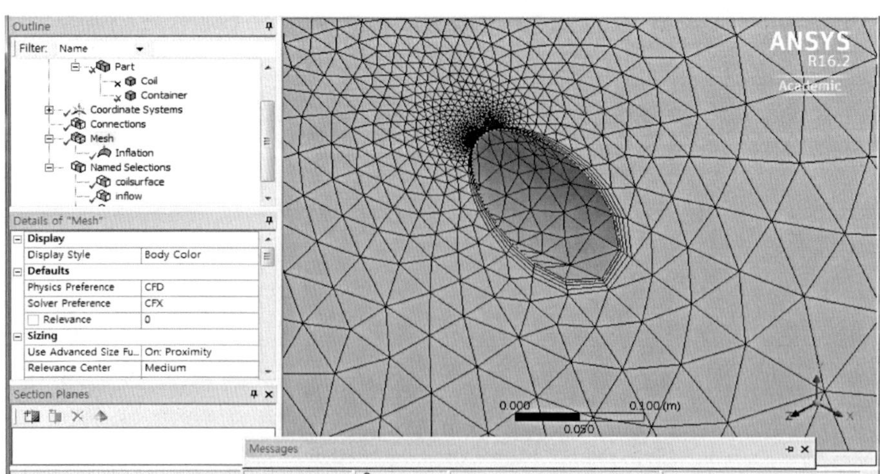

▶ 예제 4-25 Coil상의 Inflation 생성

Container의 벽면 상에 다른 Inflation을 생성

1. Tree view에서 Mesh를 우클릭하여 Insert>Inflation을 선택하면 Inflation2가 생긴다.
2. Inflation 디테일뷰에서 Geometry에 컨테이너 바디 선택하고,Boundary에 Container의 내외 벽을 선택한다.(큰 원기둥 면과 안쪽의 작은 원기둥 면)선택하고 Apply한다.

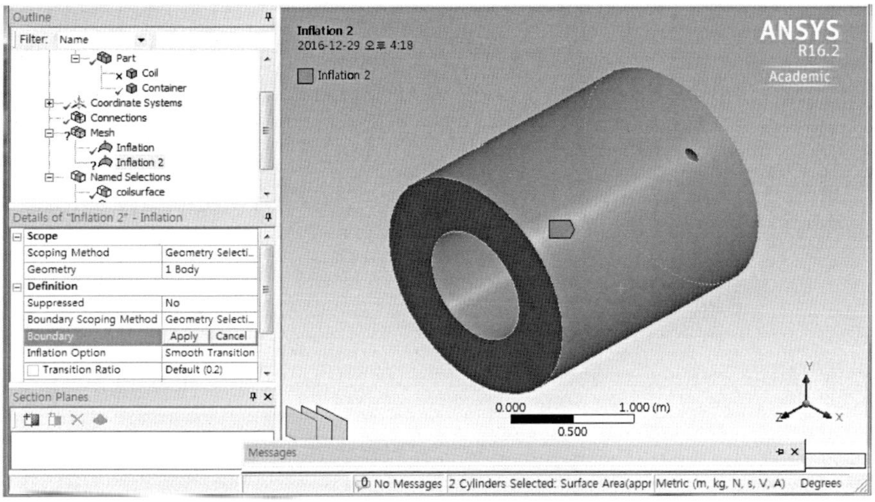

▶ 예제 4-26 Boundary에 Container의 내외 벽을 선택

3. Transition Ratio를 0.2로, Maximum Layers를 5로 한다.
4. Generate Mesh를 클릭하여 메쉬를 생성한다.

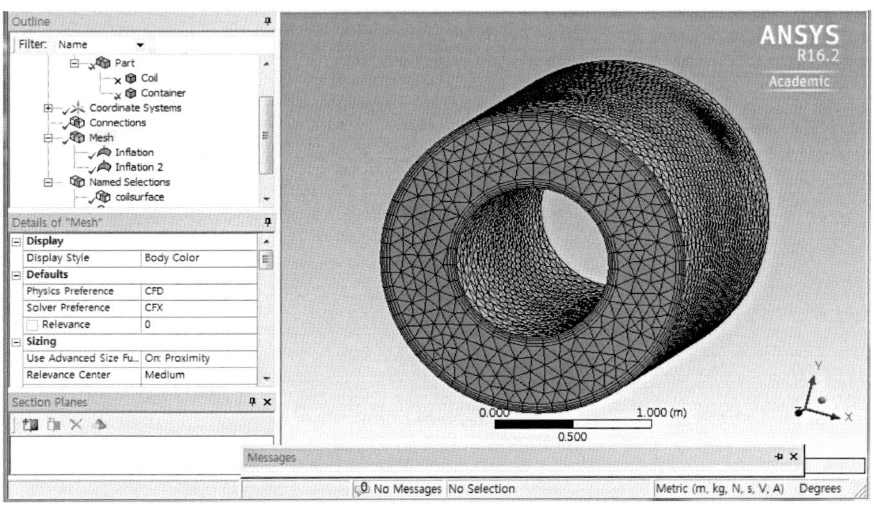

▶ 예제 4-27 Container의 벽면 상에 다른 Inflation을 생성

최종적으로 Inflation 2개를 생성시켰다.

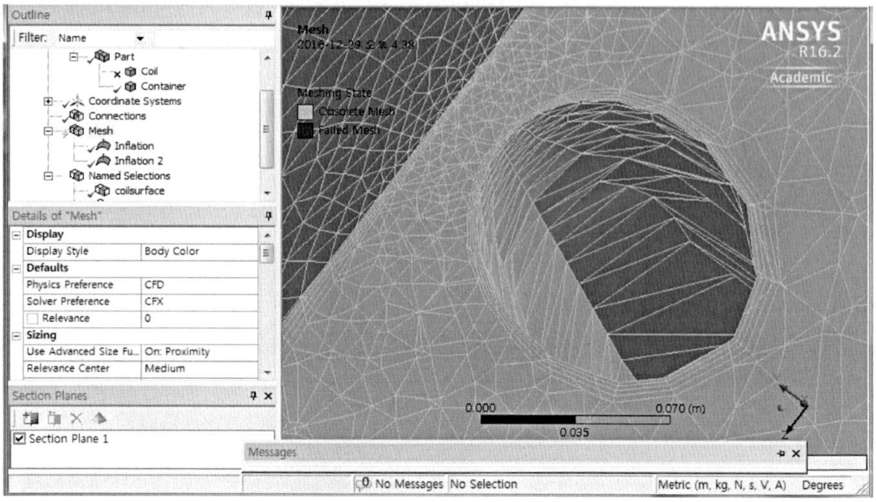

▶ 예제 4-28 Section Plane로 본 Inflation 모습1

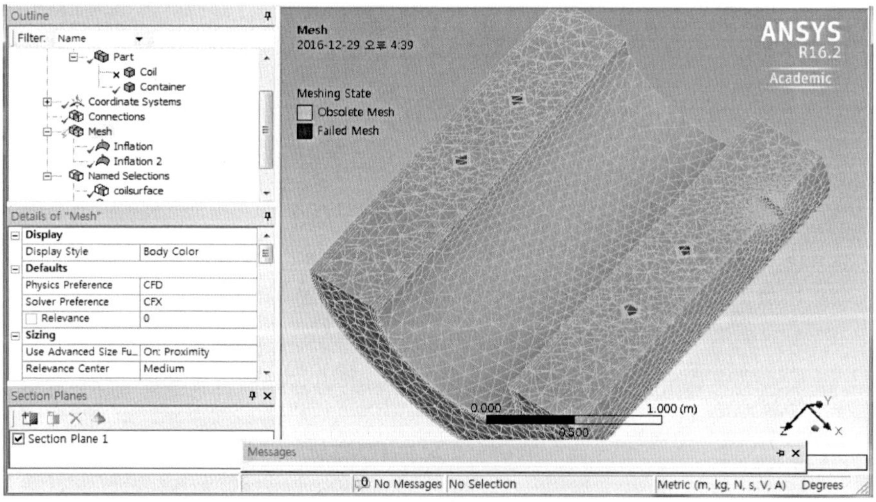

▶ 예제 4-29 Section Plane로 본 Inflation 모습2

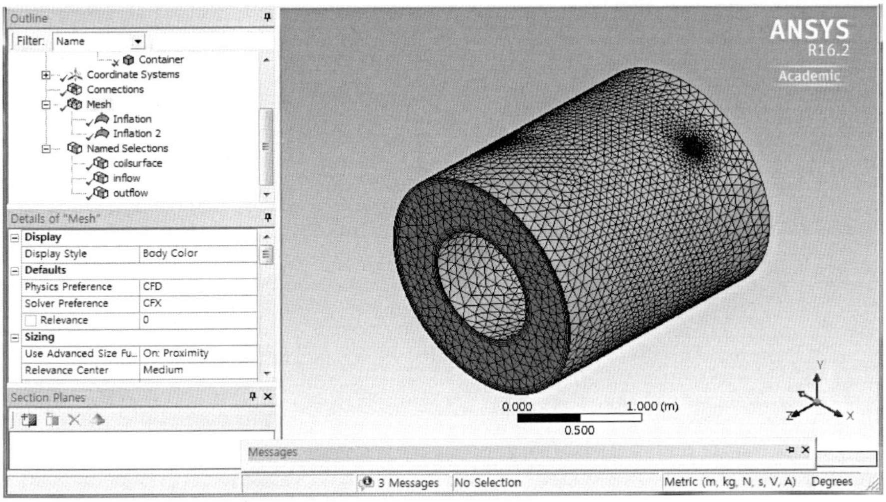

▶ **예제 4-30** Heating Coil Mesh 생성

Meshing 작업이 끝났으므로 File>Save Project를 선택하여 File을 저장한다. 그리고 File>Close Meshing한다.

4 Setup하기

1. CFX-Pre로 들어가기 위하여 Setup에 마우스를 올려놓고 우클릭하여 Edit를 선택한다.

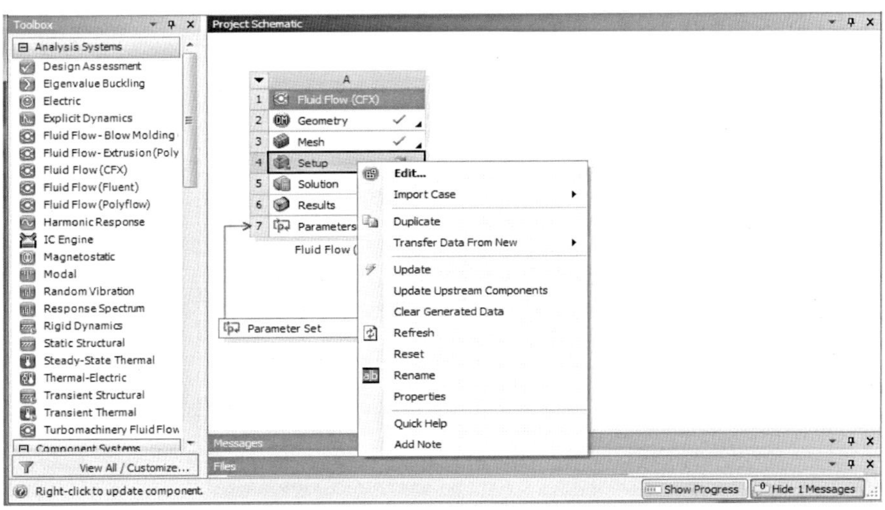

2. 아래의 그림은 CFX-Pre창이다.

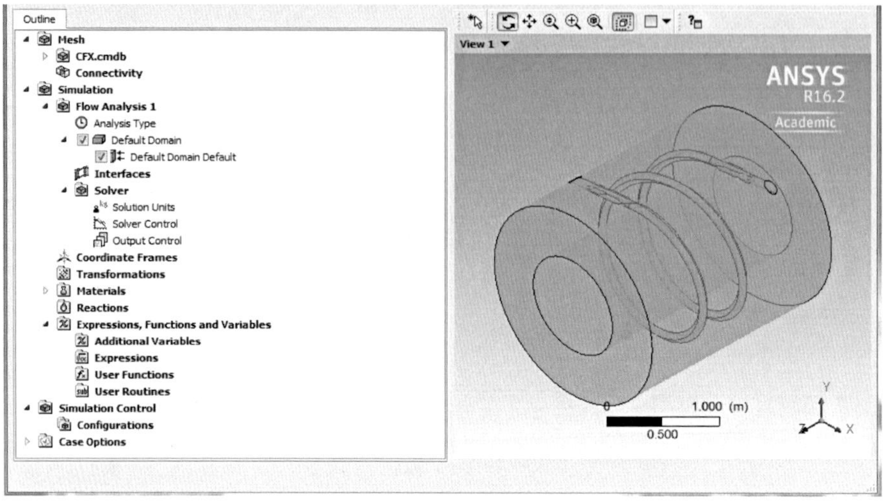

▶ 예제 4-31 Heating Coil의 CFX-Pre창

이 예제에서 다음을 배운다.

- Creating and using a solid domain as a heating coil in CFX-Pre.
- Creating a domain interface.
- Modeling conjugate heat transfer in CFX-Pre.
- Using electricity to power a heat source.
- Plotting temperature on a cylindrical locator in CFD-Post.
- Lighting in CFD-Post.

Component	Feature	Details
CFX-Pre	User Mode	General mode
	Analysis Type	Steady State
	Fluid Type	General Fluid
	Domain Type	Multiple Domain
	Turbulence Model	k-Epsilon
		Shear Stress Transport
	Heat Transfer	Thermal Energy
	Heat Transfer Modeling	Conjugate Heat Transfer (via Electrical Resistance Heating)
	Boundary Conditions	Inlet (Subsonic)
		Opening
		Wall: No-Slip
		Wall: Adiabatic

Component	Feature	Details
	CEL (CFX Expression Language)	
	Timestep	Physical Time Scale
CFD-Post	Plots	Contour
		Cylindrical Locator
		Isosurface
		Temperature Profile Chart
	Other	Changing the Color Range
		Expression Details View
		Lighting Adjustment
		Variable Details View
		Exporting Results to ANSYS

Overview of the Problem to Solve

이 예제는 ANSYS CFX가 복합 열전달을 모델링하는 기능을 보여준다. 이 예제에서, 열교환기는 전기 가열 된 구리 코일 고체로부터의 그것 주위에 흐르는 물에 열에너지의 전달을 모델링하는데 사용된다.

물의 유동 영역과 코일의 고체 영역이 있다. 유체 도메인은 환상 코일을 감싸는 영역이며 0.4 m/s에서 초기 온도 300 K의 물이 흐른다. 구리 코일은 한쪽 끝에서 다른 쪽 끝까지 전위차가 4.4V이고 구리의 초기 전기 전도도는 550 K이다. 구리의 균일한 전기 전도도는 59.6E + 06 S / m이며 가열 코일에 1mm 두께의 탄산칼슘이 묻어있다.

탄산 칼슘 퇴적물에 대한 물질 파라미터는 다음과 같다.

- Molar Mass = 100.087[kg kmol^-1]
- Density = 2.71[g cm^-3]
- Specific Heat Capacity = 0.9[J g^-1 K^-1]
- Thermal Conductivity = 3.85[W m^-1 K^-1]

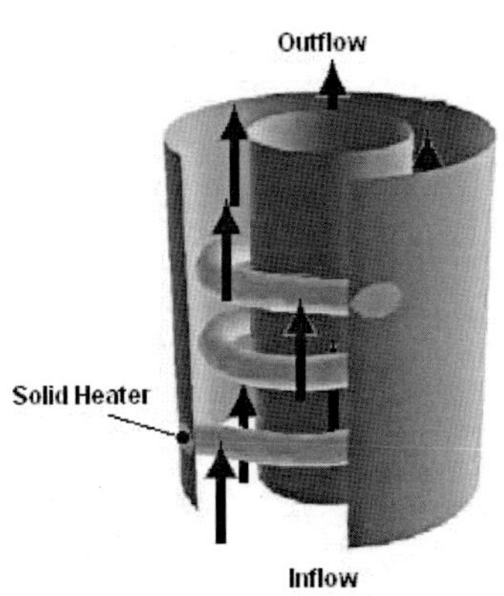

Editing the Material Properties

1. 트리뷰에서 Materials를 확장하고 Copper를 마우스 오른쪽 버튼으로 클릭 한 다음 Edit를 선택한다.

2. Copper의 다음 설정을 구성한다.

Tab	Setting	Value
Material Properties	Electromagnetic Properties	Expand the **Electromagnetic Properties** frame [a]
	Electromagnetic Properties > Electrical Conductivity	(Selected)
	Electromagnetic Properties > Electrical Conductivity > Electrical Conductivity	59.6E+06 [S m^-1]

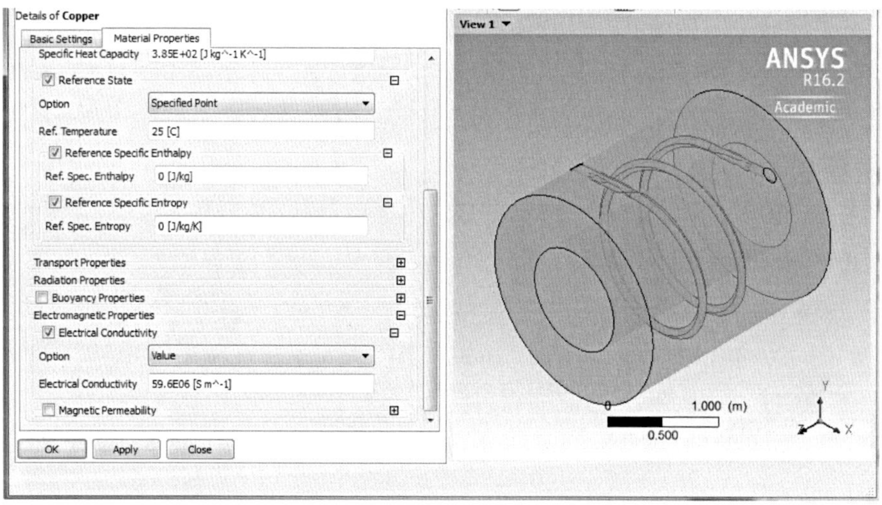

▶ **예제 4-32** Copper의 전기전도도

3. OK를 클릭한다.

Defining the Calcium Carbonate Deposit Material

탄산 칼슘 침전물을 모델링하는데 사용될 새로운 물질 정의를 만든다.

가열 코일

1. Insert>Material 클릭하고 새재료인 탄산칼슘의 이름을 지정한다.

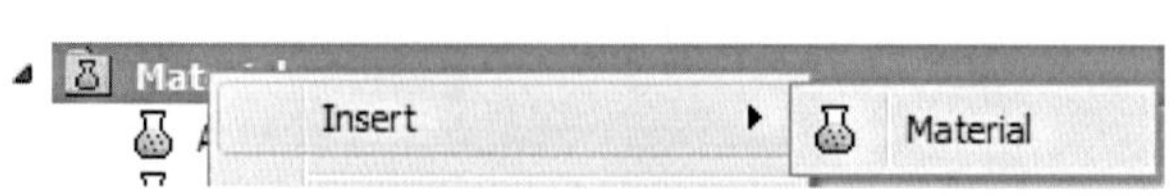

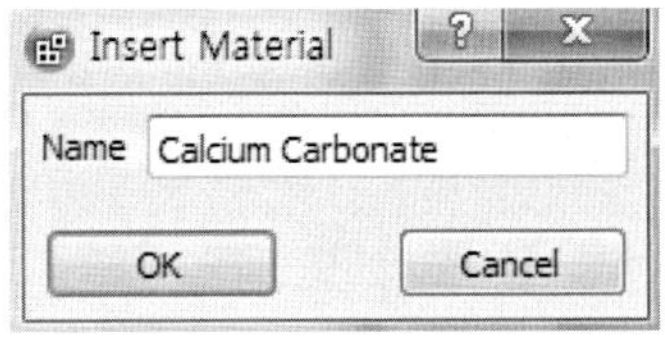

2. OK 클릭하고 Calcium Carbonate 디테일뷰에 다음을 설정한다.

Tab	Setting	Value
Basic Settings	Material Group	User [a]
	Thermodynamic State	(Selected)
	Thermodynamic State > Thermodynamic State	Solid
Material Properties	Thermodynamic Properties > Equation of State > Molar Mass	100.087 [kg kmol^-1]
	Thermodynamic Properties > Equation of State > Density	2.71 [g cm^-3] [b]
	Thermodynamic Properties > Specific Heat Capacity	(Selected)
	Thermodynamic Properties > Specific Heat Capacity > Specific Heat Capacity	0.9 [J g^-1 K^-1] [b]
	Transport Properties > Thermal Conductivity	(Selected) [c]
	Transport Properties > Thermal Conductivity > Thermal Conductivity	3.85 [W m^-1 K^-1]

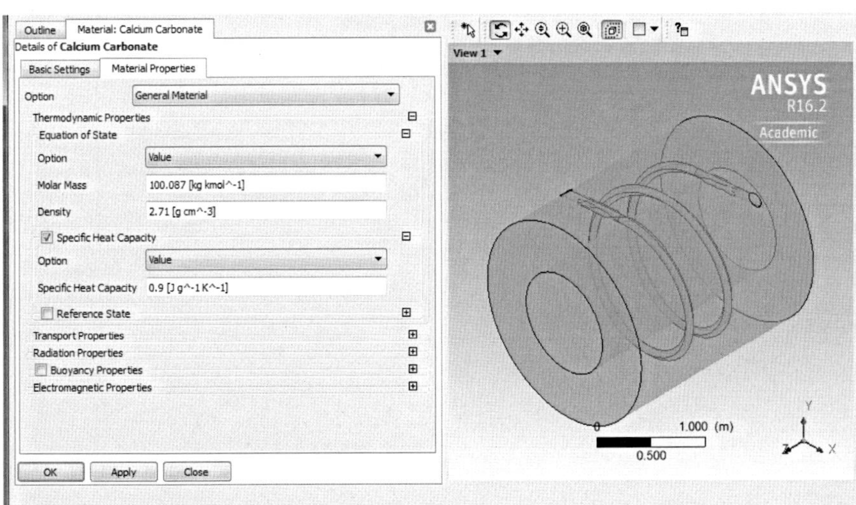

▶ **예제 4-33** Calcium Carbonate 디테일뷰 설정

3. 설정이 끝나면 OK를 클릭한다.

Creating the Domains

본 시뮬레이션은 fluid와 solid domain이 필요하다. 첫 번째로, 열 교환기의 고리모양의 영역에 대한 fluid domain을 생성 할 것이다.

Fluid domain 생성

Fluid domain은 유체유동 영역을 포함한다. 그러나 Solid(구리 heater)는 포함하지 않는다.

1. Insert>Domain 또는 을 클릭하여 WaterZone 이름으로 새로운 domain을 생성한다.

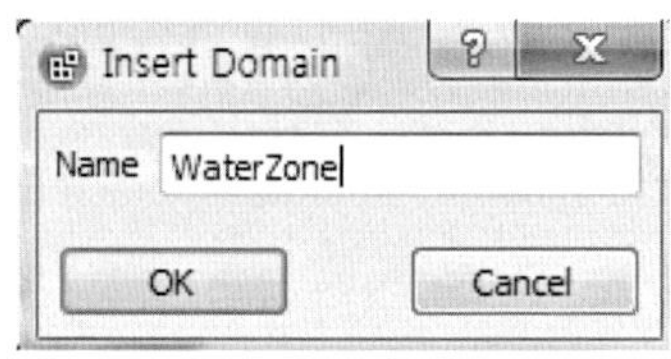

2. WaterZone 디테일뷰에 다음과 같이 설정한다.

Tab	Setting	Value
Basic Settings	Location and Type > Location	Annulus [a]
	Fluid and Particle Definitions	Fluid 1
	Fluid and Particle Definitions > Fluid 1 > Material	Water
	Domain Models > Pressure > Reference Pressure	1 [atm]
Fluid Models	Heat Transfer > Option	Thermal Energy
Initialization	Domain Initialization	(Selected)

a. This region name may be different depending on how the mesh was created. You should pick the region that forms the exterior surface of the volume surrounding the coil.

3. 설정이 끝나면 OK를 클릭한다.

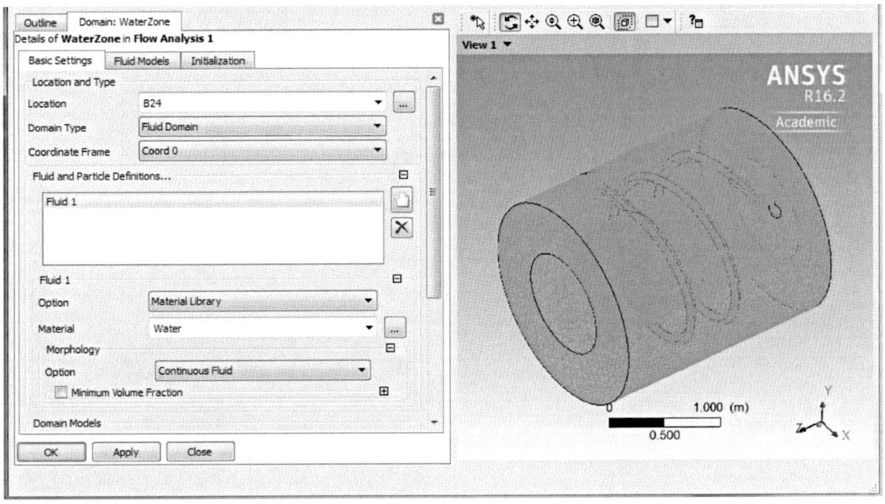

▶ 예제 4-34 WaterZone 디테일뷰

Creating a Solid Domain

Solid domain 생성

Cooper heating 요소는 fluid 보다 온도가 더 높으므로, 적절한 값으로 온도를 초기화하여야 한다. 초기화 옵션은 domain을 생성하고 그 domain에서 설정한다.

1. Insert>Domain 또는 [아이콘] 을 클릭하여 SolidZone 이름으로 새로운 domain을 생성한다.

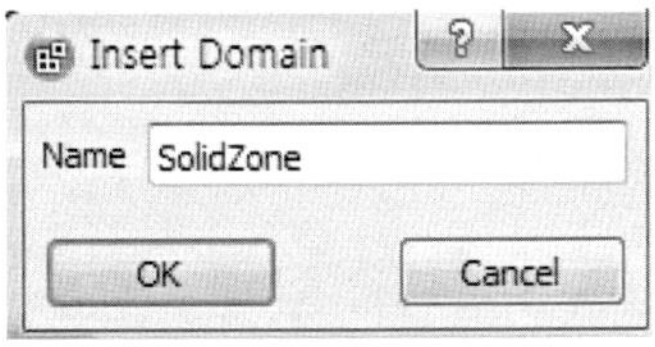

2. SolidZone 디테일뷰에 다음과 같이 설정한다.

Tab	Setting	Value
Basic Settings	Location and Type > Location	Coil [a]
	Location and Type > Domain Type	Solid Domain
	Solid Definitions	Solid 1
	Solid Definitions > Solid 1 > Solid 1 > Material	Copper
Solid Models	Heat Transfer > Option	Thermal Energy
	Electromagnetic Model	(Selected)

Tab	Setting	Value
	Electromagnetic Model > Electric Field Model > Option	Electric Potential
Initialization	Domain Initialization > Initial Conditions > Temperature > Option	Automatic with Value
	Domain Initialization > Initial Conditions > Temperature > Temperature	550 [K]

a. This region name may be different depending on how the mesh was created. You should pick the region that forms the coil.

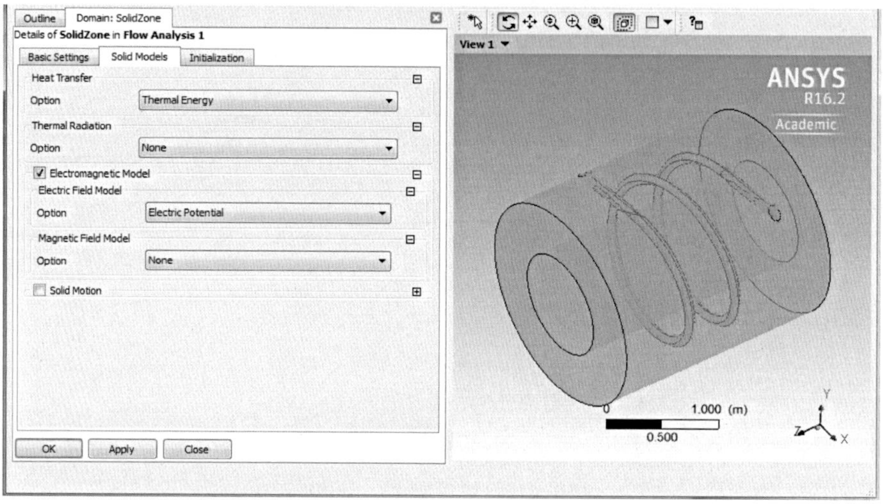

▶ 예제 4-35 SolidZone 디테일뷰

3. 설정이 끝나면 OK를 클릭한다.

Creating the Boundaries

이제 문제 설명에 제공된 값을 사용하여 경계 조건을 설정한다.

Heating Coil Boundaries

가열 코일을 통해 전기를 통과 시키려면, 코일의 한쪽 끝에서0 [V]의 전압을 다른쪽 끝에 4.4V를 지정해야한다

Coil Boundaries Coil end 1

1. Insert>Boundary 또는 Boundary 클릭하고 나타나는 드롭다운 메뉴에서 SolidZone을 선택한다.

2. 이 새 경계의 이름을 Ground로 지정하고 OK를 클릭한다.

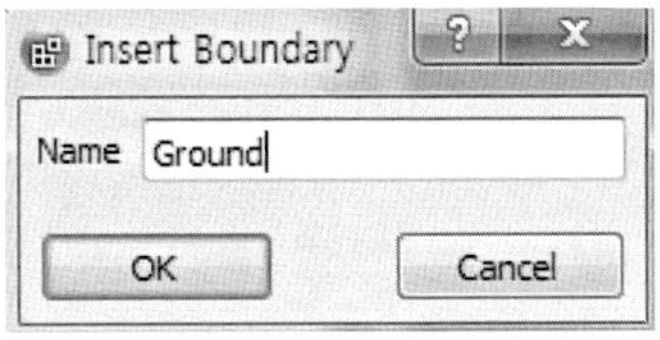

3. 다음 설정을 구성한다.

Tab	Setting	Value
Basic Settings	Boundary Type	Wall
	Location	Coil End 1[a]
Boundary Details	Electric Field > Option	Voltage
	Electric Field > Voltage	0 [V]
a. You will need to click *Multi-select from extended list* ... to see a list of all regions		

4. 확인을 클릭하여 이 설정을 적용한다.

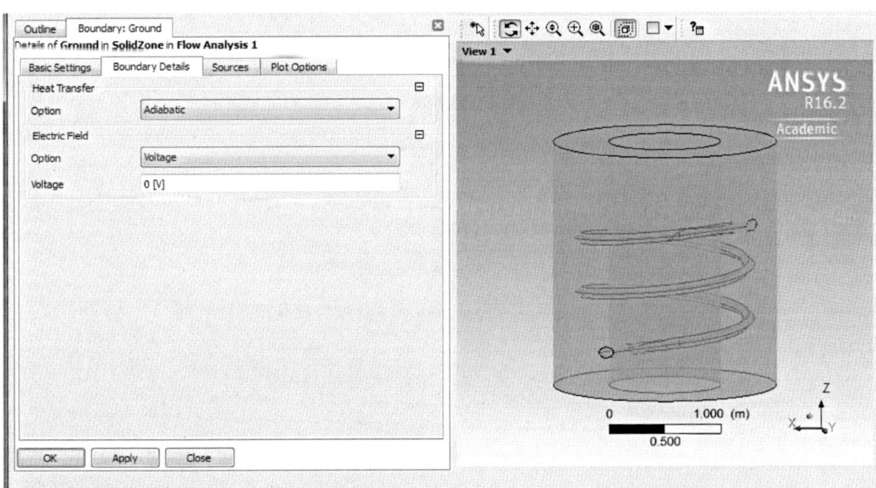

▶ 예제 4-36 Coil Boundaries Coil end 1

5. 코일의 다른 끝인 코일 끝 2에서 Hot이라는 비슷한 경계를 만들고 4.4 [V]의 전압을 적용한다.

Coil Boundaries Coil end 2

1. Insert>Boundary 또는 Boundary 클릭하고 나타나는 드롭다운 메뉴에서 SolidZone을 선택한다.

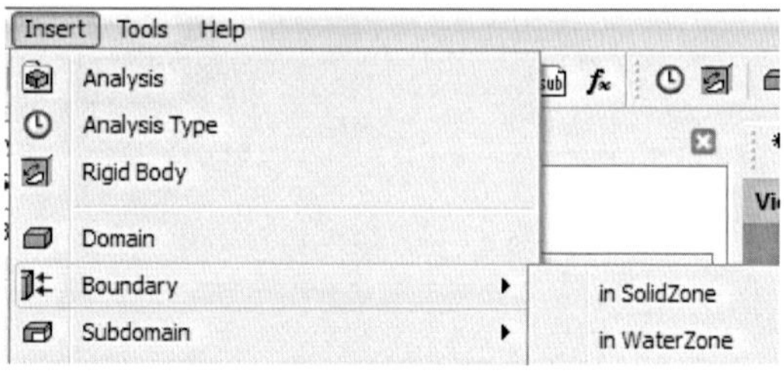

▶ 예제 4-37 SolidZone 선택

2. 이 새 경계의 이름을 Hot로 지정하고 OK를 클릭한다.

3. 다음 설정을 구성한다.

Tab	Setting	Value
Basic Settings	Boundary Type	Wall
	Location	Coil End 2
Boundary Details	Electric Field > Option	Voltage
	Electric Field > Voltage	4.4 [V]

4. 확인을 클릭하여 이 설정을 적용한다.

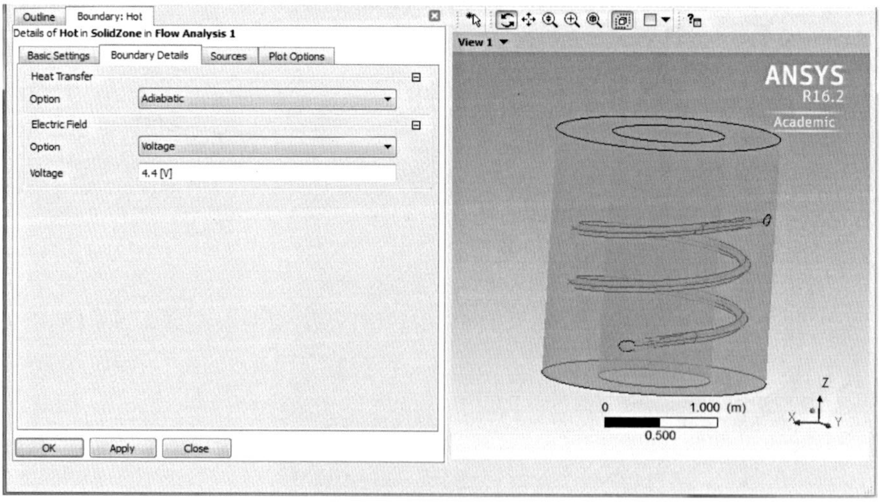

▶ 예제 4-38 Coil Boundaries Coil end 2

Inlet Boundary

이제 냉각 유체 (물)의 입구 경계를 생성한다.

1. Inflow라는 이름의 WaterZone 도메인에 새 경계를 만든다.

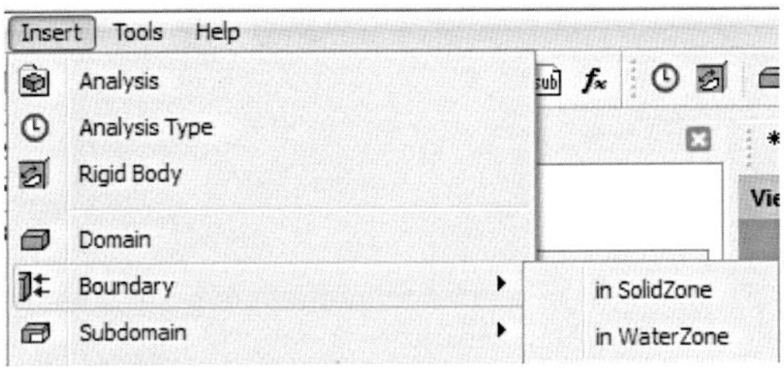

▶ 예제 4-39 WaterZone 선택

이 새 경계의 이름을 Inflow로 지정하고 OK를 클릭한다.

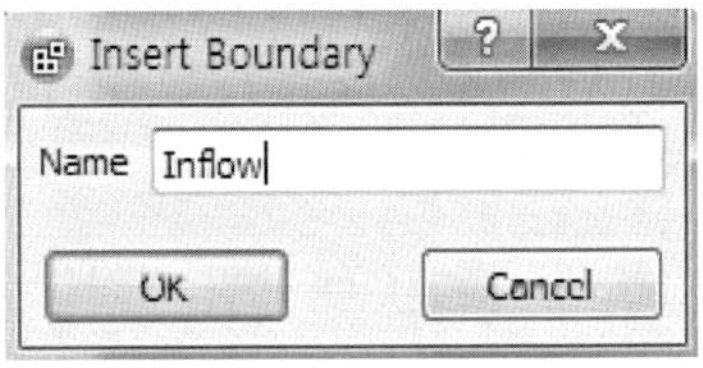

2. Inflow 디테일뷰에서 다음 설정을 구성한다..

Tab	Setting	Value
Basic Settings	Boundary Type	Inlet
	Location	inflow
Boundary Details	Mass and Momentum > Option	Normal Speed
	Mass and Momentum > Normal Speed	0.4 [m s^-1]
	Heat Transfer > Option	Static Temperature
	Heat Transfer > Static Temperature	300 [K]

3. 확인을 클릭하여 이 설정을 적용한다.

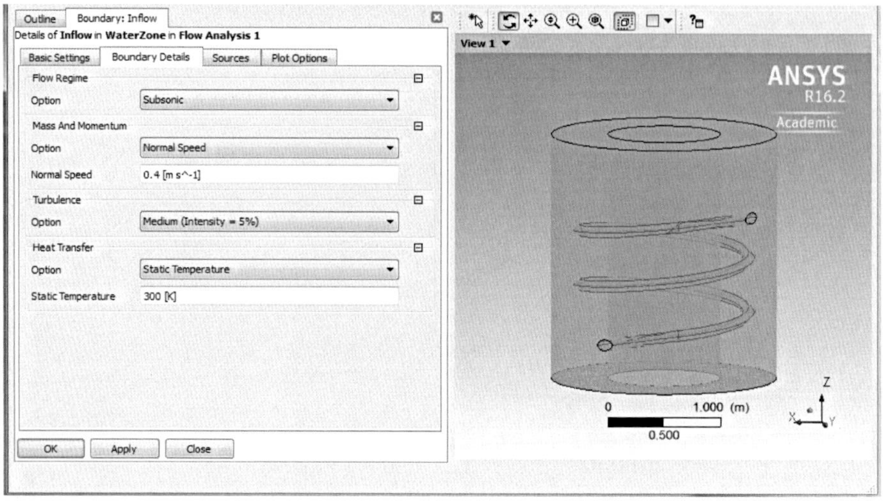

▶ 예제 4-40 WaterZone에 Inflow

Opening Boundary

오프닝 경계는 이 경우 출구에 적절하다. 왜냐하면, 솔루션의 일부 단계에서, 감겨진 가열 요소는 출구에서 약간의 재순환을 야기 할 것이다. 당신이 필요로 하는 오프닝 경계에서 경계를 통해 들어오는 유체의 온도를 설정한다. 이 개구부를 통해 유체가 대부분 밖으로 흐를 것으로 예상하기 때문에 콘센트의 유체 온도에 대한 온도 이 경우에 이것을 기반으로 하는 것이 유용한다.

이제 냉각 유체 (물)의 입구 경계를 생성한다.

Opening이라는 경계를 만들기전에 아래의 식부터 먼저 만들고 Opening이라는 이름의 WaterZone 도메인에 새 경계를 만든다.

1. Insert > Expression식을 클릭하여 새식을 삽입하거나 트리뷰에서

Expressions 위에 마우스를 놓고 우클릭하여 Insert > Expression을 선택한다.

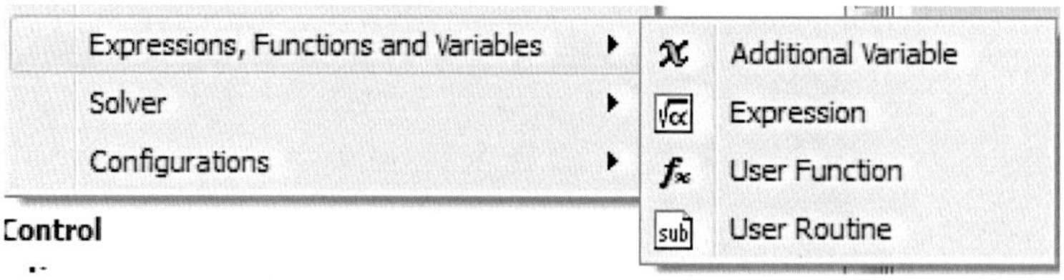

▶ 예제 4-41 Insert 〉Expression에

▶ 예제 4-42 Expression 선택

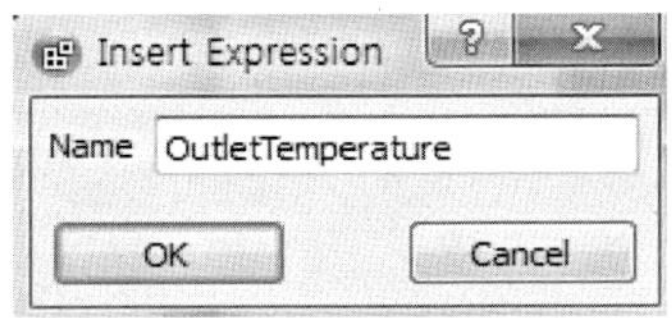

2. 이 새로운 표현식의 이름을 OutletTemperature로 지정하고 OK를 눌러 계속한다.
3. Definition 입력 상자에 공식 areaAve(T)@outflow를 입력한다.
4. Apply를 클릭한다.
5. 트리 보기의 맨 위에 있는 닫기를 클릭하여 Expressions을 닫는다.

트리뷰에 보면 다음과 같이 삽입되었음을 알 수 있다.

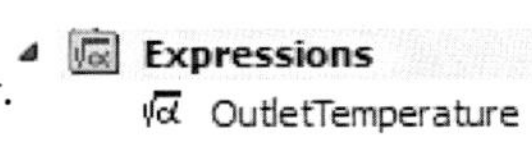

1. Opening이라는 이름의 WaterZone 도메인에 새 경계를 만든다.

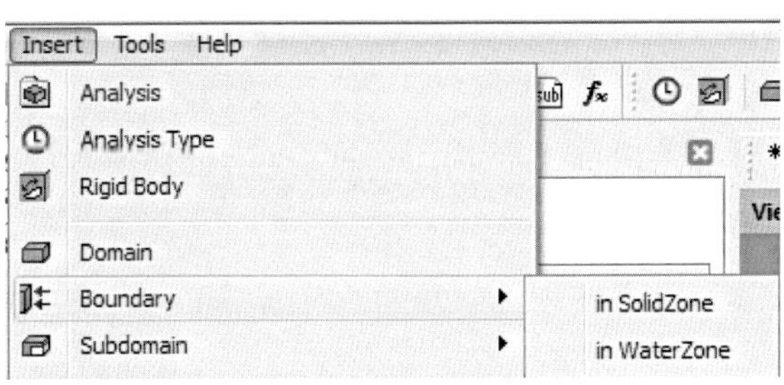

▶ 예제 4-43 WaterZone 선택

이 새 경계의 이름을 Opening로 지정하고 OK를 클릭한다.

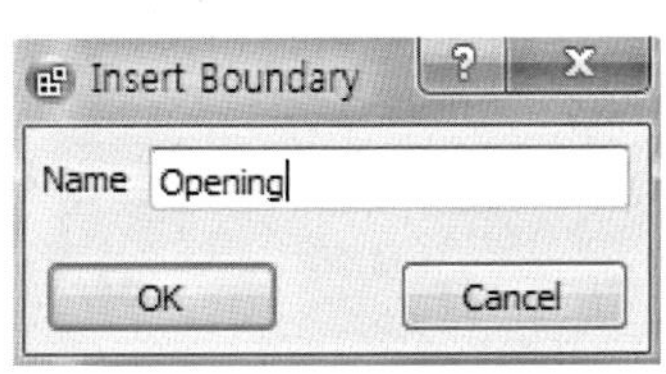

2. Opening 디테일뷰에서 다음 설정을 구성한다.

Tab	Setting	Value
Basic Settings	Boundary Type	Opening
	Location	outflow
Boundary Details	Mass and Momentum > Option	Opening Pres. and Dirn
	Mass and Momentum > Relative Pressure	0 [Pa]
	Heat Transfer > Option	Static Temperature
	Heat Transfer > Static Temperature	OutletTemperature [a]

a. In order to enter an expression, you need to click *Enter Expression* .

3. 확인을 클릭하여 이 설정을 적용한다.

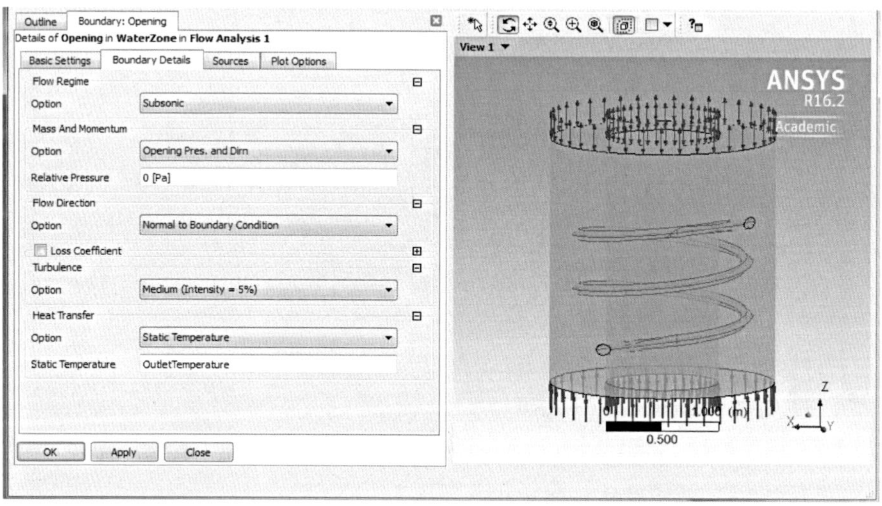

▶ **예제 4-44** WaterZone에 Outflow

WaterZone Default라는 기본 슬립, 단열 벽 경계가 자동으로 적용된다. WaterZone 도메인의 나머지 지정되지 않은 외부 경계에 연결한다. 도메인 인터페이스를 만들 때 두 개의 경계 조건이 자동으로 생성된다. 유체 및 고체 도메인을 연결하여라. 도메인 인터페이스는 다음 섹션에서 설명한다.

Creating the Domain Interface

1. Insert > Domain Interface 을 선택하거나 Domain Interface 을 클릭한다.

2. 확인을 클릭하여 기본 이름 인 도메인 인터페이스 1을 사용한다.

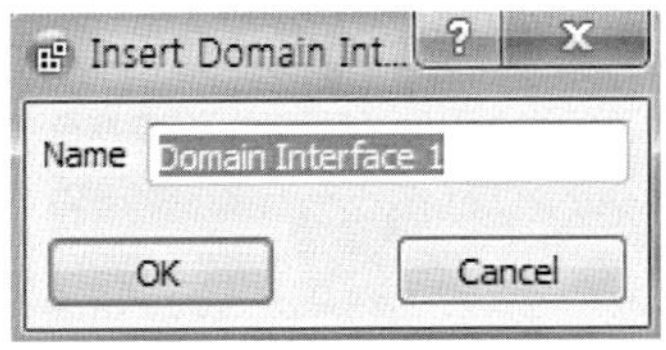

3. Domain Interface 1의 디테일뷰에 다음 설정을 구성한다..

Tab	Setting	Value
Basic Settings	Interface Type	Fluid Solid
	Interface Side 1 > Domain (Filter)	WaterZone
	Interface Side 1 > Region List	coil surface
	Interface Side 2 > Domain (Filter)	SolidZone
	Interface Side 2 > Region List	F22.33, F30.33, F31.33, F32.33, F34.33, F35.33
Additional Interface Models	Heat Transfer	(Selected)
	Heat Transfer > Interface Model > Option	Thin Material
	Heat Transfer > Interface Model > Material	Calcium Carbonate
	Heat Transfer > Interface Model > Thickness	1 [mm] [a]

a Make sure that you change the units to those indicated.

4. 확인을 클릭하여 이 설정을 적용한다.

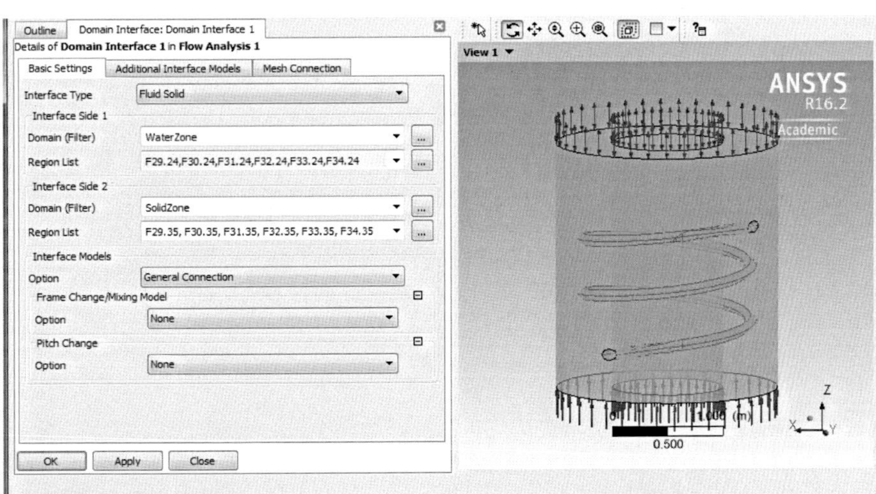

▶ **예제 4-45** Domain Interface 1

Setting Solver Control

1. Solver Control 를 클릭한다.

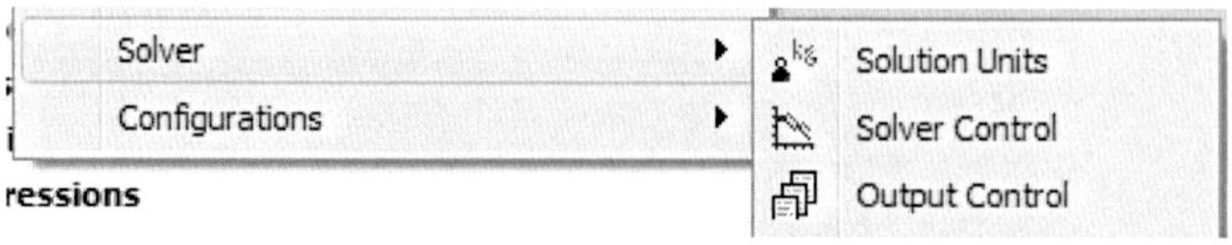

▶ **예제 4-46** Solver Control 선택방법

2. 다음 설정을 구성한다..

Tab	Setting	Value
Basic Settings	Convergence Control > Fluid Timescale Control > Timescale Control	Physical Timescale
	Convergence Control >Fluid Timescale Control > Physical Timescale	2 [s]

수렴 기준의 경우 보통 1e-05 이상의 RMS 값이 필요하다. 컨버전스가 있지만 기본 값은 데모 목적으로 충분하다.

3. 확인을 클릭하여 이 설정을 적용한다.

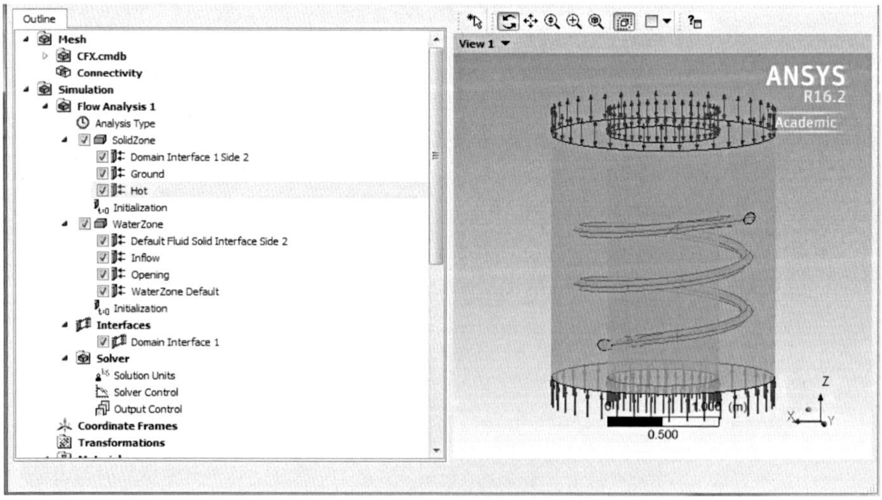

▶ **예제 4-47** Setup 완료

4. File Close CFX-Pre한다.

5 Solution으로 들어가기

1. Solution 우클릭하여 Edit선택하면

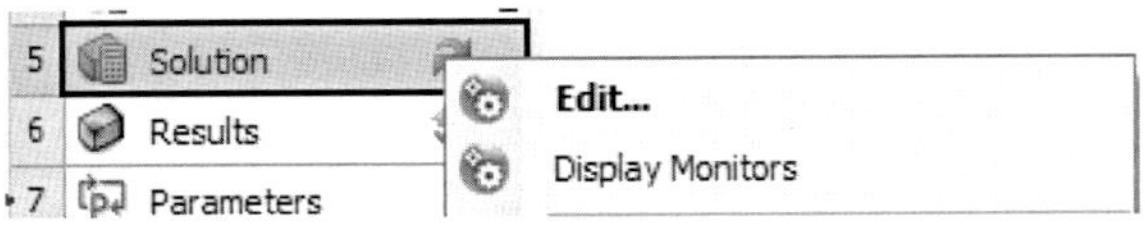

▶ **예제 4-48** Solution 우클릭하여 Edit 선택

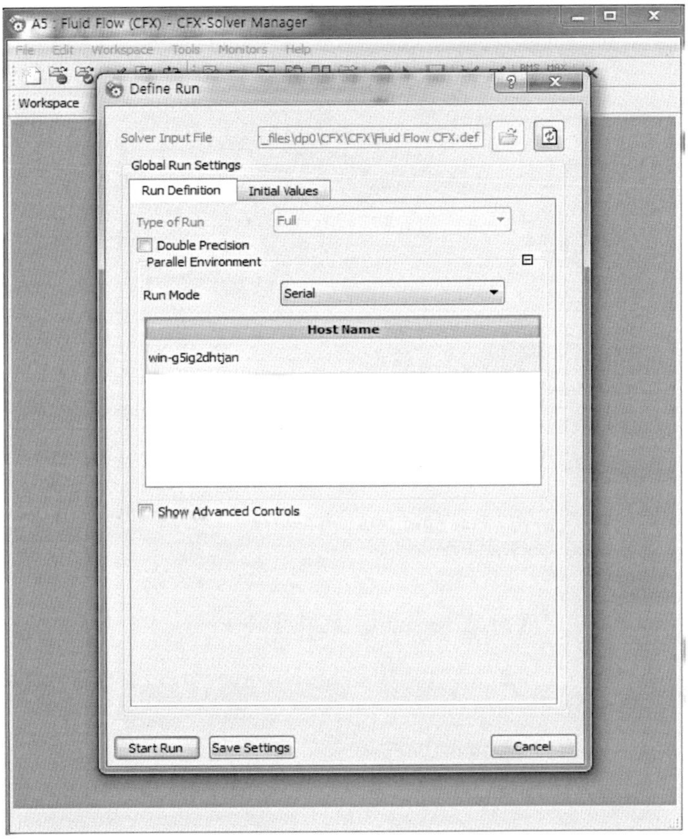

▶ **예제 4-49** Define Run창

2. Define Run창에서 Start Run을 클릭한다.

3. CFX-Solver가 돌아가기 시작한다.

4. CFX-Solver가 정상적으로 돌아가서 끝나면 아래와 같은 Solver Run Finished Normally창이 뜨면서 끝났음을 알린다.

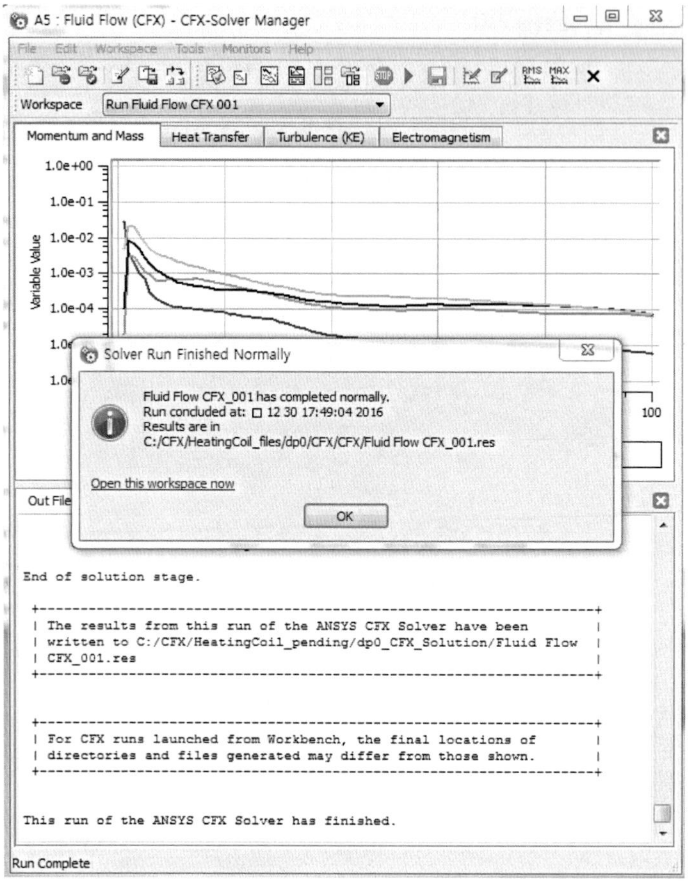

▶ 예제 4-50 Solver Finished

Solver Finished되면 OK하고 Result를 보기로 한다.

6 Viewing the Results Using CFD-Post

ANSYS CFX-Solver에서의 계산이 완료되면, 결과를 검토하기 위해 ANSYS CFX-Post로 이동한다. ANSYS CFX-Solver는 계산을 진행하기 위해 이용되나, 결과를 검토하기 위해서는 ANSYS CFX-Post를 사용한다.

Result를 보기위하여 Result를 우클릭하고 Edit를 선택하면 A6:Fluid Flow(CFX)-CFD Post창이 뜬다.

▶ 예제 4-51 Result 들어가기

Heating Coil Temperature Range

탄산 칼슘 퇴적층의 효과를 파악하기 위해서는 퇴적층의 각가의 Side에 대한 온도 범위을 비교하는 것이 유익하다.

1. CFD-Post가 열리면 Domain Selector 대화 상자가 표시되면 두 도메인이 모두 선택되어 있는지 확인한 다음 확인을 클릭한다.
2. Contour라는 Contour 1을 만든다.

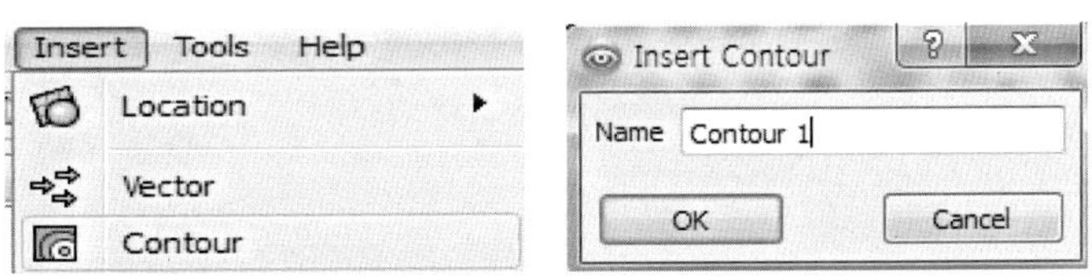

3. OK하고 다음 설정을 구성한다.

Tab	Setting	Value
Geometry	Location	Domain Interface 1 Side 1 [a]
	Variable	Temperature
	Range	Local
	Boundary Data > Hybrid	(Selected)
a. This is the deposit side that is in contact with the water.		

4. Apply를 눌러라.

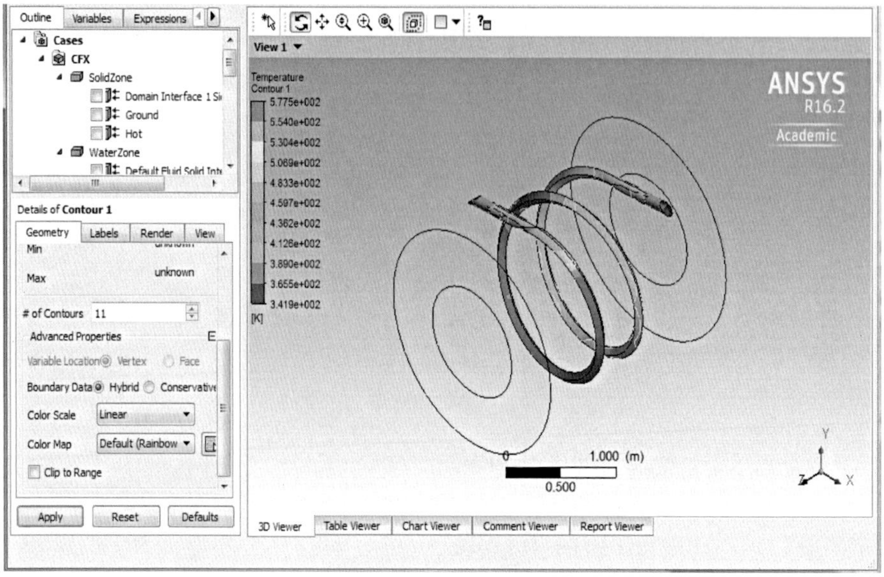

5. 범위 드롭 다운 상자 아래에 표시된 온도 범위를 기록하여라. 온도는 퇴적물의 외부 표면은 약 380 [K] 내지 740 [K] 범위에 있어야한다.

6. 윤곽선 위치를 도메인 인터페이스 1면 2 (코일과 함께 접촉하는 퇴적면)로 변경하고)를 선택하고 적용을 클릭한다.

내부 표면에서 420 [K] ~ 815 [K] 정도의 온도 범위에 주목하여라.

Creating a Cylindrical Locator

다음으로 고리 형 도메인의 바깥 쪽 벽에 가까운 원통형 위치 지정자를 작성한다. 이것은 될 수 있다. 반경을 지정하는 표현식을 사용하고 등고선으로 특정 반경을 배치함으로써 수행된다.

Expression

1. Insert > Expression식을 클릭하여 새식을 삽입하거나 트리뷰에서 **Expressions** 위에 마우스를 놓고 우클릭하여 Insert > Expression을 선택한다.

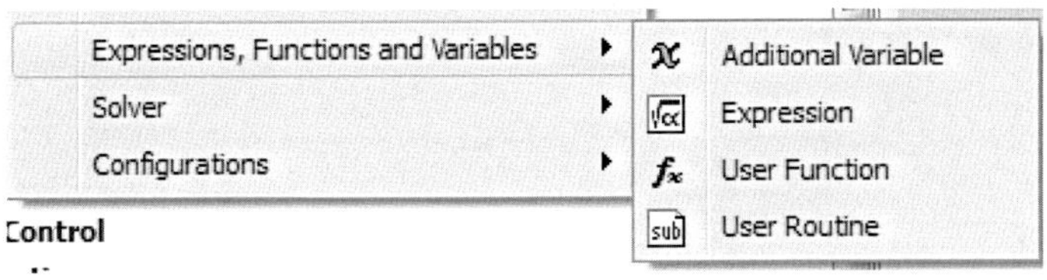

▶ 예제 4–52 Insert>Expression에

▶ 예제 4–53 Expression 선택

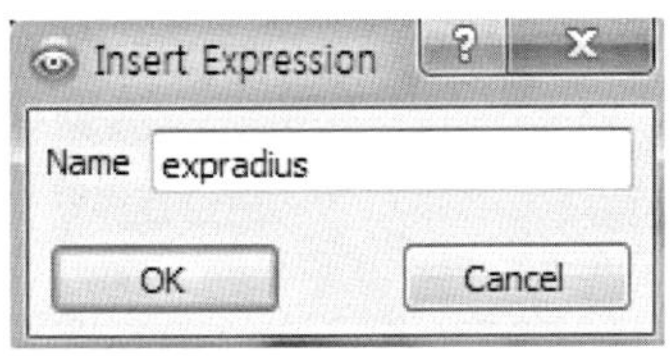

2. 이 새 표현식의 이름을 expradius로 설정하고OK키를 눌러 계속한다.
3. 다음 설정을 구성한다.

Setting	Value
Definition	(x^2 + y^2)^0.5

4. Apply를 클릭한다.

Variable

1. Insert > Variable 클릭하거나 Variable 을 클릭하여여 radius 이름으로 OK하면

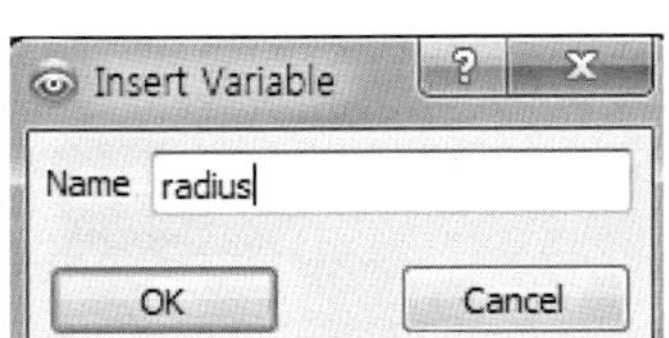

2. OK (확인)를 클릭하여 이름을 radius로 설정한다.

3. 다음 설정을 구성한다.

Setting	Value
Expression	expradius

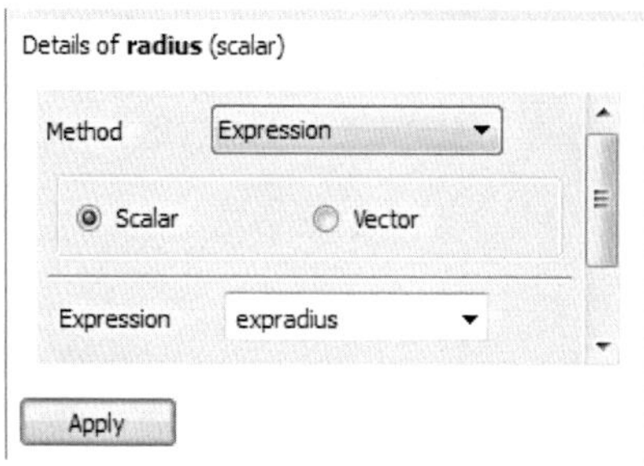

▶ **예제 4-54** radius 설정

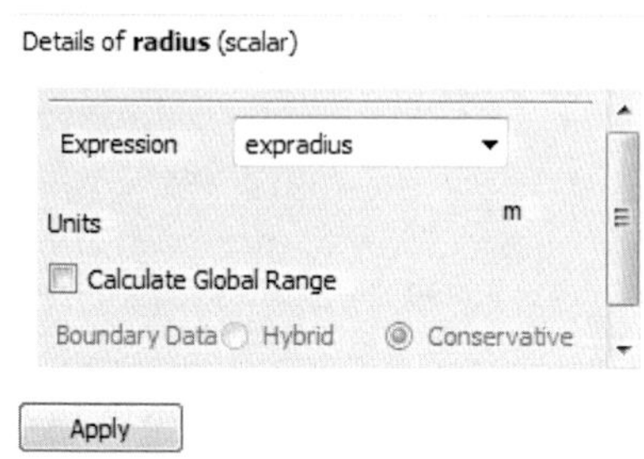

▶ **예제 4-55** Apply했을 때 radius

4. Apply를 클릭한다.

Isosurface of the variable

1. Insert > Location > Isosurface를 클릭하여 new isosurface 1를 생성한다.

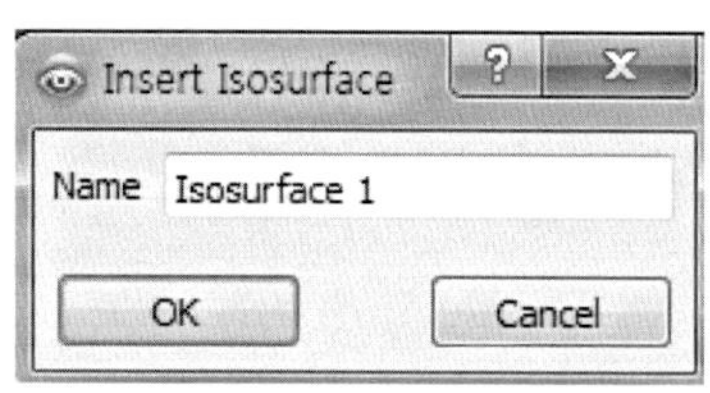

2. OK (확인)를 클릭하여 Isosurface 1이라는 기본 이름을 사용한다.

3. 다음 설정을 구성하여라.

Tab	Setting	Value
Geometry	Definition > Variable	radius
	Definition > Value	0.8 [m] [a]
Color	Mode	Variable
	Variable	Temperature
	Range	User Specified [b]
	Min	299 [K]
	Max	309 [K]
Render	Show Faces	(Selected)

a. The maximum radius is 1 m, so a cylinder locator at a radius of 0.8 m is suitable.

b. The full temperature range is much larger due to temperature extremes on a small fraction of the isosurface. By neglecting those extreme temperatures, more colors are used over the range of interest.

4. Apply를 클릭한다.

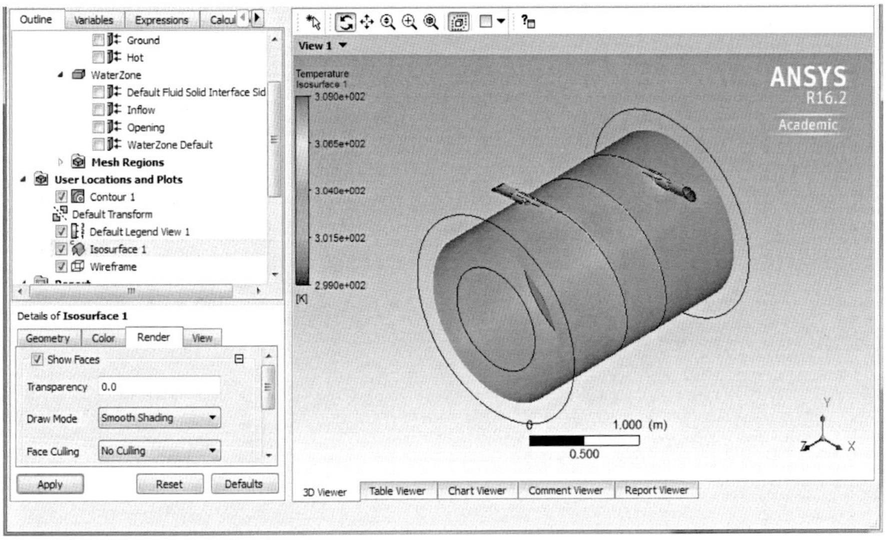

▶ 예제 4-56 Isosurface of the variable

현재 표시되는 기본 범위 범례는 contour이 아니라 isosurface의 범례이다.
기본 범례는 세부 사항보기에서 편집중인 내용에 따라 설정된다.

Creating a Temperature Profile Chart

물과 가열 코일을 통한 온도 변화의 정량적 분석은 유익하다. 온도 프로파일 차트를 만든다. 먼저, 가열 코일을 두 번 돌리는 선을 만든다. 그런 다음 그래픽으로 온도 차트를 작성하여 해당 라인의 온도 변화를 분석한다.

1. Insert > Location > line 을 클릭하여 Line1을 생성한다.

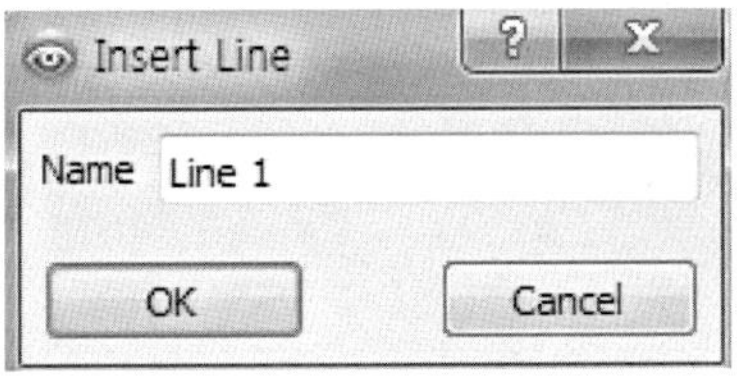

2. OK (확인)를 클릭하여 기본 이름 인 Line 1을 수락한다.
3. Line 1의 다음 설정을 구성하여라.

Tab	Setting	Value
Geometry	Definition > Point 1	-0.75, 0, 0
	Definition > Point 2	-0.75, 0, 2.25
	Line Type > Sample	(Selected)
	Line Type > Samples	200

4. Apply를 클릭한다.

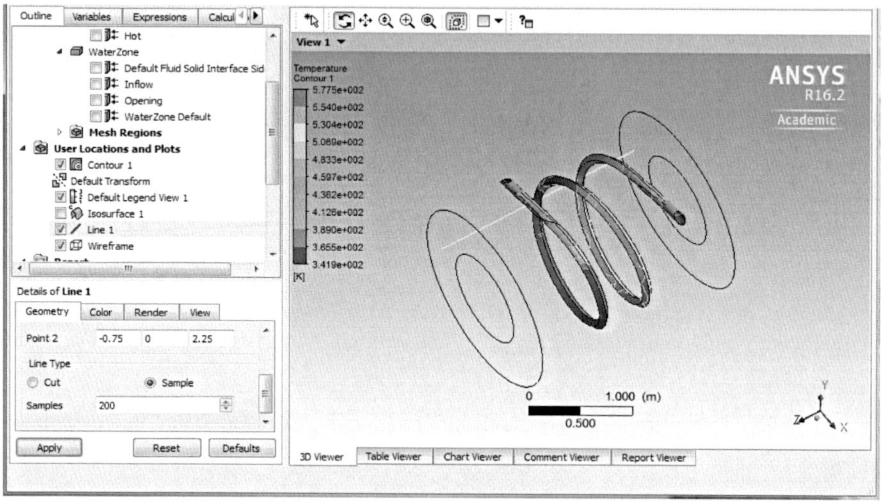

5. Insert > Chart을 클릭하여 Chart1을 생성한다.

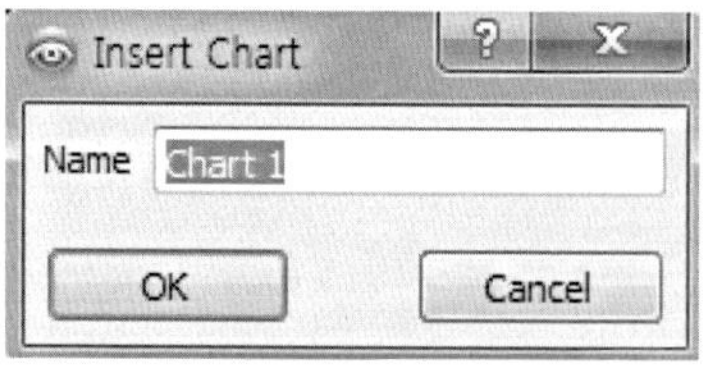

6. OK (확인)를 클릭하여 기본 이름 인 Temperature Profile을 수락한다.
7. 이 차트의 Temperature Profile 이름을 지정하고 Enter 키를 눌러 계속하여라.
8. Data Series 탭을 클릭한다.
9. Data Source > Location 에 Line 1 설정하여라.
10. Y 축 탭을 클릭한다.
11. Data Selection > Variable를 Temperature로 설정하여라.
12. Apply를 클릭한다.

차트에서 퇴적층 지역으로 들어갈 때 온도가 상승하는 것을 볼 수 있다. 코일 회전의 중심에서 최대가 된다.

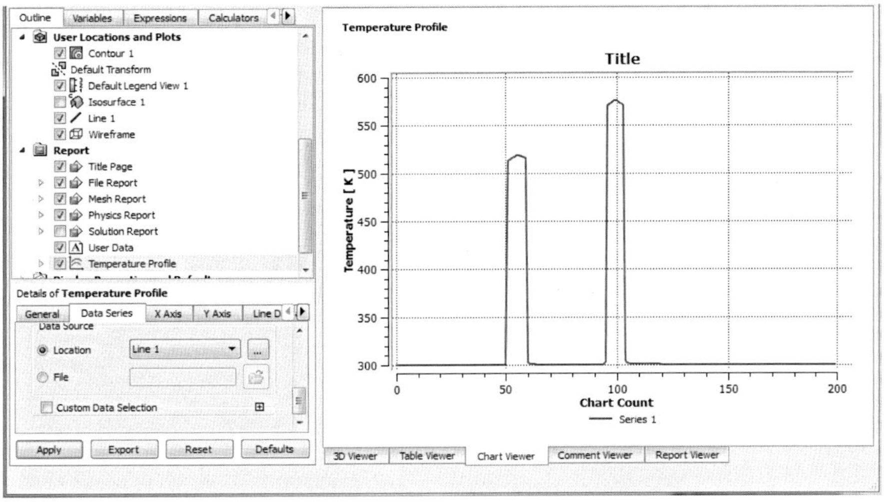

Procedure in Workbench

1. 종료하기 전에 File>Save project 를 하여 현재의 프로젝트를 저장한다.
2. File>Close CFD-Post를 선택하여 CFD-Post를 종료한다.
   File>Exit를 하여 Workbench를 종료한다.

Example 5

Mixing Tee의 열유동 해석

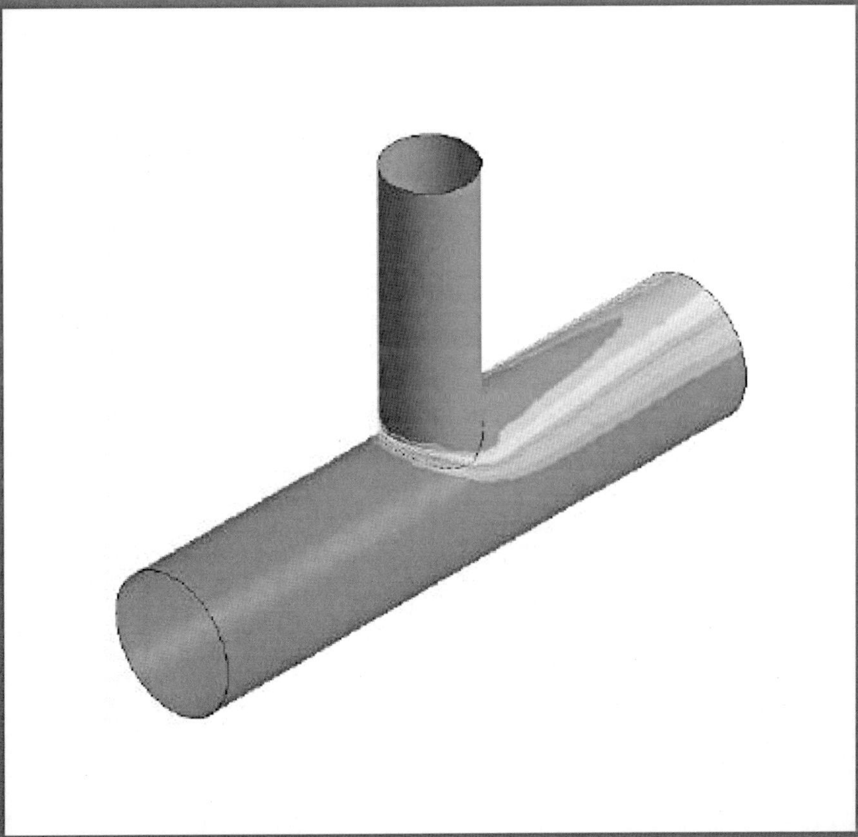

예제 5 Mixing Tee의 열유동 해석

1 문제 개요

T 자형 구간에서 냉온수가 혼합하는데 혼합이 잘 이루어 지는가? 압력 강하는 얼마인가? DM/Meshing이 완료된 상태에서 시작한다.

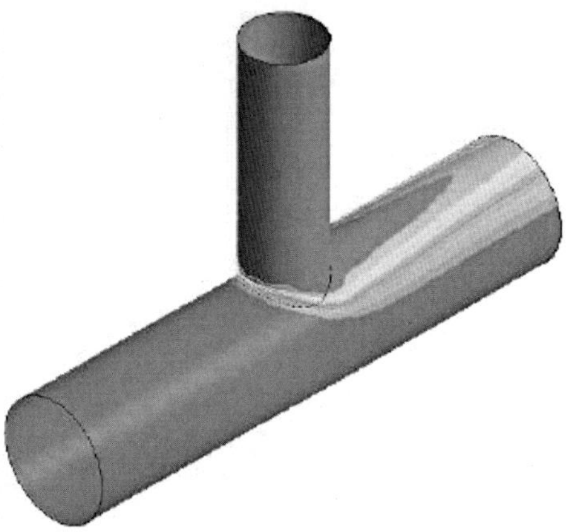

2 Mesh 불러오기

1. Workbench를 시작한다.

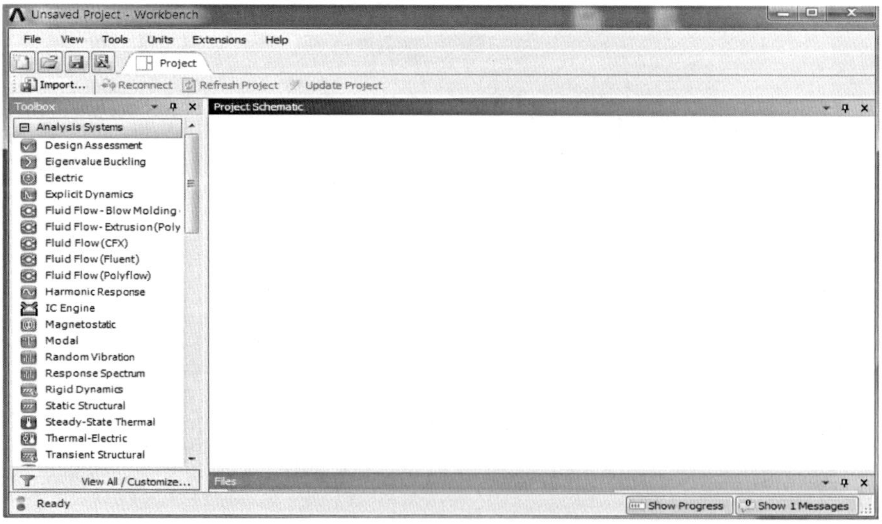

▶ **예제 5-1** Workbench 실행

2. Toolbox의 Analysis Systems에서 'Fluid Flow(CFX)'를 Project Schematic 창으로 Drag & Drop한다.

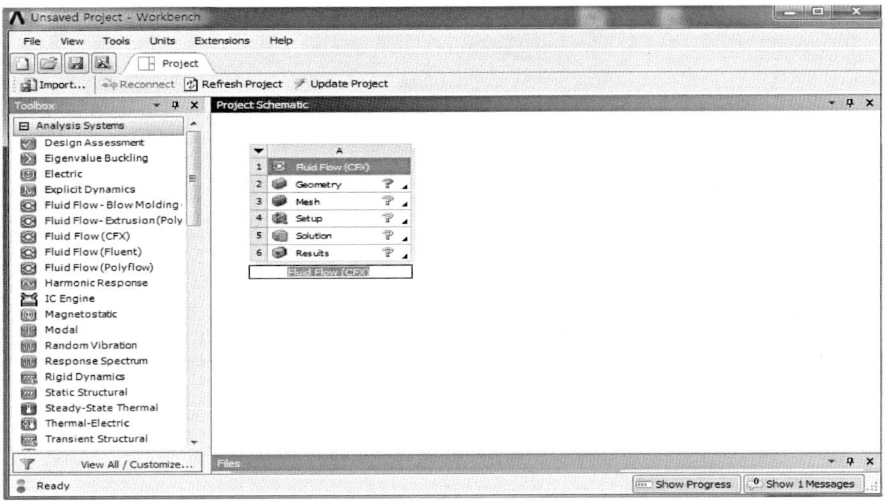

▶ 예제 5-2 Fluid Flow(CFX)'를 Project Schematic 창으로 Drag & Drop

3. Mesh를 우 클릭 후 Import Mesh File을 선택한다.

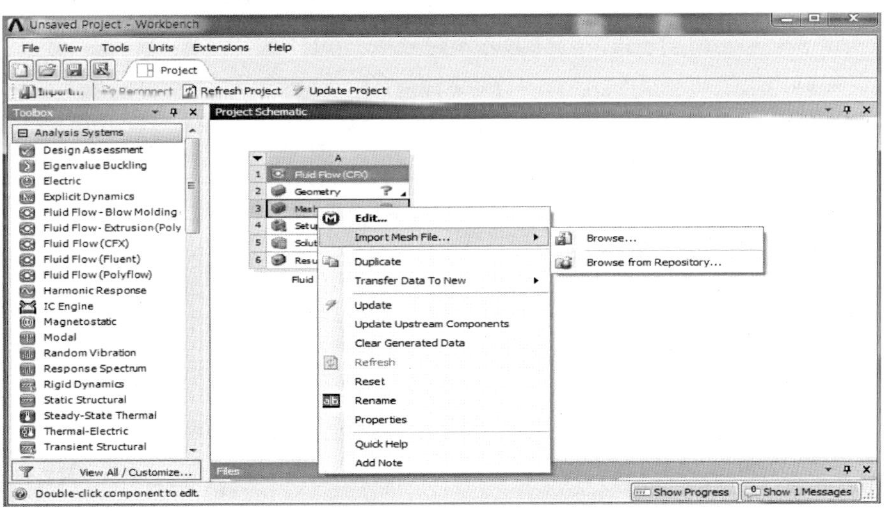

Mixing_tee.msh를 선택한다.

• 확인 : Fluent 파일(*.cas,*.msh)을 불러오기 위해 파일 선택 오른쪽에 있는 필터를 변경한다.

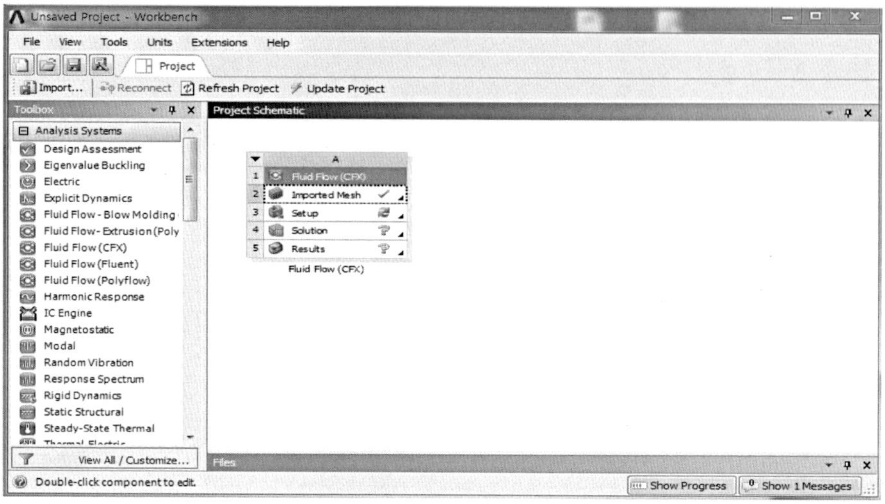

▶ 예제 5-3 Mixing_tee.msh 파일을 불러옴

3 Setup하기

Setup을 더블 클릭하여 CFX-Pre를 실행한다.

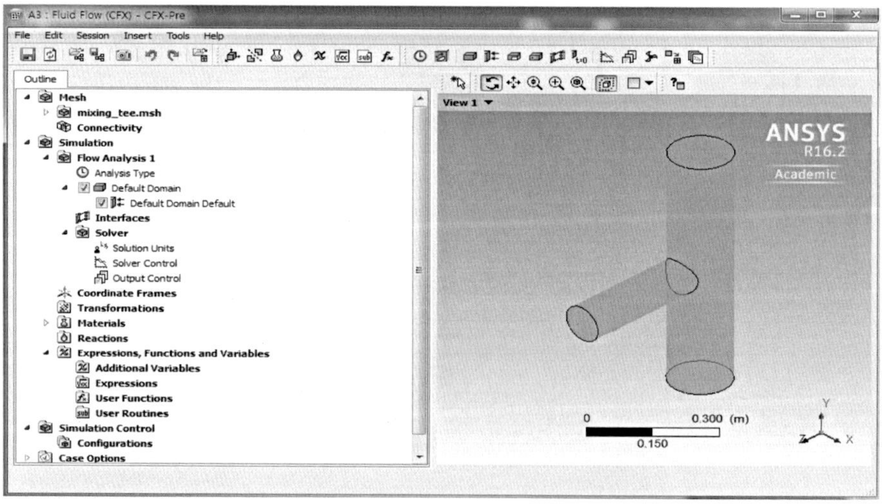

▶ 예제 5-4 CFX-Pre 창

Default Domain이름으로 Mesh file(s)의 모든 3-D영역을 포함한 domain이 자동 생성된다.

Default Domain Default라는 이름으로 각 domain의 모든 2-D영역들을 포함한 boundary가 자동 생성된다.

Mesh에 Mixing_tee.msh를 클릭하면 Mesh가 보인다.

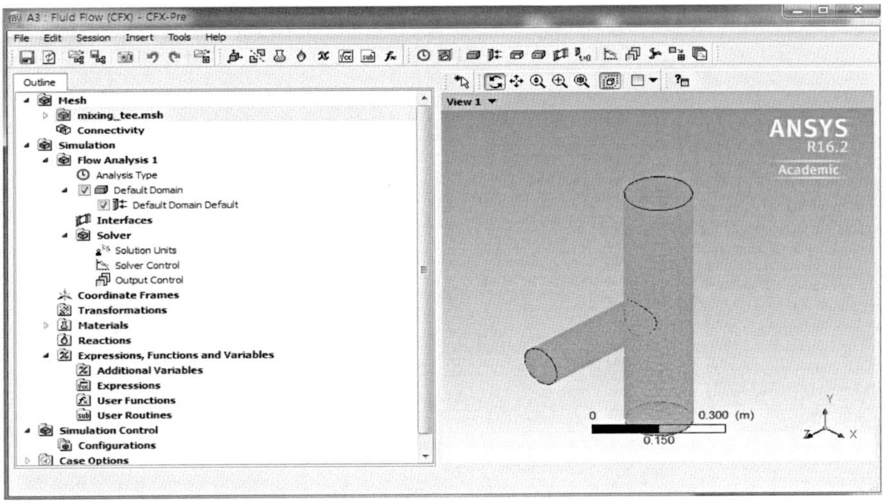

▶ **예제 5-5** Mesh가 보임

1. CFX-Pre - Domain settings

Default Domain은 모든 3D 영역을 포함한다. 새로운 domain을 생성하면, 새로 생성한 domain 의 3D 영역은 Default Domain에서 자동으로 제거된다. Default Domain에 3D 영역이 존재하지 않으면 Default Domain은 자동으로 제거 된다

첫 번째 단계로 domain의 이름을 변경하여 보자.

1. Outline tree에서 Default Domain을 우 클릭하여 Rename을 선택하여 Domain이름을 junction으로 변경한다.
2. Outline tree를 보면 junction으로 바뀌며 junction Default로 바뀐 것을 볼 수 있다.

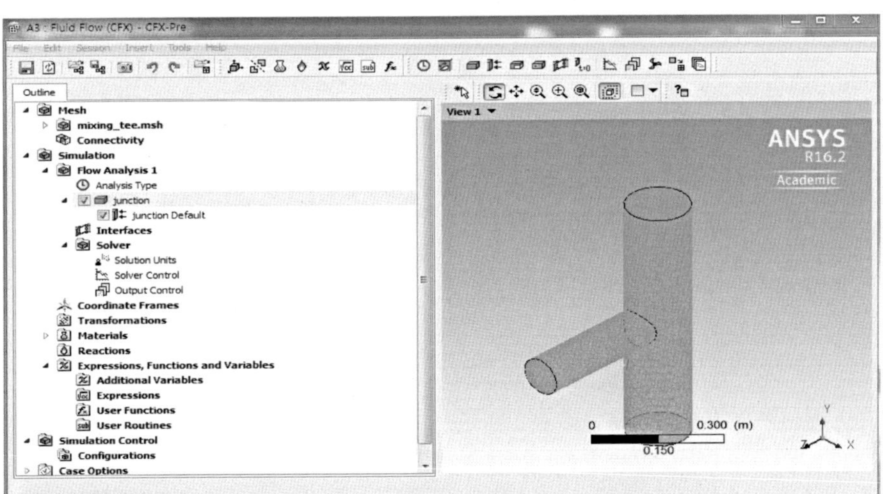

▶ **예제 5-6** Default Domain을 우 클릭하여 Rename을 선택하여 Domain이름을 junction으로 변경

3. junction domain 을 더블 클릭하여 unction domain 탭에서 Material을 Water로 설정한다.

- 사용 가능한 물성들은 drop-down메뉴에서 확인할 수 있다.

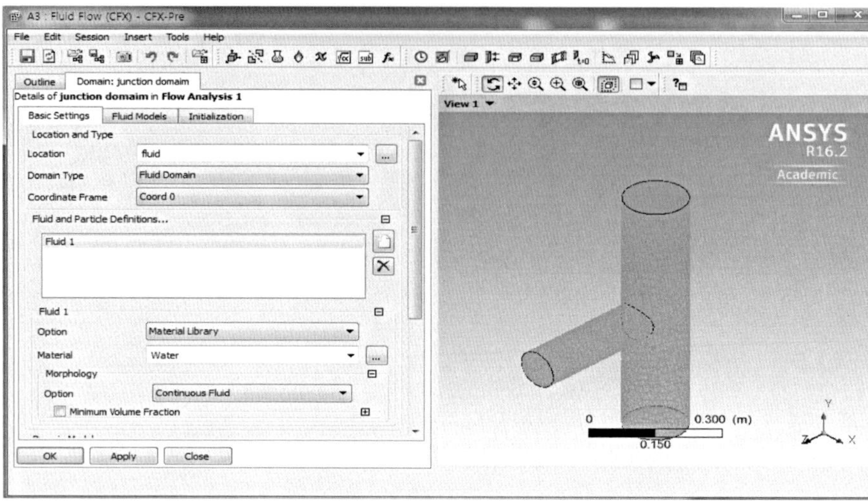

▶ **예제 5-7** Material을 Water로 설정

4. 아이콘을 ... 클릭하여 Import Library Data 아이콘을 이용하여 보다 많은 물성을 이용할 수 있다.

5. Fluid Models탭을 클릭하여 Heat Transfer항목에서 Option을 Thermal Energy로 변경한다.

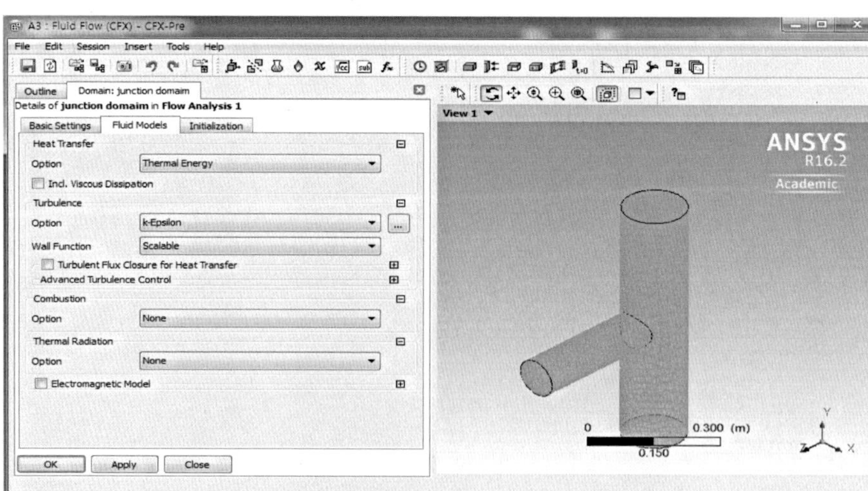

▶ **예제 5-8** Thermal Energy로 변경하고 k-Epsilon 난류 모델

- 열 전달을 고려하게 된다. 비압축성 유동에 적합한 모델이다.
- 다른 설정 항목들은 기본 값으로 설정한다.

6. 기본 값으로 k-Epsilon 난류 모델을 사용한다.
7. 변경된 설정 사항을 저장하기 위하여 'OK'를 클릭한다.

2. CFX-Pre - Boundary Conditions

다음 단계는 경계조건을 생성하는 단계이다. 차가운 유체와 뜨거운 유체가 유입되는 2개의 inlet과 outlet을 생성할 것이다. 나머지 다른 영역들은 단열 벽으로 설정할 것이다. 현재 모든 2D영역들은 junction Default의 경계조건에 포함되어 있다.

각 domain의 외부 벽면은 자동으로 기본 경계조건으로 설정된다. 기본 경계조건은 No Slip, Smooth, Adiabatic wall 이다. 새로운 경계조건 생성시, 새로운 경계조건에 포함된 영역은 기본 경계조건에서 자동으로 제거 된다.

2.1 Inlet boundary conditions(inlety)

1. 기존domain에서 경계조건을 추가하기 위하여 Insert > Insert > Boundary을 선택하거나 Boundary 아이콘을 신택힌디.

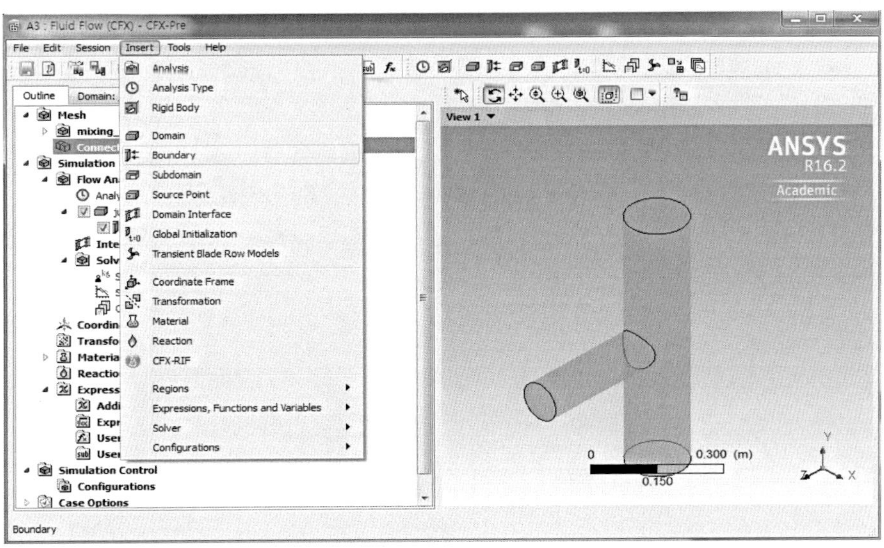

▶ 예제 5-9 Inlet boundary conditions 선택

Insert Boundary 창에 Name을 inlety로 입력하고 OK를 클릭한다.

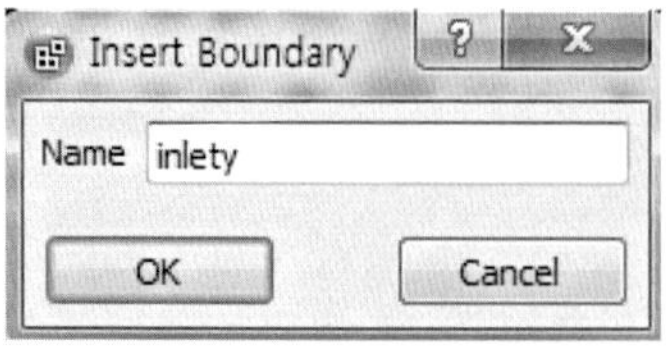

▶ **예제 5-10** Name을 inlety로

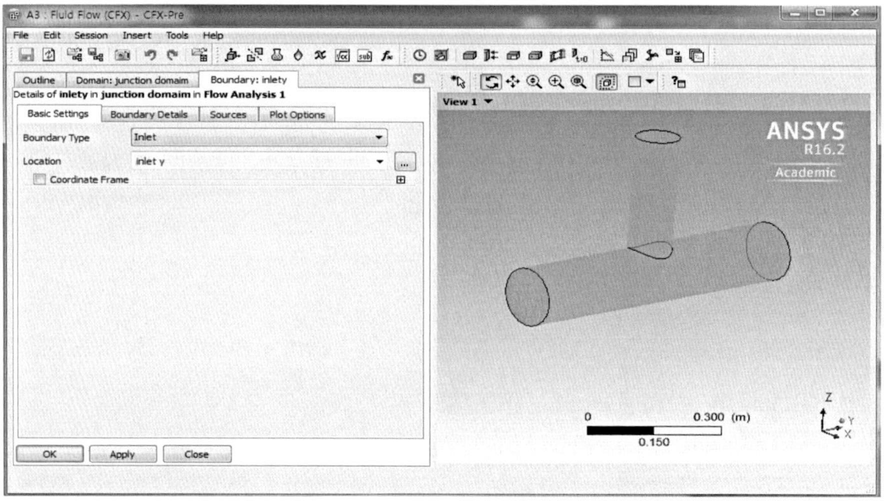

▶ **예제 5-11** inlety 설정

-10°C의 유체가 5m/s 속도로 유입되는 입구 조건을 설정한다.

2. Boundary Details탭을 클릭하고 Normal Speed값을 5로 입력한다. 기본 단위는 [m s^-1]이다. Static Temperature을 10℃로 입력한다.

- 단위 변경이 가능 한다.

입력 항 오른쪽의 drop-down메뉴를 이용하여 단위를 'C(Celcius)'로 변경한다.

3. OK를 클릭하면 변경사항이 저장되며 설정 창은 닫아진다.

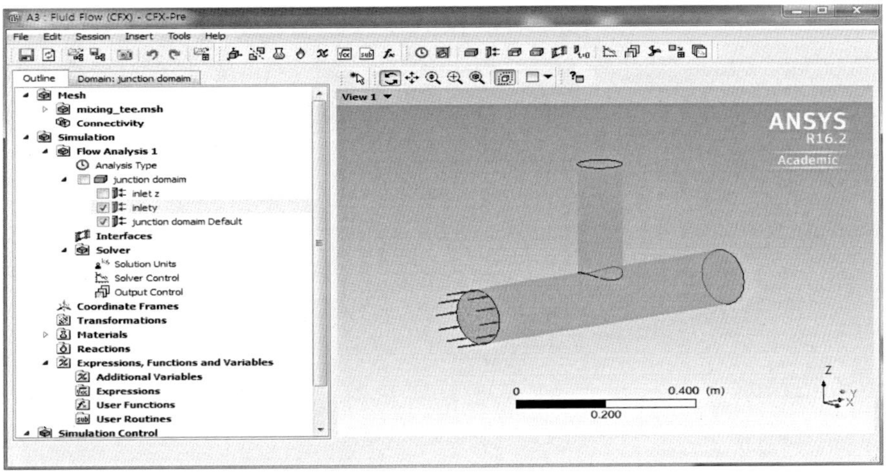

▶ **예제 5-12** Boundary Details탭 설정

2.2 Inlet boundary conditions(inlet z)

1. 기존 domain에서 경계조건을 추가하기 위하여 Insert > Insert > Boundary을 선택하거나 Boundary 아이콘을 선택한다. Insert Boundary 창에 Name을 inlet z로 입력하고 OK를 클릭한다.

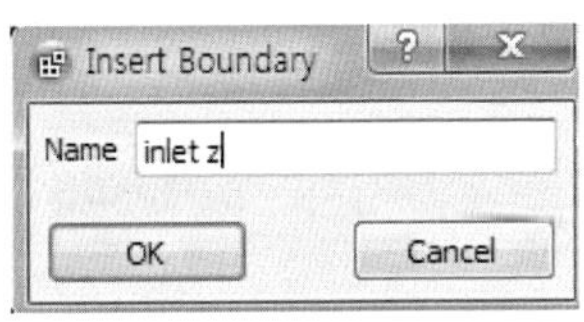

▶ **예제 5-13** inlet z

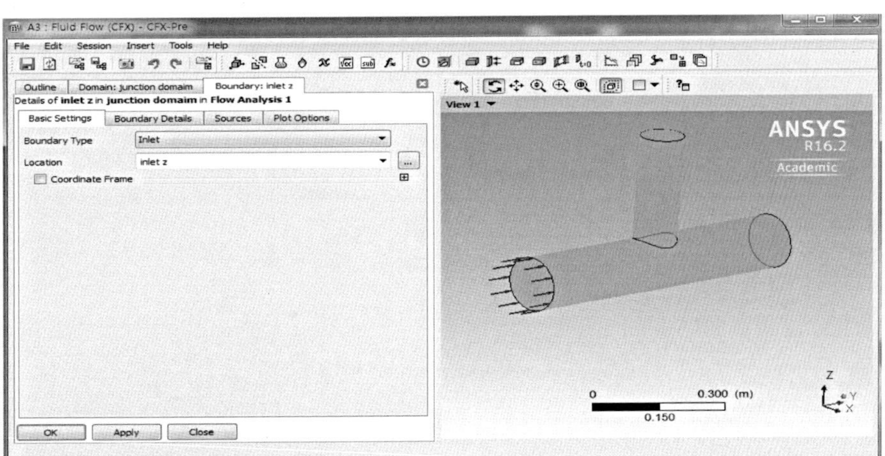

▶ **예제 5-14** inlet z 설정

- 90°C의 유체가 3 m/s으로 유입되는 입구 조건을 설정한다.

2. Boundary Details 탭을 클릭하여 Normal Speed를 3 [m s^-1]으로 설정하고 Static Temperature를 90℃로 설정하고 OK를 클릭한다.

3. OK를 클릭하면 변경사항이 저장되며 설정 창은 닫아진다.

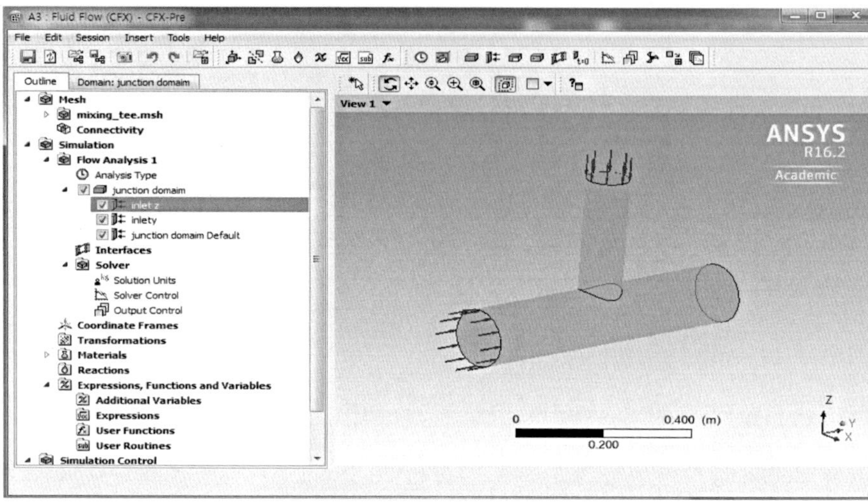

▶ **예제 5-15** Boundary Details 설정

2-3 Outlet boundary conditions(outlet)

1. 기존domain에서 경계조건을 추가하기 위하여 Insert > Insert > Boundary을 선택하거나 Boundary 아이콘을 선택한다.

Insert Boundary 창에 Name을 outlet로 입력하고 OK를 클릭한다.

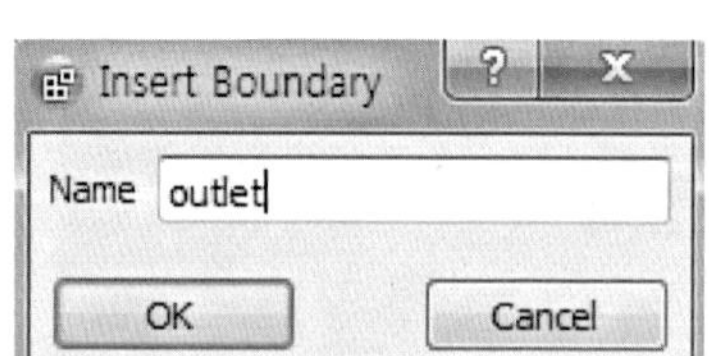

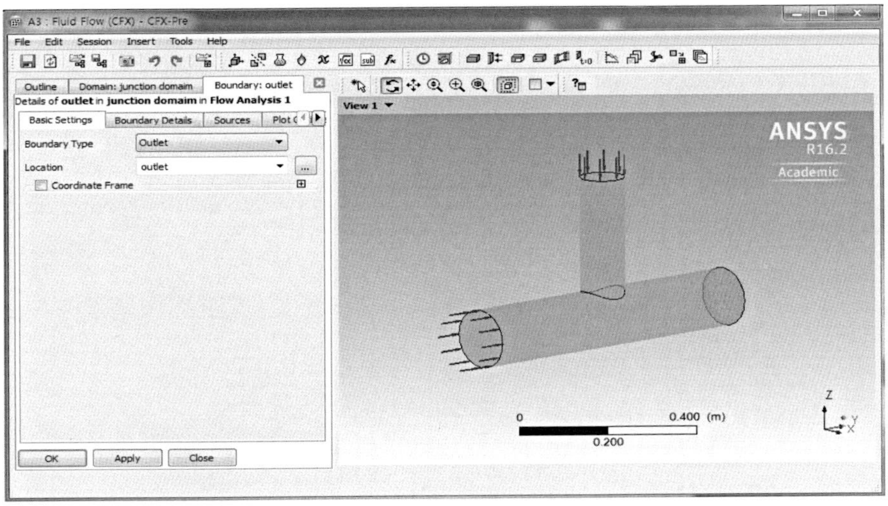

▶ 예제 5-16 outlet 설정

2. Boundary Details탭을 클릭하여 Relative Pressure를 0 [Pa]로 설정한다.

3. 다른 설정항목은 기본 값으로 설정하고 OK를 클릭한다.

2-4 Wall boundary conditions

기본 경계조건은(이번 예제에서는 junction Default) 아직 다른 경계조건으로 할당 되지 않은 모든 2-D영역으로 구성되어 있다.

- junction domain Default를 우 클릭 후 Rename을 선택하여 boundary이름을 wall로 변경한다.

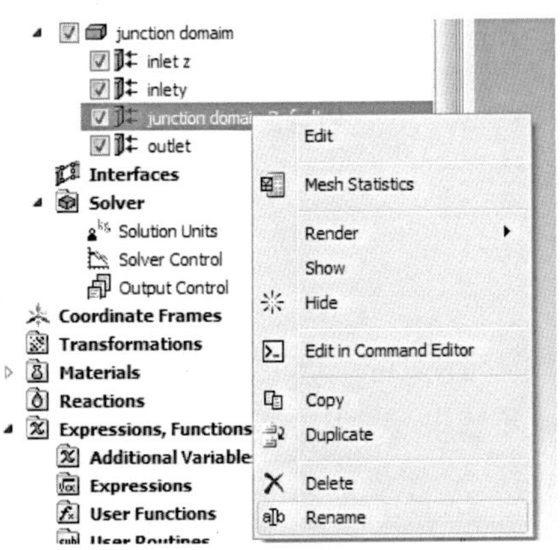

▶ 예제 5-17 Rename을 선택

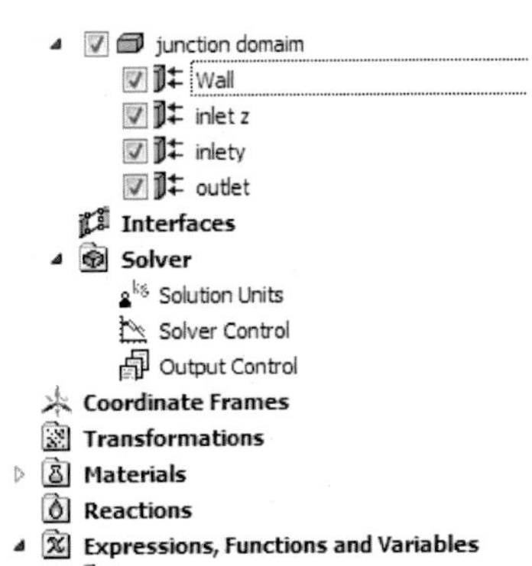

▶ 예제 5-18 boundary이름을 wall로 변경

기본 boundary type은 adiabatic wall이며, 이번 예제에서 적절한 조건이다.

2-5 CCL at a Glance

- CCL(CFX Command Language)을 이용하여 앞서 설정한 내용을 빠르게 확인할 수 있다.
- CCL을 이용하여 batch processing scripting작업이 가능하다.

1. inlety을 우 클릭 후 Edit in Command Editor을 선택한다.

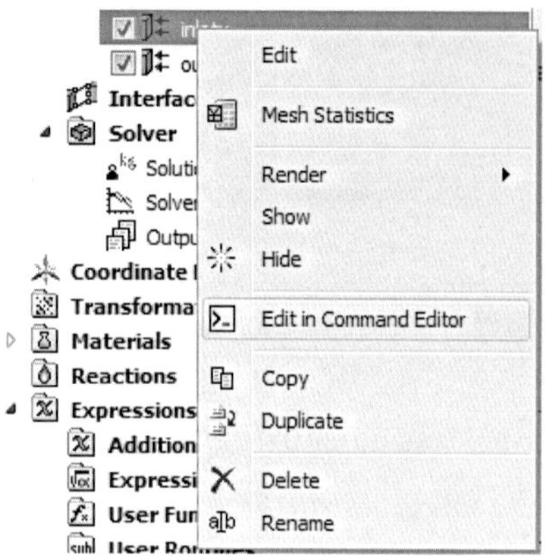

▶ 예제 5-19 Edit in Command Editor

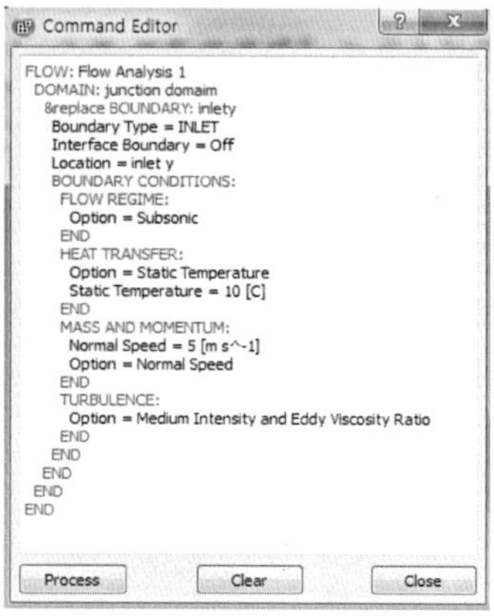

▶ 예제 5-20 CCL 창

2. Inlet의 경계조건을 CCL으로 빠르게 확인 후, Command Editor창을 닫는다.

2-6 Initialisation

계산되는 모든 변수에 대하여 초기값을 설정해야 계산의 출발점을 제공한다.

- 초기 값 설정방법은 2가지가 있다.

1. Automatic: 이전의 결과가 제공되는 경우 이전 결과가 초기 값으로 설정되며, 그렇지 않은 경우 경계조건 값을 기준으로 자동으로 설정 된다.
2. Automatic with Value: 이전의 결과가 제공되는 경우 이전 결과가 초기 값으로 그렇지 않은 경우 사용자가 특정 값을 사용한다.

CFX solver는 계산하기에 충분히 좋은 초기 값을 제공한다. 그러나 어떤 경우에는 발산을 피하기 위해 사용자가 더 좋은 초기 값 설정해야 한다. 초기 값은 각 domain마다 다르게 설정하거나 모든 domain에 같은 값으로 설정할 수 있으며 초기 값을 설정하지 않을 경우 자동으로 설정이 되며, 아이콘을 t=0 이용하여 설정된 값을 확인 할 수 있다.

4 Solver Control

Solver Control은 솔버에 사용하는 여러 매개 변수(parameter)를 설정하며 결과의 정확도에 영향을 준다. 기본 설정이 적절하지만 모든 해석의 경우 올바른 것은 아니다.

1. Outline tree의 Solver Control을 더블 클릭하거나 Solver Control 아이콘 . 클릭한다.

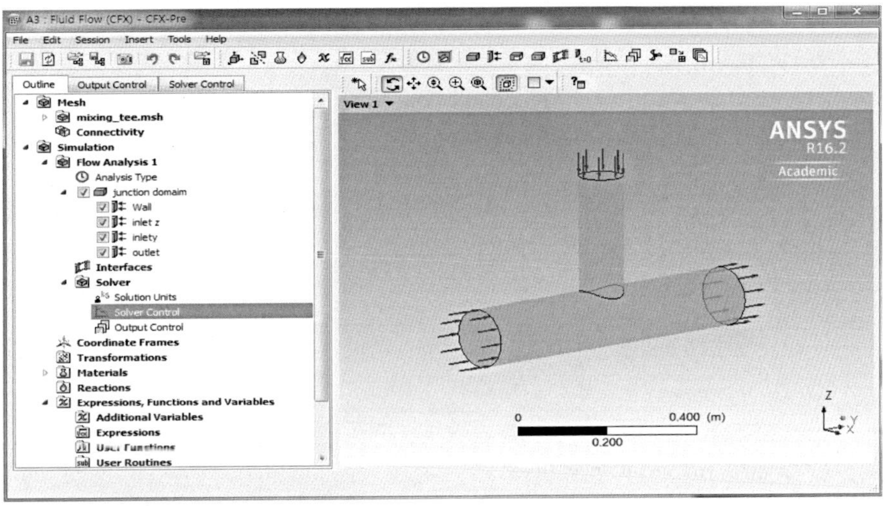

▶ 예제 5-21 Solver Control을 더블 클릭

2. 이번 예제에서는 기본 값으로 설정하며, 기본 값을 확인하고 OK한다.

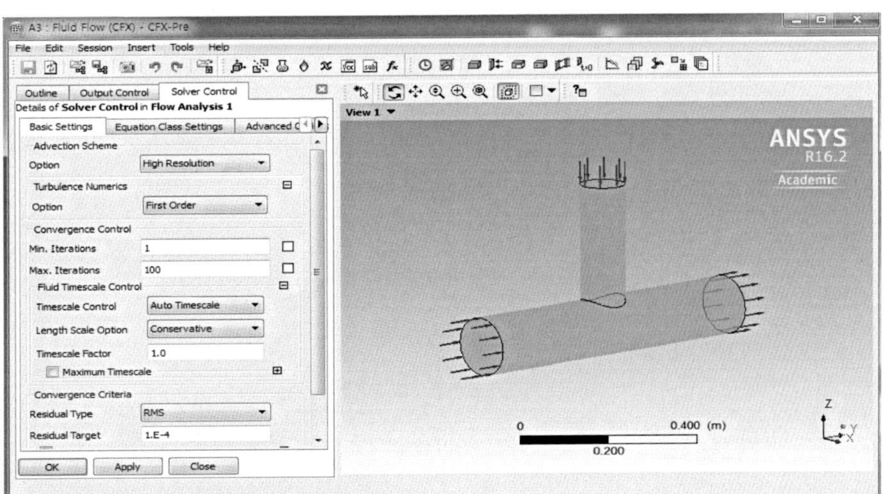

▶ 예제 5-22 Solver Control

- Max. Iterations을 만족하면, 수렴 정도에 상관없이 계산은 종료된다.
- Advection Scheme 및 Timescale Control은 다음 장에서 알아본다.
- 잔류항(Residuals)은 방정식이 어느 정도 정확하게 계산이 되어졌는지를 측정하는 지표이다. 이번 예제에서는 RMS (Root Mean Squared)잔류항이 1.E-4에 도달하면 계산은 종료된다. 잔류항의 낮은 수치는 설정된 경계조건 상태에서 방정식의 해가 좀더 정확하다는 것을 뜻한다.

CFX-Pre - Monitor points 1

1. Outline tree의 'Output Control'을 더블 클릭한다.

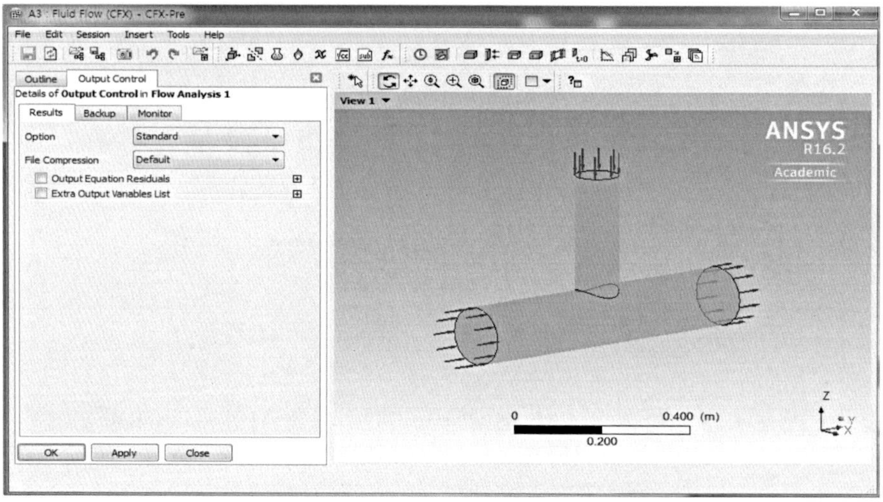

2. Output Control 항목에서 'Monitor'탭을 선택한다.
3. Monitor Objects 항을 체크하고 New아이콘을 클릭하고 이름은 p inlety로 설정하고 OK를 클릭한다.

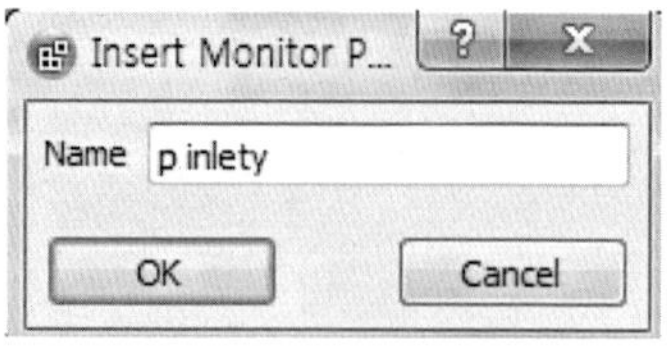

▶ 예제 5-23 p inlety

Expression을 사용하여 monitor point를 정의한다.

1. Option을 Expression으로 변경하고 Expression Value 입력창에 아래의 expression을 입력한다. areaAve(Pressure)@inlety은 inlety에서의 평균압력을 계산하는 식이다.

CFX-Pre – Monitor points 2

inletz에서의 평균압력을 측정하기 위한 monitor point을 생성한다.

1. New아이콘을 클릭하고 Name을 p inletz로 설정 후 OK를 클릭한다.

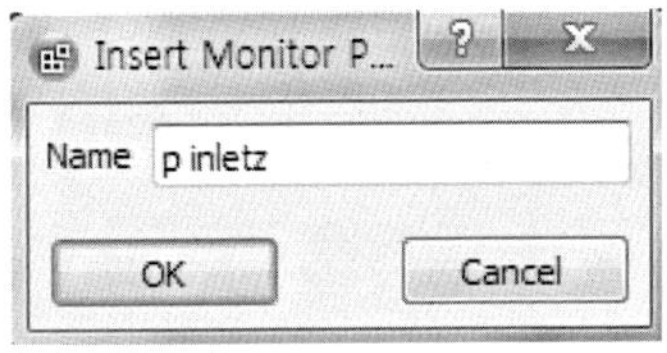

▶ 예제 5-24 p inletz로 설정

2. Option을 'Expression'으로 설정하고 Expression Value입력창에 아래의 expression을 입력한다.

areaAve(Pressure)@inletz 입력하고 OK를 클릭하여 설정내용을 저장하고 창을 닫는다.

- inletz에서의 평균압력을 계산한다.
- 설정한 monitor point는 이번 예제의 solution process 단계에서 활용된다.

5 Solution으로 들어가기

1. Solution 우클릭하여 Edit선택하면

▶ 예제 5-25 Solution 우클릭하여 Edit 선택

아래와 같은 창이 뜬다.

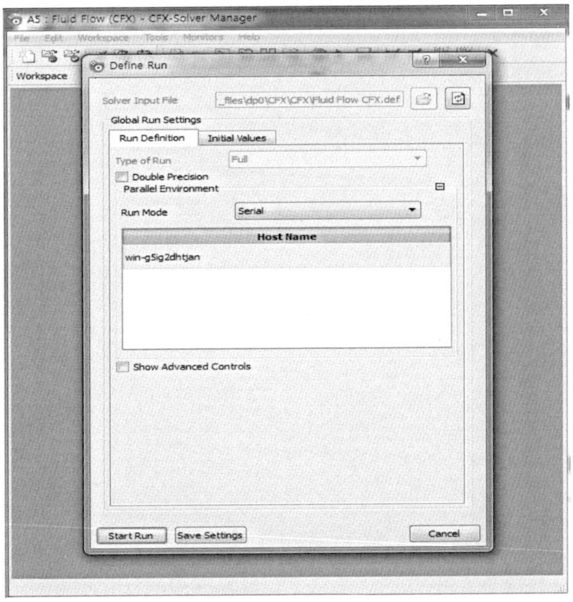

▶ 예제 5-26 Define Run창

2. Define Run창에서 Start Run을 클릭한다.
3. CFX-Solver가 돌아가기 시작한다.
4. CFX-Solver가 정상적으로 돌아가서 끝나면 아래와 같은 Solver Run Finished Normally창이 뜨면서 끝났음을 알린다.

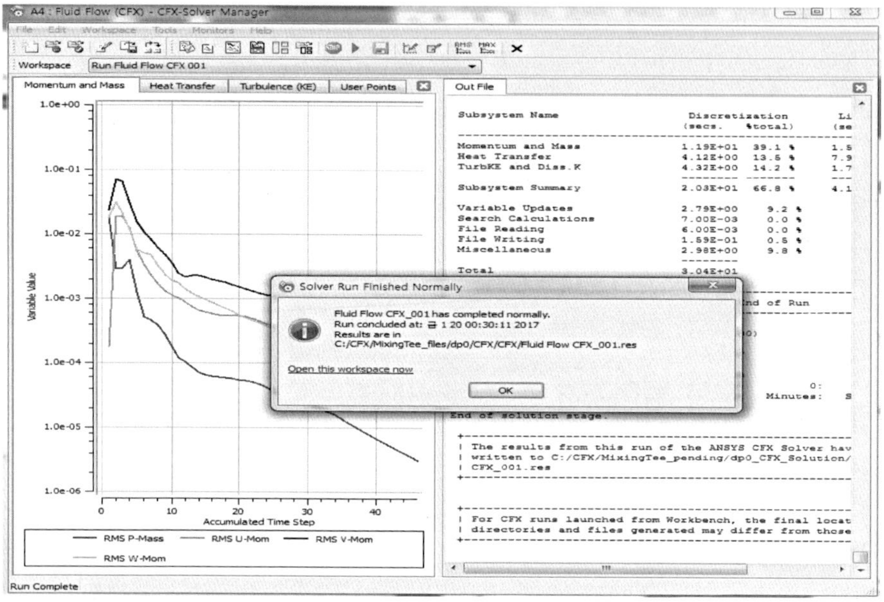

5. CFX-Solver가 끝났으면 Ok버튼을 클릭하고 File / Close CFX-Solver Manager를 한다.

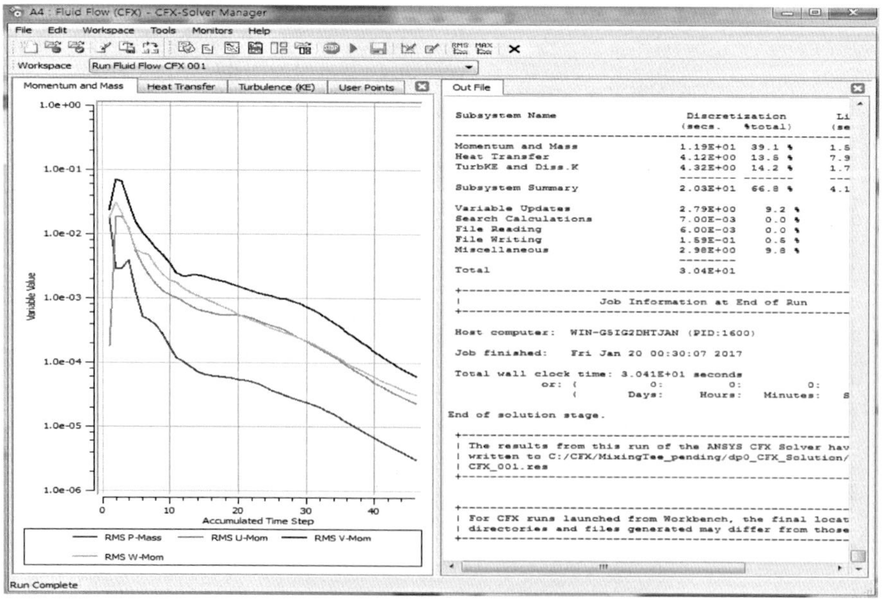

6 Viewing the Results Using CFD-Post

ANSYS CFX-Solver에서의 계산이 완료되면, 결과를 검토하기 위해 ANSYS CFX-Post로 이동한다. ANSYS CFX-Solver는 계산을 진행하기 위해 이용되나, 결과를 검토하기 위해서는 ANSYS CFX-Post를 사용한다.

Result를 보기위하여 Result를 더블클릭하거나 Result를 우클릭하고 Edit를 선택하면 A5:Fluid Flow(CFX)-CFD Post창이 뜬다.

▶ 예제 5-27 Result 들어가기

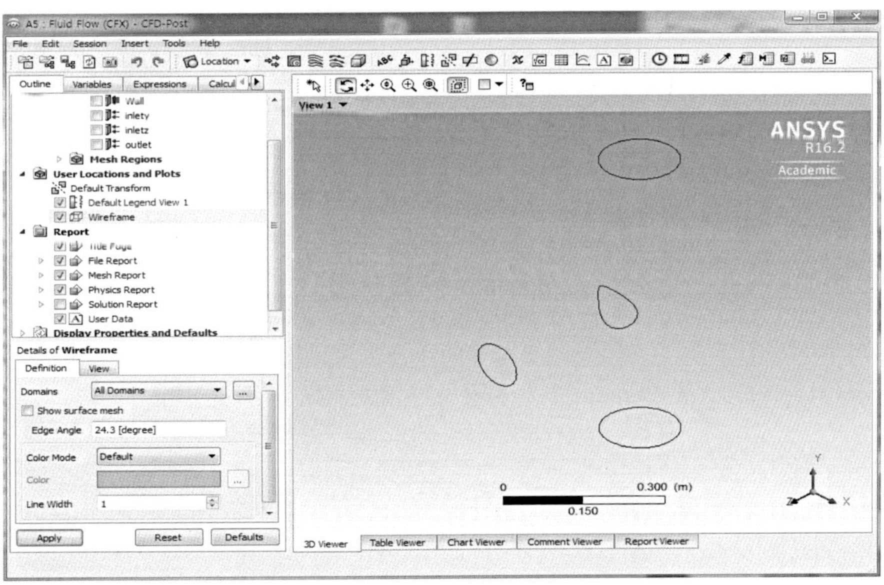

▶ 예제 5-28 Fluid Flow(CFX)-CFD Post창이며 Edge Angle을 24.3인 것

CFD-Post를 실행하면, CFX-Pre와 유사한 GUI를 확인 할 수 있다.

- 현재 정의된 그래픽 객체가 나열되어 있다. 각각의 경계조건에 해당하는 객체가 자동으로 생성된다.
- 객체는 우 클릭 또는 더블 클릭하여 수정할 수 있다.
- 각 객체를 뷰어에서 켜거나 끄기 위해 체크박스를 이용한다.
- 객체를 수정할 때 Detail창은 현재 객체의 상태를 보여준다.

- CFD-Post실행 초기, 형상은 외각선outline (wireframe)으로 표시된다. 형상이 잘 보이지 않는다면 Wireframe을 더블 클릭하여 Edge Angle의 각도를 줄이거나 늘여서 형상이 잘보이도록 한다. Edge Angle을 11로 주고 Apply한 것이다.
- Viewer toolbar를 이용하여 view를 조작할 수 있다.

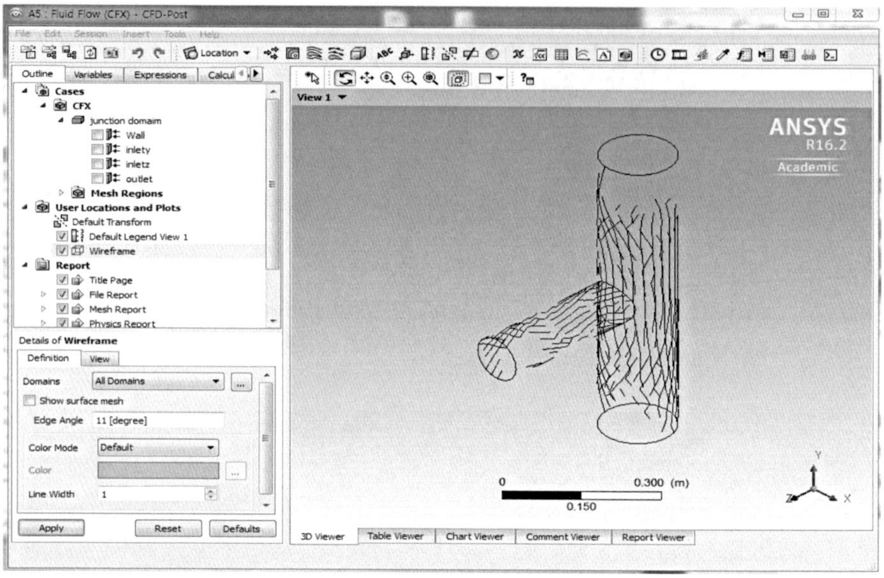

▶ 예제 5-29 Edge Angle을 11로 주고 Apply한 것

6-1 CFD-Post - Temperature contour plot

1. 외부 벽면에서의 온도분포를 확인하기 위해서 Toolbar에서 Contour아이콘을 클릭하고 기본 이름으로 Contour 1을 사용하기 위해 OK를 클릭한다.

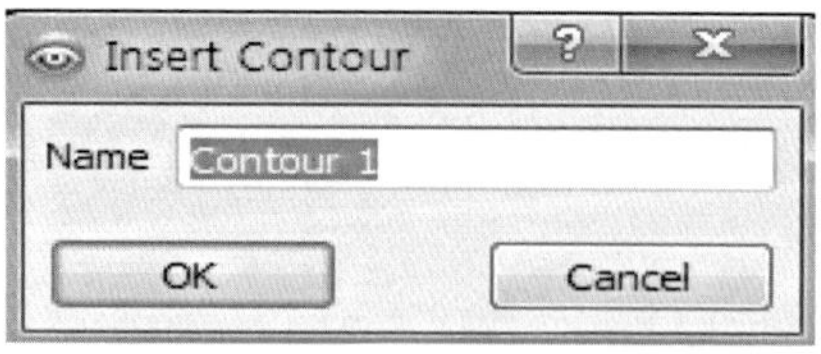

▶ 예제 5-30 Contour 1

2. Locations을 wall로 설정한다.

3. Variable을 Temperature로 설정한다.

- The drop-down 메뉴는 일반적인 변수들을 제공한다. "…" 아이콘을 이용하면 이용가능한 모든 변수를 확인할 수 있다.
- 다른 설정 값은 기본 값으로 사용한다.

4. Apply를 클릭한다.

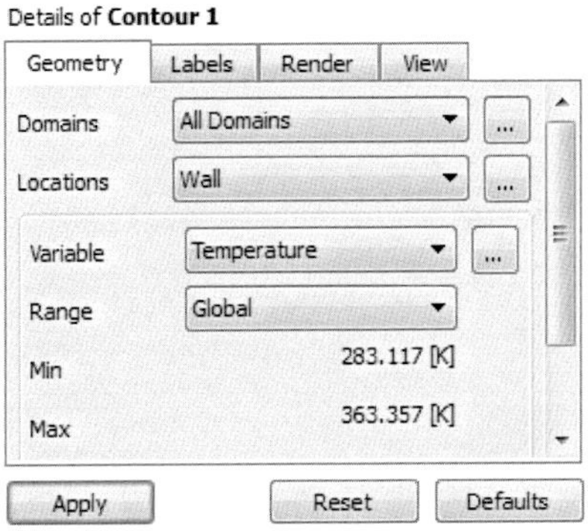

▶ 예제 5-31 Contour 1 Detail 설정

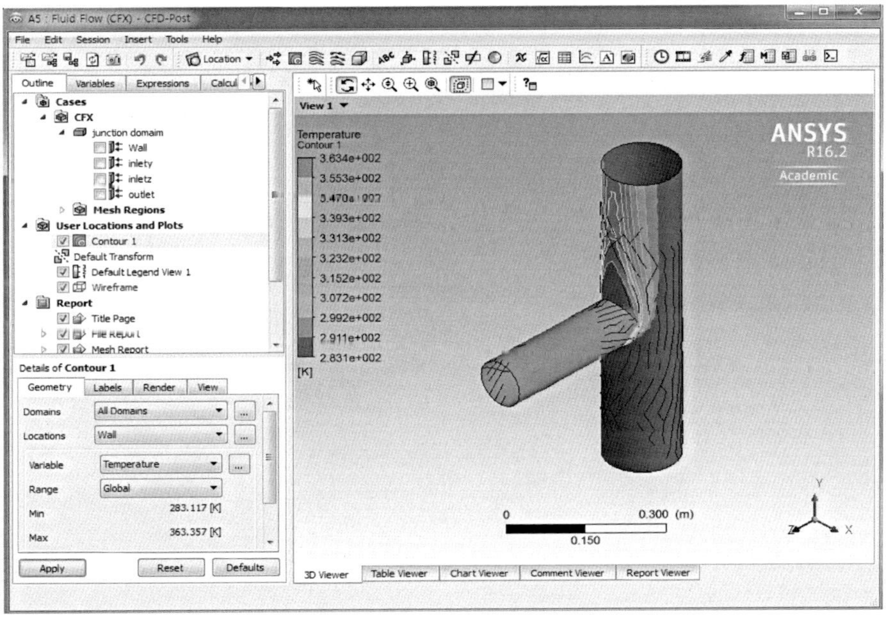

▶ 예제 5-32 Temperature contour plot

벽면에서의 온도분포를 확인하기 위하여 Rotate, Zoom 그리고 Pan을 사용하여 보고 마우스 와 <Ctrl> 및 <Shift>키를 같이 활용하여 본다. Viewer1오른쪽 하단의 좌표축을 클릭해 보자. 그래픽 영역에 마우스 우클릭하여 Predefined Camera > Isometric View(Z up) 선택해보자.

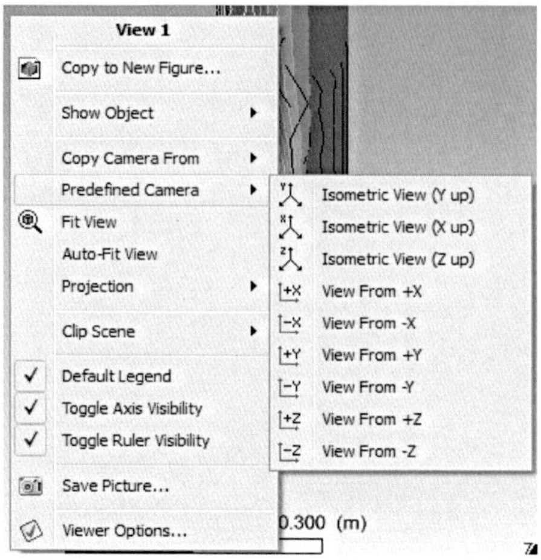

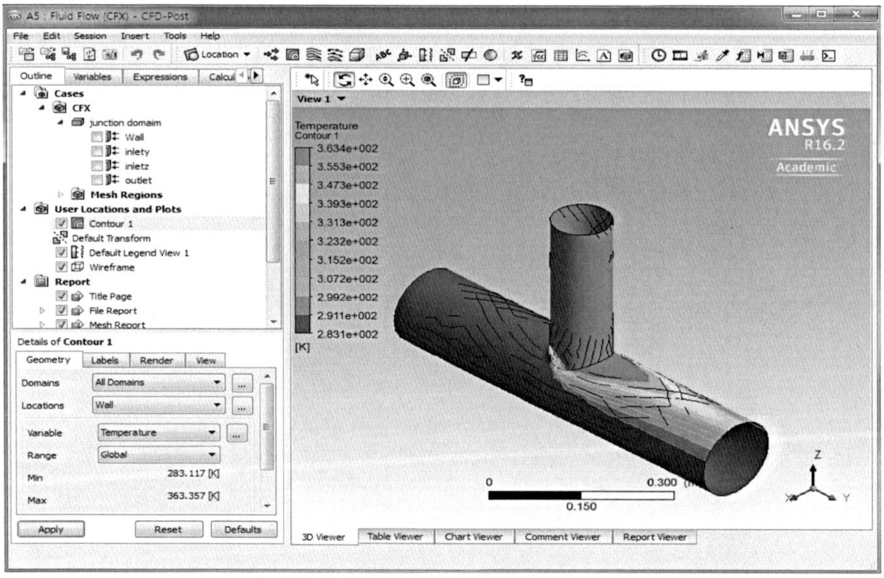

▶ **예제 5-33** Predefined Camera > Isometric View(Z up)

- CFD-Post에서 다양한 객체를 생성할 수 있으며, Insert 메뉴에서 확인 할 수 있다.
- 객체 예로서 Insert > Location에 Points, Lines, Planes, Surfaces, Volumes 등등
  - Vector Plots
  - Contour Plots
  - Streamline Plots

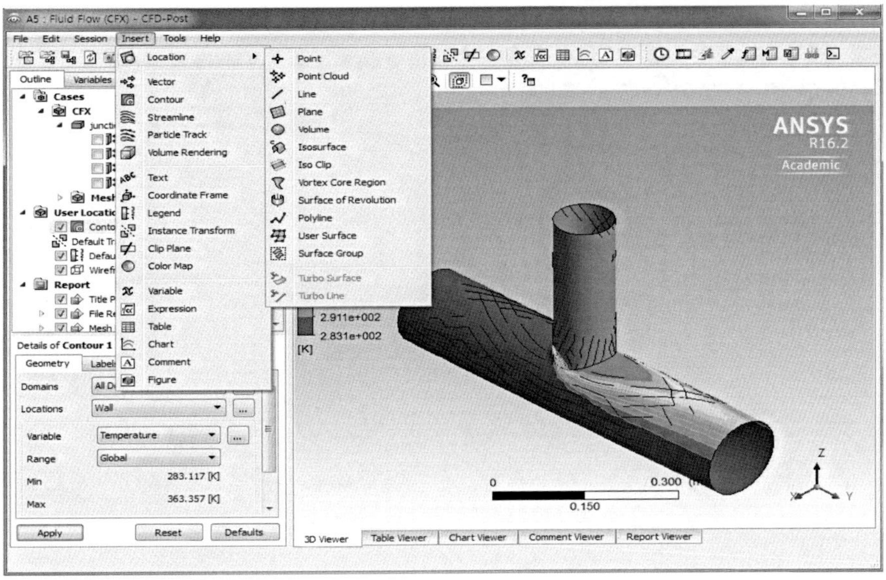

▶ **예제 5-34** Insert 메뉴

6-2 CFD-Post Creating a plane at x = 0

이전 단계에서 생성한 Contour 1의 제크를 해제한다.

1. Toolbar의 Location을 클릭 후 drop-down 메뉴에서 Plane을 선택하여 OK를 클릭하고 기본 이름 Plane 1을 사용한다.

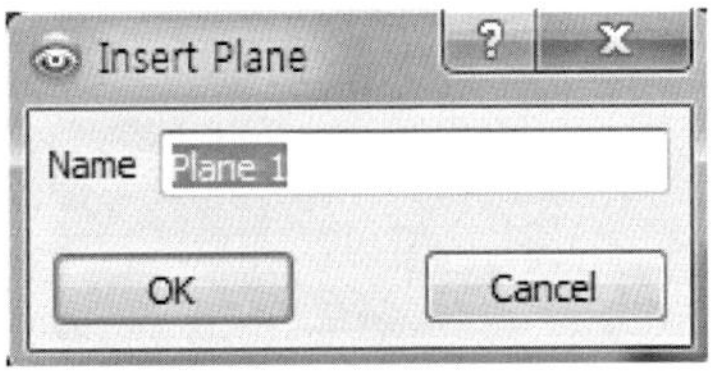

▶ **예제 5-35** Plane 1

2. Method를 YZ Plane으로 설정하고 X를 0 [m]으로 입력한다.
3. Apply를 클릭하여 Plane 1을 생성한다.

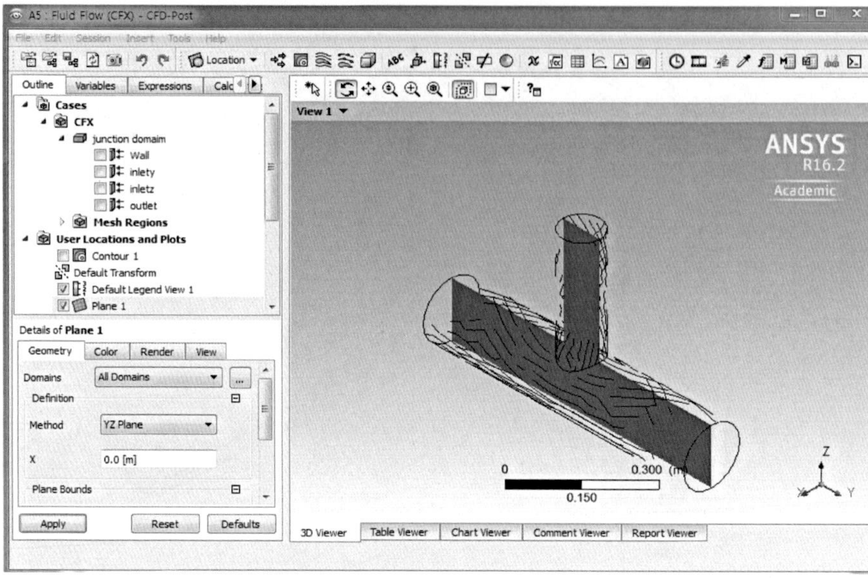

▶ 예제 5-36 Creating a plane at x = 0에서 Plane1 생성

6-3 CFD-Post - Creating a velocity vector plot

Planes에 변수 값을 색으로 나타낼 수 있지만 이번 예제에서는 속도 벡터만 나타낸다.

1. Plane의 체크를 해제한다.
2. Toolbar에서 Vector 아이콘을 클릭하고 OK를 클릭하여 기본이름 Vector 1을 사용한다.

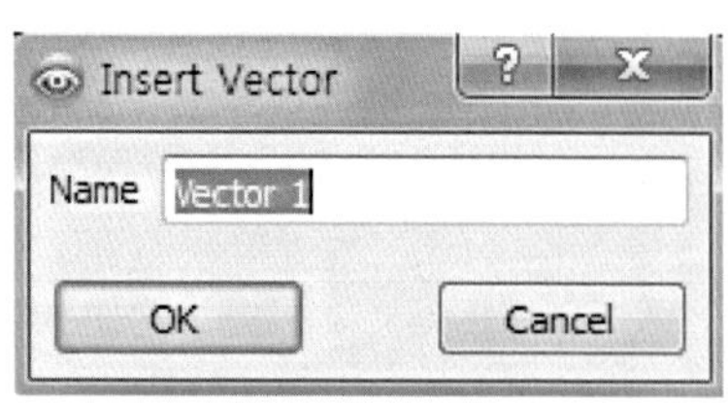

▶ 예제 5-37 Vector 1

3. Locations을 Plane 1으로 설정한다.
4. Variable을 Velocity 으로 설정한다.
5. Apply을 클릭한다.

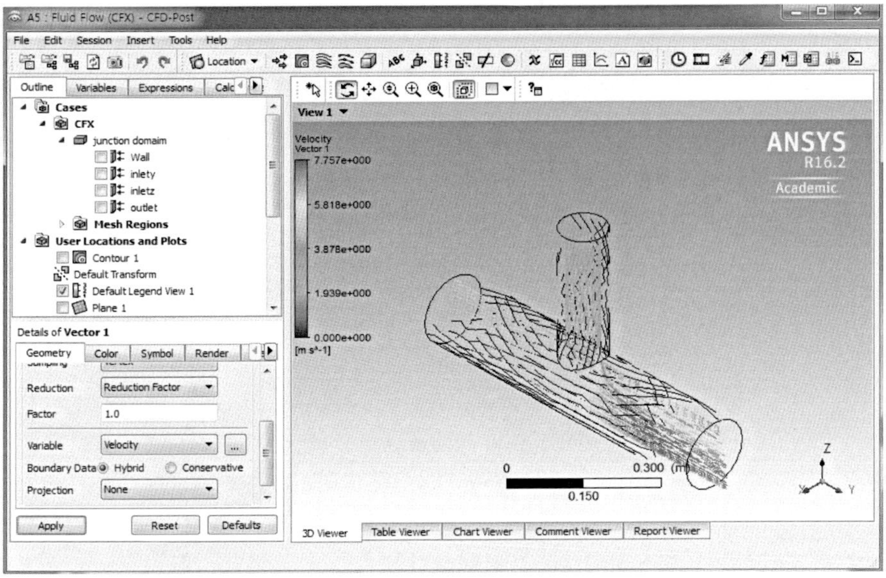

▶ 예제 5-38 Velocity vector plot

6. Viewer의 오른쪽하단의 빨간색 x축을 클릭한다.

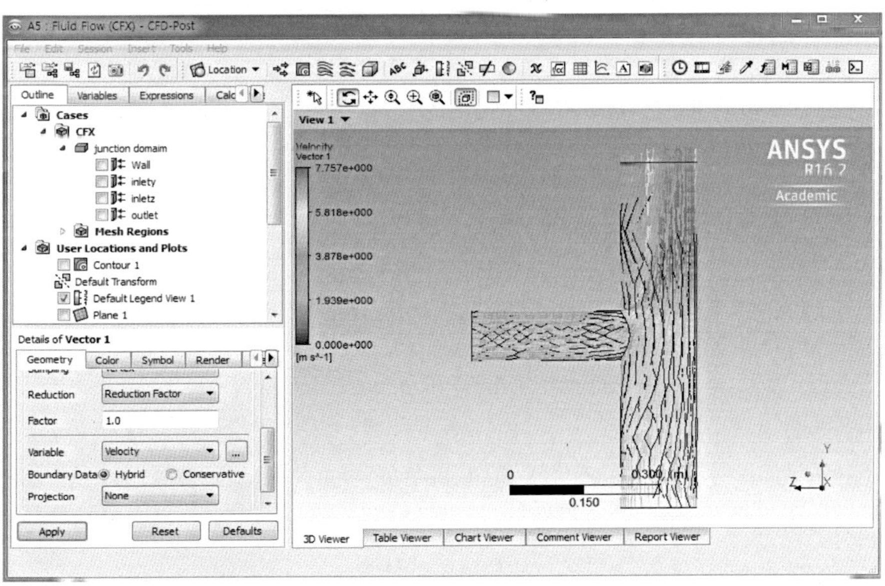

▶ 예제 5-39 Aligning the view

6-4 CFD-Post – Creating velocity streamlines

1. Tree view에서 이전 단계에서 생성한 vector plot의 체크를 해제한다.
2. Toolbar의 Streamline 아이콘을 클릭한다.
3. OK를 클릭한다. 기본 이름 Streamline 1을 사용한다.

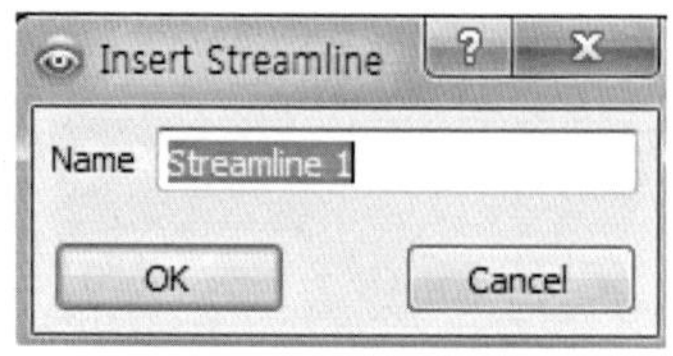

▶ **예제 5-40** Streamline 1

4. Start From을 inlety와 inletz로 설정한다. 설정 항목 오른쪽의 '…'아이콘을 이용하며, 'CTRL'키를 이용하여 동시 선택한다.
5. Variable field를 Velocity로 설정한다.

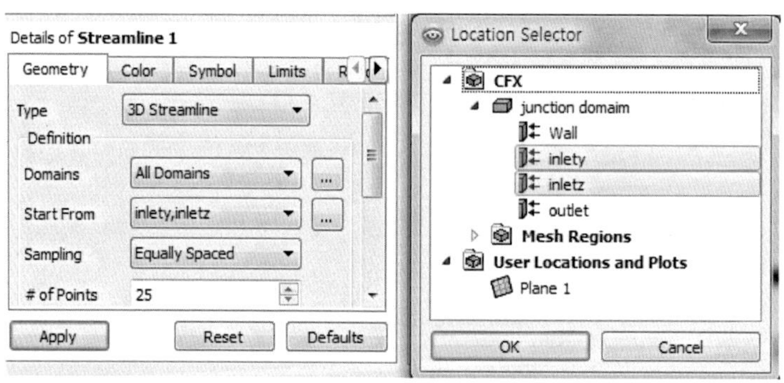

▶ **예제 5-41** Start From을 inlety와 inletz로 설정

6. Symbol탭을 클릭하여 Stream Type을 Ribbon으로 설정한다.
7. Apply을 클릭한다.
8. Using rotate, zoom, pan을 이용하여 다양한 각도에서 결과를 검토한다.
   - 유동방향을 3-D로 나타낸다.
   - Streamline의 색은 속도의 크기를 의미한다.
   - Velocity streamlines는 온도와 같은 다른 변수 값의 색으로 나타낼 수 있다.

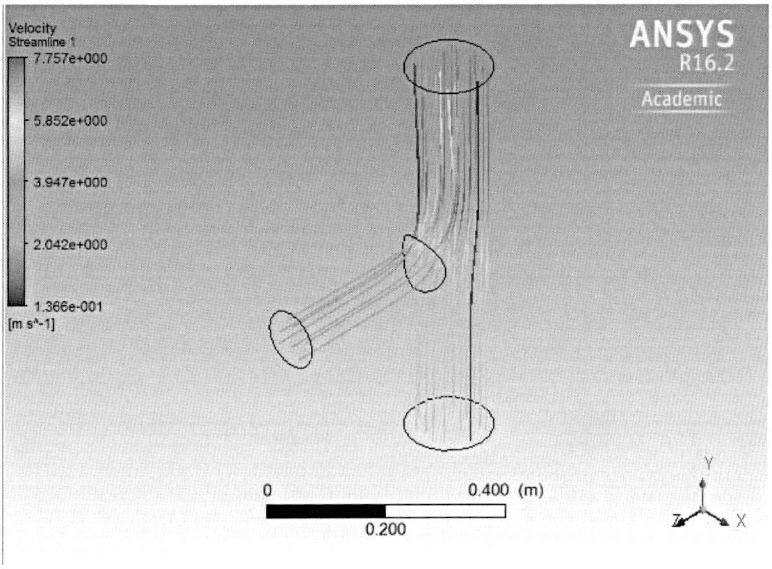

▶ 예제 5-42 Stream Type을 Ribbon으로 설정

6-5 CFD-Post - Creating a velocity isosurface

1. 이전 단계에서 생성한 Streamlines의 체크를 해제한다.
2. Toolbar의 'Location'을 클릭 후, drop-down 메뉴에서 Isosurface를 선택한다.
3. OK를 클릭한다. 기본 이름 Isosurface 1를 사용한다.

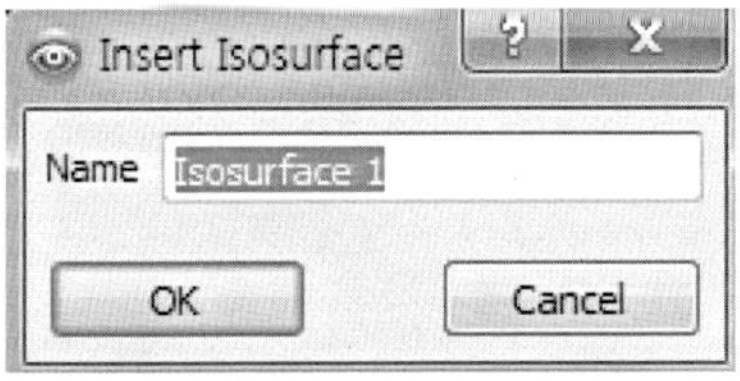

▶ 예제 5-43 Isosurface 1

4. Variable을 Velocity로 선택한다.
5. Value field에 7.5 [m s^-1]을 입력한다.
6. Apply를 클릭한다.

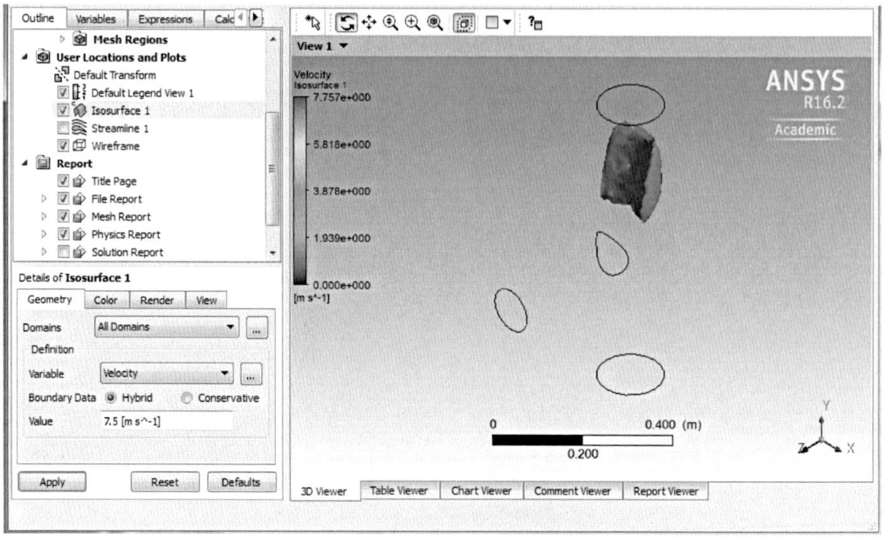

▶ 예제 5-44 Value field에 7.5 [m s^-1]을 입력

• 기본적으로 isosurface 는 생성시, 선택한 변수의 값으로 표현되지만 다른 변수 값으로 나타낼 수 있다.

7. Colour탭을 클릭한다.

8. Mode를 Variable로 설정한다.

9. Variable을 Temperature로 설정한다.

10. Range를 Local로 설정한다.

11. Apply를 클릭한다.

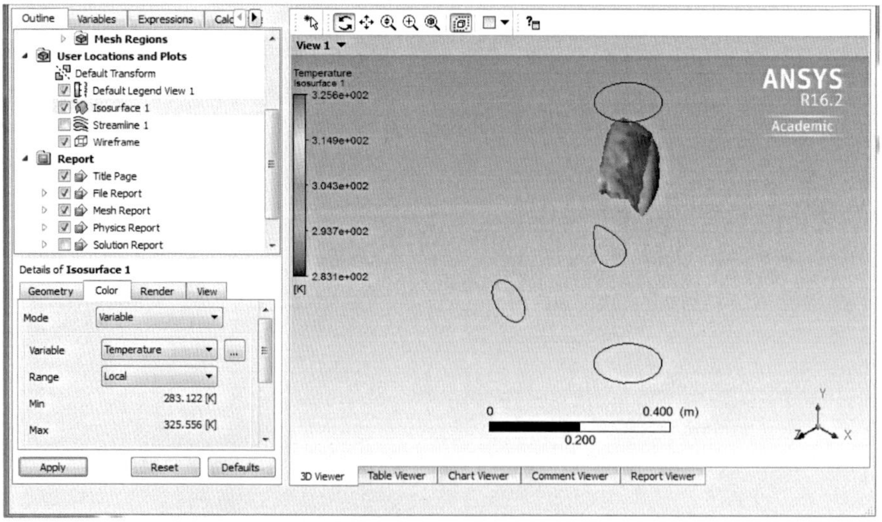

▶ 예제 5-45 Variable을 Temperature로 설정

Example 6

Mixing Tee의 Particles Transport Modeling 열유동 해석

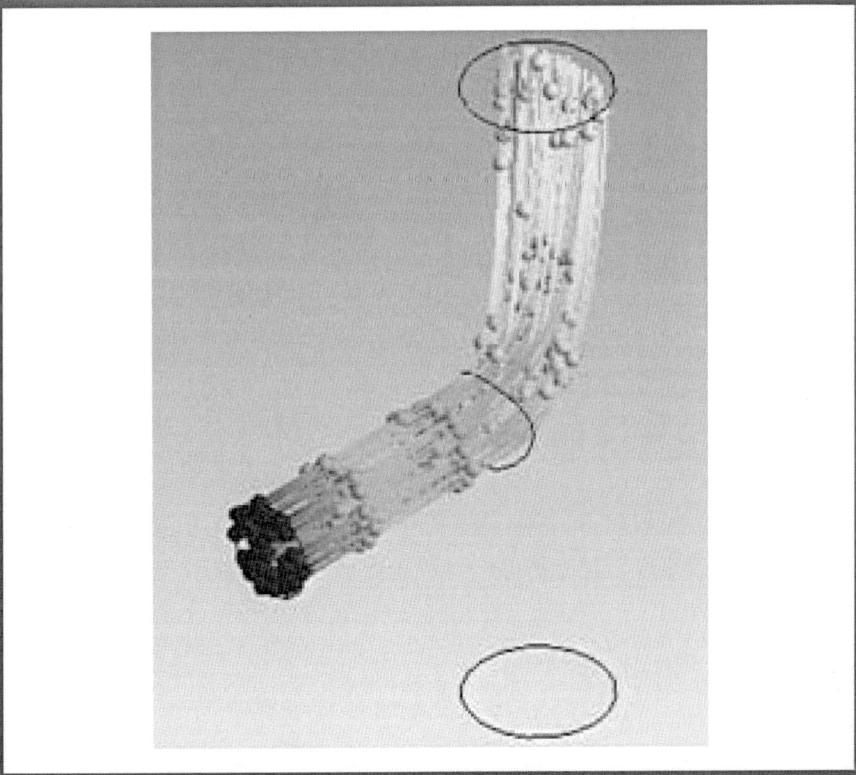

예제 6 Mixing Tee의 열유동 해석

1 문제 개요

이전 예제에서는 T형 파이프에서 단상 유체의 흐름을 해석하였다. 이번 예제는 동일한 T형 파이프 형상을 이용할 것이다. 입자 수송 모델(PTM) 입자의 밀도와 직경을 이용하여 입자 흐름의 궤적 계산이 가능하다.

이 예제에서 배우는 것은 다음과 같다.

- CFX 물성 표 이용하기
- 입자(particle) 물성 정의하기
- 유동장 내부에 입자 분사하기
- 상수 및 분포 프로파일 이용한 입자 지름 정의하기
- 입자 흐름을 해석하기 위한 사용되는 CFX 설정 방법 및 안정적인 결과를 얻기 위해 사용되는 주요 방법을 알아본다.

예제 1번의 파이프 해석은 석유 화학 사이트에 적합하다. 작동 유체는 프로판(Propane)이며, 상부에 약간의 물방울이 파이프 내부로 주입된다.(이것은 가스 스팀에 소금을 용해하기 위해 수행된다. 해당 프로세스는 여기서 고려되지 않는다.)

- 가스유체에 의해 물방울들이 어떻게 진행되는지와 파이프 벽에 미치는 영향이 어느 정도인지를 고려할 것이다.
- 물방울 크기의 범위를 사용할 것이다.

기존에 수행한 예제1의 모델을 이용하여 이번 예제를 진행할 수도 있지만, 새로운 Workbench에서 진행하길 추천한다.

1. 새로운 Workbench를 실행한다.

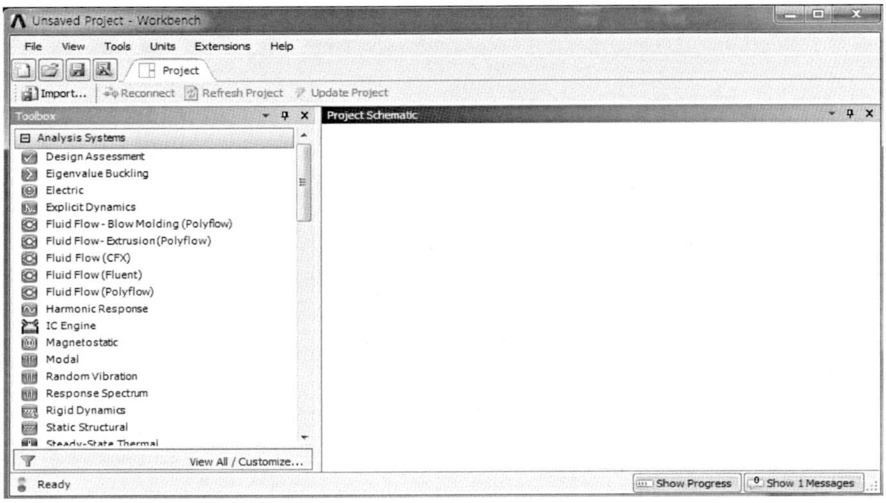

▶ **예제 6-1** Workbench를 실행

2. Component System에서 CFX를 Project schematic창으로 drag&drop한다.

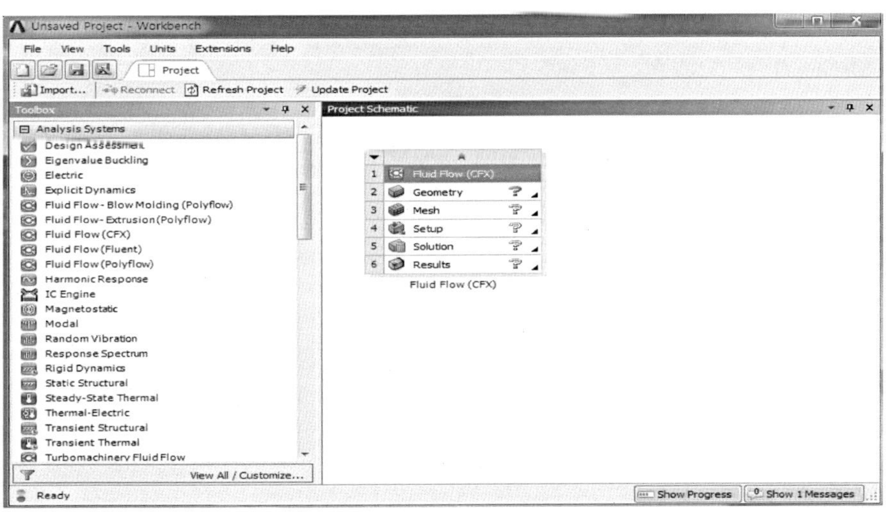

Loading a Mesh and Starting CFX

2 Setup하기

1. Setup을 우 클릭 후, Import Case> Browse 을 선택한다.

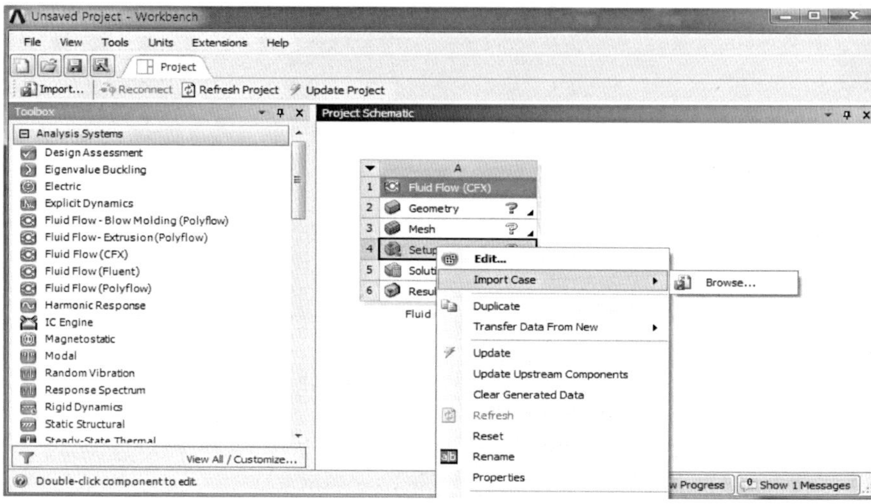

2. Mixing Tee.cfx 파일을 선택한다.

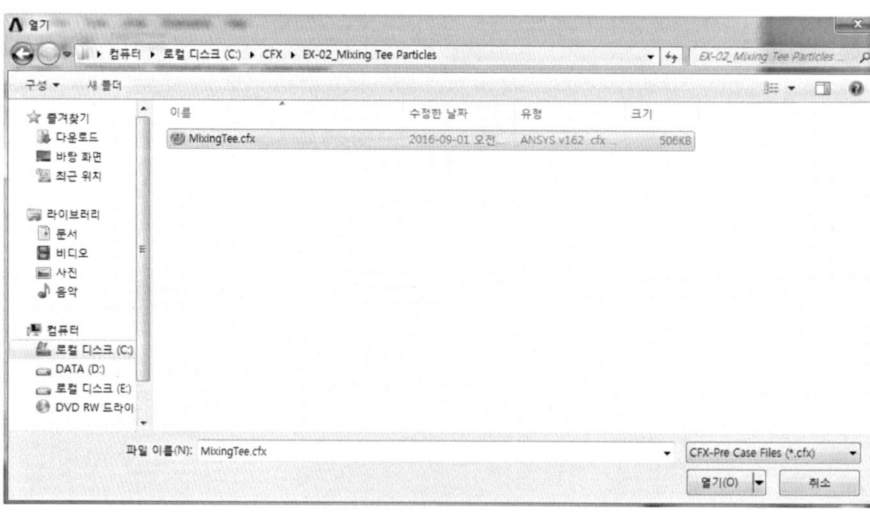

▶ **예제 6-2** 오픈하기 위해 Mixing Tee.cfx 파일을 선택

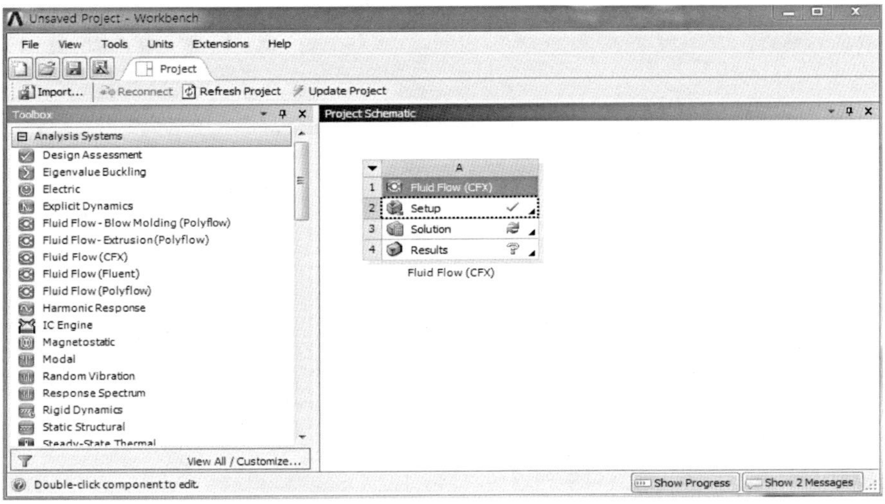

▶ **예제 6-3** Mixing Tee.cfx 파일을 오픈한 상태

3. Setup을 더블 클릭하여 CFX-Pre를 실행한다.

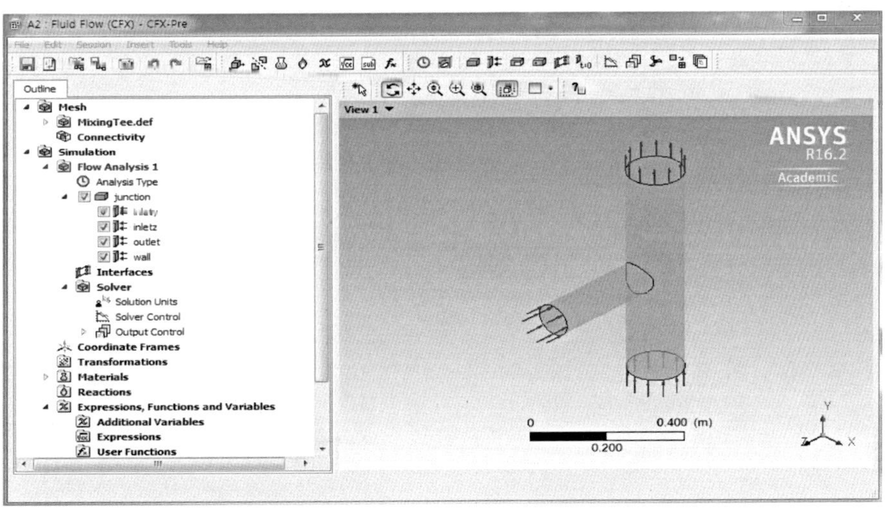

▶ **예제 6-4** CFX-Pre를 실행한 상태

Assigning Materials

4. junction domain을 더블 클릭하여 수정한다.

– 'Material' 설정창 오른쪽 아이콘을  클릭 후, 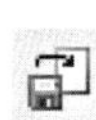 아이콘을 클릭하여 물성 목록을 확장시켜서 Gas Phase Combustion 하위 항목 중 C3H8 을 선 택하고 OK를 클릭한다.

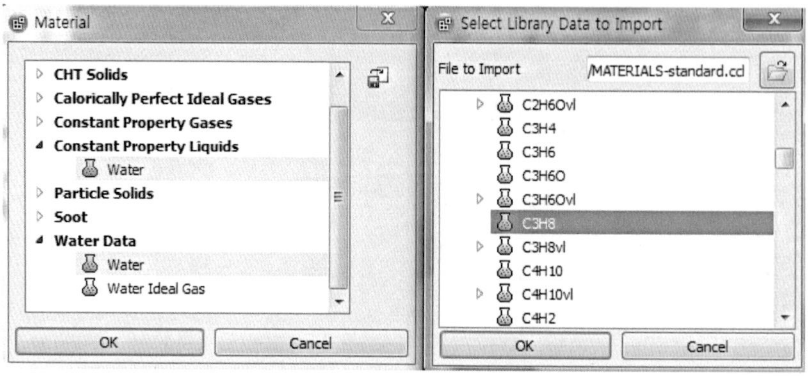

▶ **예제 6-5** C3H8을 선택하고 OK

5. Material 설정 창에 추가된 C3H8을 선택하고 OK를 클릭하면 Material에 C3H8이 추가된다.

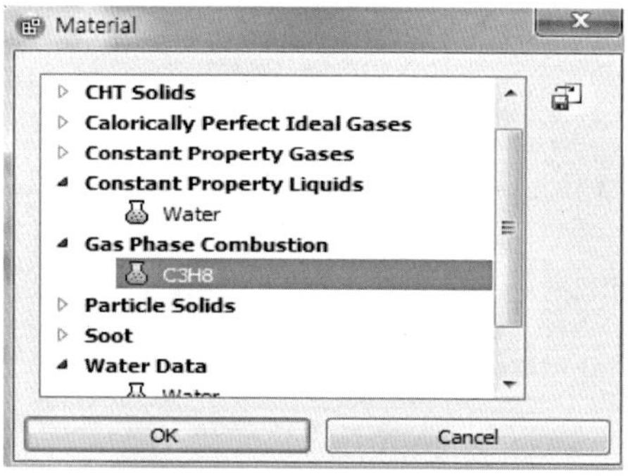

▶ **예제 6-6** Material 설정 창에 추가된 C3H8

6. New Material 아이콘을 클릭하여 Name을 Droplet으로 입력 후 OK를 클릭한다.

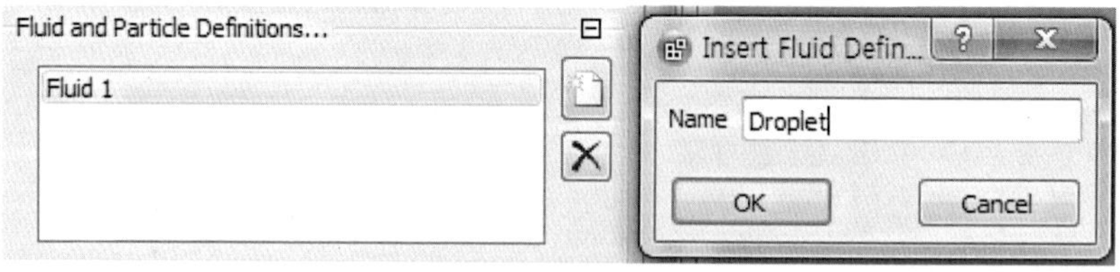

▶ **예제 6-7** New Material 아이콘을 클릭하여 Name을 Droplet

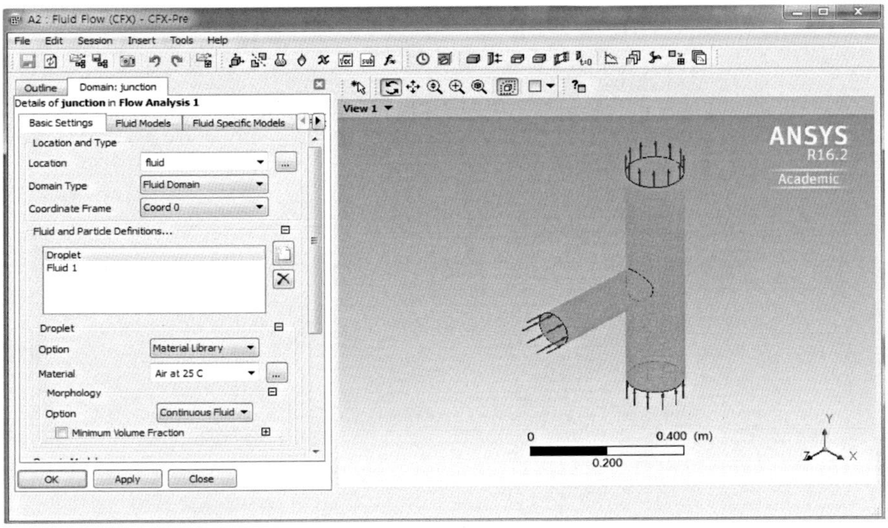

▶ **예제 6-8** Droplet 설정

7. Material을 Water로 설정하고 Morphology의 Option을 Particle Transport Fluid로 설정한다.

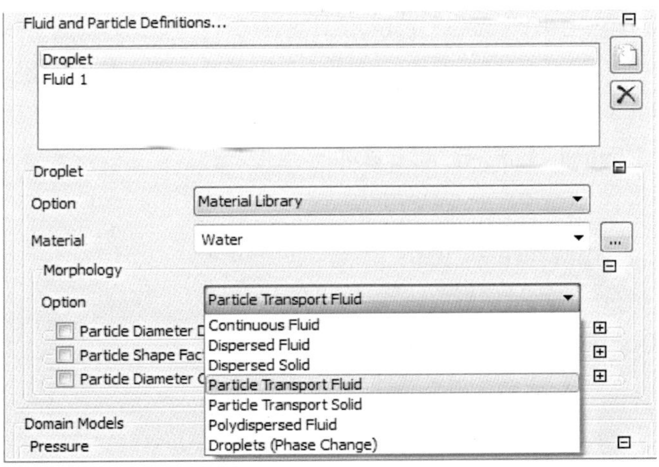

▶ **예제 6-9** Particle Transport Fluid

Particles Transport Modeling

공기의 에너지 방정식과 물 입자에 관련하여 해석한다.

8. Fluid Models 탭을 클릭하고 Heat Transfer의 Option을 Fluid Dependent로 설정한다.

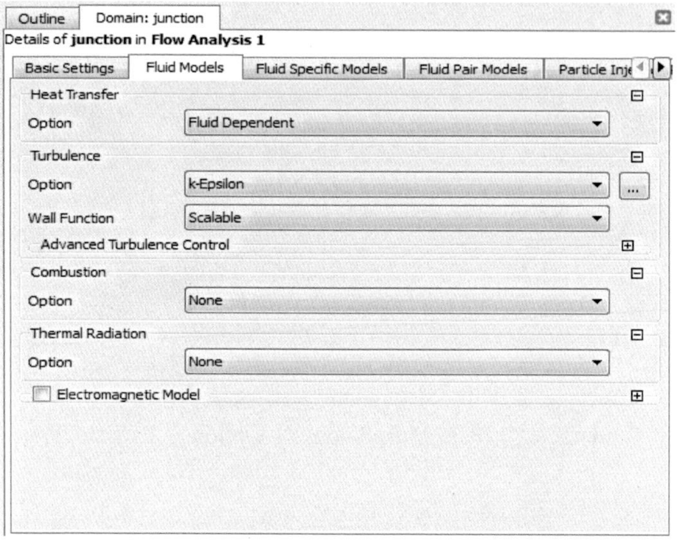

▶ **예제 6-10** Heat Transfer의 Option을 Fluid Dependent로 설정

9. Fluid Specific Models탭을 클릭하고 Fluid 1을 선택한 후, Heat Transfer Model의 Option을 Thermal energy로 설정한다.

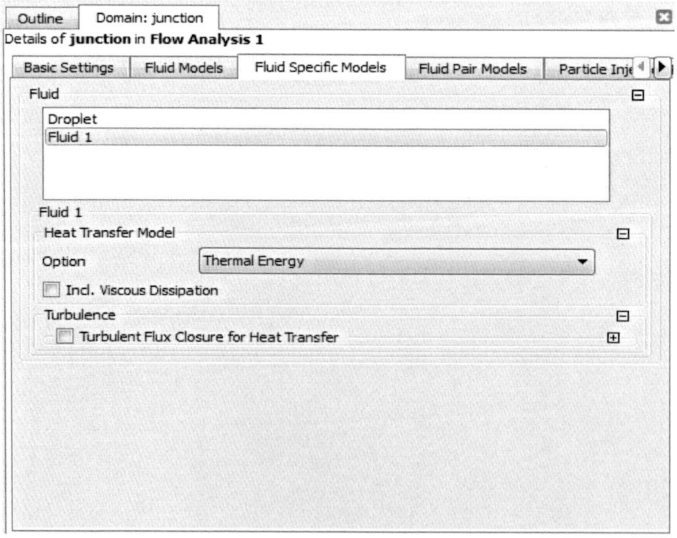

▶ **예제 6-11** Heat Transfer Model의 Option을 Thermal energy로 설정

10. Droplet을 선택 한 후, Option을 Particle Temperature로 설정한다.

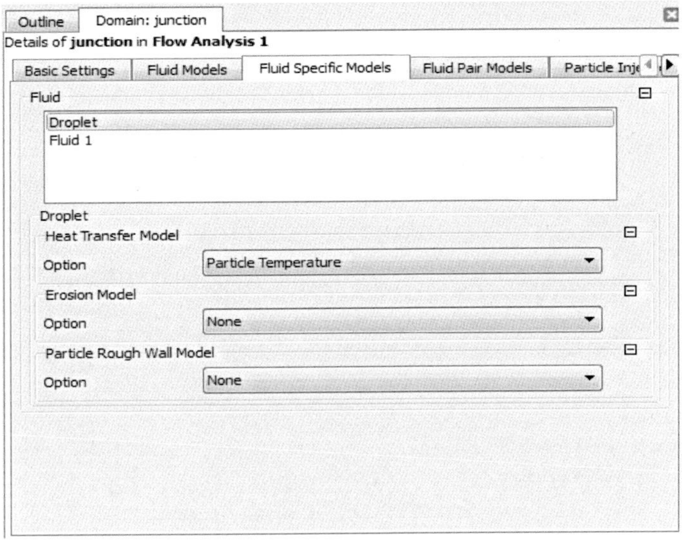

▶ 예제 6-12 Droplet을 선택 Option을 Particle Temperature로 설정

11. Fluid Pair Models 탭에서 각 유체간의 상호작용에 대하여 설정한다.

연속상(유동)과 물방울 움직임간의 상호작용은 one-way 또는 two-way 방법으로 적용할 수 있다.

Fluid Pair Models 탭을 클릭하고 Particle Coupling을 One-way Coupling으로 설정한다.

- 유체는 물방울의 운동량과 에너지에 영향을 준다.
- 유동흐름은 물방울의 에너지 교환과 운동량에 의해 영향을 받지 않는다.
- 양방향 상호작용을 고려하기 위한 Two-way coupling은 Particle Coupling 탭에서 변경할 수 있다.

OK를 클릭하여 설정내용을 적용한다.

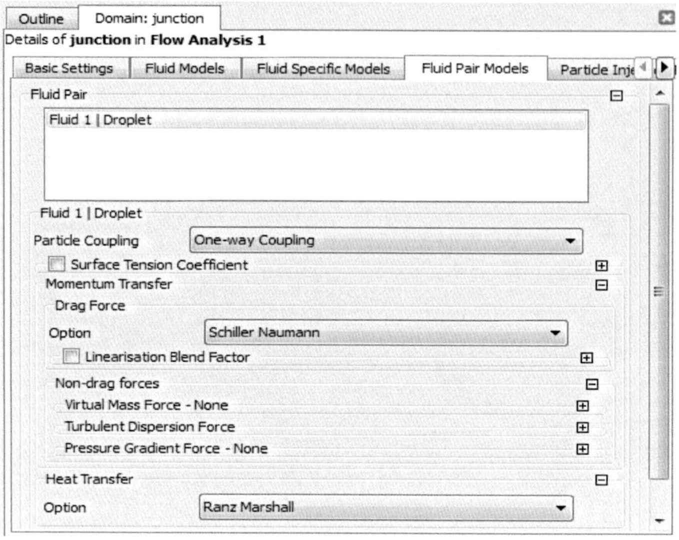

▶ **예제 6-13** Particle Coupling을 One-way Coupling으로 설정

- 입자는 경계조건의 경로의 domain으로 분산 시킬 수 있으며, volume particle injection regions을 이용할 수 있다. inlet z 경계에서 물 입자를 분사시킬 것이다.

12. inletz을 더블 클릭하여 Fluid Values 탭을 클릭하고 Define Particle Behaviour 항목을 체크한다.

Particle 관련 값은 오른쪽 그림처럼 입력한다.

- 'Particle Diameter Distribution'항목을 설정하는 것을 확인하라!

• OK를 클릭하여 설정 내용을 적용한다.

모델링 된 입자는 실제 입자의 대표 표본이며, 그 개수는 실제입자의 개수 보다 훨씬 작게 설정될 것이다.

이 예제에서는 100개 입자가 inlet z의 무작위 위치에서 분사될 것이다.

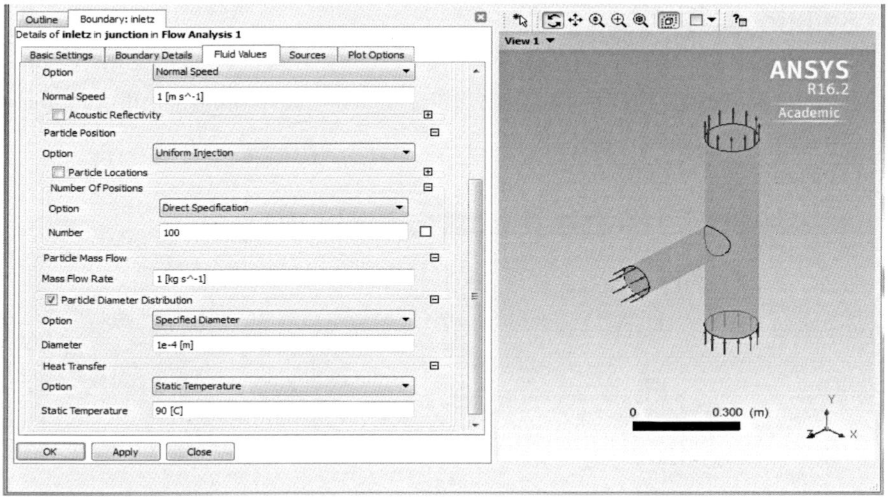

▶ 예제 6-14 Particle 관련 값 설정

13. Output Control을 더블 클릭하여 Particles 탭을 클릭하고 Particle Track File을 체크한다.

- 결과 파일에 저장되는 입자 궤적(Particle Track)의 데이터 크기는 아래 설정 내용에 따라 다르다.
- All Track Positions: 모든 Track Positions에서의 데이터가 저장된다. Track Positions의 설정에 따라 결정된다.
- Control Volume Faces: 서브 검사체석성세를 지날 때 마다 데이터가 저장된다. 다른 방법에 비해 더 정확하고 더 큰 파일이 생성된다.

이 예제에서 변경 사항은 더 이상 없으므로 OK하고 설정 창을 닫는다.

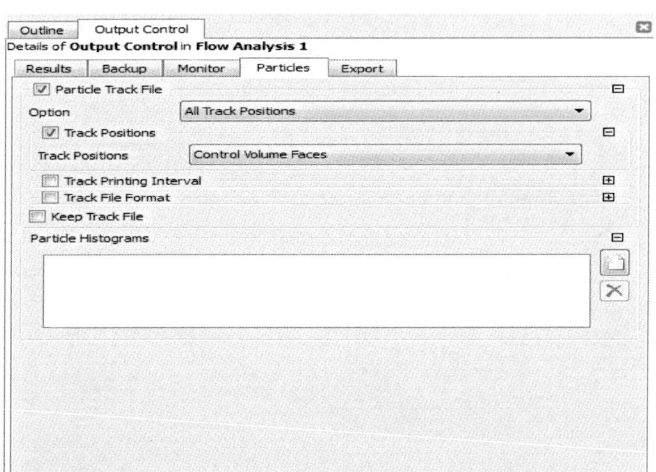

▶ 예제 6-15 Particle Track File을 체크

3 Solution 실행

1. Mixing Tee-Particles로 저장하고 CFX-Pre를 종료 후, Workbench의 Solution을 더블 클릭하여 Solver를 실행한다.

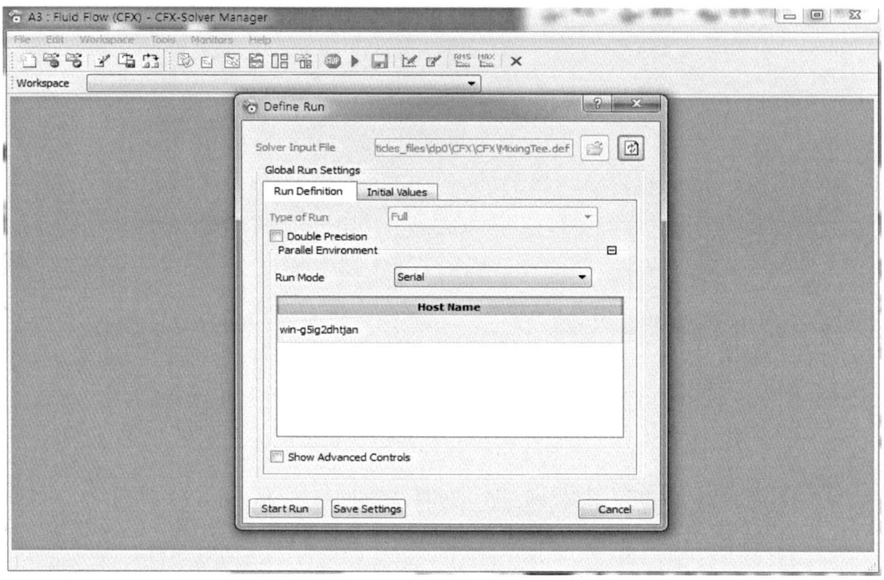

▶ 예제 6-16 Solver를 실행

2. Solver가 실행되면 Start Run을 클릭하여 실행시킨다.

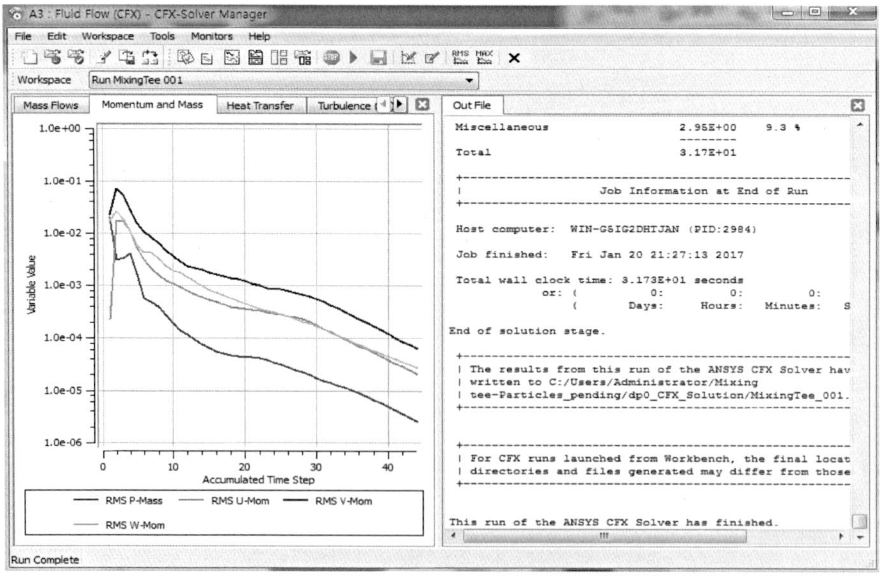

▶ 예제 6-17 Run Complete

3. Output의 검토가 완료되면, Solver Manager창을 닫는다.

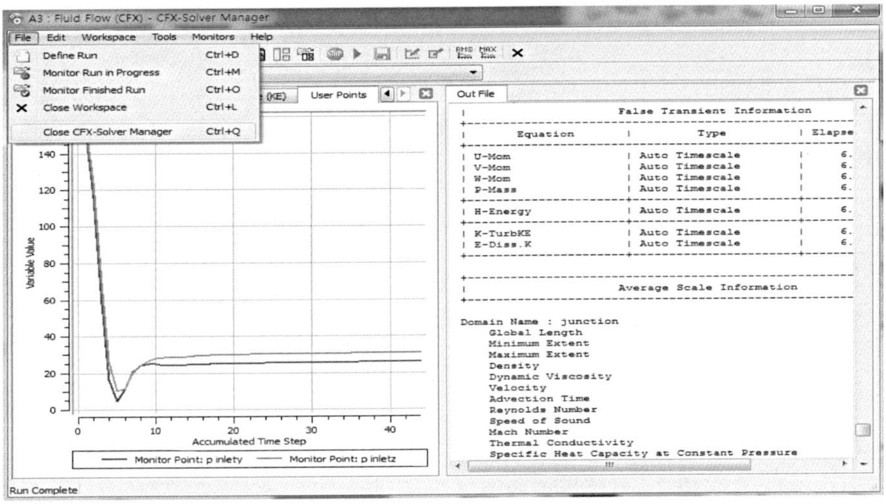

- 유동해석 이후, 위의 그림처럼 Particle Tracking이 계산된다.
- Output의 검토가 완료되면, Solver Manager창을 닫는다.

Workbench project를 저장한다.

4 Result

Results를 더블 클릭하여 CFD-Post를 실행한다.

1. Res PT for Droplet을 더블 클릭하여 Geometry의 아래 항목 중 Max Tracks을 100으로 설정한다.

2 Color의 아래 항목 중 Mode를 Variable로 변경 후, variable을 Droplet Temperature로 설정하고 Apply을 클릭한다.

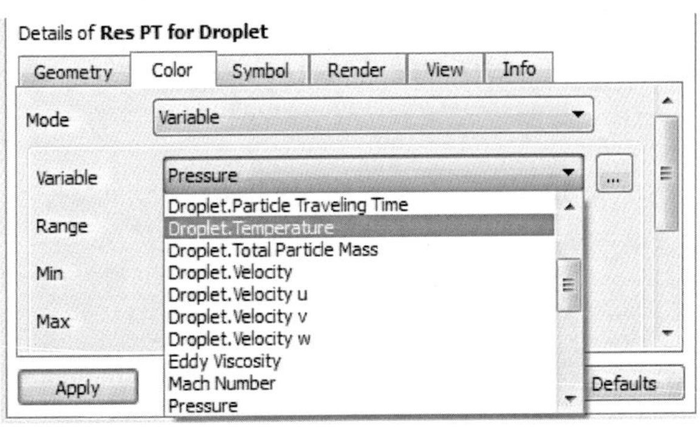

▶ **예제 6-18** Droplet Temperature로 설정

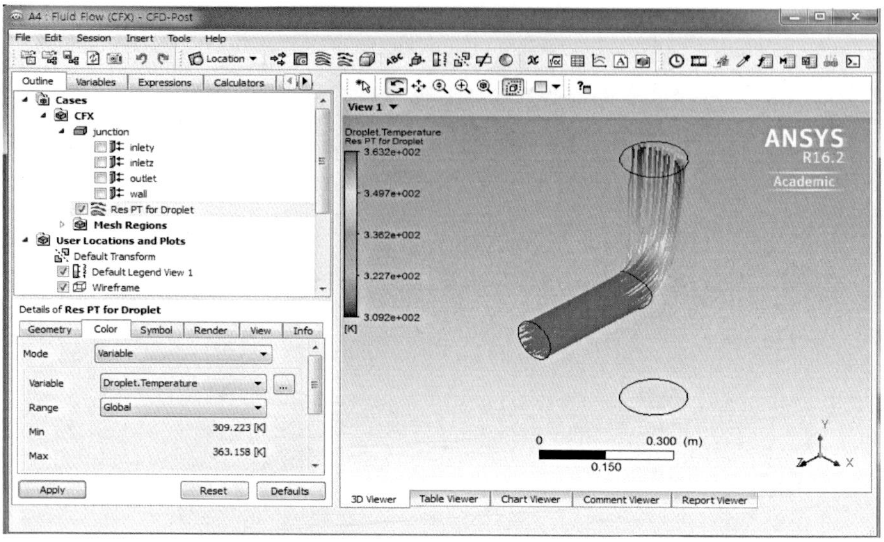

▶ 예제 6-19 Droplet Temperature로 설정

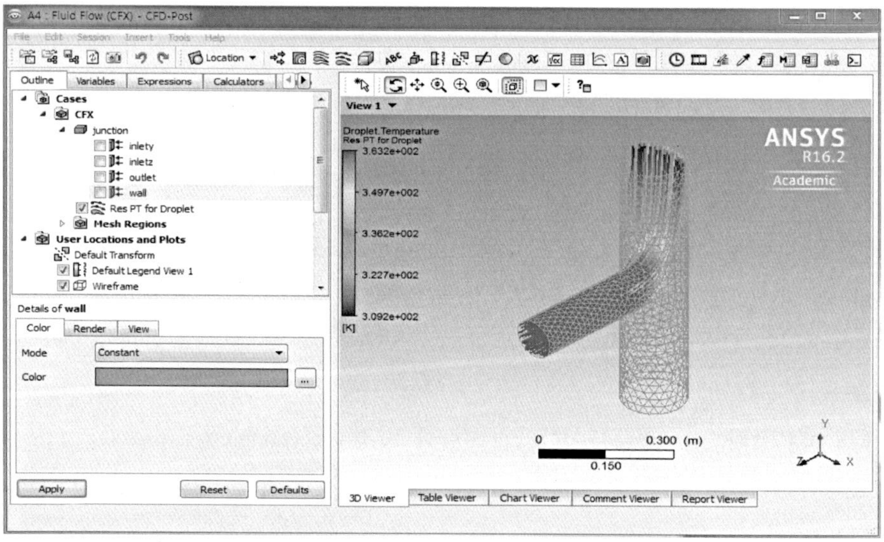

3. Res PT for Droplet을 더블 클릭하여 Geometry의 아래 항목 중 Max Tracks을 50으로 설정한다.
4. Color의 아래 항목 중 Mode를 Variable로 변경 후, variable을 Droplet Particle Time로 설정한다.
5. Symbol의 아래 항목 중, Show Symbols를 체크한다.
6. Set the Max Time을 User Specified로 변경 후 0.2 [s]로 설정한다. Min Time을 0.0 [s] 그리고 Interval을 0.05 [s]로 입력하고 Apply를 클릭한다.

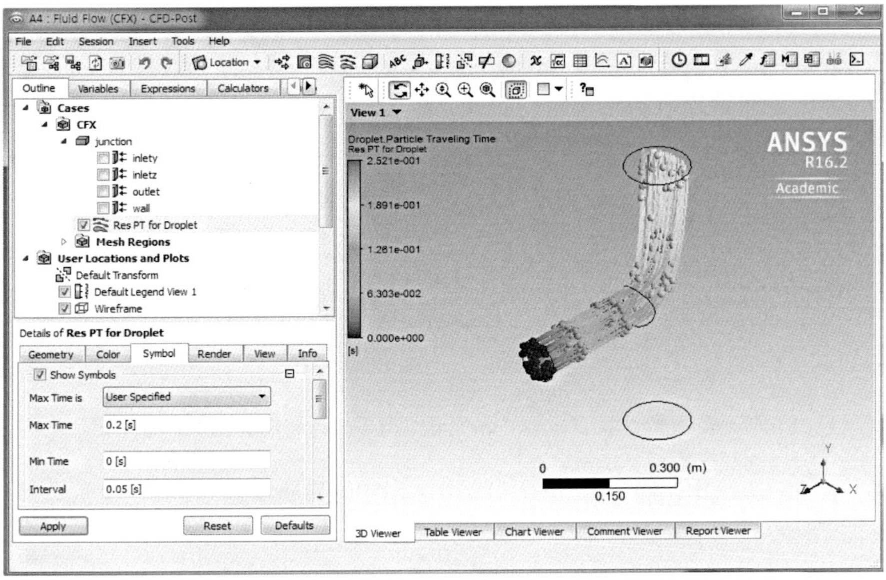

▶ **예제 6-20** Res PT for Droplet

위치에 따른 시간이 색깔로 나타난다. 0.2초 후에 입자가 빠져나가는 것을 확인할 수 있다. 심볼은 궤적을 따라 0.05초 마다 plot된다. 초기 심볼들은 파이프의 맨 윗면에 함께 존재하다 유동과 만나며 흩어진다.

Modifications

1. CFX-Pre을 실행하기 위하여 Workbench에서 Setup을 더블 클릭한다.

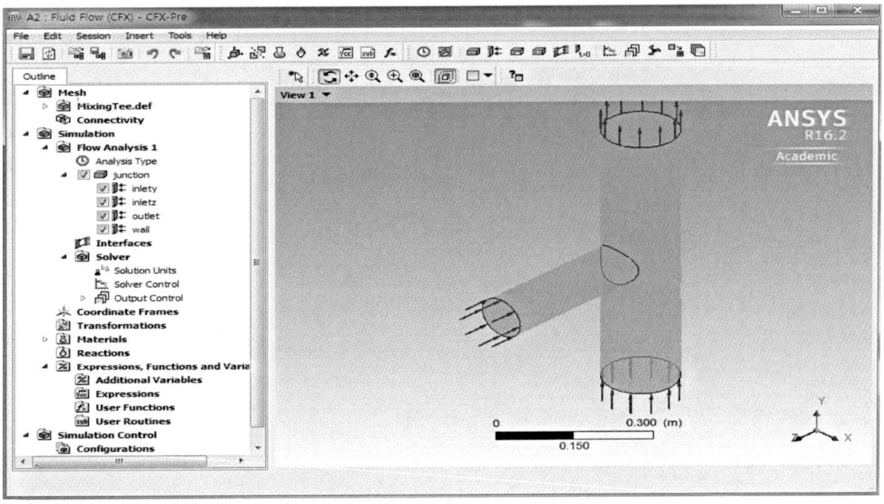

▶ **예제 6-21** CFX-Pre 창

2. On the inlet z 더블클릭하여 Fluid Values Tab으로 이동 후, Particle Diameter Distribution의 Option을 Rosin Rammler로 변경한다.

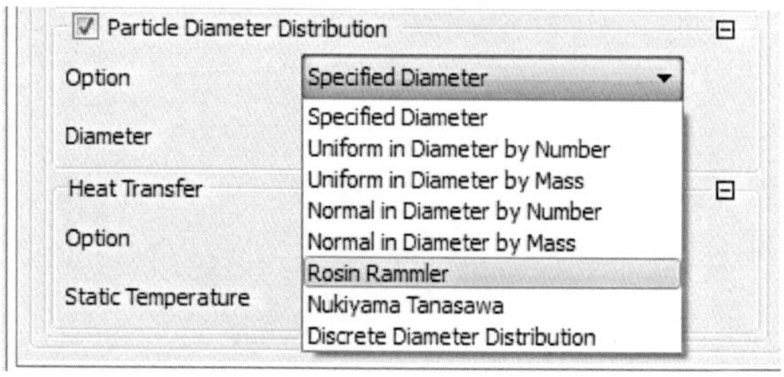

▶ **예제 6-22** Particle Diameter Distribution의 Option을 Rosin Rammler로 변경

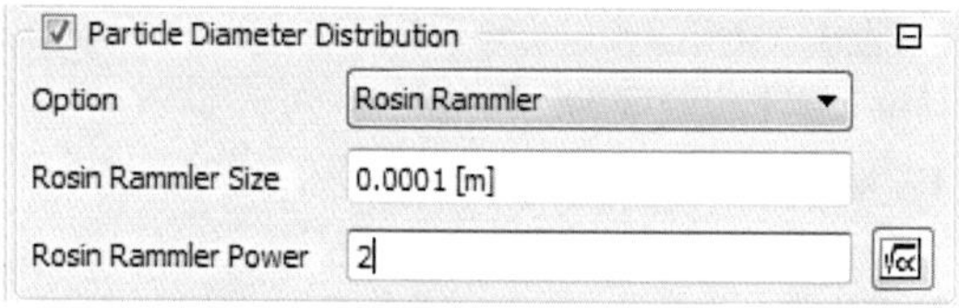

3. Rosin Rammler Size를 0.0001m로 하고 Rosin Rammler Power를 2로 하고 Ok를 클릭한 후 CFX-Pre를 종료한다.

Workbench에서 Solution을 우 클릭 후 Update를 선택한다.

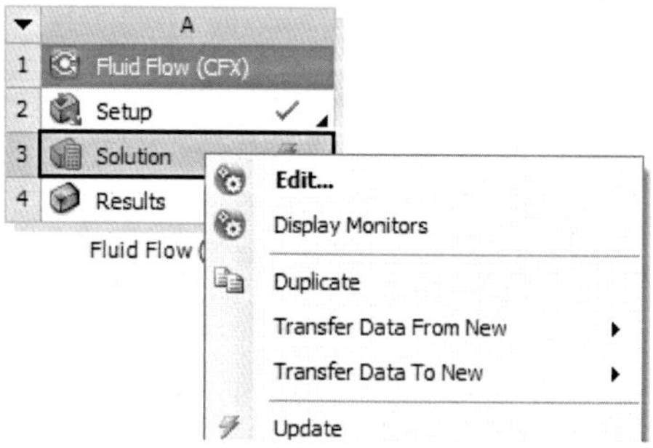

▶ **예제 6-23** Update

- 계산이 진행될 것이다.

계산이 완료되면 Solver Manager창을 닫는다.

4. Result를 더블클릭하여 CFD-Post를 연다.

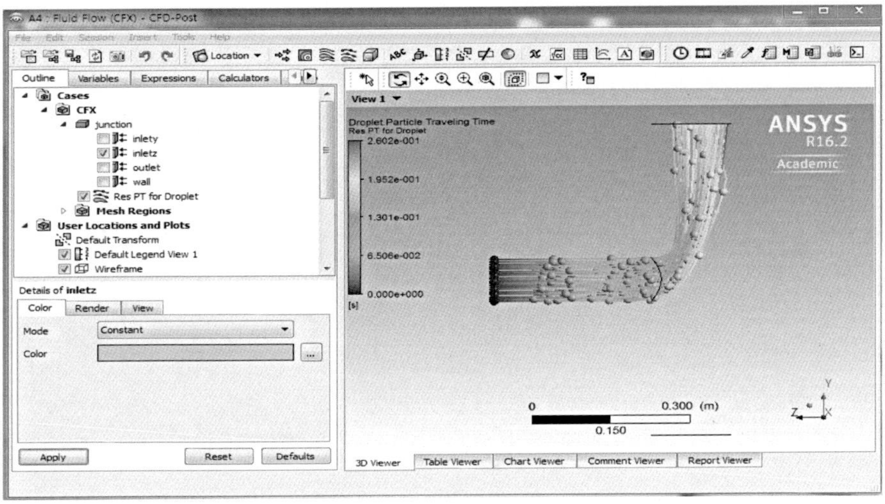

▶ **예제 6-24** 몇 개의 입자가 하부파이프 벽면에 부딪히는 것을 확인

CFD-Post에서 입자의 궤적을 확인한다.

- 몇 개의 입자가 하부파이프 벽면에 부딪히는 것을 확인할 수 있다.
  - 벽면에서의 입자 Trapping
  - 지금 까지 입자는 벽 경계에서 반영된다. (기본경계조건은 완전한 탄성 벽면 출동이다.)

Figure 8.3 Particle Track Behavior at a Wall Boundary
Perpendicular Restitution Coefficient = 0.5
Parallel Restitution Coefficient = 0.75
Impact angle in radians = ϕ

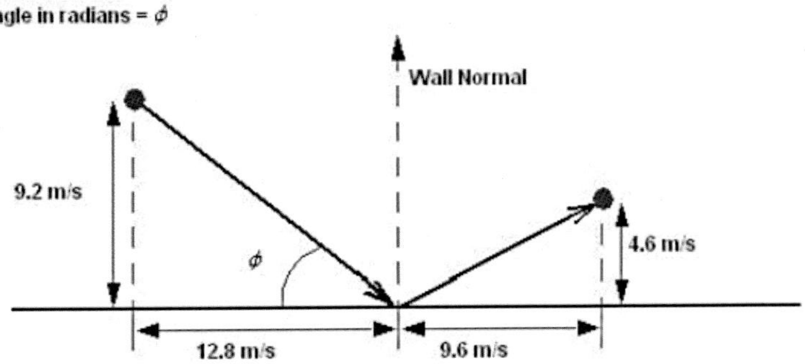

  - 입자가 벽 경계에 부딪혔을 때, 입자의 경로 추적을 종료하는 방법에 대해 알아본다. 보상계수가 모두 0으로 설정됨으로써 종료된다.

5. CFX-Pre로 돌아간다.

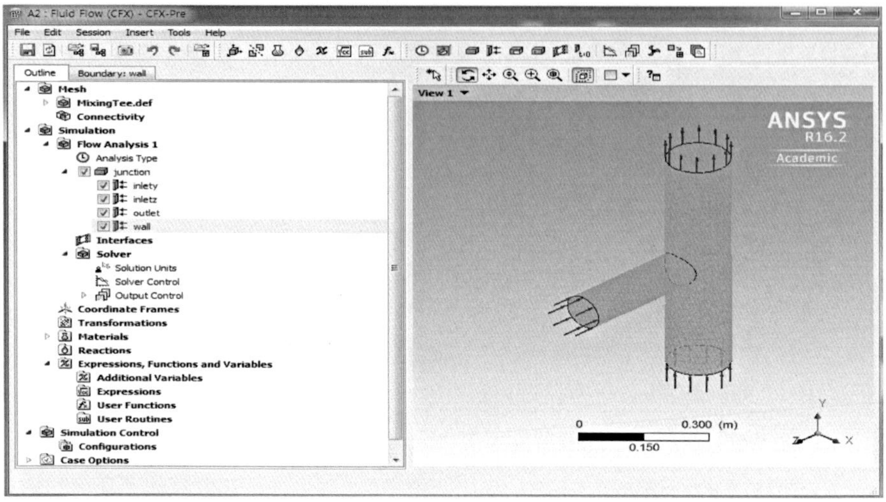

▶ **예제 6-25** CFX-Pre

6. Outline Tree에서 wall을 더블 클릭하고 Fluid Values 탭으로 이동한다.

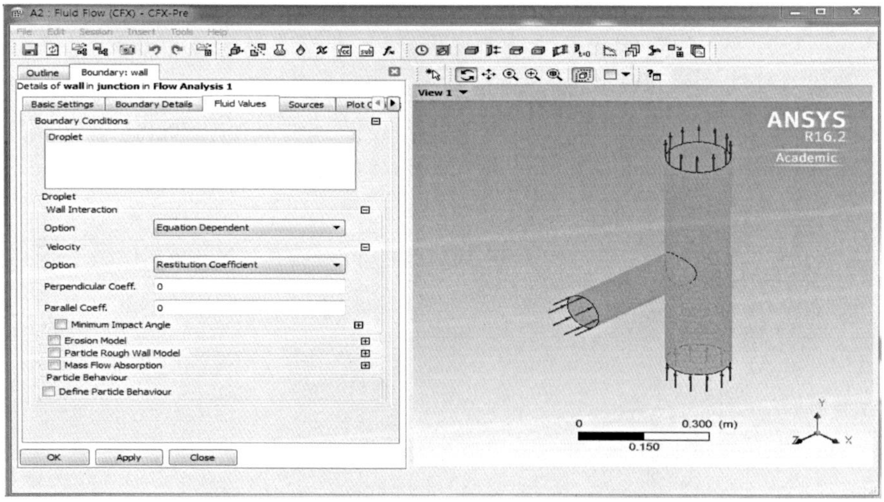

▶ **예제 6-26** Restitution coefficients을 0으로 설정

7. Restitution coefficients을 0으로 설정하고 OK를 클릭한다.
CFX-Pre를 닫는다.

8. Workbench에서 Solution을 우 클릭 후 Update를 선택한다.

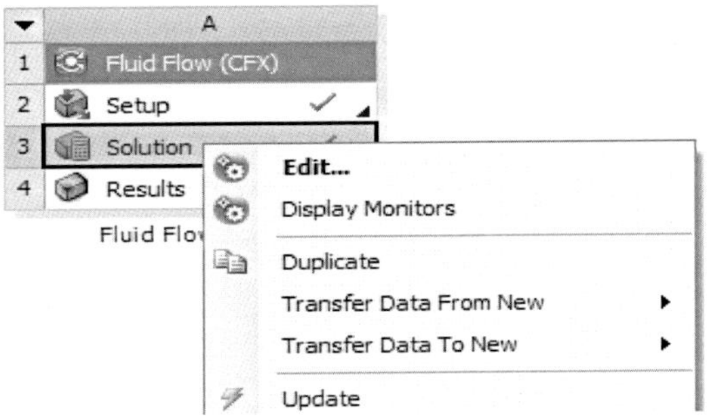

▶ **예제 6-27** Solution을 우 클릭 후 Update

9. 초록색 체크박스가 나타나면, 'Solution'을 우 클릭 후 Display Monitors를 선택한다.

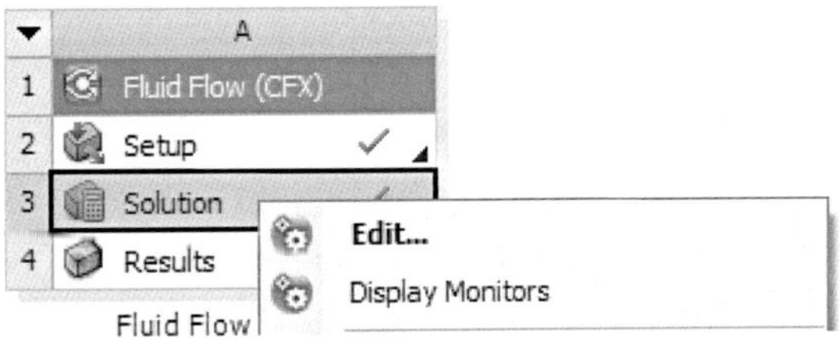

▶ **예제 6-28** Display Monitors를 선택

10. Out File의 Particle Diagnostics을 확인한다.

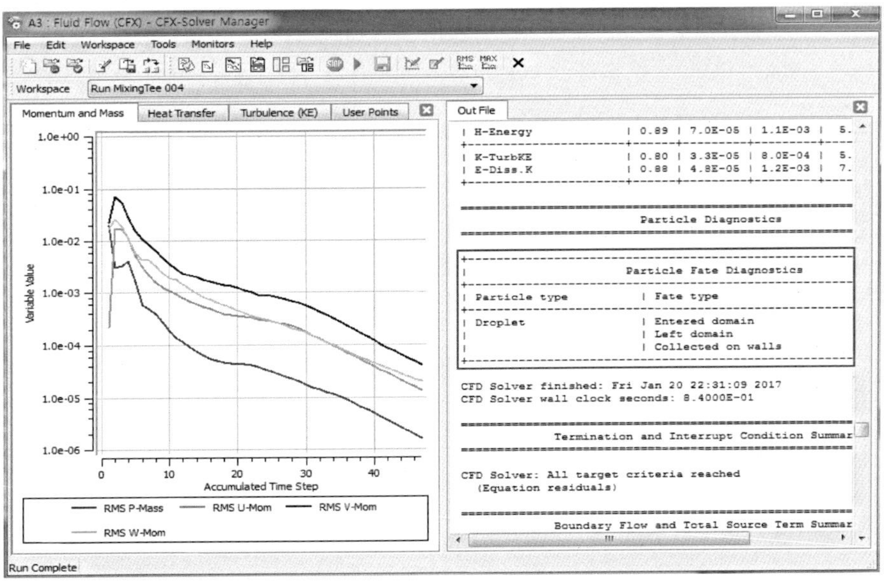

▶ **예제 6-29** Out File의 Particle Diagnostics을 확인

11. CFD-Post에서 입자의 궤적을 확인한다.

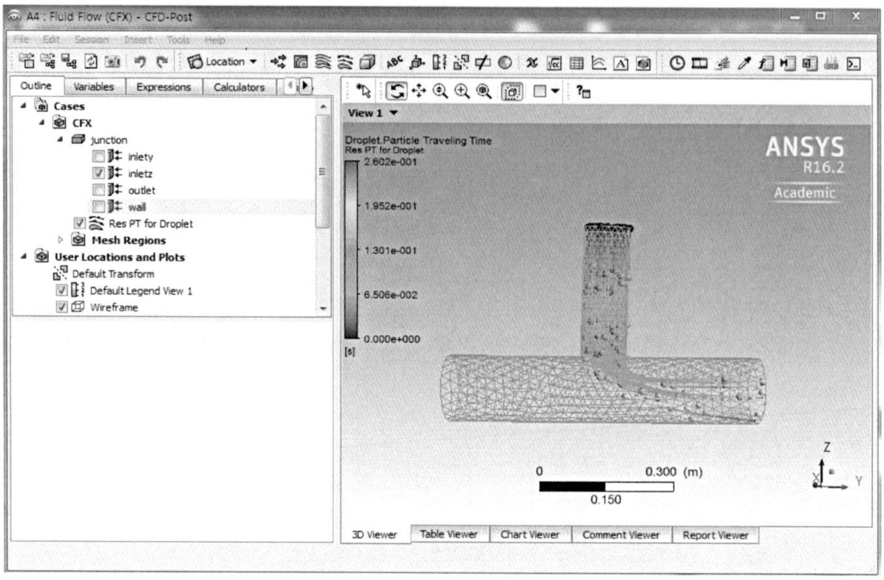

▶ 예제 6-30 입자의 궤적을 확인

요약

- 이 예제는 CFX에서 유동에 의한 유체 방울(또는 고체 입자)의 거동을 묘사하는 방법에 대해서 알아보았다.
- 일반적으로 CFD해석은 'Eulerian' 방법을 기본으로 수행된다. 격자는 고정하고 물성은 격자(aka mesh) cell을 통하여 흐른다. 입자의 흐름에 대한 해석을 진행할 경우를 'Lagrangian' 방법을 이용한다. 입자는 각각의 X,Y,Z 좌표를 가지며, 물성은 격자와 분리되어 저장된다.
- 아래의 항목을 확인하기 위해 몇 가지 다른 궤적 추적 방법을 이용한다.
  - 입자 직경의 영향
  - 벽에 부딪혀 'Trapped'된 입자의 영향
  - 난류 영향 (Random Walk Model / Stochastic Tracking)
- Discrete-Phase Model을 사용할 때, 시뮬레이션 기본 설정에 여러 가지 확장된 기능이 있다. :
  - PTM 모션을 연속상(둘러싼 공기는 자신의 운동량을 가지고 온도는 물방울의 비율에 의해 결정)에 결합한다.
  - 참고: Fully coupled로 해석을 할 경우, PTM은 매 Iteration마다 계산할 필요가 없으며, 일반적으로 매 5-10번 마다 계산한다.

- 난류 효과 관련: 난류흐름은 물방울 입자을 불규칙하게 움직이게 하며, Stochastic Tracking으로 해결할 수 있다.
- 부식을 고려할 경우: Finnie와 Tabakoff 2가지 부식모델을 사용할 수 있다. 좀 더 자세한 내용은 CFX-Solver Theory Guide에서 Basic Erosion Models을 참고해라.
- 다중 구성 입자(Multi-Component Particles) 해석:
- 적용 예 : 산업용 분무기. 고체 입자가 습도 함량을 가지고 유입된다. 열 에너지를 유체로부터 가져오고 수분은 증발되어 가벼워 진다. 동시에 수분은 연속상에 추가 된다.
- 반응 입자 해석:
- 적용 예: 발전소에 대한 석탄 버너.
- 석탄입자의 휘발성분은 증발하고, 반응하여 열을 발생 시킨다.

Example 7

Tank Flush의 열유동 해석

예제 7 Mixing Tee의 열유동 해석

1 문제 개요

이 예제는 탱크에 물이 채워진 후 siphon을 통해 더 낮은 곳으로 물이 빠져나가는 현상을 해석하는 문제이다. 2상 유체(공기, 물)에 대해 비정상 해석을 수행하게 된다.

- 초기 탱크에는 물이 채워져 있고, 해석이 시작되는 초기에만 탱크 안으로 물이 공급되고 그 이후에는 중단된다. Siphon effect로 인해 물이 U-tube를 빠져 나갈 때까지 탱크 내 수면은 상승하게 된다.
- 비정상 상태 해석 설정 및 결과 후처리
- 다상 유동 해석 설정
- 초기값 설정

Mesh Import

1. Workbench를 실행한 후,

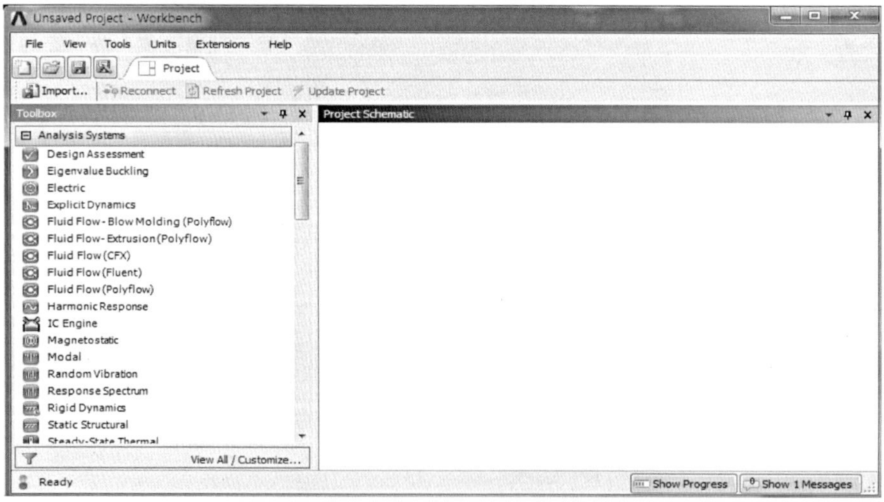

▶ **예제 7-1** Workbench를 실행

2. Component System에서 CFX를 Project schematic창으로 drag&drop한다.

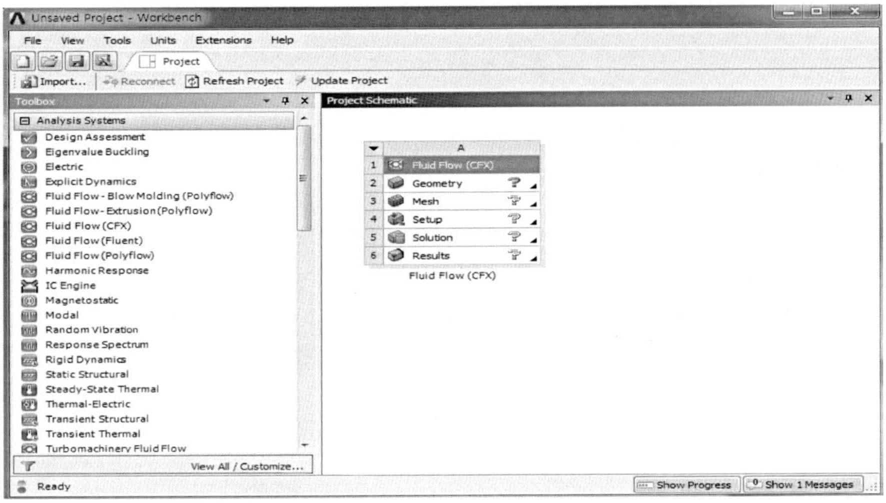

3. Mesh(마우스 오른쪽 버튼 클릭) > Import Mesh >ICEM CFD 를 선택한다.

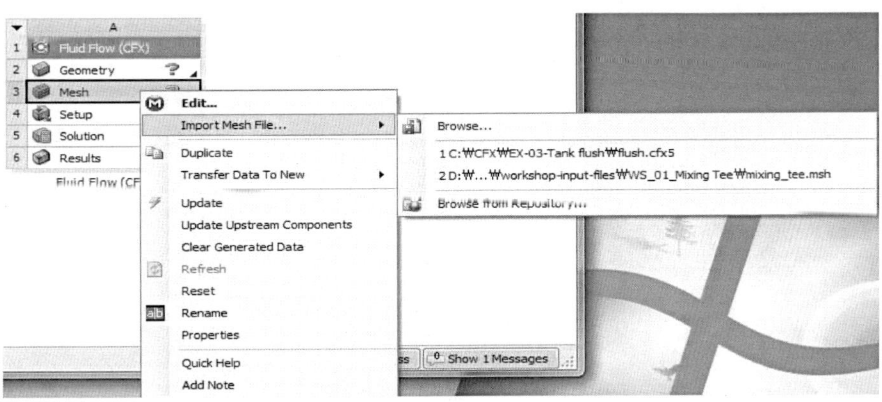

▶ **예제 7–2** Import Mesh >ICEM CFD 선택

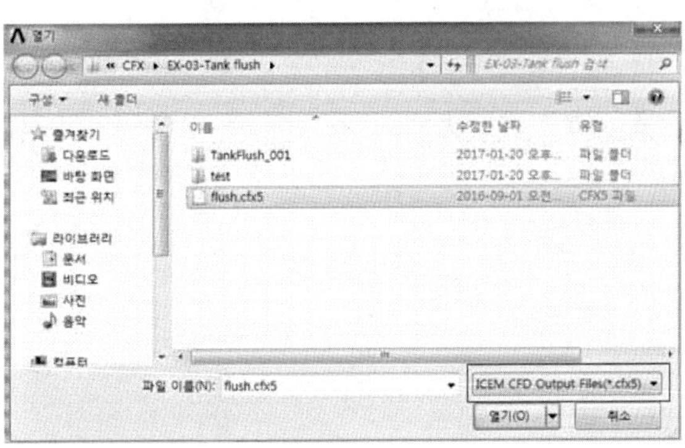

▶ **예제 7–3** ICEM CFD 선택

4. flush.cfx5란 이름의 mesh file을 불러들인다.

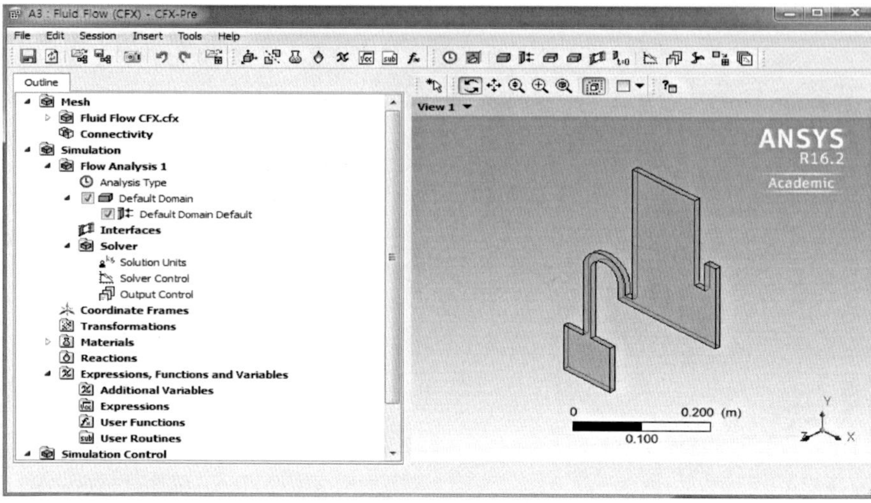

▶ **예제 7-4** flush.cfx5란 이름의 mesh file을 불러들인

5. 현재 불러온 단위는 m단위이기 때문에 cm 단위로 Unit를 설정하기 위해 Outline Mesh >Fluid Flow CFX.cfx를 우클릭하여 Transform Mesh 선택하고 Mesh Transform Editor에서 Rotation을 Scale로 바꾸어 주고 Uniform Scale을 0.01로 바꾸어 주어 m의 단위를 cm로 변환하기 위해 Apply를 클릭하면 보이지도 않으므로 Fit View 아이콘 을 클릭하여 전체보기하면 화면에 나타난다.

▶ **예제 7-5** Transform Mesh선택

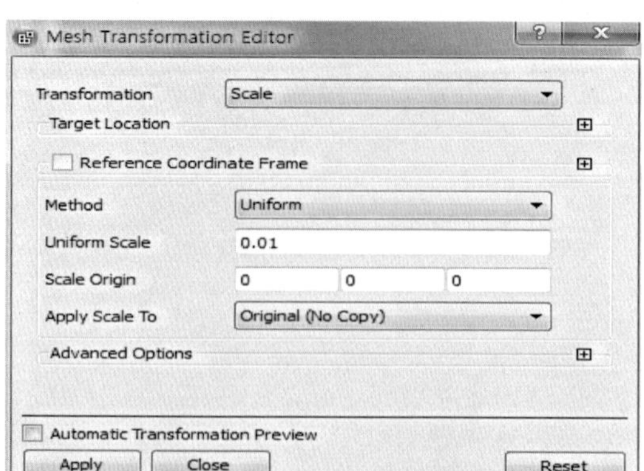

▶ **예제 7-6** Scale을 1에서 0.01로 변환

Define Simulation Type

1. Outline tree의 Analysis Type에서 edit를 선택한다. (마우스 오른쪽 버튼 클릭)

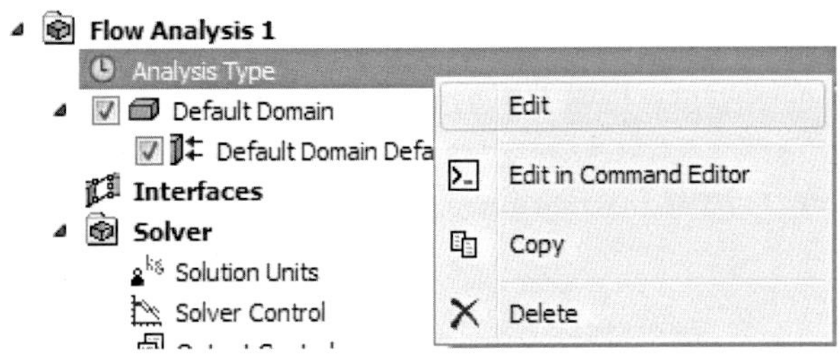

▶ 예제 7-7 Analysis Type 설정하기 위함

2. Analysis Type의 Option을 Transient로 변경한다.
3. Total Time을 2.5 [s] 로 설정한다.
4. Timesteps을 0.01 [s]으로 설정 후, OK를 클릭한다.
   - 해석 완료까지 250번의 time step이 진행된다.

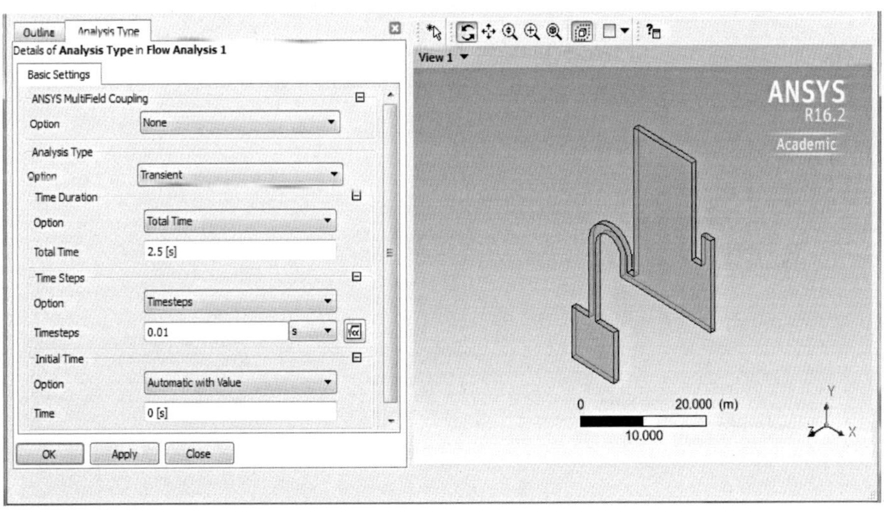

▶ 예제 7-8 Analysis Type의 Option을 Transient로 변경

Edit Default Domain

1. Outline tree의 Default Domain에서 edit를 선택 한다.(마우스 오른쪽 버튼)

▶ 예제 7-9 Default Domain에서 edit를 선택

2. Fluid and Particle Definition에 있는 Fluid 1 삭제한다.

▶ **예제 7–10** Fluid and Particle Definition에 있는 Fluid 1 삭제

3. New아이콘 을 클릭한다.

4. 새로 생성한 fluid의 이름을 Air로 입력한다.

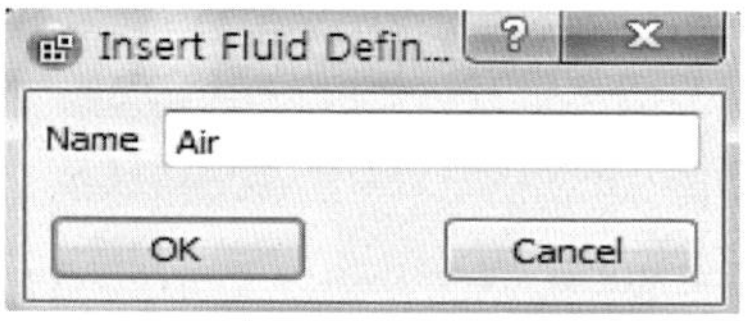

▶ **예제 7–11** fluid의 이름 Air

5. 공기의 물성치를 Air at 25C로 선택한 후, Morphology option을 Continuous Fluid로 선택한다.

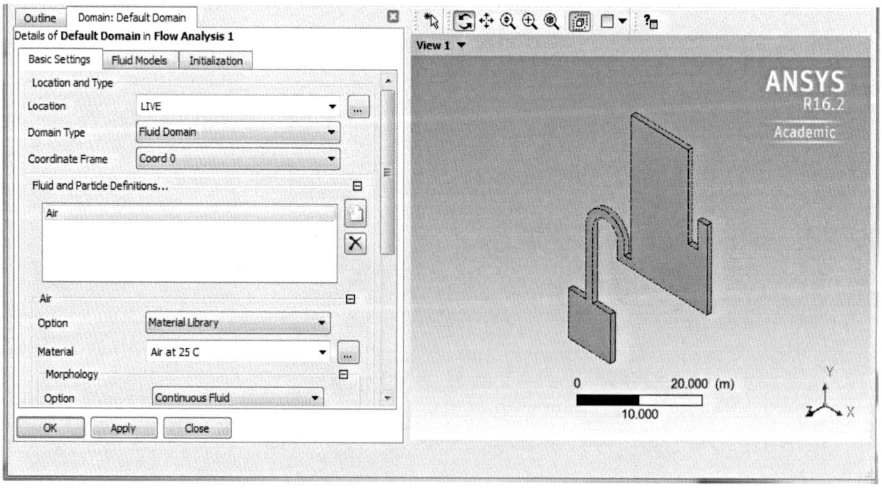

▶ **예제 7–12** 물성치를 Air at 25C로 선택한 Morphology option을 Continuous Fluid로 선택

6. New아이콘 을 클릭하여 Water란 이름의 fluid를 추가로 생성한다.

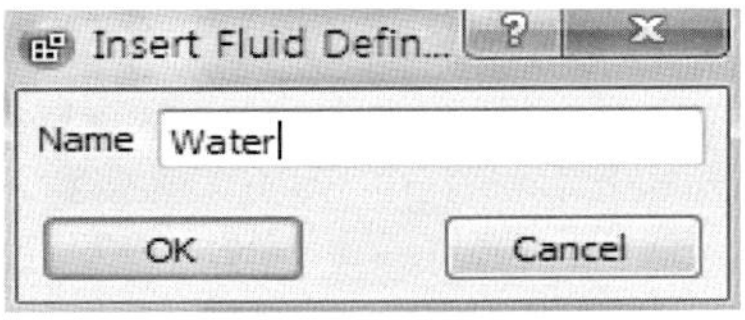

▶ 예제 7-13 Water란 이름을 추가

7. 물의 물성치를 Water로 선택한 후, Morphology option을 Continuous Fluid로 선택한다.

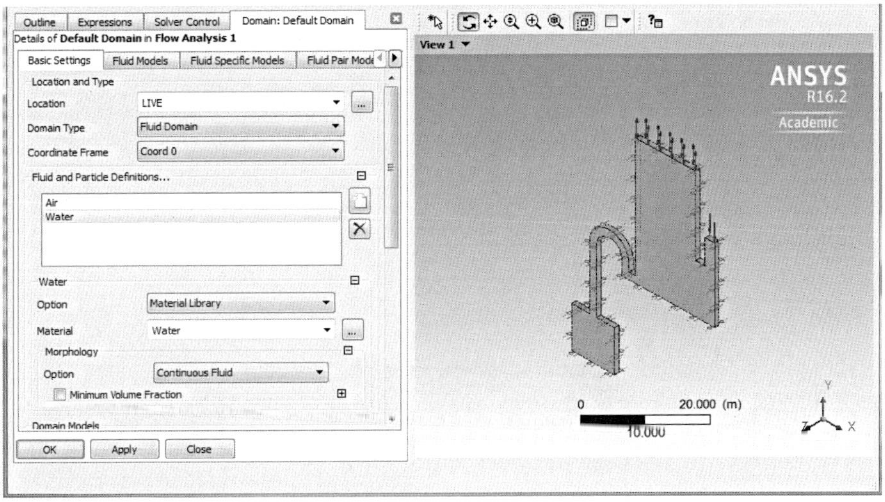

▶ 예제 7-14 Water란 이름의 fluid를 추가

8. Buoyancy 모델의 option에서 'Buoyant'를 선택한 후 중력 가속도를 (0, -9.8, 0)으로 설정한다.

- g Expression을 사용하면 되지만 잘못 사용하면 문제가 발생된다. 여기서는 숫자 -9.8로 입력했다. (g는 중력가속도 상수로 정의되어 있다.)

9. Buoy. Ref. Density를 1.185 [kg m^-3]'로 설정한다.

이것은 25 C 공기의 밀도이며, 상세한 내용은 help의 Buoyancy in Multiphase Flow를 참고하길 바란다.

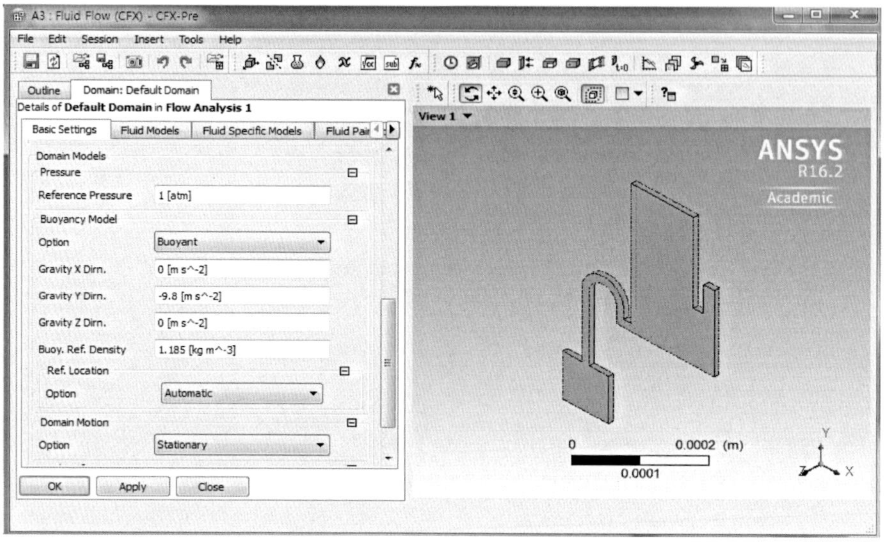

▶ **예제 7-15** Basic Settings

10. Fluid Models tab으로 전환한다.

11. Multiphase Options에서 Homogeneous Model 선택한다.

- 이 모델은 두 가지 상이 모두 동일한 속도장을 갖는다고 가정하여 계산한다.

12. Free Surface Model Option을 Standard로 설정한다.

- 이 option은 자유표면을 더 정확하게 예측할 수 있도록 수치적 변경을 가한다.

13. Heat Transfer에서 Homogeneous Model 이 선택된 상태에서 Option을 None으로 선택한다.

14. Turbulence의 Option에서 k-Epsilon 으로 선택한다.

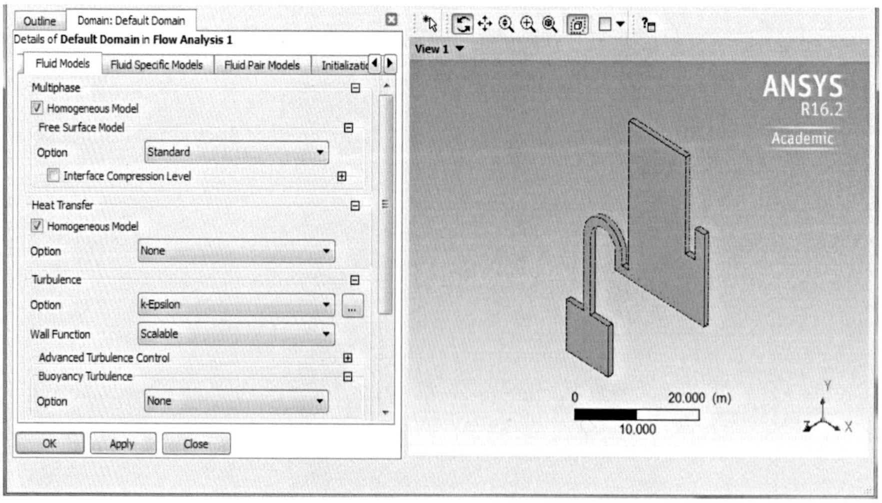

▶ **예제 7-16** Fluid Models tab

15. Fluid Pair Model tab으로 전환한다.

16. Surface Tension Coefficient를 선택한 후 coefficient를 0.072 [N m^-1]로 입력한다.

17. Surface Tension Model에서 Option을 Continuum Surface Force로 선택한다.

18. Primary Fluid를 Water로 선택한다.

19. Interphase Transfer에서 Option을 'Free Surface로 선택한다.

20. OK를 클릭하여 Domain 설정을 완료한다.

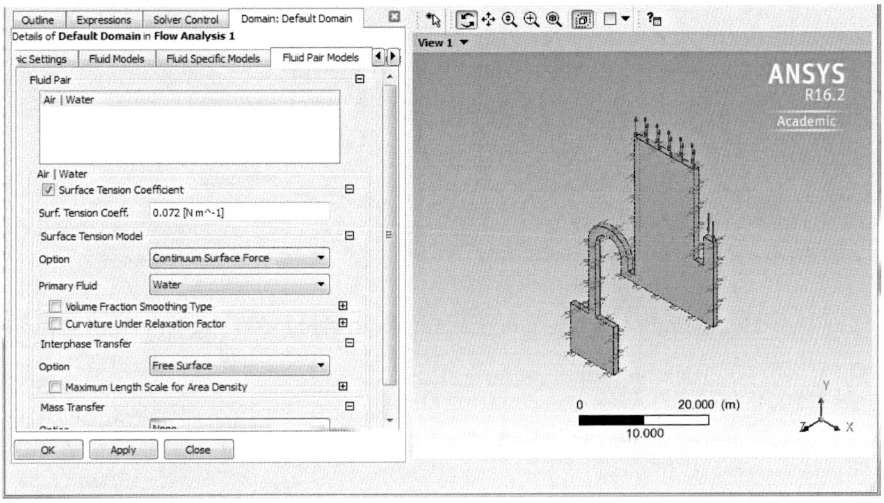

▶ **예제 7-17** Fluid Pair Model tab

Create Boundary Conditions

물이 채워짐에 따라 탱크 윗부분은 공기가 외부로 나갈 수 있도록 Opening 조건을 적용한다.

1. Insert > boundary 선택하거나 아이콘을 클릭하여 Ambient란 이름의 새로운 경계면을 생성한다.

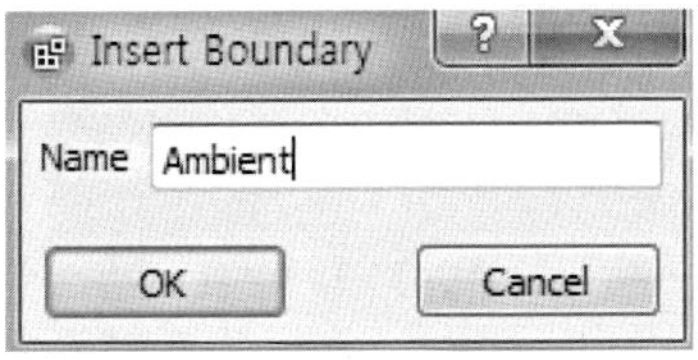

2. Boundary Type으로 Opening을 설정한 후, Location은 AMBIENT를 선택한다.

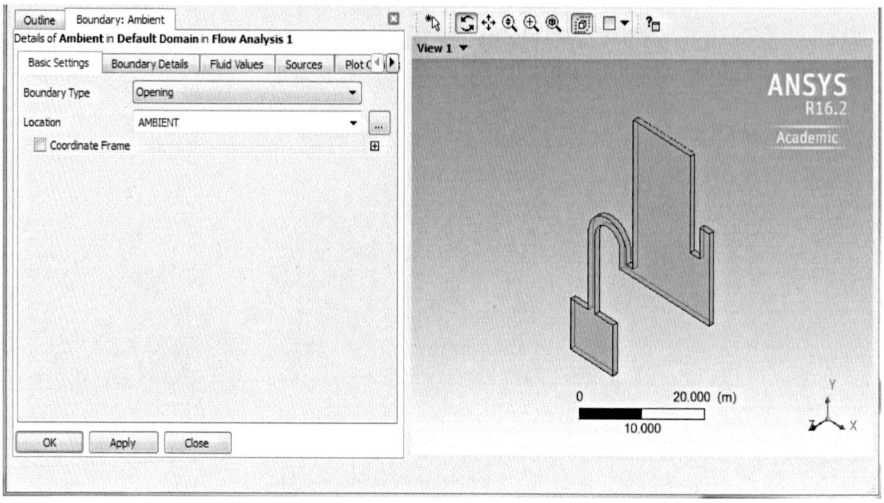

3. Boundary Details tab에서 Mass and Momentum Option을 Opening Pres. And Dirn으로 설정한 후 Relative Pressure를 0 [Pa]으로 입력한다.

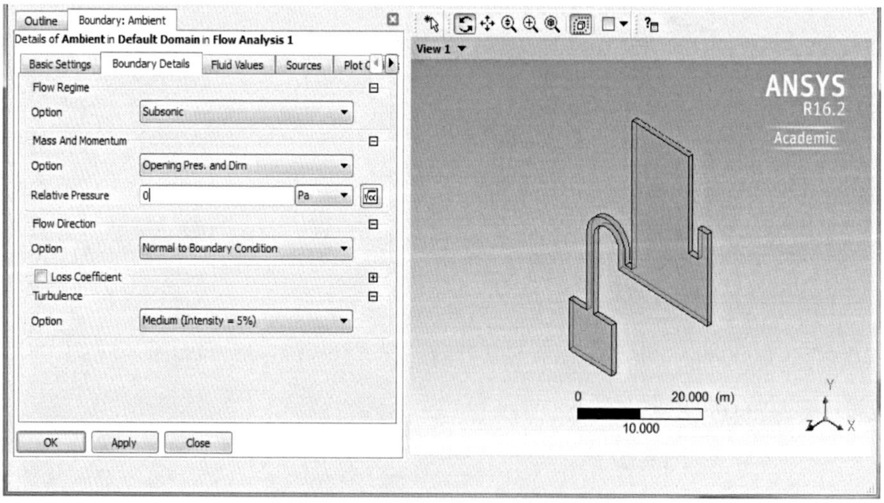

▶ 예제 7-18 Boundary Details tab

4. Fluid Values tab에서 공기와 물의 Volume Fraction을 1과 0으로 각각 입력한다. Boundary Condion에서 각각 Air를 선택하고 1입력하고, Water를 선택하고 0을 입력한다.

5. Ok를 클릭하여 경계면 생성을 완료한다.

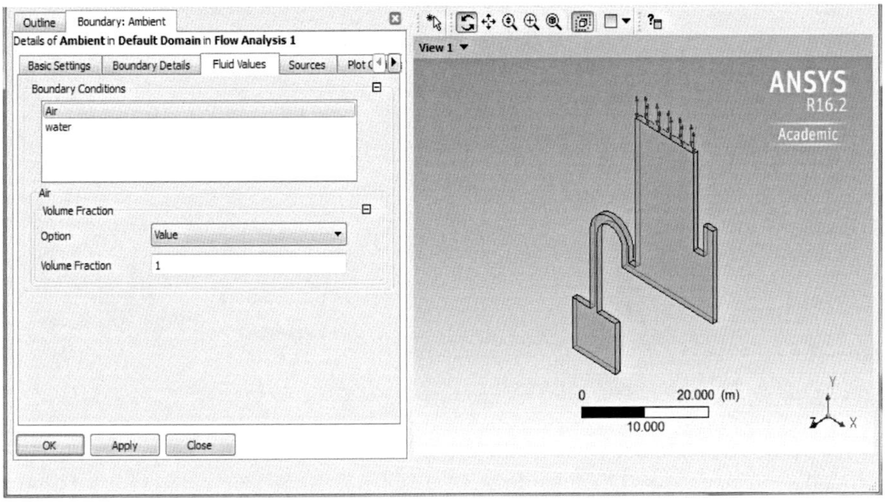

▶ **예제 7-19** Fluid Values tab

Create Boundary Conditions

Outlet과 symmetry 경계면을 설정한다. 재유입이 발생할 수 있으므로 outlet은 Opening으로 설정한다.

1. Insert > boundary 선택하거나 아이콘을 클릭하여 Outlet란 이름의 새로운 경계면을 생성한다.

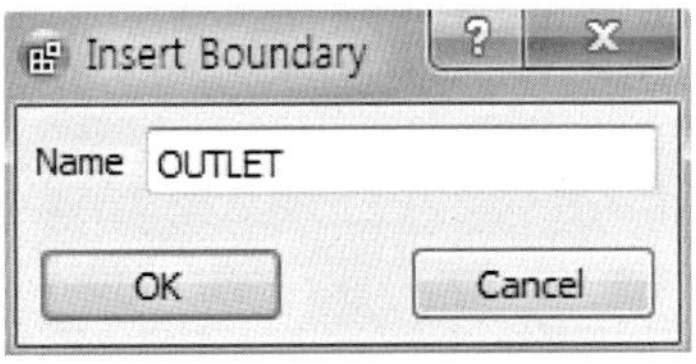

▶ **예제 7-20** Outlet

Boundary Type으로 Opening을 Location은 OUTLET으로 선택한다.

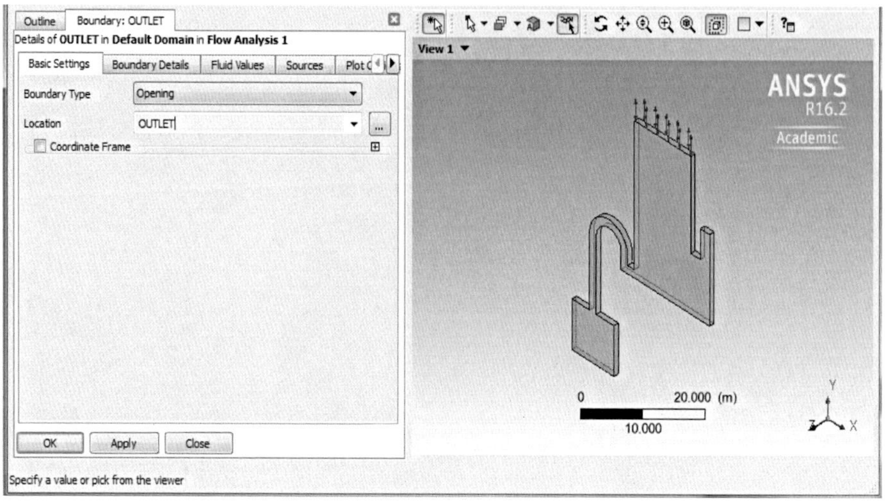

2. Boundary Details에서 Opening Pres. And Dirn으로 설정한 후 Relative Pressure를 0 [Pa]으로 입력한다.

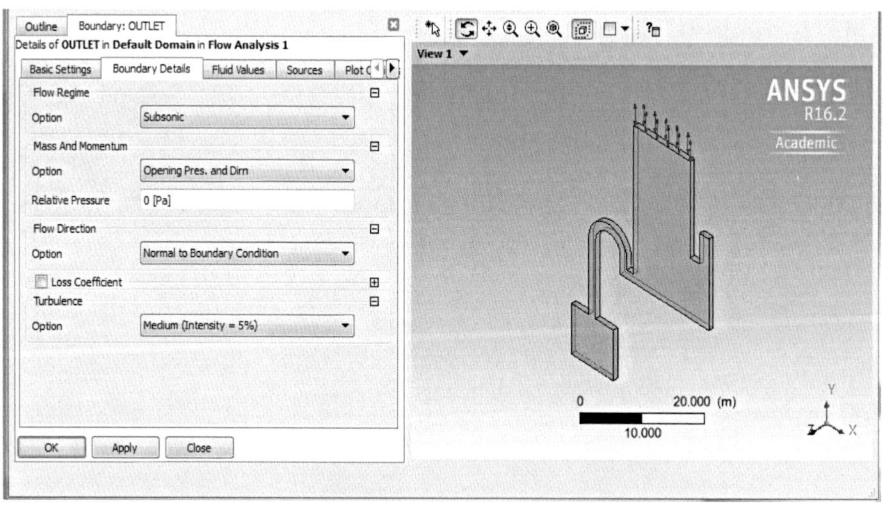

3. Fluid Values에서 Air와 Water의 Volume Fraction을 1과 0으로 각각 입력한다.
4. Ok를 클릭하여 경계면 생성을 완료한다.

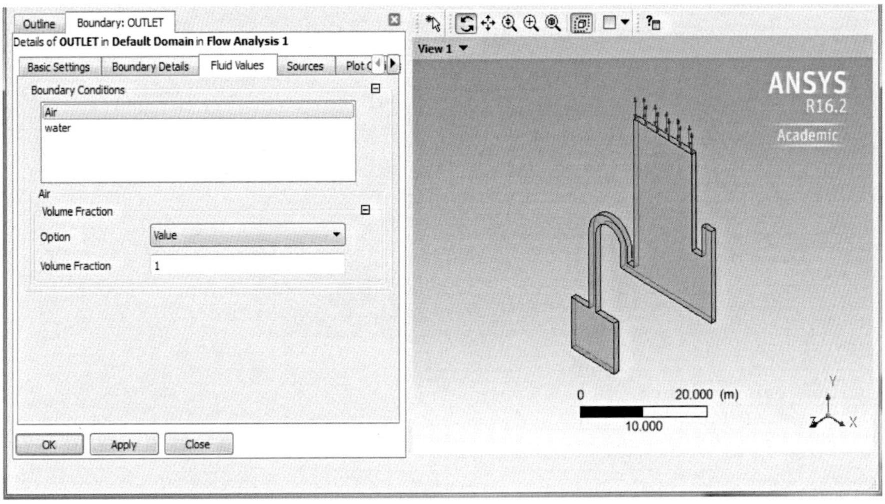

▶ 예제 7-21 Fluid values

5. Insert > boundary 선택하거나 아이콘을 클릭하여 Sym1란 이름의 새로운 경계면을 생성한다.

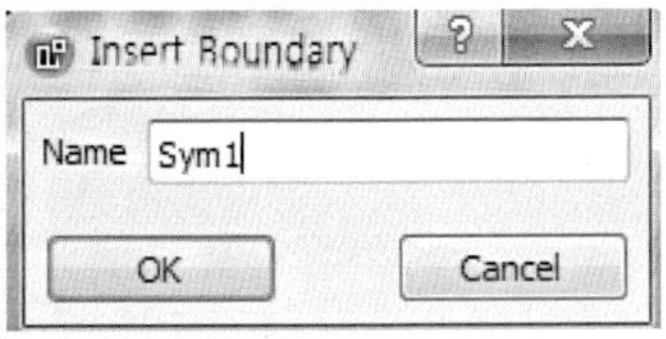

▶ 예제 7-22 Sym1

6. Sym1이란 이름의 Symmetry 경계면 삽입 후 Location은 SYM1을 선택한다.

7. Ok를 클릭하여 경계면 생성을 완료한다.

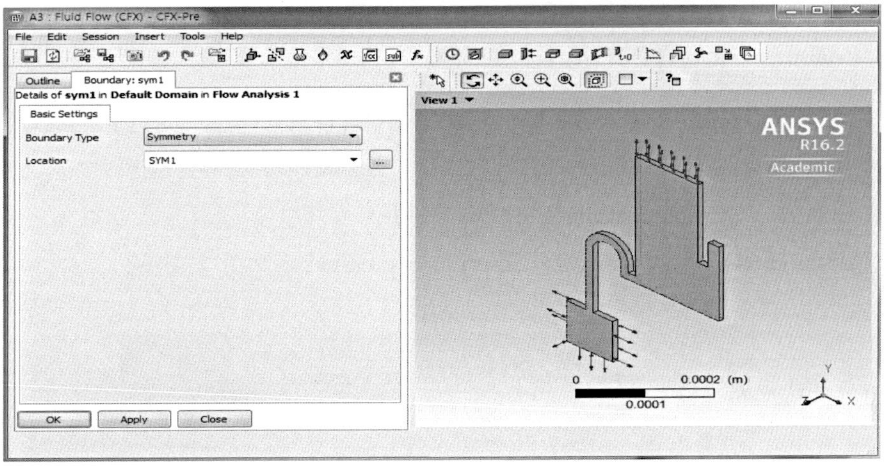

▶ 예제 7-23 Sym1

8. Insert > boundary 선택하거나 아이콘을 클릭하여 Sym1란 이름의 새로운 경계면을 생성한다.

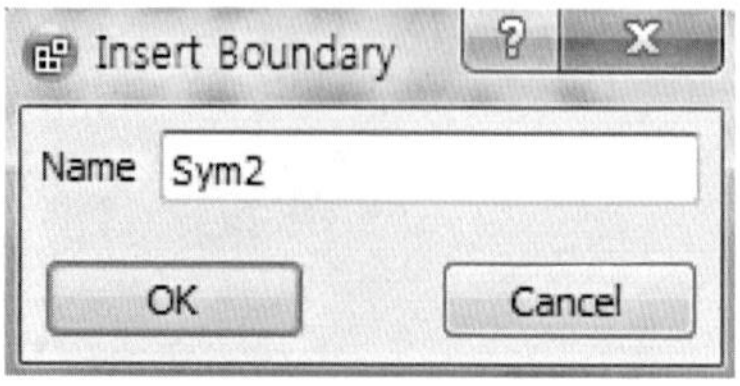

▶ **예제 7-24** Sym2

9. Sym2란 이름의 Symmetry 경계면 삽입 후 Location은 SYM2를 선택한다.

10. Ok를 클릭하여 경계면 생성을 완료한다.

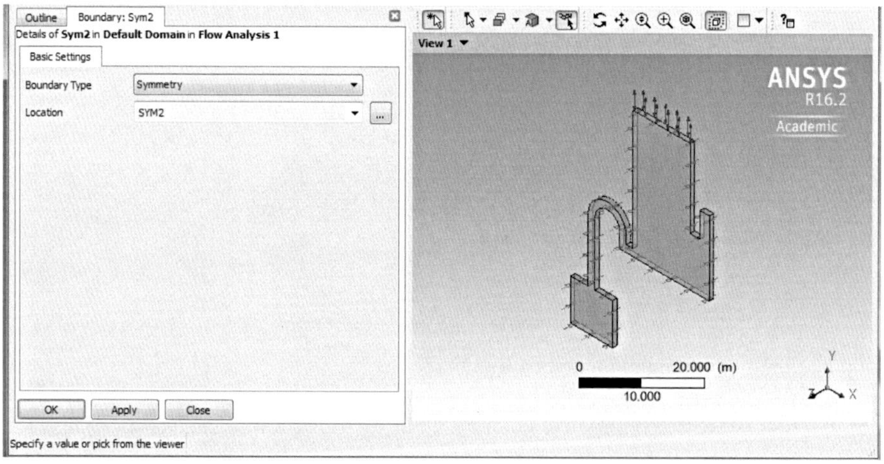

▶ **예제 7-25** Sym2

Inlet Water Flow Function

해석 시 물은 처음 1초 동안 0.2 [kg s^-1]의 질량유량으로 탱크 안으로 흐르고, 1초 이후에 물 공급은 중단된다. 따라서 입구에서의 유량은 시간의 함수로 표현되어야 하며, 이때 if() 구문이 포함된 expression을 사용하여 입구 경계면에 정의해야 한다.

1. Outline tree의 Expressions에서 Insert > Expression 선택한다. (마우스 오른쪽 버튼)

▶ **예제 7-26** Insert 〉 Expression 선택

2. flowProfile이란 이름으로 Expression 생성한다.

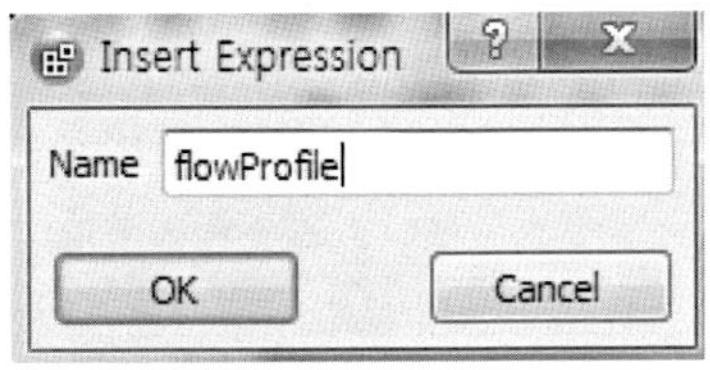

▶ 예제 7-27 Expression 생성

3. Definition 창에 다음과 같이 입력한 후 Apply 클릭한다. : if(t<1 [s], 0.2 [kg/s], 0 [kg/s])

4. Insert > Boundary를 선택 또는 Boundary 아이콘을 선택하여 Inlet이란 이름의 새로운 경계면을 삽입한다.

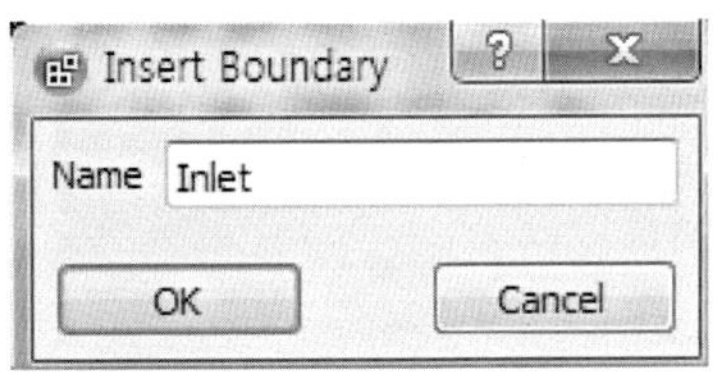

▶ 예제 7-28 Inlet 새로운 경계면

5. Boundary Type으로 Inlet 설정 후, Location은 INLET 선택한다.

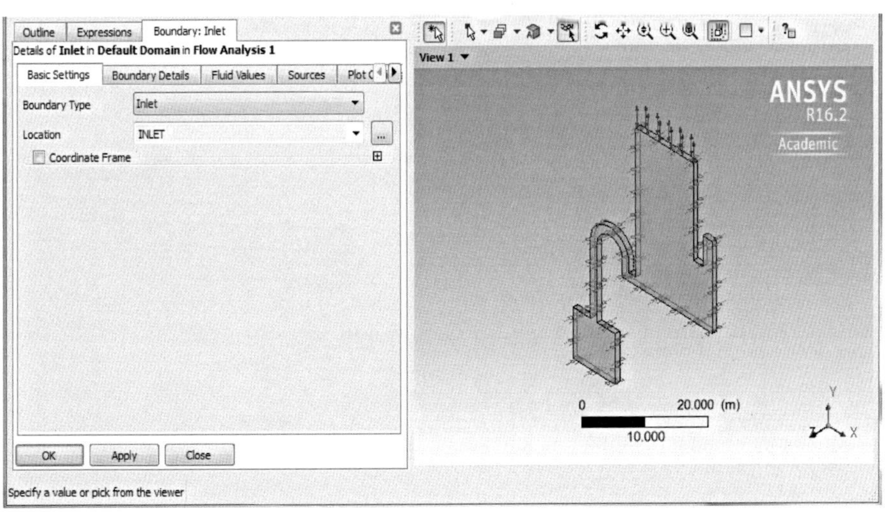

▶ 예제 7-29 Basic Settings

6. Boundary Details에서 Mass and Momentum Option을 Bulk Mass Flow Rate로 선택한다.

7. Mass Flow Rate에 expression으로 flowProfile을 입력한다.

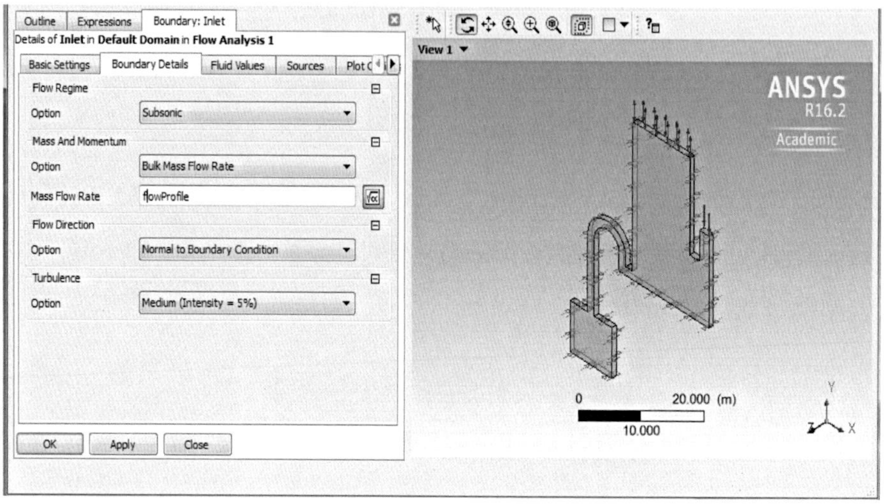

▶ 예제 7-30 Boundary Datils

8. Fluid Values에서 Air와 Water의 Volume Fraction을 0, 1로 각각 설정한 후 OK 클릭한다.

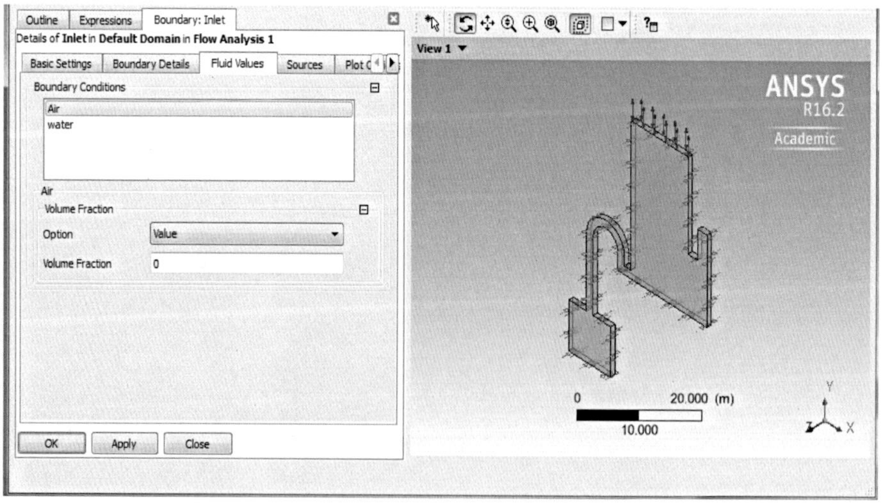

▶ 예제 7-31 Fluid Values

Define Expressions

탱크 내 초기 수면의 높이와 그에 따른 정수압을 정의하기 위해 expression을 생성한다. 비정상 유동해석을 바로 수행해야 하므로 이러한 expression은 초기 유동장에 대해 정확히 정의되어야 한다. (정상 상태의 수렴된 결과로 시작하지 않음).

1. Expression 아이콘 을 클릭하여 다음의 expressions을 생성한다.
   - waterHt = 6 [cm]
   - waterVF = if(y<waterHt,1,0)*if(y>-0.01 [m],1,0)* if(x>-0.028 [m],1,0)
   - waterDen = 998 [kg m^-3]
   - HydroP = waterDen * g * (waterHt - y) * waterVF

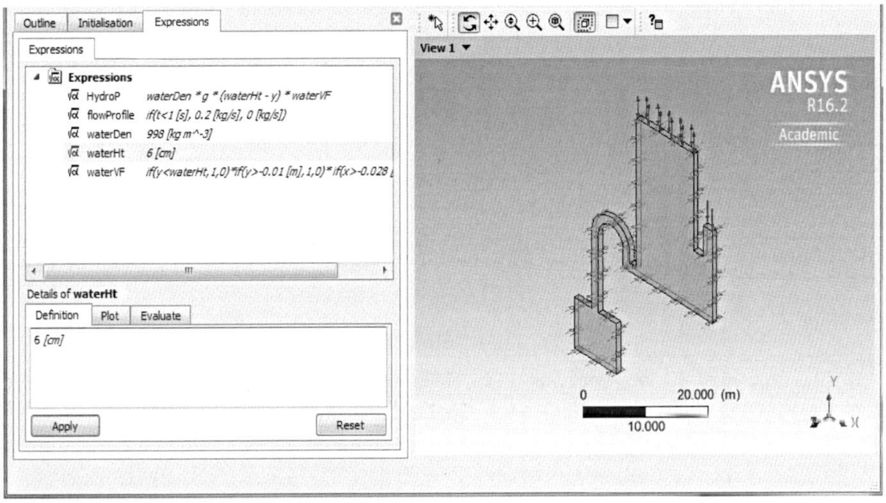

▶ 예제 7-32 expressions을 생성

waterHt는 탱크 내 초기 수면의 높이를 나타낸다. waterVF는 탱크 내 초기 물의 체적분율 분포이다(다음 슬라이드 참조). waterDen은 물의 밀도이며, HydroP는 물의 정수압에 따른 초기 압력 분포를 나타낸다.

Define Expressions

탱크 내 물의 체적분율 분포를 나타내는 waterVF expression은 세 가지 함수의 곱으로 표현된다. 첫 번째 함수인 ((waterHt – y) / 1[m])은 y < waterHt 인 경우 1이 된다. 다시 말해 그림과 같이 y = waterHt 선상보다 아래인 부분은 물의 체적분율이 1이라는 것이다.

두 번째 함수에서는 y > –0.01[m]인 경우 1이 된다. 세 번째 함수에서는 x > –0.028 [m]인 경우 1이 된다.

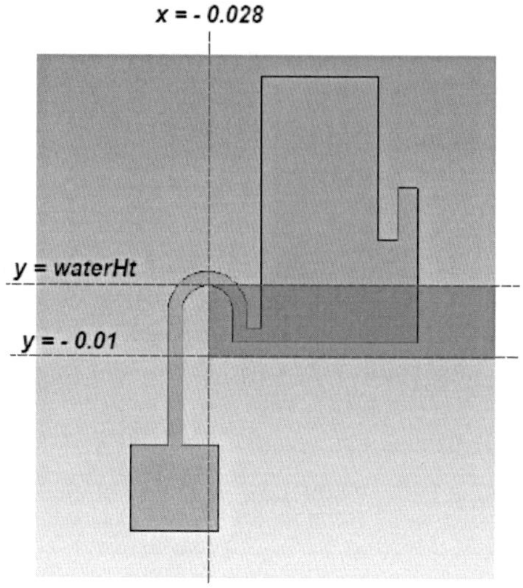

그림과 같이 색칠된 부분에서 물의 체적분율이 1이 되며, 따라서 이 부분이 초기 물의 체적분율로 정의된다.

함수는 무차원이므로 계산 시 1[m]로 나누어야 한다.

Define Initial Conditions

앞서 생성한 expression을 이용하여 초기조건을 설정한다.

1. Outline tree에서 Flow Analysis 1을 선택(마우스 오른쪽 버튼)한 후 Insert > Global Initialization 삽입한다.
2. 모든 Cartesian Velocities Components를 0 [m s^-1]으로 입력한다.
3. Relative Pressure에서 expression은 HydroP를 선택한다.

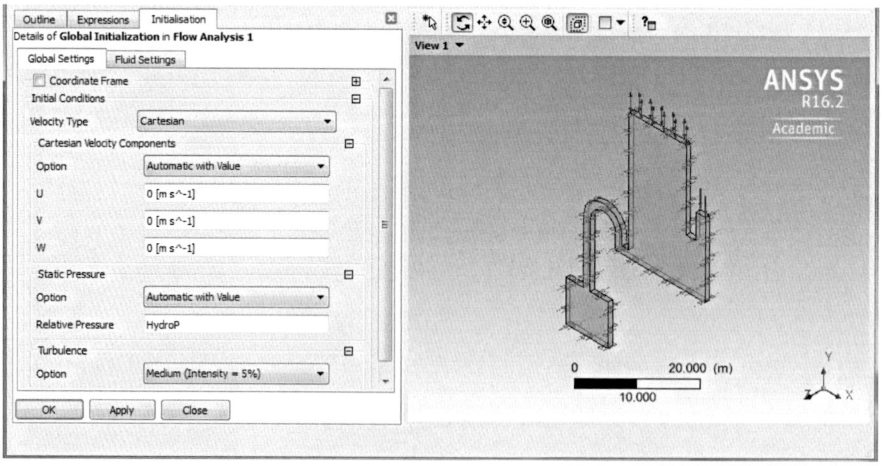

▶ 예제 7-33 Global Settings

4. Fluid Settings tab으로 전환한 후, Air의 체적분율은 1 - waterVF로 expression을 이용하여 설정하고 Water의 체적분율을 waterVF로 expression을 이용하여 설정한다.(여기에서 마이너스 기호를 써야함)

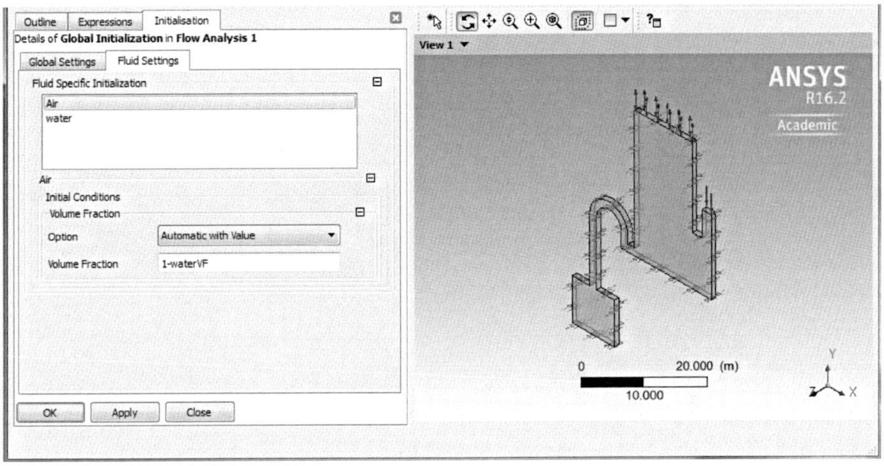

▶ 예제 7-34 Fluid Settings tab에서 Air를 1-waterVF로

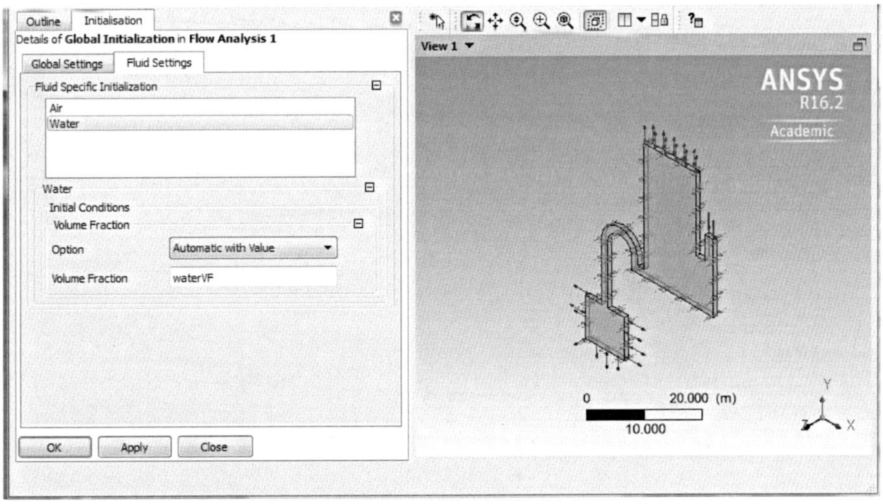

▶ 예제 7-35 Fluid Settings tab에서 Water를 waterVF로

5. OK를 클릭하여 초기조건 설정을 완료한다.

Define Transient Results

기본적으로 결과 파일은 해석이 완료되면 자동으로 저장된다. 그러나 비정상 해석의 경우 중간 결과를 확인하기 위해서는 해석 중간마다 결과를 저장해야 한다.

1. Outline tree의 Output Control에서 'Edit'를 선택한다. (마우스 오른쪽 버튼)
2. Trn Results tab으로 전환 후, Transient Results에서 아이콘 을 클릭하여 기본 이름으로 Transient Results 1이라는 새로운 비정상 결과 설정 창을 생성한다.

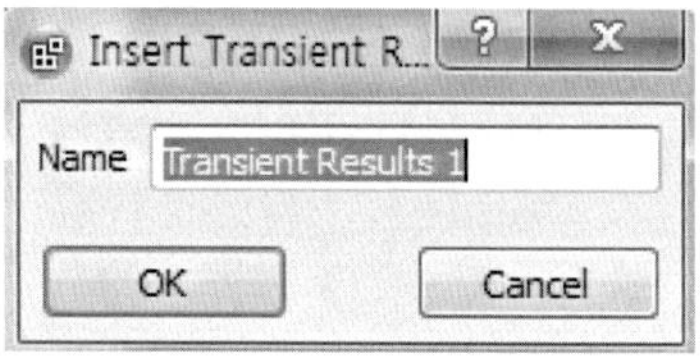

▶ **예제 7-36** Transient Results 1

3. Option에서 Selected Variables을 선택한다.

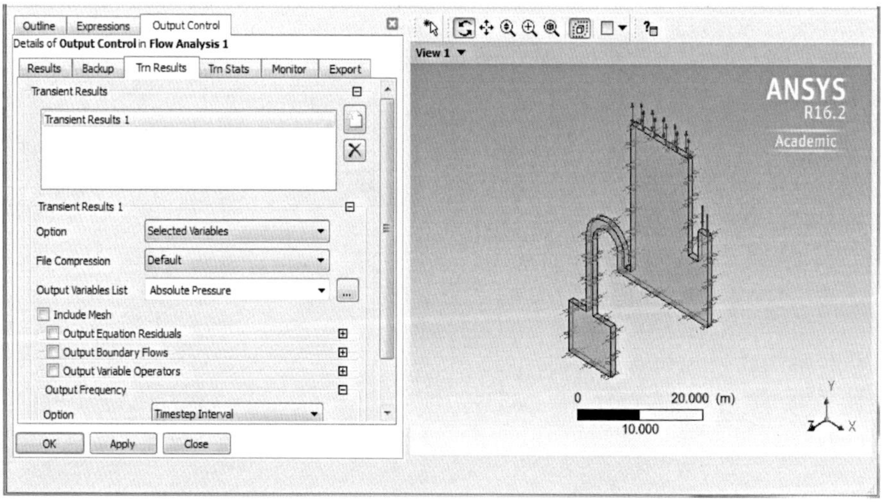

▶ **예제 7-37** Transient Results 1과 Option에서 Selected Variables을 선택

- 선택된 변수만을 저장하므로 파일 용량이 감소된다.

4. Output Variables List에서 아이콘 을 클릭한 후 Ctrl key를 이용하여 Air.Volume Fraction, Velocity, Water.Volume Fraction을 선택한다.
5. Output Frequency에서 Timestep Interval을 2로 입력한 후 OK를 클릭한다.
   - 비정상 결과가 2 time step마다 저장되므로 125개의 비정상 결과 파일이 생성된다.

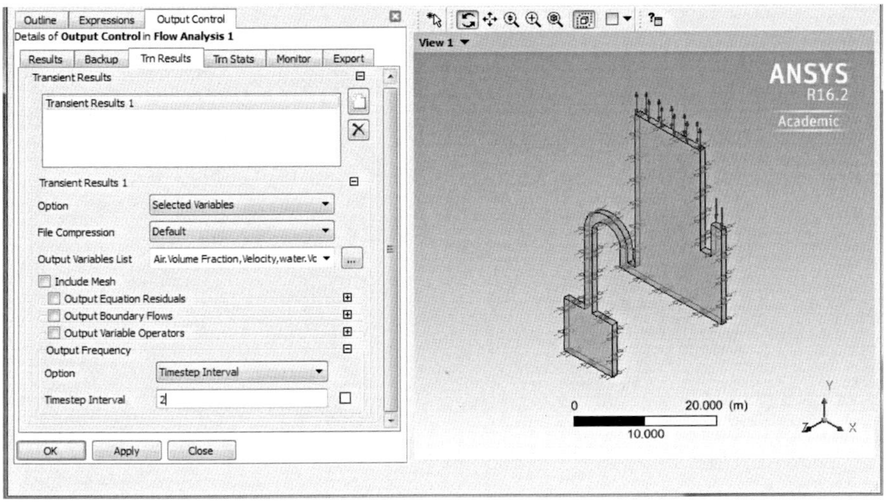

▶ 예제 7-38 Output Control에서 Trn Results

Create Monitor Point

해석시 탱크 내 물의 체적변화를 확인하기 위해 Monitor Point를 생성한다.

1. Insert > Expression을 선택 또는아이콘 을 클릭하여 waterVol이란 이름의 새로운 expression을 삽입한 후 다음과 같이 정의한다. : volumeInt(Water.Volume Fraction)@Default Domain

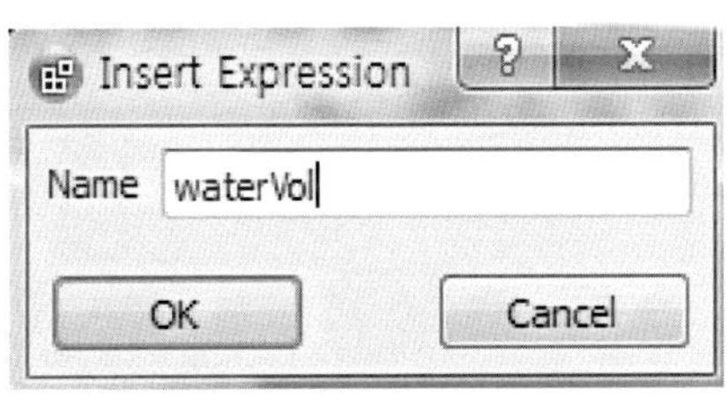

▶ 예제 7-39 waterVol

- 탱크 내 물의 체적분율을 체적에 대해 적분한 값이다.

waterVol를 Apply를 클릭하여 적용시킨다.

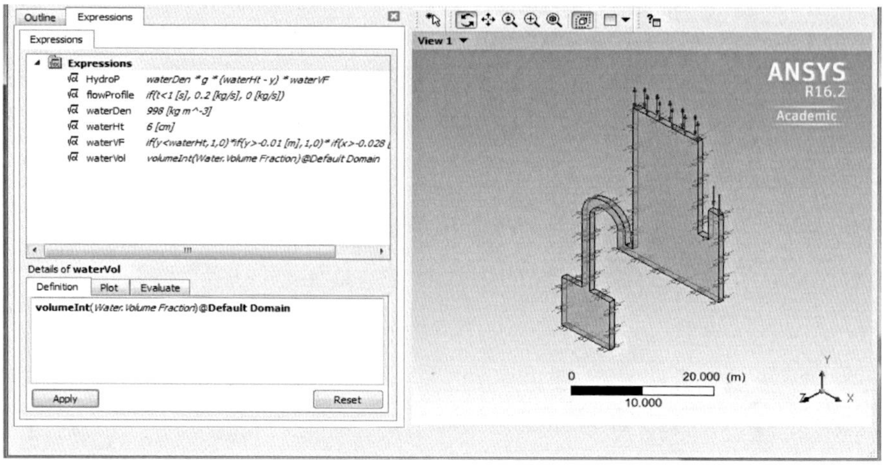

▶ 예제 7-40 waterVol

2. Outline tree의 Output Control에서 Edit를 선택한다. (마우스 오른쪽 버튼)

3. Monitor tab에서 Monitor Object를 선택한 후, 아이콘 을 클릭하여 Water Volume이란 이름의 새로운 Monitor Point를 생성한다.

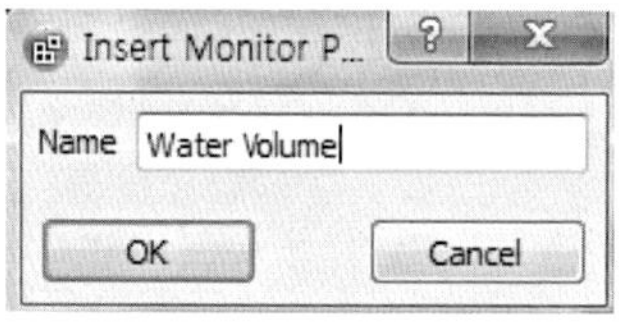

▶ 예제 7-41 Water Volume

4. Option에서 Expression을 선택한 후, Expression Value에 waterVol 입력하고하고 OK를 클릭한다.

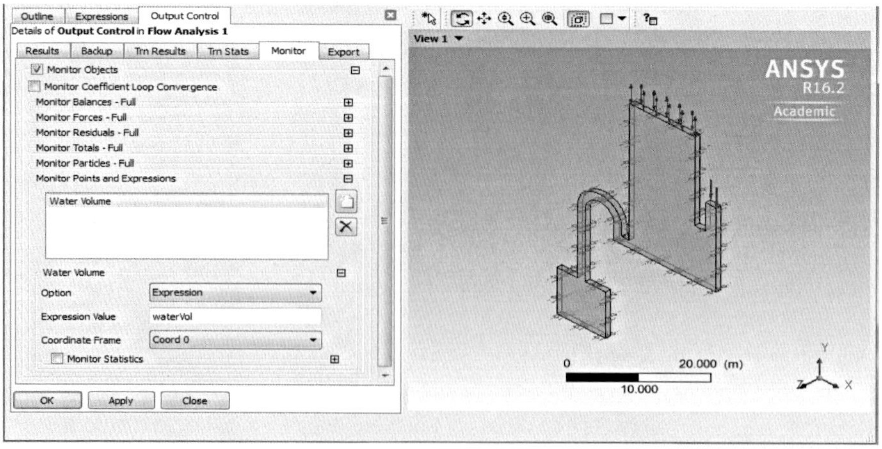

▶ 예제 7-42 Monitor tab

Run Solver

1. CFX-Pre를 닫고 TankFlush.wbpj로 저장한다.

2. Solver Manager 실행을 위해 Project Schematic 창의 Solution에서 Edit를 선택 한다. (마우스 오른쪽 버튼)

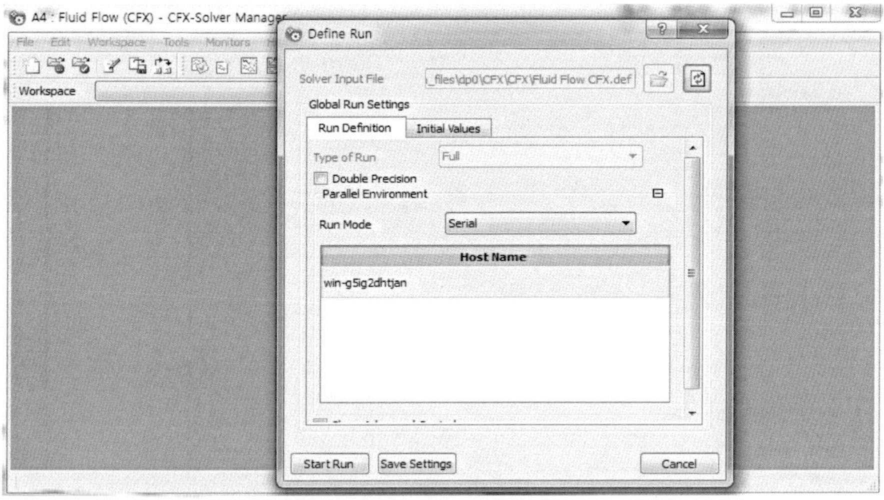

▶ **예제 7-43** Start Run 창

3. Solver Manger창에서 Start Run을 클릭한다.

Solver 정상적으로 끝났음을 나타낸다.

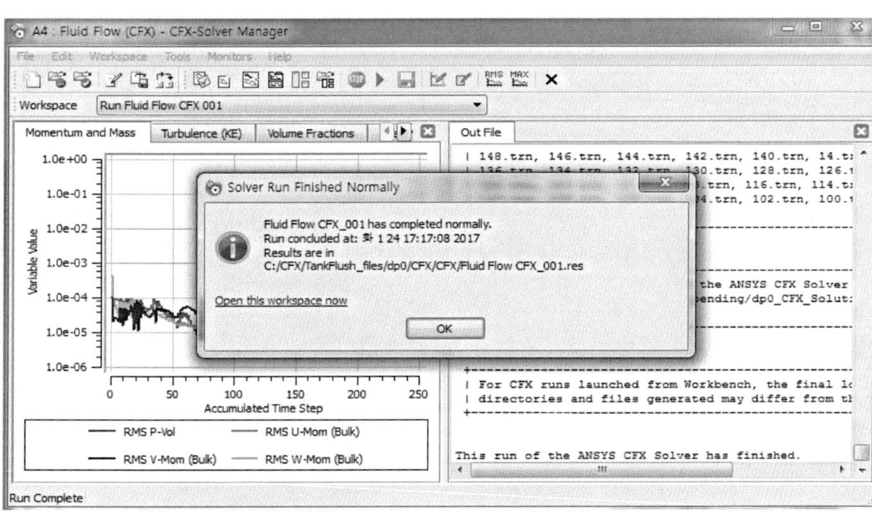

▶ **예제 7-44** Solver 정상적으로 끝났음

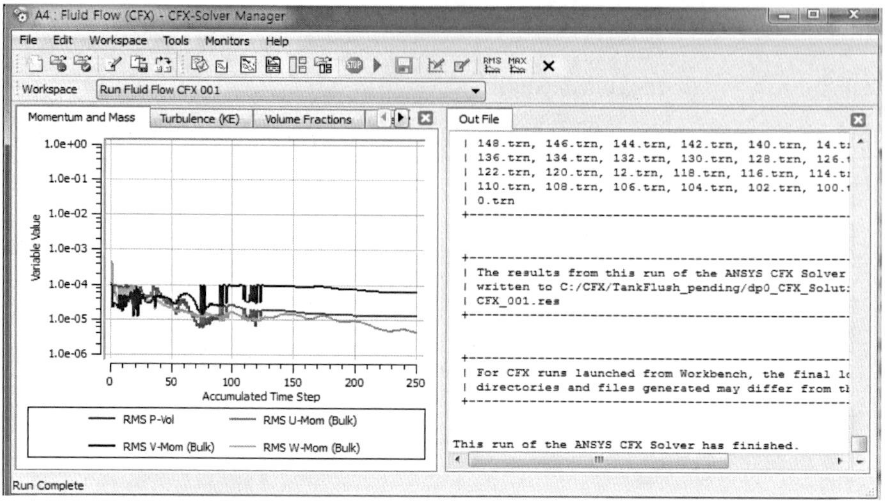

▶ **예제 7-45** 각종 그래프를 볼 수 있음

- User Points tab에서 탱크 내 물의 체적을 모니터할 수 있다.

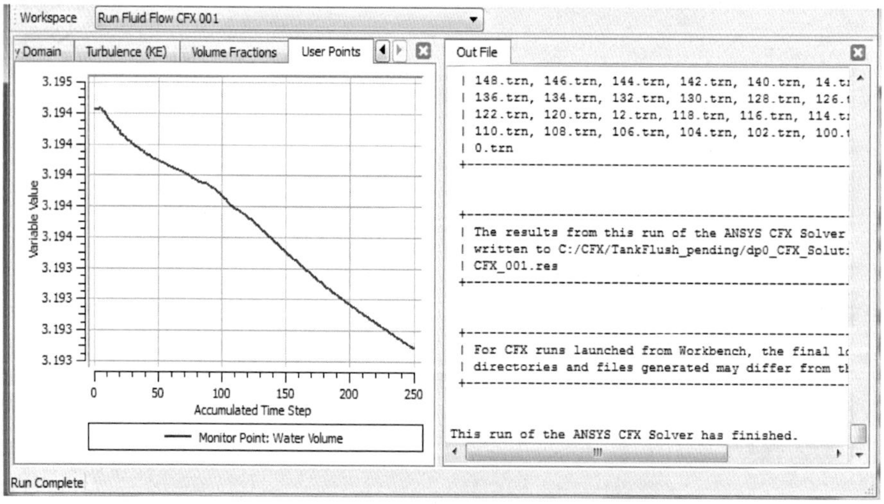

▶ **예제 7-46** User Point

- 해석이 완료될 때까지는 2시간 정도가 소요되므로 미리 저장한 파일을 사용해도 무방하다.

4. Timestep이 몇 번 진행되면, 계산을 종료한다.
5. Solver Manager에서 File > Monitor Finished Run을 선택한다.

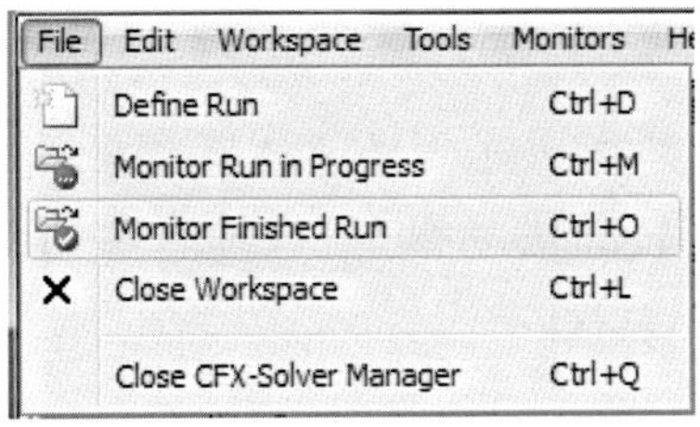

▶ **예제 7-47** Monitor Finished Run을 선택

6. 미리 저장한 결과 파일을 사용한다.

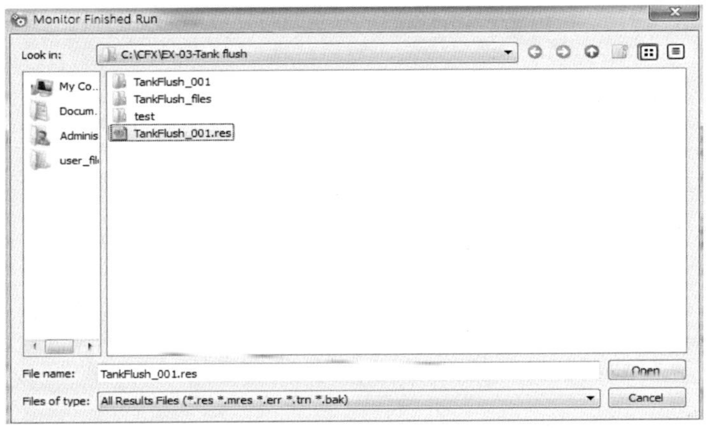

▶ **예제 7-48** 미리 저장한 결과 파일을 사용

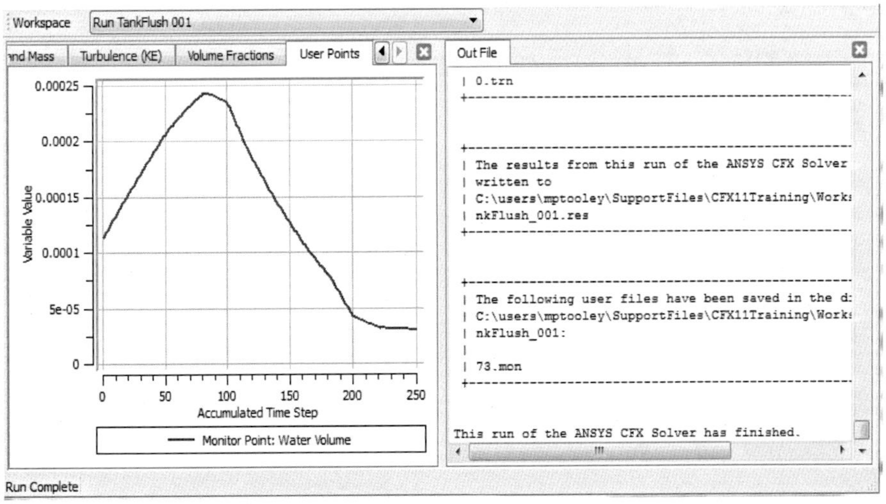

▶ **예제 7-49** Monitor Point : Water Volume

- 계산이 완료되면 계산 초기에 탱크 내에 차 있던 물이 많이 줄어들었음을 확인할 수 있다.

Post-Process Results

1. 윈도우 탐색기를 이용하여 미리 저장된 결과 파일이 (TankFlush_001.res) 위치한 폴더를 찾아 project schematic 창의 빈 부분에 끌어다 놓으면 CFX Solution and Results cell이 새로 나타난다.

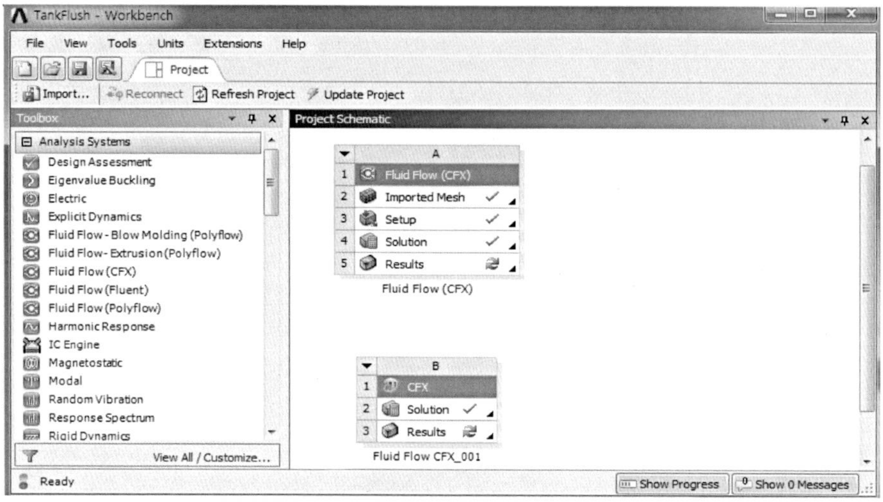

▶ 예제 7-50 TankFlush_001.res를 빈 공간에다 끌어다 놓아 생성된 B셀

2. CFX Solution and Results cell이 새로 나타나면 Results cell을 더블 클릭하여 CFD-Post를 실행한다.

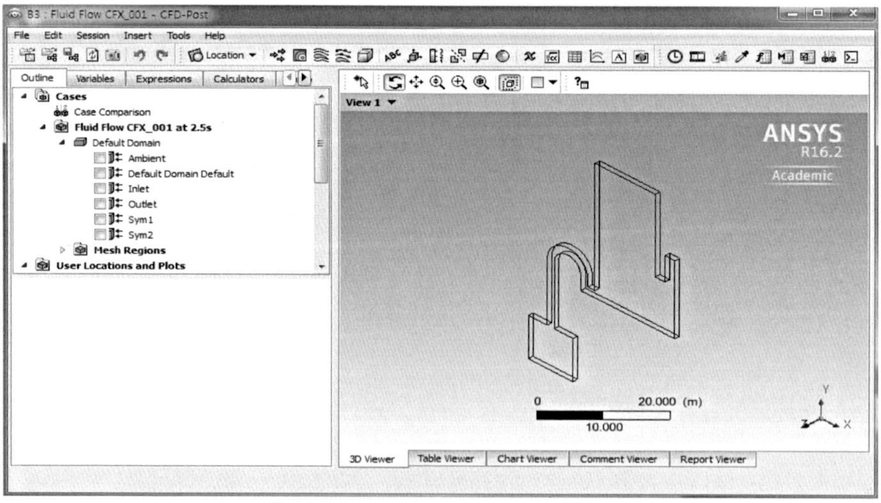

▶ 예제 7-51 CFD-Post 창

Post-Process Results

1. Sym1에 대해 Visibility 활성화한다.
2. Color tab에서 Variable을 Water.Volume Fraction으로 선택한 후, Color Map을 White-Blue로 설정한다.

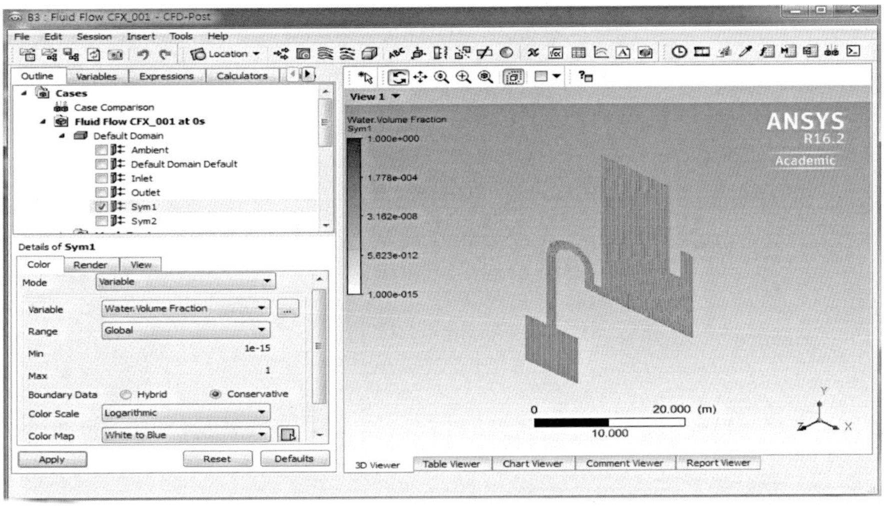

▶ **예제 7-52** Color tab에서 Variable을 Water.Volume Fraction으로 선택한 후, Color Map을 White-Blue로 설정

3. Tools > Timestep Selector를 선택 또는 Timestep Selector 아이콘 을 클릭하여 시간 별 결과 data를 불러들인다.
4. 첫 번째 Timestep의 결과를 선택한 후, Tools > Animation 또는 Animation아이콘 을 클릭한다.

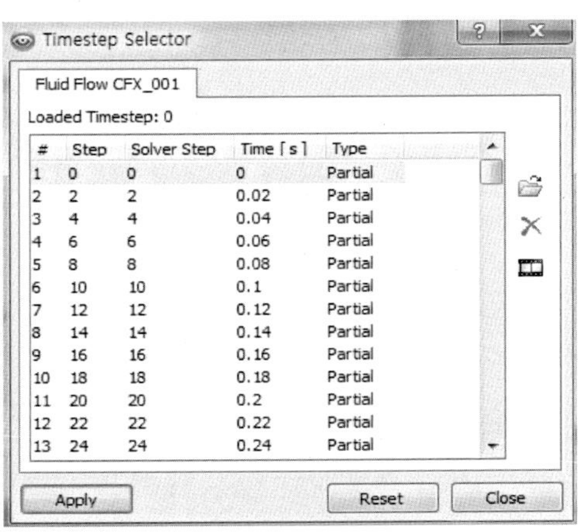

▶ **예제 7-53** Timestep Selector

▶ **예제 7-54** Animation

5. Quick Animation을 선택한 후 Select one or object to animate에서 Timesteps을 선택하고 Play 버튼을 클릭하면 Animation이 시작된다.

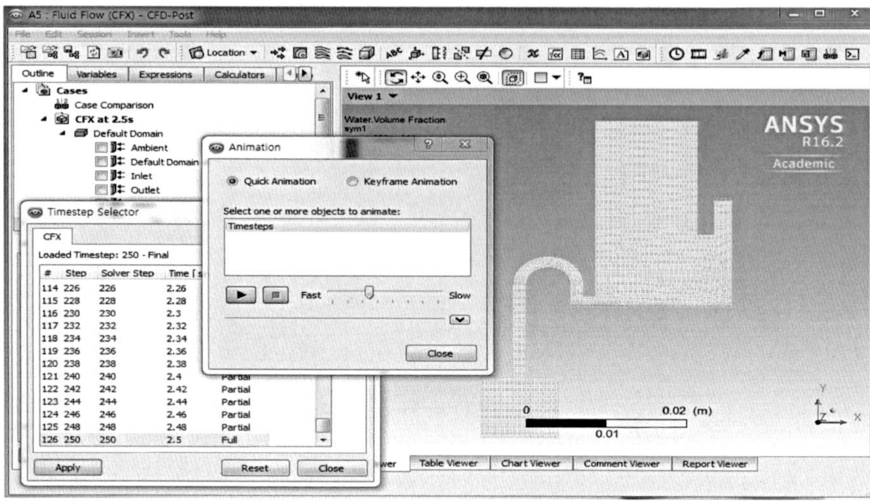

▶ **예제 7-55** Animation 시작 전

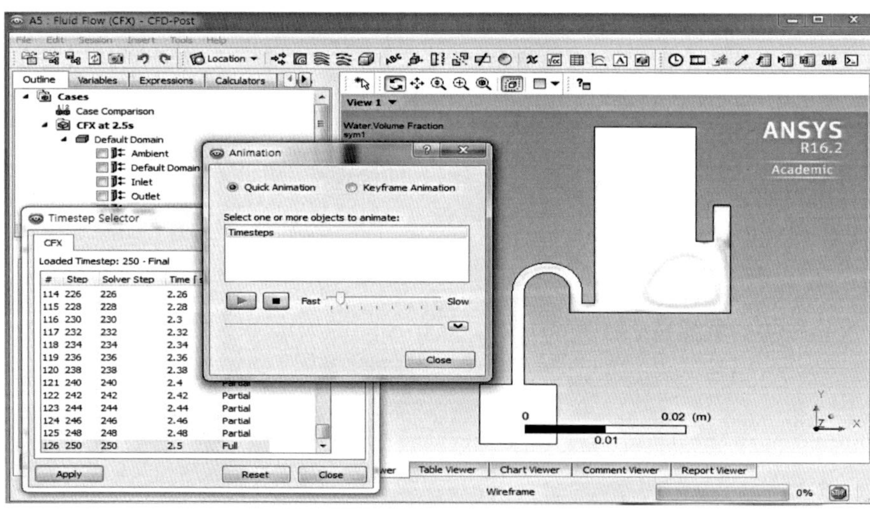

▶ **예제 7-56** Animation이 구동되기 시작한 것

Summary

다상유동에 대한 비정상 상태 해석을 수행하였다. 일반적으로 비정상 상태 해석은 정상 상태 해석에 비해 계산 및 후처리에 시간이 더 많이 소요된다. 이 결과를 보면, 상당량의 공기가 물 속에 포집되어 있는 것을 볼 수 있다. 이러한 경우에는 각 상에 대해 독립적인 속도장을 계산할 수 있도록 Inhomogeneous model을 사용하는 것이 좋다. 포집된 공기 방

울이 물 밖으로 다시 빠져 나가는 것이 가능하기 때문이다. 모든 상에 대해 동일한 속도장으로 계산할 경우, 포집된 공기가 물에서 분리될 방법은 없다.

CFX-Pre에서 Inhomogeneous model을 사용할 경우, 포집되는 상은 Dispersed Phase로 설정해야 한다.

본 교재(결과물)는 교육부의 재원으로 개발된 지방대학 특성화사업(CK-1)의 연구 결과입니다."

정가 29,000원

CFX를 이용한 전산유체역학 실습과 응용

2017년 2월 15일 초판 인쇄
2017년 2월 22일 초판 발행
저 자 : 장영철 · 김주형
발행자 : 송 준
발행처 : 홍릉과학출판사
주 소 : 서울시 강북구 인수봉로 50길 10
01093
등 록 : 1976년 10월 21일 제5-66호
전 화 : (02) 999-2274~5, 903-7037
팩 스 : (02) 905-6729
e-mail: hongpub@hongpub.co.kr
http://www.hongpub.co.kr
ISBN: 979-11-5600-505-6

저자와의 협의하에 인지생략